AF411267

DICTIONNAIRE

DES

SCIENCES NATURELLES.

TOME L.

SOUI — STE.

DICTIONNAIRE

DES

SCIENCES NATURELLES,

DANS LEQUEL

ON TRAITE MÉTHODIQUEMENT DES DIFFÉRENS ÊTRES DE LA NATURE, CONSIDÉRÉS SOIT EN EUX-MÊMES, D'APRÈS L'ÉTAT ACTUEL DE NOS CONNOISSANCES, SOIT RELATIVEMENT A L'UTILITÉ QU'EN PEUVENT RETIRER LA MÉDECINE, L'AGRICULTURE, LE COMMERCE ET LES ARTS.

SUIVI D'UNE BIOGRAPHIE DES PLUS CÉLÈBRES NATURALISTES.

Ouvrage destiné aux médecins, aux agriculteurs, aux commerçans, aux artistes, aux manufacturiers, et à tous ceux qui ont intérêt à connoître les productions de la nature, leurs caractères génériques et spécifiques, leur lieu natal, leurs propriétés et leurs usages.

PAR

Plusieurs Professeurs du Jardin du Roi, et des principales Écoles de Paris.

TOME CINQUANTIÈME.

F. G. LEVRAULT, Éditeur, à STRASBOURG, et rue de la Harpe, N.° 81, à PARIS.

LE NORMANT, rue de Seine, N.° 8, à PARIS.

1827.

Liste des Auteurs par ordre de Matières.

Physique générale.

M. LACROIX, membre de l'Académie des Sciences et professeur au Collége de France. (L.)

Chimie.

M. CHEVREUL, membre de l'Académie des sciences, professeur au Collége royal de Charlemagne. (Ch.)

Minéralogie et Géologie.

M. BRONGNIART, membre de l'Académie des Sciences, professeur à la Faculté des Sciences. (B.)

M. BROCHANT DE VILLIERS, membre de l'Académie des Sciences. (B. de V.)

M. DEFRANCE, membre de plusieurs Sociétés savantes. (D. F.)

Botanique.

M. DESFONTAINES, membre de l'Académie des Sciences. (Desf.)

M. DE JUSSIEU, membre de l'Académie des Sciences, professeur au Jardin du Roi. (J.)

M. MIRBEL, membre de l'Académie des Sciences, professeur à la Faculté des Sciences. (B. M.)

M. HENRI CASSINI, associé libre de l'Académie des sciences, membre étranger de la Société Linnéenne de Londres. (H. Cass.)

M. LEMAN, membre de la Société philomatique de Paris. (Lem.)

M. LOISELEUR DESLONGCHAMPS, Docteur en médecine, membre de plusieurs Sociétés savantes. (L. D.)

M. MASSEY. (Mass.)

M. POIRET, membre de plusieurs Sociétés savantes et littéraires, continuateur de l'Encyclopédie botanique. (Poir.)

M. DE TUSSAC, membre de plusieurs Sociétés savantes, auteur de la Flore des Antilles. (De T.)

Zoologie générale, Anatomie et Physiologie.

M. G. CUVIER, membre et secrétaire perpétuel de l'Académie des Sciences, prof. au Jardin du Roi, etc. (G. C. ou CV. ou C.)

M. FLOURENS. (F.)

Mammifères.

M. GEOFFROY SAINT-HILAIRE, membre de l'Académie des Sciences, prof. au Jardin du Roi. (G.)

Oiseaux.

M. DUMONT de S.te CROIX, membre de plusieurs Sociétés savantes. (Ch. D.)

Reptiles et Poissons.

M. DE LACÉPÈDE, membre de l'Académie des Sciences, prof. au Jardin du Roi. (L. L.)

M. DUMÉRIL, membre de l'Académie des Sciences, professeur au jardin du Roi et à l'École de médecine. (C. D.)

M. CLOQUET, Docteur en médecine. (H. C.)

Insectes.

M. DUMÉRIL, membre de l'Académie des Sciences, professeur au jardin du Roi et à l'École de médecine. (C. D.)

Crustacés.

M. W. E. LEACH, membre de la Société roy. de Londres, Correspond. du Muséum d'histoire naturelle de France. (W. E. L.)

M. A. G. DESMAREST, membre titulaire de l'Académie royale de médecine, professeur à l'école royale vétérinaire d'Alfort, membre correspondant de l'académie des Sciences, etc.

Mollusques, Vers et Zoophytes.

M. DE BLAINVILLE, membre de l'Académie des Sciences, professeur à la Faculté des Sciences. (De B.)

M. TURPIN, naturaliste, est chargé de l'exécution des dessins et de la direction de la gravure.

MM. DE HUMBOLDT et RAMOND donneront quelques articles sur les objets nouveaux qu'ils ont observés dans leurs voyages, ou sur les sujets dont ils se sont plus particulièrement occupés. M. DE CANDOLLE nous a fait la même promesse.

M. PRÉVOT a donné l'article *Ocean*; M. VALENCIENNES plusieurs articles d'Ornithologie; M. DESPORTES l'article *Pigeon domestique*, et M. LESSON l'article *Pluvier*.

M. F. CUVIER, membre de l'académie des Sciences, est chargé de la direction générale de l'ouvrage, et il coopérera aux articles généraux de zoologie et à l'histoire des mammifères. (F. C.)

DICTIONNAIRE

DES

SCIENCES NATURELLES.

SOU

SOUI. (*Conchyl.*) Adanson (Sénég., p. 151, pl. 10) décrit et figure une très-petite espèce de coquille commune dans les rochers de l'île de Gorée au Sénégal, dont Gmelin a fait une espèce du turbo, sous le nom de *T. cimex*. Ce seroit bien plutôt une très-petite espèce de buccin. (De B.)

SOUÏ. (*Ornith.*) Espèce de tinamou, *tinamus soui*, Lath. (Ch. D.)

SOUÏ-MANGA; *Cinnyris*, Cuv. (*Ornith.*) Sous le nom de souï-manga, qui, dans le langage de Madagascar, signifie, d'après Commerson, *mange sucre*, M. G. Cuvier a réuni une nombreuse suite de petits oiseaux, la plupart très-riches en couleurs, de l'ancien continent, et a plus particulièrement réservé le nom de Sucriers, *Nectarinia*, Illig., aux espèces à queue également non usée, à bec arqué et pointu, du nouveau monde. M. Vieillot a conservé à ces derniers sucriers le nom américain de Guit-guit, *Cœreba*, Briss. (voyez ce mot, tome XX, page 85), et il en a séparé ceux à livrée terne sous le nom générique de Fournier (voyez ce mot, tom. XVII, page 351). Il a aussi isolé les espèces propres aux îles de la mer du Sud et à l'Australie, et qui se rapprochent des philédons, dont il est difficile de les isoler; car elles ont, comme ces derniers, la langue terminée par un pinceau de fibres ténues. Ces souï-mangas, à langue pénicillée, sont nommés, assez universellement aujourd'hui, Héoro-taires, *Melithreptus* (voyez ce mot, tome XX, page 568).

Enfin, la plupart des sucriers de Levaillant sont des souï-mangas.

Les anciens auteurs, Linné, Gmelin et Latham entre autres, réunirent sous le nom générique de *Certhia*, les souï-mangas, les guits-guits et les vrais grimpereaux. Les *certhia*, aujourd'hui, se trouvent donc répartis dans les genres assez naturels sous le rapport géographique, des vrais grimpereaux, *Tichodroma*, Illig.; Sucriers, *Nectarinia*, Illig.; Fourniers, *Furnarius*, Vieill.; Dicées, *Dicæum*, Cuv.; Héoro-taires, *Melithreptus*, Vieill.; Échelet, *Climacteris*, Temm.; Souï-manga, *Cinnyris*, Cuv., nommé *Mellisuga* par M. Vieillot. Enfin, dans ces derniers temps, M. Horsfield a créé le genre *Pomatorhinus* pour recevoir quelques oiseaux voisins des *Cinnyris*, et M. Vigors, dans un travail tout récent, qui est fait en commun avec M. Horsfield, a singulièrement multiplié les coupes génériques dans ce qu'il appelle sa famille naturelle des *Mellisuguées*.

Le genre Souï-manga, *Cinnyris*, Cuv., appartient à l'ordre des Passereaux *Tenuirostres* du *Règne animal*; à la 7.ᵉ famille des Leptoramphes, de la *Zoologie analytique*; à la 22.ᵉ famille des Sylvains *Anthomyses* de M. Vieillot (*Analyse d'ornithologie*); au second ordre des Passereaux, à la 4.ᵉ famille de M. Latreille (*Familles du Règne animal*); au 6.ᵉ ordre des Anisodactyles de M. Temminck (*Analyse d'ornithologie*); à la famille des *Certhiadées* de M. Vigors.

Les souï-mangas sont ainsi caractérisés génériquement: Bec droit ou recourbé légèrement, long, très-grêle, très-aigu, un peu trigone, en alène, élargi à la base, ayant les bords des mandibules très-finement dentelés comme les dicées. Narines latérales fermées par une membrane nue. Queue non usée à son extrémité. Langue extensible, tubuleuse, pouvant sortir du bec et s'étendre au dehors, et bifurquée à sa pointe ou parfois ayant trois filets. Pieds médiocres, tarse plus long, ou de la longueur du doigt intermédiaire. La première et la cinquième rémige égales, les deuxième, troisième et quatrième les plus longues de toutes.

Les narines des souï-mangas sont situées à la base du bec: elles sont à demi closes en dessus par une membrane et tout-à-fait fermées dans certaines espèces, que pour cela M. Horsfield a placées dans le genre Pomatorhinus, ce qui répond à *narines garnies d'un opercule.*

Les souï-mangas sont des oiseaux remarquables par l'éclat métallique ou le brillant des pierres précieuses qui décorent le plumage de la plupart des espèces. Tous sont de l'ancien continent et des archipels d'Asie. Leur plumage varie suivant les âges et les sexes. En général, la livrée du mâle est brillante au temps des amours, et celle de la femelle est sombre ou de couleurs brun-jaunâtres sales. De ces différences naissent les erreurs sans nombre qui règnent dans la synonymie de ces espèces. Les *Souï-mangas* sont vifs, alertes; ils sucent avec leur langue l'exsudation miellée que présentent un grand nombre de fleurs africaines ou asiatiques. Ils habitent les forêts épaisses, ou leurs lisières, et témoignent très-peu de défiance. Ces oiseaux représentent dans l'ancien continent les *Guits-guits*, les *Oiseaux-mouches* et les *Colibris* du nouveau monde : aussi sont-ils confondus sous ce nom dans la plupart des relations de voyageurs.

La mue a cela de remarquable pour les espèces de ce genre, qu'elle a lieu deux fois l'année. Ce n'est même qu'au moment de la ponte que les mâles prennent la parure, qu'ils ne tardent pas à perdre pour se revêtir d'une livrée plus sombre. Les femelles conservent assez constamment leur plumage de l'âge adulte.

Suivant Levaillant, ils nichent souvent dans un trou d'arbre, et reçoivent des colons hollandois le nom de *Blomsuyger* ou Suce-fleurs. Les Portugais les confondent également avec les Colibris sous le nom de *Chupaflores*, qui exprime la même idée.

Souï-MANGA CHALYBÉ, *Cinnyris chalybea.* Cette espèce est figurée dans les Enl., pl. 246, fig. 3. M. Vieillot a érigé en espèces au moins six variétés d'âge ou de plumage. C'est ainsi qu'il l'a nommée ou décrite sous les noms de *Cinnyris pectoralis*, pl. 10; de *Cinnyris virescens*, pl. 54; de *Cinnyris chalybeus*, pl. 13; de *Souï-manga à collier noir*, pl. 80, 18 et 24.

Ce souï-manga a cinq pouces et demi de longueur. Il a le bec et les pieds noirs. Le corps est en dessus d'un vert doré, à reflets métalliques très-purs. Le croupion est d'un bleu d'azur. La poitrine et la gorge sont séparées par une écharpe de cette dernière couleur. Le ventre et la poitrine sont d'un rouge vif. La région anale et les cuisses sont grises. Les ailes et la queue sont d'un brun clair. Deux touffes de plumes couleur citron occupent les côtés de la poitrine.

La variété de la planche 34 de Vieillot a la gorge et le croupion recouverts de vert doré ; le ventre est noir verdâtre, séparé de la poitrine par une bande orangée et par une bande bleue.

La variété de la planche 15 diffère très-peu de l'espéce précédemment décrite : elle est très-répandue en Afrique, depuis le Sénégal jusqu'au cap de Bonne-Espérance.

Souï-MANGA CARMÉLITE, *Cinnyris fuliginosus*, Vieillot, pl. 20 (*Oiseaux dorés*). Cette espèce a quatre pouces et demi de longueur. Le bec et les pieds sont noirs, excepté le front, la gorge, les petites couvertures des ailes, qui sont d'un violet très-brillant ; le reste du plumage est entièrement de couleur fuligineuse veloutée, passant au brun sur les ailes et sur la queue, plus claire sur le cou et sur les parties supérieures du dos. Deux touffes d'un jaune citron occupent les côtés de la poitrine vis-à-vis le moignon de l'aile.

La femelle, de couleur sombre, n'a point de violet.

Ce souï-manga habite Malimbe, sur la côte d'Afrique.

Souï-MANGA BRONZÉ ; *Cinnyris æneus*, Vieillot. Cette espéce est figurée pl. 297 des Oiseaux d'Afrique, par Levaillant ; M. Temminck pense que c'est le *Certhia polita* d'Edwards, tab. 265, et pl. 11 d'Audebert, et que M. Cuvier indique comme le *Certhia purpurata*.

Le mâle de cette espèce a la tête, le cou, le dos, le croupion, les couvertures des ailes et de la queue de couleur de bronze, passant par des teintes chatoyantes au bleu et au vert. Un noir bronzé teint les ailes et la queue ; le dessous du corps, le bec et les pieds sont noirs.

La femelle est généralement en dessus d'un vert-olive plus foncé, et passant au brun noirâtre en dessous. En hiver, lorsque le mâle perd sa livrée, son plumage ressemble à celui de la femelle.

Ce souï-manga niche dans un trou d'arbre, et pond cinq ou six œufs d'un blanc rosé, ponctué de roussâtre.

M. Vieillot pense que c'est le *Certhia œnea* de Latham, figuré dans le 4.ᵉ fasc., pl. 78, du *Mus. Carls.* de Sparrman.

L'Afrique est sa patrie.

Souï-manga de Madagascar ; *Cinnyris madagascariensis*, Vieill. 18. Ce souï-manga est le plus anciennement connu : c'est de lui que découle le nom du genre emprunté à la langue malgache. Brisson l'a nommé *Certhia madagascariensis violacea*. C'est le *Certhia souï-manga* de Linné et le *Certhia madagascariensis* de Latham, *Syst. ornith.*, *sp.* 7.

Mâle. Cet oiseau a quatre pouces de longueur totale. La tête, la gorge, et toute la partie antérieure du corps, ont l'éclat brillant de l'émeraude. Sur le cou passent deux colliers, l'un violet et l'autre d'un jaune marron assez vif ; le reste du dessus du plumage est olivâtre ; une tache d'un beau jaune occupe chaque épaule. La poitrine est brune, ainsi que les pennes et les grandes couvertures des ailes. Le ventre est jaune-clair. Les tarses sont bruns, ainsi que les plumes caudales. La queue est composée de douze pennes égales.

Femelle. Elle ressemble un peu au mâle, mais on la dit de taille un peu plus petite. Ses teintes sont obscures et tirent sur le brun-olivâtre en dessus et le jaune-olivâtre en dessous.

Jeune âge. Suivant M. Vieillot (pl. 19, Oiseaux dorés d'Audebert), l'individu qu'il regarde comme le jeune âge de cette espèce, se rapproche beaucoup par l'ensemble du corps de l'oiseau adulte, seulement son plumage est presque entièrement gris, d'une teinte plus claire sur les parties inférieures, et plus foncée en dessus et sur les pennes caudales ; les pieds et le bec sont de la même couleur.

Ce souï-manga habite la grande île de Madagascar, où Commerson l'a observé vivant.

Souï-manga angala-dian ; *Cinnyris lotenius*, Vieillot, Nouv. Dict. d'hist. nat., tom. 31, p. 493. C'est le *Certhia lotenia* de Linné (*sp.* 25), et de Latham (*sp.* 16). Il a été décrit par Brisson sous le nom de *grimpereau vert de Madagascar*, et figuré pl. 3 et 4 de l'Histoire des souï-mangas de M. Vieillot.

Angala-dian est le nom de ce souï-manga chez les Madécasses, et il paroît que c'est aussi le même oiseau que les naturels du district de Tamatave nomment *anguit-chi*. Il est très-commun à Madagascar et même sur la côte occidentale d'Afrique, où Adanson l'observa dans ses divers âges. Mais c'est à tort qu'on l'indique à Ceilan, et qu'on l'a confondu avec l'oiseau nommé par Séba omnicolore, et par Klein *falcinellus omnicolor zeilanicus*. Adanson, le premier, remarqua cette erreur, que M. Vieillot a répétée dernièrement.

Mâle. Ce souï-manga est presque entièrement d'un vert doré très-brillant sur la tête, la gorge, le dos et le croupion, passant au noir métallique ou au bleu d'acier bruni, suivant les divers reflets de la lumière. Une teinte bleue occupe le haut de la poitrine, et se fond insensiblement en bas en passant au violet. Le dessous du corps est d'un noir foncé, et les couvertures des ailes et de la queue affectent les teintes les plus pures d'un violet dégénérant en vert doré. Un trait d'un noir de velours existe entre la narine et l'œil. Le bec et les pieds sont noirs.

Femelle. Celle-ci, décrite par Brisson, et qu'Adanson soupçonnoit être un individu mâle en plumage non adulte, a les couleurs plus obscures, la tête brune, avec des taches de vert doré ; le dessous du corps d'un blanc sale, piqueté de noir, et les ailes et la queue d'un brun noir : les femelles, suivant Adanson, ne différeroient point des mâles.

L'*angala-dian* a cinq pouces un quart de longueur, et la queue est composée de douze pennes égales. Suivant Adanson, il fait son nid en forme de coupe, comme le serin et le pinson, et n'y emploie guère d'autres matériaux que le duvet ou la ouatte des plantes. La femelle pond communément cinq ou six œufs. Une grosse espèce d'araignée, très-vorace, chasse souvent les père et mère du nid et s'empare des petits, dont elle suce le sang.

Habite le Sénégal et Madagascar.

Souï-manga brun et blanc, *Cinnyris nigralbus*. M. Vieillot fait de cet oiseau une espèce, qu'il a figurée pl. 81, et que Latham regardoit comme une variété du *souï-manga olive à ventre pourpre*. Cet individu seroit un jeune âge, dont la couleur en dessus est verte, tandis que les pennes alaires, le cou, la gorge et le dos, sont bruns ; la poitrine et la région anale blanches ; le croupion est d'un pourpre rougeâtre ; la queue est noire : le bec est noir et blanc.

Sa patrie est inconnue.

Souï-manga beau ; *Cinnyris pulchellus*, Vieill. Cette espèce a été décrite sous le nom de *certhia pulchella* par Linné, *sp.* 19. On la trouve figurée dans les Enl. de Buffon, pl. 670, fig. 1, et pl. 293 des Oiseaux d'Afrique de Levaillant.

La poitrine de cet oiseau est rouge. Une teinte verte à reflets métalliques brille sur toutes les parties inférieures et supérieures du corps. Les ailes et la queue sont noires, ainsi que le bec et les pieds. Les deux pennes caudales intermédiaires dépassent les autres de deux pouces. Il a de longueur totale de six à sept pouces.

La femelle est généralement d'un brun olivâtre sur la poitrine, passant au gris sur la tête, le corps et sur les ailes; celles-ci sont brunes.

Le jeune âge ressemble parfaitement à la femelle.

Ce souï-manga, très-commun sur toute la côte d'Afrique, et notamment au Sénégal, est nommé par Buffon, dans ses Enluminures, *grimpereau à longue queue du Sénégal*. Quelques auteurs croient que c'est lui qui est décrit dans Séba (tome 2, page 8) sous le nom d'*avicula amboinensis discolor et perpulchra*.

Souï-manga a capuchon violet : *Cinnyris violaceus*, Vieill., Oiseaux dorés, pl. 39 ; Sucrier orangé, Levaill.

Mâle. Cet oiseau a la tête, le cou et la gorge d'un violet sombre, passant au vert métallique; le reste est d'un vert olivâtre, ainsi que les pennes alaires et caudales. Le vert du devant du cou passe au bleu. Le ventre est orangé; le bec et les pieds sont noirs. Il a six pouces de longueur.

Femelle. Levaillant en a donné une figure pl. 292, n.° 2 (Oiseaux d'Afrique). Elle est d'un vert-olive tirant sur le jaune en dessus, plus clair en dessous. Ses pieds sont noirs.

Jeune âge. Il est d'un gris olivâtre en dessus et de couleur jaune olivâtre en dessous.

Ce souï-manga fait son nid dans les buissons, avec de la mousse et des lichens en dehors, et de la bourre en dedans. Il pond cinq œufs d'un blanc-jaunâtre piqueté de brun. Le chant du mâle est agréable.

Habite le cap de Bonne-Espérance.

Souï-manga cardinal, *Cinnyris cardinalis.* Ce souï-manga a été décrit sous le nom de *sucrier cardinal* par Levaillant, pl. 291, fig. 1 et 2, et M. Vieillot soupçonne qu'il appartient à l'espèce du *petit souï-manga à longue queue du Congo.*

Cet oiseau a la poitrine et les parties postérieures d'un rouge carmin très-vif. La tête, le cou, le dos, le croupion, les couvertures supérieures de la queue et des ailes, sont d'un vert à reflets dorés, de même que les deux longues plumes de la queue; les pennes des ailes et de la queue sont noires, avec un liséré vert métallique; le bec et les pieds sont noirs.

La femelle est plus petite que le mâle, et a le ventre jaune. Les jeunes sont brun-olivâtres.

M. Levaillant dit que ce souï-manga vit principalement du suc miellé qu'il va recueillir dans les fleurs de l'*aloes dichotoma* et d'un lis rouge du pays des Namaquois.

Habite le cap de Bonne-Espérance.

Souï-manga cendré, *Cinnyris cinereus.* Cette espèce, qui est le *certhia cinerea* de Latham, ne nous est connue que par cet auteur systématique. Elle a huit pouces et demi de longueur. La tête, le cou, le haut du dos, la poitrine, sont de couleur cendrée brunâtre. Un trait jaune traverse chaque joue. Le bas du dos, les couvertures des ailes et le croupion sont d'un vert brillant. Les pennes sont brunes; la gorge est d'un jaune pâle, mêlé de vert doré sur le milieu et sur la poitrine; le ventre est blanc; la queue est brune, ainsi que les pieds. M. Vieillot pense que c'est un jeune.

Habite le cap de Bonne-Espérance.

Souï-manga a cravate violette; *Cinnyris currucaria,* Latham. Ce souï-manga est figuré, Enl., 576, fig. 5, et pl. 15 de M. Vieillot. On doit aussi lui rapporter une variété de taille plus petite, le souï-manga à cravate bleue, *certhia jugularis,* Linn., figuré planche 31 de l'Histoire des oiseaux dorés.

Le souï-manga currucarie est le *grimpereau gris des Philippines* de Brisson, dont le *certhia philippensis olivacea* de la pl. 576, fig. 4, n'est très-probablement qu'une autre variété d'âge ou de sexe. Ce seroit aussi le grimpereau de la pl. 30 de Sonnerat. (*Voyage à la Nouvelle-Guinée.*)

Cette espèce a environ quatre pouces de longueur. Le pli de l'aile est d'un violet de cuivre de rosette. Une ligne de même couleur s'étend jusqu'au haut du ventre. La région anale et les couvertures inférieures de la queue sont de couleur gris-blanc. Le dessus du corps est gris-brun. Le croupion, de la même couleur, est teinté de violet. Les ailes sont brunes, ainsi que le bec et les pieds. Deux touffes d'un jaune vif orangé occupent les côtés de la poitrine.

Dans le *C. jugularis.* la queue est bleue et le dessous du corps est jaune. Sa taille est aussi plus petite.

Cette espèce habite les îles Philippines.

Souï-MANGA CUIVRÉ : *Cinnyris politus*, Vieill.; *Certhia polita*, Lath., pl. 59, fasc. 3, Sparrm. Cette espèce a cinq pouces de longueur. Elle est en dessus recouverte de plumes dorées vertes, passant au pourpre. La gorge est violette, et la poitrine présente une bandelette rousse; deux touffes de plumes jaunes occupent les côtés de la poitrine; les parties postérieures, le bec et les pieds sont de couleur brune. M. Vieillot pense qu'elle a beaucoup d'analogie avec le *souï-manga pourpre.*

Souï-MANGA A BOUQUETS; *Cinnyris cirrhatus*, Vieill. Latham a décrit cet oiseau d'après un dessin qui lui fut envoyé du Bengale. Le dos, le dessus du cou et de la tête sont recouverts de plumes olivâtres, bordées de brunâtre. Les premières pennes sont brunes; le ventre, la queue et le bec, sont noirs. Il a de longueur quatre pouces environ, et tout indique un jeune non encore adulte ou une femelle.

Sa patrie seroit donc l'Inde.

Souï-MANGA INDIEN; *Cinnyris indicus.* Cette espèce est au moins très-douteuse. Elle est décrite et figurée par Séba, tab. 17, fig. 2, qui lui donne l'Inde pour patrie.

Ce souï-manga seroit entièrement d'un bleu d'azur, excepté la gorge qui est d'un blanc pur; les pieds sont noirs.

Souï-MANGA A BEC ROUGE, *Cinnyris erythrorynchus.* C'est encore à Latham qu'on doit la connoissance de cette espèce, qu'il a décrite sous le nom de *certhia erythrorynchos*, et que M. Vieillot suppose être un jeune, qu'il ne sait à quelle espèce rapporter.

Il a cinq pouces environ. Le bec est noir à la pointe, mais rouge dans le reste de son étendue. Le dessus de la tête et du cou sont de couleur olivâtre. La poitrine et le ventre sont blancs; les ailes, la queue, les pieds, sont bruns.

On le dit de l'Inde.

Souï-manga a bec falciforme, *Cinnyris falcatus*. Latham a décrit cet oiseau sous le nom de *certhia falcata*. La tête, le cou et le dessus du corps, est d'un vert à reflets violets. La gorge, la poitrine et la queue sont de cette dernière couleur. Le ventre, le dessous de la queue, les grandes couvertures des ailes, ainsi que les pennes, sont d'un brun pâle ; le bec est noirâtre, recourbé fortement ; les pieds sont bruns et les ongles noirs. Il a cinq pouces de longueur environ.

L'Inde est sa patrie.

Souï-manga a ventre écarlate, *Cinnyris coccinigaster*. Ce souï-manga, dont l'individu mâle est figuré par M. Temminck, pl. 388, fig. 3, sous le nom de *nectarinia coccinigaster*, est remarquable par l'éclatante parure qui le décore. Il provient des îles Philippines, d'où il a été rapporté par M. Dussumier. On le nourrit en domesticité à Manille, où il est commun, avec de l'eau sucrée, ainsi que je l'ai vu pratiquer souvent pour des colibris.

On ne connoit point sa femelle. Le mâle, long de trois pouces six lignes, en plumage de noces, a le sommet de la tête et la nuque recouverts de plumes vertes, passant au jaunâtre et à teinte métallisée. Un mordoré velouté occupe le haut du dos, la partie inférieure du cou, les couvertures moyennes des ailes. Une teinte d'acier bruni, à reflets pourpres et violets, orne le bas du dos, le croupion et les petites couvertures des ailes. Le devant du cou et le haut de la poitrine sont d'un riche violet bleuâtre et métallique. Tout le ventre jusqu'aux cuisses est de l'écarlate le plus vif. Les plumes anales, celles de la naissance des cuisses, sont olivâtres. Les ailes sont noires ; les pennes caudales d'un noir bleuâtre, lisérées de violet. Le bec et les pieds sont noirs.

Habite les îles Philippines.

Souï-manga de Hasselt ; *Cinnyris Hasseltii*, figuré par M. Temminck sous le nom de *nectarinia Hasseltii*, pl. 376, fig. 3.

L'individu mâle, le seul connu, a la queue carrée, et le bec un peu court et légèrement recourbé. Le sommet de la tête et l'occiput sont d'un vert chatoyant lustré de jaunâtre. Toute la partie supérieure du cou est d'un noir velouté ; le dos, les scapulaires, les petites couvertures des ailes, le croupion, les couvertures de la queue et le bord des pennes sont d'un pourpre chatoyant en vert métallique. Tout le devant du cou et la poitrine sont d'un pourpre violet. Le ventre est carmelite foncé : les ailes et la queue sont d'un beau noir ; l'abdomen est d'un noir mat. (*Temm.*)

Cette espèce, assez rare, habite l'île de Java.

Souï-MANGA SOUCI; *Cinnyris solaris* : c'est le *nectarinia solaris* de la fig. 3, pl. 347, de M. Temminck.

Mâle. Ce souï-manga a le bec grêle, recourbé : le devant du cou, le front, sont d'un vert foncé, à reflets métalliques, passant au pourpre foncé. Tout le dessous du corps est d'une teinte souci ou orangée très-vive. Les plumes des flancs, qui revêtent les épaules, sont d'un jaune pur. Les parties supérieures ont une teinte olivâtre terne ; les ailes sont noires et bordées d'olivâtre ; la queue est noire, à légers reflets, et les deux pennes latérales sont terminées de blanchâtre.

Ce souï-manga habite l'île d'Amboine, d'où il a été rapporté par M. Reinwardt.

Souï-MANGA A JOUES JAUNES, *Cinnyris chrysogenys.* Le mâle de cette espèce est figuré, dans les planches enluminées de M. Temminck, sous le nom de *nectarinia chrysogenis*, pl. 388, fig. 1.

Ce souï-manga provient de la collection de deux intéressans voyageurs, Kuhl et Van Hasselt, trop tôt enlevés aux sciences qu'ils cultivoient avec tant de succès. Il habite Java, dans le district boisé et sauvage de Bantam, et se nourrit uniquement d'araignées, ainsi que les *souï-mangas à long bec* et *modeste;* car on a observé que ces espèces ont la langue courte et cartilagineuse. Cette habitude, si étrangère aux vrais *cinnyris* ou *nectarinia*, avoit porté M. Temminck a proposer une coupe destinée à séparer ce petit groupe sous la dénomination d'*arachnotera*.

Le *cinnyris chrysogenys* a de longueur totale environ cinq pouces et demi. Le bec seul a près de dix-huit lignes. Un vert assez pur couvre la tête, le cou et le dos ; les ailes sont d'un vert olivâtre, ainsi que la queue, qui est égale. Le gris et le vert nuancent la poitrine. Le ventre, les couvertures de dessous la queue sont d'un vert jaunâtre. Les oreilles sont recouvertes d'une petite touffe jaune. Une ligne de la même couleur surmonte l'œil et l'entoure comme un sourcil. Le bec est très-long et de couleur brune ; les pieds sont d'un brun clair suivant le texte, et ont été figurés couleur de chair dans la planche.

Habite Java.

Souï-manga a long bec, *Cinnyris longirostratus*, figuré pl. 84, fig. 1, sous le nom de *nectarinia longirostra*, Temmk. C'est l'espèce 65.ᵉ du genre *Certhia* de Latham, et le *pritandun* des Javanois, suivant M. Horsfield.

Les individus les plus grands de cette espèce ont six pouces six lignes. Le bec a un pouce dix lignes. L'oiseau est en entier d'une teinte olivâtre sur les parties supérieures. Les pennes alaires sont brunes, bordées d'olivâtre; les pennes caudales sont noirâtres, terminées par du blanc. L'espace entre l'œil et le bec, la gorge et le devant du cou, est blanc; tout le reste est d'un jaune clair. La mandibule supérieure du bec est noire, et l'inférieure est blanche en-dessous.

Ce souï-manga habite les îles de Java et de Sumatra. On le trouve aussi, dit-on, dans l'Inde.

Souï-manga modeste, *Cinnyris inornatus* : c'est le *nectarinia inornata* de la pl. 84, fig. 2, de Temminck. M. Horsfield l'a décrit sous le nom de *cinnyris affinis* : c'est le *chess* des Javanois.

Ce souï-manga a près de sept pouces. Les pieds et la mandibule inférieure sont bruns. Des petites plumes écaillées garnissent le front. Tout le dessus du corps est d'une teinte verte uniforme, tirant sur l'olivâtre. La queue est de cette couleur : elle a du noir au bout, et les pennes sont terminées en dessus de gris et en dessous de blanc. Le bord des ailes est jaunâtre clair; la gorge et le devant du cou sont marqués de petites stries brunes sur un fond gris; tout le reste est cendré blanchâtre, marqué de gris foncé. (Temminck.)

Cette espèce est très-commune à Java.

Souï-manga pectoral; *Cinnyris pectoralis*, Temm., pl. 138, fig. 3. Le mâle de cette belle et riche espèce a seulement été représenté.

Une calotte d'un vert doré couvre le sommet de la tête. Les petites couvertures des ailes et du dessus de la queue sont d'un vert métallique foncé; le dos, les couvertures moyennes, les pennes de la queue, sont d'un violet pourpré noir; les pennes alaires sont brunes. Une large cravate d'un rouge vif, bordée d'azur, prend naissance sous le bec et descend sur la poitrine. Deux touffes de plumes dorées occupent les côtés et remontent sur les épaules. Le ventre, les pieds, le bec, sont noirs.

Souï-manga gracieux, *Cinnyris lepidus* : c'est le *certhia lepida* de Latham ; le *grimpereau de Malacca* de Sonnerat, et le *nectarinia lepida* de Temminck, pl. 126, fig. 1 et 2.

Ce souï-manga a de longueur totale quatre pouces trois à quatre lignes.

Mâle. Il offre une bande violette, qui part de chaque côté du bec, descend sur les côtés du cou et sépare le vert-foncé des joues du cendré roux du devant du cou. Le sommet de la tête, la nuque et le dos, ont des couleurs métalliques qui affectent les teintes vertes et violettes. Un violet pur couvre les épaules, le milieu du dos et le croupion. Les ailes sont brunes, et leurs pennes sont bordées de verdâtre. Les rectrices sont d'un noir violet, bordées de vert métallique. Tout le dessous du corps, depuis la poitrine, est d'un beau jaune. (Temm.)

Femelle. Elle est un peu plus petite que le mâle : elle est généralement verdâtre en dessus, jaunâtre mêlé de vert en dessous ; les ailes et la queue sont d'un cendré brun ; la gorge est blanc - jaunâtre ; le bec noir, comme celui du mâle.

Ce souï-manga habite les îles de la Sonde et surtout Java. Il se nourrit d'araignées et de petits insectes.

Souï-manga de Manille ; *Cinnyris manillensis*, Vieill., Nouv. dict. d'hist. nat., tome 31, page 503. L'auteur de l'Histoire des oiseaux de Buffon, Montbeillard, regardoit cette espèce comme une simple variété du souï-manga de Madagascar. Linné et Latham en ont fait une espèce distincte sous le nom de *certhia manillensis*, que M. Vieillot a adopté.

« J'ai vu, dit Montbeillard, dans le beau cabinet de M.
« Mauduit un souï-manga de l'île de Luçon, qui a la gorge,
« le cou et la poitrine couleur d'acier poli, avec des reflets
« verts, bleus, violets, etc., et plusieurs colliers, que le jeu
« brillant de ces reflets paroît multiplier encore. Il semble,
« cependant, que l'on en distingue quatre plus constans.

« L'inférieur violet. noirâtre, le suivant marron, puis un
« brun, et, enfin, un jaune. Il y a deux taches de cette
« couleur au-dessus des épaules; le reste du dessous du corps
« est gris olivâtre; le dessus du corps est vert foncé, avec
« des reflets bleus, violets, etc.; les pennes des ailes et les
« couvertures supérieures de la queue sont d'un brun plus
« ou moins foncé, avec un œil verdâtre. Il a de longueur
« totale un peu moins de quatre pouces. »

Cet oiseau habite l'île de Luçon.

Souï-manga d'Amboine, *Cinnyris amboinensis*. Cette espèce
est probablement mal décrite. Latham l'a fait connoître sous
le nom de *certhia amboinensis*, d'après Séba (tom. 2, p. 62,
tab. 2, fig. 2). Le peu de foi qu'on doit ajouter aux cita-
tions, souvent erronnées, du recueil de Séba, font douter de
cette espèce, dont Brisson avoit fait, sans doute avec raison,
un colibri. Quoi qu'il en soit, cet oiseau a la tête, la gorge,
le cou, jaunes et verts; le dessus du corps est d'un cendré
gris; la poitrine d'un rouge fulgide; le ventre, les cuisses
et le dessous de la queue verts; les couvertures des ailes sont
noires, et celles-ci sont bordées de jaune et les pennes lisérées de vert clair; le bec est jaunâtre.

La patrie de cet oiseau, très-riche en couleurs, est au
moins douteuse.

Souï-manga aux ailes dorées, *Cinnyris chrysoptera*. Cette
espèce est douteuse, et M. Vieillot ne la donne que d'après
Latham, qui l'a décrite sous le nom de *certhia chrysoptera*,
et qui n'a eu en sa possession qu'un dessin qu'on lui envoya
du Bengale.

Ce souï-manga est de petite taille, varié de noir et de
jaune sur la tête et sur le cou. Les couvertures des ailes sont
d'un jaune doré très-vif; les pennes alaires et caudales, le
bec et les pieds, sont noirs.

Souï-manga aurore; *Cinnyris subflavus*, Vieill., Nouv. dict.
d'hist. nat., tome 51, page 494. Il a le front vert-doré; la
gorge et le devant du cou d'un bleu d'acier poli; les parties
postérieures d'une belle couleur aurore très-vive; les ailes
et la queue vertes; la tête et le dessus du cou d'un rouge
très-clair; le bec noir et les pieds bruns. (Vieillot.)

Cet oiseau est indien.

Souï-manga azuré, *Cinnyris asiaticus*. Un dessin de cette espèce fut envoyé des Indes à Latham avec le nom de *sugar eater* ou sucrier, dont il a fait son *certhia asiatica*. Cet auteur lui donne quatre pouces environ de longueur. Son plumage est d'un beau bleu, excepté les ailes, qui sont d'un brun noirâtre ; le bec et les pieds sont noirs.

Souï-manga distingué, *Cinnyris ornatus*. Le mâle et la femelle sont représentés pl. 138, fig. 1 et 2 des planches coloriées de M. Temminck. Le bec est grêle et légèrement recourbé.

Mâle. Le front et la gorge sont d'un bleu métallique, ainsi que le dessus de la queue, dont les pennes sont bordées de blanc. Tout le dessus du corps et les ailes sont d'un vert olivâtre uniforme. Le bas de la poitrine et le ventre sont d'un jaune pur ; le bec et les pieds sont noirs.

La *femelle* est grise en dessus, blanchâtre en dessous ; une large tache fauve-clair occupe l'abdomen ; du violet colore les épaules ; la queue est étagée, brune en dessous ; chaque penne est terminée par du gris ou du blanc sale.

Souï-manga de Kuhl, *Cinnyris Kuhlii*. M. Temminck a dédié ce joli souï-manga à Kuhl, habile naturaliste voyageur, sous le nom de *nectarinia Kuhlii*, et a figuré le mâle et la femelle pl. 376, fig. 1 et 2.

Le *mâle* adulte a toute la partie supérieure de la tête, les couvertures de la queue et une partie des deux pennes de la queue, d'un vert métallique, excepté le croupion, qui est d'un jaune doré très-vif. La gorge, le devant du cou et la ligne moyenne de la poitrine sont d'un rouge cramoisi. Sur le devant du cou se dessine, en V renversé, une bande bleue chatoyante ; le ventre est d'un vert noirâtre ; mais le caractère le plus saillant de cette espèce se trouve dans la blancheur éclatante des plumes des flancs et du dessous des ailes. Les mâles en mue manquent de vert métallique à la tête, et il est remplacé par un vert terne. La bande bleue n'est point visible ou est foiblement indiquée, et le cramoisi est tapiré de plumes grises. (Temmk.)

Déchue de la brillante parure du mâle, la femelle (fig. 2) est sur la poitrine et le cou d'un gris verdâtre, plus foncé sur le sommet de la tête. Les flancs sont d'un blanc argenté ;

le reste du plumage est d'un vert analogue à celui du dos du mâle.

Cette espèce habite l'île de Java.

Souï-manga moustac : *Cinnyris mystacalis*, Temmk., pl. 126, fig. 3. On ne connoît que le mâle de cette belle espèce, dont la queue est étagée, très-longue, ayant les deux pennes du milieu très-prolongées.

De chaque côte du bec se dessine une petite moustache d'un violet métallique très-brillant. Cette couleur se fait remarquer aussi sur le croupion et sur toutes les pennes de la queue, sur la tête, où elle forme une calotte : le cou, le dos, la poitrine, sont d'un rouge éclatant ; les ailes sont d'un cendré noirâtre ; le milieu du ventre est d'un beau gris ; le reste des parties inférieures est d'un blanc pur ; les pieds sont d'un brun rougeâtre.

Sa longueur est d'un peu plus de quatre pouces.

Ce souï-manga habite Java et se nourrit d'insectes, et surtout d'araignées.

Souï-manga métallique, *Cinnyris metallicus*. Dans la planche 347, M. Temminck a figuré, n.ᵒˢ 1 et 2, le mâle et la femelle du *nectarinia metallica*.

Cette espèce a beaucoup de rapport avec le *sucrier-figuier* de Levaillant (Ois. d'Afriq., vol. 6, p. 111, fig. 2, pl. 295), et M. Temminck, les comparant l'un à l'autre, trouve que dans le *S. métallique* le bec est moins court et plus arqué, que les filets de la queue sont plus larges et que les teintes offrent aussi des différences.

Mâle. La tête, le devant du cou, le dos, les petites couvertures des ailes, sont d'un vert brillant métallique. Un demi-collier d'un bleu vif pourpré et métallique ceint la région thoracique. Toutes les autres parties inférieures sont d'un jaune-jonquille agréable ; une bande jaunâtre, claire, traverse le croupion, dont la teinte est la même que celle du collier ; toutes les pennes de la queue et les deux filets sont d'un noir glacé de bleu métallique : l'aile est noire, mais les moyennes couvertures sont d'un bleu pourpré. Le mâle prend en hiver la livrée de la femelle. (Temm.)

Femelle. Celle-ci diffère beaucoup plus que le mâle du *sucrier-figuier* de Levaillant. Toutes les parties supérieures du corps sont revêtues de gris glacé et cendré plus foncé sur les ailes, dont les pennes sont lisérées de blanchâtre ; la queue, sans filets, est d'un noir à légers reflets ; toutes les pennes sont frangées de blanchâtre et terminées en dessus de blanc ; la gorge et l'abdomen sont blanchâtres, et le reste des parties inférieures est d'un jaune citron clair; bec et pieds noirs.

Cette espèce a été trouvée par M. Ruppel en Nubie, dans les environs de Dongola.

Souï-manga a oreillon violet, *Cinnyris phœnicotis*. M. Temminck donne, dans la pl. 388, fig. 2, la femelle de cette espèce, dont le mâle avoit été figuré pl. 108, fig. 1 (18.ᵉ livr.). Ce souï-manga a le bec court et droit, et a même été placé dans les becs-fins sous le nom de *sylvia cingalensis*. M. Temminck dit qu'il vit de la même manière que les autres souï-mangas, et que, comme ceux-ci, sa langue est en trompe et se darde au centre des fleurs pour en extraire la matière sucrée, et que les souï-mangas à bec court doivent ainsi rechercher les fleurs à corolles ou à calices peu profonds.

Mâle. Le souï-manga à oreillon violet a été figuré par M. Temminck, pl. 108, fig. 1, et forme une section avec quelques autres espèces à bec de motacille. Il est décrit dans Brown (*Zool. illust.*, p. 82, t. 52).

Le mâle de cette espèce a le bec de la longueur de la tête; l'occiput d'un vert-doré brillant, ainsi que la nuque, le dos et les petites couvertures des ailes; les grandes couvertures et les pennes sont d'un brun mat ; celles de la queue sont noires, lisérées de vert métallique. Les joues sont d'un pourpre irisé, et une bande violette très-éclatante les entoure, en prenant naissance au-dessous des yeux et s'étendant sur les côtés du cou. La poitrine et le cou sont fauves; tout le dessous du corps est d'un jaune vif. Il a de longueur un peu plus de quatre pouces.

Femelle. Toutes les parties supérieures du corps, la tête, les joues, les côtés et la partie postérieure du cou, sont d'un vert terne; les ailes et la queue brunes, lisérées d'olivâtre; la penne extérieure de la queue est cendrée, et la suivante est aussi terminée par cette couleur. La gorge et le devant du cou sont d'un brun marron; toutes les autres parties in-

50.
2

férieures sont jaunes. Le bec est subulé, noir, et à mandibules assez analogues à celles des becs-fins (*sylvia*).

Habite les îles de Java et de Sumatra, et peut-être l'île de Ceilan.

Souï-MANGA ROUGE ET GRIS; *Cinnyris rubrocana*, Temm., pl. 108, fig. 2 et 3, mâle et femelle. Cette espèce appartient encore aux souï-mangas à bec court et droit. Elle a été figurée par Levaillant (Ois. d'Afriq., t. 5, pl. 136) sous le nom de *figuier rouge et gris*.

Mâle. La tête, la nuque, les côtés et le devant du cou, le dos, le croupion et les couvertures de dessus la queue, d'un beau rouge, un peu plus clair sur la gorge qu'aux autres parties; la poitrine et les flancs cendrés; l'abdomen et les couvertures inférieures de la queue blancs; les ailes et la queue d'un bleu noirâtre, à reflets d'acier poli; enfin, le bec et les pieds noirs.

La femelle, ou le mâle dans la mue, est blanchâtre en dessous, avec des teintes grisâtres sur les côtés, brun-rougeâtre en dessus; le croupion rouge; les ailes et la queue brunes, avec de légers reflets d'acier poli; le bec est blanchâtre à la base. (Temm.)

Cette espèce habite Java, Banda et Sumatra.

Souï-MANGA DE CLÉMENCE; *Cinnyris Clementiæ*, Lesson, tab. 30, fig. 2 (Zool. de la Coquille).

Le mâle de ce souï-manga, qui est le seul que nous connoissions, a de longueur totale trois pouces six lignes. Le bec et les pieds sont noirs.

Le dessus de la tête, le dos, le croupion, les grandes couvertures des ailes sont d'un jaune-olive uniforme. Les pennes alaires sont brunes, bordées de jaune. La queue est légèrement inégale ou composée de pennes un peu étagées et de couleur brun-foncé. Tout le devant du corps, depuis la gorge jusqu'à la poitrine, est d'un noir d'acier violet métallique. Le ventre est d'un noir de velours. Deux touffes d'une couleur aurore très-vive, occupent les côtés de la poitrine. Les plumes de la région anale et des flancs sont olivâtres.

Ce souï-manga a été tué par moi dans les bois qui recouvrent les montagnes de la Soya, dans l'île d'Amboine. Il est dédié à Clémence Dumont, mon épouse, élève de M. Huet pour l'iconographie zoologique, et fille de l'auteur de l'ornithologie de ce Dictionnaire.

Souï-MANGA FIGUIER ; *Cinnyris platurus*, Vieill. Levaillant a décrit cet oiseau sous le nom de *sucrier-figuier*, dans la figure 2 de la planche 293 de ses Oiseaux d'Afrique.

La tête, le cou, la gorge, le dos et le bord externe des couvertures des ailes, sont d'un vert bronzé, à reflets dorés, passant au violet sur le croupion et sur les couvertures supérieures de la queue. Les pennes alaires et caudales sont brunes ; les pennes intermédiaires de la queue sont très-longues, étroites, dorées et irisées, et terminées en palette. La poitrine est d'un jaune clair ; le bec est court, presque droit et noir.

La femelle est d'un gris-roux olivâtre, offrant supérieurement quelques teintes dorées ; le mâle en mue lui ressemble, suivant M. Vieillot.

Ce souï-manga est très-commun au Sénégal.

Souï-MANGA ÉCLATANT ; *Cinnyris splendens*, Vieill., pl. 2. Il a de longueur totale environ cinq pouces : la gorge, le cou, le dos et le croupion sont ornés d'un violet éclatant, à reflets vert-doré. La poitrine brille d'un rouge vif, passant au violet inférieurement ; le ventre, à sa partie supérieure, est bleu violet, et noir inférieurement ; deux touffes de plumes jaunes occupent les côtés de la poitrine. Les couvertures de la queue, le bord externe des pennes, le coude des ailes, sont d'un vert doré ; le bec et les pieds sont noirs.

Il habite l'Afrique, et notamment le Congo.

Souï-MANGA ÉBLOUISSANT : *Cinnyris splendidus*, Vieill.; *Certhia splendida*, Shaw (Levaillant, pl. 295). Cette espèce est remarquable par l'éclat du violet, à reflets pourpres et d'azur qui recouvrent la tête, le cou, la poitrine, les flancs et le ventre. Des points d'un rouge vif, teintés d'or et d'émeraude, sont disséminés sur ces parties. Le dos, les plumes scapulaires, les couvertures supérieures de la queue, le croupion, sont d'un vert doré ; les pennes alaires et caudales sont d'un noir velouté ; bec et pieds noirs.

La femelle est d'un brun terreux en dessus ; d'un brun olivâtre sur les ailes et sur la queue ; grisâtre en dessous.

Elle place son nid dans le tronc vermoulu des mimosa, et pond de quatre à cinq œufs blancs.

Habite l'Afrique.

Souï-MANGA A GORGE GRISE; *Cinnyris cinereicollis*, Vieill., Nouv. Dict. d'hist. nat., p. 5o2, t. 3i.

La gorge et le devant du cou sont gris, passant au bleuâtre sur la tête et sur le cou. De l'angle de la commissure du bec part un trait noir, qui borde le bas des joues et les côtés du menton; les ailes et le dessus de la queue sont d'un vert foncé; la poitrine et les parties postérieures sont jaunes, et les couvertures inférieures de la queue sont blanches; bec alongé et noir, ainsi que les pieds.

Cet oiseau est, dit-on, d'Afrique.

Souï-MANGA GAMTOCIN : *Cinnyris collaris*, Vieill.; c'est le *Sucrier gamtocin* ou *Cordon bleu* de Levaillant, fig. i et 2, pl. 299, de son Histoire des oiseaux d'Afrique.

Cette espèce a la tête, le cou, le manteau, le croupion, les couvertures des ailes et le dessus de la queue d'un vert-jaunâtre doré. Une ceinture bleue traverse la poitrine; les parties postérieures sont d'un jaune vif; les pennes alaires sont bordées de vert doré; le bec et les pieds sont noirâtres.

La femelle n'a point de ceinture bleue; le jaune de sa livrée est aussi moins vif. Le jeune âge se rapproche de celle-ci.

Le cordon *bleu gamtocin* habite les environs de Gamtous, près le cap de Bonne-Espérance, où il a été découvert par Levaillant.

Souï-MANGA A FRONT DORÉ; *Cinnyris aurifrons*, Vieill., pl. 5.

Ce souï-manga est remarquable par son plumage noir velouté, sur lequel tranche la calotte d'un vert doré qui couvre le front et le sommet de la tête, et par le rouge éclatant ou violet métallique qui occupe le devant de la gorge. Des plumes azurées revêtent les épaules et couvrent le croupion. Sa longueur est de cinq pouces cinq lignes. Le bec et les pieds sont noirs.

Le jeune âge de ce souï-manga, représenté pl. 6 des Oiseaux dorés, a son plumage brunâtre mélangé de gris-blanc, sans bleu d'acier aux ailes, ni au croupion : le vert doré de la tête est moins prononcé.

Levaillant, fig. 2, pl. 294, a représenté la femelle sous le nom de *sucrier-velours*. Elle est d'un gris-brun olivâtre sur la tête, le dessus du cou et du corps, et noire sur le devant du cou; le reste est d'un gris olivâtre. Le mâle en habit d'hiver lui ressemble, si ce n'est la calotte verte et la plaque violette de la poitrine, qui ne changent point.

Cette espèce, d'après Levaillant, niche dans les trous d'arbres et dans les buissons, et pond cinq œufs grisâtres, ponctués de vert-olive.

Le soui-manga à front doré habite assez abondamment les environs du cap de Bonne-Espérance.

Soui-manga a front bleu, *Cinnyris frontalis*. Latham décrit ainsi le *certhia frontalis*. Tête brune, ainsi que le dos; partie inférieure du corps noirâtre; pennes alaires et caudales noires; croupion bleu, ainsi que la face et le tour du bec; pieds et bec noirs. Longueur, quatre pouces et quelques lignes.

Habite l'Afrique.

Soui-manga en velours; *Cinnyris sericeus*, Lesson, pl. 30, fig. 3, de la Zoologie de MM. Lesson et Garnot.

Ce soui-manga a trois pouces six lignes de longueur totale. Comme la plupart des individus de ce genre, il est remarquable par l'éclat dont brillent les plumes métallisées qui le revêtent. En effet, au noir velouté et doux qui forme le fond entier de sa livrée, succèdent sur plusieurs parties les couleurs les plus riches.

Peut-être ne seroit-il pas hors de propos de chercher à se rendre compte des phénomènes qui se passent dans la coloration des plumes? Comment se fait-il en effet qu'une telle diversité de couleurs soit propre aux oiseaux, et qu'on n'ait jamais essayé ni par l'analyse chimique, ni par des expériences de physique, d'étudier des propriétés si remarquables? Ce sont les teintes métallisées surtout qui doivent nous étonner. On sait qu'on ne les rencontre que sur un seul mammifère; tandis que les oiseaux des climats chauds, et surtout certaines espèces, en ont leur livrée parfois entièrement composée.

On attribue généralement la couleur des plumes à l'arrangement des élémens organiques de la matière cornée de la tige, des lames ou barbes et barbules qui les terminent, en même temps qu'aux matières colorantes qui y sont introduites par le sang. Mais il reste encore à savoir comment les couleurs métalliques sont produites, et si elles doivent leur naissance à ces deux causes ou bien à des élémens encore inaperçus?

Le bec et les pieds du souï-manga en habit de velours, mâle, sont noirs : les pennes alaires sont brunes ; le sommet de la tête est recouvert d'une calotte d'un vert d'émeraude. Les couvertures moyennes des ailes, le croupion, le dessus de la queue, sont également d'un vert-doré très-brillant ; le devant de la gorge est occupé par un plastron chatoyant violet ou plutôt à teinte de fer spéculaire.

Cette espèce habite les bois des alentours du hâvre de Doréry, à la Nouvelle-Guinée.

Souï-MANGA PAPOU : *Cinnyris Novæ Guineæ*, Lesson.

Nous ne connoissons pas le mâle de cette espèce, qui se rapproche du *cinnyris longirostris*. Son bec est plus long et plus élargi à sa base que dans plusieurs autres souï-mangas, et a près de dix lignes. Sa couleur est noire, et celle des pieds est plombée. Le corps a de longueur totale, de la queue à la base du bec, plus de trois pouces. Tout le dessus du corps est d'un vert-olive uniforme, plus jaune sur le croupion ; les pennes alaires ont leurs barbes brunes en dedans, olives en dehors ; la queue est égale, très-courte, brun-olivâtre en dessus ; le devant de la gorge est vert-jaunâtre ; le ventre est d'un jaune très-légèrement mélangé d'un peu de vert.

Ce souï-manga habite les bords du hâvre Doréry, à la Nouvelle-Guinée.

Souï-MANGA DÉCORÉ : *Cinnyris eques*, Less., figuré pl. 31 de la Zoologie de la corvette la Coquille.

Ce souï-manga a de longueur totale trois pouces et demi. Son bec et ses pieds sont noirs ; tout le corps, en dessus comme en dessous, est en entier de couleur brune fuligineuse ; une bandelette étroite, d'un rouge de feu, naît au bas de la gorge et s'arrête au haut de la poitrine, comme un ruban de chevalier.

Cette jolie espèce, nommée *amit* ou *amambo*, n'est pas rare dans les grands arbres qui bordent le hâvre d'Offack, dans l'île de Waigiou.

Souï-manga rouge doré : *Cinnyris rubrofusca*, Cuv.; *Cinnyris nibarus*, Vieill.

Ce souï-manga, dont la patrie est inconnue, a été décrit pour la première fois par M. Vieillot, pag. 49 des Oiseaux dorés. La figure qu'il en donne, pl. 27, le représente d'un rouge doré sur le corps, ayant les petites couvertures des ailes d'un violet brillant, et les pennes alaires et les rectrices brunes.

Il est long de trois pouces neuf lignes; son bec et ses pieds sont noirs.

Souï-manga de Sierra-Léone, *Cinnyris quinticolor*. Cette jolie espèce, très-bien figurée dans la planche 79 des Oiseaux dorés de Vieillot, est le *certhia venusta* de Latham, et le *certhia venustus* de Vieillot (Nouv. Dict. d'hist. nat.).

Le front et la poitrine jusqu'au milieu du ventre sont d'un violet éclatant; la gorge est d'un poupre noir; le devant du cou et le croupion sont azurés; le derrière de la tête, du cou, du dos, sont d'un vert d'émeraude, ainsi que les pennes caudales. Les ailes sont brun-roux; le ventre est marron; la base du bec est jaunâtre; sa pointe est brune, ainsi que les pieds.

Elle a trois pouces neuf lignes de longueur totale, et habite l'Afrique.

Souï-manga vert a gorge rouge : *Cinnyris viridis*, Vieill.; *Certhia viridis* et *afra*, Lath.; pl. 547 des Ois. d'Edwards; et tom. 2, pl. 116, fig. 2, du Voyage aux Indes de Sonnerat.

M. Sonnerat nous apprend que cet oiseau chante aussi bien que le rossignol; mais il a sur notre coryphée des bois l'avantage de charmer en même temps les oreilles et les yeux. Paré de riches et brillantes couleurs, son plumage offre un vert-clair chatoyant sur la tête, le cou, la partie antérieure du dos et les petites couvertures des ailes; un bleu de ciel sur le croupion; une teinte mordorée sur les ailes et la queue, et un beau rouge sur la gorge; le bec et les pieds sont noirs. Taille du serin. On trouve cet oiseau au cap de Bonne-Espérance.

Latham a fait un double emploi en décrivant ce souï-manga une seconde fois dans le supplément de son *General Synopsis*, sous le nom de *blue rumped creeper*.

M. Levaillant nous assure (article de son *sucrier à plastron rouge*) que cet oiseau est le souï-manga à collier, mais qu'on s'est trompé en lui donnant la gorge rouge au lieu de la poitrine. (Vieill.)

Souï-MANGA VIOLET A POITRINE ROUGE : *Cinnyris discolor*, Vieill.; *Certhia senegalensis*, Lath.; Oiseaux dorés, pl. 8. C'est le Souï-MANGA VIOLET A POITRINE ROUGE de Buffon, le *Senegal-creeper* de Latham, et le *Certhia senegalensis* de Linné.

Il a quatre pouces quatre lignes de longueur. Son bec et ses pieds sont noirs; un vert-doré éclatant couvre le sommet de la tête et le gosier; une ligne longitudinale de cette couleur part de la mandibule inférieure et se termine sur les côtés de la gorge en passant sur les yeux. La gorge et la poitrine sont variées de bleu, de violet, de vert et de rouge, changeant en brun ou en rouge à teinte uniforme, suivant les reflets de la lumière. Un brun vineux velouté colore le cou, le dos, le croupion et le ventre.

Le Souï-MANGA RAYÉ, pl. 9 des Oiseaux dorés de Vieillot, est, d'après cet ornithologiste, très-probablement la femelle de l'espèce que nous venons de décrire, ou peut-être le jeune âge.

Le mâle en habit d'hiver est d'un brun grisâtre sur toutes les parties supérieures du corps, des ailes et de la queue; la femelle tire sur le roussâtre et se rapproche beaucoup du mâle en mue.

Ce souï-manga est commun au Sénégal.

Le Souï-MANGA VARIÉ, figuré pl. 21 des Oiseaux dorés, est probablement une femelle ou un jeune âge. Du Congo.

Souï-MANGA VIOLET, *Cinnyris iodeus*. M. Vieillot rapporte cette espèce (pl. 12) au *purple indian creeper* d'Edwards (pl. 265), *cinnyris purpurata*. Elle a le corps violet, à ailes noirâtres, et a de plus que le souï-manga pourpre une petite bande marron sur le haut de la poitrine.

De l'Inde, à la côte de Malabar.

Souï-MANGA VERT ET GRIS. Ce souï-manga, figuré pl. 25 des Oiseaux dorés, est sans doute en plumage incomplet. La tête est bleue; le dessus du corps est vert et le dessous gris; le bec et les pieds sont noirs.

Il habite la côte d'Angole.

Souï-MANGA VERT ET BRUN; *Cinnyris nitens*, Vieill., pl. 24.

Ce souï-manga est vert : un bleu violet, nuancé de rouge terne, recouvre la poitrine; un brun mat teint le ventre, les ailes et la queue; le bec est noir; les pieds sont bruns.

Il habite la côte d'Afrique au Congo.

Souï-MANGA TRICOLORE : *Cinnyris cuprœa*, Cuv.; *Cinnyris tricolor*, Vieill., pl. 23; *Certhia œnea*, Sparrm. (*Mus. Carls.*, fasc. 4, pl. 78). Ce souï-manga a le devant du corps d'un rouge cuivré assez brillant, et toutes les parties postérieures brunâtres. Les couvertures inférieures de la queue sont d'un beau noir; le bec et les pieds sont bruns.

Cet oiseau, assez commun à Malimbe dans le Congo, fréquente principalement les arbres des bords de la mer.

Souï-MANGA A TÊTE BLEUE ; *Cinnyris cyanocephalus*, Vieill., pl. 7. Cet oiseau est remarquable par la belle teinte d'azur violette qui revêt la tête et le cou, jusqu'au haut du ventre, et qui lui forme une sorte de mantille. Les parties supérieures du corps sont vertes, et le ventre est gris-brun; deux faisceaux jaunes occupent les côtés de la poitrine, comme dans beaucoup d'espèces.

Il est commun à Malimbe sur la côte d'Afrique.

Souï-MANGA SOUGNIMBINDOU, *Cinnyris sugnimbindus*. M. Vieillot (pl. 22) a conservé à cette magnifique espèce le nom qu'elle porte chez les Nègres de Malimbe, à la côte d'Afrique, d'où elle a été rapportée par M. Perrein. Il la nomme *Cinnyris superbus* (t. 31, p. 512, du Nouv. Dict. d'hist. nat.), et décrit ainsi, p. 44, tom. 2, des Oiseaux dorés, cette espèce encore rare dans les collections. «Elle surpasse tous les souï-mangas par « une taille plus grande et des couleurs dont l'harmonie et « la beauté ne laissent rien à désirer. Sa robe réunit le co- « loris, le velouté des fleurs. l'éclat des métaux, les reflets « des pierres les plus resplendissantes; le violet pourpré , « l'azur et le vert cuivré régnent sur sa gorge. Cette riche « alliance est séparée du rouge velouté de la poitrine par « une étroite ceinture d'un vert-doré éclatant : toutes ces « nuances s'isolent sur les autres parties du corps. Le bleu « d'azur couronne la tête; le vert doré domine sur l'occiput « et le dessus du corps; un rouge foncé couvre le ventre et « ses côtés: enfin. le tout est ombré par le brun noirâtre

« des pennes des ailes et de la queue ; l'iris est rouge ; le
« bec et les pieds sont noirs. Elle a de longueur totale six
« pouces. »

Ce souï-manga habite l'Afrique.

Souï-manga du protea, *Certhia capensis*.

Cet oiseau a long-temps été balloté dans plusieurs genres :
c'est ainsi que Latham en a fait une huppe (*upupa promerops*)
et un guêpier (*merops cafer*); Linné, les *certhia chalybea, ca-*
pensis et *cafra* ; Levaillant, un sucrier, qu'il a nommé du *protea*
d'après l'arbre qu'il fréquente et dont il recherche le nectar.
C'est le *Certhia superba* de Vieillot, figuré pl. 5 et 6 de l'Histoire des Promérops, et son *Cinnyris longicaudatus* du tom. 31,
pag. 510, du Dictionnaire d'histoire naturelle.

Levaillant dit que les colons hollandois du cap de Bonne-
Espérance lui donnent plusieurs noms, tels que ceux de *queue*
en flèche, de *sucrier à longue queue*, de *roi des sucriers*, etc.

Le souï-manga du *protea*, mâle, a dix-huit pouces de longueur totale. La queue à elle seule en a dix ; le sommet de
la tête est d'un gris roussâtre, et l'occiput, comme le dessus du corps et les premières pennes des ailes, sont d'un
brun grisâtre ; le croupion est olivâtre ; la gorge est blanche
et encadrée d'un cercle gris-brun ; la poitrine est rousse et
le ventre est taché de flammes brunes et blanches ; les couvertures inférieures de la queue sont jaunes ; les pennes sont
brunes ; bec et pieds noirs.

La femelle est plus petite, et sa queue moins longue.

Ce souï-manga, commun aux environs du cap de Bonne-
Espérance, fait son nid dans les *protea*, avec de la mousse
et des herbes ténues, et revêt l'intérieur de bourre. La femelle pond de quatre à cinq œufs olivâtres.

Le Souï-manga a plastron rouge ; *Cinnyris smaragdinus*,
Vieillot, pl. 300, figuré pl. 1 et 2 des Oiseaux d'Afrique de Levaillant, sous le nom de *sucrier à plastron rouge*. Le mâle
a la tête, le cou, le manteau et les couvertures des ailes
d'un vert émeraude brillant d'or ; un collier bleu d'acier
poli ; le devant du cou vert doré ; la poitrine rouge ; le croupion et les couvertures supérieures de la queue d'un bleu
pourpré ; le ventre et les parties postérieures d'un gris olivâtre ; la queue d'un noir glacé de bleu ; les ailes d'un noir-

brun bordé d'olivâtre; une tache jaune sous les aisselles; le bec et les pieds noirs.

La femelle est plus petite que le mâle, d'un gris-brun cendré en dessus, d'un gris olivâtre sur la poitrine et sur les flancs. Cette teinte passe au blanc sur les parties postérieures; le bec et les pieds sont d'un brun noirâtre. Le mâle en habit d'hiver n'en diffère que par la tache jaune qui est sous les ailes.

Cette espèce niche dans des trous d'arbres. Sa ponte est de quatre ou cinq œufs d'un blanc bleuâtre, piqueté de fauve. Le mâle a de grands rapports avec le souï-manga à collier de Buffon; mais Levaillant nous assure que ce sont deux espèces distinctes. Celui-ci diffère principalement en ce que son plastron rouge est plus large; que le dessous du corps est d'un gris blanchâtre et qu'il est d'une taille plus forte. (Vieillot.)

Le Souï-MANGA SUCRION; *Cinnyris pusillus*, Vieill., pl. 298 des Oiseaux d'Afrique de Levaillant, sous le nom de *sucrion*. La tête et le devant du cou de cet oiseau, qui est de la taille du troglodyte, reflètent un bleu-pourpre vert; le dessus du cou, le manteau, les scapulaires et les couvertures supérieures des ailes sont d'un marron pourpré; les pennes intermédiaires de la queue et le bord des latérales, d'un vert bronzé; les couvertures supérieures et le croupion d'un violet éclatant; la poitrine et les parties postérieures d'un orangé rougeâtre; le bec et les pieds noirâtres; les pennes primaires noires et glacées de bleu; l'iris d'un marron vif.

La femelle est plus petite que le mâle, et en diffère en ce qu'elle a toutes les parties supérieures d'un vert olivâtre; toutes les inférieures d'un jaune très-pâle, plus foncé sur la poitrine et sur les flancs; le bec et les pieds noirâtres. Le mâle en habit d'hiver lui ressemble; mais la couleur jaune est plus foncée sur le devant du cou. (Vieillot.)

Le Souï-MANGA SOLA; *Cinnyris sola*, Vieill. Cet oiseau porte à Pondichéry, d'où il a été envoyé par M. Leschenault, le nom de *sola silan*. Il se plaît aussi dans d'autres parties de l'Inde; car le naturaliste Macé l'a trouvé au Bengale. La gorge de ce souï-manga est d'un bleu foncé, brillant et à reflets; le devant du cou et les parties postérieures sont d'un jaune jonquille ; la tête , le dessus du cou , d'un vert-doré changeant ; les ailes vertes , ainsi que la queue , dont les deux pennes extérieures sont blanches à leur extrémité ; le bec est noir , les tarses bruns et la queue arrondie.

M. Vieillot a fait figurer, dans les Oiseaux dorés, pl. 29 de l'Histoire des souï-mangas, sous la dénomination de souï-manga à gorge bleue, un individu qui présente de grands rapports avec celui-ci. (Vieillot.)

Habite l'Inde.

Le Soüï-MANGA A QUEUE NOIRE : *Cinnyris melanurus*, Vieill.; *Certhia melanura*, Latham. Ce souï-manga, auquel Sparrman, qui le premier l'a décrit (fasc. 1, pl. 5), donne le cap de Bonne-Espérance pour patrie, a le bec noir : la tête et le dos violets ; la poitrine et le ventre inclinant au vert; les couvertures des ailes brunes et bordées d'olivâtre ; la queue noire, assez longue et fourchue; les pieds de cette couleur, et les ongles jaunâtres : longueur six pouces et deux lignes. (Vieillot.)

Le Soüï-MANGA NOIR A POITRINE ROUGE ; *Cinnyris erythrothorax*, Vieill. Cet oiseau, décrit pour la première fois par M. Vieillot, et rapporté de la côte d'Angole par M. Perrein, est un des plus beaux de sa famille. Il a le front et le dessus de la tête d'un riche vert doré, entouré, près de l'occiput, d'une bande qui prend un ton jaunâtre : le dessus du cou, les scapulaires et les couvertures des ailes d'un noir de velours, à reflets violets : le devant de cette partie, la gorge, le dos et le croupion, d'un violet éclatant : la poitrine et le ventre d'un rouge rembruni ; le bas-ventre gris ; les ailes et la queue d'un brun-noirâtre bordé de violet sur les pennes caudales : le bec et les pieds noirs.

Il habite l'Afrique.

Le Soüï-MANGA PERREIN, *Cinnyris Perreini*, Vieill. Cet oiseau, que Perrein a rapporté du royaume de Congo, est de la taille du souï-manga à front doré. Un riche vert-doré à reflets règne sur toutes les parties supérieures, les ailes et la queue ; le reste du plumage est d'un noir de velours ; le bec et les pieds sont d'un noir mat ; la queue est échancrée. (Vieillot, Dict. d'hist. nat.)

Le Soüï-MANGA DU PAYS DES MARATTES, *Certhia maratta* ,

Lath. Il a des rapports avec le souï-manga azuré, et en diffère en ce qu'une teinte pourprée couvre tout son corps, et que les pennes de sa queue, excepté les intermédiaires, sont bordées de violet; en outre, il a sur les côtés de la poitrine une touffe de plumes jaunes, dont il n'est pas fait mention dans la description de l'azuré. (Vieillot.)

Le Souï-MANGA OMNICOLORE; *Certhia omnicolor*, Lath. Cet oiseau, décrit d'après Séba, habite, dit-il, Ceilan. Sa longueur est de huit pouces; un vert nuancé de toutes sortes de couleurs éclatantes, parmi lesquelles celle de l'or semble dominer, est répandu sur tout son plumage. Ce seroit la plus grosse et la plus grande espèce de souï-manga, s'il existe réellement tel que l'a fait figurer Séba. (Vieillot.)

Le Souï-MANGA ORANGÉ; *Certhia aurantia*, Lath. Cet oiseau, suivant Smeatmann, se trouve en Afrique. Il a quatre pouces de longueur; le bec noir; les pieds d'une teinte sombre; le dessus du corps vert; le dessous jaunâtre; la gorge orangée; les pennes des ailes et de la queue noires; les pieds bruns. (Vieillot.)

Le Souï-MANGA POURPRE; *Cinnyris purpuratus*, Vieill., figuré pl. 11 des Oiseaux dorés et décrit par Montbeillard sous le nom qu'il porte : c'est le *purple indian creeper* d'Edwards, figuré pl. 265. Telle est du moins la synonymie que donne M. Vieillot, quoiqu'elle s'éloigne un peu des descriptions laissées par ces auteurs.

Le souï-manga pourpre, figuré par Vieillot, a le front d'un bleu noir et le reste de la tête d'un vert changeant en violet pourpré, qui prend une teinte plus sombre sur le gosier et la gorge; deux touffes de plumes jaunes occupent les côtés de la poitrine, dont le haut est séparé de la gorge par deux bandes transversales, la supérieure d'un violet brillant et la seconde d'un beau rouge. Ce violet change en bleu sur les couvertures des ailes, dont les pennes sont noires, ainsi que le ventre, le bec, les pieds et la queue; mais ce noir prend une teinte bleuâtre sur cette dernière. Il a de longueur totale quatre pouces et demi. Les mandibules sont très-fortes et très-arquées.

La femelle ou le jeune âge est d'un gris olivâtre, un peu plus foncé sur la queue, et d'un blanc grisâtre sous le corps.

Cet oiseau doit être de l'Inde ou des Philippines.

Le Souï-MANGA A PLUMES SOYEUSES : *Cinnyris bombicinus*, Vieill.; variété *C* de *l'african creeper* de Latham, *Synops. of birds*, ou *certhia afra* de Linné. Cette belle espèce se distingue par le velouté remarquable de ses plumes; par le vert d'émeraude doré du dos, des couvertures des ailes et de la queue; une calotte verte revêt l'occiput; un bleu d'acier bruni passant à l'azur, occupe les joues, le devant du cou, de la gorge et de la poitrine; une ceinture rouge traverse cette dernière partie; le ventre est bleu; le bec et les pieds sont noirs; les pennes alaires sont d'un noir vif, ainsi que le bord de l'extrémité de la queue. Elle a cinq pouces et demi de longueur totale.

Habite l'Afrique.

Le Souï-MANGA A LONGUE QUEUE DU CONGO; *Cinnyris caudatus*, Vieill. Nous n'admettons ce souï-manga comme espèce que d'après M. Vieillot, qui dit l'avoir soigneusement comparé avec le souï-manga vert-doré changeant, à longue queue, du Sénégal, et s'être assuré de leurs différences. Cependant les nuances qui les séparent sont très-légères, et le voisinage de leurs patries respectives, doivent autoriser à ne les regarder que comme une variété l'une de l'autre.

Le *cinnyris caudatus* est figuré planche 40 des Oiseaux dorés. Son corps en entier est d'un vert-doré très-brillant, ainsi que les deux pennes intermédiaires de la queue. Les pennes alaires et caudales sont brunes; le haut de la poitrine est bleuâtre; le milieu de la poitrine d'un rouge vif et le bas-ventre grisâtre; le bec et les pieds sont bruns. Il est de la taille du pouillot et a six pouces de longueur totale. D'après les renseignemens fournis à M. Vieillot par M. Perrein, il suce les fleurs et est très-commun à Malimbe.

M. Vieillot, page 62 du tome second de l'histoire des souï-mangas, lui donne pour synonymie les noms de *petit souï-manga à longue queue*, *grimpereau à longue queue* du Sénégal de Brisson, *souï-manga vert-doré changeant, à longue queue*, de Buffon; de *beautiful creeper* de Latham; enfin, de *certhia pulchella* de Linné.

Cette variété habite le Congo.

Le Souï-MANGA ROUGE ET NOIR; *Cinnyris rubrater*, Lesson.

Cette espèce, qui existe au Muséum d'histoire naturelle, habite les îles Philippines, où l'a trouvée M. Dussumier, et l'île d'*Oualan*, où j'en ai tué un grand nombre d'individus. Elle se rapproche par le plumage un peu de l'héoro-taire *Kuyumata*, figuré pl. 58, page 92, tome 2, des Oiseaux dorés de Vieillot, et qu'il indique à Tanna, une des Hébrides ; mais tous ses caractères en font un souï-manga, remarquable par les deux seules couleurs sans éclat métallique, qui forment sa parure. Le dos et le ventre, de même que le cou, la poitrine et la tête, sont d'un rouge vif ; mais comme ce rouge n'occupe que le sommet de chaque plume et que leur base est noire, il en résulte, çà et là, lorsque celles-ci sont dérangées, des taches brunes ; les ailes et la queue sont brunes, et le bec et les pieds sont noirs. Longueur quatre pouces. Cet oiseau a les mouvemens vifs et agiles. Il est familier, peu défiant, et se tient de préférence dans les grands arbres du genre *Bruguiera*, qui bordent l'île. Les naturels le nomment *cisse*.

Il habite les îles océaniennes les plus occidentales, et doit, sans doute, se retrouver sur les îles Pelew. MM. Quoy et Gaimard l'ont aussi rapporté des îles Mariannes.

Le Souï-MANGA VERT ET POURPRE ; *Cinnyris coccinigastra ; Certhia*, Lath. Il a cinq pouces un quart de longueur ; le bec noir ; la tête, le devant du cou et la poitrine d'un pourpre améthyste très-brillant, bordé sur la poitrine par un ruban d'un rouge vermillon ; le ventre noir ; le bas-ventre et les couvertures inférieures de la queue d'un bleu-pourpré brillant ; le dessus du cou, les petites couvertures des ailes, le dos, le croupion et les plumes qui recouvrent l'origine des pennes caudales, d'un vert-doré éclatant ; le reste des ailes et la queue d'un noir verdâtre ; les deux ou trois pennes extérieures frangées en dehors de vert doré ; un petit bouquet de plumes jaunes sur chaque côté de la poitrine, au-dessous des ailes ; les pieds noirs.

On le trouve en Afrique. (Vieillot.)

Le Souï-MANGA VERT A VENTRE BLANC ; *Cinnyris leucogaster*, Vieill. Cet oiseau, de l'île de Timor, où l'a trouvé Maugé, a la tête, la gorge et toutes les parties supérieures d'un vert doré ; la poitrine d'un bleu d'acier poli ; le ventre et les parties postérieures blanches ; les ailes et la queue noires ; celle-ci un peu fourchue ; le bec noir et les pieds bruns. (Vieillot.)

Le Souï-MANGA DE MACASSAR, *Cinnyris macassariensis.* Cette espèce, au moins douteuse, n'a été décrite que d'après Séba, tom. 1, pag. 100, pl. 63, n.º 3.

Comme son nom l'indique, on la croit propre à l'île de Célèbes.

Le Souï-MANGA A LONG BEC, *Cinnyris longirostris.* Latham a nommé *certhia longirostra* un oiseau dans le jeune âge ou une femelle dont on lui envoya un dessin du Bengale. Son bec est long de plus d'un pouce ; tout le dessus du cou et de la tête d'un vert clair ; le dos, les ailes et la queue noirâtres et bordées de vert olive ; le devant du cou est blanc ; le ventre est jaunâtre et les pieds sont bleuâtres.

Le Souï-MANGA MARRON POURPRÉ A POITRINE ROUGE : *Cinnyris speratus*, Vieill., Nouv. Dict. d'hist. nat., tom. 31, pag. 505 ; Buffon, fig. 1 et 2, enl. 246 ; *Certhia sperata* ou *Reed breaster creeper* de Latham, et GRIMPEREAU POURPRÉ DES PHILIPPINES de Brisson. Ce souï-manga paroît offrir plusieurs variétés qui se rapprochent les unes des autres. Ainsi l'espèce primitive a la tête, la gorge, le devant du cou variés de fauve et de noir lustré, passant au bleu violet ; le dessus du cou et le devant du corps sont d'un marron pourpré, et sur la partie postérieure, comme sur les couvertures des ailes, on remarque un violet changeant en vert doré. Les couvertures moyennes sont terminées de marron pourpré ; la poitrine et le haut du ventre sont d'un rouge vif. Le reste du dessous du corps est d'un jaune olivâtre ; les pennes et les grandes couvertures des ailes sont brunes, bordées de roux ; les pennes caudales sont noirâtres, avec des reflets d'acier bruni et bordées de violet, à reflets vert-doré ; les pieds sont bruns ; le bec est noir en dessus, blanc en dessous.

M. Vieillot, pl. 16, a figuré un souï-manga de la collection de M. Dufrêne, qu'il regarde comme une variété. Cet oiseau a quatre pouces et ne diffère du précédent que par la nuance qui colore la poitrine ; nuance trop légère pour permettre de l'en séparer comme espèce. Comme lui, il habite les îles Philippines et paroît avoir été figuré par Séba, qui dit qu'il a le chant du rossignol. Il a, du reste, la poitrine d'un beau marron; le ventre d'un jaune pur à son milieu et d'un blanc soyeux sur les côtés.

Le Souï-MANGA A GORGE VIOLETTE ET A POITRINE ROUGE, figuré pl. 32 du tome 2 des Oiseaux dorés d'Audebert et de M. Vieillot, sous le nom de *souï-manga à gorge violette*, n'est encore qu'une variété du *souï-manga pourpré à poitrine rouge*. Sonnerat le mentionne dans son Voyage à la Nouvelle-Guinée sous le nom de grimpereau de Luçon, qu'il a figuré pl. 30, fig. *A*. Latham en avoit fait une variété B de son *reed breasted creeper*.

Découvert par Sonnerat, cet oiseau a les plumes de la tête vertes; la gorge d'un violet lustré; la poitrine d'un rouge qui tient le milieu entre le vermillon et le carmin; les petites couvertures des ailes sont mordorées, et le pli d'un vert brillant; le croupion, les pennes et les couvertures supérieures de la queue, d'une couleur d'acier poli, tirant sur le verdâtre; les inférieures d'un vert terne; le ventre jaune; le bec et les pieds noirs. Il a de longueur trois pouces sept lignes. (Vieillot.)

Le jeune âge de cette variété, avant sa première mue, a un plumage assez analogue à celui du petit grimpereau bleu et blanc d'Edwards, suivant M. Vieillot; mais cet ornithologiste trouve que le brun qui colore les parties supérieures de la tête et du corps n'a aucun reflet. La gorge et la poitrine sont blanches; le ventre et le bas-ventre sont d'un jaune clair.

La femelle du souï-manga pourpré, à poitrine rouge, est figurée pl. 17 des Oiseaux dorés de Vieillot, sous le nom de souï-manga à ceinture marron. Comme toutes les femelles de ce genre, elle est terne, et son plumage n'est composé que d'un mélange de vert et de jaune, passant par des teintes adoucies à l'olivâtre. Le bec et les pieds sont noirâtres.

Cet oiseau habite les îles Philippines.

Le Souï-MANGA DE MALACCA: *Cinnyris lepidus*, Vieill.; Sonnerat, Voyage aux Indes, tome 2, page 116, fig. 1; Sparrman, 35; *Certhia lepida*, Latham. M. Vieillot a décrit ainsi ce souï-manga: Taille un peu moins grosse que celle du serin. Front d'un vert foncé chatoyant; une bande longitudinale d'un verdâtre terreux, qui part de l'angle supérieur du bec, passe au-dessous des yeux et descend sur les côtés du cou, où elle finit en s'arrondissant. Une raie d'un beau violet naît de l'angle des deux mandibules et se prolonge jusqu'à l'aile. Un rouge brun couvre la gorge; une teinte violette, ayant le poli et le brillant du métal, s'étend sur les petites couvertures des ailes; les moyennes sont mordorées, les grandes d'un brun terreux; le dos, le croupion et la queue sont d'un beau violet changeant; le dessous du corps est jaune; l'iris rouge; le bec noir et les pieds bruns. La femelle et le mâle dans le jeune âge sont d'un vert-olive sale.

Le Souï-MANGA A LONGUE QUEUE : *Cinnyris famosus*, Vieill.; *Certhia famosa*, Linné; *Famous creeper*, Latham, *Synops. of birds*; GRIMPEREAU A LONGUE QUEUE DU CAP DE BONNE-ESPÉRANCE de Brisson; le GRAND Souï-MANGA A LONGUE QUEUE, Buffon, Enl., 83, 1; le SUCRIER MALACHITE, Levaillant. Suivant ce voyageur, c'est le *tawa* (fiel) des Hottentots, et le *groen suiker-vogel* (oiseau sucrier vert) des colons hollandois du cap de Bonne-Espérance.

Parmi les brillans souï-mangas, dont la livrée étincelle par l'éclat des métaux les plus riches ou des pierres précieuses qui la décorent, cette espèce est sans contredit très-remarquable. Elle n'offre point cette diversité de teintes qui flattent par leur inconstance et leur vivacité l'œil de l'observateur: mais, en échange, le vert brillant, glacé d'or, qui couvre uniformément ses habits, la rend aussi riche et aussi belle que nulle autre du même genre.

Tout le plumage de cette espèce est d'un beau vert doré, qui passe légèrement au bleu d'acier vers le bas-ventre. Les pennes alaires et caudales sont d'un noir violet; les pennes secondaires sont bordées de vert doré à l'extérieur, ainsi que les deux longues pennes de la queue, qui dépassent les latérales de plus de deux pouces. Un trait noir de velours naît à la commissure du bec et se rend à l'œil. Deux petits faisceaux de plumes jaunâtres occupent les côtés de la poitrine. Le bec et les pieds sont noirs. La longueur totale est de neuf pouces et demi.

M. Vieillot donne, pl. 38, la figure d'un souï-manga qu'il regarde comme la femelle de l'espèce que nous décrivons.

Cette femelle n'auroit guère que cinq pouces de longueur. Son plumage seroit supérieurement d'un gris-cendré jaunâtre, passant au jaune clair sur les parties inférieures du corps. Une petite tache jaunâtre est placée auprès des yeux, et une ligne jaune part de la commissure du bec et se rend sur les côtés du cou. Les pieds et le bec sont noirâtres. M. Vieillot pense en outre que l'individu donné par Montbeillard pour la femelle, est un mâle en mue.

Ce beau souï-manga est commun dans les environs du cap de Bonne-Espérance. La femelle fait son nid avec des brins très-flexibles, revêtus en dehors de mousse et garnis de bourre en dedans. Elle pond quatre ou cinq œufs verdâtres. Le mâle a, dit Levaillant, un gazouillement fort agréable, et pousse à tout moment un coup de sifflet, qui se fait entendre de très-loin.

Le Souï-manga gracieux; *Cinnyris elegans*, Vieill. Cette espèce est figurée dans la planche 75 des Oiseaux dorés sous le nom de souï-manga à bec droit, *cinnyris rectirostris*.

Il termine l'histoire des grimpereaux de M. Vieillot, qui lui trouve de l'analogie par ses mandibules avec les figuiers. Il a le dessus de la tête, le dos, le croupion, les couvertures des ailes et la gorge d'un vert cuivré; les pennes des ailes et de la queue d'un vert clair et bordées de vert sale; le dessous du cou est jaune; deux petits faisceaux de cette couleur sur les côtés de la poitrine; le ventre d'un jaune sale, qui s'éclaircit sur les couvertures inférieures de la queue. Il a de longueur totale trois pouces et demi. Le bec a six lignes; il est noirâtre, ainsi que les pieds.

On le suppose de l'Inde.

Le Souï-manga namaquois; *Cinnyris fuscus*, Vieill. Levaillant a figuré, pl. 296, cette espèce sous le nom de *sucrier namaquois*. Le mâle a la tête, le dessus du cou et les couvertures des ailes d'un brun à reflets peu éclatans; la gorge d'un violet à reflets bleuâtres; les ailes et la queue sont d'un brun noir; les parties postérieures du corps et le ventre sont blanches; le bec et les pieds sont bruns. La femelle est d'un gris-brun cendré sur les ailes et la queue; le reste est blanc-grisâtre.

Il habite le cap de Bonne-Espérance.

Le Souï-manga mordoré. *Cinnyris rubescens*. M. Vieillot

donne, dans le Nouv. Dict. d'hist. nat., tom. 31, p. 506, sous ce nom une espèce nouvelle, qu'il décrit ainsi : Ce souï-manga, de la taille du *carmélite*, a le front d'un vert-doré changeant en bleu éclatant vers le sommet de la tête ; l'occiput et les joues sont noirs. Cette couleur jette des reflets mordorés sur les ailes et sur la queue. Un riche mordoré velouté domine sur toutes les parties supérieures. La gorge et le devant du cou sont d'un vert-doré très-brillant, bordé de bleu vers le bas de la dernière partie ; la poitrine, le ventre et les couvertures inférieures sont d'un noir de velours ; le bec et les pieds sont d'un noir mat.

Il habite le Congo et quelques autres points de l'Afrique.

Le Souï-manga de Ceilan : *Cinnyris zeylonicus*, Vieill.; le Souï-manga olive a gorge pourpre est le *certhia zeilonica* de Latham, et se trouve figuré au n.º 4 de l'Enl. 576, de Buffon. M. Cuvier regarde les figures 29 et 30 des Oiseaux dorés de M. Vieillot comme donnant la même espèce ou du moins une variété légère, ce qui paroît évident. Le souï-manga à gorge bleue de M. Vieillot devroit donc être retranché des *species*.

La gorge, le devant du cou et la poitrine, sont recouverts de plumes violettes très-brillantes. Le dessous du corps est jaunâtre, et le dessus de couleur olivâtre ; une bordure de cette dernière teinte règne sur les pennes de la queue et des ailes, et sur les grandes couvertures, qui, en général, sont brunes. Bec noir et pieds cendrés. Longueur quatre pouces.

Il habite les Philippines.

Le Souï-manga olive de Madagascar, *Cinnyris olivaceus* : c'est le *certhia olivacea* de Latham, que Montbeillard regarde comme une variété du souï-manga olive à gorge pourpre, et que M. Vieillot décrit comme une espèce, tom. 31, p. 507, du Nouv. Dict. d'hist. nat.

Parmi les genres nombreux, créés dans ces derniers temps aux dépens des vrais souï-mangas, des grimpereaux, etc., nous croyons devoir mentionner les principaux, suivant le degré de leurs rapports naturels avec l'intéressante famille qui nous occupe.

Genre Pomatorhinus, Horsfield, *Zool. resea. in Java.*

Ce genre a un opercule corné, qui recouvre les narines ; le

bec est subitement comprimé vers la pointe et s'élargit au-delà des narines. Les autres caractères sont ceux des soui-mangas.

Pomathorin temporal; *Pomathorinus temporalis*, Vigors et Horsf., *Trans. soc. linn. Lond.*, tome 15, page 530. Cet oiseau, qui est le *dusky bee eater* de Lath., *Gen. hist.*, tom. 4, page 146, n.° 51, a le plumage fauve cendré, passant au fauve jaunâtre en dessous. Il a le front, les tempes, la gorge et la poitrine de couleur blanche, et une ligne légère au-dessus de chaque œil, noire ainsi que la queue. L'extrémité de celle-ci est blanche. Le bec est noir et blanchâtre vers le front. Il a de longueur dix pouces trois lignes, et l'individu qui a servi à établir cette espèce a été trouvé à Shoalwater-bay, sur les côtes de la Nouvelle-Hollande, en Août 1802, par M. Robert Brown.

Pomathorin a sourcils; *Pomathorinus superciliosus*, Vigors et Horsf. *loc. cit.* Cette espèce, inédite, est d'un fauve brunâtre. La ligne qui passe au-dessus des yeux s'étend jusqu'à la nuque. La gorge, la poitrine, la partie antérieure de l'abdomen, ainsi que l'extrémité de la queue, sont de couleur blanche; le bec et les pieds sont noirs. Le corps a de longueur totale sept pouces neuf lignes. Cet oiseau a été découvert sur la côte Sud de la Nouvelle-Hollande par M. Brown.

Ces deux espèces appartiennent à la Nouvelle-Hollande. On sait, en effet, que la partie intertropicale de cette grande terre a les mêmes productions animales que les terres environnantes des Moluques et de la Nouvelle-Guinée; aussi nous ne doutons pas que c'est par transposition d'étiquette qu'on indique la deuxième comme du sud de l'Australie: elle doit être certainement de la portion nord.

Pomatorhin d'Isidore; *Pomatorhinus Isidorei*, Lesson. Cet oiseau inédit, de la Nouvelle-Guinée, a neuf pouces de longueur totale, du bout du bec à l'extrémité de la queue. Le bec est long d'un pouce, légèrement recourbé, de couleur jaune, très-comprimé vers sa pointe: la commissure est garnie d'un rebord, et recouvre la mandibule inférieure. Les tarses sont robustes, garnis de larges scutelles. Les doigts sont forts, garnis d'ongles comprimés; celui du pouce est plus fort que ceux de devant: le doigt du milieu est le plus long. La queue est composée de dix pennes étagées : elle est longue d'un peu moins de quatre pouces. Les ailes sont courtes, à pennes presque égales, allant jusqu'aux deux tiers de la queue. Les quatrième, cinquième et sixième rémiges sont les plus longues ; la première étant la plus courte de toutes.

Le plumage de cet oiseau est en entier d'une teinte assez uniforme : les ailes et la queue sont d'un marron assez vif, plus clair sur la gorge et sur la poitrine, plus terne sur le ventre, et mêlé a du gris sur la tête et sur le dos. L'extrémité des plumes caudales est fréquemment usée. Les tarses sont d'un brun roux, et les ongles jaunâtres.

Il habite les forêts des alentours du hâvre de Doréry, à la Nouvelle-Guinée, où je n'en ai observé que deux individus.

Pomatorhin des montagnes, *Pomatorhinus montanus*, Horsf. Cette espèce habite les montagnes boisées de Java, à 7000 pieds au-dessus du niveau de la mer.

Genre Prinia, Horsfield, *loc. cit.*

Ce genre ne diffère du précédent que par son bec comparativement plus droit et graduellement atténué vers la pointe, ainsi que par le manque d'opercules des narines, qui ressemblent à celles des *cynniris*, mais qui sont plus larges et de forme différente. Le tarse est élevé.

La *Prinia familiaris* est la seule espèce nouvelle de Java qui appartienne à ce genre.

M. Horsfield a encore créé le genre Orthotomus, qui a de grands rapports avec les deux précédens, et qui ne renferme qu'une espèce, l'*Orthotomus sepium*, également de Java.

Genre Myzomèle, *Myzomela*, Vigors et Horsfield, *Trans. soc. linn. Lond.*, tom. 15, page 316.

Ce genre, nouvellement formé, et purement australien, a pour type le soui-manga cardinal, *certhia cardinalis*, Gmel. Son bec est court et grêle, recourbé sur son arête, à bord mince vers sa base ; les narines sont longitudinales, linéaires, un peu anguleuses, recouvertes d'une membrane, et ont le tiers de la longueur du bec. La langue, les ailes, les pieds, sont comme dans les souï-mangas. La queue est égale et courte.

Dans ce genre MM. Vigors et Horsfield placent plusieurs mellisugues des iles Sandwich, et surtout les espèces suivantes, que nous n'indiquerons que nominalement, pour ne pas trop alonger cet article.

1.re Espèce. *Myzomela cardinalis*. C'est le *certhia cardinalis* de Gmelin ; le Souï-manga rouge et gris de Vieillot, pl. 35, tom. 2 , page 58.

2.e Espèce. *Myzomela tenuirostris ; Certhia tenuirostris*, Lath., *Ind. orn., sp.* 52 ; le Cap noir, Vieill., pl. 60.

3.e Espèce. *Myzomela fulvifrons*. Cette espèce est nouvelle, quoiqu'elle se rapproche beaucoup du *certhia fusca* de Gmelin.

Genre Myzanthe ; *Myzantha*, Vigors et Horsf., *loc. cit.*

Ce genre est formé pour recevoir le *merops garrulus* de Latham, *Ind. orn., sp.* 9 *Suppl.*, et une espèce nouvelle.

Genre Anthochœre, *Anthochæra, loc. cit.*

Dans ce genre, voisin encore de Cinnyridées, MM. Horsfield et Vigors placent le *merops carunculatus* de Latham, *Ind., sp.* 20, et le *certhia mellivora*, *Ind., Suppl., sp.* 8, qui est probablement le *goruck* de Vieillot, et quelques espèces nouvelles.

Genre Tropidorynque, *Tropidorynchus, loc. cit.*

Ce genre, que MM. Horsfield et Vigors ont créé pour recevoir le *Merops Novæ Zelandiæ*, décrit dans ce Dictionnaire sous le nom de *Philedon circinnatus*, paroît avoir les plus grands rapports avec les vrais souï-mangas. Ils y ajoutent aussi le *Corbi-calao*, le *Merops monachus* de Latham, et le *Gracula cyanotis* du même auteur.

Genre Séricule ; *Sericulus*, Swainson.

Ce genre est destiné à recevoir l'oiseau nommé par Lewin *melliphaga chrysocephala*, et *loriot prince-régent* par MM. Quoy, Gaimard et Temminck. MM. Vigors et Horsfield décrivent la femelle que nous avons figurée, et citent notre planche

(voyez Séricule, tom. XLVIII, pag. 497); mais, au lieu d'un mot spécifique aussi vague que celui de tête dorée ou jaune, déjà donné a plusieurs espéces, et que dix oiseaux méritent mieux que le prince-régent qui est presque en entier d'un jaune d'or, nous avons dû, en adoptant le nom de séricule, conserver l'expression de *regens*, que les Anglois ont consacré à cet oiseau dans la colonie du port Jackson, et qui ne devroit que flatter leur amour-propre national.

Deux genres nouveaux, créés nouvellement par les auteurs dont nous avons cité les travaux, se rattachent encore aux souï-mangas : ce sont les genres *Mimetes* de King, et *Psophodes*. Dans ce dernier est placé le Fouet-de-postillon ou le *Muscicapa crepitans*, Lath., *Ind.*, *Suppl.*, sp. 10.

Genre Échelet ; *Climacteris*, Temmk., liv. 47.ᵉ

Ce genre, composé de deux espéces nouvelles de l'Océanie, a les plus grands rapports avec les souï-mangas : il n'en diffère que par quelques légers caractéres. M. Temminck le spécifie ainsi : Bec court, foible, très-comprimé dans toute sa longueur, peu arqué, en alène ; mandibules égales, pointues ; narines basales, latérales, couvertes par une membrane nue ; pieds robustes ; tarse de la longueur du doigt du milieu ; celui-ci et le pouce extraordinairement longs ; ongles très-grands et courbés, sillonnés sur les côtés, subulés, très-crochus ; doigt extérieur réuni jusqu'à la seconde articulation ; l'intérieur jusqu'à la première, latéraux, très-inégaux ; ailes médiocres ; première rémige courte ; la seconde moins longue que la troisième ; celle-ci et la quatrième les plus longues.

Échelet picumne ; *Climacteris picumnus*, Temmk., pl. col. 281, fig. 1. Cet oiseau a le sommet de la tête d'un gris foncé ; la nuque et le cou gris-clair ; les ailes et les deux pennes du milieu de la queue d'un gris brun, couleur de terre ; une large bande, couleur nanquin, passe à peu près sur le milieu des pennes ; les rectrices sont noires, et seulement brunes à leur extrémité et à leur naissance. La gorge et les joues sont d'un blanc sale ; la poitrine est grise ; les plumes des parties inférieures sont blanches dans leur milieu et bordées de brun ; les couvertures inférieures de la queue sont isabelle, marquées de larges taches brunes et transversales; il a de longueur six pouces six lignes.

On le trouve à Timor, à Célèbes et sur la côte nord de l'Australie.

Échelet grimpeur ; *Climacteris scandens*, Temmk., pl. col., 281, fig. 2. Cet oiseau a cinq pouces sept à huit lignes. Son plumage a beaucoup d'analogie avec celui de l'espèce précédente. La tête, le cou, le dos et les scapulaires sont d'un brun couleur de terre d'ombre; mais les plumes de la tête paroissent écaillées, étant bordées de noir; les ailes sont d'un brun cendré, marquées de deux bandes transversales, l'une supérieure, jaune ocracée, et l'autre brunâtre; le croupion et les deux pennes centrales de la queue, ainsi que la naissance des autres, ont une teinte bleuâtre cendrée ou de plomb; la queue est brun-noirâtre, bordée de jaune roux; la gorge et le devant du cou sont d'un blanc pur; la poitrine et le milieu du ventre isabelle; les flancs et les couvertures inférieures de la queue sont variées de mèches blanches, longitudinales, bordées de raies brunes : le mâle a une grande tache rousse sur les côtés du cou. L'échelet grimpeur habite les côtes orientales de la Nouvelle-Hollande ou Australie. (Lesson.)

SOUIL ou plutôt SOUILLE. (*Mamm.*) Les chasseurs appellent ainsi les endroits fangeux que les sangliers habitent de préférence aux lieux plus secs. (Desm.)

SOUILLOUS. (*Bot.*) Voyez Siallous. (Lem.)

SOUIRFAFA. (*Bot.*) Voyez Soudifafat. (J.)

SOUJO-QUINTO. (*Mamm.*) Le phacochœre africain est ainsi nommé par les Nègres, selon le rapport de Dapper. (Desm.)

SOUKHONOS. (*Ornith.*) L'oie de Guinée, *anas cygnoides*, Latham, porte, en Sibérie, ce nom et celui de *kitaiskaia*. (Ch. D.)

SOUKIOU DES MAURES. (*Bot.*) Cet arbre du Sénégal fournit, suivant Adanson, une résine que les habitans de cette colonie croient être l'encens. Il paroît appartenir au genre *Amyris*. (J.)

SOUKOUROURKY. (*Ornith.*) Stedman parle au 5.ᵉ volume de son Voyage à Surinam, p. 164, d'un canard de ce nom dont la chair est très-délicate, et qu'on apprivoise aisément. (Ch. D.)

SOUL.. (*Bot.*) Voyez Horg. (J.)

SOUL. (*Ichthyol.*) Nom anglois de la *sole commune.* Voyez Sole. (H. C.)

SOULAMEA. (*Bot.*) Voyez Bouati. (Poir.)

SOULATTRI. (*Bot.*) L'arbre nommé ainsi à Java, suivant Burmann, est un *calaba*, qu'il nomme *calophyllum soulattri.* (J.)

SOULCIE. (*Ornith.*) Voyez la description de cet oiseau sous le nom de Gros-bec soulcie, au tome XIX de ce Dictionnaire, page 480.

Ce nom et celui de *souci* se donnent aussi au roitelet huppé, *motacilla regulus*, Linn. (Ch. D.)

SOULCIET. (*Ornith.*) Ce nom est appliqué par M. Vieillot à sa passerine montagnarde. (Ch. D.)

SOULGAN. (*Mamm.*) Nom particulier propre à un rongeur du genre Lagomys. Voyez ce mot. (Desm.)

SOULIER DE NOTRE DAME. (*Bot.*) C'est le cypripède. (L. D.)

SOUMELLA. (*Bot.*) Nom brame, cité par Rhéede, de l'*elettadi-maravara* du Malabar, que Burmann fils rapporte à son *polypodium laciniosum*, qui est le *kakajor* de Java. M. Sprengel cite cette plante du Malabar comme synonyme du *pothos pertusus* de Roxburg. (J.)

SOUMETTES. (*Bot.*) Nom vulgaire du fruit du *rubus saxatilis* dans quelques cantons du Dauphiné, suivant Villars. (J.)

SOUNA-SJIBA. (*Bot.*) Nom brame cité par Rhéede du *patitsjivi-maravara*, que Burmann rapporte à son *asplenium arifolium.* (J.)

SOUNOCK. (*Ichthyol.*) Le poisson, dont Renard a parlé sous ce nom, est le *balistes aculeatus* de Linnæus et de Bloch. Voyez Baliste. (H. C.)

SOUNSUIRE. (*Bot.*) Nom languedocien de la salicorne herbacée, cité par Gouan. (J.)

SOUNT. (*Bot.*) Pockocke, parlant des végétaux de l'Égypte, dit que l'on y désigne sous ce nom une espèce d'*acacia*, dont la gousse sert à tanner le cuir. On le plante sur les grandes

routes et on en trouve aussi des petits bois près des villages.
(J.)

SOUPHIO. (*Ichthyol.*) Nom nicéen de la Vandoise. Voyez
ce mot. (H. C.)

SOURA - GAÏS. (*Mamm.*) M. Bosc rapporte que l'yak, espèce de bœuf, est ainsi nommé par les peuples qui habitent
vers les sources du Gange. (Desm.)

SOURBEIRETTO. (*Bot.*) Voyez Ginoino. (J.)

SOURCES. (*Géognos.*) Les sources sont de petits courans
d'eau qui sortent du sein de la terre et qui, pour l'ordinaire,
ne se montrent qu'au pied des montagnes ou au fond des
vallées ; nous disons pour l'ordinaire, car il y a une foule
d'exceptions à cette règle générale. La nature des roches, la
direction, l'inclinaison de leurs couches et une infinité de
causes accidentelles font que l'on trouve des sources à différentes hauteurs et même jusqu'au sommet de quelques montagnes.

Les travaux de mine, le foncement des puits domestiques
et les grandes tranchées ont prouvé qu'il existe dans presque
tous les terrains, et jusqu'à une assez grande profondeur, des
filets et des courans d'eau qui coulent sous terre à notre insçu.
Or, toutes les fois que les eaux souterraines peuvent se ré-
pandre au jour, elles coulent avec calme ou jaillissent avec
force suivant la situation du canal qui les conduit, et telle est
l'origine des sources qui arrosent et fertilisent nos vallées, qui
furent l'objet du culte ou de l'admiration des anciens et dont
l'existence a souvent motivé l'établissement originaire des
villes et de la plupart de nos villages.

On s'étonne de la constance et de l'éternité des sources,
mais autant vaudroit s'étonner de la constance des fleuves et
des rivières, car tout s'enchaîne dans la nature, et s'il est évident que ces grands courans d'eau sont dus à la réunion d'une
infinité de sources, il est certain que les sources sont dues à
l'évaporation et à la condensation de l'eau qui s'élève à chaque instant de la surface des mers, des lacs et des fleuves, et
surtout à la perte que ces grands amas de liquide ne cessent
de faire par le seul fait des filtrations ; perte énorme qui peut
alimenter toutes les sources d'un pays de plaine ; perte qu'il
est difficile de calculer sur les cours d'eau naturels, mais dont

on a acquis la preuve dans les travaux d'art, et particulièrement lorsqu'il s'est agi d'exécuter des canaux à point de partage. En effet, l'expérience et les calculs ont appris que les
rigoles qui alimentent le canal de Languedoc, qui sont celles
qui perdent le moins de toutes, ne rendent que moitié de
ce qu'elles reçoivent ; qu'en prenant pour exemple le canal de Briare, qui existe depuis près de deux siècles et dont
les pertes en filtrations doivent être parvenues à leur mini-
mum, il faut qu'il entre dans un canal une quantité d'eau
égale à vingt fois son prisme de remplissage, pour suffire aux
dépenses d'eau qu'il doit supporter, tant pour la navigation,
que pour remplacer ce qu'enlève l'évaporation, et surtout
pour réparer les pertes toujours considérables occasionées par
les filtrations[1]. Lorsque Colbert voulut alimenter les fontaines
des jardins du château et de la ville de Versailles, on par-
vint à réunir aux environs soixante-neuf millions de mètres
cubes d'eau : c'étoit beaucoup plus qu'il n'en falloit; mais
quand on eut creusé les rigoles, il n'en arriva pas la cent cinquantième partie, et l'on fut obligé de construire la machine
de Marly.

Que l'on juge donc des pertes énormes que doit faire un
grand fleuve pendant quelques centaines de lieues de cours,
que l'on se figure celle des mers et des lacs élevés, que l'on
se représente la multitude infinie de ces voies souterraines;
que l'on fasse entrer en considération la différence des ni-
veaux entre le fleuve qui perd et la source qui jaillit au loin ;
que l'on se représente encore les accidens sans nombre qui
naissent nécessairement des cavités souterraines, de la pente
inverse dont les montagnes de différentes formations sont
composées, de la nature perméable ou imperméable de ces
mêmes couches, et l'on pourra s'expliquer, jusqu'à un certain
point, les intermittences et les autres phénomènes périodiques
que l'on observe assez communément dans les sources et les
fontaines. Que ne peut-on expliquer d'une manière aussi sa-
tisfaisante le degré constant de la chaleur des eaux thermales,
et la cause qui, en les échauffant depuis vingt siècles, leur
a départi la même dose des sels et des gaz qui les font em-

---

[1] Huerne de Pommeuse, des canaux navigables, page 42 du Suppl.

ployer depuis si long-temps dans l'art de guérir! Si les eaux minérales ne devoient leurs propriétés médicinales qu'aux sels dont elles pourroient se charger en lessivant les roches qui les contiennent, il est évident qu'elles finiroient par perdre leur énergie en cessant de trouver des sels à dissoudre; mais il n'en est point ainsi : elles sont toujours les mêmes, au moins depuis l'époque où l'on a pu les observer avec attention. C'est donc à un autre ordre de choses qu'il faut attribuer ce phénomène, et les découvertes physico-chimiques qui ont été faites depuis quelques années sont de nature à nous en faire espérer l'explication. Voyez l'article EAU pour tout ce qui tient aux sources d'eaux pures, d'eaux minérales et d'eaux thermales; voyez aussi l'article GOUFRE. (BRARD.)

SOURCICLE. (*Ornith.*) Un des noms vulgaires du roitelet huppé, *motacilla regulus*, Linn. (CH. D.)

SOURCIL. (*Ichthyol.*) Un des noms vulgaires du *chœtodon vagabundus*. Voyez CHÉTODON. (H. C.)

SOURCILIER ou SOURCILLEUX. (*Ichthyol.*) Nom spécifique d'un CLINUS, que nous avons décrit à la page 402 du tome IX de ce Dictionnaire. (H. C.)

SOURCILLEUX. (*Erpétol.*) Nom spécifique d'un AGAME. Voyez ce mot. (H. C.)

SOURCIROU. (*Ornith.*) Nom sous lequel Levaillant a décrit, dans le second volume de l'Ornithologie d'Afrique, une pie-grièche, figurée pl. 76, n.° 2. (CH. D.)

SOURD. (*Erpét.*) Un des noms de province de la salamandre terrestre. (Voyez SALAMANDRE.)

On appelle aussi *sourd*, au Sénégal, un lézard qui chasse les blattes avec ardeur, et qui en détruit un grand nombre. (H. C.)

SOURDE. (*Ornith.*) Les chasseurs appellent ainsi la petite bécassine, *scolopax gallinula*, Linn. (CH. D.)

SOURDON. (*Malacoz.*) Nom sous lequel les habitans des bords de l'Océan désignent plusieurs espèces de malacozoaires bivalves, qui vivent dans le sable, mais surtout une espèce de buccarde, *cardium edule*, Linn. (DE B.)

SOURGOUR. (*Ornith.*) Nom kourile d'une espèce d'aigle, qui est appelée *siatch* chez les Kamtschadales, et *tilmiti* chez les Koriaques. (CH. D.)

SOURICEAU. (*Mamm.*) Nom vulgaire des jeunes animaux de l'espéce de la souris. (Desm.)

SOURIP. (*Bot.*) C'est sous ce nom que M. Caillaud désigne une plante trouvée par lui dans la Nubie et employée à Sennar comme médicament. M. Delile, qui en donne la description, la nomme *ruellia nubica*. (J.)

SOURIS ou SOURIS DE MER. (*Ichthyol.*) Voyez ce qui concerne cette espèce de cycloptère, qui pourroit fort bien être le même poisson que le Liparis et le gobioïde *smyrnéen*, à la page 296 du tome XII de ce Dictionnaire. (Voyez aussi Cyclogastre et Gobioïde.)

Selon Duhamel, on appelle encore *souris de mer* ou *doucel*, le callionyme lyre. Voyez Callionyme. (H. C.)

SOURIS. (*Mamm.*) Petit mammifère rongeur de notre pays et qui appartient au genre des Rats. Voyez ce mot. (Desm.)

SOURIS. (*Conchyl.*) Nom vulgaire françois d'une espéce de porcelaine, *cypræa lurida*, Linn. (De B.)

SOURIS D'AMÉRIQUE. (*Mamm.*) Ce petit animal, figuré par Séba et admis par Brisson comme espèce distincte, ne paroît pas différer de la souris ordinaire. (Desm.)

SOURIS BLANCHE. (*Conchyl.*) Autre espéce de porcelaine, *cypræa hirundo*, Linn. (De B.)

SOURIS DES BOIS. (*Mamm.*) Les petites espèces de sarigues en Amérique ont été désignées par les noms de *souris des bois* ou de *rats des bois*. (Desm.)

SOURIS CHAUVE ou CHAUVE-SOURIS. (*Mamm.*) Nom collectif employé généralement pour désigner tous les mammifères dont les bras et les mains sont transformés en véritables ailes, ou les Chéiroptères. Voyez ce mot. (Desm.)

SOURIS D'EAU. (*Mamm.*) Quelques petites espèces de musaraignes qui habitent aux environs des ruisseaux et dans les lieux humides, ont reçu ce nom. (Desm.)

SOURIS DE MONTAGNE. (*Mamm.*) Le lemming, mammifère du genre des Campagnols, est ainsi désigné par quelques auteurs. (Desm.)

SOURIS DE MONTAGNE A DEUX PIEDS. (*Mamm.*) La gerboise d'Égypte ou gerbo est ainsi nommée par Michaëlis. (Desm.)

SOURIS DE MOSCOVIE. (*Mamm.*) On a donné ce nom à la marte zibeline. (Desm.)

SOURIS A MUSEAU POINTU. (*Mamm.*) La forme du museau des musaraignes les a fait ainsi nommer. (Desm.)

SOURIS DE TERRE. (*Mamm.*) Selon Sonnini, les petits mulots (espèce du genre Rat) sont nommés *souris de terre* dans quelques cantons de la France. (Desm.)

SOURIS - ROSE (*Bot.*) de Paul., Traité des champ., 2, page 149, pl. 56, fig. 1 et 2. Espèce d'*agaricus*, de la famille des *sauvages nivelleurs* de l'aulet. Il doit son nom à son chapeau de couleur gris-de-souris foncé, garni en dessous de feuillets d'une belle couleur de rose claire. Le stipe est blanc ou gris, fort; la surface de ce champignon est sèche et douce au toucher; sa substance, légèrement grise, ne paroit point malfaisante. (Lem.)

SOUROUBEA. (*Bot.*) Ce genre d'Aublet a été réuni depuis long-temps au *ruyschia* dans la famille des guttifères. (J.)

SOUROUKIRI. (*Bot.*) Dans un catalogue manuscrit d'un herbier de Pondichéry, on trouve sous ce nom l'*amaranthus blittum*. (J.)

SOUSALAT VISH. (*Ichthyol.*) Un des noms hollandois du spare pointillé. Voyez Spare. (H. C.)

SOUSAN. (*Bot.*) Nom arabe du *pancratium maritimum*, cité par M. Delile. Le *pancratium illyricum* est le *susann* de Forskal; le lis blanc est nommé *susen*, selon Daléchamps, et *sousion* par Dioscoride, suivant Adanson. (J.)

SOUSINON. (*Bot.*) On lit dans Dioscoride que ce nom grec étoit donné par quelques personnes au lis. (J.)

SOUSLIC ou SOUSLIK. (*Mamm.*) Petit quadrupède du genre Spermophile (voyez ce mot). Il est aussi appelé zizel, jevraschka et marmotte de Sibérie. (Desm.)

SOUSOURAYTIN. (*Bot.*) Nom caraïbe, cité par Nicolson, de la mélisse à bouton, *melissa globularia* de Plumier; *clinopodium rugosum* de Linnæus; *hyptis capitata* de Jacquin et Willdenow. (J.)

SOUSOUROUSOUROU. (*Bot.*) C'est, suivant Nicolson, le nom de l'Herbe a cloques de Saint - Domingue. Voyez ce mot. (J.)

SOUTANDA. (*Mamm.*) Sonnini dit que c'est le nom du

lièvre d'Amérique ; mais il n'ajoute pas la désignation de l'espèce et l'indication de la patrie de cet animal. (Desm.)

SOUTENELLE. (*Bot.*) Le Dictionnaire économique cite ce nom vulgaire de l'arroche de mer, *atriplex laciniata*, espèce voisine d'autres arroches, nommées pourpiers de mer. (J.)

SOUTERRAIN. (*Bot.*) Vivant sous terre, quoique les analogues soient exposés à l'air ; exemples : parmi les plantes, la truffe ; parmi les cotylédons, la vesce, le pois, etc. ; parmi les fruits, les légumes de l'*arachis hypogæa*, du *trifolium subterraneum*, etc. (Mass.)

SOUTHERNWOD. (*Bot.*) Nom anglois de l'aurone, *artemisia abrotanum*. (J.)

SOUTWALLIA. (*Bot.*) Genre établi par Salisbury, *Parad.*, tab. 69, pour le *sterculia balanghas*, Linn. Voyez STERCULIER. (Poir.)

SOUVENEZ-VOUS-DE-MOI. (*Bot.*) Nom vulgaire de la myosotide vivace et de la myosotide annuelle. (L. D.)

SOUVEREOU. (*Ichthyol.*) Un des noms de pays du SAUREL. Voyez ce mot et CARANX. (H. C.)

SOUYD, SOUD. (*Bot.*) Voyez SUÆD. (J.)

SOVER. (*Mamm.*) En danois, c'est le nom des quadrupèdes du genre des Loirs. (Desm.)

SOVUDVUD. (*Bot.*) Nom arabe, suivant Forskal, de son *justicia sexangularis*, que Vahl rapporte au *justicia chinensis* de Linnæus. (J.)

SOW. (*Mamm.*) Nom anglois de la femelle du porc, ou truie. (Desm.)

SOWA. (*Ornith.*) Nom polonois du hibou à courtes oreilles. (Ch. D.)

SOWALEZNA. (*Ornith.*) Le grand duc, *strix bubo*, est ainsi nommé en Pologne, où le scops ou petit duc est appellé *sowka*. (Ch. D.)

SOWERBÉE, *Sowerbæa*. (*Bot.*) Genre de plantes monocotylédones, à fleurs incomplètes, de la famille des *asphodelées*, de l'*hexandrie monogynie* de Linnæus, offrant pour caractère essentiel : Une corolle à six pétales étalés, persistans ; point de calice ; six étamines insérées au fond de la corolle ; trois fertiles opposées aux pétales intérieurs, munies d'anthères à deux lobes distincts; les trois autres étamines stériles ; un ovaire supérieur; un stigmate simple ; une capsule à trois loges, à trois valves divisées chacune par une cloison ; des semences peltées, presque solitaires dans chaque loge.

Sowerbée a feuilles de jonc : *Sowerbæa juncea*, Smith, *Trans. linn.*, 159, tab. 6; Andr., *Bot. repos.*, tab. 81; *Bot. Magaz.*, tab. 1104; Rob. Brown, *Nov. Holl.*, 1, pag. 285. Cette plante a des racines fibreuses, fasciculées ; elles produisent une hampe nue, très-simple. Les feuilles sont filiformes, scarieuses, dilatées à leur base, s'engaînant réciproquement sur deux rangs opposés, prolongées au-dessus de leur base en une sorte de stipule ou de membrane, comme à l'orifice de la gaîne des graminées. Les fleurs sont disposées en une ombelle terminale, en tête, pourvue de bractées membraneuses; les extérieures entières, un peu soyeuses; les intérieures déchiquetées ; les pédicelles articulés à leur sommet avec la corolle très-glabre, couleur de rose. L'ovaire est supérieur, à trois loges, à deux ovules dans chaque loge ; le style filiforme, persistant; la capsule à trois loges, enveloppée par la corolle persistante. Cette plante croît à la Nouvelle-Hollande. (Poir.)

SOWKA. (*Ornith.*) C'est le *scops* ou petit duc en Pologne. (Ch. D.)

SOWOW. (*Ornith.*) L'oiseau qui porte ce nom à la Terre de Labrador, est la fauvette tachetée, *sylvia æstiva*, Lath., que M. Vieillot a figurée pl. 95 de son Histoire naturelle des oiseaux de l'Amérique septentrionale, et qui correspond au figuier tacheté et au figuier à gorge blanche de Buffon. (Ch. D.)

SOY-JE. (*Ornith.*) Tel est le nom sous lequel, d'après un dessin chinois, on désigne en ce pays une espèce de héron de petite taille, *ardea sinensis*, Lath. (Ch. D.)

SOYCHI. (*Bot.*) Sur la côte de Coromandel on nomme ainsi, suivant Burmann, son *convolvulus nervosus*. (J.)

SOYEUX. (*Bot.*) Paulet donne ce nom à trois espèces d'*agaricus*, dont la surface est sèche, lisse et luisante comme de la soie.

Le Soyeux noisette de Paulet (Tr. des champ., tom. 2,

page 181, pl. 76, fig. 3) appartient à sa famille des plateaux queue torse. Il a quatre pouces de hauteur ; son chapeau en a deux à trois d'étendue : il est de couleur noisette en dessus et garni en dessous de feuillets d'un roux foncé, dentelés et inégaux. Le stipe est d'un blanc lavé de roux, lisse, luisant et un peu tors. Toute la plante a une légère odeur de rave et n'incommode pas. Elle a été trouvée en automne, dans la forêt de Senard.

Les Soyeux tors sont de deux espèces, qui ont de commun leur stipe tordu en manière de corde ; l'un, le *soyeux marron* (Paul., *loc. cit.*, page 188, pl. 183, fig. 1 et 2), est un champignon de la taille de quatre à cinq pouces de hauteur, d'un beau roux foncé ou marron. Sa substance molle, spongieuse, blanche, un peu brune, a un pouce et demi d'épaisseur au chapeau, dont la peau est comme satinée ; les feuillets sont d'un roux plus foncé encore ; le stipe est d'un roux clair ; sa surface est peluchée. Cette plante exhale l'odeur de bois pourri. Elle n'incommode point les animaux à qui on en fait manger, et ne paroît point malfaisante. Le second est le *soyeux gris et blanc*, figuré à la même planche. Celui-ci a trois pouces de hauteur ; son chapeau est d'un gris soyeux en dessus, roux ou brun en dessous. Il exhale l'odeur du bois pourri, mais il n'est point dangereux. On le trouve dans les bois autour de Paris. (Lem.)

SOYEUX. (*Bot.*) Couvert de poils couchés, longs, mous et luisans ; exemples : *protea argentea, aster sericeus, artemisia absinthium, potentilla anserina;* ou bien formé de poils doux et brillans comme de la soie ; exemples : aigrette de la laitue, du laitron, etc. (Mass.)

SOYEUX. (*Ichthyol.*) Nom spécifique d'un cyprin de Linnæus, qui habite les eaux dormantes de la Daourie, et n'a que deux pouces environ de longueur. (H. C.)

SOYKA. (*Ornith.*) Les Polonois appellent ainsi le geai, *corvus glandarius*, Linn. (Ch. D.)

SOZUSA. (*Bot.*) Ruellius et Mentzel citent ce nom grec ancien de l'armoise. (J.)

SPACSHOCH. (*Ornith.*) C'est, en suédois, l'épervier commun, *falco nisus*, Linn. (Ch. D.)

SPACZIECK. (*Ornith.*) On nomme ainsi, en Pologne, l'étourneau, *sturnus vulgaris*, Linn. (Cʜ. D.)

SPADA. (*Ichthyol.*) A Venise on appelle ainsi l'Esᴘᴀᴅᴏɴ. Voyez ce mot. (H. C.)

SPADACTIS. (*Bot.*) Les espèces rapportées par les botanistes au genre *Atractylis* ne sont point parfaitement congénères, et elles peuvent, selon nous, être distribuées en cinq genres ou sous-genres, que nous avons indiqués dans notre tableau des Carlinées (tom. XLVII, pag. 498 et 509), et que nous devons décrire ici.

I. Sᴘᴀᴅᴀᴄᴛɪs. Calathide radiée : disque équaliflore, multiflore, régulariflore, androgyniflore; couronne unisériée, liguliflore, neutriflore. Involucre formé de bractées subunisériées, plus ou moins distinctes des feuilles voisines. Péricline inférieur aux fleurs du disque, formé de squames plurisériées, régulièrement imbriquées, appliquées, presque uniformes; les intermédiaires elliptiques, coriaces, scarieuses sur les bords, aiguës (et non tronquées) au sommet, qui se prolonge en une épine. Clinanthe plan, garni de fimbrilles très-nombreuses, très-longues, inégales, entregreffées inférieurement, libres supérieurement, à partie inférieure large, laminée, membraneuse-scarieuse, souvent bordée de longues barbes capillaires, à partie supérieure filiforme. *Fleurs du disque :* Ovaire oblong, tout couvert d'une couche épaisse de poils dressés, très-longs et très-fins; aigrette longue, composée de squamellules tantôt unisériées, tantôt subtrisériées, mais toujours égales et libres, filiformes, garnies de barbes longues et fines. Corolle à limbe peu ou point distinct du tube, profondément divisé, par des incisions à peu près égales, en cinq lanières longues, étroites, linéaires. Étamines à filet glabre, à anthère munie d'un appendice apicilaire aigu, et de deux appendices basilaires longs, subulés. Style glabre, à sommet conique, fendu, pubescent. *Fleurs de la couronne:* Faux-ovaire tantôt long et grêle, tantôt excessivement court, toujours stérile, plus ou moins velu, portant une aigrette imparfaite. Corolle notablement plus longue que celle des fleurs du disque, à languette divisée ordinairement jusqu'à moitié en cinq lanières. Étamines et style plus ou moins imparfaits.

1. *Spadactis flava*, H. Cass. (*Atractylis flava*, Desf.) Les feuilles supérieures. voisines de la calathide, sont plus ou moins rapprochées ; les plus hautes, implantées immédiatement autour de la base du péricline, et dont la forme est modifiée, doivent être considérées comme des bractées composant ensemble un involucre. Il y a donc un involucre composé de bractées subunisériées, plus ou moins régulièrement disposées. à peu près égales, à peu près uniformes, dressées, étroites, épaisses, roides, coriaces, linéaires, pinnatifides-épineuses, foliacées vers le sommet. Le péricline, un peu inférieur aux fleurs du disque, est formé de squames régulièrement imbriquées, appliquées, uniformes; les intermédiaires elliptiques, subcoriaces dans le milieu, membraneuses-scarieuses et diaphanes sur les deux bords latéraux, pubescentes supérieurement, aiguës et non tronquées au sommet, qui se prolonge en une épine subulée, droite. Le clinanthe est plan, garni de fimbrilles très-nombreuses, inégales, très-longues. squamelliformes, entregreffées inférieurement, libres supérieurement, à partie inférieure large, laminée, membraneuse-scarieuse, souvent bordée de longues barbes capillaires, quelquefois munie d'une sorte de nervure médiaire, à partie supérieure filiforme, souvent un peu épaissie et presque denticulée au sommet. La calathide est vraiment radiée, ayant le disque composé de fleurs égales, nombreuses, régulières, hermaphrodites, et la couronne composée de fleurs unisériées, notablement plus longues que celles du disque, étalées en dehors, ligulées, neutres. Les ovaires du disque sont oblongs, tout couverts d'une couche épaisse de poils dressés, extrêmement longs, extrêmement fins, soyeux; leur aigrette est longue, composée de squamellules très-nombreuses, égales, subtrisériées, libres, filiformes. ayant la base nue, le sommet barbellé, tout le reste très-garni de barbes longues et fines. Les faux-ovaires de la couronne sont longs, grêles, stériles, pubescens, et ils portent une aigrette imparfaite, demi-avortée. Les corolles du disque ont le limbe peu ou point distinct du tube, et profondément divisé, par des incisions à peu près égales, en cinq lanières longues, étroites, linéaires. Les corolles de la couronne ont le tube long et grêle, et le limbe en languette longue, étalée en dehors.

oblongue, ayant sa partie supérieure plus ou moins profondément divisée, par des incisions très-inégales, en cinq dents ou lanières. Les étamines du disque ont le filet glabre, l'appendice apicilaire de l'anthère très-aigu au sommet, les appendices basilaires très-longs, subulés. Les étamines de la couronne sont rudimentaires, demi-avortées. Les styles du disque sont glabres, à sommet conique, fendu, pubescent; ceux de la couronne sont plus ou moins imparfaits.

Nous avons fait cette description sur un échantillon sec de l'herbier de M. Desfontaines. Il nous a paru que les languettes de la couronne étoient souvent un peu purpurines.

2. *Spadactis radiciflora*, H. Cass. (*An? Atractylis humilis*, *var. β*. Linn., *Sp. pl.*, pag. 1162.) Une racine, ou souche radiciforme, perpendiculaire, longue, épaisse, comme ligneuse, produit plusieurs tiges courtes, simples, glabres ou un peu laineuses, très-garnies de feuilles, mais probablement stériles, c'est-à-dire ne paroissant pas devoir se terminer par une calathide. Les feuilles sont alternes, sessiles, longues de huit à neuf lignes, étroites, oblongues-lancéolées, presque linéaires, subulées au sommet, coriaces, très-glabres, presque pinnatifides, à divisions courtes, aiguës, un peu dentées, épineuses. La calathide, haute de huit à neuf lignes, et composée de fleurs purpurines, est solitaire, et presque sessile sur le sommet de la souche radiciforme, à la base des tiges stériles. Le très-court support de cette calathide est garni de feuilles, qui entourent son péricline, et dont les intérieures peuvent, si l'on veut, être considérées comme formant une sorte d'involucre irrégulier. Le péricline, inférieur aux fleurs, est formé de squames plurisériées, régulièrement imbriquées, appliquées; les extérieures ovales, les intermédiaires elliptiques, les intérieures obovales-oblongues; elles sont toutes coriaces, munies d'une bordure scarieuse, irrégulièrement découpée supérieurement, et terminées par une épine souvent plus ou moins arquée en dedans, quelquefois presque crochue. Le clinanthe est plan, garni de fimbrilles très-longues, inégales, filiformes et libres supérieurement, laminées, membraneuses et entregreffées inférieurement, un peu barbées sur les bords. La calathide est radiée, ayant le disque composé d'environ dix fleurs égales, régulières, hermaphro-

dites, et la couronne composée d'environ huit fleurs plus longues, unisériées, neutres. Les ovaires du disque sont oblongs, tout couverts d'une couche épaisse de très-longs poils fins, laineux; leur aigrette est composée de squamellules égales, unisériées, contiguës, libres ou à peine entregreffées à la base, ayant la partie inférieure épaisse, un peu laminée, cornée, presque nue, et la partie supérieure filiforme, grêle, fragile, barbée. Les faux-ovaires de la couronne sont excessivement courts, évidemment semi-avortés et stériles, velus, munis d'une aigrette moins parfaite que celle des ovaires du disque. Les corolles du disque sont glabres, à limbe peu ou point distinct du tube, divisé par des incisions égales ou presque égales en cinq lanières longues, linéaires, aiguës. Les corolles de la couronne, notablement plus longues que celles du disque, sont liguliformes ou palmatiformes, c'est-à-dire divisées en cinq longues lanières par autant d'incisions, dont l'intérieure est deux fois plus profonde que les autres. Les étamines du disque sont incluses, à filet glabre, greffé à la corolle jusqu'au sommet de son tube, qui est assez long; l'anthère a un appendice apicilaire long, aigu, et des appendices basilaires longs, subulés, barbus ou laciniés. Les étamines de la couronne sont probablement imparfaites, quoique paroissant quelquefois contenir du pollen. Les styles du disque sont très-exserts, et souvent coudés vers le milieu de leur longueur, leur partie inférieure étant molle et la supérieure roide (comme dans la Carline); les deux stigmatophores sont assez longs, à peine distincts du style extérieurement, paroissant libres, mais étroitement accolés, glabres, sauf quelques collecteurs situés près du sommet, et stigmatiques seulement sur les bords du sommet, qui se réfléchissent. Les styles de la couronne sont à peu près analogues à ceux du disque, mais ils sont inclus au lieu d'être exserts.

Nous avons fait cette description sur un petit échantillon sec, qui paroît avoir été recueilli dans les environs de Narbonne.

Notre genre ou sous-genre *Spadactis* se distingue du véritable *Atractylis*, 1.° par la calathide vraiment radiée, ayant un disque composé de fleurs égales, régulières, hermaphrodites, et une couronne bien distincte, composée de fleurs unisériées, notablement plus longues que celles du disque, ligulées, neutres; 2.° par le péricline, dont les squames, au lieu d'être tronquées, sont aiguës au sommet. Le nom de *Spadactis*, composé de deux mots grecs (σπάδων, *eunuque*, *châtré*; ἀκτὶς, *rayon*), exprime assez bien le premier de ces deux caractères.

II. ATRACTYLIS. Calathide incouronnée, subradiatiforme, multiflore, subpalmatiflore, androgyniflore. Involucre formé de bractées subunisériées, à peu près égales, ayant une partie inférieure appliquée, linéaire, étroite, épaisse, coriace, pinnatifide, épineuse, et une partie supérieure étalée, foliiforme. Péricline subcampanulé, inférieur aux fleurs extérieures, égal aux fleurs intérieures; formé de squames nombreuses, plurisériées, régulièrement imbriquées, appliquées; les extérieures courtes et larges, les intermédiaires obovales, les intérieures oblongues; toutes coriaces, scarieuses et entières sur les bords, tronquées au sommet, qui est surmonté d'un long appendice subulé, roïde, corné, piquant, spiniforme. Clinanthe plan, garni de fimbrilles longues, inégales, barbées, filiformes et libres supérieurement, laminées, membraneuses et entregreffées inférieurement. Ovaires oblongs, tout couverts d'une couche épaisse de poils simples, très-longs, fins, laineux; aigrette composée de squamellules égales, unisériées, contiguës, libres ou à peine entregreffées à la base, qui est presque nue, hérissées de longues barbes sur tout le reste, filiformes, à partie inférieure arquée en dehors, épaisse, cornée, un peu laminée, linéaire, à partie supérieure absolument filiforme et très-grêle. Corolles graduellement inégales et dissemblables : les marginales notablement plus longues et *palmées*, c'est-à-dire divisées en cinq lanières par autant d'incisions, dont l'intérieure est deux fois plus profonde que les autres, ce qui permet au limbe de s'étaler à peu près comme une languette; les corolles centrales plus courtes et subrégulières, c'est-à-dire à incisions presque égales; les corolles des rangs intermédiaires plus ou moins analogues, suivant leur position, aux marginales ou aux centrales. Étamines à filets glabres, à anthères munies d'appendices apicilaires longs, aigus, et d'appendices basilaires longs, subulés, barbus. Styles glabres, terminés par deux petits lobes divergens, garnis de collecteurs.

L'*Atractylis humilis*, Linn., sur laquelle nous avons fait cette description, est jusqu'à présent la seule espèce que nous puissions attribuer au vrai genre *Atractylis*, tel que nous le concevons. Ce genre ainsi conçu est principalement caractérisé, 1.° par la calathide subradiatiforme, composée de fleurs toutes hermaphrodites, mais graduellement inégales et dissemblables, les extérieures étant notablement plus longues et à corolle palmée; 2.° par le péricline, dont les squames sont tronquées au sommet et surmontées d'une épine.

III. ANACTIS. Ce troisième genre ou sous-genre est essentiellement caractérisé, 1.° par la calathide composée de fleurs toutes égales, uniformes, hermaphrodites, et subrégulières; 2.° par le péricline absolument semblable à celui du véritable *Atractylis*.

1. *Anactis serratuloides*, H. Cass. (*Atractylis serratuloides*, Sieber.) Tige herbacée, rameuse, glabre ; feuilles alternes, distantes, sessiles, longues, étroites, glabres, coriaces, presque pinnatifides, ou bordées de longues dents inégales, épineuses; calathides solitaires, terminales, oblongues; chaque calathide composée d'une quinzaine de fleurs, entourée d'un involucre plus élevé qu'elle et d'un péricline légèrement tomenteux; corolles à tube pentagone ou muni de cinq grosses cotes saillantes, à limbe divisé par cinq incisions à peu près égales; anthères munies d'appendices basilaires très-barbus.

Nous avons observé cette plante, dans l'herbier de M. Gay, sur un échantillon recueilli en Palestine.

2. *Anactis? cæspitosa*. H. Cass. (*Atractylis cæspitosa*, Desf.) Les calathides sont solitaires à l'extrémité des rameaux, qui sont garnis jusqu'au sommet de feuilles très-rapprochées. Leur involucre est irrégulier, peu distinct des feuilles voisines, formé de bractées subbisériées, un peu inégales, un peu dissemblables, dressées, un peu plus hautes que le péricline, à partie inférieure étroite, épaisse, roide, coriace, linéaire, pinnatifide, à partie supérieure foliiforme. Le péricline est inférieur aux fleurs, campanulé, formé de squames régulièrement imbriquées, appliquées; les intermédiaires elliptiques,

coriaces, membraneuses sur les deux bords latéraux, tronquées au sommet, qui est surmonté d'un long appendice subulé, corné, roide, piquant, spiniforme. Le clinanthe est plan, garni de fimbrilles squamelliformes, nombreuses, inégales, entregreffées inférieurement, libres supérieurement, à partie inférieure large, laminée, souvent bordée de longues barbes, à partie supérieure subulée, cornée. Les ovaires sont oblongs, tout couverts d'une couche épaisse de poils dressés, laineux, extrêmement longs et fins; leur aigrette est composée de squamellules égales, unisériées, libres, entregreffées seulement à la base, ayant la partie inférieure épaisse, subtétragone, cornée, presque nue, et la partie supérieure filiforme, garnie de barbes longues et fines. Les corolles sont subrégulières, à incisions un peu inégales. Les anthères sont munies d'appendices apicilaires très-aigus, presque subulés au sommet, et d'appendices basilaires longs, subulés. Les styles sont glabres, terminés par un petit cône épais, fendu, pubescent.

Nous avons fait cette description sur un échantillon sec de l'herbier de M. Desfontaines, dont les calathides étoient malheureusement ravagées par les insectes, en sorte que nous n'avons pas pu bien observer les fleurs extérieures, et qu'il n'est pas suffisamment prouvé pour nous qu'elles sont égales et semblables aux intérieures. C'est pourquoi nous doutons un peu si cette espéce appartient réellement au genre *Anactis*, dont le nom, composé de deux mots grecs, signifie *privé de rayons*.

IV. Acarna. Calathide (ordinairement) incouronnée, équaliflore, multiflore, subrégulariflore, androgyniflore. Involucre subglobuleux, un peu supérieur au péricline, qu'il enveloppe entièrement, formé de bractées unisériées, égales, pinnées, épineuses. Péricline ovoïde, supérieur aux fleurs, formé de squames régulièrement imbriquées, appliquées, à peine coriaces, interdilatées; les extérieures et les intermédiaires ovales ou elliptiques, aiguës, membraneuses sur les bords, prolongées au sommet en un petit appendice filiforme, pointu, mou, nullement piquant; les squames intérieures oblongues, surmontées d'un très-long appendice bien distinct, presque dressé ou à peine radiant, s'élevant beaucoup plus haut que les fleurs, linéaire - subulé, scarieux, semi - diaphane, un peu coloré, cilié. Clinanthe plan, épais, charnu, garni de fimbrilles nombreuses, longues, inégales, entregreffées inférieurement, libres supérieurement, à partie inférieure large, laminée, membraneuse, barbée sur les bords, à partie supérieure filiforme et barbellulée. Ovaires obovoïdes, couverts d'une couche épaisse de très-longs poils fins, laineux ; aigrette longue, composée de squamellules égales, unisériées, entregreffées à la base, filiformes, ayant une partie inférieure épaisse, roide, cornée, et les deux côtés garnis de longues barbes. Corolles glabres, subrégulières, divisées, par des incisions à peu près égales, en cinq lanières surmontées d'un long appendice formant une corne subulée, triquètre. Étamines à filets glabres, à anthères munies d'appendices apicilaires longs, aigus, et d'appendices basilaires longs, subulés, barbus. Styles glabres, terminés par un petit cône fendu, garni de collecteurs.

Le genre ou sous-genre *Acarna*, que nous concevons autrement que Willdenow, et dans lequel nous n'admettons que l'*Atractylis cancellata*, Linn., doit, selon nous, être principalement caractérisé ou distingué par le péricline, dont les squames extérieures et intermédiaires sont aiguës et prolongées au sommet en un petit appendice mou, filiforme, non piquant, et dont les squames intérieures sont surmontées d'un très-long appendice scarieux, assez analogue à celui des Carlines. La calathide est ordinairement composée de fleurs toutes égales, uniformes, hermaphrodites et à corolle régulière : cependant nous avons quelquefois trouvé sur ses bords environ trois fleurs neutres, radiantes, ayant l'ovaire et l'aigrette demi-avortés, la corolle à tube long, renfermant des rudimens de style et d'étamines, et à languette courte et étroite.

Nous avons vu, dans l'herbier de M. Gay, une plante recueillie en Palestine, auprès de Bethléem, étiquetée *Atractylis comosa*, Sieber, et qui pourroit peut-être se rapporter au genre *Acarna*. Le péricline, entouré d'un grand involucre, est formé de squames ovales, aiguës, qui nous ont paru absolument privées d'appendice : mais nous ne l'avons pas suffisamment étudié.

V. Chamæleon. Calathide incouronnée, équaliflore, multi-flore, subrégulariflore, androgyniflore. Involucre (ou péricline extérieur involucriforme) composé de grandes bractées pinnatifides, épineuses. Vrai péricline inférieur aux fleurs, formé de squames plurisériées, régulièrement imbriquées, appliquées : les extérieures et les intermédiaires ovales ou lancéolées, extrêmement épaisses, presque carénées sur les deux faces, denticulées sur les bords, terminées par un appendice peu distinct, formant une très-forte épine subulée, triquètre, cornée; les squames intérieures longues, étroites, linéaires, aiguës, un peu ciliées sur les bords, un peu scarieuses vers le sommet. Clinanthe plan, garni de fimbrilles inférieures aux fleurs, inégales, laminées, membraneuses et entregreffées inférieurement, filiformes et libres au sommet. Ovaires oblongs, tout couverts d'une couche épaisse de très-longs poils; aigrette formée de plusieurs faisceaux bisériés, inégaux, larges, épais, laminés, cornés; chaque faisceau composé de plusieurs squamellules un peu inégales, filiformes, barbées, entregreffées inférieurement, libérées supérieurement à différentes hauteurs. Corolles glabres, à tube long et grêle, à limbe long, subcylindracé, un peu élargi de bas en haut, divisé supérieurement, par des incisions à peu près égales, en cinq lanières longues, linéaires. Étamines à filets glabres; anthères demi-incluses dans la partie indivise du limbe de la corolle, munies d'appendices apicilaires longs, linéaires, tronqués au sommet, et d'appendices basilaires longs, subulés, barbus. Styles très-longs, très-exserts, portant deux stigmatophores longs, peu distincts de leur support, entregreffés inférieurement, libres supérieurement, mais non divergens, garnis extérieurement de collecteurs à peine sensibles.

1. *Chamæleon gummifer*, H. Cass. (*Atractylis gummifera*, Linn.) Cette espèce, qui est le type du genre, et sur laquelle nous avons observé les caractères génériques exposés ci-dessus, est décrite dans ce Dictionnaire (tom. III, pag. 284).

2. *Chamæleon megacephalus*, H. Cass. (*Atractylis macrocephala*, Desf.) Nous avons récemment observé cette plante dans l'herbier de M. Desfontaines, et nous y avons reconnu tous les caractères propres au genre *Chamæleon*. L'illustre

auteur de la Flore atlantique dit que la calathide de cette espèce est deux fois plus grande que celle de l'espèce précédente ; et c'est pourquoi il a nommé celle-ci *macrocephala :* mais comme ce mot signifie exactement *à longue tête*, il nous semble que le nom de *megacephalus* est plus convenable.

3. *Chamæleon? caulescens*, H. Cass. (*Atractylis macrophylla*, Desf.) Les feuilles ont de l'analogie avec celles du *Kentrophyllum luteum* (*Carthamus lanatus*, Linn.). L'involucre, bien distinct des feuilles supérieures, est formé de bractées unisériées, dressées, arquées en dedans, inégales, un peu dissemblables, ayant ordinairement une partie inférieure très-épaisse, presque cylindrique, nue, une partie supérieure foliacée, et une partie moyenne pinnatifide, à divisions courtes, inégales, irrégulières, découpées en une multitude de dents très-inégales, épineuses, redressées sur le dos de la bractée. Le péricline est formé de squames nombreuses, régulièrement imbriquées, appliquées, coriaces ; les intermédiaires lancéolées, très-épaisses, un peu carénées sur les deux faces, denticulées sur les bords, surmontées d'un appendice étalé, largement subulé, subtriquètre, roide, presque corné, un peu scarieux, un peu denticulé sur les bords, spinescent au sommet, qui est quelquefois un peu crochu ou courbé en dedans.

La forme évidemment analogue des squames du péricline nous autorise à supposer avec beaucoup de vraisemblance que cette plante appartient au genre *Chamæleon :* ce n'est pourtant qu'une conjecture, qu'il nous a été impossible de vérifier complétement en observant les échantillons de l'herbier de M. Desfontaines, parce que la seule calathide qui s'y trouvoit étoit en état de préfleuraison très-peu avancée, et que toutes ses parties intérieures étoient vermoulues. Le nom de *macrophylla*, qui signifie *à longues feuilles*, ne peut pas convenir à cette plante, surtout si elle appartient, comme nous le croyons, au genre *Chamæleon*, dont les deux autres espèces ont de bien plus longues feuilles que celle-ci. Le nom de *caulescens*, au contraire, exprime exactement le caractère qui la distingue le plus manifestement des deux autres *Chamæleon.*

Notre genre *Chamæleon*, exactement intermédiaire entre

les Carlines et les Atractyles, s'en distingue par des différences essentielles : 1.° son péricline diffère de celui des Carlines et ressemble à celui des Atractyles, en ce que les squames intérieures ne sont ni radiantes ni colorées ; 2.° son aigrette diffère de celle des Atractyles et ressemble à celle des Carlines, en ce qu'elle est formée de plusieurs faisceaux composés chacun de plusieurs squamellules entregreffées inférieurement, libres supérieurement ; mais les faisceaux sont disposés sur deux rangs, au lieu d'être unisériés comme dans les Carlines ; 3.° les anthères diffèrent de celles des Carlines et des Atractyles par l'appendice apicilaire, qui est absolument tronqué au sommet.

Le nom générique de *Chamæleon*, appliqué par les anciens botanistes à la première espèce de ce genre et à quelques autres plantes plus ou moins analogues, n'avoit encore reçu aucun emploi dans la botanique nouvelle ; il nous a paru très-convenable pour désigner le genre dont il s'agit.

Les cinq genres ou sous-genres que nous venons de décrire, et trois autres nommés *Carlowizia*, *Mitina*, *Carlina*, composent ensemble notre section des Carlinées-Prototypes, sur laquelle on peut élever deux questions.

La première est de savoir si les bractées foliacées, ordinairement dentées-épineuses, qui entourent le péricline, doivent être considérées comme de vraies bractées formant un involucre distinct attaché à sa base, ou comme étant les appendices de ses squames extérieures. Ce dernier système paroit bien convenir aux *Carlina* et *Mitina*, tandis que le premier s'applique mieux aux six autres genres. On ne doit pas s'en étonner, car les deux systèmes ne diffèrent réellement que par de légères différences en plus ou en moins, qui peuvent s'effacer insensiblement par des nuances intermédiaires. Ainsi, cette première question a peu d'importance.

Nous en attribuons davantage à la seconde, qui est de savoir si les appendices du clinanthe doivent être considérés comme des fimbrilles ou comme des squamelles. Il faut avouer que la distinction par nous établie entre ces deux sortes d'appendices éprouve ici quelques difficultés, dont les botanistes, qui rejettent cette distinction, ne manqueront pas de se prévaloir. Aux objections qu'ils pourroient nous faire, nous répondons que toutes les parties des plantes sont plus ou moins analogues entre elles, et que par conséquent elles peuvent toutes, dans certains cas, se confondre par des nuances insensibles. Il n'est donc pas étonnant que quelquefois les fimbrilles soient près de se confondre avec les squamelles ; mais il n'en faut pas conclure qu'en général la fimbrille et la squamelle ne sont qu'un seul et même organe, et qu'on ne doit leur appliquer qu'un seul et même nom. Autant vaudroit supprimer le nom de pétales, et dire, comme les anciens et le vulgaire, les feuilles de la fleur. Il ne suffit pas de reconnoitre les analogies ; il faut encore en mesurer les degrés. Le botaniste qui impose des noms différens à deux parties de plante, ne déclare point par là que ces deux parties n'ont aucune analogie entre elles, mais bien qu'ayant mesuré le degré de cette analogie, il a reconnu que les différences prévalent sur les ressemblances. Ce jugement, qui ne peut s'exercer que sur le plus ou le moins, et dont la justesse dépend de la délicatesse de tact dont on est doué, est toujours sans doute un peu arbitraire et sujet à contestation. De là viennent les interminables disputes entre les observateurs, qui souvent distinguent trop, parce qu'ils examinent les choses de trop près, et les théoriciens, qui ordinairement ne distinguent pas assez, parce qu'ils voient les choses de trop loin. Nous regrettons de ne pouvoir développer ici, autant qu'il en est susceptible, cet ordre de considérations, afin de repousser la dangereuse tendance d'un système aujourd'hui fort accrédité, dont le dernier résultat sera inévitablement de ne plus voir dans toutes les plantes qu'une seule et même plante, et dans toutes les parties de cette plante unique qu'un seul et même organe ; système soi-disant philosophique par excellence, dont la prétention est d'élever la science jusqu'aux nues, et dont le moindre inconvénient sera de l'appauvrir autant qu'il est possible, ou plutôt de l'anéantir.

Cette digression nous a éloigné de notre sujet. Hâtons-nous d'y rentrer, en répondant à la seconde question ci-dessus proposée, que dans les Carlinées-Prototypes les appendices du clinanthe ne sont point, malgré certaines apparences, de vraies squamelles, mais des fimbrilles ; car ces appendices sont plus nombreux que les fleurs, et comme verticillés autour de chacune d'elles, irréguliers, inégaux, dissemblables, entregreffés inférieurement. Si chacun de ces appendices étoit une squamelle, c'est-à-dire une bractée, il est clair que chaque fleur se trouveroit ainsi pourvue d'un périclinc propre, que la calathide seroit convertie en un capitule composé de nombreuses calathidés uniflores, et que, suivant la loi reconnue par M. Brown dans les épis composés, la fleuraison s'opéreroit du centre à la circonférence. (H. Cass.)

SPADILA. (*Bot.*) Voyez Savanata. (J.)

SPADIX. (*Bot.*) Pédoncule multiflore, accompagné d'une spathe. Ce pédoncule est rameux dans le dattier, où il porte le nom de régime, simple dans le *calla*, nu au sommet dans l'*arum*, en massue dans l'*arum italicum*, sphérique dans le *pathos*, ovoïde dans l'*artocarpus incisa*, linéaire dans le *zostera*, etc. (Mass.)

SPADON. (*Ichthyol.*) Nom donné à la scie par Dutertre. Voyez Scie et Espadon. (H. C.)

SPADONIA. (*Bot.*) Voyez Phalloidastrum. (Lem.)

SPÆTZE. (*Ornith.*) C'est ainsi, selon Gesner, que les Bas-Allemands nomment le moineau domestique, *fringilla domestica*, Linn. (Ch. D.)

SPAIARDA. (*Ornith.*) Le bruant commun, *emberiza citrinella*, Linn., est ainsi nommé en italien. (Ch. D.)

SPAK. (*Min.*) Nom polonois d'un minéral qui a des rapports avec le selmarin rupestre, et qui vient des mines de selmarin de Wiliczka et de Bochnia en Pologne. (B.)

SPALANGIE. (*Entom.*) M. Latreille désigne sous ce nom un genre d'insectes hyménoptères de la famille des chalcides ou des diplolèpes, dont les antennes sont insérées très-près de la bouche. (C. D.)

SPALAX. (*Mamm.*) Ce nom, ou plutôt celui d'*aspalax*, désignoit chez les Grecs un animal fouisseur que quelques auteurs ont cru à tort être notre taupe. Il appartenoit probablement à une des espèces que nous avons décrites sous le nom générique de Rat-taupe, et qu'Erxleben avoit déjà réuni sous le nom de *spalar*. Voyez Rat-taupe. (Desm.)

SPALLANZANI. (*Ichthyol.*) Nom spécifique d'un Sphagebranche. Voyez ce mot et Leptocéphale. (H. C.)

SPALLANZANIA. (*Bot.*) Nom donné par Necker au *pirigara* d'Aublet, ou *gustavia* de Linnæus fils. M. Pollini l'a appliqué à l'*agrimonia agrimonoides* de Linnæus, nommé déjà *aremonia* par Necker, et *amonia* par M. Nestler. (J.)

SPANACHION. (*Bot.*) Nom grec ancien de l'épinard, *spinacia*, cité par Mentzel. (J.)

SPANANTHE. (*Bot.*) Genre de Jacquin que Willdenow rapporte aux HYDROCOTYLE. Voyez ce mot. (POIR.)

SPANDONCÉA, *Spaendoncea.* (*Bot.*) Genre de plantes dicotylédones, à fleurs complètes, polypétalées, de la famille des *légumineuses*, de la *décandrie monogynie* de Linnæus, caractérisé par un calice campanulé, à cinq divisions ; une corolle à cinq pétales égaux; dix étamines libres ; un ovaire pédicellé, supérieur; un style; une gousse oblongue, renfermant plusieurs semences.

Ce genre est voisin des casses. Il a été consacré par M. Desfontaines à Gérard Van-Spaendonck, célèbre peintre de fleurs, professeur d'iconographie au Muséum d'histoire naturelle. « En appelant cet arbrisseau du nom de *Spaendonc*, « dit M. Desfontaines, j'ai voulu consacrer un souvenir à « l'amitié, et, par un monument pris dans la nature même, « perpétuer la mémoire de cet artiste, dont les pinceaux la « représentent avec tant de vérité dans une de ses plus ai- « mables productions, et donnent à des fleurs fragiles et « périssables des grâces immortelles. »

SPANDONCÉA A FEUILLES DE TAMARIN : *Spaendoncea tamarindifolia*, Desf., Décad. phil. 7, pag. 259, *ic.*; Poir., Dict., Suppl., et Ill., Suppl., tab. 948; *Cadia purpurea*, l'Hérit., Magas. encycl., 5, pag. 29; Forsk., *Fl. ægypt. arab.*, pag. 90; *Panciatica purpurea*, Picciv., *Hort. Paniv.*, 9, *icon.* Arbrisseau fort élégant, qui s'élève à la hauteur de huit à dix pieds sur une tige droite, chargée de rameaux touffus, inclinés vers la terre, et couverts au sommet d'un léger duvet. Les feuilles sont nombreuses, alternes. persistantes, ailées avec une impaire, composées de vingt à vingt-cinq paires de folioles linéaires, glabres, obtuses, d'un vert clair, souvent un peu échancrées au sommet. Les pétioles sont pubescens, accompagnés à leur base de deux petites stipules sétacées et caduques. Les fleurs sont grandes, axillaires, supportées par des pédoncules longs d'environ deux pouces, à une, plus ordinairement à deux ou trois fleurs pédicellées, pendantes, munies d'une petite bractée simple ou ternée. Le calice est campanulé, un peu pubescent, à cinq découpures ovales ; la corolle au moins une fois plus longue que le calice, campanulée, à cinq pétales ovales, entiers, qui se recouvrent les uns les autres par leurs bords ; ils sont d'abord de couleur blanche, puis d'un rose tendre. Cette plante croît dans l'Abyssinie. Il y a environ trente-cinq ans qu'elle a fleuri pour la première fois au Jardin du Roi, de graines envoyées par Bruce. Elle exige d'être abritée dans les serres chaudes pendant l'hiver. (Poir.)

SPANESCH - SPEK. (*Bot.*) Suivant Kolbe, les Européens habitant le cap de Bonne-Espérance nomment ainsi le melon d'Espagne ou melon musqué, qui y est excellent. (J.)

SPANIARDS. (*Ornith.*) Sonnini rapporte que c'est le nom que les Espagnols de Carthagène donnent à la grande aigrette; mais il ne dit pas si c'est de Carthagène d'Espagne ou de Carthagène d'Amérique. Quoi qu'il en soit, ce nom nous paroit défiguré et ne pas présenter une terminaison espagnole. (Desm.)

SPANISCH MACKRELL. (*Ichthyol.*) Nom anglois du Thon. Voyez ce mot. (H. C.)

SPANISCHER REITER. (*Ichthyol.*) Nom allemand de la Liche, *Lichia amia.* Voyez ce mot. (H. C.)

SPANSK-KRAOKA. (*Ornith.*) Nom suédois du rollier commun, *coracias garrula*, Linn. (Ch. D.)

SPAR. (*Ornith.*) Ce nom et celui de *spatz* désignent, en allemand, selon Gesner et Aldrovande, le moineau domestique, *fringilla domestica*, Linn. (Ch. D.)

SPARACTE. (*Ornith.*) L'oiseau dont Illiger a formé, sous le nom de *Sparactes*, le 38.e genre de son *Prodromus*, a déjà été décrit, d'après Levaillant, dans le tome II de ce Dictionnaire, pag. 184, sous celui de Bec-de-fer. M. Vieillot, adoptant, pour les langues latine et françoise, la dénomination d'Illiger, avec une légère différence de terminaison, a donné à l'oiseau le nom spécifique de sparacte huppé, *sparacta cristata*, et l'a placé, à l'exemple de Latham, dans la famille des collurions ou pie - grièches, avec laquelle sa conformation offre, en effet, beaucoup de rapports. (Ch. D.)

SPARAGLIONE. (*Ichthyol.*) Un des noms sardes du Sparaillon. Voyez ce mot. (H. C.)

SPARAILLON. (*Ichthyol.*) Nom d'un poisson décrit dans ce Dictionnaire, tome XLVII, page 576. (H. C.)

SPARASION. (*Entom.*) Petit genre d'insectes hyménoptères, que M. Latreille avoit composé d'espèces voisines des cynips et autres pupivores, et que Jurine a nommé plus tard *Ceraphron*. (DESM.)

SPARASSIS. (*Bot.*) Genre de la famille des champignons, établi par Fries. Cet auteur y ramène une espèce extrêmement remarquable, qui paroît avoir des rapports avec le genre *Helvella* et le *Clavaria*, près desquels il place le *Sparassis*.

Les caractères de ce genre sont ceux-ci :

Champignon charnu, très-rameux, à rameaux dilatés, plans, un peu lisses, composés d'une double membrane (comme les feuillets des agarics), séminifère sur les deux côtés; les sporidies sont contenues dans des thèques alongés.

Le SPARASSIS CRISPA, Fries, *Syst. mycol.*, 1, page 465, paroît être l'*Helvella ramosa*, Schæff., *Fung.*, pl. 163, et le *Clavaria crispa*, Wulf, *in* Jacq., *Misc.*, 2, pl. 14, fig. 1. Ce champignon, très-remarquable et rare, croît en Septembre et Octobre au bas du tronc des pins qui croissent dans les lieux secs : il s'élève à un pied et plus. Sa couleur est le jaune-verdâtre pâle ou le blanchâtre. Sa substance est charnue, fragile, insipide, inodore, blanche : sa base est tubéreuse, épaisse; ses premières branches ont un ou deux pouces de largeur; elles sont rugueuses et garnies de fossettes; elles se divisent en une multitude de rameaux entrelacés en une touffe presque globuleuse. Ces rameaux sont plans, larges, glabres, presque lisses, crispés, à bord presque entier, obtus et dentés à leur sommet. Ce champignon, qui, par sa forme, rappelle celle de certains madrépores, croît principalement en Allemagne et en Suède. En Silésie on en fait un usage fréquent pour la table : c'est un manger délicieux et très-flatteur au goût.

Selon Fries (*Syst. orb. veg.*, 1, page 80), il faut encore rapporter à ce genre, 1.° le *merisma spathulata*, Schwein., et 2.° le *telephora frondosa*, Pers., *Mycol. eur.*, 1, page 110, qui paroît à Fries presque pas distinct du *sparassis crispa*, et qui est également muni d'une double membrane fructifère.

Nous ne pensons pas que ce dernier rapprochement puisse

être exact. Il demande à être motivé sur une comparaison plus sérieuse des deux plantes. Les auteurs cités n'ayant donné aucune figure de leurs plantes, et les auteurs indiqués par Fries ne l'étant qu'avec doute, il en résulte que la question ne peut être résolue quant à présent. (LEM.)

SPARAXIS. (*Bot.*) Genre de plantes monocotylédones, de la famille des *iridées*, de la *triandrie monogynie* de Linnæus, qui est un démembrement des *ixia*, et qui est caractérisé par une spathe membraneuse, scarieuse, déchiquetée à ses bords, partagée en deux valves ; une corolle tubulée ; le limbe régulier ou presque à deux lèvres ; trois étamines ; un ovaire infère ; trois stigmates recourbés ; une capsule oblongue ou globuleuse, à trois loges polyspermes.

SPARAXIS TRICOLORE : *Sparaxis tricolor*, Aiton, *Hort. Kew.*, *edit. nov.*, 1, page 85; *Ixia tricolor*, *Bot. Magaz.*, tab 381 ; Redout., *Lil.*, tab. 129. Cette plante a des tiges hautes d'un pied et plus, ordinairement simples, flexueuses. Les feuilles sont dressées, en lame d'épée ; les fleurs terminales, assez souvent au nombre de trois. La corolle est grande ; son limbe régulier ; les divisions, presque cunéiformes, jaunâtres à leur base, offrent dans le milieu une tache d'un brun pourpre, formant en dehors une ligne de même couleur sur un fond de jaune-safran ; les spathes tachetées de brun, à cannelures fines, comme plissées. Cette plante croit au cap de Bonne-Espérance.

SPARAXIS BICOLORE: *Sparaxis bicolor*, Ait., *Hort. Kew.*, *loc. cit.* ; *Ixia bicolor*, *Bot. Magaz.*, tab. 548 ; *Gladiolus bicolor*, Willd., *Spec.*, 1, pag. 216 ; Thunb., *Diss. de Glad.*, n.° 16, tab. 2 ; Jacq., *Icon. rar.*, 2, tab. 240, et *Collect. suppl.*, 25. Cette plante a des bulbes ovales, réticulées ; ses tiges sont hautes de six pouces, anguleuses, striées ; les feuilles une fois plus courtes, alternes, vaginales, ensiformes. obtuses, mucronées. Les fleurs sont distribuées en deux épis, l'un uniflore, l'autre chargé de trois fleurs. La spathe est membraneuse, ferrugineuse, bifide et déchiquetée à son sommet, grisâtre à sa base ; le tube de la corolle filiforme, élargi vers son sommet, une fois plus long que la spathe ; le limbe jaunàtre, presque à deux lèvres ; la supérieure plus grande, ovale, concave, bleuâtre au sommet ; les trois divisions inférieures roulées, lancéolées : celle du milieu plus courte ; toutes marquées, à l'orifice du tube, d'une double ligne purpurine. Cette plante croît au cap de Bonne-Espérance, sur les collines.

SPARAXIS A GRANDES FLEURS : *Sparaxis grandiflora*, Ait., *Hort. Kew.*, loc. cit. ; *Ixia grandiflora*, Bot. Magaz., tab. 541, et 779, var.; Redout., Lil., 139; *Ixia aristata*, Thunb., *Diss.*; Willd., *Spec.*; Andr., *Bot. repos.*, tab 87; *Ixia holosericea*, Jacq., *Hort. Schœnbr.*, 1, tab. 17. Cette espèce s'élève depuis cinq pouces jusqu'à un pied et plus, sur une tige glabre, simple, cylindrique, produite par une bulbe réticulée, de la grosseur d'une noisette. Les feuilles sont au nombre de quatre ou cinq, redressées, glabres, linéaires, aiguës, de moitié plus courtes que la tige, à cinq nervures, celles du milieu et des bords plus épaisses. Les fleurs sont grandes, unilatérales, rarement solitaires ou géminées, souvent de cinq à neuf, placées sur un axe un peu flexueux. Les spathes sont un peu membraneuses, déchiquetées à leurs bords en découpures presque sétacées. La corolle est d'un blanc rougeâtre ou couleur de chair ; les divisions du limbe régulières, ovales, oblongues. Cette plante croît au cap de Bonne-Espérance.

SPARAXIS BULBIFÈRE : *Sparaxis bulbifera*, Ait., *Hort. Kew.*, loc. cit., Andr., *Bot. rep.*, tab. 48; *Bot. Magaz.*, tab. 545 ; Redout., Lil., tab. 128; *Ixia bulbifera*, Linn., *Spec.*; Miller, *Ic.*, tab. 256, fig. 2. Cette espèce a une tige dressée, cylindrique, haute de douze ou quinze pouces, feuillée, un peu flexueuse et rameuse au sommet. Les feuilles sont dressées, linéaires, ensiformes, glabres, finement striées, longues de sept à huit pouces. Il naît dans leurs aisselles de petites bulbes ovales, pointues et blanchâtres. Les fleurs sont grandes, d'un jaune pâle ou un peu foncé, sessiles, alternes. La corolle est un peu campanulée : le tube court, long d'une ou deux lignes ; les divisions du limbe régulières, elliptiques ; le style plus long que les étamines ; trois stigmates filiformes, courbés en crochet ; les spathes frangées, déchirées en filets sétacés. Cette plante croît au cap de Bonne-Espérance. (POIR.)

SPARBRASSEM. (*Ichth.*) Voyez l'article SCHWARTZ-RINGEL. (H. C.)

SPARCETTE. (*Bot.*) C'est un des noms vulgaires de l'esparcette cultivée. (L. D.)

SPARE, *Sparus.* (*Ichthyol.*) Linnæus, Artédi, de Lacépède, M. Duméril, et la plupart des ichthyologistes, ont désigné sous ce nom un genre de poissons osseux holobranches, de la famille des léiopomes, de la Zoologie analytique.

Ce genre, qui forme la troisième tribu de la quatrième famille des poissons acanthoptérygiens de M. Cuvier, est, suivant ce naturaliste célèbre, formé par des espèces dont les *mâchoires, peu extensibles, sont garnies sur les côtés de molaires rondes, semblables à des pavés,* et divisé en trois autres genres, les Sargues, les Daurades et les Pagres. Voyez ces mots et Léiopomes, et Sparoïdes. (H. C.)

SPARE D'ABILDGAARD. (*Ichthyol.*) Voyez Scare. (H. C.)

SPARE ALCYON, Risso. (*Ichthyol.*) Voyez Smare. (H. C.)

SPARE ANCRE, *Sparus anchorago.* (*Ichthyol.*) Voyez Denté. (H. C.)

SPARE ANNULAIRE. (*Ichthyol.*) Voyez Sparaillon. (H.C.)

SPARE ARGENTÉ, *Sparus argenteus,* Schn. (*Ichthyol.*) Voyez Pagre. (H. C.)

SPARE ATLANTIQUE. (*Ichthyol.*) Voyez Denté. (H. C.)

SPARE BERDA. (*Ichthyol.*) Voyez Daurade. (H. C.)

SPARE BILOBÉ, Risso. (*Ichthyol.*) Voyez Smare. (H. C.)

SPARE BILOBÉ, Lacép. (*Ichthyol.*) Voyez Daurade. (H. C.)

SPARE BOGARAVÉO. (*Ichthyol.*) Voyez Pagre. (H. C.)

SPARE BOGUE. (*Ichthyol.*) Voyez Bogue dans le Supplément du tom. V, pag. 8, de ce Dictionnaire. (H. C.)

SPARE BRACHION. (*Ichthyol.*) Voyez Girelle. (H. C.)

SPARE BRÉME. (*Ichthyol.*) Voyez Canthère. (H. C.)

SPARE BRETON. (*Ichthyol.*) Voyez Smare. (H. C.)

SPARE BUFONITE. (*Ichthyol.*) Voyez Daurade. (H. C.)

SPARE CANTHÈRE. (*Ichthyol.*) Voyez Canthère. (H. C.)

SPARE CASTAGNEAU. (*Ichthyol.*) Voyez Chromis. (H. C.)

SPARE CASTAGNOLE. (*Ichthyol.*) Voyez Castagnole. (H. C.)

SPARE CENTRODONTE. (*Ichthyol.*) Voyez Canthère. (H. C.)

SPARE CHROMIS. (*Ichthyol.*) Voyez Chromis. (H. C.)

SPARE CHRYSOMÉLANE. (*Ichthyol.*) Poisson des eaux de

l'Amérique équinoxiale, décrit par feu de Lacépède sur un dessin de Plumier. (H. C.)

SPARE COMPRIMÉ. (*Ichthyol.*) Voyez KURTE. (H. C.)

SPARE CUNING. (*Ichthyol.*) Bloch a donné ce nom à un poisson des Indes orientales que rien d'intéressant ne distingue. (H. C.)

SPARE CYCHLE. (*Ichthyol.*) Voyez CHROMIS. (H. C.)

SPARE CYNODON. (*Ichthyol.*) Feu de Lacépède a donné ce nom à un poisson du Japon que rien, jusqu'à présent, ne signale à l'attention des naturalistes. Voyez DENTÉ. (H. C.)

SPARE DAURADE, *Sparus aurata*. (*Ichthyol.*) Voyez DAURADE. (H. C.)

SPARE DENTÉ. (*Ichthyol.*) Voyez DENTÉ. (H. C.)

SPARE DESFONTAINES. (*Ichthyol.*) Feu de Lacépède a ainsi nommé un poisson qui vit dans les eaux chaudes de la ville de Caffa au royaume de Tunis, et tout à la fois dans les ruisseaux d'eau froide et jaunâtre qui arrosent les plantations de dattiers à Tozzer. (H. C.)

SPARE ÉPINEUX. (*Ichthyol.*) Voyez DAURADE. (H. C.)

SPARE ÉRYTHRIN. (*Ichthyol.*) Voyez PAGEL. (H. C.)

SPARE DE FORSTER. (*Ichthyol.*) Voyez DAURADE. (H. C.)

SPARE GRAND-ŒIL. (*Ichthyol.*) Voyez DAURADE. (H. C.)

SPARE GROS-ŒIL. (*Ichthyol.*) Voyez DENTÉ. (H. C.)

SPARE HAFFARA. (*Ichthyol.*) Voyez SARGUE. (H. C.)

SPARE HOLOCYANÉOSE. (*Ichthyol.*) Voyez SCARE. (H. C.)

SPARE LÉPISURE. (*Ichthyol.*) Voyez DIACOPE. (H. C.)

SPARE MÉACO. (*Ichthyol.*) Nom donné par feu de Lacépède à un poisson observé par Thunberg dans les eaux du Japon. (H. C.)

SPARE MENDOLE. (*Ichthyol.*) Voyez SMARE. (H. C.)

SPARE MORME. (*Ichthyol.*) Voyez PAGRE. (H. C.)

SPARE MYLIO. (*Ichthyol.*) Voyez DAURADE. (H. C.)

SPARE MYLOSTOME. (*Ichthyol.*) Voyez DAURADE. (H. C.)

SPARE PANTHÉRIN. (*Ichthyol.*) Voyez CIRRHITE. (H. C.)

SPARE PERROQUET. (*Ichthyol.*) Voyez DAURADE. (H. C.)

SPARE OSBECK. (*Ichthyol.*) Voyez SMARE. (H. C.)

SPARE OVICÉPHALE. (*Ichthyol.*) Voyez SARGUE. (H. C.)

SPARE PAGEL. (*Ichthyol.*) Voyez PAGRE. (H. C.)

SPARE PAGRE. (*Ichthyol.*) Voyez PAGRE. (H. C.)

SPARE PORTE - ÉPINES. (*Ichthyol.*) Voyez Daurade. (H. C.)

SPARE PUNTAZZO. (*Ichthyol.*) Voyez Sargue. (H. C.)

SPARE QUEUE-JAUNE, *Sparus chlorouros.* (*Ichthyol.*) Voyez Chéiline. (H. C.)

SPARE QUEUE-NOIRE. (*Ichthyol.*) Voyez Bogue et Oblade. (H. C.)

SPARE QUEUE-D'OR, *Sparus chrysurus.* (*Ichthyol.*) Voyez Bogue. (H. C.)

SPARE QUEUE-ROUGE, *Sparus erythrurus,* Bloch. (*Ichth.*) Voyez Smare. (H. C.)

SPARE RAYONNÉ. (*Ichthyol.*) Voyez Chéiline. (H. C.)

SPARE SARBE. (*Ichthyol.*) Voyez Daurade. (H. C.)

SPARE SARGUE. (*Ichthyol.*) Voyez Sargue. (H. C.)

SPARE SAUPE. (*Ichthyol.*) Voyez Bogue dans le Supplément du tom. V, p. 8, de ce Dictionnaire. (H. C.)

SPARE SAXATILE. (*Ichthyol.*) Voyez Chromis. (H. C.)

SPARE SURINAM. (*Ichthyol.*) Voyez Chromis. (H. C.)

SPARE VIRGINIEN. (*Ichthyol.*) Voyez Pristipome. (H. C.)

SPARE ZÈBRE. (*Ichthyol.*) Voyez Smare. (H. C.)

SPARÉDRUS. (*Entom.*) M. Megerle a nommé ainsi un genre de coléoptères voisin du genre *Calopus.* L'insecte qu'il décrit sous ce nom a été observé en Autriche. (C. D.)

SPARFHOK ou SPARFHOCK. (*Ornith.*) Nom suédois de l'épervier, selon M. Vieillot. (Desm.)

SPARGANIUM. (*Bot.*) Voyez Rubanier. (J. D.)

SPARGANOPHORE, *Sparganophorus.* (*Bot.*) Ce genre de plantes, qui appartient à l'ordre des Synanthérées, et à notre tribu naturelle des Vernoniées, présente les caractères suivans :

Calathide incouronnée, équaliflore, multiflore, régulariflore, androgyniflore. Péricline subhémisphérique, à peu près égal aux fleurs, formé de squames paucisériées, imbriquées, appliquées, foliacées, membraneuses sur les bords, larges, concaves, elliptiques, subulées-spinescentes au sommet, qui forme une sorte d'appendice étalé. Clinanthe planiuscule et nu. Ovaires courts, obovoïdes, ordinairement tétragones, parsemés de glandes, privés de bourrelet basilaire, mais pourvus, au lieu d'aigrette, d'un énorme bourrelet apicilaire coroniforme, tubuleux, très-élevé, très-épais, subéreux, blanc, à bord presque arrondi et ordinairement entier. Corolles parsemées de glandes, divisées en trois (quelquefois quatre) lanières longues et lancéolées. Anthères munies de longs appendices apicilaires lancéolés, très-aigus, membraneux. Styles de vernoniée.

Nous avons fait cette description générique sur deux échantillons secs, étiquetés l'un *Ethulia struchium* dans l'herbier de M. Desfontaines, l'autre *Ethulia sparganophora* dans l'herbier de M. de Jussieu. Tous deux, ayant la corolle presque toujours trifide, et la couronne du fruit entière, nous semblent appartenir à une seule et même espèce.

Le genre *Sparganophorus* (ou *Sparganophoros*) fut établi sous ce nom, en 1719, par Vaillant, qui le caractérisoit ainsi : « Fleurons hermaphrodites ; ovaires à tête ornée d'un diadème ou bandeau carré ; placenta ras ; calice écailleux. » Le savant synanthérographe n'attribuoit à ce genre qu'une seule espèce, habitant, dit-on, les Indes orientales, et aujourd'hui nommée *Sparganophorus Vaillantii*.

Patrice Browne a proposé, en 1756, un genre *Struchium*, fondé sur une plante de la Jamaïque, et qui sembleroit différer du genre *Sparganophorus* de Vaillant, en ce que : 1.° les corolles extérieures de la calathide seroient trifides, et les intérieures quadrifides ; 2.° la couronne des fruits seroit découpée en quatre crénelures.

Linné a pensé (*Sp. pl.*, p. 1171) que la plante asiatique de Vaillant et la plante américaine de Browne appartenoient à la même espèce, et il les a rapportées à son genre *Ethulia*, en les réunissant sous le nom d'*Ethulia sparganophora*.

Adanson semble au premier abord avoir adopté le genre *Sparganophoros* de Vaillant ; mais il n'en a réellement conservé que le nom, en l'appliquant à un genre qu'il caractérise tout comme son *Tanacetum*, si ce n'est que, selon lui, le *Tanacetum* seroit privé d'aigrette et auroit deux stigmates, tandis que le *Sparganophoros* auroit pour aigrette une membrane courte, dentée, et un seul stigmate. En conséquence il rapporte au *Sparganophoros*, non la plante de Vaillant, mais le *Tanacetum annuum* de Linné ; en sorte que le genre *Sparganophoros* d'Adanson, fort différent de celui de Vail-

lant, correspond à peu près au genre *Balsamita* de M. Desfontaines. Le même botaniste adopte, sous le nom d'*Athenæa*,
le genre *Struchium* de Browne, auquel il attribue le clinanthe
hémisphérique, le fruit couronné d'une membrane entière,
la calathide composée de fleurs hermaphrodites à quatre dents
et à un stigmate, et de fleurs femelles à trois dents et deux
stigmates.

M. de Jussieu (*Gen. pl.*, pag. 184) adopte le genre *Struchium*, sans supposer, comme Adanson, que les fleurs extérieures trifides sont femelles; et il soupçonne que l'*Ethulia
sparganophora* de Linné est congénère.

Enfin Gærtner a rétabli le genre *Sparganophorus* de Vaillant, en le fondant, comme lui, sur l'*Ethulia sparganophora*
de Linné, et en le caractérisant ainsi : « Calice subglobuleux,
« imbriqué d'écailles inégales, à sommet étalé et recourbé;
« fleurons tous androgyns, uniformes, fertiles ; réceptacle
« nu ; graines couronnées d'une cupule subcartilagineuse,
« très-entière, luisante. »

Swartz, qui a retrouvé, dans la Jamaïque, la plante de
Browne, et qui la rapporte au genre *Ethulia*, en la nommant
Ethulia struchium, prétend que le premier auteur s'est trompé
en disant que les corolles centrales étoient quadrifides; il
affirme qu'elles sont toutes uniformes et trifides. Suivant lui,
toutes les fleurs de la calathide sont hermaphrodites, à étamines très-petites; le clinanthe est convexe; les fruits sont
couronnés d'un petit calice à quatre crénelures.

L'*Ethulia uniflora* de Walter et de Willdenow a été attribuée au genre *Sparganophorus*, dans la Flore de l'Amérique
septentrionale par Michaux.

M. Persoon, adoptant le genre *Sparganophorus*, dans son
Synopsis plantarum, y admet, 1.° l'*Ethulia sparganophora* de
Linné, sous le nom de *Sparg. Vaillantii*; 2.° l'*Ethulia struchium* de Swartz, sous le nom de *Sparg. struchium*; 3.° l'*Ethulia uniflora* de Willdenow, sous le nom de *Sparg. verticil-
latus*.

M. Nuttal paroît disposé à croire que ces trois plantes ne
sont point congénères.

Nos observations sur la structure du style nous ont appris
que les deux premiers *Sparganophorus* étoient des vernoniées,

et que le troisième étoit une eupatoriée. Il a donc fallu exclure ce dernier, pour en faire un genre distinct, que nous avons proposé en 1816, sous le nom de *Sclerolepis*. (Voyez notre article SCLÉROLÈPE.)

Il reste à savoir si le *Sparg. struchium* est bien congénère du *Sparg. Vaillantii*. Nous avons tout lieu de le croire, et même nous présumons que ces deux plantes sont de la même espèce.

L'échantillon que nous avons observé dans l'herbier de M. de Jussieu, sous le nom d'*Ethulia sparganophora*, avoit été recueilli dans les Antilles, soit dans l'île de Porto-Rico, soit dans celle de Saint-Thomas. Ses corolles sont toutes, ou presque toutes, trifides, et la couronne du fruit est presque toujours très-entière, nullement découpée. Cet échantillon nous paroît être de la même espèce que celui de l'herbier de M. Desfontaines, étiqueté *Ethulia struchium*, et qui nous a offert absolument les mêmes caractères. Nous croyons aussi que la plante dont Gærtner a décrit et figuré les caractères génériques, en la nommant *Sparganophorus Vaillantii*, ne diffère pas spécifiquement des nôtres. Remarquez que Gærtner, qui prétend que sa plante est celle de Vaillant, dit que la couronne du fruit est tantôt très-entière, tantôt légèrement quadridentée; et qu'il n'indique point le nombre des divisions de la corolle. Il nous semble donc très-probable, 1.° que les deux noms de *Sp. Vaillantii* et de *Sp. struchium* se rapportent à une seule et même espèce, observée successivement par Vaillant et par Browne, comme Linné l'avoit d'abord pensé; 2.° que cette espèce est susceptible de varier plus ou moins, soit par la couronne de son fruit, tantôt très-entière, tantôt découpée en quatre crénelures, soit par les corolles tantôt toutes trifides, tantôt les unes trifides et les autres quadrifides; 3.° que cette espèce unique du genre *Sparganophorus* ne se trouve point dans l'Inde, mais seulement dans les Antilles.

Ce genre a beaucoup d'affinité avec les *Ethulia*, *Rolandra*, etc., auprès desquels il doit être placé.

Le nom de *Sparganophorus*, composé de deux mots grecs, signifie *qui porte un lange ou un bandeau*, parce que Vaillant comparoit à un bandeau la couronne que porte le fruit. (H. CASS.)

SPARGELSTEIN. (*Min.*) C'est le nom que Werner donna, avant d'en connoître la nature, à la chaux phosphatée verdâtre ou d'un *vert d'asperge*, qu'on a nommée aussi *chrysolite*. Ce nom a quelquefois été employé sans traduction dans des ouvrages françois. Voyez CHAUX PHOSPHATÉE CHRYSOLITE, t. VIII, page 324. (B.)

SPARGOIL. (*Ichthyol.*) Nom espagnol du SPARAILLON. Voyez ce mot. (H. C.)

SPARGOUTE, SPARGOULE ou SPERGULE; *Spergula*, L. (*Bot.*) Genre de plantes dicotylédones polypétales, de la famille des *caryophyllées*, Juss., et de la *décandrie pentagynie*, Linn., qui présente les caractères suivans : Calice de cinq folioles ovales, persistantes; corolle de cinq pétales ovales, entiers, plus grands que le calice; dix étamines à filamens subulés, plus courts que la corolle, terminés par des anthères arrondies; un ovaire supère, ovale, surmonté de cinq styles filiformes, à stigmates un peu épais : une capsule ovale, uniloculaire, à cinq valves, enveloppée par le calice persistant et contenant des graines petites, nombreuses, globuleuses, quelquefois environnées d'un rebord membraneux.

Les spargoutes sont des plantes herbacées, à feuilles étroites, opposées ou verticillées, et à fleurs terminales ou axillaires. On en connoît aujourd'hui quatorze espèces, parmi lesquelles six croissent naturellement en France.

* *Feuilles verticillées, munies de stipules à leur base.*

SPARGOUTE DES CHAMPS; *Spergula arvensis*, Linn., Sp., 630. Sa racine est annuelle, grêle, pivotante, munie de quelques fibres très-courtes et très-menues; elle produit une tige noueuse, légèrement pubescente, divisée dès sa base en rameaux nombreux, étalés, dichotomes, hauts de six à dix pouces, garnis de feuilles linéaires, subulées, verticillées dix à douze et même plus ensemble, pubescentes, comme les tiges, munies à leur base de petites stipules membraneuses. Ses fleurs sont blanches, petites, disposées au sommet des rameaux en une sorte de panicule lâche. Ses graines sont noires, dépourvues de rebord sensible. Cette espèce croit

dans les champs sablonneux en Europe et dans le Nord de
l'Afrique.

La spargoute des champs, connue encore sous les noms de
spergoule, d'*espargoule* et de *sporée*, est cultivée comme fourrage dans quelques parties du Nord de la France, dans le
Hanovre, dans quelques autres provinces d'Allemagne, dans
les parties montagneuses du Nord de l'Espagne, etc. C'est une
bonne nourriture pour les bestiaux, principalement pour
les vaches, auxquelles elle fait produire un lait plus abondant et meilleur, et ce lait donne un beurre d'une excellente qualité, qui se conserve plus long-temps qu'un autre,
et qui se vend plus cher sous le nom particulier de *beurre
de spargoute*. Cette plante se sème au printemps, de préférence dans une terre sèche et sablonneuse, qui est celle qui
lui convient le mieux, et la même année on la fauche trois
à quatre fois pour la donner à manger en vert aux bestiaux,
ou bien on la leur fait paître sur place. Rarement on la fait
sécher pour la conserver comme fourrage d'hiver, parce
que sa dessiccation est longue et difficile, et que, lorsqu'elle
est parfaite, il y a trop de déchet.

On dit qu'en Norwége les pauvres recueillent les graines
de spargoute pour en faire une sorte de pain. Cette graine,
selon quelques agronomes, est bonne pour les volailles et les
pigeons; elle engraisse les poules et les fait pondre plus fréquemment; mais Rozier dit n'avoir pu parvenir à en faire
manger aux siennes.

Spargoute a cinq étamines; *Spergula pentandra*, Linn., Sp.,
630. Cette espèce ressemble beaucoup à la précédente; mais
elle en diffère parce qu'en général elle s'élève moins, que
ses feuilles sont plus courtes et moins nombreuses à chaque
verticille, que ses fleurs n'ont souvent que cinq étamines,
et surtout parce que ses graines sont entourées d'un rebord
blanc et membraneux. Cette plante croit dans les champs et
les bois sablonneux en France et ailleurs, en Europe, et dans le
Nord de l'Afrique.

**** *Feuilles opposées, dépourvues de stipules*.**

Spargoute noueuse; *Spergula nodosa*, Linn., Spec., 360. Sa
racine est fibreuse, menue, vivace; elle produit une tige

grêle, simple ou rameuse à la base, glabre, ainsi que toute la plante, articulée, garnie de feuilles subulées, accompagnées, dans leurs aisselles, de jeunes feuilles fasciculées ; les feuilles radicales sont plus longues que les autres et filiformes. Les fleurs sont blanches, portées sur des pédoncules simples, le plus souvent terminales, quelques - unes placées parfois dans les aisselles des feuilles supérieures. Cette plante croît dans les pâturages humides en France et dans d'autres pays de l'Europe.

SPARGOUTE GLABRE ; *Spergula glabra* (Willd., *Sp.*, 2, p. 821). Sa racine est fibreuse, menue, vivace ; elle produit une tige grêle, rameuse dès sa base, haute de deux à trois pouces, garnie de feuilles opposées, subulées, glabres ou quelquefois très-légèrement pubescentes, souvent munies dans leurs aisselles d'un faisceau de plus petites feuilles. Les fleurs sont blanches, ordinairement axillaires, portées sur de longs pédoncules filiformes. Les pétales sont environ une fois plus grands que le calice, qui est obtus.

Cette espèce croît sur les montagnes en France, en Italie et en Corse. Le *Spergula pilifera*, Dec., Fl. fr., n.° 4391, n'en diffère que parce que ses tiges sont plus courtes, disposées en gazon serré, et que ses feuilles sont terminées par un poil roide.

SPARGOUTE SAGINOÏDE ; *Spergula saginoides*, Linn., *Sp.*, 631. Cette espèce a beaucoup de rapports avec la précédente : mais elle est annuelle, et ses pétales sont à peine aussi longs que le calice. Elle croît en Angleterre et dans plusieurs parties de l'Europe ; Lapeyrouse l'indique dans les Pyrénées : je l'ai reçue de Corse.

SPARGOUTE SUBULÉE ; *Spergula subulata*, Swartz, *Act. Holm.*, an. 1789, 45, t. 1, fig. 3. Sa racine est annuelle, menue ; elle produit une tige divisée dès sa base en rameaux étalés, puis redressés, hauts de deux pouces ou environ, garnis de feuilles subulées, opposées, terminées par un poil roide, légèrement pubescentes, ainsi que toute la plante. Ses fleurs sont blanches, portées sur des pédoncules filiformes, axillaires ou terminaux. Les pétales sont plus courts que le calice. Cette plante croît dans les lieux sablonneux et humides. (L. D.)

SPARGOUTINE, *Spergulastrum*. (*Bot.*) Genre de plantes dicotylédones, à fleurs complètes, polypétalées, de la famille des *caryophyllées*, de la *décandrie tétragynie* de Linnæus, offrant pour caractère essentiel : Un calice persistant, à cinq folioles; cinq pétales plus courts que le calice, qui avortent quelquefois; dix étamines; les anthères arrondies; un ovaire supère; quatre stigmates sessiles; une capsule à quatre valves, plus longue que le calice, à une seule loge renfermant des semences fort petites.

Ce genre, établi par Michaux, a de très-grands rapports avec les *spergula*, ainsi que l'indique le nom de *spergulastrum*. Il se rapproche aussi des *stellaria* et des *sagina*; il diffère des premiers par ses capsules à quatre valves, et des *sagina* par les parties de la fleur à cinq et non à quatre divisions.

SPARGOUTINE LANUGINEUSE: *Spergulastrum lanuginosum*, Mich.. *Fl. bor. amer.*, 1, pag. 275; *Micropetalum*, Pers., *Synops.* Cette plante est pourvue d'une tige revêtue d'un duvet lanugineux, épais et très-fin. Les feuilles sont opposées, lancéolées, un peu élargies vers leur sommet, rétrécies en pétiole à leur partie inférieure. Les fleurs sont dépourvues de corolle : leur calice est partagé en cinq folioles concaves, ovales-lancéolées, persistantes, très-ouvertes; les filamens des étamines filiformes; l'ovaire ovale, sans style, surmonté de quatre stigmates sessiles, sétacés. Le fruit est une capsule ovale, plus longue que le calice qui l'enveloppe, divisée en quatre valves, renfermant, dans une seule loge, des semences fort petites. Cette plante croit dans les contrées chaudes de l'Amérique septentrionale.

SPARGOUTINE LANCÉOLÉE ; *Spergulastrum lanceolatum*, Mich.. *Fl. bor. amer.*, loc. cit. Cette espèce a des tiges glabres, garnies de feuilles opposées, lancéolées, glabres à leurs deux faces, rétrécies à leurs deux extrémités. Le calice est glabre, à cinq folioles; la corolle beaucoup plus courte que le calice, à pétales ovales, entiers; le nombre des styles varie de trois à quatre. Cette espèce croit dans les régions froides de l'Amérique septentrionale. Dans le *spergulastrum gramineum* du même auteur, les feuilles sont étroites, linéaires, assez semblables à celles des graminées, redressées, glabres à leurs deux faces. Cette espèce a le port du *stellaria graminea*. Les fleurs ont des pétales entiers, plus courts que le calice. Cette plante croit dans la Pensylvanie. (POIR.)

SPARGU. (*Ichthyol.*) A Malte on appelle ainsi le Sparaillon. Voyez ce mot. (H. C.)

SPARGUS, SPARLUS. (*Ichthyol.*) Noms latins du Sparaillon. Voyez ce mot. (H. C.)

SPARL-HAUK. (*Ornith.*) Ce nom et celui de *sparrow-hauk* désignent, en anglois, l'épervier, *falco nisus*, Linn. (Ch. D.)

SPARLIN. (*Ichthyol.*) Voyez Spargoil. (H. C.)

SPARLING-FOUL. (*Ornith.*) C'est, en anglois, le nom du harle vulgaire, *mergus merganser*, Linn. (Ch. D.)

SPARLO. (*Ichthyol.*) Un des noms italiens du Sparaillon. Voyez ce mot. (H. C.)

SPARMANE, *Sparmannia*. (*Bot.*) Genre de plantes dicotylédones, à fleurs complètes, polypétalées, de la famille des *tiliacées*, de la *polyandrie monogynie* de Linnæus, caractérisé par un calice à quatre folioles; quatre pétales réfléchis; des étamines nombreuses, insérées sur le réceptacle; les anthères arrondies; les filamens extérieurs stériles et toruleux à leur base; un ovaire supérieur, à cinq angles; un style; un stigmate tronqué; une capsule anguleuse, à cinq loges, hérissée de pointes droites et piquantes.

Ce genre a beaucoup d'affinité avec le *Triumfetta*, tant dans son port que dans les parties des fleurs et de la fructification. Tous deux ont leur capsule hérissée, mais les pointes sont courbées en hameçon, et la capsule a quatre loges dans le *Triumfetta*: elle est à cinq loges, hérissée de pointes droites, dans le *Sparmannia*, remarquable, d'ailleurs, par les filamens stériles des étamines extérieures.

Sparmane d'Afrique: *Sparmannia africana*, Linn., *Suppl.*, Lamk., *Ill. gen.*, tab. 468; Retz, *Obs. bot.*, 5, pag. 25, tab. 3; Vent., Jard. de Malm., t. 78; *Bot. Magaz.*, tab. 726. Arbrisseau dont la tige se divise en rameaux droits, cylindriques, un peu velus. Les feuilles sont fort grandes, alternes, pendantes, ovales, en cœur, dentées et lobées à leur contour, acuminées, velues à leurs deux faces; les pétioles très-longs, pileux, accompagnés à leur base de deux stipules opposées, droites, subulées, velues. Les fleurs sont disposées en ombelles terminales et latérales. Chaque ombelle portée par un pédoncule dressé, velu, garnie à la base des pédicelles d'un involucre à plusieurs folioles subulées; les pédicelles inégaux, pubescens, au nombre de dix à quinze, dressés pendant la floraison, puis rabattus. Le calice est velu, à quatre découpures profondes, lancéolées, aiguës; la corolle jaune, à quatre pétales cunéiformes, plus longs que le calice, plans, égaux; les filamens nombreux; les intérieurs de couleur purpurine, surmontés d'anthères arrondies; les extérieurs jaunes et stériles. L'ovaire est hispide, presque globuleux, à cinq angles; le style jaune, filiforme, beaucoup plus long que les étamines; le stigmate papilleux et tronqué. Le fruit est une capsule de couleur brune, à cinq angles, à cinq loges, hérissée de toutes parts de pointes roides, droites, piquantes, velues. Chaque loge renferme ordinairement deux semences noires, glabres, oblongues, relevées en carène à une de leurs faces. Cette plante croît dans les forêts, au cap de Bonne-Espérance. On la cultive au Jardin du Roi. (Poir.)

SPARNOCZOLO. (*Ornith.*) Un des noms italiens des mésanges, *parus*, Linn. (Ch. **D.**)

SPARO. (*Ichthyol.*) Voyez Sparaglione. (H. C.)

SPAROÏDE. (*Ichthyol.*) Nom d'une espèce de Canthère. Voyez ce mot. (H. C.)

SPAROÏDE. (*Ichthyol.*) Voyez Labre sparoïde. (H. C.)

SPAROS. (*Ichthyol.*) Nom que les Grecs modernes donnent au Sparaillon. Voyez ce mot. (H. C.)

SPARRE. (*Ichthyol.*) Voyez Spare. (H. C.)

SPARROW. (*Ornith.*) Ce nom du moineau, *fringilla domestica*, s'applique, en anglois, à divers oiseaux, selon les épithètes dont il est accompagné. (Ch. **D.**)

SPARTE. (*Bot.*) Nom vulgaire d'une espèce de stipe. (L. **D.**)

SPARTIANTHUS. (*Bot.*) Voyez Spartium. (J.)

SPARTIER: *Spartium*, Linn. (*Bot.*) Genre de plantes dicotylédones polypétales, de la famille des *papilionacées*, Juss., et de la *diadelphie décandrie*, Linn., qui a de si grands rapports avec le genre Genêt, que MM. de Lamarck, de Jussieu et autres botanistes, les ont réunis en un seul, et c'est de cette manière qu'ils ont été considérés à l'article Genêt, tom. XVIII, pag. 313. Cependant Willdenow et Sprengel ont conservé le genre *Spartium* séparé des *Genista* à peu de chose près comme Linnæus les avoit établis; et enfin, M. De Candolle, dans son dernier ouvrage, rapporte presque toutes les espèces, au nombre de soixante-seize, qui peuvent faire partie des deux genres, aux *Genista*, et il n'admet dans le *Spartium* qu'une seule espèce, le *Spartium junceum*, Linn. (GENÊT JONCIFORME, t. XVIII, pag. 514). Voici le caractère générique que M. De Candolle assigne au *Spartium* : Calice membraneux, spathacé, fendu dans sa partie supérieure, à cinq dents et presque bilabié; étendard arrondi et plié sur lui-même; carène acuminée, formée de deux pétales peu adhérens et se séparant facilement; dix étamines monadelphes; légume comprimé, polysperme, dépourvu de glandes. (L. D.)

SPARTINA. (*Bot.*) Ce genre de graminées, fait par Roth, est le même que le *Trachynotia* de Michaux, et le *Limnetis* de M. Persoon s'y rapporte également. Quelques autres *spartina* sont reportés à d'autres genres de graminées. Voyez SPARTINE. (J.)

SPARTINE; *Spartina*, Schreb. (*Bot.*) Genre de plantes monocotylédones, de la famille des *graminées*, Juss., et de la *triandrie digynie* du Système sexuel, dont les principaux caractères sont, d'avoir: Un calice glumacé, à deux valves comprimées, carénées, inégales, très-aiguës, ne contenant qu'une seule fleur à corolle formée de deux balles inégales; trois étamines; un ovaire supère, oblong, surmonté d'un style à deux stigmates; une graine de la même forme que l'ovaire.

Les spartines sont des plantes herbacées, dont les fleurs sont disposées sur plusieurs épis rapprochés en panicule resserrée. On en connoît six espèces, dont deux croissent en Europe et les autres en Amérique.

SPARTINE ROIDE : *Spartina stricta*, Lois., *Fl. gall.*, 718 ; *Dactylis stricta*, Willd., *Spec.*, 1, pag. 407; *Trachynotia stricta*, Decand., Fl. fr., 3, n.º 1645. Sa tige est droite, roide, haute d'un pied à un pied et demi, garnie de quelques feuilles roides, à bords roulés en dedans. Ses fleurs sont d'un blanc verdâtre, tournées d'un seul côté, imbriquées, disposées sur deux épis terminaux, plus rarement sur trois, presque égaux, appliqués l'un contre l'autre par leur dos et paroissant n'en former qu'un seul. La plus longue glume calicinale est mucronée au-dessous de son sommet. Cette plante est vivace; elle croît en Bretagne, en Angleterre, en Portugal, en Italie.

SPARTINE A FLEURS ALTERNES; *Spartina alterniflora*, Lois., Fl.

50.   6

gall., pag. 719. Sa tige est droite, roide, haute d'un à deux pieds, garnie de feuilles planes, un peu roulées en leurs bords. Ses fleurs sont verdâtres, alternes, un peu écartées les unes des autres, disposées sur quatre à huit épis terminaux, droits, rapprochés en panicule, mais non serrés les uns contre les autres. La glume calicinale la plus longue est aiguë, et l'axe de l'épi est flexueux. J'ai trouvé cette espèce dans les pâturages des bords de l'Adour, aux environs de Bayonne : elle est vivace. (L. D.)

SPARTIUM, SPARTUM. (*Bot.*) Les anciens nommoient ainsi diverses espèces épineuses de genêt. Linnæus a fait un genre *Spartium*, que quelques auteurs ont réuni au *Genista* et que d'autres ont séparé. M. De Candolle, dans son beau travail récent sur les légumineuses, repousse au *Genista* et au *Cytisus* toutes les espèces de *spartium*, à l'exception du *spartium junceum*, premier type du *Spartium* de Linnæus, qu'il conserve seul dans ce genre ; c'est celui qu'Adanson avoit séparé antérieurement sous le nom de *Lygos*; mais il n'en donnoit qu'un caractère incomplet. M. Link en a fait aussi plus tard son genre *Spartianthus*. Le nom *Spartium* est encore cité comme synonyme dans plusieurs autres genres des légumineuses. (J.)

SPARTUM. (*Bot.*) Clusius nommoit ainsi une plante graminée, connue en françois sous le nom de sparte, dont on fait les ouvrages dits de sparterie ; Linnæus en a fait son genre *Lygeum* : c'est le *linospartum* d'Adanson. Suivant Lobel et Daléchamps, celui-ci n'est que le *spartum alterum* de Pline; son vrai *spartum*, suivant Dodoëns et Gérard, est le *stipa tenacissima*; et un troisième *spartum*, mentionné par Clusius et Daléchamps, est l'*arundo arenaria*, employé aussi dans les ouvrages de sparterie, de même que le précédent. C. Bauhin cite encore d'autres *spartum* des anciens, non rapportés aux genres connus. (J.)

SPARUS. (*Ichthyol.*) Nom latin des Spares. Voyez ce mot. (H. C.)

SPARVERIUS. (*Ornith.*) Ce nom et celui de *sparvius* désignent en latin l'épervier. (Ch. D.)

SPARVIERO. (*Ornith.*) Nom italien de l'épervier, *falco nisus*, Linn. (Ch. D.)

SPARZ. (*Min.*) On trouve souvent ce mot dans les anciennes minéralogies pour celui de spath, qui est, d'ailleurs, également exclu comme nom des nomenclatures modernes. (B.)

SPASME. (*Mamm.*) Espèce de mammifère insectivore, de l'ordre des chéiroptères ou chauve-souris, qui habite Amboine et quelques autres îles de l'océan Indien ; il a été placé par M. Geoffroy dans le genre MÉGADERME. Voyez ce mot. (DESM.)

SPASME. (*Entom.*) Voyez l'article MANTE. (DESM.)

SPATAGOIDES. (*Foss.*) C'est le nom que Klein et d'autres auteurs ont donné aux spatangues. (D. F.)

SPATALLA. (*Bot.*) Genre de plantes dicotylédones, à fleurs incomplètes, de la famille des *protéacées*, de la *tétrandrie monogynie* de Linnæus, offrant pour caractère essentiel : Un involucre simple, ou à deux ou quatre folioles, renfermant très-peu de fleurs ou une seule ; point de calice, une corolle à quatre divisions caduques, l'intérieure souvent plus grande ; quatre étamines ; un ovaire supère ; un style ; un stigmate oblique et dilaté ; une noix ventrue, un peu pédicellée. Le réceptacle dépourvu de paillettes.

Ce genre, établi par Rob. Brown, est en partie un démembrement de celui des *protea*. Il renferme des arbrisseaux à feuilles éparses, filiformes, entières. Les fleurs sont terminales, en épis ou en grappes, à une seule bractée ; les corolles purpurines ; l'anthère placée dans la plus grande division de la corolle, est plus grosse que les autres, souvent la seule fertile.

SPATALLA A POILS MOUS ; *Spatalla mollis*, Rob. Brown, *Trans. linn.*, vol. 10, pag. 144. Arbrisseau droit, chargé de rameaux rougeâtres, grêles et redressés dans leur jeunesse. Les feuilles sont roides, étalées, longues de sept à huit lignes, couvertes de poils étalés et soyeux, terminées par une callosité très-aiguë. L'épi est droit, sessile, solitaire, alongé, cylindrique, à peine long d'un pouce, composé de grappes pédicellées ; les bractées foliacées, une fois plus longues que les pédicelles ; l'involucre uniflore, à deux folioles ovales, velues : l'extérieure plus large ; la corolle très-velue ; quatre écailles, linéaires, persistantes, placées sur le réceptacle. Cette plante croit sur les montagnes, au cap de Bonne-Espérance.

SPATALLA PÉDONCULÉ ; *Spatalla pedunculata*, Rob. Brown, *loc.*

cit. Cette espèce a des tiges droites, ligneuses, très-rameuses, les rameaux soyeux dans leur jeunesse, puis glabres. Les feuilles sont nombreuses, trigones, presque longues d'un pouce, courbées en faucille, rétrécies à leur base, terminées par une callosité un peu obtuse; les pédoncules sont solitaires, longs d'un pouce et demi, soyeux, munis de bractées alternes, subulées. L'épi est cylindrique, à peine plus long que le pédoncule; l'involucre uniflore, à deux folioles, une plus large, à trois dents soyeuses, ainsi que la corolle et les pédicelles. Cette plante croît sur les montagnes, au cap de Bonne-Espérance.

Spatalla blanc de neige: *Spatalla nivea*, Rob. Brown, *loc. cit.* Arbrisseau très-rameux, a rameaux soyeux dans leur jeunesse, puis glabres; les feuilles sont simples, filiformes, longues d'un pouce, légèrement courbées, un peu rétrécies à leur base, très-aiguës, soyeuses dans leur jeunesse. Les pédoncules sont solitaires, un peu soyeux, plus courts que les feuilles; les bractées alternes, subulées, un peu velues. L'épi est long d'un pouce ou deux, une fois plus long que le pédoncule, l'involucre uniflore, à deux folioles: l'extérieure élargie, à trois dents profondes: celle du milieu plus étroite; la corolle couverte de poils très-blancs. Cette plante croît au cap de Bonne-Espérance, sur les montagnes.

Spatalla prolifère: *Spatalla prolifera*, Rob. Brown, *loc. cit.*; *Protea prolifera*, Thunb., *Diss. de prot.*, pag. 29, tab. 4, fig. 3; Linn. fils. *Suppl.* Cette plante a des tiges fort grêles, glabres ou un peu pubescentes, prolifères, hautes de deux pieds, divisées en rameaux droits, la plupart dichotomes. Les feuilles sont cassées, subulées, appliquées contre les tiges, les supérieures quelquefois un peu velues. Les fleurs sont réunies en petites têtes solitaires, situées à l'extrémité des rameaux et dans leur bifurcation, de la grosseur d'un pois. Cette plante croît sur le sommet des montagnes, au cap de Bonne-Espérance.

Spatalla a feuilles courbées: *Spatalla incurva*, Rob. Brown, *loc. cit.*: *Protea incurva*, Thunb., *Diss. bot.*, pag. 26, tab. 3, fig. 2. Petit arbrisseau dont les tiges sont droites, glabres, hautes de deux pieds, chargées, à leur partie supérieure, de rameaux verticillés. Les feuilles sont éparses, filiformes, très-glabres, entières, longues au moins d'un pouce, fortement courbées en arc. Les épis sont tomenteux, fasciculés, presque sessiles; l'involucre composé de quatre folioles, renfermant trois ou quatre fleurs. Cette plante croît au cap de Bonne-Espérance.

SPATALLA A GRAPPES LACHES ; *Spatalla laxa*, Rob. Brown, *loc. cit.* Arbrisseau de quatre ou cinq pieds, pourvu d'une tige dressée, divisée en rameaux grêles, élancés, un peu rougeâtres, soyeux dans leur jeunesse. Les feuilles sont étalées, redressées, longues d'un pouce, un peu rétrécies à leur base, médiocrement courbées, terminées par une callosité presque obtuse; les feuilles inférieures glabres, les supérieures soyeuses. Les grappes sont lâches, solitaires, médiocrement pédonculées, longues d'un pouce et demi; les bractées tomenteuses, plus courtes que le pédicelle des fruits. Les involucres sont uniflores, soyeux, à peine de la longueur des pédicelles, à deux folioles : une plus large, à trois dents; celle du milieu fort étroite ; une noix ovale, presque sessile, soyeuse, une fois plus longue que l'involucre, surmontée par le style recourbé, hérissée à sa base de poils roides. Cette plante croît au cap de Bonne-Espérance, sur les montagnes.

SPATALLA A GRANDES BRACTÉES ; *Spatalla bracteolaris*, R. Brown, *loc. cit.* Cet arbrisseau s'élève à la hauteur de six ou sept pieds, sur une tige droite, très-rameuse ; les rameaux soyeux dans leur jeunesse. Les feuilles sont filiformes, arquées, presque glabres, longues d'un pouce et plus, terminées par une callosité un peu obtuse. Les pédoncules sont solitaires, terminaux ; l'épi long d'un pouce et demi, plus long que le pédoncule ; les pédicelles imbriqués ; les involucres soyeux, à deux folioles, une plus large, profondément trifide ; les bractées beaucoup plus longues que les pédicelles; la corolle est tomenteuse et barbue. Cette plante croît sur les montagnes, au cap de Bonne-Espérance.

SPATALLA A FEUILLES SOYEUSES ; *Spatalla sericifolia*, R. Brown, *loc. cit.* Cette plante a des tiges droites, ligneuses, très-rameuses ; les rameaux roides, élancés, soyeux dans leur jeunesse. Les feuilles sont nombreuses, imbriquées, étalées, médiocrement courbées, soyeuses, longues d'un demi-pouce. Les épis sont sessiles, solitaires, imbriqués, à peine longs d'un pouce ; les involucres uniflores, à deux folioles : une plus large, à trois découpures subulées; celle du milieu plus étroite ; la corolle tomenteuse et barbue. Cette plante croit au cap de Bonne-Espérance, sur les montagnes.

SPATALLA PYRAMIDAL ; *Spatalla pyramidalis*, R. Brown, *loc. cit.* Arbrisseau très-rameux, à tige droite. Les rameaux sont pubescens, disposés en ombelle ; les feuilles très-touffues, un peu étalées, médiocrement courbées, un peu velues, longues d'un demi-pouce, calleuses au sommet. L'épi est dense, droit, sessile, solitaire, alongé, pyramidal, presque long d'un pouce : les bractées en forme de feuilles, de la longueur des involucres : ceux-ci sont uniflores, pubescens, à quatre folioles élargies à leur base, puis subulées, acuminées ; l'extérieure un peu plus étroite ; la corolle velue à ses bords ; la division intérieure plus grande ; le stigmate concave, avec un petit mamelon dans le centre ; des écailles linéaires, subulées, placées sur un réceptacle barbu. Cette plante croit sur les montagnes, au cap de Bonne-Espérance.

SPATALLA A PLUSIEURS ÉPIS ; *Spatalla polystachia*, R. Brown, *loc. cit.* Les tiges de cette plante sont chargées d'un grand nombre de rameaux rougeâtres, en ombelle, pubescens dans leur jeunesse. Les feuilles sont touffues, étalées, arquées, velues, soyeuses dans leur jeunesse, longues d'un pouce, terminées par une pointe très-aiguë : quatre ou cinq épis réfléchis, rameux, longs d'un pouce et demi, médiocrement pédonculés ; les ramifications plus alongées, en ombelle ; les bractées trois fois plus longues que les pédicelles ; les quatre folioles de l'involucre uniflores, presque égales, concaves, lancéolées, subulées, acuminées, étalées au sommet ; les divisions de la corolle égales ; le stigmate plan, mamelonné dans le centre ; une noix médiocrement pédicellée, un peu pubescente. Cette plante croit au cap de Bonne-Espérance, sur les hautes montagnes.

SPATALLA A FEUILLES COURTES ; *Spatalla brevifolia*, R. Brown, *loc. cit.* Arbrisseau chargé de rameaux élancés, pubescens, disposés en ombelle. Les feuilles sont presque trigones, canaliculées en dessous, étalées, médiocrement velues, longues d'environ trois lignes. L'épi est sessile, solitaire, touffu, long d'environ un pouce et demi ; les pédicelles et les bractées pubescens : ces dernières sont membraneuses à leur base, lancéolées, subulées ; les involucres médiocrement pédicellés, à deux ou trois fleurs ; les divisions de la corolle égales ; le stigmate convexe, saillant dans le centre ; quatre écailles subulées , insérées sur le réceptacle. Cette plante croît sur les montagnes, au cap de Bonne-Espérance.

SPATALLA RAPPROCHÉ ; *Spatalla propinqua*, Rob. Brown, *loc. cit.* Arbrisseau dont les rameaux sont velus ; les feuilles dressées, filiformes, velues, longues de six lignes ; l'épi médiocrement pédonculé, rameux, long de deux pouces; les pédicelles très-courts ; les bractées subulées : les involucres tomenteux, presque à deux fleurs, de la longueur des bractées; les divisions de la corolle presque égales ; une noix légèrement pubescente , soutenue par un pédicelle court et glabre. Cette plante croît au cap de Bonne-Espérance. (Poir.)

SPATANGUE, *Spatangus*. (*Actinoz.*) Genre d'Échinides établi depuis long-temps par Leske, dans son édition de l'ouvrage de Klein sur les Oursins, adopté par M. de Lamarck dans la première édition de son Système des animaux sans vertèbres, et, depuis, par tous les zoologistes systématiques. C'est, en effet, une des meilleures divisions génériques qui ait été proposée dans le genre Oursin de Linnæus, puisqu'elle repose sur des caractères de premier ordre, la forme générale du corps, et sur une disposition toute particulière de l'appareil digestif, d'où suivent des mœurs et des habitudes nécessairement différentes de celles de la plupart des autres oursins. Voici la caractéristique que nous donnons de ce genre, qui appartient à la première famille que nous établissons dans l'ordre des Échinides. Corps ovale, un peu alongé, élargi et subéchancré en avant, un peu atténué et obtus en arrière, convexe en dessus, plat en dessous, couvert d'un grand nombre de très-petits tubercules mamelonnés, épars, ombiliqués, portant des épines inégales, couchées, pileuses, et pourvu d'un assez petit nombre de suçoirs tentaculaires, sortant par des orifices formant par leur disposition des ambulacres bornés, inégaux. Bouche inférieure et subantérieure, large, transverse, non armée ; anus inférieur ou subterminal; orifices des organes de la génération, au nombre de quatre, très-rapprochés en trapèze et un peu avant le milieu de la face dorsale. D'après cette définition, il est aisé de voir que ce genre ne diffère sensiblement des Ananchites que parce que les ambulacres sont complets dans ceux-ci, au lieu d'être bornés, comme dans les Spatangues. On doit aussi conclure de la forme de leur corps, et la position subterminale de la bouche et de l'anus, ainsi que de la forme non véritablement radiaire, mais sensiblement binaire, qu'ils doivent être rangés à la tête de l'ordre, après celui des Holothuries ou l'istalides. Je n'ai jamais eu l'occasion de disséquer complétement un spatangue; je ne connois aucun auteur qui en ait fait l'anatomie. Je trouve seulement dans mes notes que sur des individus de l'espèce commune, recueillis au Havre, j'ai remarqué que tout l'animal vivant étoit extrêmement lourd, parce que son canal intestinal, d'une minceur excessive, étoit entièrement rempli de sable. Ils vivent, en effet, constamment ainsi enfoncés, à une petite profondeur et dans un sable fin, peu serré, surtout sous l'eau, où sans doute ils se meuvent lentement. C'est très-probablement à cela qu'est due l'inclinaison de leurs piquans, qui sont en général très-fins et qui simulent des poils de mammifère.

On connoît des spatangues dans toutes les parties du monde, quoique les espèces de ce genre, assez faciles à briser, aient été peut-être un peu négligées. Nous en avons dans les trois mers qui entourent la France. M. de Lamarck en caractérise douze espèces vivantes, qu'il partage en deux sections, suivant qu'elles ont quatre ou cinq ambulacres. Je ne voudrois pas assurer qu'il y ait réellement quelquefois cinq véritables ambulacres; mais, du moins, outre les quatre normaux, qui forment deux paires, on trouve dans quelques espèces que l'échancrure antérieure est souvent prolongée en un sillon profond qui va jusqu'aux pores génitaux et contient en effet quelques pores.

Nous disposerons les espèces d'après le degré de profondeur de l'échancrure et de son sillon.

Le SPATANGUE PLASTRON : *Spatangus pectoralis*, de Lamk., Anim. sans vert., tom. 3, p. 29. n.° 1 ; Encycl. méthod., pl. 159, fig. 2 et 3; d'après Séba, Mus., 3, tab. 14, fig. 5, C. Corps ovale, elliptique, déprimé, peu échancré en avant et sinueux sur ses bords; ambulacres presque égaux, au milieu d'un large espace, régulièrement couvert de granulations; sommet et pores génitaux subcentraux,

C'est la plus grande espèce du genre. On ignore d'où elle vient.

Le Spatangue ventru : *S. ventricosus*, de Lamk., *l. c.*, n.° 2 ; *Brissus ventricosus*, Leske, *apud* Klein. p. 29, tab. 26, fig. *A.* Corps ovale, renflé ou bombé en dessus, peu ou point échancré en avant ; quatre ambulacres oblongs dans une sorte de rigole et au milieu d'une aire assez peu large et fort sinueuse à sa circonférence : sommet assez avant le milieu ; les tubercules les plus grands disposés en zig-zag.

C'est encore une très-grande espèce de l'océan des Antilles.

Le S. cariné : *S. carinatus*, de Lamk., *ibid.*, n.° 5 ; Leske, *apud* Klein, p. 249, tab. 48, fig. 4 et 5 ; copié dans l'Encycl. méthod., pl. 158, fig. 11, et pl. 159, fig. 1. Corps ovale, enflé, non échancré, à bords un peu flexueux ; sommet fort avant le milieu ; quatre ambulacres, dont les antérieurs transverses et les postérieurs presque longitudinaux dans une aire très-sinueuse à sa circonférence et subcarinée en arrière.

Cette espèce, qui vient de l'océan Austral aux iles de France et de Bourbon, est quelquefois tachetée.

Le S. ovale : *S. ovatus*, de Lamarck, *ibid.*, n.° 4 ; Leske, *apud* Klein, p. 248, tab. 26, fig. *B, C* ; Encycl. méth., pl. 158, fig. 7 et 8. Corps ovale, un peu alongé, subcylindrique, un peu échancré en avant comme en arrière ; quatre ambulacres subcanaliculés, partant tous obliquement du sommet assez antérieur et opposé à la bouche, et dans une aire dorsale subpentagonale et assez peu sinueuse.

Cette espèce, sensiblement plus petite que les précédentes, vient probablement des mers d'Amérique.

Le S. colombaire : *S. columbaris*, de Lamk., *ibid.*, n.° 6 ; Encycl. méth., pl. 158, fig. 9 et 10. Corps ovale, un peu alongé, un peu échancré en avant comme en arrière ; quatre ambulacres ovales, dont les deux antérieurs transverses et les postérieurs sublongitudinaux.

Cette petite espèce, qui me paroit ne pas différer beaucoup du S. *carinatus*, vient de l'océan d'Amérique.

Le S. cœur-de-mer : *S. purpureus ; Echinus purpureus*, Linn., Gmel., pag. 3197, n.° 95 ; *Spatangus purpureus*, Leske, *apud* Klein, p. 235, tab. 45, fig. 3—5 ; copié dans l'Encycl. méth., pl. 157, fig. 2—4 ; vulgairement le Pas-de-poulain. Corps ovale, cordiforme assez fortement élargi et échancré en avant, subpointu en arrière ; quatre ambulacres, larges, lancéolés, divergens d'un sommet submédian ; couleur violette.

Cette espèce habite l'océan Européen, les mers du Nord. Je ne possède pas ce spatangue de cette partie des mers européennes, mais j'en ai un en bon état de conservation de la Méditerranée. Il est très-large, très-déprimé, et ressemble tout-à-fait à celui qui est figuré dépouillé dans la fig. 1 de la planche 157 de l'Encyclopédie. Je ne suis pas éloigné de penser que ce soit une espèce distincte.

Le Spatangue à gouttière: *S. canaliferus*, de Lamk., *l. c.*, n.° 11 ; Encycl. méth., pl. 166, fig. 3 ; d'après Bonnani, *Recr. mentis*, cl. 1, fig. 16. Corps ovale, un peu alongé, cordiforme, plus large et fortement échancré en avant, avec une rigole profonde jusqu'au sommet ; quatre ambulacres courts, ovales, très-inégaux : la paire postérieure beaucoup plus petite que l'antérieure.

De l'océan Indien.

Le S. tête-de-mort: *S. atropos*, de Lamk., *ibid.*, n.° 12 ; Encycl. méth., pl. 155, fig. 9—11. Corps ovale, globuleux, plus large au milieu qu'aux extrémités ; l'antérieure avec une assez forte échancrure conduisant dans un canal très-profond et caverneux ; ambulacres très-étroits et au fond de fissures caverneuses.

Des mers d'Europe, de la Manche, suivant M. de Lamarck. Je ne connois cependant aucun auteur d'Angleterre qui en parle, et je ne l'ai jamais rencontré moi-même. Peut-être l'a-t-on confondu avec le suivant.

Le S. arcuaire: *S. arcuarius*, de Lamarck, n.° 13 ; Encycl. méth., pl. 156, fig. 7 et 8 ; d'après Séba, Mus., 3, tab. 10, fig. 21, *A*, *B*. Corps ovale, cordiforme, renflé ou bombé, fortement échancré en avant, avec un large sillon allant jusqu'au sommet, qui est peu marqué et très-reculé ; bouche subcentrale ; ambulacres fort singuliers, au nombre de quatre, à peine convergens ou très-séparés au sommet ; les deux paires très-distantes et réunies par un arc longitudinal.

Cette espèce, dont Leske donne une fort bonne description, pag. 250, et des figures passables, tab. 24, fig. *c*, *d*, *e*, et tab. 38, fig. 5, habite, suivant M. de Lamarck, l'océan Atlantique austral et les côtes de Guinée ; mais, en outre, elle se trouve sur toutes les côtes de la Manche, en France et en Angleterre. Je l'ai moi-même trouvée dans le sable au Hâvre; et il paroît qu'elle existe aussi dans l'Adriatique.

Le Spatangue croix de Saint-André; *S. crux Andreæ*, Lamk., *loc. cit.*, n.° 8. Corps ovale, déprimé, cordiforme, assez fortement échancré en avant; ambulacres au nombre de quatre, lancéolés, larges: les antérieurs presque transverses; les postérieurs sublongitudinaux, avec les interstices garnis de tubercules assez gros.

Rapporté de l'océan Austral par Péron et Lesueur.

Le S. planulé; *S. planulatus*, id., ibid., n.° 10. Corps elliptique, déprimé; ambulacres au nombre de quatre, étroits, lancéolés, obliquement divergens, avec les interstices subocellés.

Des mêmes mers que le précédent, dont il est fort rapproché.

Le S. sternal; *S. sternalis*, id., *ibid.* Corps ovale, maculé; quatre ambulacres; une carène longitudinale au milieu de la face ventrale.

Des mêmes mers.

Je connois encore plusieurs figures de spatangues qui n'ont pas été citées par M. de Lamarck pour aucune des espèces qu'il a caractérisées, et qui me semblent ne pouvoir, en effet, leur être rapportées; ainsi, par exemple:

Le spatangue figuré dans Gualtieri, Conch., pl. 108, fig. GG, ne me paroît pas être certainement le même que celui qui est dans l'Encyclopédie, pl. 159, fig. 1 et 2, et encore moins le spatangue étiqueté *S. carinatus* dans la collection de M. de Lamarck, maintenant au duc de Rivoli. Le spatangue de Gualtieri est beaucoup plus cariné en dessus comme en dessous, et la bouche est pourvue d'une seule paire de palmes, tandis que dans le spatangue de l'Encyclopédie la disposition carinée est peu évidente, et il y a trois palmes à la bouche. Du reste, l'un et l'autre ont les ambulacres dans une aire très-festonnée, anguleuse et de même forme. Le spatangue cariné de la collection est même si différent des deux figures citées, que je supposerois volontiers qu'il y a eu changement d'étiquette; en effet, il ressemble presque complétement au *S. columbaris*: seulement il est plus gros.

Je regarderai aussi comme distinct du *S. pectoralis* de M.

de Lamarck , figuré dans l'Encyclopédie méthodique , pl.
159 , fig. 2 et 5, le spatangue dont Gualtieri a donné une excellente figure pl. 109 , fig. *BB*, et je lui donnerai le nom
de *S. grandis*, avec Gmelin : en effet, la forme générale déprimée, cordiforme, avec un sillon profond en avant, la figure
de l'aire dorsale, celle de l'espace circonscrit qui entoure
l'anus, les deux pointes postérieures du rebord buccal, suffisent
pour le distinguer aisément du *S. pectoralis* de M. de Lamarck.

Je crois bien aussi que sous le nom de *S. canaliferus*, on
confond plusieurs espèces, comme l'avoit fait Leske, mais
surtout Gmelin, sous celui de *S. lacunosus ;* aussi, je supposerois volontiers que le spatangue figuré dans Gualtieri,
pl. 109, fig. *C, D*, diffère de celui qui est figuré dans Bon-
nini et dans Scilla, et qui sert de type au *S. canaliferus*.

Je pense aussi qu'il faudra admettre comme espèce particulière le S. jaunâtre , *S. flavescens*, qui vient des mers de
Norwége, et dont nous devons une bonne description à
Muller. Ce ne peut être le S. ventru , qui est des mers des
Antilles. Peut-être même faudra-t-il séparer du *S. ventricosus*
de M. de Lamarck les *S. maculosus* et *S. unicolor* , dont Leske
fait des variétés de son *echinus spatangus brissus* , *echinus spatangus* de Linné. Malheureusement les collections de Paris sont
peu riches en espèces de ce genre, et il m'a été impossible
de les étudier suffisamment. Provisoirement je proposerois la
distribution suivante des espèces.

A. Espèces avec les ambulacres au milieu d'une sorte d'aire
circonscrite : *S. pectoralis*, *S. grandis*, S. *Gualtierii*, S. *carinatus*
de l'Encyclopédie, *ovatus*, etc.

B. Espèces à ambulacres sans aire circonscrite, les postérieurs les plus longs, sans canal antérieur : *S. carinatus* de
la collection de Lamarck ; *S. columbaris*.

C. Espèces à ambulacres sans aire circonscrite, les postérieurs les plus courts et avec un grand canal antérieur :
S. canaliferus, *S. lacunosus*, *S. purpureus*, *S. atropos*.

D. Espèces à ambulacres sans aire circonscrite, mais très-
écartés à leur origine, de manière à former un grand espace
interambulacraire dorsal : *S. pusillus*, Linn., Leske ; *arcuarius*, de Lamarck ; *S. crux Andreæ*, *S. planulatus*, *S. sternalis ?*
(Dᴇ B.)

SPATANGUE. (*Foss.*) Les espèces de ce genre que l'on trouve à l'état fossile, se présentent, ou avec leur têt, ou avec leur moule intérieur changé en silex et dépouillé de ce dernier, qui a été détruit depuis qu'il n'a plus été protégé par la couche où il étoit; mais toujours sans leurs pointes.

Je crois avoir remarqué que l'espèce qu'on trouve avec son têt présente beaucoup de différence avec la même qui ne présente que son moule siliceux; en sorte qu'il est possible qu'on ait pris souvent pour des espèces différentes des individus qui dépendoient de la même.

Certaines localités présentent des différences dans les formes des spatangues, qu'on trouve dans d'autres; mais elles sont quelquefois si peu considérables, que je les ai regardées comme constituant des variétés plutôt que des espèces.

Il semble que celles de ce genre se trouvent plutôt dans les couches inférieures de la craie que dans les autres couches; mais il paroit qu'on en trouve aussi dans les couches plus anciennes, ainsi que dans celles qui sont plus nouvelles que cette substance.

SPATANGUE PONCTUÉ : *Spatangus punctatus*, Lamk., Anim. sans vert., tom. 5, page 52, n.° 14; *an Spatangus cor anguinum?* Leske, *apud* Klein, tab. 23 *, fig. *C.* Échinide en cœur, un peu convexe, à dos cariné, couvert de très-petits tubercules et à ambulacres crénelés. Fossile dont la patrie est inconnue.

SPATANGUE CŒUR-D'ANGUILLE : *Spatangus cor anguinum*, Lamk., *loc. cit.*, n.° 15; *Spatangus cor anguinum*, Leske, *ap.* Klein, page 221, tab. 23, fig. *A*, *B*, *C*, *D*, et tab. 45, fig. 12; Enc., pl. 155, fig. 4—8; Park., *Organ. rem.*, tom. 3, pl. 5, fig. 11; Brongn., Descript. géol. des env. de Paris, pl. 4, fig 11. Échinide en cœur, un peu convexe, à cinq ambulacres enfoncés et portant quatre rangées de pores qui se trouvent réduites à deux au-delà de ces derniers. Diamètre, deux pouces. On trouve cette espèce dans les couches de craie à Beauvais, à Senonches, département de l'Eure, à Meudon, à Joigny, à Dieppe, à Argenton, département de l'Indre, dans la montagne des Fils, dans celle de Sales, et en Angleterre, dans le comté de Kent; on trouve une autre, moins volumineuse, dans la Touraine, à Jarzé en Anjou, près de Dresde et en Saxe.

Spatangue écrasé : *Spatangus retusus*, Lamk., *loc. cit.*, n.° 16; *Echino-spatangus*, Breyn., *Echin.*, tab. 5, fig. 3 et 4 : *Echinus complanatus*, Gmel. Échinide en cœur, à dos élevé par derrière, convexe et aigu, déprimé et canaliculé par devant, à cinq ambulacres. Fossile de France.

Spatangue subglobuleux : *Spatangus subglobulosus*, Lamk., *loc. cit.*, n.° 17; *Spatangus subglobulosus*, Leske, *apud* Klein, page 240. tab. 54, fig. 2 et 3; Encycl., pl. 157, fig. 7 et 8. Échinide en cœur, orbiculaire, convexe en dessus et en dessous, à cinq ambulacres à pores doubles et à bord postérieur ovale. M. de Lamarck annonce que cette espèce se trouve à Grignon, département de Seine-et-Oise. C'est une erreur, à moins qu'elle ne se soit trouvée dans la couche de craie qui en est très-peu éloignée; mais ce n'est point un fossile du calcaire grossier de Grignon. Cette espèce, qui n'est peut-être qu'une variété du *S. cor anguinum*, se trouve dans les montagnes de Sainte-Catherine de Rouen, et, peut-être, dans la couche de craie chloritée du Hâvre. On trouve aussi aux environs de Beauvais des individus qui ont les plus grands rapports avec cette espèce.

Spatangue bossu : *Spatangus gibbus*, Lamk., *loc. cit.*, n.° 18; Enc., pl. 156, fig. 4 — 6. Échinide en cœur, raccourci, convexe, gibbeux, tronqué par devant, élevé par derrière, à cinq ambulacres garnis de quatre rangées de pores. La patrie de ce fossile, qui n'est peut-être qu'une variété du *S. cor anguinum*, n'est pas connue.

Spatangue prunelle; *Spatangus prunella*, Lamk., *loc. cit.*, n.° 19; Enc., pl. 158, fig. 3 et 4; Faujas, Hist. nat. de la mont. de Saint-Pierre de Maëst., pl. 30, fig. 2. Échinide globuleux, à cinq ambulacres très-courts et poreux, anus très-élevé. Diamètre, sept lignes. Fossile de la montagne de Saint-Pierre de Maëstricht.

Spatangue de Maëstricht : *Spatangus radiatus*, Lamk., *loc. cit.*, n.° 20; Faujas, *loc. cit.*, pl. 29, fig. 1 et 2; *Spatangus striato radiatus*, Leske, *apud* Klein, page 284, tab. 25; Enc., pl. 156, fig. 9 et 10; Knorr, *Petref.*, tab. E, 4, fig. 1 et 2. Échinide ovale, élevé, canaliculé par devant, tronqué, à quatre ambulacres, dont les bornes sont mal exprimées. Longueur, quatre pouces. Largeur, trois pouces. Élévation, plus de deux pouces. Fossile de la montagne de Saint-Pierre de Maëstricht. M. de Lamarck a annoncé que cette espèce avoit cinq ambulacres; mais le canal ne doit pas être regardé comme un cinquième ambulacre.

Spatangue suborbiculaire; *Spatangus suborbicularis*, Def., Brongn., *loc. cit.*, pl. 5, fig. 5. Échinide un peu déprimé, orbiculaire-cordiforme, à quatre ambulacres qui s'étendent jusqu'au bord et qui sont mal terminés. Ils sont formés par deux lignes de pores, qui s'écartent insensiblement l'une de l'autre, sans tendre à se rapprocher. L'espace inter-ambulacraire postérieur est légèrement cariné, ce qui relève la facette marginale, sur le milieu de laquelle est percé l'anus. Diamètre, plus de trois pouces. Cette espèce est remplie de craie chloritée; mais j'ignore où elle a vécu.

Spatangue crapaud; *Spatangus bufo*, Brongn., *loc. cit.*, même planche, fig. 4. Échinide presque globuleux, sans gouttière antérieure, ayant cinq ambulacres courts et enfoncés; l'anus très-relevé dans une face marginale large. Diamètre, un pouce. Cette espèce paroît avoir quelques rapports avec le *Sp. prunella*. M. Brongniart annonce qu'on la trouve à Meudon, dans la craie tufau du Hàvre et dans la montagne de Saint-Pierre de Maëstricht.

Spatangue orné; *Spatangus ornatus*, Def., Brongn., *loc. cit.*, même planche, fig. 6. Cette espèce, voisine du *Sp. planulatus*, qui vit dans les mers Australes, est cordiforme, déprimée, avec une gouttière antérieure peu profonde. Elle a seulement quatre ambulacres bien apparens. Ils sont au niveau du têt, et les lignes des pores, assez droites, dessinent plutôt des angles que des fleurons. Les intervalles des ambulacres présentent des points ocellés ou des tubercules plus ou moins nombreux, plus ou moins grands et toujours irrégulièrement disposés; la bouche est subcentrale, et deux bandes composées de plusieurs plaques plus élevées que le reste du têt, prennent naissance contre cette dernière et vont se terminer en s'élargissant de chaque côté de l'anus, qui est percé sur le haut de la facette marginale postérieure. Longueur, trois pouces. Largeur, deux pouces et demi. M. Brongniart annonce avoir trouvé des débris de ce fossile dans les environs de Périgueux. Un individu de cette espèce, que je possède, porte une teinte roussâtre, comme certains fossiles des environs de Vérone.

Spatangue lisse: *Spatangus lævis*, Deluc, Brongn., *loc. cit.,* pl. 9, fig. 12. Échinide en cœur, un peu déprimé et légèrement bombé en dessus, sa partie postérieure étant assez largement tronquée. Il a beaucoup de rapports avec le *Sp. oblongus* de Deluc et avec l'*echinus quaternaus* de Schlottheim. Néanmoins il en diffère, en ce que les cinq ambulacres sont bien apparens; ce qui le rapporte à la seconde division des spatangues de M. de Lamarck. Sa gouttière antérieure est à peine indiquée. Ses ambulacres, à fleur du têt, sont très-peu apparens et se prolongent jusqu'aux bords, sans que les lignes des pores tendent à se rapprocher. Diamètre, un pouce. Fossile de la perte du Rhône près de Bellegarde.

Spatangue de Parkinson; *Spatangus Parkinsoni*, Def., Park., *loc. cit.,* tome 5, pl. 3, fig. 12. Cette espèce a beaucoup de rapports avec le *Sp. canaliferus;* mais elle est moins alongée que les figures qu'on en voit dans l'Encyclopédie, pl. 156, fig. 3, et dans l'ouvrage de Scilla, tab. 25, fig. 2. Diamètre, trois pouces. Fossile de Saint-Paul-trois-châteaux en Dauphiné et de l'île de Malte.

Spatangue du Dauphiné; *Spatangus delphinas*, Def. Cette espèce a beaucoup de rapports avec le *Sp. gibbus;* mais elle ne porte que quatre ambulacres. Diamètre, deux pouces et demi. Fossile de Saint-Paul-trois-châteaux.

Spatangue très-épais; *Spatangus crassissimus*, Def. Échinide ovale-cordiforme, à cinq ambulacres enfoncés, canaliculé antérieurement. Cette espèce est très-remarquable par l'épaisseur du bord postérieur, au haut duquel se trouve l'anus. La bouche est très-rapprochée du bord. Diamètre, deux pouces. Fossile de la craie chloritée du Hâvre.

Spatangue ocellé; *Spatangus ocellatus*, Def., Park., *loc. cit.,* tome 5, pl. 3, fig. 9. Échinide cordiforme, tronqué postérieurement, très-aplati, échancré dans le bord antérieur, à quatre ambulacres. qui se terminent en pointe et qui sont composés de pores alongés. L'espace qui se trouve à la partie antérieure, ainsi que les côtés entre les ambulacres, sont garnis de trous ronds, qui ont plus d'une ligne de diamètre et qui sont garnis à leur milieu d'une sorte de pivot, qui re dépasse pas le têt. Ces pivots ont dû soutenir les pointes qui couvroient cet échinide. Le dessous est couvert de tubercules assez gros. Longueur, trois pouces et demi. Largeur, trois pouces. Fossile de Saint-Paul-trois-châteaux.

Spatangue de la Suisse ; *Spatangus helvetianus*, **Def.**, **Bourg.**, Trait. des pétrif., tab. 51, fig. 330. Échinide cordiforme, subcanaliculé antérieurement, à cinq ambulacres, dont les pointes ne tendent point à se réunir, et à sommet élevé. Le dessous et quelques parties du dessus sont couverts de petits tubercules arrondis. Diamètre, un pouce et demi. Fossile de Neufchâtel en Suisse. Cette espèce n'est peut-être qu'une variété du *Sp. lævis*. (De F.)

SPATH. (*Min.*) Voici le pendant du mot *schorl ;* il est aussi d'origine allemande, et n'a désigné, dans l'origine, que quelques variétes de notre chaux carbonatée, mais bientôt il fut indifféremment appliqué à toutes sortes de minéraux, et à cette époque les *schorls* et les *spaths* se partageoient la plupart des espèces minérales ; car les premiers absorboient presque toutes les substances cristallisées, et les spaths renfermoient toutes celles qui ont une structure laminaire ou lamellaire. Les minéralogistes n'ont point été tout-à-fait aussi rigoureux envers le spath qu'envers le schorl ; car on dit encore, en parlant de certaines substances, qu'elles ont une structure *spathique*, c'est-à-dire une contexture laminaire et brillante. On aura une idée du désordre et du vague que cette expression avoit jeté dans la classification, par la liste des différens minéraux qui avoient reçu ce nom, et qui l'ont porté jusqu'au moment où la science a été assise sur une base véritablement méthodique.

Spath aciculaire. Une variété de chaux carbonatée ou de baryte sulfatée.

Spath adamantin. Le corindon lamelleux et la jamésonite.

Spath amer. La chaux carbonatée magnésifère.

Spath amianthiforme. La chaux sulfatée fibreuse.

Spath en barres. La baryte sulfatée bacillaire.

Spath de Bologne. La baryte sulfatée radiée des environs de Bologne.

Spath boracique. La magnésie boratée.

Spath brunissant. La chaux carbonatée ferro-manganésifère.

50.   7

Spath calcaire. La chaux carbonatée laminaire ou cristallisée; c'étoit le spath par excellence, et celui qui a valu ce nom à tous les autres.

Spath calcaire prismatique. L'arragonite violette d'Espagne.

Spath calcaréo-siliceux. La chaux carbonatée quarzifère de Fontainebleau.

Spath des champs. Le felspath commun.

Spath changeant. La diallage bronzée.

Spath chatoyant. Différentes variétés de la diallage, du felspath et de l'hypersténe.

Spath chrysolite. La chaux phosphatée cristallisée d'Espagne.

Spath en colonne. Une variété prismatique de chaux carbonatée, et une variété d'amphibole.

Spath compacte. Plusieurs chaux carbonatées compactes, une variété de felspath et une de chaux fluatée.

Spath cristallisé. Toutes les variétés de chaux carbonatée, de baryte sulfatée, etc.

Spath cubique. La chaux sulfatée anhydre.

Spath Decatessaron. La baryte sulfatée.

Spath dent-de-cochon. La chaux carbonatée métastatique.

Spath disdiaclastique. La chaux carbonatée rhomboïdale d'Islande.

Spath doublant. La chaux carbonatée rhomboïdale primitive assez limpide pour que l'on puisse observer sa double réfraction.

Spath drusiforme. Une variété de chaux sulfatée.

Spath drusique. Une variété de chaux carbonatée.

Spath dur. Le felspath.

Spath d'étain ou *stannifère.* Le schéelin calcaire qui accompagne souvent les minérais d'étain.

Spath étincelant. Le felspath.

Spath farineux. La baryte sulfatée terreuse.

Spath ferrugineux. La chaux carbonatée ferrifère ou le fer carbonaté spathique.

Spath fétide. La chaux carbonatée bituminifère.

Spath fissile. La chaux carbonatée nacrée.

Spath fixe. Le felspath.

Spath fluor. La chaux fluatée en général.

Spath fusible. D'abord la baryte sulfatée, et ensuite la chaux fluatée et le felspath.

Spath de glace. On croit que c'est une variété de néphéline ou de felspath.

Spath gypseux. La chaux sulfatée.

Spath d'Islande. La chaux carbonatée cristallisée incolore et limpide.

Spath du Labrador. Le felspath opalin.

Spath lamelleux. La chaux carbonatée nacrée.

Spath lunaire. Le felspath chatoyant.

Spath magnésien. La chaux carbonatée magnésifère.

Spath magnésite ou *magnésien.* La chaux carbonatée ferro-manganésifère.

Spath octogone. La baryte sulfatée cristallisée.

Spath ondé. La chaux carbonatée laminaire dont les lames sont curvilignes.

Spath perlé. Le fer carbonaté, cristallisé et nacré.

Spath pesant. La baryte sulfatée.

Spath pesant vert. L'urane oxidé vert.

Spath phosphorique. La chaux phosphatée cristallisée, et la baryte sulfatée, radiée, de Bologne.

Spath de plomb. Le plomb carbonaté.

Spath pyromaque. Le felspath compacte.

Spath de roche. Le felspath.

Spath saure. La chaux fluatée.

Spath schisteux. La chaux carbonatée nacrée.

Spath scintillant. Le felspath, certaines variétés de quarz, etc,

Spath sédatif. La magnésie boratée.

Spath séléniteux de Sicile. La strontiane sulfatée et la baryte sulfatée.

Spath siliceux. Une variété du quarz.

Spath solide. La chaux fluatée compacte.

Spath soluble. La chaux carbonatée.

Spath stalactitique. Les concrétions calcaires, etc.

Spathstein. La chaux sulfatée trapézienne.

Spath en table ou *Tafelspath.* La wollastonite.

Spath talqueux. La chaux carbonatée magnésifère.

Spath tessulaire. La chaux carbonatée concrétionnée.

Spath en tête de clou. La chaux carbonatée dodécaèdre.

Spath transparent. La chaux fluatée.

Spath variant. La diallage.

Spath versicolore. Le felspath opalin.

Spath vitreux ou vitrifiable. La chaux fluatée.

Spath vulgaire. La baryte sulfatée en crêtes.

Spath zéolithique. La stilbite.

Spath de zinc. Le zinc oxidé. (Brard.)

SPATHE. (*Bot.*) Espèce de bractée qui, d'abord, enveloppe les fleurs, et se déchire ou s'ouvre à l'époque de leur développement. La spathe est foliacée dans le glayeul commun. pétaloide dans le *calla ethiopica*, membraneuse dans l'ail, ligneuse dans le dattier : elle se détache peu après s'être ouverte dans le porreau, accompagne le fruit dans l'arum : elle est d'une seule pièce dans le dattier, de plusieurs pièces dans le *caryota*; elle se rompt, au lieu de s'ouvrir régulièrement, dans le narcisse. (Mass.)

SPATHÉ. (*Bot.*) Ce genre de P. Browne est le *Spathelia* de Linnæus dans la famille des térébinthacées. (J.)

SPATHÉLIE, *Spathelia.* (*Bot.*) Genre de plantes dicotylédones, à fleurs complètes, polypétalées, de la famille des *térébinthacées*, de la *pentandrie trigynie* de Linnæus, caractérisé par un calice à cinq folioles colorées ; cinq pétales égaux ; cinq étamines ; les filamens velus à leur base : un ovaire supérieur ; point de style ; trois stigmates sessiles ; une capsule à trois angles, à trois ailes, à trois loges ; une semence trigone dans chaque loge.

Spathélie simple : *Spathelia simplex*, Linn., *Spec.*; Lamk., *Ill. gen.*, tab. 209; Gærtn., *De fruct.*, tab. 58 ; Sloan., *Hist.*, 2, pag. 28, tab. 171. Arbuste dont la tige est droite, cylindrique, très-simple, sans rameaux, terminée à sa partie supérieure par une touffe de feuilles pétiolées, alternes, éparses, ailées, avec une impaire, assez semblables à celles du sorbier des oiseaux, composées de folioles alternes, glabres, sessiles, lancéolées, arrondies à leur base, aiguës au sommet, dentées à leur contour. Les fleurs sont disposées en panicules droites, alongées, rameuses : les ramifications alternes, presque simples. formant presque autant de petites grappes dépourvues de bractées. Le calice est glabre, à cinq divisions très-profondes, colorées, ovales, oblongues, aiguës. La corolle est petite, de couleur purpurine, une fois plus longue que le calice, composée de cinq pétales obtus ; les filamens des étamines subulés, ascendans, dilatés et velus à leur base ; les anthères oblongues. L'ovaire est ovale, dépourvu de style ; il supporte trois stigmates courts, arrondis. Le fruit est une capsule ovale-oblongue, à trois faces, à trois angles ; une aile membraneuse à chaque angle ; une seule valve, trois loges ; une semence oblongue, anguleuse dans chaque loge. Cette plante croit dans la Jamaïque. (Poir.)

SPATHELLE, SPATHELLULE. (*Bot.*) Noms donnés aux bractées qui, dans les graminées, composent la Glume et la Glumelle. Voyez ces mots. (Mass.)

SPATHILLE. (*Bot.*) Lorsque la spathe renferme des fleurs munies de spathes particulières, M. Richard donne à ces spathes particulières le nom de *spathilles*. (Mass.)

SPATHIUM. (*Bot.*) D'après les caractères que Loureiro, *Flor. Cochin.*, attribue à cette plante, il est assez évident qu'elle est congénère de l'*aponogeton monostachyum*. Voyez Aponoget. (Poir.)

SPATHODÉE, *Spathodea*. (*Bot.*) Genre de plantes dicotylédones, à fleurs complètes, monopétalées, irrégulières, de la famille des *bignoniées*, de la *didynamie angiospermie* de Linnæus, offrant pour caractère essentiel : Un calice d'une seule pièce, en forme de spathe, s'ouvrant latéralement, à cinq dents ; une corolle infundibuliforme ; le limbe à cinq divisions inégales ; quatre étamines didynames, souvent une cinquième stérile ; un ovaire oblong, supérieur ; un style ; un stigmate à deux lames ; une capsule en forme de silique, à deux, presque à quatre loges ; les semences ovales, imbriquées, enfoncées dans une pulpe succulente.

Spathodée en corymbe : *Spathodea corymbosa*, Vent., Choix des pl., tab. 40 ; Poir., *Ill. gen.*, *Suppl.*, tab. 973. Arbrisseau d'un bel aspect, dont la tige est chargée de rameaux noueux, opposés. Les feuilles sont pétiolées, opposées, conjuguées à l'extrémité du pétiole ; chaque feuille pédicellée, glabre, ovale, en cœur, entière, aiguë, d'un vert gai, longue de cinq pouces, large de trois ; les pétioles articulés, glanduleux à leur base. Les fleurs sont d'un jaune rougeâtre, très-grandes, longues de quatre pouces, disposées en corymbes axillaires, étalés, peu garnis ; le calice est glabre, coloré, ventru, comprimé, prolongé en une pointe conique, recourbée ; la corolle en forme d'entonnoir ; le tube dilaté, deux fois plus long que le calice ; le limbe campanulé, à cinq divisions ovales, arrondies, réfléchies en dehors, très-veinées, presque égales ; quatre étamines didynames ; une cinquième stérile. Cette plante a été découverte par Riedlé à l'île de la Trinité.

SPATHODÉE A LONGUES FLEURS : *Spathodea longiflora*, Vent., Choix des pl., *loc. cit.; Bignonia spathacea*, Linn. fils, *Suppl.*, 283 : *Lignum equinum*, Rumph., *Amb.*, 5, pag. 73, tab. 46, *Nür pongelion*, Rhéed., *Malab.*, 6, pag. 53, tab. 29. Arbre de quinze à vingt-cinq pieds de haut. Son tronc est revêtu d'une écorce cendrée ; le bois est léger, tendre, d'un blanc sale ou rougeâtre ; les branches étalées, d'un rouge brun. Les feuilles sont la plupart opposées, ailées avec une impaire, composées chacune de sept ou neuf folioles ovales-pointues, entières, hérissées, plus souvent glabres, d'un beau vert. Les fleurs sont terminales, réunies deux ou trois ensemble, attachées à des pédoncules plus courts qu'elles. Le calice est d'une seule pièce, caduque, s'ouvrant longitudinalement à son côté supérieur. La corolle est hypocratériforme, blanche, à tube alongé, évasé en un limbe plan, à cinq lobes irréguliers, inégalement dentés ; quatre étamines ; une cinquième stérile. Les capsules sont longues, linéaires, un peu aplaties, courbées en forme de cornes, striées dans leur longueur, renfermant, dans une substance spongieuse, des semences étroites, oblongues, ailées au sommet. Cette plante croît aux lieux humides, près des rivières, à Java, Amboine, au Malabar, dans l'île de Ceilan, etc. On profite de la légèreté et du peu de dureté de son bois pour en former divers ustensiles commodes.

SPATHODÉE CAMPANULÉE ; *Spathodea campanulata*, Pal. Beauv., Flor. d'Oware et de Benin, 1, pag. 47, tab. 27 et 28. Arbre de moyenne grandeur, dont le bois et mou, et répand, quand on le frotte, une forte odeur d'ail. Les rameaux sont glabres, cylindriques ; les feuilles alternes, ailées avec une impaire ; les folioles sessiles, opposées, lancéolées, entières, glabres, acuminées, longues de deux pouces et plus. Les fleurs sont disposées en un épi terminal ; le calice est épais, d'un vert pâle en dehors, courbé en arc, un peu velu ; la corolle grande, ventrue, campanulée, d'une belle couleur capucine, frangée de jaune, fort ample, un peu courbée à sa base; ses divisions ovales, obtuses, dentées; les étamines et le pistil inclinés vers le calice. Le fruit est très-long, en forme de silique, à deux loges; les semences ovales, aplaties, un peu membraneuses, imbriquées dans une pulpe succulente, séparées par une cloison garnie de chaque côté d'une séparation qui la croise, et qui distingue les semences de manière à faire paroître chaque loge double. Cette plante croît dans le royaume d'Oware.

Spathodée lisse : *Spathodea levis*, Pal. Beauv., *loc. cit.*, tab. 29; Vent., Choix des pl., *loc. cit.* Cet arbre est beaucoup plus droit et plus élevé que le précédent; il ne répand pas, comme lui, une odeur d'ail. lorsqu'on le brise : il est encore distingué par ses fleurs beaucoup plus petites et d'une forme différente. Le calice est droit, lisse, terminé par cinq petites dents; la corolle tubulée, campanulée à son limbe, à cinq lobes entiers, un peu irréguliers, obtus et arrondis à leur sommet. Cette plante croît au royaume d'Oware, dans les environs de Buonoparo.

Spathodée a feuilles de laurier ; *Spathodea laurifolia*, Kunth, *in* Humb. et Bonpl., *Nov. gen.*, 3, pag. 146. Arbrisseau grimpant, garni de vrilles, dont les rameaux sont glabres, comprimés, un peu striés, de couleur cendrée. Les feuilles sont opposées, pétiolées, conjuguées ; les folioles pédicellées, ovales, obtuses, arrondies à leur base, entières, coriaces, très-glabres, luisantes, longues de trois pouces et demi, larges de deux pouces ; une glande sessile, orbiculaire, située dans l'aisselle de chaque pétiole ; des vrilles simples, pétiolaires; les pédoncules sont terminaux, dichotomes, peu garnis de fleurs, glabres, comprimés; le calice est tubulé, long d'environ un pouce, fendu latéralement jusqu'à la base, glabre, membraneux, acuminé; la corolle infundibuliforme, glabre, de couleur orangée; le tube une fois plus long que le calice, élargi au sommet ; le limbe à cinq lobes arrondis, étalés, inégaux ; les étamines une fois plus courtes que le calice ; l'ovaire glabre, presque cylindrique, entouré à sa base d'un disque glanduleux. Cette plante croît dans les forêts de la Nouvelle-Andalousie.

SPATHODÉE EN OVALE RENVERSÉ; *Spathodea obovata*, Kunth, *in* Humb. et Bonpl. , *loc. cit.* Cet arbrisseau a des tiges grimpantes, des rameaux opposés, cylindriques, striés, pubescens, garnis de vrilles. Les feuilles sont opposées, pétiolées, conjuguées ; les folioles en ovale renversé, acuminées, arrondies à leur base, très-entières, glabres, membraneuses, d'un vert noirâtre en dessus, plus pâle en dessous, longues d'environ quatre pouces, larges de deux et plus ; les pétioles pubescens, striés, cylindriques, les pédicelles un peu plus longs, point de glandes axillaires. Les pédoncules sont solitaires, uniflores, axillaires, presque longs d'un pouce, un peu pubescens, terminés par trois fleurs longues d'environ deux pouces. Le calice est glabre, nerveux, tubulé, long de neuf ou dix lignes ; son limbe oblique, à trois, quatre ou cinq découpures irrégulières, aiguës. La corolle est glabre, violette, infundibuliforme ; son tube courbé, verdâtre, ventru à son orifice ; le limbe partagé en cinq lobes arrondis, inégaux, étalés, un peu échancrés. Cette plante croît dans la Nouvelle-Grenade , près de Turbaco.

SPATHODÉE A FEUILLES de FRÊNE ; *Spathodea fraxinifolia* , Kunth, *in* Humb. et Bonpl., *loc. cit.* Arbrisseau grimpant , chargé de rameaux comprimés, quadrangulaires, verruqueux, glabres, cannelés. Les feuilles sont opposées, ailées avec une impaire, longues de huit ou neuf pouces, composées de trois paires de folioles pédicellées, ovales, elliptiques, obtuses, membraneuses, très-entières, arrondies à leur base , veinées, réticulées, glabres, luisantes ; la terminale longue de trois pouces et demi, presque large de deux pouces : les autres plus petites. Point de glandes axillaires. Deux stipules opposées, arrondies. Les fleurs sont disposées en panicules terminales ; leurs ramifications opposées, glabres, striées, dichotomes au sommet. Le calice est un peu campanulé, fendu longitudinalement à un de ses côtés, acuminé, cuspidé, très-entier, quelquefois à deux ou cinq dents, glabre, nerveux, long de cinq ou dix lignes ; la corolle infundibuliforme, glabre, de couleur jaune ; le limbe à cinq, quelquefois quatre découpures inégales, étalées, arrondies ; l'ovaire à quatre sillons. Cette plante croît près de Calabozo, aux lieux humides, sur les bords du fleuve Guarico, dans l'Amérique méridionale.

Spathodée de l'Orénoque; *Spathodea orinocensis*, Kunth., *in* Humb. et Bonpl., *loc. cit.* Cet arbrisseau a des tiges grimpantes; des rameaux glabres, cylindriques, striés; des feuilles opposées, pétiolées, conjuguées; les folioles oblongues, aiguës à leurs deux extrémités, coriaces, très-entières, veinées, réticulées, très-glabres, luisantes en dessus, longues de quatre pouces et plus, larges de vingt ou vingt-deux lignes; les pétioles glabres, longs de trois ou quatre lignes; les pédicelles une fois plus courts. canaliculés; les fleurs pédicellées, presque longues de deux pouces. Cette plante croît le long des rives de l'Orénoque, près de Carichana. (Poir.)

SPATHOGLOTTIS. (*Bot.*) Genre de plantes monocotylédones, à fleurs incomplètes, de la famille des *orchidées*, de la *gynandrie diandrie* de Linné, offrant pour caractère essentiel : Point de calice; une corolle à six pétales dressés, étalés; les intérieures plus larges que les extérieures; la lèvre divisée inférieurement en deux lobes connivens, munie au-dessus de la base d'une callosité comprimée, un peu pubescente; le limbe dressé, spatulé; le gymnostème dressé et courbé, dilaté au sommet, terminé par une anthère à deux loges, deux paquets de poussière à quatre lobes, en massue, farineux et pulpeux, adhérens par des filets élastiques.

Spathoglottis plissé; *Spathoglottis plicata*, C. L. Blume, *Flor. javan.*, fasc. 8, page 401. Plante herbacée, pourvue de racines fibreuses. Les feuilles, presque toutes radicales, sont alongées, lancéolées, plissées, en gaîne à leur base. De la racine s'élèvent plusieurs hampes, enveloppées de gaînes alternes à leur partie inférieure, terminées par un épi composé de fleurs nombreuses, pédicellées; les pédicelles munis à leur base d'une bractée colorée. Cette plante croît à l'île de Java, dans les forêts : elle fleurit en tout temps. (Poir.)

SPATHULARIA. (*Bot.*) Ce genre, établi dans la famille des champignons par Persoon, a été adopté par Fries d'abord sous ce nom, puis sous celui de *Spathulea*, qu'il faut adopter, puisqu'il y a déjà un autre *Spathularia* en botanique.

Dans ce genre le chapeau est membraneux, ovale, comprimé et prolongé par les côtes sur le pédicule, dont il est cependant distinct. La membrane ou hyménium qui couvre la surface du chapeau, contient de nombreuses sporidies d'une grande ténuité, et qui s'en détachent avec élasticité comme dans les *peziza*.

Le Spathularia jaune-pale : *Sp. flavida*, Pers., Nées, *Syst.*, 2, page 44, pl. 17, fig. 156; Fries, *Syst. mycol.*, 1, p. 491; *Clavaria spathulata*, *Fl. Dan.*, pl. 658; *Helvella spathulata*, Sowerb., *Engl. bot.*, pl. 35; *Helvella clavata*, Schaeff., pl. 149; *Helvella feritoria*, Bolt., pl. 97. Petit champignon fragile, disposé en groupe ou en série oblongue ou circulaire. Il est d'abord blanc, puis jaunâtre, enfin, couleur de rouille. On le rencontre en automne sur les feuilles tombées et sur la mousse qui se pourrissent, et particulièrement dans le Nord de l'Europe. Fries en indique plusieurs variétés, dont une lisse et une autre ondulée, etc.

Le Spathularia rufa; Nées, *loc. cit.*, fig. 13, et Schmied., *Icon. et Annal.*, pl. 50, fig. 1. C'est une espèce de couleur rousse, dont le chapeau est ovale, renversé et ondulé sur le bord. M. Persoon en fait une variété de la précédente. Fries n'admet également qu'une espèce dans ce genre, qui, au reste, est voisin du *Clavaria*, du *Geoglossum*, et autres genres du même groupe, de la famille des champignons. (Lem.)

SPATHULARIA (*Bot.*), Aug. Saint-Hilaire, Mém. du Mus., tom. 11, pag. 51. Genre de plantes dicotylédones, à fleurs complètes, de la famille des *violacées*, de la *pentandrie monogynie* de Linnæus, offrant pour caractère générique : Un calice fort petit, à cinq divisions profondes; une corolle composée de cinq pétales insérés à la base du calice, un peu inégaux, onguiculés, spatulés, beaucoup plus longs que le calice; les onglets fort longs, rapprochés en tube; cinq étamines avec la même insertion; les anthères fixes, surmontées d'une membrane mucronée; un ovaire supère, à une loge polysperme; les ovules attachés sur les parois de trois placentas; un seul style.

Ce genre a été établi par M. Auguste Saint-Hilaire pour un arbrisseau du Brésil, à feuilles opposées et alternes, accompagnées à leur base de deux stipules très-caduques. Les fleurs sont disposées presque en ombelle. (Poir.)

SPATHULARIA. (*Ichthyol.*) Nom du polyodon de feu de Lacépède, selon Shaw. (Desm.)

SPATHULEA. (*Bot.*) Voyez Spathularia. (Lem.)

SPATOLA. (*Foss.*) Ce nom italien, qui signifie *spatule*, a été employé par Séraphin Volta pour désigner un des poissons fossiles de Monte-Bolca, peu reconnoissable, mais dans lequel il croit voir un individu du silure ascite. (DESM.)

SPATULA. (*Bot.*) La plante nommée ainsi par Tragus, et *xyris* par Matthiole et d'autres anciens, de même que par Adanson, est l'*iris fœtidissima* de Linnæus, qui a consacré le nom *xyris* à un autre genre. Stapel, dans ses longs Commentaires sur Théophraste, cherche à prouver que le *spatula* ou *xyris* est le véritable *hyacinthus* des anciens. (J.)

SPATULAIRE. (*Ichthyol.*) Shaw a ainsi appelé le POLYODON. Voyez ce mot. (H. C.)

SPATULE. (*Ichthyol.*) Nom spécifique d'un PÉGASE. (Voyez ce mot.)

Le poisson appelé *cycloptère spatule* par quelques ichthyologistes, paroît être le même que celui que nous avons décrit sous le nom de *gobiésoce bimaculé*. Voyez GOBIÉSOCE. (H. C.)

SPATULE ; *Platalea*, Linn. (*Ornith.*) On a donné à cet oiseau une foule de noms, dont quelques-uns étoient très-peu convenables, la forme de son bec étant assez bien caractérisée pour éviter des confusions aussi étranges. On en a fait un héron, un pélican ; on l'a confondu avec le pic, *dendrocolaptes*, et on lui a ainsi attribué la faculté de percer les arbres, tandis que son bec, flexible et plat, n'est propre qu'à fendre l'eau ou à fouiller la vase. La spatule ou palette, qui est de la famille des échassiers, et se rapproche beaucoup de la cigogne par la structure, a le bec très-long, droit, aplati dessus et dessous, couvert d'une peau ridée à sa base, large partout et dont la pointe se dilate en un disque arrondi, comme celui d'une spatule ; deux petits sillons qui ne sont pas exactement parallèles, règnent depuis la base de la mandibule supérieure jusqu'au bout, et se terminent par un onglet. On remarque dans l'intérieur une cannelure bordée de dentelures aiguës et saillantes. Les narines, de forme ovale, sont peu distantes de l'origine de chaque sillon ; leur ouverture est étroite, et elles sont bordées par une membrane ; la face est nue chez les adultes ; la langue, très-courte, est triangulaire ; la gorge est susceptible de dilatation ; les tarses sont longs et réticulés ; les palmures des doigts sont assez considérables, et le doigt postérieur est long et porte à terre; les ongles sont étroits, peu courbés et courts, et la deuxième rémige est la plus longue de toutes.

Les spatules ont deux cœcums fort petits ; leur gésier est peu musculeux ; leur larynx inférieur est dépourvu de muscles propres ; elles ne peuvent serrer que mollement avec leur bec ; mais lorsqu'elles sont animées par la crainte ou la colère, leurs mandibules, mues avec précipitation , produisent un claquement pareil à celui que font entendre les cigognes. Ces oiseaux vivent en sociétés peu nombreuses dans les marais boisés non loin de l'embouchure des fleuves, et ils se tiennent souvent le long des rivages de la mer, afin de pouvoir saisir les petits poissons et leur frai, les coquillages fluviatiles, les petits reptiles et les animaux aquatiques dont ils se nourrissent et qu'ils broient ou retiennent à l'aide des tubercules ou mamelons qui garnissent l'intérieur des deux mandibules et servent à broyer les coquillages ou à retenir la proie glissante. Ils font leur nid, suivant les localités, sur les arbres de haute futaie, sur les buissons ou dans les joncs. Les femelles pondent dans ce nid, construit avec des bûchettes, trois ou quatre œufs blanchâtres. Leur mue est simple, mais le jeune oiseau ne prend la livrée stable de l'adulte qu'à la troisième année. La huppe ne paroit qu'à la seconde.

Les spatules sont des oiseaux voyageurs, peu sauvages, qui ne refusent pas de vivre en captivité; elles se trouvent dans presque toutes les contrées de l'ancien monde. En Europe, elles ne se voient que rarement dans l'intérieur des terres et passagèrement sur quelques lacs ou au bord des rivières; elles fréquentent les côtes marécageuses de la Hollande, de la Bretagne, de la Picardie; on en voit en Prusse, en Silésie, en Pologne, et elles s'avancent en été jusque dans la Bothnie occidentale et dans la Laponie; on les retrouve sur les côtes d'Afrique, en Egypte, au cap de Bonne-Espérance , où on les appelle *slangen-wreeter*, mange-serpens. Commerson en a vu à Madagascar, où les insulaires leur donnent le nom de *funguli-am-bava*, c'est-à-dire bêche-au-bec. Les Nègres les appellent, dans quelques cantons, *vang-van*, et dans d'autres, *vouru doulou* ou oiseaux du diable:

Elles ont été trouvées jusqu'à l'île de Luçon par Sonnerat, qui en a formé deux espèces, pl. 51 et 52 de son Voyage à la Nouvelle-Guinée, parce que, vu sans doute la différence d'âge, il en a trouvé de huppées, tandis que d'autres étoient sans huppe. M. Temminck regarde ces spatules comme constituant une espèce particulière, mais il ne donne pas, dans la seconde édition de son Manuel d'histoire naturelle, page 594, où il émet cette opinion, les motifs sur lesquels il la fonde, et l'on ne désignera provisoirement comme espèces assez généralement reconnues, que les spatules blanche et rose.

Spatule blanche; *Platalea leucorodia*, Linn. Cette espéce, figurée pl. enlum., n.° 405, a deux pieds six pouces de longueur. Sa taille est celle du héron ; mais elle a les pieds moins hauts et le cou moins long. Sa couleur est entièrement blanche, à l'exception d'une large tache d'un roux jaunâtre sur la poitrine, et elle ne porte de huppe ou panache à l'occiput qu'après la première mue. La gorge et le tour des yeux sont couverts d'une peau nue, d'un jaune pâle ; le bec, long de huit pouces six lignes, est noir, bleuâtre dans le creux des sillons, et sa pointe est d'un jaune d'ocre ; l'iris est rouge et les pieds sont noirs. Les femelles ont de moins fortes dimensions.

Les jeunes de l'année, qui sont blancs dès leur sortie du nid, ont les tiges des pennes alaires d'un noir profond. Les parties nues sont d'un blanc terne.

Ces oiseaux s'élèvent très-haut, et volent en lignes ondoyantes. Leur chair est bonne à manger et n'a pas le goût huileux des autres oiseaux de rivage.

L'oiseau dont M. Cuvier fait une espèce distincte, sous le nom de spatule blanche sans huppe, *platulea nivea*, Règne anim., page 482, est, à ce qu'il paroît, un jeune de l'année.

Spatule rose; *Platalea ajaja*, Lath., pl. enl. de Buffon, n.° 165. Cette espèce d'Amérique, qui est l'*ajaja* du Brésil, de Marcgrave, le *tlauhquechul* de Fernandez, et le *guirapita* des naturels du Paraguay, a les dimensions un peu moins grandes que celle de l'ancien monde. Elle est privée de panache. La partie nue de sa tête est jaune en dessous, orangée sur les côtés, noire sur l'occiput et les oreilles ; la tache de la gorge est blanchâtre, et son plumage est de couleur de rose pâle ; le haut de l'aile et les couvertures de la queue sont d'un rouge vif ; les pennes caudales sont rousses ; mais ces belles couleurs n'appartiennent qu'à la spatule adulte ; car on en trouve de bien moins rouges sur tout le corps, et qui, encore presque toutes blanches, n'ont point la tête dégarnie. Selon Barrère, dans sa France équinoxiale, page 125, l'âge fait éprouver aux spatules les mêmes changemens de couleurs qu'aux courlis rouges et aux flammants, qui, dans leurs premières années, sont presque tout blancs ou tout gris. Suivant d'Azara, n.° 345, le bas de la jambe et le tarse sont d'un noirâtre nuancé de rose et les ongles noirs ; l'iris est rouge ; le bec et sa membrane sont d'un vert jaunâtre, qui blanchit lorsque l'oiseau est effrayé. Le même auteur a souvent rencontré ces oiseaux dans les lagunes, enfoncés dans l'eau jusqu'aux genoux, pour attraper de petits poissons.

La spatule, dit Don Ulloa, dans ses Mémoires philosophiques sur l'Amérique, tome 1.er, page 193 de la traduction de Lefébre de Villebrune, emploie pour pêcher une méthode assez singulière : elle fait autour d'elle, de côté et d'autre, un demi-cercle avec son bec, et elle s'en sert avec tant d'adresse, qu'aucun petit poisson ne peut lui échapper.

Linné et Latham rangent aussi parmi les spatules, sous le nom de spatule pygmée, *platalea pygmea*, un oiseau trouvé par Bancroft dans la Guiane hollandoise, et que ce voyageur décrit, *Hist. of Guiana*, page 171, comme n'étant pas plus gros qu'un moineau, mais ayant le bec plus long que la tête et terminé en forme de losange. Cet oiseau est donné d'ailleurs comme ayant le plumage brun en dessus et blanc en dessous ; la queue courte, blanchâtre, et les pieds armés d'ongles aigus, non garnis de membranes.

Ces caractères ne conviennent point aux spatules, et l'on a lieu d'être surpris du classement fait dans ce genre d'un oiseau si disparate. Aussi M. Vieillot le regarde-t-il comme un *todier*, et, d'un autre côté, M. Nilson, après avoir examiné l'individu qui a servi de type à Linné, lui a donné un nom particulier : c'est son *eurynorhynchus griseus*. (Ch. D.)

SPATULÉ. (*Bot.*) Rétréci à la base, large et arrondi au sommet ; exemples : feuilles du *bellis perennis*, pétales du *dictamnus albus*, etc. (Mass.)

SPAUTRE et SPAUTE. (*Bot.*) Noms vulgaires de l'épeautre, espèce de froment. (L. D.)

SPECHT. (*Ornith.*) Nom allemand des pics. (Ch. D.)

SPECHTLE. (*Ornith.*) C'est, en allemand, le petit épeiche, *picus minor*, Linn. (Ch. D.)

SPÉCIFIQUES [Caractères, Noms]. (*Bot.*) Voyez Théorie fondamentale. (Mass.)

SPECTRE, *Spectrum*. (*Entom.*) Stoll nomme ainsi un genre d'insectes orthoptères de la famille des mantes ou des anomides, dont les pattes antérieures ne sont pas supportées par des hanches très-développées, et dont les jambes au contraire sont très-longues et non en crochet. Nous avons décrit ce genre sous le nom de Phasme. (C. D.)

SPECTRES. (*Entom.*) M. Latreille fait une famille à part des mantes sous ce nom de spectres, des phasmes, des phyllies et des bacilles. Voyez Phasme et Phyllie. (C. D.)

SPÉCULAIRE. (*Ichthyol.*) Nom spécifique d'une Carpe. Voyez ce mot. (H. C.)

SPÉCULATION. (*Conchyl.*) Nom vulgaire d'une coquille du genre Cone, *Conus papilionaceus*, Brug. (Desm.)

SPEER VISCH. (*Ichthyol.*) Voyez Tafel visch et Wajer visch. (H. C.)

SPEETHANY. (*Ichthyol.*) Un des noms hollandois de l'Aiguillat. Voyez ce mot dans le Supplément du tome I.er de ce Dictionnaire. (H. C.)

SPEISE. (*Min.*) Les minéralogistes et métallurgistes allemands donnent ce nom à deux substances très-différentes; 1.º la pyrite ou fer sulfuré magnétique, qu'ils nomment aussi *Leberkies* (Leonhard); 2.º à un minérai qui ne renferme pas de soufre, mais de l'arsenic en place, et qui donne par la fusion un mélange pierreux, composé d'arsenic métallique et des autres métaux non scoriés. Ce mélange pierreux, que l'on nomme *Speise*, doit être considéré comme un demi-produit ou produit intermédiaire, et comme tel soumis à un nouveau travail. (B.)

SPEISKOBALT. (*Min.*) C'est chez les minéralogistes allemands le cobalt arsenical, parce qu'on pense que c'est le minérai qui donne, dans l'opération de faire le bleu de smalt, le plus de cet alliage métallique qu'on nomme Speise. (B.)

SPEKHUGGER. (*Mamm.*) Suivant feu de Lacépède, ce nom est employé par les Norwégiens pour désigner son dauphin orque ou *grampus* des Anglois. (DESM.)

SPELEKTOS. (*Ornith.*) Sonnini rapporte que ce nom est employé par Hésychius pour désigner le pic. (DESM.)

SPELT. (*Ichthyol.*) Nom danois du *thymalle*. Voyez CORÉGONE. (H. C.)

SPELTA. (*Bot.*) Un des noms latins anciens de l'épeautre, espèce de froment, *triticum spelta* de Linnæus. (J.)

SPELVIERO. (*Ornith.*) On appelle ainsi, en italien, le crave ou coracias, suivant Belon, et le choucas des Alpes, suivant Gesner. (CH. D.)

SPÉO. (*Foss.*) Sous ce nom M. Risso a signalé un genre de coquilles de la famille des enroulées, auquel il assigne les caractères suivans : *Coquille oviforme ; les deux premiers tours de spire très-grands, renflés, les autres décroissant graduellement, et les deux du sommet mamelonnés ; ouverture ovale brusquement acuminée en arrière ; péritrème parfait à droite, épais, plissé et presque rudimentaire vers sa partie postérieure.*

On ne connoît à l'état fossile que l'espèce suivante, qu'on trouve à la Trinité, près de Nice.

SPÉO TORNATILLE ; *Speo tornatilis*, Risso, Hist. nat. des princip. prod. de l'Europe méridionale. Coquille très-lisse, luisante, à six tours de spire ; le premier, traversé longitudinalement, à la base et au sommet, de trois petits sillons ; le second et le troisième n'en ont que deux vers leur partie supérieure ; tous les autres sont glabres. Longueur, six millimètres. (DE F.)

SPERBER. (*Ornith.*) Nom allemand de l'épervier, *falco nisus*, Linn. (CH. D.)

SPERCHÉE, *Sperchœus*. (*Entom.*) Genre d'insectes coléoptères pentamérés, de la famille des hélocères ou clavicornes, établi par Fabricius pour y ranger une espèce aquatique qui avoit été prise d'abord pour un dytique ou un hydrophile, quoique ses pattes ne soient pas propres à nager. Ce coléoptère se rapproche beaucoup des élophores. (C. D.)

SPERG, SPERLING. (*Ornith.*) Le moineau domestique, *fringilla domestica*, Linn., est ainsi appelé en Saxe. (CH. D.)

SPERGULARIA. (*Bot.*) Sous ce nom générique M. Persoon a distingué l'*arenaria media* de Linnæus, qui a les feuilles stipulées , l'ovaire surmonté de cinq styles et les graines bordées d'un feuillet membraneux. Ce genre avoit auparavant été nommé *Buda* par Adanson. (J.)

SPERGULASTRUM. (*Bot.*) Ce genre de Michaux est le *Micropetalum* de Persoon , qui a beaucoup d'affinité avec le *Spergula* , dont il ne diffère que par ses pétales très-petits ou nuls , quatre styles et une capsule divisée en quatre valves. Voyez Spargoutine. (J.)

SPERGULE. (*Bot.*) Voyez Spargoute. (L. D.)

SPERLING. (*Ornith.*) Voyez Sperg. (Desm.)

SPERMA CETI. (*Mamm.*) On a donné ce nom à une substance particulière blanche , cristallisable en lames diaphanes , et qui est en réserve dans deux grandes cavités cylindriques et divisées en alvéoles, qu'on trouve placées dans les parties molles qui sont au-dessus du crâne des cachalots et qui composent principalement leur énorme tête. Cette substance , qu'on appelle aussi *blanc de baleine*. se trouve en petite proportion dans le sang des cachalots. On connoît son usage dans la composition des bougies, auxquelles elle donne de la solidité et la transparence. Voyez Cholesterine. (Desm.)

SPERMACOCÉE, *Spermacoce*. (*Bot.*) Genre de plantes dicotylédones , à fleurs complètes monopétalées , de la famille des *rubiacées*, de la *tétrandrie monogynie* de Linnæus, caractérisé par un calice persistant , à quatre dents; une corolle infundibuliforme ; le tube plus long que le calice ; le limbe à quatre lobes; quatre étamines ; un ovaire supérieur à deux lobes; un style ; un stigmate bifide ; une capsule couronnée par le calice , à deux loges ; une semence dans chaque loge.

Spermacocée grêle: *Spermacoce tenuior*, Linn., *Spec.; Lamk., Illust. gen.*, tab. 62 , fig. 1 ; Dill., *Eltham.*, tab. 277 , fig. 359 ; Pluken., *Almag.*, tab. 136 , fig. 4. Cette plante a des tiges droites, grêles , tétragones, un peu ailées sur leurs angles, hautes d'environ deux pieds, glabres ou un peu pubescentes; les rameaux étalés, opposés. Les feuilles sont médiocrement pétiolées, opposées, lancéolées, longues de deux pouces, larges de trois ou quatre lignes, entières, rudes au toucher, aiguës, rétrécies en pétiole à leur base ; les stipules subulées et caduques. Les fleurs sont réunies en paquets axillaires , sessiles, opposées; le calice court; la corolle petite et blanche;

les étamines non saillantes ; les capsules petites, ovales, chargées d'aspérités ; les semences très-glabres. Cette plante croit
à la Jamaïque et dans la Caroline. On la cultive au Jardin
du Roi.

SPERMACOCÉE BLEUATRE ; *Spermacoce cærulescens*, Aublet,
Guian., 1, tab. 19, fig. 2. Ses tiges sont droites, quadrangulaires, point rameuses, glabres à leur partie inférieure, un
peu velues vers le sommet, pileuses sur leurs angles. Les
feuilles sont opposées, médiocrement pétiolées, vertes,
larges d'un pouce, presque glabres ; les inférieures ovales,
trois fois plus courtes que les entre-nœuds ; les supérieures
lancéolées, rudes à leurs bords ; les stipules très-courtes, aiguës, ciliées, de la longueur des verticilles. Les fleurs sont
fort petites, sessiles, axillaires, presque en verticilles agglomérés. Le calice est très-court, terminé par quatre petites
dents aiguës ; la corolle bleuàtre, un peu plus longue que le
calice ; les étamines saillantes ; les fruits sont très-petits. Cette
plante croit dans la Guiane, sur le bord des chemins.

SPERMACOCÉE A LARGES FEUILLES: *Spermacoce latifolia*, Aubl.,
loc. cit., tab. 19, fig. 1 ; Lamarck, *Ill. gen.*, tab. 62, fig. 2.
Cette espèce a des tiges glabres, quadrangulaires, rameuses ; les feuilles opposées, pétiolées, ovales-lancéolées, entières, acuminées ; les supérieures presque sessiles ; les stipules courtes, aiguës, caduques, velues et ciliées. Les fleurs
sont petites, axillaires, sessiles, réunies en petits paquets alternes, point verticillées. Les calices sont velus, à quatre dents
aiguës ; la corolle courte, tubulée ; le limbe à quatre lobes
aigus ; les filamens sétacés, saillans ; les anthères presque quadrangulaires, bifides aux deux extrémités ; la capsule ovale, à
deux loges, un peu velue. Cette plante croit à Cayenne, sur
le bord des chemins.

SPERMACOCÉE HÉRISSÉE: *Spermacoce hirta*, Linn., *Spec.*; Swart.,
Prodr., 45. Ses tiges sont roides, tétragones, presque glabres ;
les angles saillans et pileux ; les rameaux étalés, nombreux.
Les feuilles sont opposées, ovales-lancéolées, presque elliptiques, obtuses, médiocrement pétiolées, longues d'environ
un pouce et demi, larges de dix lignes, point velues, rudes
à leurs deux faces, surtout en dessous, le long des nervures ;
les pétioles presque connivens à leur base, enveloppés par

une stipule membraneuse, tronquée, munie au sommet de plusieurs filamens sétacés. Les fleurs sont sessiles, presque verticillées, réunies en paquets axillaires peu garnis. La corolle est blanche, tubulée; le limbe à quatre lobes; les anthères violettes; les fruits fort petits. Cette plante croit à la Jamaïque, dans les terrains secs, parmi les gazons.

SPERMACOCÉE HISPIDE: *Spermacoce hispida*, Linn., *Mant.*, 558; Murr., *Nov. comm. Gætt.*, 5, tab. 5; Burm., *Thes. Zeyl.*, tab. 20, fig. 3. Ses tiges sont tétragones, droites, herbacées, pileuses, à quatre angles mousses, verdâtres, rudes; les rameaux inférieurs opposés; les supérieurs alternes. Les feuilles sont médiocrement pétiolées, opposées, en ovale renversé, épaisses, velues, rudes à leurs deux faces, obtuses, un peu sinuées et ondulées à leur contour; les stipules scarieuses, tronquées, surmontées de cinq filets sétacés: elles enveloppent les pétioles. Les fleurs sont sessiles, axillaires, peu nombreuses; le calice rude, à quatre divisions lancéolées, étalées; la corolle petite, de couleur violette, campanulée, assez grande, partagée jusqu'à sa moitié en quatre découpures: les étamines de la longueur de la corolle, de couleur purpurine; le style incliné, terminé par deux stigmates obtus, recourbés. Les capsules sont hérissées, couronnées par les divisions du calice, divisées en deux loges; les semences noirâtres, oblongues. Cette plante croît dans les Indes et à l'île de Ceilan.

SPERMACOCÉE EN FOUET; *Spermacoce flagelliforme*, Poiret, Encycl. Cette plante a des tiges souples, grêles, coudées à leur base; elles produisent un grand nombre de rameaux pendans, effilés, alongés, très-lisses, quadrangulaires. Les feuilles sont opposées, étroites, lancéolées, rétrécies à leurs deux extrémités, vertes en dessus, blanchâtres en dessous, au moins longues de deux pouces, larges de trois ou quatre lignes, glabres, un peu rudes à leurs deux faces, coudées et rétrécies en pétiole à leur base; les stipules courtes, larges, membraneuses, surmontées de filets sétacés, pubescens. Les fleurs sont réunies en paquets verticillés, sessiles, axillaires. Le calice est divisé en quatre dents courtes, aiguës; les capsules presque glabres, tronquées, couronnées par les dents du calice.

SPERMACOCÉE AILÉE; *Spermacoce alata*, Aubl., Guian., 1, pag. 60, tab. 22, fig. 7. Cette espèce pousse des tiges étalées

à la surface de la terre, quadrangulaires, articulées; les angles bordés d'une membrane courte, en forme d'aile. Les articulations produisent de petites racines grêles et fibreuses;
les rameaux sont axillaires, opposés; les feuilles sessiles : les
inférieures un peu pétiolées, molles, ovales, élargies, lisses
à leurs deux faces, entières, aiguës, un peu acuminées: les
supérieures sessiles, un peu élargies, presque en cœur à leur
base. Les fleurs sont situées, vers l'extrémité des rameaux,
entre deux feuilles opposées, ramassées en tête. Le calice est
à quatre divisions étroites, aiguës; la corolle bleue, assez
grande; le tube court; le limbe à quatre lobes égaux, obtus;
les étamines situées entre les divisions de la corolle, deux à
l'entrée du tube, deux plus courtes sur la partie moyenne
du tube; le style accompagné à sa base de quatre petits corps
glanduleux; deux stigmates fort longs; le fruit est une capsule à deux loges, presque à deux coques monospermes.
Cette plante croit sur les bords de la rivière d'Aroura, dans
la Guiane.

SPERMACOCÉE A TIGE HEXAGONE; *Spermacoce hexangularis*,
Aubl., Guian.. *loc. cit.*, tab. 22, fig. 8. Il existe de grands
rapports entre cette plante et la précédente : elle en diffère
par ses tiges flexueuses, foibles et tombantes, à six angles;
par ses feuilles plus courtes, moins aiguës, médiocrement pétiolées, ovales. glabres à leurs deux faces. Les fleurs sont situées à l'extrémité des rameaux; la corolle est petite, de
couleur bleue et renferme quatre étamines situées à l'entrée
du tube et au-dessous de ses divisions. Cette plante croît à
Cayenne, sur le bord des ruisseaux.

SPERMACOCÉE VERTICILLÉE: *Spermacoce verticillata*, Linn., *Sp.*;
Dill., *Elth.*, p. 169, tab. 277, fig. 358; Pluken., *Almag.*, tab.
58, fig. 6. Cette espèce a la forme d'un petit arbrisseau; ses
tiges sont grêles, ligneuses, hautes de deux ou trois pieds,
tétragones. glabres, un peu hérissées sur leurs angles, rameuses; les rameaux étalés; la plupart opposés, de couleur
cendrée. Les feuilles sont opposées, médiocrement pétiolées:
les inférieures distantes. les supérieures très-rapprochées,
presque verticillées; d'autres plus petites dans les aisselles des
dernières. linéaires, lancéolées, glabres, vertes en dessus,
plus pâles en dessous, aiguës à leurs deux extrémités; les sti-

pules courtes, munies à leurs bords de plusieurs filets sétacés. Les fleurs sont en partie terminales, réunies dans l'aisselle des feuilles en gros paquets globuleux, verticillés, sessiles ou un peu pédicellés, épais et serrés. Ces fleurs sont fort petites, à corolle blanche, en forme d'entonnoir; le limbe à quatre lobes étalés. Cette plante croît à la Jamaïque. On la cultive au Jardin du Roi. Ses fleurs exhalent une odeur assez agréable, qui approche de celle du mélilot.

SPERMACOCÉE GRÊLE; *Spermacoce gracilis*, Ruiz et Pav., *Flor. Per.*, 1, pag. 61, tab. 92, fig. 2. Petite plante herbacée, très-glabre, haute de six ou huit pouces. Ses racines sont fibreuses; ses tiges grêles, dressées, rameuses, tétragones. Les rameaux inférieurs sont opposés: les supérieurs dichotomes, quadrangulaires; les feuilles opposées, conniventes, étroites, lancéolées, très-entières, rudes à leurs bords; les stipules vaginales et ciliées. Les fleurs sont axillaires, sessiles, verticillées, fort petites, à corolle blanche; les calices et les capsules médiocrement hispides. Cette plante croît au Pérou, sur le revers des montagnes.

SPERMACOCÉE EN TÊTE; *Spermacoce capitata*, Ruiz et Pav., *Fl. Per.*, *loc. cit.*, tab. 91, fig. B. Cette espèce a des tiges ligneuses, couchées, nombreuses, cylindriques, divisées en rameaux redressés, velus, tétragones, de couleur purpurine. Les fleurs sont sessiles, conniventes, lancéolées, très-entières, rudes à leurs bords, plissées, glabres, striées, d'abord horizontales, puis rabattues; celles du sommet quaternées, dont deux opposées, plus courtes; celles du bas quelquefois verticillées; les stipules vaginales surmontées de longs cils un peu épaissis au sommet. Les fleurs sont verticillées, réunies en tête, sessiles, nombreuses, axillaires. La corolle est blanche; les étamines de la longueur du tube; les anthères inclinées, un peu violettes; le stigmate en tête, un peu échancré; les semences solitaires, jaunâtres, sillonnées, convexes d'un côté. Cette plante croît au Pérou, sur le revers des montagnes; elle fleurit depuis le mois d'Août jusque dans celui d'Octobre.

SPERMACOCÉE A FEUILLES DE LIN : *Spermacoce linifolia*, Vahl, *Ecl.*, 1, pag. 8; Willden., *Spec.*, 1, pag. 573. Ses tiges sont herbacées, tétragones, un peu velues, particulièrement sur leurs angles, de couleur cendrée au sommet. Les feuilles sont médiocrement pétiolées ; les supérieures à peine longues d'un pouce, linéaires, lancéolées, aiguës à leurs deux extrémités, rudes à leurs bords, velues à leurs deux faces, à peine nerveuses, vertes en dessus, un peu plus pâles en dessous, au nombre de quatre sous le verticille terminal ; deux autres plus petites dans chaque aisselle ; les stipules membraneuses, à découpures sétacées. Les fleurs sont nombreuses, verticillées, un peu plus longues que les stipules ; le verticille terminal est globuleux, un peu plus grand que les autres. Les calices sont velus, de couleur cendrée ; les étamines plus longues que la corolle ; les anthères bleuâtres. Cette plante croît à Cayenne.

SPERMACOCÉE DENTICULÉE ; *Spermacoce serrulata*, Pal. Beauv., Flor. d'Owar. et Ben., tab. 33. Cette plante a des tiges droites, tétragones, striées ; les feuilles médiocrement pétiolées, ovales, longues d'environ un pouce, finement denticulées en scie, comme épineuses à leur contour, un peu aiguës au sommet, rétrécies à leur base, munies de plusieurs nervures rougeâtres ; la surface inférieure est munie de points enfoncés, qui produisent de petites éminences à la face supérieure. Les stipules sont droites, subulées ; elles entourent la tige. Les fleurs sont sessiles, disposées par verticilles axillaires ; le calice est à quatre divisions aiguës, un peu ciliées ; le limbe de la corolle à quatre découpures linéaires, lancéolées, obtuses ; les étamines à peine de la longueur de la corolle ; le style saillant ; le stigmate en tête, presque à deux lobes ; les capsules glabres, ovales ; les semences presque en rein. Cette plante croît en Afrique, dans le royaume d'Oware, aux environs de l'établissement françois. (POIR.)

SPERMADYCTION. (*Bot.*) Ce genre de M. R. Brown est réuni à l'*ancylanthus* de M. Desfontaines, ainsi que l'*hamiltonia* de Roxburg. (J.)

SPERMALOGOS. (*Ornith.*) Nom grec de la corneille freux, *corvus frugilegus*, Linn. (CH. D.)

SPERMATODERMIA. (*Bot.*) Voyez SPERMODERMIA. (LEM.)

SPERMAXYRE, *Spermaxyrum*. (*Bot.*) Genre de plantes dicotylédones, à fleurs incomplètes, polygames, de la famille des *sapotées*, de la *polygamie monoécie* de Linnæus, offrant pour caractère essentiel : Dans les fleurs mâles, un calice d'une seule pièce ; cinq pétales à peine colorés ; neuf filamens insérés sur un axe central , dont six filiformes , stériles , et trois plus courts sessiles. Dans les fleurs femelles, un ovaire ovale ; un style un peu épais ; une capsule à une loge, s'ouvrant avec élasticité en deux valves à son sommet , recouverte par le calice libre ; une seule semence ; quelques fleurs hermaphrodites en tout semblables aux précédentes ; les filamens des étamines attachés à la base du style.

Ce genre a été réuni par M. R. Brown au genre *Olax* de Linné et de Vahl, au *Fissilia* de Lamarck. Quoi qu'il en soit, si l'*Olax* et le *Spermaxyrum* ne sont pas réunis, il est du moins très-certain qu'ils forment deux genres très-rapprochés, qui ne diffèrent que par des fleurs polygames et dioïques dans le *Spermaxyrum*; par les filamens stériles, bifides et non entiers dans l'*Olax*, et par la disposition des pétales au nombre de six , réunis deux par deux.

SPERMAXYRE A FEUILLES DE PHYLLANTHE : *Spermaxyrum phyllanthi*, Labill. , *Nov. Holl.*, 2 , pag. 84 , tab. 233; Poir., *Ill. gen.*, *Suppl.*, tab. 1000. Arbrisseau de la hauteur de six pieds et plus , chargé de rameaux nombreux , cylindriques. Les feuilles sont sessiles, alternes, elliptiques, sans nervures, un peu crénelées, échancrées et mucronées au sommet, glabres , longues d'environ six lignes. Les fleurs sont axillaires, solitaires, pédonculées , de la longueur des feuilles ; le calice campanulé , étalé , entier à son bord ; cinq pétales lancéolés , d'un blanc verdâtre, insérés au-dessous du limbe du calice ; le style épais, cylindrique , plus court que les pétales ; le stigmate trifide ; la capsule presque globuleuse, à une seule loge ; une semence blanchâtre, à demi enveloppée par le cordon ombilical noirâtre, filiforme, sagitté à son sommet, attaché d'une part au fond de la capsule; de l'autre, au sommet de la semence. L'embryon est petit, linéaire ; la radicule supérieure ; le périsperme charnu, oléagineux. Cette plante croît à la Nouvelle-Hollande. (POIR.)

SPERME ; *Semen, Sperma.* (*Physiol. génér.*) On appelle ainsi un liquide sécrété dans des organes particuliers du corps des animaux mâles, et servant à la fécondation des germes pour la propagation des espèces. Cette humeur, qu'on a aussi appelée *semence*, *fluide séminal* ou *liqueur prolifique*, remplit un rôle bien important dans l'histoire de la vie, et mérite toute l'attention du naturaliste.

Dans l'homme, le sperme est séparé de la masse du sang par des glandes logées dans le scrotum et appelées Testicules (voyez ce mot). Transmis par le canal déférent dans les *vésicules séminales*, où il séjourne quelque temps, il est ensuite, pendant le coït, lancé dans le vagin de la femme au moyen des *canaux éjaculateurs* et du *canal de l'urèthre*, se mêlant, lors de son émission, à l'humeur laiteuse et liquide de la prostate.

Il s'en faut de beaucoup qu'il en soit ainsi chez tous les animaux, même chez les mammifères, parmi lesquels beaucoup d'espèces sont privées de vésicules séminales, par exemple, ou présentent les testicules à l'intérieur du corps (voyez Système de la génération, Testicule, Vésicule séminale), et cependant il est vrai de dire que dans la presque-universalité de ceux même de ces êtres qui, sous ce rapport, s'éloignent de l'homme et des mammifères, il existe un liquide prolifique, tantôt fourni par des masses pulpeuses, comme la Laitance des poissons (voyez ce mot, et Reproduction des poissons), tantôt donné par des conduits capillaires de la plus grande ténuité et repliés mille et mille fois sur eux-mêmes, comme les insectes et les mollusques nous en offrent la démonstration. (Voyez Insectes, Mollusques et Radiaires.)

Quoi qu'il en soit, assez constamment blanc, non-seulement dans les animaux vertébrés, mais encore dans les mollusques, où Swammerdam l'a vu tel dans la séche, et dans les insectes, comme l'abeille et le papillon, où le fait a été vérifié d'une part par Réaumur, et d'autre part par l'auteur exact de la Bible de la Nature, ce liquide est généralement visqueux, plus ou moins consistant, plus ou moins odorant; mais il présente des variétés presque infinies sous le rapport de sa nature intime et de ses autres qualités, suivant les espèces où on l'examine.

Nous n'insisterons point ici sur les caractères physiques et chimiques du sperme de l'homme, celui dont les observateurs ont le plus approfondi l'examen; cette matière est traitée à fond dans l'article que M. Chevreul a composé sur le sujet qui nous occupe. Nous ne parlerons donc ni de son odeur

fade et *sui generis*, ni de l'influence que l'air atmosphérique,
le calorique, les divers réactifs exercent sur lui, ni des proportions suivant lesquelles sont unis les différens principes
qui le composent, mais nous ne saurions nous taire de même
sur l'empire qu'il exerce dans l'économie des fonctions, sur
les animalcules qui paroissent animer sa substance, sur la
manière dont il développe, dans beaucoup de cas, l'énergie
vitale, qu'il semble étouffer ou épuiser dans d'autres.

Dans tous les êtres animés, quoique bornée dans son appareil à un espace des plus limités, c'est la sécrétion du
sperme qui fait que le mâle est mâle par toute son organisation; qui lui donne une vigueur dont manque fréquemm-
ment la femelle, et qu'on est loin de retrouver dans les eu-
nuques et dans les animaux châtrés, habituellement mous et
débiles. C'est son accroissement, l'activité nouvelle qu'elle
acquiert, qui, au moment du rut, et pour ne parler ici
que des mammifères, donnent au cerf timide un caractère
belliqueux, ennoblissent ses mœurs, ses actions; font bondir
dans la plaine l'ardent coursier, dont le hennissement ébranle
les échos; font rugir le tigre féroce; font entrer le taureau
dans une sombre fureur; agitent le lion dans les déserts, le
belier dans les gras pâturages, le lièvre au sein des sillons;
impriment aux habitans des forêts le cachet d'une existence
toute différente de celle qui leur est ordinaire; développent,
agrandissent la sphère de leur instinct; augmentent l'étendue
de la voix de la plupart d'entre eux; exaltent la puissance
de leurs systèmes musculaire et nerveux; imprègnent leur
chair d'une odeur forte et vireuse, qui rend même celle du
sanglier tellement désagréable à un palais délicat, que les
chasseurs sont obligés d'enlever les testicules à cet animal
dès qu'il a été abattu; etc.

C'est encore parce que l'élaboration de ce fluide s'est opérée
avec une perfection que favorise le repos, que les animaux
qui passent dans l'engourdissement les longs mois de la saison
d'hiver, se réveillent au printemps ivres d'amour et pleins
d'ardeur, de même que les fleurs entr'ouvrent leur corolle
aux premiers rayons du soleil.

Mais, de même que celles-ci se fanent après la fécondation,
de même aussi les sensations voluptueuses, les secousses ner-

veuses qui accompagnent l'émission du sperme chez les animaux, plongent l'économie vivante dans l'affaissement, déterminent une foiblesse marquée dans l'exercice de l'innervation ; rien ne dessèche le corps, n'épuise les facultés, n'énerve l'énergie vitale de l'homme même, comme l'abus du coït, et l'obéissance au besoin impérieux, irrésistible de cette émission, que la Nature impose à chacun des membres de la famille si étendue des êtres animés, tout en assurant la propagation des espèces, semble hâter le terme de la vie des individus. Le remède même qu'a sollicité la fièvre impétueuse dont ils ont été embrasés pendant quelque temps, semble à son tour les consumer, et devient le principe d'un feu sourd et caché qui les dévore lentement et peut souvent les conduire à la mort par une longue chaine de douleurs. Que de jeunes mammifères, que de jeunes oiseaux semblent avoir usé leur vie avec les premiers feux de l'amour, avec la sensation convulsive qui accompagne l'excrétion du sperme et à laquelle participe toute l'économie ! Que d'insectes succombent à la suite de leur premier et unique accouplement ! comme si la faculté de transmettre la vie n'étoit qu'une conséquence de la mortalité.

Rien n'égale la force des impressions de l'amour dans les animaux mammifères ; rien, dit Buffon, n'est plus pressant que leurs besoins ; rien n'est plus fougueux que leurs désirs : le mâle recherche sa femelle avec l'empressement le plus vif, et s'unit à elle avec une espèce de fureur. La nature stimulante de la liqueur spermatique, l'espèce de pléthore que son accumulation détermine, semblent ici tout faire, tout produire.

Et cependant, quoique le fond physique en soit peut-être encore plus grand que dans les mammifères, chez les oiseaux, il y a, de la part du mâle, plus de tendresse, plus d'attachement, plus de morale en amour. Suffisant aisément à quatorze ou quinze poules, et fécondant, par un seul acte, tous les œufs que chacune peut produire en vingt jours, un coq, dans nos basses-cours, ne cesse point d'avoir des soins, des égards pour ses femelles, et la nécessité d'un travail commun devient, qu'on nous passe cette expression, chez beaucoup de passereaux l'origine d'une espèce de *mariage*, d'une

monogamie véritable , et dont les lois sont fidélement observées lorsque la saison des amours est passée, lors même, bien
plus, que l'âge, en glaçant leurs sens, a fait succéder à
l'amour une tendre amitié. L'influence du sperme ne sauroit
être admise en pareille occurrence, et ce n'est certes point
la présence du liquide prolifique qui portoit ces vieux per-
roquets mâles dont parle Ray, à mâcher un aliment trop
dur pour leurs femelles affoiblies par les ans et à le dégorger
tout préparé dans leur bec, ou qui inspiroit les soins tou-
chans que Charles Bonnet a vu des perruches mâles à tête
rouge prodiguer à leurs compagnes.

La quantité du sperme est toujours, au reste , fort petite
dans les animaux de cette classe, ainsi que l'a noté l'anglois
Bradley, et cela peut expliquer pourquoi, chez eux, la durée
du coït est si courte.

Néanmoins, de même que les mammifères sauvages, les
oiseaux libres et qui ne sont point soumis à la domination
de l'homme, ont leur saison d'amour, véritable temps de rut,
pendant lequel l'influence de la pléthore spermatique se fait
sentir, surtout dans l'exercice de la voix, liée si intimement
d'ailleurs avec l'état des organes de la génération. Aussi, le
plus habituellement leur chant cesse et se renouvelle tous
les ans, ne durant que deux ou trois mois. Cette voix, dont
les beaux sons n'éclatent qu'alors, est, pour nous, ordinairement l'annonce du printemps[1] : *Quo vigent vernantque om-
nia, non solùm plantæ, sed etiam animalia* (Harvey) ; mais elle
est, pour les oiseaux, le produit naturel d'une douce émo-
tion, l'expression agréable d'un désir tendre, qui n'est qu'à
demi satisfait : le serin dans sa volière, l'alouette dans les
plaines, le loriot dans les vergers, chantent également leurs
amours à voix éclatante , tandis que leurs femelles, qui,
comme celles des autres animaux, ne sécrètent point de sperme,
ne leur répondent que par quelques petits sons de pur con-
sentement.

La disette, les soins, les inquiétudes, le travail forcé, a-t-

---

1 Les espèces qui jouissent de la faculté de s'accoupler toute l'année,
chantent continuellement, comme l'a remarqué Frisch. Le chardonneret
nous en offre un exemple

on dit avec juste raison, diminuent dans tous les êtres les effets du sperme et la puissance de la génération. Ce fait, si évident déjà pour l'homme et les mammifères, l'est encore plus pour les oiseaux, qui produisent d'autant plus qu'ils sont mieux nourris et plus tranquilles : la nutrition est donc, pour tout être animé, une condition nécessaire pour la formation du sperme ; de là l'origine de l'ancien adage, *sine Baccho et Cerere Venus friget*. Peut-être est-ce par suite des soins qu'il donne à son alimentation que l'homme est en état d'engendrer en tout temps.

Les races aquatiques, dont les vaisseaux ne sont remplis que d'un sang glacé, n'ont pas, sous le rapport de l'influence générale du sperme, été oubliées par la Nature, qui, en répandant sur elles le souffle de la vie, les a douées de la faculté de sentir le feu de l'amour qui la transmet. Ici la cause du phénomène est d'autant plus évidente, que tout est physique et matériel, que la fécondation n'est que le résultat d'un besoin du moment, d'un appétit grossier, d'une jouissance fugitive ; et cependant, à l'époque du frai, les poissons semblent se couvrir d'une *livrée d'amour*, et les couleurs les plus éclatantes brillent sur leur robe avec une richesse inaccoutumée ; leurs muscles deviennent plus rouges ; leurs mouvemens, plus actifs, sont plus rapprochés les uns des autres ; une sorte d'inquiétude semble les diriger. Or, qui détermine tous ces changemens, toutes ces modifications diverses, si ce n'est le développement, le gonflement, la distension des laitances par le fluide prolifique ? (Voyez LAITANCE et REPRODUCTION DES POISSONS.)

Pendant le coït, ainsi que l'ont prouvé les observations de Harvey et de plusieurs autres physiologistes, les parties génitales de la femme paroissent irritées et comme enflammées ; l'émission d'une humeur particulière vient les humecter, et c'est cette circonstance qui a fait penser à quelques auteurs, contradictoirement à l'opinion d'Aristote et des anatomistes modernes les plus recommandables, que la femme avoit un véritable sperme. C'est une erreur ; ainsi que les autres femelles des animaux, elle ne fournit dans l'acte de la conception que la matière première, l'œuf ou le germe du nouvel embryon.

Les individus du sexe masculin ont donc seuls le pouvoir de préparer le fluide merveilleux qui, semblable à un feu vivifiant, luit au milieu des ténèbres en donnant subitement l'existence à ce germe inanimé.

Que de raisons pour que les savans se soient livrés avec empressement à son examen minutieux !

Les chimistes ne s'en sont pas seuls occupés. De toutes les découvertes que l'invention du microscope a mis les observateurs à même de faire, aucune peut-être n'a paru mériter autant d'attention, avoir une plus haute importance, que celle de la présence d'animalcules vivans dans le sperme des animaux, où ils se meuvent avec vivacité et où ils nagent en troupes si serrées, que cette humeur paroît en être composée en entier, soit qu'on l'observe quand elle a été répandue au dehors par les voies ordinaires, soit qu'on examine celle qui est encore contenue dans les vésicules spermatiques.

Cette découverte, que Louis Dugardin, professeur à Douai, semble avoir pressentie, a été faite il y a plus de 100 ans déjà réellement par Antoine de Leuwenhœck, auquel elle fut, à ce qu'il paroît, indiquée par un jeune médecin de Dantzick, Louis de Hammen, alors étudiant à Leyde. En avouant le fait avec délicatesse, Leuwenhœck communiqua lui-même, dans le mois de Novembre 1677, le fruit de ses observations à Milord Brouncker, président de la Société royale de Londres, et fit ensuite de cette étude l'objet constant de son application jusque dans une vieillesse fort avancée. On lui accorde aujourd'hui tout l'honneur de la découverte, quoique Nicolas Hartzoëker ait voulu lui ravir la gloire d'en avoir parlé le premier, et ait prétendu avoir obtenu de ses recherches propres, dès l'âge de dix-huit ans, en 1674, les mêmes résultats que Leuwenhœck avoit publiés trois ans plus tard.

Quoi qu'il en soit, l'exactitude du fait ne tarda point à être constatée par une foule d'autres observateurs, et l'on vit ce point de la science être successivement éclairé par les écrits ou les expériences de Huyghens, d'Andry, de Vallisnieri, de Bourguet, de Wolf et Thummig, de J. F. Cartheuser, de F. M. Nigrisoli, de J. B. Paitoni, de Michel-Fréderic Geuder, et de beaucoup d'autres, surtout à l'époque où les idéees du grand philosophe Leibnitz sur l'harmonie que le Créateur a observée dans ses ouvrages, sur celle qui règne entre la *nature* et la *grâce*, sur la *transcréation*, vinrent à s'insinuer généralement dans les esprits et à se concilier avec la théorie particulière et tout-à-fait nouvelle de la génération que Leuwenhœck avoit établie d'après ses observations: théorie qui ne tendoit à rien moins qu'à trouver le germe de l'embryon dans les animalcules spermatiques, dont le plus fort, s'arrêtant dans l'utérus, se nourrissoit, prenoit de l'accroissement, communément aux dépens des autres, et devenoit enfin un *fœtus parfait*, souvent après avoir subi des transformations analogues aux métamorphoses des insectes.

C'est ainsi que le système des ovaristes, développé par Harvey et basé principalement sur les observations microscopiques de Malpighi, reçut un choc violent et que, malgré les objections et les efforts de John Ray, qui écrivit contre Leuwenhœck; de George-Thomas d'Asch, baron du Saint-Empire, qui n'accorde aux globules du sperme qu'un mouvement communiqué et confus; de Buffon, qui ne considère les animaux spermatiques que comme les *parties organiques vivantes de la nourriture;* du peintre Gautier, qui attribue leur rotation au soleil; de Lyonnet, de Hevermann, de Godefroy Plouquet, de Linnæus, de Denys Van der Sterre, de J. Gust. Wahlbom, et de quelques autres, qui ont aperçu les animalcules spermatiques sans leur attribuer une destination spéciale dans la génération, ou qui, ne les ayant point aperçus, ont nié leur existence, on vit, entre autres personnes de mérite, Fr. Schrader, Rob. Hooke, Geoffroy, Martin Lister, le peintre Arnaud-Éloy-Gautier d'Agoty lui-même, Adam Mulebaucher, J. M. Lancisi, Muschembroëck et Voller, Massuet, Conti, Hermann-Paul Juch, Will. Cheselden, J. B. Morgagni, le cardinal de Polignac, Chr. Gottl. Ludwig, Bacher, Boërhaave, Lieutaud, Lieberkuhn, de Maupertuis, Ledermuller, Charles Bonnet, Monro fils, Lesser, Haller, Needham, le baron de Gleichen, décrire plus ou moins exactement les animalcules spermatiques, ou venir se ranger, après avoir reconnu leur existence, sous les bannières de Leuwenhœck et de Hartzoëcker, à côté d'Andry, de Cartheuser, et de quelques autres observateurs que nous avons cités plus haut, n'amenant que quelques modifications au système de ceux-ci, mais entièrement opposés aux auteurs immédiatement nommés, ainsi qu'à Antoine Maître-Jean, à Joseph-Marie Vidussi, à J. H. Vogli, et affirmant hardiment l'animalité de ces petits êtres.

Ce n'est point ici le lieu d'examiner à fond tous les systèmes qui ont été proposés tour à tour à cette occasion. Cette matière est entièrement du ressort de la physiologie particulière et ne sauroit d'ailleurs être rendue assez claire pour résister aux railleries de quelque nouveau *Dalempatius*[1]. Contentons-nous de savoir qu'il existe des cercaires microscopiques dans le sperme des animaux, et décrivons-les avec quelque soin, laissant à d'autres plus habiles le mérite d'en faire connoître les mœurs et la destination, de décider s'ils sont, comme le pense Vallisnieri, de simples êtres parasites; si, comme le croit Nicolas Andry, après avoir rampé jusqu'à l'ovaire, ils s'insinuent dans les œufs dont ils referment la valvule derrière eux et où ils vivent jusqu'à ce qu'ils deviennent des embryons; si, ainsi que l'a prétendu Martin Lister, ils ne sont consacrés qu'à augmenter l'irritation voluptueuse produite par le sperme ou son action sur les ovaires; si, comme le veulent quelques-uns, d'après les idées de Pierre Gérike, professeur à Helmstædt, ils proviennent de l'air par *panspermie*, ce qui ne mérite point de réfutation, etc. (Voyez CERCAIRE.)

Quoi qu'il en soit, d'après le plus grand nombre des observateurs, ceux de ces animalcules qu'on trouve dans le sperme de l'homme, sont formés par une sorte de tête grosse, arrondie, comme vésiculeuse, et par une queue proportionnément très-grêle, flexueuse, pointue, ce qui leur donne quelque ressemblance avec un têtard de grenouille, et ce qui les classe

---

1 On sait assez généralement que, déguisé sous le nom de *Dalempatius*, et afin de s'amuser aux dépens des observateurs crédules, un M. François de Plantade assura avoir reconnu, dans la liqueur spermatique et à l'aide du microscope, un véritable *homuncule* avec ses deux bras, ses deux jambes, sa poitrine et sa tête, et que Buffon et Vallisnieri ont été les dupes de cette plaisanterie, au sujet de laquelle on peut consulter les *Nouvelles de la République des lettres*, années 1679, p. 552; 1699, p. 225.

manifestement parmi les cercaires. Telle est, au reste, leur petitesse, que mille d'entre eux n'égalent que la grosseur d'un cheveu, et que cinquante mille trouveroient place dans un petit grain de sable. Leur longueur a été évaluée par J. Keil à la trois cent milliéme partie d'un pouce, et, par une expérience ingénieuse, le patient Clifton Wintringham a évalué le poids de chacun d'eux à la cent quarante mille millionième partie d'un grain, ce qui l'a mis à même de publier des résultats étonnans de calculs sur la ténuité infinie de la fibre primitive du corps animal. Buffon, enfin, a estimé qu'un ver spermatique est plus de mille millions de fois plus petit qu'un homme.

On ne trouve pas seulement des animalcules dans le sperme de l'homme, on en rencontre également dans celui de la plupart des mammifères. Dans le sperme du belier, par exemple, où ils ont été aperçus et décrits par Leuwenhœck et par Buffon, ils ont peu d'analogie de forme avec ceux du sperme de l'homme, et présentent une tête mamelonnée, bilobée, terminée en arrière par une queue, quoique, suivant le dernier des observateurs cités, ils manquent de celleci. John Hill et le baron de Gleichen nous ont fait connoître ceux du cheval, qui, de même que ceux de l'âne, ont un corps fusiforme et une queue longue et droite. Dans le chevreul ils paroissent *gyriniformes*; dans le cerf leur corps est globuleux et leur queue assez épaisse; dans le chien ils ressemblent beaucoup à ce qu'ils sont dans l'homme, mais leur tête et leur queue se continuent insensiblement l'une avec l'autre et sans étranglement, de manière à former, ainsi que Hill l'a dit, un ensemble presque cylindrique, terminé par un mamelon tuberculeux, suivant Abraham Kaauw; chez le taureau ils ont une grande analogie avec ceux du cheval, mais ils sont plus alongés et paroissent plus volumineux d'ailleurs que dans aucun autre animal, selon le baron de Gleichen, qui les représente avec une queue cinq à six fois plus longue que le corps, très-grêle, roide comme un cheveu et toujours dans la même direction que lui. Ce petit nombre d'exemples, sans que nous citions encore ce qu'on observe dans le loir, dans le lièvre, le lapin, le cochon, etc., suffira pour mettre les physiologistes à même de juger ce qui se passe à ce sujet dans les mammifères, et nous leur rappellerons seulement encore qu'on a observé des animalcules du même genre dans la liqueur prolifique des animaux des autres classes, tant parmi les vertébrés que parmi les invertébrés, dans celle des oiseaux en général, du coq de nos basses-cours et du canard en particulier; de même que dans la laitance des poissons, de la carpe, où ils sont semblables à des anguilles, suivant quelques auteurs, et où je les ai vus globuleux ou à peu près; des gades, où ils sont tellement multipliés qu'on en compteroit 216,000 dans une sphère du diamètre d'un cheveu; du brochet, où l'on en trouveroit 1,000,000 dans le même espace; de la perche, de la tanche, de la truite, etc., et où leur excessive ténuité, jointe à leur nombre prodigieux, doit nous porter à conclure, sans exagération et avec Leuwenhœck, que la laitance d'une seule morue renferme dix fois plus d'animalcules du genre de ceux dont nous parlons, qu'il n'y a d'hommes sur toute la surface de la terre.[1]

Parmi les reptiles, la grenouille présente également, dit-on, des animalcules spermatiques; je n'ai jamais eu l'occasion d'en reconnoître l'existence, malgré un certain nombre d'expériences faites dans cette vue, et peut-être n'appartiennent-ils pas au genre des Cercaires; car A. J. Roësen von Rosenhof en parle comme d'êtres dépourvus de queue, et Lieberkuhn les décrit comme ayant un aspect fusiforme.

Enfin, on en a aperçu pareillement, dans les organes génitaux des mollusques, des insectes et des crustacés, dans ceux du ver-à-soie, du cousin, de la puce, du limaçon, de la sauterelle, de l'araignée, de la demoiselle, etc.

Au reste, de quelque animal qu'ils proviennent, ces habitans du monde microscopique ont constamment à peu près le même volume; seulement chez l'homme, ainsi que l'on peut le voir d'après la figure que nous en avons donnée naguère, et comme Andry, Geoffroy et Hartzoëcker l'ont noté avant nous, ils ont leur prétendue tête plus épaisse, plus volumi-

---

1 Il est assez remarquable de voir beaucoup d'écrivains, même très-modernes, traduire les mots *aselli lac*, employés par Gravel et par Leuwenhœck, et qui signifient *laitance d'un gade*, par ceux de *semence d'un cloporte*.

5o.   9

neuse que dans les mammifères. Dans les oiseaux ils sont en général plus grêles et plus vermiformes, de même que dans les batraciens, les insectes et les mollusques testacés.

On assure aussi qu'il ne s'en trouve pas chez les enfans en bas âge, non plus que chez les jeunes beliers, chez les individus épuisés par l'abus du coït, chez les vieillards et les mulets. Tout récemment, notre estimable collaborateur l'excellent micrographe M. Turpin, a vérifié ce fait.

La vie dans ces êtres si singuliers se manifeste, enfin, par des actes qu'il est impossible de révoquer en doute. Tant qu'ils sont plongés dans la partie la plus liquide du sperme, ils exécutent avec facilité et sans relâche des mouvemens qui se ralentissent manifestement dans la portion épaisse de cette humeur. Ces mouvemens, que Buffon regarde comme continuels et uniformes, sont certainement l'effet d'une sorte de volonté, puisqu'on voit les corpuscules qui les exécutent tendre vers tel ou tel point déterminé, retourner en arrière s'ils rencontrent des obstacles, se joindre, se séparer, s'éviter, marcher de front, nager à la surface du liquide, plonger, tourner en roue et opposer de la résistance; imprimer à leur queue des mouvemens d'ondulation analogues à ceux d'un serpent qui rampe, ou s'en servir comme d'une rame; enfin, chercher à se dégager de la portion du liquide qui se coagule et tend à se concréter. En un mot, les évolutions rapides et multipliées d'une troupe de petits têtards, qui, récemment sortis du frai, frétillent dans l'eau, nous offrent en grand le spectacle que les animalcules spermatiques nous présentent en petit. L'identité est ici parfaite. et la vie est peut-être, chez ces derniers, mieux caractérisée que chez beaucoup d'autres animaux en apparence plus compliqués. On a même prétendu voir leur accouplement.

On a aussi cherché à démontrer l'existence d'une véritable vie animale chez eux, par leur état de langueur évidente chez les individus âgés et chez les personnes atteintes de gonorrhée; par l'agilité qu'ils déploient chez les jeunes sujets et sous l'influence du soleil, ou de l'esprit-de-vin.

La vie semble. d'ailleurs. se conserver chez eux durant trois ou quatre jours dans l'humeur spermatique qui a été obtenue d'un animal vivant, et. au bout de vingt-quatre heures on en a observé qui vivoient encore dans les vésicules séminales d'hommes emportés par une mort violente.

Nous bornerons ici nos recherches sur les cercaires du sperme, nous contentant d'avoir rapporté tout ce qu'on sait de positif à leur sujet sans entrer dans la longue exposition des systèmes multipliés auxquels l'amour des causes finales a pu donner naissance. Nous ajouterons seulement que M. Raspail a annoncé à la Société philomatique, dans sa séance du 25 Août de cette année (1827), que, dans les anodontes, les portioncules détachées des branchies sembloient s'animer sous la lentille du microscope, et prenoient l'apparence de véritables animalcules spermatiques. (H. C.)

SPERME. (*Chim.*) Jusqu'ici on n'a guère examiné sous le rapport chimique que le *sperme humain*. C'est à M. Vauquelin que l'on est redevable du travail dont nous allons présenter un extrait.

Composition du sperme humain d'après Vauquelin.

Eau.	900
Mucilage	60
Soude.	10
Phosphate de chaux	30
	1000.

Le sperme humain récemment rendu est évidemment formé de deux parties distinctes à la vue : l'une, *qui est liquide et laiteuse;* l'autre qui a la *consistance d'un mucilage épais*, et qui enveloppe des filamens blancs satinés, qu'on aperçoit surtout quand on délaie cette matière dans l'eau. Enfin, le sperme d'un homme fait, examiné au microscope, présente ces corps si remarquables qu'on a appelés *animalcules*.

Le sperme a une odeur analogue à celle qu'exhale la fleur du châtaignier et les os qu'on râpe.

Il a une saveur âcre et irritante.

Il est plus dense que l'eau.

Agité sur un plan avec une molette, il devient écumeux, et épais par l'interposition de l'air.

Il est alcalin aux réactifs colorés.

Quand le sperme se refroidit, la *matière mucilagineuse* prend de la transparence et plus de consistance; mais, ce qui est étonnant, c'est que quelques heures après que le sperme a été rendu, quand il est complétement refroidi, il devient liquide. Ce phénomène n'est pas dû à l'absorption de l'humidité, ni à celle de l'oxigène. Si le sperme qui a éprouvé ce changement est exposé à l'air à 15^d environ, il se couvre d'une pellicule et il dépose des cristaux de phosphate de chaux en prismes à quatre pans, terminés par des pyramides; la pellicule s'épaissit et il se dépose de petits corps blancs et opaques, qui ne sont que du phosphate de chaux. Alors si les circonstances sont favorables à la dessiccation, le sperme se réduit en une matière cassante, qui a l'aspect de la corne et qui représente un dixième du poids de la quantité mise en expérience. Si les circonstances ne sont pas favorables à la dessiccation, le sperme dépose des cristaux de sous-carbonate de soude, dont les formes varient, suivant M. Vauquelin. Ils sont en lames rhomboïdales et quelquefois en prismes hexaèdres ou même en octaèdres. Ce chimiste pense qu'ils sont le résultat de l'union de l'acide carbonique de l'air avec la soude du sperme.

Si le sperme est exposé à une température de 25^d, et dans une atmosphère humide, à 75^d de l'hygromètre de Saussure, il s'altère avant de se dessécher et se couvre de *byssus septica*.

Le sperme frais ne se dissout ni dans l'eau froide, ni dans l'eau chaude; mais il est remarquable qu'une fois qu'il s'est liquéfié, il s'y dissout bien : l'alcool, le chlore précipitent le *mucilage* de l'eau.

La chaleur ne coagule pas le sperme frais, seulement elle accélère la liquéfication qu'il éprouveroit spontanément s'il étoit abandonné à lui-même à la température ordinaire.

L'eau concentrée de potasse ou de soude facilite la dissolution du sperme dans l'eau.

Les alcalis fixes ne dégagent d'ammoniaque du sperme que quand il est altéré.

Les acides le dissolvent avec facilité.

Le sperme de plusieurs espèces d'animaux a été l'objet d'un assez grand nombre d'observations microscopiques, desquelles résulte qu'on y a vu une foule d'animalcules qui peuvent différer les uns des autres par leur forme et par leur dimension, suivant l'espèce d'animal qui a fourni le sperme. (Ch.)

SPERMIOLE. (*Erpét.*) Un des noms vulgaires des œufs de grenouilles et de crapauds. Voyez Batraciens. (H. C.)

SPERMIPOLE. (*Bot.*) Corps de forme diverse, mais simple, d'une substance homogène, charnue, aqueuse, avec des graines visibles, molles, éparses sur toute la superficie externe. Ce genre, établi par Rafinesque-Schmaltz dans la famille des algues, près de son genre *Perisperma*, n'est pas des mieux fondés; car il annonce lui-même que les espèces peuvent être des ulves, ou fucus, ou tremelles, dans leur naissance. L'auteur n'en décrit qu'une espèce : c'est la *spermipole effusa*, qui est brune, étalée, de forme irrégulière, se dirigeant en divers sens. Ses graines sont inégales et blanchâtres. On la trouve fréquemment sur les feuilles des zostera, qu'elle enveloppe le plus souvent en entier. Sa forme est très-variable, alongée, comprimée, cylindrique, irrégulièrement globuleuse, etc. Sa surface est marquée de pointillures blanchâtres, dues aux graines, tantôt solitaires, tantôt groupées. Cette plante croit sur les côtes de Sicile et répand une odeur fétide. (Lem.)

SPERMODERME. (*Bot.*) Nom donné par M. De Candolle aux tégumens de la graine. (Mass.)

SPERMODERMIA. (*Bot.*) Tode, dans son petit ouvrage sur les Champignons du Mecklembourg, caractérise ainsi le *spermodermia* : Champignon très-simple, globuleux, sessile, spongieux, graines entassées. Il donne le nom et la figure d'une seule espèce, le *spermodermia clandestina* (Tode, *Meckl.*, i, pl. 1, fig. 1), qui n'a pas été observée depuis dans le Mecklembourg, et qui même a été révoquée en doute ou présumée appartenir à un cryptogame détérioré ou non encore développé.

M. Chaillet a observé dans le Jura, à la surface interne de l'écorce à moitié pourrie des vieux chênes, une plante que M. De Candolle regarde comme le *spermodermia clandestina*, Tode. Elle étoit formée de tubercules convexes, hémisphériques, sessiles, spongieux à l'intérieur, revêtus d'une écorce dure, fibro-celluleuse, contenant une poussière fine, qui semble un composé d'une infinité de sporidies. Ces tubercules sont bruns ou presque noirs : ils ont deux à trois lignes de diamètre. Fries fait observer que la plante de M. Chaillet lui paroît être un composé de petits périthéciums, contenus dans une substance propre, interne, et qu'elle est sans nul doute le conceptacle du *sphæria incusa*, constitué ainsi par un état particulier de développement qu'il a observé assez souvent. D'après cet auteur, le *spermodermia* ne devroit donc pas être admis, soit comme Tode l'a établi, soit tel que M. De Candolle l'a admis, et tel que Kunze l'a adopté d'après M. De Candolle. Kunze pense qu'il seroit plus convenable d'appeler ce genre, s'il est conservé, *Spermatodermia*, qui exprime mieux, en grec, la ressemblance que le *Spermodermia clandestina* a avec une graine, et sa manière de croître enfoncé dans l'écorce des arbres. (Lem.)

SPERMŒDIA. (*Bot.*) Fries définit ainsi le *spermædia* : Corps variable, arrondi, entophyte, sans racine, d'une substance charnue, farineuse, similaire dans toutes ses parties, recouvert d'une écorce solide, un peu écailleuse ou givreuse ; fructification proprement dite, *nulle*. Fries se demande si ces corps ne sont pas des graines de graminées malades, et, par conséquent, qu'on ne sauroit les classer parmi les champignons comme on le fait. L'ergot des blés ou *sclerotium clavus*, Decand., Mém. du Mus., est l'espéce la plus remarquable et connue par les ravages qu'elle fait dans les moissons de seigle. Le doute, que ce soit réellement un végétal, a été élevé il y a long-temps. Nous nommerons M. Desfontaines, qui, dans un mémoire particulier sur ce sujet, a cherché à le démontrer.

Nous avons exposé, à l'article Ergot, les raisons qui semblent devoir faire admettre que l'ergot est une maladie propre aux grains de seigle.

Plusieurs autres graminées, et entre autres une espèce de *paspalum* de la Caroline, offre des graines attaquées comme celles du seigle. Ces graines deviennent globuleuses, comprimées, écailleuses et tuberculeuses à l'extérieur : elles sont brun-fauves en dehors et jaunâtres en dedans. Cette espèce est le *Spermadia paspali*, Fries, *Syst. myc.*, 2, page 268, et le *Sclerotium paspali* de Schweinitz. (Lem.)

SPERMOGONIA. (*Bot.*) Nom sous lequel M. Bonnemaison propose un genre qui appartient à ses hydrophytes loculés, c'est-à-dire aux algues articulées. Il a pour type le *conferva*

atropurpurea, Roth, et doit comprendre des espèces d'*oscillatoria* d'Agardh, et le *bangia* de Lyngbye.

M. Bonnemaison caractérise ainsi son genre : Filamens
simples ou rameux, rarement cloisonnés, contenant des locules de forme variable.

Le *bangia* offre des filamens qui contiennent des grains
infiniment petits, arrondis, disposés par bandes : il comprend
dix espèces, dont le *conferva atropurpurea* de Roth, qui est
l'*oscillatoria fuscopurpurea*, Agardh. Les autres espèces sont en
partie des *scytonema* et *gloionema* d'Agardh, ou encore dou-
teuses selon nous.

Les espèces que M. Bonnemaison place dans son *spermogonia* sont marines, à l'exception d'une seule, dit-il, qui vit
indifféremment dans les eaux douces ou les eaux salées (*conferva atropurpurea*, Roth). Les filamens sont membraneux et
un peu coriaces, très-fins, déliés, peu distincts à l'œil nu,
souvent glissans au toucher, simples ou rameux, ordinairement continus, quelquefois partagés par des cloisons; les
tubes, souvent opaques, quelquefois transparens, contiennent des locules de forme carrée ou ronde ou elliptique, répandues sans ordre régulier ou disposées parallèlement; les
séminules sont logées dans leur intérieur. (Lem.)

SPERMOPHILE, *Spermophilus*. (*Mamm.*) Genre de mammifères rongeurs claviculés, fondé par M. F. Cuvier, et ayant
pour type l'animal connu sous le nom de souslik, qui étoit
rangé précédemment dans le genre des marmottes.

Le souslik se distingue d'abord des marmottes par une
taille plus petite et plus svelte, par des pieds beaucoup plus
longs et plus étroits que les leurs, et dont les cinq doigts
sont presque entièrement libres, avec le seul tubercule de
la base de chacun dépourvu de poils.

Les molaires du spermophile souslik ont de la ressemblance
avec celles des marmottes; mais elles sont plus étroites, leur
colline antérieure se rétrécit, et le talon qui unit cette colline
à la postérieure se prolonge beaucoup plus intérieurement.
L'oreille est entièrement bordée d'un hélix, et cette portion
seule est détachée de la tête, tandis que celle des marmottes,
en grande partie écartée de la tête, n'a d'apparence d'hélix
qu'à ses bords antérieur et postérieur. La pupille, en se ré-

trécissant, prend une forme ovale. La bouche est pourvue de grandes abajoues, qui naissent presque à la commissure des lèvres et s'étendent jusque sur les côtés du cou, ce qui n'existe point chez les marmottes. La queue est très-courte et grêle.

Les formes de la tête osseuse fournissent aussi à M. F. Cuvier, comme représentantes des sens, des caractères pour séparer ces animaux. « Une tête de marmotte, vue de profil, pré-
« sente une ligne droite, depuis l'occiput jusqu'à l'origine
« des os du nez, mais infléchie assez profondément au milieu
« du front; les pariétaux et la partie supérieure des tem-
« poraux ne sont que légèrement arqués; leur courbure re-
« présente l'arc d'un très-grand cercle, et la distance de
« l'angle postérieur de l'arcade zygomatique du temporal au
« sommet de la tête est à la longueur de celle-ci comme
« cinq est à un; vue de face, elle frappe d'abord par la
« largeur des frontaux, leur enfoncement entre leurs apo-
« physes orbitaires, et par l'étendue de la fosse du temporal,
« qui égale la fosse orbitaire. En outre, les apophyses orbi-
« taires des temporaux partagent à peu près la longueur
« de la tête en deux parties égales.

« Au contraire, une tête de spermophile (souslik), vue
« de profil, présente une ligne à peu près uniformément et
« fortement courbée, à partir de l'occiput jusqu'à l'extré-
« mité des os du nez. Ses temporaux et ses pariétaux ont
« une convexité formée par un arc de cercle assez petit, et
« la distance de l'angle postérieur de l'apophyse zygomatique
« du temporal au sommet de la tête est à la longueur de
« celle-ci comme trois et demi est à un. Vue de face, ce
« qui distingue le plus cette tête de celle de la marmotte,
« est la grandeur de la fosse orbitaire et la petitesse de la
« fosse temporale. L'intervalle qui sépare l'apophyse orbi-
« taire du frontal, des pariétaux et des temporaux, est de
« moins d'une ligne, et elle est de six de la pointe de ces
« apophyses aux lacrymaux; enfin ces apophyses sont presque
« d'un tiers plus en arrière que celles de la marmotte, par
« rapport à la longueur totale de la tête. »

Ainsi que nous l'avons dit, ce genre a pour type le souslik, *arctomys citillus*, Pallas; animal dont les habitudes natu-

relles diffèrent beaucoup de celles des marmottes, puisque
ces dernières se réunissent en société et ne recueillent qu'un
peu de foin pour l'hiver, tandis que les sousliks vivent solitaires et rassemblent principalement des graines en quantité
considérable, mais dont ils ne font point usage, attendu qu'ils
passent la saison rigoureuse plongés dans un profond sommeil.

Les autres espèces que nous réunissons à celle-ci, ne sont
connues que depuis peu de temps, et ce n'est que d'après
leurs caractères extérieurs que nous avons jugé convenable
de les rapprocher génériquement du souslik. Il se pourra,
lorsqu'on les aura mieux étudiées, qu'on trouve dans plusieurs
d'entre elles des caractères suffisans pour en former le type
de nouveaux groupes.

Les spermophiles font le passage des marmottes proprement
dites aux écureuils de terre, dont Illiger a formé le genre *Tamia*.

Le SPERMOPHILE SOUSLIK (*Spermophilus citillus*; *Arctomys citillus*, Pall., Gmel., Desm.; *Glis citellus*, Erxl.; le ZIZEL et le SOUS-
LIK, Buff., Suppl., 3, pl. 31; le LAPIN D'ALLEMAGNE de Brisson)
est un petit animal, long au plus de neuf à dix pouces, et dont
la hauteur est d'environ trois pouces. Il a la tête assez volumineuse; le chanfrein bombé; les yeux grands et saillans, d'un
brun noirâtre; les oreilles presque nulles et représentées seulement par le tragus, qui les entoure antérieurement et postérieurement au méat auditif; les moustaches plus courtes que
la tête et noires; le corps couvert d'un poil assez doux et court,
d'un gris plus ou moins brun ou fauve en dessus et parsemé
de petites taches très-nombreuses, rondes, blanches, plus ou
moins apparentes, formant tantôt des sortes de gouttelettes
bien distinctes, tantôt de simples ondes; les parties inférieures
d'un blanc plus ou moins teint de jaune; le tour des yeux
et les pattes jaunâtres; la queue mince, couverte de poils
assez longs, de la couleur du fond du pelage.

Le souslik proprement dit, à pelage tacheté, comme nous
venons de dire, est figuré dans les *Glires* de Pallas, tab. 6, *B*.
La variété ondulée ou à zones blanches transversales à la
longueur du corps, est représentée sur la pl. 6. Enfin une
seconde variété, qui a été nommée marmotte de Sibérie
(*Jevraschka* de Buffon), est d'un brun-jaunâtre uniforme,
avec la nuque cendrée et la queue noirâtre.

Cette espèce se trouve dans toutes les contrées du Nord et une partie des régions tempérées de l'ancien continent, telles que la Russie, principalement dans le pays situé entre le Volga et le lac Baïkal, l'Autriche, la Bohème, le Kamtschatka, les îles Aléoutes, etc. On dit aussi qu'elle existe dans la grande Tartarie, en Perse et dans l'Inde ; mais il se pourroit qu'on ait regardé comme lui appartenant, des espèces différentes.

Les souslik vivent isolément, même les mâles des femelles, hors le temps des amours, et se creusent sur les pentes des montagnes des terriers compliqués et profonds, de cinq à six pieds, ayant de deux à cinq issues. En été, ils renferment dans ces galeries des graines de différentes sortes, telles que blé, chénevis, pois, lin, etc., qu'ils peuvent se procurer et qu'ils transportent dans leurs vastes abajoues. Ils s'engourdissent en hiver comme les marmottes. Leur femelle, dont la gestation dure vingt-cinq à trente jours, fait à chaque portée depuis trois jusqu'à huit petits, qui naissent sans poils et les yeux fermés.

Les Sibériens mangent la chair du souslik. Sa peau donne une fourrure dont l'aspect est agréable et qui est assez estimée.

Le Spermophile de Franklin : *Spermophilus Franklini; Arctomys Franklini*, Sabine, *Linn. Trans.*, 1822, 13.ᵉ vol., 2.ᵉ part. Cet animal et les deux suivans ont été découverts par le capitaine Franklin, qui a entrepris dans ces dernières années un voyage par terre dans l'extrémité Nord de l'Amérique, afin de reconnoître s'il existe un passage ouvert entre l'Atlantique et la mer du Sud. C'est ainsi que le décrit M. Sabine, qui s'est chargé de publier la partie d'histoire naturelle de cette expédition ; il a onze pouces anglois de longueur et sa queue a cinq pouces. Toutes les parties supérieures de son corps sont couvertes de poils assez courts, bruns à la base, d'un blanc sale au milieu, puis marqués d'un anneau noir et terminés de blanc-jaunâtre, d'où il résulte, pour le pelage en général, une couleur brunâtre, tiquetée de blanc-jaunâtre ; les poils des flancs sont plus longs, moins obscurs et sans teinte jaunâtre ; la queue a des poils annelés.

Le Spermophile de Hood : *Spermophilus Hoodi; Arctomys*

Hoodii, Sabine, *loc. cit.*; SPERMOPHILE RAYÉ, Histoire naturelle, 46.ᵉ livraison. Il se rapproche beaucoup du souslik, mais est encore plus petit, puisqu'il n'a que sept pouces et demi (anglois) de longueur; sa queue ayant deux pouces. Le sommet de sa tête paroît plus déprimé que dans le souslik, et obscurément marqué de petites lignes brunes et d'autres d'un blanc terne; son museau est pointu, mais beaucoup moins que celui de l'espéce suivante; ses joues sont saillantes et couvertes, comme la gorge, de poils d'un fauve grisâtre; son dos est marqué de bandes alternatives et longitudinales d'un brun foncé et de bandes blanchâtres; les bandes brunes sont au nombre de sept, dont une moyenne sur l'épine du dos : elles sont doubles en largeur des bandes blanchâtres, et chacune d'elles est marquée dans son milieu d'une série de petites taches blanchâtres, placées à égale distance les unes des autres; la dernière bande de chaque côté étant néanmoins assez peu marquée. Le dessous du corps et le bas des flancs sont d'un blanc sale, légèrement teint de fauve. La queue est marquée de trois anneaux peu distincts, d'un brun marron, sur un fond blanc sale, et cette dernière couleur est terminale.

Le SPERMOPHILE DE RICHARDSON : *Spermophilus Richardsonii; Arctomys Richardsonii*, Sabine, *loc. cit.* Celui-ci a été trouvé à Carlston-house, c'est-à-dire, à 150 milles au sud de Cumberland-house, lieu qui est lui-même à 350 milles au sud-ouest du fort d'York. Sa taille est de onze pouces anglois, et son corps est comparativement plus mince que celui du spermophile de Franklin. Sa queue est aussi plus courte que celle de cet animal, puisqu'elle n'a que trois pouces en y comprenant les poils qui la terminent. Sa face est étroite; son museau pointu et conique; sa couleur générale, formée par les extrémités des poils, est fauve, mais la base de ceux-ci est brune. Le ventre est plus clair que le dos et tacheté de ferrugineux; les poils de la queue sont longs, marqués alternativement, depuis leur base, de brun et de noir, et terminés par du fauve.

A ces espèces, dont nous possédons de bonnes descriptions sous le rapport des caractères extérieurs, et d'excellentes figures, M. Lesson, dans son Manuel de mammalogie, a cru devoir joindre deux des marmottes ou *arctomys*, comprises par M. Harlan dans sa *Faune américaine*, et un animal indiqué plutôt que décrit par M. Rafinesque. Quoique nous ne garantissions pas ce rapprochement, nous ferons connoître ces animaux par quelques lignes.

Le Spermophile de Parry (*Spermophilus Parryi*, Richards., Harlan, *Faun. amer.*, page 170; *Ground squirrel hearn*) a le museau conique; les oreilles très-courtes; la queue longue, et noire au bout; le corps tacheté en dessus de plaques noires et blanches, confluentes; le ventre ferrugineux.

Le Spermophile de la Louisiane (*Spermophilus ludovicianus; Arctomys ludoviciana*, Ord et Say; *Arctomys missouriensis*, Warden; *Cynomis socialis*, Rafinesque; *Prairie dog*, Lewis et Clark) est long de seize pouces anglois, et a son pelage d'un brun-roussâtre sale et pâle, entremêlé de poils gris et de poils noirs.

Le Spermophile gris, *Spermophilus griseus*, est le cynomis griseus de M. Rafinesque. Cette espèce n'est connue que par la phrase caractéristique que lui assigne l'auteur que nous venons de citer, et d'après laquelle elle auroit dix pouces quatre lignes de longueur totale; la fourrure grise et fine, et les ongles fort longs. Elle est indiquée comme habitant les plaines du Missouri. (Desm.)

SPERNIOLE. (*Erpét.*) Voyez Spermiole. (H. C.)

SPERNUZZOLA. (*Ornith.*) La mésange charbonnière, *parus major*, Linn., est ainsi nommée dans Olina. (Ch. D.)

SPERWEN. (*Ornith.*) C'est, en allemand, l'épervier commun, *falco nisus*, Linn. (Ch. D.)

SPET ou BROCHET DE MER. (*Ichthyol.*) Voyez Sphyrène. (H. C.)

SPEYERT. (*Ornith.*) L'hirondelle de fenêtre, *hirundo urbica*, est ainsi nommée en Autriche. (Ch. D.)

SPHACELARIA. (*Bot.*) Genre de la famille des algues et de la division des algues articulées, établi par Lyngbye sur les caractères suivans : Fronde cylindrique, articulée, rameuse, distique; graines nues, placées aux extrémités des rameaux, lesquelles sont gonflées, de couleur noire et comme brûlées. Rarement on observe des capsules latérales. Ce genre, qu'Agardh n'avoit point admis dans son *Species algarum*, se trouve dans son *Systema*. Il a été adopté par M. Bonnemaison et par Fries; mais ces trois botanistes ont légèrement modifié l'expression des caractères génériques. Fries s'exprime ainsi : Apothécium s'ouvrant aux extrémités renflées du thallus; sporidies noires. Nous ajouterons avec M. Bonnemaison : Fronde olivâtre, coriace, flexible, veinée et surcomposée.

Agardh donne la description de treize espèces de ce genre, toutes marines, dont voici la courte description de plusieurs d'entre elles.

1. Le SPHACELARIA TRÈS-PETIT ; *Sp. minuta*, Agardh, *Syst.*, page 164. Filamens très-simples, droits. Cette espèce a été découverte par M. Gaudichaud aux iles Sandwich, sur les rochers, qu'elle couvre et rend brillans.

2. Le SPH. EN PLUME : *Sp. pennata*, Lyngb.; *Sph. cirrhosa*, Agardh ; *Conferva pennata*, Dillen., pl. 86. Ses filamens sont très-rameux, très-fins, striés, à rameaux alternes, presque ailés, à articulations d'une longueur et d'un diamètre égaux. Cette plante, commune dans toutes les mers d'Europe et dans l'océan Atlantique, offre beaucoup de variétés.

3. Le SPH. FOUGÈRE : *Sp. filicina*, Agardh; *Sphacel. disticha*, Lyngb., *Tent. hyd.*, pl. 31 ; *Ceramium filicinum*, Gratel., Journ. de méd., 4, page 33. Filamens plusieurs fois ailés de suite, à divisions principales et secondaires, alternes, subulées; articulations égales à leur diamètre et marquées de deux stries. Cette espèce se trouve dans la mer Méditerranée et dans l'Océan, vers Cadix.

Ce genre comprend encore une plante très-connue des botanistes, le *conferva scoparia*, Linn., ou *sphacelaria scoparia* d'Agardh. Plante décrite à notre article CERAMIUM, n.° 4, et qui nous conduit à faire connoitre les nouveaux genres établis par M. Bory de Saint-Vincent aux dépens du *Sphacelaria*.

M. Bory de Saint-Vincent partage le *sphacelaria* en trois genres; savoir :

1.° Le *Sphacelaria*, constitué ainsi : Filamens cylindriques, articulés par sections transversales; chaque article marqué par une bande ou zone transversale de matière verte, colorante; fructification aux extrémités des rameaux légèrement renflée.

2.° Le *Lyngbyella* diffère du genre précédent par le faries de la matière colorante, disposée ordinairement deux à deux ou jusqu'à quatre dans chaque article et dans le sens longitudinal de l'article. Les *Sphacelaria disticha*, Lyngb., et *scoparia*, Lyngb., rentrent dans ce genre. La dernière espèce est le *conferva scoparia*, Linn., et des anciens auteurs elle a été placée jusqu'à Lyngbye dans le *ceramium*.

3.° *Delisella.* Dans ce genre les filamens sont cylindriques, articulés par section, ayant leurs entrenœuds marqués de deux taches longitudinales, de matière colorante bien distincte, et produisant extérieurement des capsules opaques, ovoïdes, subpédicellées, sans involucre, et enveloppées d'une membrane qui les fait paroître comme entourées d'un anneau diaphane. Ce genre comprend les *sphacelaria pennata* et l'*hutchinsia stricta*, Lyngbye, ou *sph. vittata*, Bory. La première de ces espèces est le *conferva pennata*, Dillw., et le *ceramium cirrhosum*, Agardh.

Le *sphacelaria* de Lyngbye contenoit huit espèces, maintenant réduit à cinq par l'établissement des genres ci-dessus. Les espèces restantes demandent elles-mêmes un nouvel examen, et il est probable qu'alors elles éprouveront encore quelque changement. Nous ne ferons que citer les deux suivantes : 1.° le *sphacelaria cæspitula*, Lyngb., ou *conferva olivacea*, Dillw. : 2.° le *sph. fusca*, Lyngb., ou *conferva fusca*, Roth, et *hutchinsia fusca*, Agardh.

Toutes les espèces des divers genres que nous venons de citer sont marines ; elles ont le port des *ceramium* et des *conferva*, et se font remarquer le plus souvent par leur élégance.

C'est près du *sphacelaria* que M. Bonnemaison place un nouveau genre, qu'il dédie à M. Grateloup, naturaliste instruit de Bordeaux. Le *Grateloupia*, fondé sur le *conferva arbuscula*, Dillw., est caractérisé par sa fronde ronde, surcomposée, réticulée, sillonnée, presque continue dans le bas, uniloculée dans les rameaux, et ses élytres de deux sortes : les uns membraneux, consistans, colorés, ovales, obronds, donnant issue aux séminules par une ouverture circulaire, terminale ; les autres, presque mucilagineuses, diaphanes, oblongues, plus ou moins aiguës, renferment des séminules disposées dans une série double ou triple, et qui se séparent par la rupture de leur enveloppe.

M. **Bonnemaison** ramène à ce genre quelques espèces marines, dont le port est agréable ; la couleur, le pourpre foncé ; la consistance, coriace ou cartilagineuse. L'espèce qu'il cite est le *callithamnium arbuscula*, Lyngbye, et l'*hutchinsia arbuscula* d'Agardh. (LEM.)

SPHACELLUS. (*Bot.*) C. Bauhin soupçonne que cette plante de Théophraste est la sauge officinale. Ce nom a été aussi cité par Dodoëns pour le scordium, *teucrium scordium*; et par d'autres, suivant C. Bauhin, pour le *salvia glutinosa*. (J.)

SPHÆNOCARPUS. (*Bot.*) Voyez MANGLIER. (POIR.)

SPHÆNOCLEA. (*Bot.*) Ce genre de Gærtner est le *Pongati* du Malabar, nommé par nous *Pongatium*, genre non encore rapporté à une famille. (J.)

SPHÆNOPLEA. (*Bot.*) C'est à tort que Curt Sprengel désigne ainsi le *sphæroplea* d'Agardh. (LEM.)

SPHÆRA. (*Foss.*) Dans son ouvrage sur les coquilles fossiles de l'Angleterre, M. Sowerby a donné ce nom générique à des coquilles bivalves, épaisses, globuleuses, à oreilles, et qui n'ont qu'une grande dent cardinale, éloignée du sommet. Il paroît que de ce genre on n'a trouvé qu'une seule valve, qui est couverte de sillons concentriques et rugueux, et à laquelle M. Sowerby a donné le nom de *sphæra corrugata*. Longueur, plus de trois pouces. Largeur, égale à la longueur. Fossile du sable ferrugineux de l'île de Wight en Angleterre. (*Min. conch.*, tome 4, page 42, tab. 555.) (DE F.)

SPHÆRANTHUS. (*Bot.*) Voyez SPHÉRANTE. (LEM.)

SPHÆRI. (*Bot.*) Nom arabe d'une julienne, *hesperis acris* de Forskal, laquelle, malgré sa saveur âcre, est mangée avec plaisir par les chameaux. M. Delile la nomme *sefeyry* et *meddad*. (J.)

SPHÆRIA. (*Bot.*) Genre de plantes cryptogames, de la famille des hypoxylons de M. De Candolle, et de celle des champignons, selon Persoon, Fries et la plupart des botanistes, qui cependant en font dans cette famille le type d'une division distincte, désignée par les noms de *sphæriæ*, *sphæriacei*, *xylomici*, PYRÉNOMYCÈTES. (Voyez ce mot.)

Le *sphæria* est essentiellement caractérisé par sa fructification, qui consiste en de petits périthéciums solitaires ou agglomérés, libres ou contenus dans une base ou stroma, crustacés, arrondis ou sphériques (d'où vient au genre son nom), s'ouvrant au sommet par un orifice et souvent alongés en forme de col ou de petit goulot ou ostiole. Ces périthéciums, qu'on a nommés encore sphérules, réceptacles, conceptacles, péridiums, sont uniloculaires, et contiennent une matière d'abord concrète, qui s'amollit ensuite, devient gélatineuse et sort par l'ouverture, tantôt à l'état liquide, tantôt, quoique rarement, sous forme de petits cordons entortillés. Au milieu de cette gelée se trouvent entremêlées avec des paraphyses ou filamens articulés, des thèques ou ascidies qui contiennent des sporidies ou séminules; celles-ci sont ordinairement annelées et diversement disposées, soit éparses, soit en séries.

Ces périthéciums sont engagés dans une base essentiellement libre, d'où naissent deux grandes divisions dans le genre; divisions qu'on seroit porté à regarder comme deux genres, si elles ne se trouvoient liées par de nombreux passages.

Dans les espèces dont les périthéciums sont engagés dans une base ou stroma, celui-ci, nommé réceptacle ou conceptacle par quelques auteurs, est tantôt charnu, coriace et fibreux; il s'élève en petites massues, ou en petits rameaux, ou en petites tiges; d'autres fois il forme des cupules, des disques, des plaques, des croûtes ou concrétions, ou une simple pellicule. Les périthéciums sont situés dans son intérieur, mais près de la surface, qu'ils percent à leur maturité pour laisser échapper les graines. Ils sont tantôt solitaires, tantôt réunis par groupes irrégulièrement disposés en cercles. Le stroma est ordinairement enchâssé immédiatement sur la plante dont il est parasite, tantôt sur la terre. Il est lui-même contenu quelquefois dans une autre enveloppe propre, que Fries désigne par conceptacle.

Dans les espèces privées de stroma ou les espèces simples, les périthéciums sont enfoncés et engagés dans les parties des plantes mortes ou vivantes sur lesquelles ils croissent : ils sont d'abord recouverts par l'épiderme, puis ils se font un passage en le perçant, et viennent saillir à la surface, en formant de petites proéminences ou de petits tubercules ou agglomérations qui imitent quelquefois des graines éparses ou des amas d'œufs d'insectes. Ces périthéciums sont alors ou irrégulièrement disposés ou placés en cercles autour d'un centre commun.

Les sphæria offrent souvent à leur surface une poussière grise, qui les couvre comme un voile et qui disparoît bientôt. Quelques auteurs ont cru y voir un organe fécondateur, c'est-à-dire une poussière analogue au pollen; mais il est plus convenable de penser que c'est un organe protecteur de la plante en son jeune âge. Fries le désigne par *voile*.

Les sphæria sont généralement de très-petites plantes qu'on ne peut bien étudier qu'à l'aide de la loupe; les espèces munies d'un stroma en forme de tige ou de croûte, sont les plus grandes. Un très-petit nombre des espèces croît a terre; toutes les autres croissent sur les végétaux vivans ou morts, enchâssées dans le bois, ou l'écorce, ou le parenchyme des plantes ligneuses ou herbacées. On en rencontre aussi sur les vieux champignons; enfin, il en est qui croissent sur les cadavres des insectes, des chenilles, des larves d'insectes, etc. On les trouve dans presque toutes les saisons, mais rarement en été. Les sphæria offrent généralement la couleur noire, cependant il en est de rouges, de jaunes, de blancs; dans leur jeunesse leur couleur est moins foncée; leurs périthéciums sont presque toujours bruns ou noirs, et ils offrent dans le développement du prolongement de leur ouverture ou ostiole des caractères nombreux propres à caractériser souvent les espèces.

Le genre *Sphæria* est peut-être à présent le genre de plantes le plus nombreux en espèces; celles-ci peuvent s'élever à six cents, et leur nombre nous conduit à consacrer quelques lignes à l'histoire du genre.

Michéli paroît être le premier auteur qui ait fait connoître des espèces de *sphæria* : elles étoient ses *lichen agaricus*, ses *ceratospermum*, etc. Linnæus n'en a connu qu'un petit nombre et les plaça dans ses genres *Clavaria*, *Peziza*, *Lycoperdon* et *Mucor*, en quoi il a été suivi pendant long-temps. Mais Haller est le vrai fondateur du *Sphæria*, puisque sous ce nom, dérivé d'un nom grec employé par Théophraste pour désigner des plantes de forme sphérique, il en a décrit un assez grand nombre d'espèces qui en sont restées les types. Weber, Tode, Hoffmann, reconnurent le *sphæria*, l'augmentèrent encore, et y établirent des divisions pour en faciliter l'étude; mais ils y comprirent des plantes qui depuis en ont été retirées comme propres à d'autres genres. Le *sphœria* paroit dans Bulliard sous les noms d'hypoxylons ou d'hypoxylées, donnés à la famille dont le *sphœria* est le type. M. Persoon, en conservant le nom de *sphœria*, est le premier qui en ait décrit toutes les espèces connues jusqu'à lui, en 1801, époque de la publication de son *Synopsis fungorum*. Le genre *Sphœria* s'y présente avec le nombre de cent quatre-vingt-quatre espèces, qui, quoique considérable, étoit bien au-dessous de la réalité, comme des travaux plus récens l'ont prouvé. En effet, les observations et les recherches multipliées des naturalistes, et particulièrement de Fries, en portoient le nombre à cinq cent cinquante, en 1822, et depuis lors, dans une description donnée par M. Schweinitz des espèces de *sphœria* de l'Amérique septentrionale, dont le nombre est de trois cent trente, il s'en trouve vingt nouvelles. Quelques autres ont été décrites encore par Gréville, Fée, etc., et l'on peut dire que le genre *Sphœria* comprend environ six cents espèces, et qu'il se place ainsi au rang des genres de plantes qui en comprennent le plus. On doit faire observer cependant que Curt Sprengel, dans le 4.ᵉ volume de son *Systema vegetabilium*, qui vient de paroitre, et daté de 1827, porte le nombre des espèces de *sphœria* à trois cent soixante.

Le genre *Sphœria* a éprouvé des modifications et des épurations dans la classification de ses espèces; c'est ce qui devoit avoir lieu à mesure qu'il s'augmentoit. Tode, que nous citerons le premier, le divisoit en quatre, savoir : 1.º les espèces cirrhifères, celles dont la partie mucilagineuse sortoit en petits prolongemens tordus en spirales, dont depuis on a fait le genre *Cytispora* (voyez Sphæronema); 2.º les espèces globuleuses, qui constituent le genre *Sphœronema ;* 3.º les espèces velues ou l'*Hypocrea*, Fries; 4.º les espèces pulvérulentes et stylifères, ou le vrai *Sphœria* des modernes. M. Persoon établit les caractères des huit sections qui partagent son *Sphœria* d'après la position des périthéciums. La *première section* comprend les espèces caulescentes en forme de massue, munies d'un tronc (*hypoxylon*, Juss.; *xylaria*, Hill., Schrank); la *deuxième section* comprend les sphæria à réceptacle ovale, presque rond ou épars; dans son pourtour sont les périthéciums (*sphæriæ perisphæricæ*). La *troisième section* renferme les sphæria de forme variable, étalée, orbiculaire ou ronde, à périthéciums épars, horizontaux, enfoncés dans une base charnue, à ouvertures éparses, le plus souvent un peu saillantes, papilliformes ou semblables à de petites épines (*Sph. compositæ*). Dans la *quatrième section* on trouve des espèces étalées, à périthéciums horizontaux, marginaux, d'abord solitaires, puis confluens, point unis à un stroma manifeste, quelques-uns écartés, mais réunis par une espèce de croûte (*Sph. monostichæ*). La *cinquième section* offre les espèces chez lesquelles les périthéciums sont agglomérés en touffes, de figure déterminée par une sorte de réceptacle en forme de croûte, conique, et dont les ouvertures sont dirigées vers le centre (*Sph. pustulatæ, seu tuberculatæ*). Dans la *sixième section* les périthéciums sont disposés en forme de cercles, nus, couchés, nichés sur l'épiderme, à ouvertures rapprochées et qui se déchirent (*Sph. circinatæ*). La *septième section* offre les espèces à périthéciums libres, fixés sur un réceptacle; elles forment de petits groupes arrondis et qui se crèvent pour laisser dégager les périthéciums (*Sph. cæspitosæ*). Dans la *huitième section* l'on trouve les sphæria dont les périthéciums ou sphérules sont libres, solitaires et entièrement privés de réceptacles (*Sph. simplices*). Ce sont les plus nombreuses; chacune de ces sections offre des sous-divisions diversement fondées, tantôt sur la nature des réceptacles, tantôt sur la forme et la manière d'être des périthéciums. Plusieurs de ces sections comprennent des espèces astomes, c'est-à-dire dont les périthéciums sont privés d'une ouverture manifeste. Cette division du genre *Sphæria* par M. Persoon a été suivie long-temps par les botanistes : quelques-uns y ont apporté quelques légers changemens, par exemple M. De Candolle a réduit les sections à quatre; mais bientôt la nécessité d'établir dans ce genre, devenu très-nombreux en espèces, une réforme nécessaire, une classification s'est fait sentir. Fries, le premier, en a fait une étude spéciale, et dans ses Observations mycologiques, publiées en 1818, on voit plusieurs genres nouveaux établis sur des *Sphæria*, genres que l'auteur n'a pas tous conservés depuis. Enfin, le *Sphæria* paroît, dans son

Système mycologique, dans toute son étendue : les espèces y sont groupées d'après leur végétation plus ou moins développée ou libre ; la situation des périthéciums et la manière d'être des amas séminulifères contenus dans ces derniers ; de nombreuses divisions établissent des facilités pour déterminer ces espèces ; peut-être cependant doit-on reprocher à l'auteur d'avoir été trop minutieux sur ce point. Fries revient sur son travail dans son *Systema orbis vegetabilis*, où l'on voit le genre *Sphæria* partagé en plusieurs autres, qui ne sont que des divisions introduites précédemment par lui-même.

On conçoit que pour un genre comme le *Sphæria*, aussi nombreux en espèces difficiles à déterminer, qu'on ne peut suivre dans leur développement, et qui se prêtent à tous les passages possibles ; on conçoit combien il est aisé de créer des genres nouveaux, de transporter des espèces d'un genre dans un autre, et de leur faire subir des transpositions continuelles qui rendent pénible leur étude. Nous ne ferons que citer pour exemple les genres suivans : *Valsa*, Adans. ; *Hypoxylon*, Adans. ; *Hypoxylon*, Bull. ; *Sphæronema*, Fr. ; *Corynella*, Fr. ; *Cryptosphæria*, Grev., ou *Cytispora*, Fr. ; *Cænangium*, *Amphitrichum*, *Dothidea*, *Gibbera* ou *Meliola*, *Strigula*, *Hypocrea*, *Phoma*, *Tympanis*, *Trichia*, *Thamnomyces*, *Cordylia*, *Podosphæra*, *Næmaspora*, *Tremela*, *Trichoderma*, *Leptostroma*, *Hysterium*, *Poronia*, *Septaria*, *Ostropa*, *Lycogala*, *Sclerotium*, *Dematium*, *Actidium*, *Antennaria*, *Cænocarpus*, *Ceratostoma*, *Lophium*, *Cocophleum*, *Exosporium*, *Verrucaria*, *Variolaria*, *Endocarpon*, *Spiloma*, *Cyphelium*, *Lecidea*, etc. : liste encore abrégée, qui présente des genres les uns connus depuis long-temps, les autres de nouvelle création, et qui appartiennent non-seulement à des divisions distinctes de la famille des champignons, mais encore à des familles différentes. (Voyez PYRÉNOMYCÈTES.)

Les espèces suivantes, données pour exemples, sont présentées d'après Fries, Système mycologique, tome 2, page 519.

A. Espèces composées.

Section I. *Périthéciums presque divergens, logés au pour-tour du stroma (ou de la base), à ostioles égaux, point alongés, en forme de cou.* (Sphæriæ perisphæriæ.)

1.re Tribu. Espèces en forme de massue simple ou ra-meuse, et stipitées ; périthéciums d'abord enfoncés, puis saillans. (*Cordiceps,* Fries, Obs. myc.)

1.re *Série.* Espèces nues, à périthéciums membraneux, pâles et placés sur une couche propre, qui recouvre cette espèce de massue stipitée, mais distincte du stipe ; amas sémi-nifère, alongé, filiforme, pellucide, à sporidies bisériales. (*Hypocrea.*)

1. Le Sphæria militaire : *Sphæria militaris,* Pers., Obs. myc., 2, pl. 2, fig. 3 ; Nées, *Syst.,* fig. 305 ; Sow., *Engl. Bot.,* pl. 60 ; *Clavaria militaris,* Vaill., *Par.,* pl. 7, fig. 94 ; Linn., *Fl. Dan.,* pl. 657 ; *Clavaria granulosa,* Bull., Champ., pl. 496, fig. 1 ; pl. 3, fig. 1, du cahier n.° 39 de l'atlas de ce Dictionnaire. Espèce charnue, d'une couleur orangée, en forme de massue tuberculeuse, avec un stipe égal. Quelquefois sa massue est divisée en plusieurs branches. Elle se trouve constamment sur les cadavres des larves des insectes, tantôt solitaires, tantôt en touffe. Elle a deux pouces environ de hauteur ; son stipe est d'une couleur plus pâle et tenace. On l'a trouvée en Eu-rope et en Amérique, dans les bois, cachée dans la mousse et sous les écorces. Une de ses variétés présente une tête pres-que globuleuse et un stipe grêle fort long.

2. Le Sphæria langue-de-serpent : *Sphæria ophioglossoides,* Pers. ; Fries, *Syst. mycol.,* 2, p. 324 ; *Clavaria radicosa,* Bull., Champ., pl. 440, fig. 2 ; *Sphæria,* Dec., *Fl. fr.,* 2, p. 285. Charnu, en forme de massue, d'un roux noirâtre ; stipe ra-dicant, d'un noir olivâtre. Cette espèce est voisine de la pré-cédente, et se rencontre, dans les mêmes circonstances, dans les bois, parmi les feuilles mortes, etc. Sa massue a un demi-pouce de longueur ; elle est souvent creuse et jaune comme le stipe. Ce dernier est fort grêle et se divise à sa base en longues racines flexueuses.

2.ᵉ *Série*. Espèces offrant un voile givreux fugace. Stroma confluent et contigu au stipe, le plus souvent stérile à son sommet. Périthéciums noirs, placés sur le stroma lui-même. Amas séminifères linéaires, en massue; sporidies cloisonnées. (*Hypoxylon.*)

3. Le Sphæria digité : *Sphæria digitata*, Ehrh.; Pers., Obs. myc., 2, pl. 2, fig. 1 — 6; *Fl. Dan.*, pl. 1306; *Clavaria digitata*, Linn.; Bull., Champ., pl. 220; *Clavaria hypoxylon*, Schæff., pl. 265. Charnu, subéreux, en touffe, en forme de petite massue cylindrique, d'un noir roussâtre, à sommet pointu et stérile; stipes glabres. Cette espèce se rencontre en touffe, sur les planches de bois et sur le bois de charpente exposé à l'humidité, dans les jardins, etc. Elle forme des touffes de plusieurs individus réunis par la base de leur stipe, et qui divergent ensuite comme des doigts. La substance interne est blanche, avec une moelle centrale simple. Les périthéciums sont plongés dans la substance. Dans sa jeunesse, cette espèce est couverte d'un voile blanchâtre à peine pulvérulent, qui brunit bientôt.

4. Le Sphæria hypoxylon : *Sph. hypoxylon*, Ehrh., Pers., Sowerb., *Engl. bot.*, pl. 55; Fries, *Syst. mycol.*, 2, p. 327; *Sphæria cornuta*, Dec., Fl. fr.; *Clavaria hypoxylon*, Linn., Bull., Champ., pl. 180; *Fungus*, Mich., Gen., tab. 35, fig. 1. Subéreux, simple ou rameux, comprimé, d'abord blanc, pulvérulent, puis nu et noir; stipe velu. Cette espèce croit en groupe sur les vieux troncs d'arbres et se trouve presque dans tous les pays. Elle est tenace. Son stipe, ferme, droit, porte une petite massue courte. Il est couvert d'un velouté noir, puis fauve, et qui finit par tomber. La massue est blanche, pulvérulente dans sa jeunesse, ensuite elle devient raboteuse par l'effet des périthéciums, qui font saillie. Son sommet est stérile.

2.ᵉ Tribu. Espèces libres, marginées en forme de cupule ouverte, sessiles ou stipitées. Périthéciums ovales, placés dans le milieu du disque de la cupule. (*Sph. poronia.*)

5. Le Sphæria ponctué : *Sph. poronia*, Pers., Nées, *Syst.*,

fig. 5i3; *Sph. punctata*, Sowerb., *Engl. bot.*, pl. 54; Dec.,
Fries, *Syst. mycol.*, 2, page 33o; *Peziza punctata*, Linn., *Flor.
Dan.*, pl. 288; Bull., Champ., pl. 255. (Voyez pl. 3, fig. 2,
cahier n.° 3g de l'atlas de ce Dictionnaire.) Stipité, turbiné,
à disque tronqué, blanc, ponctué de noir, noirâtre en dehors. Il croît en groupe de plusieurs individus. Il est charnu,
coriace, élevé de six à douze lignes, d'une substance blanche
à l'intérieur, mais à l'extérieur d'un noir fuligineux, ainsi
que le stipe. On trouve cette espèce sur le crotin de cheval,
de l'âne, de l'éléphant, et plus rarement sur les bouses des
vaches.

3.ᵉ Tribu. Espèces sessiles, convexes ou presque hémisphériques, sans rebord, à périthéciums situés au
pourtour du champignon. (*Sph. pulvinatæ.*)

1.ʳᵉ *Série.* Espèces nues, sans voile. Périthéciums membraneux;
sporidies simples; contexture fibreuse, charnue. (*Hypocrea.*)

6. Le Sphæria roux: *Sphæria rufa*, Pers., *Mycol.*; Fries,
Syst., *loc. cit.*, page 55i. Charnu, convexe, irrégulier, roux,
blanchâtre à l'intérieur; ouverture proéminente. Cette espèce
croît sur le bois et les rameaux du hêtre, du chêne, de
l'aune, des pins, des ronces, en Europe; et des tulipiers,
dans l'Amérique boréale. Elle se rapproche beaucoup du
Sp. gelatinosa, Fries, qui lui-même est extrêmement poly-
morphe. L'espèce qui nous occupe a les périthéciums moins
proéminens et plus obscurs par sa couleur rousse remarquable;
sa forme non-seulement est irrégulière, mais sa surface
devient raboteuse et inégale.

2.ᵉ *Série.* Espèces ayant un voile pulvérulent, un peu enfoncé, fugace. Périthéciums noirs; sporidies cloisonnées,
s'échappant sous forme d'une poussière noire. (*Hypoxylon.*)

7. Le Sphæria concentrique : *Sphæria concentrica*, Bolt.,
Pers.; *Sphæria fraxinea*, Sowerb., *Engl. bot.*, pl. 16o; *Sph.
tunicata*, Tode, *Fung. Meckl.*, 2, pl. 17, fig. 15o; *Lycoperdon
atrum*, Schæff., pl. 32g; *Rognons des arbres*, Paulet, Trait. des
champ., 1, page 565. Globuleux, mais difforme, d'un noir

brun, marqué en son intérieur de couches concentriques, zonées. Périthéciums oblongs ou un peu lancéolés, enfoncés à la surface et tout autour du champignon. Cette espéce n'est pas rare sur les arbres en Europe. On l'indique aussi en Asie, en Amérique et dans les îles de la mer Pacifique. Nous l'observons sur le frêne, l'érable, le bouleau, l'aune, le noisetier, le saule, etc. Elle a la grosseur d'une noix. Dans sa jeunesse elle est turbinée, rubigineuse, givreuse, lisse ; mais en grandissant elle devient globuleuse ou hémisphérique, rugueuse, inégale et son écorce extérieure, endurcie, tombe. Les couches qui la forment sont celluleuses, d'un noir cendré ; par la pluie elles deviennent très-molles et s'agglutinent ; mais, lorsqu'elles sont sèches, elles sont fragiles et ressemblent à une poussière couleur de fumée.

4.ᵉ Tʀɪʙᴜ. Espèces largement étalées, sans ordre régulier, sans rebord, planes, à périthéciums rassemblés, entourés par la substance de la plante, d'abord enfoncés, puis proéminens. (*Sph. connatæ.*)

1.ʳᵉ *Série.* Périthéciums membraneux, saillans ; sporidies simples, minces, disposées en séries. Espèces charnues, à contexture fibreuse. (*Hypocrea.*)

8. Lᴇ Sᴘʜᴀ̆ʀɪᴀ ᴄɪᴛʀɪɴ : *Sphæria citrina,* Pers. Charnu, étalé, aplani, de couleur de citron ou d'ocre : ouverture des périthéciums un peu proéminente et brunâtre. Cette espèce a quatre à cinq pouces de longueur : elle est quelquefois courte et interrompue. Dans la jeunesse elle est byssoïde sur les bords. La matière gélatineuse, interne et blanchâtre, s'échappe sous la forme d'un globule, qui devient bientôt farineux. On trouve cette plante sur la terre, ainsi que sur les vieux troncs d'arbres et les *polyporus* desséchés. Dans le premier cas elle est plus charnue. On observe sur les jeunes individus qui croissent sur les champignons, une poussière blanche. Une variété est couleur d'ocre et tuberculeuse.

Cette série offre plusieurs autres espèces qui croissent sur les champignons, par exemple les *Sp. lactifluorum, lateritia, agaricola, luteo-virens* et *hyalina*; Fries.

2.ᵉ *Série.* Périthéciums un peu cornés, noirs, d'abord recouverts d'un voile un peu adhérent, puis fugace ; sporidies
cloisonnées, noires.

9. Le Sᴘʜᴀᴇʀɪᴀ sᴇʀᴘᴇɴᴛɪɴᴇ : *Sph. serpens,* Pers. , Nées, *Syst.*,
fig. 317 et 318 ; *Sph. crustacea,* Sow., *Fung.*, 572, fig. 12 ;
Sph. mammiformis, Hoffm., *Veget.*, 1, pl. 3, fig. 1 ; *Lichen
agaricus,* Michéli, *Gen.*, pl. 55, fig. 1. Étalé, mince, aplani,
noir ou fuligineux. Périthéciums presque globuleux, un peu
saillans et papillaires. Cette espèce se trouve sur les bois
morts, ramollis : elle est fréquente sur les saules, les hêtres,
le peuplier, l'aune, en Europe, en Sibérie et dans l'Amérique septentrionale. Elle varie dans sa forme et dans sa
grandeur ; elle a trois à quatre pouces et plus de long ; souvent
elle forme des bandes alongées et serpentantes ; elle est dans
sa jeunesse couverte d'un velouté gris et givreux, qui tombe
bientôt : elle est alors rugueuse et noire, tantôt terne, tantôt
luisante.

Sᴇᴄᴛɪᴏɴ II. *Espèces composées, à périthéciums verticaux, intérieurs, amincis en forme de col.*

5.ᵉ Tʀɪʙᴜ. Espèces un peu étalées, de forme déterminée, globuleuse, puis roide, fragile et détachée de
la base. Périthéciums amples, ovales, d'abord enfoncés et sans ouverture, puis amincis en forme de
col. (*Sph. globosæ.*)

10. Le Sᴘʜᴀᴇʀɪᴀ ʙʀûʟᴇ : *Sph. deusta,* Pers., Nées, *Syst.*,
fig. 516 ; *Sph. maxima,* Sow., *Fung.*, pl. 558 ; Bolt., pl. 181 ;
Sph. versipellis, Tode, *Fung. Meckl.*, 2, fig. 129 ; *Hypoxylon us-
tulatum,* Bull., *Champ.*, pl. 487. fig. 1. Étalé, épais, ondulé et
raboteux. Dans sa jeunesse, mollasse, d'un blanc grisâtre et
pulvérulent, puis roide ; à périthéciums ovales, en partie
enfoncés ; sporidies fusiformes, à deux cloisons. On le trouve
sur les troncs d'arbres cariés, particulièrement sur ceux du
hêtre. Lorsqu'il est desséché, on le prendroit pour une matière charbonneuse, boursouflée et friable. Il forme des plaques d'un à trois pouces d'étendue.

11. Le Sᴘʜᴀᴇʀɪᴀ ɴᴜᴍᴍᴜʟᴀɪʀᴇ : *Sph. nummularia,* Dec., Fl.

fr., 2, page 290; Friés, *Syst. mycol.*, 2, page 348; *Sph. diffusa*, Sow., *Fung.*, pl. 373; *Hypoxylon nummularium*, Bull., *Champ.*, pl. 468, fig. 4. Orbiculaire, aplati, d'abord gris et pubescent, puis noir et mat. Périthéciums enfoncés, ovales, ostiole globuleux, peu saillant. Cette espèce, tantôt orbiculaire, tantôt elliptique ou alongée, a de six lignes à deux pouces de diamètre et une ligne d'épaisseur : elle ressemble, lorsqu'elle est orbiculaire, à un bouton ou à une pièce de monnaie. Elle vit sur le bois et l'écorce des arbres morts, tels que le hêtre, le charme, le châtaignier, le chêne, le tilleul, l'érable rouge, etc. : on la rencontre en hiver.

6.ᵉ TRIBU. Espèces de forme déterminée, étalées, entourées d'une ligne noire à leur base, adhérentes et soudées à leur base ou matrice. Périthéciums émergens, stipités, atténués en forme de col. (*Sphæria lignosæ.*)

12. Le SPHÆRIA EN BULLE : *Sph. bullata*, Ehrh., Hoffm., *Veget.*, 1, page 5, pl. 2, fig. 3; Pers., *Icon. pict.*, pl. 3, fig. 6 et 7; *Sph. depressa*, Sow., *Engl. bot.*, pl. 216. Orbiculaire ou ovale, ou réniforme, convexe, plan, noir ou brun-noirâtre en dehors, intérieurement d'abord blanc, puis cendré; ostioles papillaires. Cette espèce a deux à quatre lignes de diamètre. On la rencontre en petits amas ou groupes sur les écorces et les rameaux morts du saule blanc, sur le noisetier, en Europe et dans l'Amérique septentrionale. Les périthéciums sont stipités et recouverts par la substance blanche et tenace du champignon.

13. Le SPHÆRIA EN DISQUE : *Sph. disciformis*, Hoffm., *Veget.*, 1, pl. 4, fig. 1; *Sph. Hall.*, Hedw., n.° 2186, pl. 47, fig. 9. Orbiculaire, plan, lisse, noirâtre en dehors, blanc en dedans. Périthéciums ayant un col mince; ostioles ponctiformes, écartés, quelquefois proéminens. Cette espèce se rapproche de la précédente; mais elle est plus régulière : elle a une à deux lignes de large; dans sa jeunesse elle a une couleur incarnate, qui bientôt se change en brun ou en noir. Cette plante est commune sur les rameaux desséchés du hêtre, du

bouleau, du chêne, etc., en Europe, en Asie et en Amérique. On la trouve toute l'année.

A cette tribu appartient encore le *sphæria verrucæformis*, Pers., Dec., Fries, qu'on trouve par toute la terre, selon Fries, et également sur le bois et les écorces desséchées des arbres.

7.ᵉ Tribu. Espèces de forme déterminée, adhérentes et soudées avec leur base ou matrice, sans ligne noire autour de leur base. Périthéciums émergens, stipités, épars. (*Sph. versatiles.*)

14. Le Sphæria scabreux : *Sph. scabrosa*, Dec., Flor. fr., 2, page 248; Fries, *Syst. mycol.*, 2, page 361; *Hypoxylon scabrosum*, Bull., Champ., pl. 468, fig. 5. En croûte large, mince, noire, luisante, très-raboteuse; des tubercules ou mamelons fructifères, arrondis, stipités, confluens dans la substance de la croûte; ostioles coniques. Ce champignon est, dans sa jeunesse, pubescent, d'un jaune de rouille ou d'un rouge brun, et paroît saupoudré d'une poussière jaunâtre. Il habite toujours sur les bois dépouillés de leur écorce et endurcis, et notamment sur le chêne.

C'est à cette tribu qu'appartient le *ceratospermum*, n.° 2, de Michéli, *Gen.*, pl. 56, fig. 1. (Voyez Ceratospermum.)

8.ᵉ Tribu. Espèces étalées, minces, de forme indéterminée, jamais circonscrites par une ligne noire. Périthéciums d'abord isolés, irrégulièrement agrégés, puis s'élevant au-dehors comme des concrétions. (*Sph. concrescentes.*)

15. Le Sphæria large : *Sph. lata*, Pers., Fries, *Syst. mycol.*; *Sph. papillata*, Hoffm., *Veget. crypt.*, 1, pl. 4, fig. 5; *Sph. fuliginosa*, Sow., *Fung.*, pl. 375, fig. 9. En larges plaques noires, contiguës, irrégulières, minces, très-adhérentes, relevées à leur surface par un nombre infini de petits points convexes, qui sont les orifices de périthéciums sphériques ou ovoïdes. Cette espèce forme sur le bois sec, et rarement sur les écorces des arbres, des plaques de trois à quatre pouces de long et qui même atteignent un pied. On la trouve dans

les Vosges. On l'indique dans diverses parties de l'Europe et en Amérique. Elle végète toute l'année.

Section III. *Espèces composées. Périthéciums convergens, disposés circulairement, entourés par un faux stroma et amincis en forme de col.*

9.ᵉ **Tribu.** Périthéciums et leur stroma contenus dans une espèce de conceptacle entier, distinct de l'épiderme. (*Sp. circumscriptæ.*)

16. Le **Sphæria cornu** : *Sph. enteroleuca*, Fries, *Syst. myc.*; *Variolaria ceratosperma*, Bull., Ch., pl. 432, fig. 1. Conceptacle orbiculaire, convexe, libre, d'un brun noirâtre, contenant sans ordre des périthéciums très-petits, à orifices rapprochés, libres; stroma aminci en forme de bec et un peu muqueux. Cette plante croit incrustée dans l'écorce des rameaux des arbres, à laquelle elle adhère fortement; l'aubier qui entoure sa base, la recouvre en partie, et elle semble ainsi enracinée dans le bois, et forme des boutons de la grosseur d'un pois à peu près.

10.ᵉ **Tribu.** Périthéciums et leur stroma renfermés dans un conceptacle dimidié ou scutelliforme, contenu sous l'épiderme, y adhérant par sa partie supérieure et s'ouvrant par son disque. (*Sp. inclusæ.*)

17. Le **Sphæria blanc de neige** : *Sph. nivea*, Hoffm., *Veg. crypt.*, 1, page 16, fig. 3; Sow., *Fung.*, pl. 219; *Lichen rosaceus*, Fl. Dan., pl. 825, fig. 1. Conique; stroma blanc, fortement enchâssé dans le conceptacle, à disque tronqué, blanc de neige, farineux; ostioles un peu proéminens, globuleux, lisses. Périthécium caché dans la substance de la plante, à cols très-fins et blanc de neige. Cette espéce se trouve sur les écorces des branches sèches de divers arbres, le tremble, entre autres, en Europe, en Amérique et en Asie. Elle apparoit comme des points blancs arrondis, à peine saillans, enchâssés dans l'épiderme; elle forme ensuite un disque blanc, comme tronqué.

11.ᵉ Tribu. Espèces à stroma purement cortical, privées de conceptacle propre, formant des pustules
dont le disque offre des tubercules dus à l'agrégation des ostioles des périthéciums. (*Sphœriœ obval-
latœ.*)

18. Le Sphæria couronné : *Sph. coronata*, Hoffm., *Veget.
crypt.*, 1, pl. 5, fig. 2; Schmidt, *Mycolog.*, cah. 2, pl. 1,
fig. 14. Périthécium subdifforme, disposé en anneau ou couronne; à ostioles lisses, obtus, d'abord globuleux et stipités,
puis alongé en forme de bec. Ces périthéciums sont logés
dans les couches corticales de la plante sur laquelle ils vivent : leurs orifices, alongés, inclinés et rapprochés à leur
sommet, percent l'épiderme et forment une sorte de couronne sur le champignon, qui ressemble alors à une pustule
saillante, d'abord globuleuse, puis semblable à un disque con-
vexe-orbiculaire et un peu stipité. On trouve cette plante
sur les rameaux des cornouillers, de l'alisier.

12.ᵉ Tribu. Espèce composée simplement de périthéciums recouverts par l'épiderme des plantes, agrégés
et disposés en cercle, sans conceptacle ni disque.
(*Sph. circinatœ.*)

Ces espèces croissent enfoncées et comme plongées sous l'é-
corce intérieure des arbres et sont recouvertes par l'épiderme,
de telle manière que l'écorce intérieure ne forme ni pustule ni disque élevé à l'extérieur.

19. Le Sphæria quaterné : *Sph. quaternata*, Pers., *Synops.*,
page 45, pl. 2, fig. 1 et 2; Nées, *Syst. mycol.*, fig. 356. Périthéciums au nombre de trois à huit, ordinairement quatre,
disposés en cercle, nus, couchés, à ostioles courts, obtus,
lisses et percés. Cette plante croît en abondance sur
les couches corticales des hêtres, des érables et autres
plantes. Lorsqu'elle a percé l'épiderme, elle forme de petites
taches noires, d'une ligne ou deux de diamètre et très-multipliées.

Section IV. *Espèces peu composées, à périthéciums horizontaux, nus, placés sur un stroma, privés de col,
enfoncés dans les écorces des arbres et recouverts par
l'epiderme.*

13.ᵉ Tribu. Périthéciums disposés en petits gazons su-
perficiels, placés sur un stroma en partie enfoncé et
qui finit par se déchirer. (*Sph. cæspitosæ.*)

20. Le Sphæria rouge de cinabre : *Sph. cinnabarina*, Fries.
Sph. fragiformis, Sow., *Fung.*, pl. 256; *Sph. pezizoidea*, Dec.,
Fl. fr., 6, page 125, var. *a.* En touffes ou gazons. Périthéciums globuleux, ridés et rugueux, d'un beau rouge de cinabre dans leur jeunesse, se changeant en brun pâle; ostiole en forme de papille. Ces périthéciums, lorsque l'épiderme est déchiré, forment des tubercules semblables à ceux
des tuberculaires, et que l'on a comparés à de petites fraises.
Cette plante n'est pas rare sur les écorces des arbres, en
Europe, et se rencontre aussi en Amérique, pendant l'hiver
et au printemps.

Le *Sphæria coccinea*, Pers., Dec., se rapproche du précédent et se fait remarquer par sa couleur d'un rouge de feu
plus ou moins foncé. On le trouve aussi très-souvent sur les
arbres, sur les sapins, en Europe, au Kamtschatka et en
Amérique, en hiver et au printemps. Il offre une variété
parasite d'autres sphæria détruits, ce qui lui donne alors
l'apparence d'être muni d'un réceptacle noir.

21. Le Sphæria en forme de concombre : *Sphæria cucurbi-
tula*, Tode, *Fung. Meckl.*, 2, fig. 110; Pers., Nées, *Syst.*,
fig. 527; *Sph. pezizoidea*, 6, Dec., Fl. fr. En petite touffe ou
coussinet. Périthéciums ovales, globuleux, lisses, d'un rouge
orangé. Après l'émission des graines, ils prennent la forme
de cupules semblables à des peziza. On trouve cette jolie espèce sur les écorces des arbres, les pins, les azédaracs, etc.

14.ᵉ Tribu. Périthéciums d'abord internes et enfoncés,
puis saillans et confluens. (*Sph. confluentes.*)

22. Le Sphæria mélogramme : *Sph. melogramma*, Pers., Dec.;
Variolaria melogramma, Bull., Ch., pl. 492, fig. 1. Arrondi,

en cône renversé, d'un noir fuligineux. Périthéciums confluens, un peu saillans. Cette espèce croît sur les écorces
des arbres, dont elle soulève et déchire l'épiderme, et paroît sous forme de lignes ou de taches plus ou moins alongées,
imitant des caractères noirs, d'où lui vient son nom spécifique de *melogramma*, dérivé du grec.

15.ᵉ Tribu. Périthéciums disposés en séries parallèles,
internes ou enfoncées, végétant sur les tiges des
herbes mortes ou languissantes. (*Sph. seriatæ.*)

23. Le Sphæria des fougères : *Sph. filicina*, Fries; *Sph.
pteridis*, Sow., *Fung.*, pl. 394, fig. 10. En petites bulles irrégulières, peu enfoncées, parallèles, confluentes, luisantes,
noires, s'ouvrant par des fentes parallèles. Stroma noir. Cette
espèce se trouve abondamment sur la *pteris aquilina*, Linn.

16.ᵉ Tribu. Périthéciums agrégés, vivant dans le parenchyme des feuilles des plantes. (*Sph. confertæ.*)

24. Le Sphæria du noisetier : *Sph. coryli*, Batsch, *Cent.*, 2,
fig. 251; Decand. Périthéciums distincts, disposés en cercles;
ostioles épineux, entourés d'une frange à leur base. Cette
espèce vit à la partie supérieure des feuilles du noisetier et
est recouverte par l'épiderme. Elle forme de nombreux tubercules, qui percent cet épiderme et imitent des points ou
petites taches noires.

Fries rapporte à cette tribu plusieurs espèces de *xyloma*;
savoir : les *xyloma bifrons*, Dec.; *populinum*, Pers.; *evonymi*,
Kunze.

B. Espèces simples.

Section V. *Simples. Périthéciums munis de deux écorces
libres, d'abord voilés, situés à la surface d'un stroma
étalé, velu, ou sur une base.*

17.ᵉ Tribu. Périthéciums glabres, distincts, placés sur
une base byssoïde, tomenteuse, formée de fibres
entrelacées et très-serrées. (*Sph. byssidæ.*)

25. Le Sphæria orangé : *Sphæria aurantia*, Pers. *Syn.* et *Icon.*

2, pl. 11, fig. 4 et 5; Nées, *Syst.*, fig. 362; Schmidt, *Myc. cah.* 2, pl. 1, fig. 17. D'une base étalée, irrégulière, orangé-pâle, puis ferrugineuse, sortent des périthéciums groupés, arrondis, garnis de papilles et d'un rouge orangé. On trouve cette espèce sur le bois pourri, sur les champignons subéreux en putréfaction, en Europe et en Amérique. Une variété plus grande, d'une couleur d'ocre et à périthécium d'un rouge éclatant, se trouve sur l'hyménium du *polyporus squamosus.*

18.e Tribu. Périthéciums velus, persistans. (*S. villosæ.*)

Ces espèces croissent sur les végétaux morts : elles sont rarement terrestres.

26. Le Sphæria biforme : *Sph. biformis*, Pers., *Syn.*, p. 56, pl. 2, fig. 14; *Icon. pict.*, pl. 24, fig. 3. Périthéciums presque ovales, presque tuberculeux, noirs, couverts de poils roides de même couleur; ostiole un peu alongé. Cette espèce croît en Europe et en Amérique sur le bois pourri ou bien à terre. Ses périthéciums sont épars ou agrégés; ils sont bruns dans la jeunesse. Une variété (*Sph. terrestris*, Sow., *Fung.*, pl. 373, fig. 7), croît en Angleterre sur la terre argileuse.

27. Le Sphæria changeant : *Sph. mutabilis*, Pers., *Ic.*, pl. 7, fig. 6; Dittm.. *apud* Sturm, *Deutsch. Fl.*, 3, pl. 64; voyez l'atlas de ce Dict., n.° 39, pl. 5, fig. 3. Périthéciums très-petits, globuleux. enveloppés et couverts de poils d'un jaune verdâtre ou ferrugineux; ostioles un peu papillaires et noirâtres. Cette espèce croît sur le bois de chêne le plus dur, tombé à terre. Ses périthéciums, infiniment petits, ont une petite pointe. et sont disséminés comme des œufs d'insectes.

19.e Tribu. Point de base ou subicule. Périthéciums glabres, arrondis à la base, presque libres, à ostioles, persistans. (*Sph. denudatæ.*)

Ces espèces croissent adhérentes à la surface du bois. Dans leur jeunesse elles sont couvertes d'un voile très-fugace.

28. Le Sphæria peziza; *Sph. peziza*. Tode, *Fung. Meckl.*, 2, p. 46, fig. 122. Agrégé, mou, à périthéciums globuleux, lisses, un peu papillaires. d'une couleur orange un peu rouge, de-

venant concaves après l'émission des séminules. On trouve cette espèce sur le bois de hêtre, de bouleau, etc., ramolli par le moisi, en Europe et en Amérique.

Le *Peziza hydrophora*, Bull., Champ., pl. 410, fig. 2, et Sow., *Fung.*, pl. 23, en est une variété globuleuse ; une seconde variété, velue, est le *sphæria miniata*, Hoffm., *Tasch.*, 2, pl. 12, fig. 2. Toutes ces espèces ou variétés se font remarquer par leur couleur rouge ou orangée et leur forme en cupule : elles sont toutes fort petites.

C'est près de cette espèce que Fries place le *sphæria resinæ*, très-petite espèce, qui vit sur la résine du sapin, et qui est éparse, enfoncée, lisse, glabre et orangée.

29. Le Sphæria sanguin : *Sph. sanguinea*, Sibth., Bolt., pl. 121 ; Sow., pl. 254 ; Nées, *Syst.*, fig. 560 ; *Hypoxylon phœniceum*, Bull., Champ., pl. 487, fig. 3. Épars, mou, fort petit, à périthéciums ovales, lisses, munis de papilles et d'un rouge pourpre. Cette espèce croît sur le bois dégarni d'écorce.

30. Le Sphæria en forme de mamelles : *Sph. mammæformis*, Pers., *Icon. pict.*, pl. 5, fig. 6 — 7 ; *Sph. papillosa*, Sowerb., *Fung.*, pl. 236 ; *Hypoxylon globulare*, Bull., Champ., pl. 487, fig. 2 ; *Sph. byssisedæ*, var., Decand., Fl. fr., 2, p. 295. Grand, noir ; périthéciums minces, globuleux, lisses, à ostioles en forme de papilles. Cette espèce croît solitaire ou agrégée dans le bois pourri.

20.ᵉ Tribu. Périthéciums solitaires, glabres, percés, aplatis à leur base, presque tout-à-fait internes ou enfoncés. (*Sph. pertusæ.*)

Ces espèces croissent à la surface du bois ou de l'écorce des arbres.

31. Le Sphæria mobile : *Sph. mobilis*, Tode, *Fung. Meckl.*, 2, pl. 9, fig. 71 ; Decand., Fl. fr., 6, p. 141. Agrégé ou libre, très-petit, à périthéciums globuleux, lisses, bruns, munis d'une papille qui tombe dans la vieillesse. Cette espèce est délicate, menue, superficielle, libre ; elle est mobile dans tous les sens. Sa couleur brune passe au noir. On trouve cette plante sur les rameaux pourris du chêne, en Europe et en Amérique, au printemps.

Section VI. *Espèces simples, à périthéciums enfoncés, le plus souvent déchirant son enveloppe pour se dégager, à ostioles très-élargis, alongés en forme de col.* (Sph. subimmersæ.)

21.ᵉ Tribu. Ostioles des périthéciums très-larges, comprimés, en forme de fente longitudinale. (*Sph. platystomœ.*)

32. Le Sphæria crénelé : *Sph. crenata*, Pers., *Syn.*, p. 54, pl. 1, fig. 15 ; Nées, *Syst.*, fig. 350 ; Schmidt, *Mycol.*, cah. 2, pl. 1, fig. 9 ; *Lophium*, Fries, *Obs. myc.*, 1, p. 191. Épars, périthéciums enfoncés, presque globuleux, noirs ; ostioles comprimés, très-larges, un peu crénelés. Cette jolie espèce se trouve en groupe de plusieurs individus sur les rameaux du prunellier, de l'érable, du cornouiller, etc., en Europe et en Amérique.

22.ᵉ Tribu. Ostioles alongés en forme de bec ou de corne, cylindrique, libre, plus long que le périthécium. (*Sph. ceratostomœ.*)

33. Le Sphæria a bec barbu : *Sph. barbirostris*, Duf., *ined. i'ung.* (voyez cahier n.° 15, pl. 6, fig. 1, de ce Dictionnaire). Périthéciums agglomérés, bruns, globuleux, scabres ; ostioles alongés en forme de massue, pubescens, six fois plus longs que les périthéciums. Cette jolie espèce croit sur le bois des arbres. Les périthéciums sont quelquefois solitaires, mais le plus souvent réunis deux ou trois et même jusqu'à sept ou huit ensemble. Il arrive souvent qu'étant encore plongés et cachés dans le bois, que leur ostiole s'alonge au dehors et montre leur massue.

23.ᵉ Tribu. Ostiole des périthéciums alongé en forme de col, mais enfoncé dans la plante comme le reste du périthécium, et ne sortant que par son bout le plus souvent dilaté. (*Sph. obtectœ.*)

Ces espèces sont entièrement cachées dans le bois ou l'écorce des végétaux sur lesquels elles croissent.

34. Le Sphæria peau-d'oie ; *Sph. anserina*, Pers. , *Icon.* et *Descript.*, pag. 5 , pl. 1 , fig. 8. Périthéciums ovales , enfoncés dans le bois, mais un peu saillans ; ostioles se déchirant et cylindriques. Ces périthéciums sont noirs, cachés dans le bois, et forment à sa surface des bulles ou papilles qui donnent à cette surface l'aspect de la peau de l'oie mâle, d'où vient à l'espèce son nom spécifique d'*anserina*. Cette plante se trouve sur le bois sec.

35. Le Sphæria ellipsosperme : *Sph. ellipsosperma*, Sow. , *Fung.*, pl. 372, fig. 3 ; *Sph. inquinans*, Tode, *Fung. Meckl.*, 2, fig. 85 ; Pers., Nées, *Syst.*, fig. 356 ; Dec., Fl. fr. , 2 , p. 298 ; *Variolaria ellipsosperma*, Bull., Champ., pl. 493 , fig. 3. Groupé, d'un noir grisâtre ; périthéciums enfoncés , globuleux , lisses , glabres, recouverts par l'épiderme de la plante, avec leur papille noire. Cette espèce croît sur l'écorce des rameaux des érables champêtres et faux-platanes. La matière gélatineuse contenue dans les périthéciums en sort en manière de fils et forme autour des ostioles une tache noire.

Section VII. *Simples ; périthéciums nus ou sans voile, presque entièrement plongés dans l'épiderme de leur base ou matrice, contenant long-temps la matière séminifère intérieure.* (Sph. subinnatæ.)

24.ᵉ Tribu. Périthéciums se mettant à jour de bonne heure, libres, à ostioles simples. (*Sph. obturatæ.*)

Ces espèces croissent à la surface des écorces.

36. Le Sphæria du chèvre-feuille : *Sph. lonicerœ*, Sowerb. ; *Fung.*, pl. 393 , fig. 6 ; Fries, *Syst. myc.*, 2 , p. 492. En groupes déchirant l'épiderme : périthéciums globuleux, presque libres, déliés, noirs, se déchirant bientôt et prenant la forme de petites cupules ; ostioles simples, très-petits, réguliers d'abord, puis lacérés. On trouve cette espèce sur les rameaux du chèvrefeuille des bois, *lonicera periclymenum*.

37. Le Sphæria des cônes du sapin : *Sph. strobilina*, Fries, *Syst. myc.*, 2 , pag. 495 ; *Hysterium conigenum*, Pers. Périthéciums un peu difformes, arrondis, d'abord mous et fuligineux, puis durs et noirs, s'entr'ouvrant en une fente longi-

tudinale. Cette espèce croit en petits groupes sous l'épiderme des écailles des cônes du sapin. Les groupes percent l'épiderme et forment plusieurs stries longitudinales et confluentes.

25.ᵉ Tribu. Périthéciums d'abord plongés et soudés à leur base ou matrice, c'est-à-dire au parenchyme des rameaux et des feuilles des plantes, puis déchirant l'épiderme qui les couvre, s'élevant un peu, et le plus souvent sans ostiole proéminent; celui-ci est simple. (*Sph. subtectæ.*)

Ces espèces croissent en groupes petits, noirs, sous l'épiderme des rameaux et des feuilles persistantes.

38. Le Sphæria vert-noir : *Sph. atrovirens*, var. *a*; Fries, *Syst. myc.*, Alb. et Schw., 48, pl. 2, fig. 1; Schmidt. *Syst. myc.*, 2, pl. 1, fig. 2; *Sph. visci*, Dec. Épars, d'un vert noirâtre; périthéciums presque enfoncés dans l'écorce, globuleux et ovales, se dégageant par leur disque, qui est d'abord un peu rugueux et puis fendillé. Ils sont totalement cachés dans le premier âge sous l'écorce des rameaux, des pétioles et les feuilles du gui; ils sont alors gonflés par un mucus séminifère fuligineux; ensuite ils s'élèvent sensiblement et deviennent d'un vert fuligineux, en dehors comme en dedans, puis ils laissent échapper des filamens tortillés simples, déliés et verdâtres.

Le *sphæria buxi*, Decand., est une variété gris-noirâtre et plus petite, de l'espèce précédente, selon Fries. On le trouve abondamment sur les feuilles du buis, du fragon, etc.

26.ᵉ Tribu. Périthéciums d'abord recouverts par l'épiderme, puis nus par suite de sa destruction, et distincts de leur base. (*Sph. caulicolæ.*)

Ces espèces sont nombreuses et vivent sur les tiges des herbes mortes ou mourantes.

39. Le Sphæria dematium : *Sph. dematium*, Pers., Fries; *Sph. pilifera*, Decand., Fl. fr., 2, pag. 300. En très-petits points noirs, souvent à peine visibles à l'œil nu; périthéciums déprimés. presque plans, sans ouverture, hérissés dans leur milieu de poils noirs un peu divergens, finissant par s'ouvrir

circulairement à leur partie supérieure, qui tombe; noirs intérieurement. Cette espèce atomique couvre communément en hiver de points noirs les tiges desséchées de toutes espèces d'herbes, en Europe; elle se rencontre aussi au Kamtschatka et en Amérique.

40. Le SPHÆRIA ROUGEATRE; *Sph. rubella*, Fries. Épars ou réunis plusieurs individus; périthéciums dégagés de l'épiderme, un peu déprimés, noirâtres, entourés d'une espèce de rouille rougeâtre; ostioles coniques. Les périthéciums sont mous et purpurins dans leur jeunesse, puis ils deviennent noirs. Cette espèce se rencontre fréquemment sur les tiges des épilobes, de l'ancholie, de la morelle, etc. Elle forme sur ces tiges de petites taches ou macules qui varient. Dans une première variété (*Sph. rubella*, Pers., Dec., Nées, *Syst.*, fig. 353) ces taches sont rougeâtres et les périthéciums noirs; dans une seconde (*Sph. porphyrogena*, Tode, *Fung. Meckl.*, fig. 72) ces macules sont purpurines, pointillées de noirâtre par les périthéciums; enfin, dans une troisième, ces périthéciums ne forment point de macules: ils sont purpurins à l'extérieur et à leur base.

27.ᵉ TRIBU. Périthéciums simples, amalgamés avec leur base, ou le parenchyme des feuilles recouvert par l'épiderme, et point entourés de taches décolorées ou comme desséchées. (*Sph. foliicolæ.*)

Ces espèces sont infiniment petites et nichées sous l'épiderme des feuilles, dont elles ne se dégagent presque jamais. Elles sont également très-nombreuses, et bien que Fries en décrivit cinquante environ, il ne doute pas que leur nombre ne soit beaucoup plus considérable: elles sont encore très-difficiles à déterminer, et parmi elles il en est qui semblent devoir former de nouveaux genres, lorsqu'elles seront mieux examinées.

41. Le SPHÆRIA SÉTACÉ; *Sphæria setacea*, Pers., Dec., Fries. Fort petit, épars; périthéciums menus, faisant saillie sur les deux surfaces des feuilles, globuleux, recouverts par l'épiderme, munis d'un ostiole sétacé, atténué, noir, qui perce par la surface inférieure des feuilles. Cette espèce est com-

mune sur les feuilles des arbres et des herbes; elle se reconnoît à ses petites soies noires extérieures.

Le *Sph. solani*, Pers., est très-voisin du précédent. Il est
noir, à peine visible à l'œil nu, et se trouve sur les pommes
de terre gâtées.

42. Le Sphæria du lierre: *Sph. hederæ*, Sowerb., *Fung.*,
pl. 371, fig. 5; Fries, *Obs.*, 1, pl. 4, fig. 6. Épars, périthéciums logés dans l'épiderme, un peu saillans, convexes, lisses,
noirs, munis d'un ostiole percé, de couleur blanche. On le
trouve sur les feuilles arides et les plus dures du lierre, et
sur celles de l'*andromeda tetragona*. Le *sphæria lauri*, Sow.,
Fung., pl. 371, fig. 4, en est, selon Fries, une variété qui
croît sur le laurier. Le *sphæria leucostigma*, Decand., Fl. fr.,
en seroit une autre, propre aux feuilles du hêtre.

C. Depazea, Fries; *Phyllosticta*, Pers.

Les espèces croissent sur les feuilles mortes ou vivantes. Elles
sont munies de périthéciums plongés dans le tissu de la plante
et situés au milieu de taches ou macules blanches, jaunâtres
ou brunâtres, quelquefois limitées de noir ou de brun, dues
à la substance de la feuille, décolorée et altérée en ces parties. Les périthéciums, d'abord clos, s'ouvrent ensuite dans
leur pourtour et forment de petits disques. Les espèces de
cette division sont assez nombreuses; Fries en décrit vingt-
deux; M. De Candolle en fait connoître une partie : son *xyloma lichenoides* contient celles qui croissent sur les feuilles
mortes, et son *sphæria lichenoides* celles qui se rencontrent sur
les feuilles vivantes. Toutes ces plantes, fort petites, couvrent
les feuilles de très-petites taches noires, à la manière de certains lichens. Elles sont très-difficiles à déterminer; mieux
examinées, il est probable qu'une grande partie d'entre elles
appartiendront à d'autres genres. Elles réunissent les *sphæria* au *xyloma*, au *phacidium*; Fries en avoit fait d'abord son
genre *Depazea*, adopté par quelques cryptogamistes, et réuni
enfin par lui-même au *Sphæria*.

** Espèces qui croissent sur les feuilles persistantes.*

43. Le Sphæria (Depazea) du buis; *Sphæria lichenoides
buxicola*, Dec., Fl. fr., 6, p. 147. Il forme sous les feuilles

du buis des taches blanches limitées de noir, toujours marginales, larges de deux à trois lignes. Les périthéciums sont épars, lisses, noirs, convexes, et percent l'épiderme de la surface inférieure de la feuille.

44. Le Sphæria (Depazea) du lierre; *Sph. Dep. hederæcola*, Fries, *Syst. myc.*, 2, p. 528. Il forme sur les feuilles du lierre de petites taches blanchâtres, limitées de brun, arrondies ou irrégulières, confluentes, contenant plusieurs périthéciums globuleux, agglomérés, nus, opaques et noirâtres. Le *Sph. lich. hederæcola*, **Dec.**, forme des taches plus petites, plus blanches, qui contiennent des périthéciums convexes et épars.

** *Espèces qui vivent dans le tissu des feuilles annuelles les plus roides des arbres et des arbrisseaux.*

45. Le Sphæria (Depazea) du bouleau; *Sphæria lichenoides tremulæcola*, Decand., Fl. fr., *loc. cit.* Sous forme de petites taches larges d'une à deux lignes, orbiculaires, brunes; périthéciums comme entassés à la surface supérieure de la feuille, sphériques, luisans, stipités et confluens au centre de la tache, qui est gris-cendré. Cette espèce couvre de ses petites taches les feuilles vivantes du tremble.

46. Le Sphæria des feuilles : *Sph. Dep. fronticola*, Fries; *Depazea frondicola*, Fries, *Obs. myc.*, 2, pl. 5, fig. 6 et 7; *Xyloma concentricum*, Pers. Sous forme de taches oblongues, de six lignes et plus de diamètre, d'un blanc grisâtre, bordées de brun, contenant des périthéciums nombreux, épars, déprimés, qui se font jour au-dessous de la feuille, se déchirent bientôt circulairement, et se changent en petits disques orbiculaires, blancs, avec un point noir au milieu. Cette plante croît entre les veines des feuilles vivantes du tremble. Une variété dont les taches sont blanches, rondes, d'une ligne de diamètre, croît sur le peuplier d'Italie; c'est le *Sph. lichen. populicola*, Decand.

47. Le Sphæria (Depazea) du chataignier : *Sph. Dep. castanæcola*, Fries, *Syst. mycol.*; *Lichen castanearius*, Lamk.; *Xyloma geographicum*, Decand. En petites taches de grandeur variable, irrégulières, d'un jaune pâle, quelquefois limitées par une ligne noire flexueuse, contenant un petit nom

bre de périthéciums épars , semblables à des points noirs et situés à la partie supérieure des feuilles mortes du châtaignier.

*** *Espèces qui vivent dans les feuilles les plus délicates des herbes.*

48. Le SPHÆRIA (DEPAZEA) DE L'ŒILLET ; *Sph*. **Dep.** *dianthi*, Fries, Alb. et Schw., pag. 47 , pl. 6, fig. 2. En forme de taches jaunes, de forme indéterminée, longues de six lignes environ, sans limites, contenant des périthéciums épars, globuleux, déprimés, noirs, qui se changent en disques pâles. Ces périthéciums sont remplis d'une gelée consistante et blanchâtre. On trouve cette plante sur les feuilles de l'œillet et aussi sur la saponaire. M. De Candolle en fait une espèce distincte : c'est son *Sph. saponariæ*.

49. Le SPHÆRIA DE L'ÉPINARD; *Sph*. **Dep.** *spinariæ*, Fries, *Syst. myc.*, 2 , p. 532. Il forme, sur les feuilles de l'épinard et d'autres plantes, des taches difformes, d'un noir cendré, contenant des périthéciums épars, opaques, infiniment petits, pontiformes et noirs. (LEM.)

SPHÆRIDIOPHORUM. (*Bot*.) Le moyen de sortir d'embarras quand une plante milite entre deux ou trois genres, est d'établir pour elle un genre nouveau. C'est assez souvent un grand abus, qui peut amener une trop grande multiplication de genres ; c'est quelquefois un bien, quand ce moyen est employé avec discernement. M. Desvaux en a fait usage pour l'*indigofera linifolia* de Vahl, *Symb.* ; Retz., *Obs.*, 4 et 6, tab. 2 ; Roxb., *Corom.*, tab. 195. Linné fils l'avoit rangé parmi les *Hedysarum*. M. Desvaux en a formé un genre nouveau sous le nom de *Sphæridiophorum*, Journ. bot. , 3 , pag. 125, tab. 6 , fig. 35. Cette plante diffère des *indigofera* par ses gousses uniloculaires, monospermes, indéhiscentes, de forme globuleuse. Les tiges sont herbacées, couchées, effilées, un peu comprimées, soyeuses et blanchâtres. Les feuilles sont alternes, pétiolées, simples, linéaires-lancéolées, aiguës, blanchâtres ; les stipules caduques, fort petites ; les fleurs sont disposées en grappes courtes, axillaires ; les gousses glabres, fort petites , d'un blanc de neige, terminées par une portion du style persistant. Cette plante croît dans les Indes orientales. (POIR.)

SPHÆRIDIUM. (*Bot.*) Voyez Pleuridium. (Lem.)

SPHÆRIDIUM. (*Entom.*) Voyez Sphéridie. (C. D.)

SPHÆROBOLUS. (*Bot.*) Genre de la famille des champignons, ainsi nommé par Tode, mais établi avant lui par Michéli sous le nom de Carpobolus. (Voyez ce mot.) Il a été adopté sous le nom de *Sphærobolus*, quoiqu'il eût été plus convenable de conserver celui de *Carpobolus*, comme plus ancien, ainsi que le fait observer M. Desmazières, auquel nous devons une notice intéressante sur ce genre.

Le *Sphærobolus* comprend des petits champignons d'une à deux lignes de diamètre, globuleux, sessiles, formés de deux péridiums; l'un et l'autre étoilés ou dentés en leurs bords. L'intérieur est membraneux, plus délicat et remarquable en ceci, qu'à la maturité il se soulève et se retourne avec beaucoup d'élasticité, et lance, comme une petite bombe, un corps globuleux ou sporangium, amas de petites séminules agglomérées et entassées; de là est venu à ce genre le nom de *Carpobolus*, tiré du grec et qui signifie *jeter* et *fruit*.

Ce genre comprend plusieurs espèces, la plupart d'Europe et quelques-unes d'Amérique. Elles croissent solitaires ou rapprochées sur le bois et les écorces des arbres. Leurs péridiums prennent avec l'âge la forme d'un godet à bord découpé en étoile ou denté.

Michéli n'a connu qu'une seule espèce de ce genre. Linnæus a cru devoir en faire une espèce de lycoperdon. Tode en a décrit deux, dont une, le *sphærobolus rosaceus*, est le *lycoperdon radiatum*, Linn., et maintenant le *stictis radiata*, Pers., Fries.

1. Le Sphærobolus étoilé: *Sphærobolus stellatus*, Tode, *Fung. Meckl.*, Pers., Fries, *Syst. mycol.*; *Lycoperdon carpobolus*, Linn., *Fl. Dan.*, pl. 865; Sow., *Engl. bot.*, pl. 22; *Carpobolus*, Michéli, *Gen.*, pl. 101, fig. 1 et 2; *Carp. stellatus*, Desmazières, Obs. bot., page 10, pl. 1, fig. 2. Globuleux, d'un jaune pâle; couverture des péridiums régulièrement dentée et étoilée. Ce petit champignon croit sur diverses espèces de bois, en Europe comme en Amérique. Son péridium externe est d'abord garni d'une légère villosité, qui tombe bientôt. Son bord se divise en cinq ou sept dents droites et pointues. Le péridium interne, libre, mince, pel-

lucide, blanchâtre, bientôt, en s'élevant au-dessus du péridium externe, forme comme une vésicule, qui s'ouvre ensuite pour lancer le sporangium, qui est brun en dehors, blanc et farineux à l'intérieur. Il y en a deux variétés, l'une figurée par Nées, *Syst.*, fig. 122 ; une seconde, le *Sp. stercorarius*, Fries, croît sur le fumier et pourroit être une espèce.

2. Le Sphærobolus tubuleux ; *Sphærob. tubulosus*, Fries, *loc. cit.* Il est obovale, un peu cylindrique, blanc, avec ouverture du péridium irrégulièrement découpée. Il croît sur les rameaux à moitié secs des pins. Il est enfoncé à moitié dans le bois. L'ouverture est infléchie d'abord, puis ouverte et lacérée. Le sporangium est pâle.

Le *Sphærobolus solen*, Alb. et Schw., paroît être la même espèce.

3. Le Sphærobolus porte-cercle; *Carpobolus cyclophorus*, Desmaz., Obs. bot., page 9, pl. 1, fig. 1. Globuleux, fauve, de deux lignes de diamètre environ. Ouverture du péridium externe divisée au sommet en six à huit divisions ; péridium interne mince, blanc, marqué horizontalement dans son milieu d'un grand cercle d'un rouge très-vif ; sporangium rond et brun. Cette espèce se trouve sur la paille humide. Les dents de son péridium se ferment ou s'étendent, selon l'état hygrométrique de l'air. (Lem.)

SPHÆROCARPOS de Michéli. (*Bot.*) Voyez Sphærocarpus ci-après. (Lem.)

SPHÆROCARPUS. (*Bot.*) Michéli a fait connoître sous le nom de *sphærocarpos*, depuis légèrement altéré en celui de *sphærocarpus*, une plante cryptogame, de la famille des hépatiques, très-voisine du *targionia*, auquel même Linnæus et la plupart des auteurs l'ont réunie, tandis que les naturalistes, qui ont eu l'occasion de l'étudier sur le vivant, persistent à l'en séparer.

Selon Michéli, le *sphærocarpus* est caractérisé par sa fronde membraneuse et foliacée, portant sur tous ses points, disposés en touffes, des espèces de volva ou péricarpes vésiculaires, oblongs, très-enflés, percés à leur sommet, contenant chacun dans leur fond une petite capsule sphérique (d'où le nom générique), remplie de petites séminules sans mélange d'aucun filament. Dans la figure donnée par Michéli de son *Sphærocarpos*, *Gen.*, 4, pl. 3, fig. 2, le volva est présenté divisé en deux parties. Il n'est point fait mention de ce fait dans la description. Cette figure est cause qu'on a supposé que le volva étoit bivalve, et a fait réunir cette plante au *targionia*, chez lequel c'est un caractère essentiel très-prononcé, bien que le *targionia* en diffère beaucoup par son port, par la structure de sa fructification et sa position marginale. Bellardi. Sowerby. MM. Gay et Turpin, qui ont pu examiner le *sphærocarpus* sur le vivant, nous ont mieux fait connoître ses caractères et nous mettent à même de juger avec Michéli, Adanson, Schmiedel, Schreber, Bellardi et Sowerby, que ce genre mérite d'être distingué du *Targionia*, et caractérisé ainsi : Péricarpe vésiculeux, enflé, percé au sommet et s'ouvrant par déchirement lors de la maturité, et contenant une capsule sessile, sphérique, polysperme. Séminules réunies en une masse, à quatre lobes, à surface réticulée et comme muriquée. Le nom de *sphærocarpus*, donné à ce genre, est le plus convenable, étant le plus ancien. Il ne peut être confondu avec le *sphærocarpus* de Bulliard, qui n'est plus admis.

1. Le Sphærocarpus de Michéli : *Sph. Micheli*, Bell., *Act. Taur.*, 5, page 258; *Sph. terrestris*, Mich., *Gen.*, 4, pl. 3, fig. 2; Dill., *Muscol.*, pl. 78, fig. 17; Sowerby, *Engl. bot.*, pl. 299; Schmiedel, *Icon. Fung.*, pl. 28, fig. 2. Cette petite plante forme sur la terre humide et sablonneuse des rosettes, d'un vert clair, de deux à six lignes de diamètre, éparses ou quelquefois rapprochées. Chaque rosette est fixée par le centre au moyen de petites radicules; elle est composée de plusieurs frondules fixées au centre par leur base, arrondies, un peu lobées dans le milieu et obtuses. Sur chaque frondule, et principalement dans le centre de la rosette, naissent huit à dix péricarpes rapprochés par leurs pieds en forme de toupie ou de poire, un peu cylindrique à sa base, d'un pourpre foncé, membraneux et d'un tissu réticulaire. Cette plante a été observée d'abord en Toscane, dans les jardins de Florence; elle a été retrouvée ensuite en Piémont. Elle est connue en France dans plusieurs endroits. M. du Petit-Thouars l'a recueillie en Touraine, et M. Boucher, dans le département

de la Somme. On la cite en Portugal, en Angleterre. Schmiedel fait observer que le péricarpe (qu'il nomme calice) se déchire en deux parties longitudinales : c'est en cet état que Sowerby le représente. Mais cet auteur persiste à le considérer comme univalve ; opinion de Schwægrichen. Le même Schmiedel a donné une description de la fructification du *sphærocarpus* dont il s'agit, qui s'éloigne de celle de Michéli. Le calice ou péricarpe seroit la partie mâle, et la capsule, l'organe femelle, recouvert d'une membrane simple, terminée par un style, etc. (Voyez *Icon. Fung.*, pl. 28, fig. 2 ; Web., *Hist. musc. hep.*, page 109.)

2. Le SPHÆROCARPUS DE GAY : *Sphærocarpus Gayi*, Nob.; *Targionia sphærocarpus* de l'atlas de ce Dictionnaire, 15.ᵉ cahier. Cette plante diffère essentiellement de la précédente par ses péricarpes plus enflés, ovales, très-arrondis, obtus, et par ses capsules qui se terminent par une petite pointe, sans doute stilifère. Les frondules sont également en rosette. Elles portent aussi des péricarpes réunis au centre par leurs pieds, mais bien moins nombreux sur chaque fronde ; celle-ci est un peu plus alongée. Cette espèce, semblable pour le port et la grandeur à celle ci-dessus, a été découverte par M. Gay sur le sable aux environs de Frémigny, à quelques lieues de Paris. Elle a été donnée à tort pour le *sphærocarpus* de Michéli. (LEM.)

SPHÆROCARPUS. (*Bot.*) Bulliard avoit fait sous ce nom un genre de champignons qui réunissoit des espèces à présent mieux placées dans les genres *Trichia*, *Physarum*, *Licea*, *Cribraria*, *Leangium*, *Diderma*, etc. Les caractères assignés au *sphærocarpus* sont ceux-ci : Péricarpe d'abord charnu, ensuite très-friable et s'entr'ouvrant irrégulièrement. Semences insérées à des filamens et renfermées entre des mailles d'un réseau chevelu. Les péricarpes naissent plusieurs ensemble sur une membrane qui leur sert de base et laquelle manque quelquefois.

Dix-neuf espèces ont été figurées par Bulliard. On y distingue, 1.º les *sphæroc. albus* et *viridis*, décrites dans ce Dictionnaire à l'article PHYSARUM ; 2.º les *sphæroc. pyriformis* et *ficoides*, maintenant espèces du genre *Trichia* (voyez CAPILLINE) ; 3.º le *sphæroc. sessilis*, mentionné à l'article LICEA ; 4.º les *sphæroc. trichioides* et *semi-trichioides*, dont la description se trouve à l'article Cʀɪʙʀᴀʀɪᴀ ; 5.º le *sphæroc. floriformis* ou *diderma floriformis*, Pers. Voyez Dɪᴅᴇʀᴍᴀ et Lᴇᴀɴɢɪᴜᴍ, etc. (Lᴇᴍ.)

SPHÆROCEPHALUS. (*Bot.*) Ce nom a été employé en botanique pour désigner des plantes cryptogames. Battara, le premier, l'a employé pour des espèces d'*agaricus* dont le chapeau est sphérique, tel est l'*agaricus campestris*, excellent champignon, connu de tout le monde. (Voyez Fᴏɴɢᴇ.)

Haller a désigné par *Sphærocephalus* un genre de champignons qu'il nomma *Trichia* ensuite, et dont les espèces rentrent dans les genres *Arcyria, Physarum, Calicium, Coniocybe* et *Stemonitis* (voyez Steudel, *Nomencl.*, 2, p. 418). L'espèce la plus remarquable est le *trichia*, Hall., 2161, qui comprend comme variété le *mucor sphærocephalus*, Linn., ou *calycium lenticulare*, Ach., qui est maintenant étranger à la famille des champignons. Enfin, il y a un troisième genre *Sphærocephalus*, fondé par Necker sur une mousse qu'il ne désigne pas.

Aucun de ces genres n'a été admis par les botanistes. (Lᴇᴍ.)

SPHÆROCEPHALUS. (*Bot.*) Voyez nos articles Cᴀʟᴏᴘᴛɪ-ʟɪᴜᴍ, tom. VI, Suppl., p. 51; et Nᴀssᴀᴜᴠɪᴇ́ᴇs, tom. XXXIV, pag. 207 et 225. (H. Cᴀss.)

SPHÆROCOCCUS [Sᴘʜᴇ́ʀᴏᴄᴏϙᴜᴇ]. (*Bot.*) Genre de la famille des algues, établi par Stackhouse, puis par Link, enfin adopté par Agardh et la plupart des algéologues.

Stackhouse ramenoit à ce genre les fucus à fronde membraneuse, coriace, plus ou moins ramifiée, plane ou cylindrique, non articulée, ni cloisonnée, ayant une fructification composée de conceptacles externes, apparens, arrondis ou ovales et axillaires, ou situés à l'extrémité des rameaux. Link donnoit pour caractère à ce genre, celui d'offrir des conceptacles ou sporanges contenus dans la substance de la fronde, ou globuleux et placés sur les petits rameaux, contenant dans les deux cas des sporidies globuleuses, éparses; le thallus ou la fronde point cloisonné. Le *fucus cartilagineus* étoit le type de son genre, ainsi que le *fucus Teedii*, Roth, depuis renvoyé au genre *Gigartina*. Link est le premier qui fait remarquer que ce genre comprend un fort grand nombre d'espèces de fucus, et il fait connoitre les coupes principales de ce genre (voyez *Hor. phys. berol.*, page 7) avec le nom de quelques espèces qu'il y rapporte.

Agardh, dont nous suivrons ici le travail, établit ainsi ce genre : Fronde presque coriace, plane et étendue, ou dichotome, pinnatifide, filiforme. Fruit : des capsules sphériques, contenant un noyau globuleux, formé de sporidies et d'une petitesse extrême.

Ces plantes, toutes marines, sont ordinairement de couleur pourprée, passant au rose et au rouge de sang. Leur substance est coriace, quelquefois membraneuse; enfin, lorsqu'elles se décomposent, elles exhalent une odeur agréable de violette. Elles ont pour racine une petite rondelle, d'où nait une fronde de forme et de port très-différens, tantôt dichotome, tantôt ailée, tantôt en forme de lame ou d'expansion presque ovale, tantôt et très-rarement filiforme (une seule espèce a sa fronde formée d'articulations). Presque toutes ont la fronde traversée par une nervure. Les fructifications varient dans leurs positions: elles sont placées, soit sur le disque même de la fronde, soit sur ses bords; elles sont presque toujours sessiles, rarement pédicellées et constituées chacune par une capsule ou conceptacle sphérique ou hémisphérique, dont le péricarpe est clos ou s'ouvre rarement par un trou qui se forme à son sommet. Dans cette capsule est un noyau ou une masse globuleuse, libre ou quelquefois adhérente aux parois du péricarpe. Ce noyau est un amas de séminules ou sporidies d'une grande finesse, quelquefois attachées à un placenta central, floconneux. Les sporidies sont presque rondes et parfois anguleuses.

Ce genre ne peut être confondu avec le genre *Fucus*, dont les caractères sont, d'avoir une fructification formée, 1.° par des réceptacles tuberculeux, non cloisonnés, remplis par une masse pulpeuse, muqueuse, transparente, contenant des fibres réticulées; 2.° par les tubercules, qui s'ouvrent à leur sommet par un pore et qui contiennent des glomérules plongés dans la masse pulpeuse, sans aucune séparation, et lesquels sont formés par des fibres qui enveloppent les capsules et les séminules, tantôt réunies, tantôt séparées, selon l'âge.

Le *sphærococcus* avoit déjà été signalé par Gmelin. Cet auteur avoit séparé et groupé à part et sans nom de genre, des fucus dont le fruit ne contient qu'un seul amas globuleux fructifère. Stackhouse en fit un genre, auquel il donna le nom de *sphærococcus*, à cause de la forme globuleuse des capsules ; mais il ne fait que citer quelques espèces de fucus qu'il y ramenoit. C'est à Link qu'on doit réellement l'établissement de ce genre, et à Agardh de l'avoir fait connoître avec détail. De nombreuses espèces le composent. Cet auteur en décrit quatre-vingt-sept dans son *Systema algarum*, et il y fait pressentir que ce nombre est au-dessous de la réalité. Il est vrai que ce vaste genre se compose d'espèces très-difficiles à déterminer. Il seroit long et inutile de rapporter ici les mutations nombreuses opérées parmi elles. Un simple coup d'œil dans l'ouvrage de Steudel (*Nomenclator botanicus,* vol. 2, page 392) suffira pour donner une idée de ces changemens, et on verra que l'on a placé ou que l'on a voulu rapporter dans le *sphærococcus* des plantes marines de genres très-différens, telles que des espèces de *gigartina*, de *gelidium*, de *delesseria*, de *chondrus*, de *bonnemaisonia*, de *thamnophora*, d'*halymenia*, de *liagora*, de *furcellaria*, de *grateloupia*, de *rhodomela*, etc.

Les *sphærococcus* se rencontrent dans toutes les mers. Voici l'indication de quelques espèces remarquables d'après Agardh.

§. 1.er *Fronde d'un pourpre rosé, membranèuse, le plus souvent prolifère et munie d'une côte sensible.*

1. Le Sphærococcus laitue : *Sphærococcus lactuca*, Agardh, *Sp. alg.*, page 231 ; *Palmetta*, Ginn., *Op. posth.*, pl. 19, fig. 37 : *Fucus palmetta*, Gmel., *Fuc.*, pl. 22, fig. 3, et pl 23 ; *Fucus lomation*, Bertol., *Amæn. It.*, page 289, pl. 4, fig. 3. Fronde filiforme, dichotome, à rameaux ailés, se changeant en lames ovales, membraneuses, frisées. La fronde de cette plante est ovale ou réniforme, et de deux ou trois pouces de circonférence. Elle se compose d'une tige filiforme, de la grosseur d'une plume de canard, qui se divise bientôt en rameaux plans, ailés, qui deviennent le plus souvent des lames presque réniformes, multipartites, quelquefois ovales et toujours frisées, un peu en spirale, avec les bords dentés,

comme rongés. La couleur de la plante fraîche est le pourpre-rose. Celle de la plante sèche est ordinairement le vert mélangé de pourpre. Cette espèce croit dans la mer Adriatique et dans d'autres parties de la mer Méditerranée et sur les côtes de Cadix.

2. Le SPHÆROCOCCUS ROUGE : *Sphærococcus rubens*, Agardh. *loc. cit.*, p. 237; *Fucus prolifer*, Ligthf., *Fl. Scot.*, 2; p. 949. pl. 30; Dec., Fl. fr., 2, page 29; *Fucus epiphyllus*, *Fl. Dan.*, pl. 708; *Fucus rubens*, Turn., *Hist. fuc.*, pl. 42; Sow., *Engl. bot.*, pl. 1053; Stackh., *Ner. brit.*, pl. 19; *Delesseria rubens*, Lamx., Ess., page 35; *Chondrus rubens*, Lyngb., *Hydroph*. Tige presque nulle, se développant bientôt en plusieurs lames ou frondules, marquées d'une nervure obscure, cunéiformes, bifurquées, lancéolées, très-entières, prolifères à leur extrémité, ce qui les fait paroître comme enchaînées; capsules hémisphériques, rugueuses, sessiles sur le disque de la fronde et plus petites que la graine du pavot. Cette espèce, dont la couleur est d'un beau rose-pourpre et la substance cartilaginéo-membraneuse, se trouve dans l'Océan, depuis l'Espagne jusque sur les côtes les plus septentrionales de l'Europe. Les frondules ont un pouce et plus de longueur, et deux à trois lignes de largeur.

§. 2. *Frondes planes, frisées, dichotomes, munies d'une tige ou se développant dès la racine, à divisions cunéiformes ou linéaires, le plus souvent obtuses; capsules hémisphériques, situées sur le disque, communément sessiles, rarement marginales et un peu pédicellées.*

A. Fruit marginal, presque pédicellé.

3. Le SPHÆROCOCCUS A FRONDE MEMBRANEUSE : *Sphærococcus membranifolius*, Agardh, *Syn.*; Lyngb., *Hydroph.*, page 10, pl. 31; *Fucus rubens*, *Fl. Dan.*, pl. 827; *Fucus membranifolius*, *Trans. linn.*, 3, pl. 16, fig. 1; Turn., *Hist. fuc.*, pl. 74; Esp., *Fuc.*, pl. 115; Stackh., *Ner. brit.*, pl. 20; Lamour., Diss., pl. 21, fig. 5; *Fucus palmettæ*, var.; Lamour., Diss., pl. 20. Tige filiforme, dichotome; rameaux développés en frondules ou lames cunéiformes, multifides; capsules ovales,

pédicellées, situées sur la tige, particulièrement à son extrémité. Cette plante forme des touffes composées de frondes
longues de six à sept pouces et plus, d'une couleur pourpre.
Goudenough, Woodward et Turner ont observé sur les
frondes de cette espèce, outre les capsules, des taches d'un
noir sanguin, composées de fibres parallèles, articulées, formant un tout fort dense et très-compacte.

Cette plante est commune en Europe, sur les côtes de
l'Océan. On l'a observée sur les côtes d'Espagne et dans la
mer Baltique. Elle offre plusieurs variétés, selon que la fronde
est ciliée sur le bord ou dilatée, ou membraneuse et dilatée,
ou sétacée et vaguement rameuse, enfin filiforme et ailée.

B. Fruit sessile sur le disque de la fronde.

4. Le SPHÆROCOCCUS PALMETTE : *Sphæroc. palmetta*, Agardh,
Fucus palmetta, Esp., *Fuc.*, pl. 40; Stackh., *Ner. brit.*, pl. 16;
Turn., *Hist. pl.*, 73; *Engl. bot.*, pl. 1120; *Fucus palmetta*,
var. *b*, Lamour., Diss., pl. 19, fig. 3 et 4. Tige presque
simple, filiforme, se développant en une fronde palmée,
presque cunéiforme, à découpures en forme de languettes;
capsules hémisphériques. Cette plante forme des touffes composées de frondes de deux à trois pouces et d'un beau rouge.
On observe aussi des capsules sur les bords de la fronde.
Cette plante se trouve dans l'Océan, sur les côtes de France
et d'Angleterre. Une de ses variétés (*Sph. palm. australis*,
Agardh) a été observée par M. de Humboldt dans l'océan
Pacifique, aux environs du port de Callao. Le *delesseria
pseudopalmata*, Lamour., est, selon Agardh, une variété de
la même espèce, qui vit dans la mer Atlantique, depuis les
côtes d'Espagne jusqu'aux îles Malouines.

5. Le SPHÆROCOCCUS CRISPÉ : *Sphæroc. crispus*, Agardh; *Fu-
eus crispus*, Linn., Turn., *Hist. pl.*, 216 et 217; *Fucus cera-
noides*, Gmel., *Fuc.*, pl. 7, fig. 1; Esp., *Fuc.*, pl. 98, fig.
1 — 3; *Fucus lacerus*, Stackh., *Ner. brit.*, pl. 11; *Ulva crispa*,
Dec., Fl. fr.; *Chondrus polymorphus*, Lamx., Ess., page 39.
Fronde plane, dichotome, à segmens linéaires, cunéiformes;
capsules hémisphériques, concaves d'un côté. Cette espèce
est très-polymorphe. Les frondes sont planes ou toutes
crispées, larges ou filiformes, obtuses ou pointues, longues

50.

d'un , deux , trois pouces et plus ; elles composent des touffes bien garnies ; les capsules sont hémisphériques , sessiles sur le disque de la surface supérieure de la fronde , et forment une cavité en dessous. Agardh décrit dix variétés de cette espèce , en grande partie déjà décrites et figurées par Lamouroux , sous le nom de *fucus polymorphus*. (Voyez Lamour., Diss., pl. 1 , 4 , 6 et 8.)

Cette plante est très-commune sur les côtes de l'Océan , en Europe, particulièrement dans le Nord.

§. 3. *Fronde couverte de mamelons capsulifères.*

A. Fronde cornée.

6. Le Sphærococcus mamelonné : *Sphærococcus mamillosus*, Agardh , Lyngb., *Hydr.* , pag. 14 , pl. 15 ; *Fucus mamillosus* , Turn. , *Hist. pl.* , 218 ; Sowerb., *Engl. bot.* , pl. 1054 ; Esp., *Fuc.*, pl. 122 ; *Fucus alveolatus* , Esp. , pl. 70 ; *Fucus polymorphus* , Lamour. , Diss. , pl. 17 , fig. 37 , et pl. 18 , fig. 38 ; *Ulva crispa*, var. *b*, Decand., Fl. fr. Fronde un peu canaliculée, dichotome , à segmens linéaires , cunéiformes ; capsules sphériques, éparses sur le disque de la fronde et pédicellées. Cette espèce, qui ressemble beaucoup à la précédente, dont elle n'est qu'une variété , selon beaucoup d'auteurs, se trouve aussi dans l'Océan et dans les mêmes lieux. Sa fronde canaliculée, ses mamelons stipités et jamais sphériques , semblent l'en distinguer suffisamment. Agardh en indique plusieurs variétés.

C'est à la suite de cette espèce que cet auteur range

7. Le Sphærococcus cilié : *Sphærococcus ciliatus*, Agardh, Lyngb., *Hydr.* , p. 12 , pl. 4 ; *Fucus ciliatus*, Linn. , *Fl. Dan.* , pl. 353 ; Turn. , *Hist. pl.*, 70 ; Stackh. , *Ner. brit.*, pl. 15 ; Sowerb., *Engl. bot.*, pl. 1069 ; *Fucus ligulatus*, Gmel. , *Fuc.* , pl. 21 , fig. 3 ; *Fucus holosetaceus*, Gmel. , *Fuc.*, pl. 21 , fig. 2 ; *Ulva ciliata* , Decand. , Fl. fr.. 2 , p. 13 ; *Delesseria ciliata*, Lamour. Fronde membraneuse - coriace , plane, lancéolée , rameuse, ciliée sur les bords , à cils subulés, capsulifères à leur extrémité. Les frondes de cette belle espèce sont longues de deux à six pouces , larges d'une à six lignes , selon les variétés, d'un rouge brun, ou jaunâtres comme de la corne ; leurs ramifications sont lancéolées, entières ou palmées, ou

plus ou moins linéaires ; les cils qui les bordent et qui couvrent même le disque de la fronde, sont quelquefois rares, d'autres fois extrêmement nombreux. Au sommet de ces cils sont fixées des capsules sphériques plus petites que des têtes d'épingles, contenant un amas de séminules purpurines et opaques, nichées dans une matière floconneuse. Le péricarpe de ces capsules est lui-même une sorte de tissu cellulaire, dans lequel on aperçoit d'autres grains, plus grands, anguleux, purpurins et plus diaphanes.

Cette espèce se rencontre dans les mers septentrionales et l'océan Atlantique, depuis le Groënland jusqu'aux confins de l'Espagne; et aussi dans la mer Méditerranée. Agardh en décrit cinq variétés.

B. Fronde gélatineuse.

Les espèces de ce groupe sont toutes exotiques et principalement des mers de l'Inde.

8. Le Sphærococcus de Kœlreuter : *Sphæroc. Kœlreuteri*, Nob. ; *Fucus Kœlreuteri*, Gmel., *Syst. nat.* ; *Fucus foliaceus*, Kœlr., *Nov. comm. Petrop.*, 11, p. 424, pl. 13; *Fucus striatus*, Turn., *Hist. pl.*, 16; *Sphæroc. striatus*, Agardh. Fronde gélatinéo-cartilagineuse, presque palmée, oblongue, cunéiforme, garnie de toutes parts de papilles alongées, comprimées, sillonnées, capsulifères; capsules sphériques, à moitié enfoncées. Ses frondes forment des touffes ; elles ont quatre ou cinq pouces de longueur ; leur base, de la grosseur d'une petite plume, est cylindrique, puis comprimée et développée bientôt en une lame plane, sans nervures. garnie de papilles alongées, longues presque d'un pouce, rugueuses, sillonnées et elles-mêmes couvertes d'autres petites papilles nombreuses, sphériques et fructifères. Cette plante est d'un pourpre brun; sa fronde se compose de deux couches : l'une extérieure, compacte, dure, opaque, cependant mince, qui est un tissu de fibres horizontales, courtes et globuleuses; l'autre intérieure, gélatineuse, composée de fibres roides, réticulaires et anastomosées. La plante sèche est roide comme de la corne. Cette espèce se trouve au cap de Bonne-Espérance.

§. 4. *Fronde coriace, ailée. Capsules marginales, presque stipitées.*

Cette section comprend une vingtaine d'espéces, parmi lesquelles il en est beaucoup d'exotiques.

9. Le Sphérococcus de Téede: *Sphær. Teedii*, Agardh, *Spec.*, p. 277; *Fucus Teedi*, Turn., *Hist. pl.*, 208; *Gigartina Teedii*, Lamour., *Ess.*, 49, pl. 4, fig. 11. Fronde membraneuse, plane. linéaire, vaguement pinnatifide, ciliée, à cils subulés, portant sur un côté des capsules solitaires. Cette espéce a six à sept pouces de long; elle est pourpre dans l'état de fraîcheur; desséchée, elle varie du vert au rouge, quelquefois panachée agréablement de rose; les capsules sont d'un pourpre noir, hémisphériques et très-enfoncées. On trouve cette plante dans l'Océan et la Méditerranée, sur les côtes de France, d'Espagne; dans la mer Pacifique, sur les côtes du Pérou, selon M. de Humboldt; sur les côtes du Chili, comme l'attestent des échantillons rapportés par Dombey et conservés dans l'herbier du Muséum d'histoire naturelle de Paris.

C'est aussi à cette section qu'appartiennent le *fucus gigartinus*, Linn., ou *gigartina pistillata*, Lamour.; le *fucus corneus*, Huds., Turn., Decand., ou *gelidium corneum*, Lamour., dont Agardh signale dix-sept variétés, la plupart données pour des espèces par des auteurs d'une grande autorité; le *fucus cartilagineus*, Linn., ou *gelidium versicolor* ou *concatenatum*, Lam.; le *fucus coronopifolius*, Turn., Decand., ou *gelidium coronopifolium*, Lamour. Ces plantes, communes dans les herbiers, sont décrites à l'article Gelidium.

§. 5. *Fronde dichotome, presque membraneuse; fruits de deux sortes; savoir : 1.° Capsules marginales, sphériques, entourées d'une membrane très-mince, contenant de nombreuses séminules; 2.° des séminules irrégulières, solitaires, enfoncées dans la fronde, nombreuses et éparses.*

Les espèces de cette section s'éloignent de toutes les autres de ce genre par les caractères ci-dessus, et qui paroissent assez différens pour autoriser une séparation générique.

10. Le Sphærococcus lacinié : *Sphær. laciniatus* , Lyngb. ,
Hydroph., p. 12 , pl. 4 ; *Fucus laciniatus* , Huds. , Turn. , *Hist.*
pl. , 69 ; Esp. , *Fuc.* , pl. 140 ; Sowerb. , *Engl. bot.* , pl. 1066 ;
Stackh. , *Ner. brit.* , éd. 2 , pl. 15 ; *Fucus crispus* , Esp. , *Fuc.* ,
pl. 18. Fronde cartilaginéo-membraneuse, dichotome ou palmée , à découpures obtuses, quelquefois prolifères ; capsules
très-petites, inégales, enfoncées dans des appendices le long
des bords de la fronde. Cette espèce a trois pouces de long
et plus ; elle est d'un rouge de sang très-vif, très-beau , mais
qui se détruit bientôt. Elle se fait remarquer encore par le
nombre considérable de cils ou appendices fructifères qui
bordent sa fronde. On la trouve dans l'océan Atlantique et
Septentrional , depuis les îles Orcades jusqu'à l'extrémité de
l'Espagne. Elle offre plusieurs variétés.

§. 6. *Fronde articulée.*

11. Le Sphærococcus salicorne : *Sphær. salicornia* , Agardh ,
Spec., p. 302 ; *Fucus salicornia* , Agardh , *Icon. alg.* , pl. 8.
Fronde filiforme , articulée ; articulations en forme de massue
et prolifères. Cette espèce a le port d'une salicorne , espèce
de plante maritime ; ses frondes forment des touffes ; elles
ont cinq à six pouces de long et plus ; ses articulations ont
un pouce ; elles sont cylindriques , et , de leur centre, elles
émettent deux à quatre nouvelles articulations en tout semblables aux autres. Les capsules sont latérales, nombreuses et
hémisphériques. La plante sèche est d'un blanc sale, et ses
capsules sont d'un noir pourpre. Cette plante a été trouvée
dans la mer , à Unalaschka , aux Aléoutes. Une variété à
fronde plus simple a été rapportée des îles Marianes par M.
Gaudichaud.

§. 7. *Fronde filiforme.*

Le genre *Gigartina* de Lamouroux et de Lyngbye rentre
en partie dans cette section.

12. Le Sphærococcus confervoïde : *Sphær. confervoides* ,
Agardh ; *Fucus confervoides* , Linn. ; Turn. , *Hist. fuc.* , pl. 84 ;
Sowerb. , *Engl. bot.* , pl. 1668 ; *Fucus verrucosus* , Stackh. , *Ner.*
brit. , pl. 8 ; *Gigartina confervoides* , Lamour. Fronde purpurine, cartilagineuse, cylindrique, filiforme, longue de dix

à douze pouces, irrégulièrement rameuse, a rameaux presque simples, assez longs, couverts d'autres petits rameaux, atténués aux deux extrémités et ouverts ou étalés; les capsules hémisphériques, sessiles, éparses en abondance sur toute la fronde, contenant des séminules nombreuses, oblongues, roses, et qui s'échappent par le sommet percé des capsules. Cette espèce offre un assez grand nombre de variétés. Agardh en décrit huit : parmi elles se trouvent le *ceramianthemum* de Donati (*Adriat.*, pl. 2), le *gelidium setaceum*, Lamour., et plusieurs espèces de fucus d'Esper, Poiret, Wulfen, etc. On les trouve dans la Méditerranée, et, dans l'Océan, depuis les côtes de l'Angleterre jusque sur les côtes d'Afrique. Les frondes forment des touffes.

13. Le SPHÆROCOCCUS LICHÉNOÏDE : *Sphær. lichenoides*, Agardh, *Spec.*, p. 309 ; *Fucus lichenoides*, Linn., Turn., *Hist. pl.*, 113, fig. *a* : *Plocaria candida*, Nées, *Flor. ber.*, 42, pl. 17. Fronde en touffe, filiforme, cylindrique, longue de sept à huit pouces, très-rameuse, à rameaux fastigiés, ouverts, ascendans, alternes; capsules hémisphériques, sessiles, éparses sur toutes les parties de la fronde. Cette plante, desséchée, est difficile à reconnoître pour une algue, et ressemble mieux à un lichen. On la trouve dans les mers de l'Inde; elle offre une variété à fronde plus ténue, qui est le *fucus edulis* de Rumph, *Amb.*, 6, p. 181, pl. 76, *A, B, C*, et pl. 74, fig. 3. Cette espèce se mange dans l'Inde, et entre peut-être dans la construction de ces nids que forment ces hirondelles nommées salanganes, nids qu'on mange dans l'Inde comme un mets délicieux et très-sensuel, aux rapports de Gmelin, de Rumph, de Joinville, de Kœnig, etc.

A cette section appartiennent encore le *fucus plicatus*, Gmel., Turn., etc., ou *gigartina plicata*, Lamour.; le *fucus helminthocortos*, Latour, décrit à l'article GIGARTINA; le *fucus purpurascens*, Turn., Decand., ou *gigartina purpurascens*, Lamour.; et le *mucus musciformis*, Wulf., Turn., etc., qui réunit les *hypnea musciformis* et *spinulata*, Lamour. (voyez HYPNEA). Toutes ces plantes sont communes dans nos mers, et la plupart ont des variétés assez nombreuses. (LEM.)

SPHÆROLOBE, *Sphœrolobium*. (*Bot.*) Genre de plantes dicotylédones, à fleurs complètes, papilionacées, de la famille

des *légumineuses*, de la *diadelphie décandrie* de Linnæus, offrant pour caractère essentiel : Un calice à cinq divisions irrégulières ; une corolle papilionacée ; dix étamines libres ; les
deux plus élevées distantes ; un ovaire supérieur, pédicellé ;
un style ; un stigmate membraneux, courbé en carène ; une
gousse pédicellée, renflée, oblique, monosperme.

SPHÆROLOBE PETIT : *Sphærolobium minus*, Labill., *Nov. Holl.*,
1, pag. 108, tab. 138 ; Poir., *Ill. gen.*, *Suppl.*, tab. 952 ; *Sphærolobium vimineum*, Ait., *Hort. Kew.*, *ed. nov.* ; *Bot. Magaz.*,
tab. 969. Cette plante a des tiges presque ligneuses, ascen-
dantes, rameuses, cylindriques, longues de six ou huit pouces.
Les rameaux sont droits ou un peu arqués ; les feuilles alternes, un peu pétiolées, très-caduques, fort petites, subulées,
longues de trois lignes : il reste, après leur chute, des pétioles très-courts, appliqués contre les tiges en forme d'é-
cailles. Les fleurs sont jaunes, axillaires, solitaires ou géminées, formant une petite grappe lâche, presque terminale,
nue par la chute des feuilles ; les pédoncules de la longueur
du calice. Celui-ci est partagé en deux lèvres, à cinq divisions
presque égales ; les deux de la lèvre supérieure plus larges,
dilatées au sommet ; les pétales onguiculés, presque d'égale
longueur ; l'étendard orbiculaire ; les filamens des étamines
libres, fasciculés, un peu plans, subulés ; les anthères ovales,
versatiles, à deux loges. L'ovaire est ovale, pédicellé ; le style
aplati, tors, recourbé ; le stigmate latéral, dilaté, membraneux ; une gousse petite, globuleuse, pédicellée, à deux
valves, à deux loges, de la grosseur d'un petit pois. Les semences sont solitaires ou géminées, brunes, glabres, réniformes. Cette plante croit au cap Van-Diémen, dans la Nouvelle-Hollande. (POIR.)

SPHÆROMYXA de Sprengel. (*Bot.*) Voyez SPHÆRONEMA.
(LEM.)

SPHÆRONEMA. (*Bot.*) Genre de la famille des hypoxylons ou de celle des champignons, établi par Fries pour y
placer des espèces de *sphæria* des auteurs, qui sont cornées,
orbiculaires ou globuliformes, ou subulées, verticales,
grumeuses, munies à leur sommet d'une petite ouverture
simple, en forme de pore, et qui contiennent des sporidies
muqueuses, renfermées dans une espèce de sac très-mince.

qu'elles déchirent pour former ensuite un globule compacte, qui finit par se désagréger. Ces plantes croissent un peu enfoncées à la surface du bois en partie pourri des arbres. Fries en décrit quinze espèces, parmi lesquelles cinq sont nouvelles, toutes les autres ayant été déjà décrites comme des espèces du genre *Sphæria*. Ces plantes sont très-petites ; elles ont le port et les habitudes des sphæries et se rencontrent presque toutes en Europe.

Ce genre se trouve dans le *Systema vegetabilium* de Sprengel sous le nom de *Sphæromyxa*.

1. Le SPHÆRONEMA SUBULÉ : *Sphæronema subulatum*, Fries, *Syst. mycol.*, 2, page 355 ; Nées, *Syst.*, fig. 345, **B** ; *Sphæria subulata*, Tode, *Fung. Meckl.*, 2. p. 44, fig. 117. Il est conique, alongé en forme d'alène, pointu, jaunâtre. Le globule séminifère est ovale, persistant, limpide et d'une couleur plus pâle. Cette espèce est remarquable en ce qu'elle croit sur les feuillets des agarics endurcis, par exemple sur l'*agaricus adiposus*. Les individus sont épars et semblables à de petites épines roides, glabres, lisses, luisantes, dures comme de la corne, noires, puis brunes à la base. Ce champignon croit en Caroline.

2. Le SPHÆRONEMA VENTRU ; *Sphæron. ventricosum*, Fries, *Obs. mycol.*, 1, pl. 2, fig. 8. Il est simple, alongé, comprimé, ventru en son milieu, noir ; le globule séminifère très-petit, ponctiforme, cendré. Cette espèce forme des petits amas sur les écorces d'arbres. Elle a presque une ligne de long.

3. Le SPHÆRONEMA CONIQUE : *Sphær. conicum*, Fries ; *Sphæria conica*, Tode, *Fung. Meckl.*, fig. 116 ; Pers., *Syn.* Il est conique, pointu, noir. Le globule intérieur ressemble à une goutte globuleuse, pellucide ou très-brillante, caduque, d'un jaune noirâtre. Cette très-petite espèce forme des groupes irréguliers le plus souvent. Elle est recouverte dans sa jeunesse d'un duvet rare et livide. Elle croit sur le bois du hêtre et sur celui des sapins.

4. Le SPHÆRONEMA DU PTERIS ; *Sph. pteridis*, Fries, *Syst. myc.*, 2, page 540 ; *Sphæria pteridis*, Alb., Schwein., page 49, pl. 10, fig. 5. Il est presque tuberculiforme, d'une couleur bai-brun, d'abord globuleux et déprimé, puis en cône renversé ou en cœur renversé. Il a été observé sur les frondes de la

fougère femelle (*pteris aquilina*), couchées sur la terre et recouvertes par de la neige à peine fondue. Cette espèce s'éloigne des autres espèces de ce genre, et Fries (*Syst. orb. veget.*, 1, page 115) trouve qu'elle se rapproche beaucoup du genre *Heterosphæria* de Greville; mais elle s'en éloigne par son organisation interne.

Nous terminerons cet article en donnant les caractères du genre que Fries établit près du *Sphæronema* : c'est le *Cytispora* que nous avons déjà nommé à l'article Næmaspora. Le *Cytispora* a pour caractère d'avoir un périthécium celluleux, multiloculaire, à cellules difformes, toutes réunies à une ouverture commune, alongée, d'où naissent des sporidies simples, qui forment des espèces de prolongemens un peu tordus, durs, mais qui s'amollissent ou se dissolvent dans l'eau. Fries ramène à ce genre, qu'il avoit d'abord nommé *Bostrychia* (nom qu'il a abandonné pour celui de *Cytispora*, proposé par Ehrenberg), dix-huit espèces, dont plusieurs sont des *sphæria* de Tode, Persoon, et plusieurs autres des *næmaspora*, Pers., munis d'un réceptacle. Le genre *Cryptosphæria* de Greville, qui est fondé sur son *cytispora pinastri*, est le même que celui-ci.

Ces plantes vivent enfoncées dans les écorces des arbres : ce qui les distingue des *sphæronema*, lesquelles sont subéreuses et à moitié enfoncées.

Nous citerons pour exemple de ce genre, très-voisin des *sphæria*, selon Fries, le *Cytispora fugax*, Fries, *Syst. mycol.*, 2, page 544; *Variolaria fugax*, Bull., *Ch.*, page 187, pl. 432, fig. 2; *Sphæria pustulata*, Hoffm., *Crypt.*, pl. 5, fig. 5. Il forme sur les écorces des rameaux des saules, des noisetiers, des pustules proéminentes en forme de lentilles, soudées avec l'épiderme composé de petites cellules noires, disposées en cercles autour d'une colonne centrale, et enduites d'une humeur gélatineuse, abondante. Le disque de cette plante est plan et d'une couleur fuligineuse. Les petits rameaux ou cirrhes sont très-tendres et de couleur pâle. (Lem.)

SPHÆROPHORON. (*Bot.*) Voyez Sphærophorum. (Lem.)

SPHÆROPHORUM, SPHÆROPHORON, SPHÆROPHORUS, [Sphérophore]. (*Bot.*) Genre de la famille des lichens, établi par Persoon et adopté par les botanistes. Il est fondé sur les *lichen globiferus* et *lichen fragilis* de Linné, et se trouve caractérisé par son thallus, qui s'élève en tiges rameuses, lisses, cartilagineuses, solides et cotonneuses à l'intérieur, portant à leur sommet des apothéciums ou conceptacles (dits aussi sporocarpes et cistules) solitaires, presque globuleux, sessiles, qui contiennent une masse ou noyau pulvérulent, séminulifère, noir, lequel, après son émission, laisse aux conceptacles la forme d'une coupe vide. Les conceptacles ont pour écorce le thallus lui-même, et sont protégés par lui. La lame proligère qui les recouvre se déchire en trois ou quatre parties, pour laisser échapper la poussière qu'ils contiennent; leurs bords s'étalent ensuite.

Ce genre, voisin de l'*Isidium* et du *Stereocaulon*, avec lequel même Hoffmann l'avoit d'abord réuni, ne comprend que quatre ou cinq espèces. Elles se trouvent dans les montagnes et les bois secs sur les rochers, les pierres et le tronc des pins. Elles se rencontrent particulièrement en Europe; l'une d'elles habite diverses parties de la terre.

1. Le Sphærophorum coralloïde: *Sph. coralloides*, Pers., Ach.; *Lichen globiferus*, Linn., *Fl. Dan.*, pl. 960; Sow., *Engl. Bot.*; pl. 115; *Coralloides globiferus*, Hoffm., *Lich.*, 6, pl. 31, fig. 2; *Sphærophorus globiferus*, Dec., et cah. 15, pl. 9; Dill., *Musc.*, pl. 17, fig. 35. Tige solide, fauve-pâle, grise ou blanchâtre, cylindrique, glabre, droite, très-rameuse, à rameaux disposés de manière à imiter de petits arbres; les inférieurs et latéraux plus longs, lâches, étalés, fourchus, pointus et garnis de fibrilles; conceptacles semblables à de petits globules, de la même nature de la tige, qui se crèvent en trois ou quatre parties, et qui, après l'émission de la poussière qu'ils contiennent, s'aplanissent sur les bords et imitent des scutelles brunes. Cette espèce forme des touffes qui ont jusqu'à deux pouces de hauteur. Elle se plaît dans les lieux pierreux, sur la terre, dans les pays montagneux. On la recueille aussi, quoique plus rarement, sur le tronc des vieux pins. En France elle se rencontre principalement en Auvergne, en Dauphiné, dans les Pyrénées.

2. Le Sphærophorum fragile: *Sph. fragile*, Pers., Ach., *Method.*, pl. 3, fig. 3; *Lichen fragilis*, Linn., *Fl. Lapp.*, pl. 11, fig. 4; *Sphærophorus cæspitosus*, Decand., *Fl. fr.*; *Coralloides*

fragile, Hoffm., *Pl. lich.*, 6 , pl. 33 , fig. 3. Tige grisâtre, rameuse , à rameaux dichotomes , très - courts , ramassés en
touffes serrées, nus , cylindriques et obtus; apothéciums globuleux - turbinés, presque verruqueux, plus gros que dans
l'espèce précédente. On trouve cette plante dans les lieux
montueux des bois , sur les pierres et les rochers, parmi la
mousse. Elle forme des gazons serrés , moins élevés que ceux
du *sphærophorum coralloides* , et dont les branches parviennent
presque au même niveau : elle est très-fragile, étant sèche.

3. Le Sphærophorum comprimé : *Sph. compressum* , Ach. ;
Sphærophoron melanocarpon , Decand., Fl. fr. , n.° 178; *Lichen
fragilis*, Linn., *Spec. pl.*; Sow., *Engl. Bot.*, pl. 114; Jacq.,
Misc., pl. 9 , fig. *b* , *c*; Dillen., *Musc.*, pl. 17 , fig. 34. Tige
blanchâtre, à rameaux comprimés, ramuleux et fibrillifères,
nus ; apothéciums presque globuleux , un peu déprimés en
dessus et lisses. Cette espèce croît dans les montagnes alpines
sur les rochers humides , en Angleterre , en Allemagne , en
Suisse , au cap de Bonne-Espérance et dans les Antilles.

M. De Candolle décrit sous le même nom de *sphærophorum compressum* un lichen de la Suisse qui paroît être une
variété de celui-ci ou une espèce différente, puisque M. De
Candolle s'est assuré qu'il n'est point le *lichen melanocarpon*,
Swartz, type de l'espèce d'Acharius.

On trouve encore un *sphærophorum ceratites*, Spreng., *Syst.
veget.*, 4 , p. 310, espèce des Alpes de la Norwége, qui est
le *bœmyces ceratites*, Wahl. (Lem.)

SPHÆROPHORUS. (*Bot.*) Voyez Sphærophorum. (Lem.)

SPHÆROPLEA. (*Bot.*) Genre de la famille des algues et
de l'ordre des algues confervoïdes d'Agardh , établi par cet
auteur à la suite des genres *Oscillataria* , *Lyngbya* et *Bangia*,
et qui diffère de ces trois genres par ses filamens continus,
remplis de globules.

Dans le *Systema vegetabilium* de C. Sprengel, ce genre est
nommé *Sphænoplea.*

Deux espèces le composent :

1. Le Sphæroplea annelé ; *Sphæroplea annulina*, Agardh,
Syst. alg., page 76, dont les globules sont brun - rougeâtre :
c'est le *conferva annulina* de Roth, *Cat.*, 3 , pl. 7. On le
trouve dans les étangs du Nord de l'Allemagne.

2. Le SPHÆROPLEA SOYEUX; *Sphær. sericea*, Agardh, qui a les globules verts : c'est le *cadmus sericea* de Bory, *Arthrod.*, pl. 14. (LEM.)

SPHÆROPSIS. (*Bot.*) Genre proposé par M. Rafinesque-Schmaltz dans la famille des hypoxylons ou des champignons, et qu'il place près du *Sphæria*. Ce genre n'est pas admis. Voyez Rafinesque. *Analyse de la nature.* (LEM.)

SPHÆROPTERIS. (*Bot.*) Genre de la famille des fougères, établi par Bernardi sur le *polypodium medullare*, Forst. Il a été réuni au genre *Cyathea*. Robert Brown a proposé de le rétablir. Voyez CYATHEA. (LEM.)

SPHÆROPUS. (*Bot.*) Paulet proposoit de réunir sous ce nom générique les champignons du genre *Agaricus*, à chapeau globuleux et à tige pleine. (LEM.)

SPHÆROTHECA. (*Bot.*) C'est dans Fries le nom d'une tribu de l'*uredo*, qui, pour cet auteur, est une division de son genre *Æcidium*. Le *Sphærotheca* avoit été établi comme genre par M. Desvaux. (LEM.)

SPHÆRULA. (*Entom.*) M. Megerle nomme ainsi le genre de charansons que M. Schœnherr a décrit sous le nom d'*Orobitis*, n.° 182, d'après Germar. (C. D.)

SPHAGEBRANCHE, *Sphagebranchus.* (*Ichthyol.*) Bloch a créé sous ce nom un genre de poissons qui renferme des espèces à squelette osseux, sans catopes et sans opercules ni membrane des branchies, et qui rentre dans l'ordre des ophichthes de M. Duméril.

Ce genre, qui est généralement adopté, peut être ainsi caractérisé :

Ouvertures des branchies rapprochées l'une de l'autre sous la gorge; nageoires pectorales nulles ou rudimentaires; corps et queue presque cylindriques.

Le SPHAGEBRANCHE MUSEAU POINTU ; *Sphagebranchus rostratus*, Bloch. Museau terminé en pointe; mâchoire supérieure beaucoup plus avancée que celle d'en bas; peau alépidote; sept petites dents aux mâchoires; nageoires pectorales nulles.

Ce poisson vient des Indes orientales.

Le SPHAGEBRANCHE SPALLANZANI : *Sphagebranchus Spallanzani*, N.; *Leptocephalus Spallanzani*, Risso. Tête petite, couverte de porosités mucipares; museau tronqué et garni de chaque côté d'un très-court appendice; bouche moyenne; mâchoire supérieure beaucoup plus longue que l'inférieure, et garnie, comme elle, de petites dents aiguës et isolées; palais hérissé de pointes, supportées par un long osselet; langue courte et lisse; ouvertures des branchies semi-circulaires; ligne latérale courbe à son origine et ensuite droite; queue terminée en pointe; nageoires pectorales nulles.

Ce poisson, dont la taille est de dix-huit à vingt pouces, a le corps d'une belle couleur rouge incarnat et le dos couvert de très-petits points noirs. Ses flancs offrent des bandes blanchâtres courbées, et son ventre est d'un rouge jaunâtre; ses yeux, très-petits, d'un beau vert d'émeraude, ont un iris doré et une prunelle noire; sa nageoire anale est rougeâtre.

M. Risso l'a pris, durant le mois d'Août, dans les rochers de la mer d'Eza, vers Monaco, où il vit seul et isolé dans les cavernes sous-marines. Son corps est constamment enduit d'une couche de viscosité, qui le fait glisser avec facilité entre les mains qui veulent le saisir. Sa chair a la saveur de celle des murènes.

Le SPHAGEBRANCHE IMBERBE; *Sphagebranch. imberbis*, Laroche. Des rudimens de nageoires pectorales; museau sans barbillons, pointu; yeux très-petits et voisins de l'extrémité de celui-ci; ouverture des narines tubuleuse; bouche petite; dents petites, pointues, recourbées en arrière.

Ce poisson, dont les mouvemens sont très-lents et analogues à ceux des serpens, a été pris dans les eaux d'Iviça, où François de Laroche l'a observé. Son dos est gris-violet et son ventre blanc-jaunâtre, avec des reflets argentés.

Sa taille varie entre douze et quinze pouces.

Il faut encore rapporter aux sphagebranches, le *cœcula pterygea* de Vahl, décrit dans les Mémoires d'histoire naturelle de Copenhague, et probablement, selon M. Cuvier, le monoptère de feu de Lacépède. Voyez MONOPTÈRE. (H. C.)

SPHAGEBRANCHE AVEUGLE. (*Ichthyol.*) Voyez APTÉRICHTHE dans le Supplément du tome second de ce Dictionnaire. (H. C.)

SPHAGNON et SPHAGNOS. (*Bot.*) Cette plante des anciens, mentionnée dans Pline et Dioscoride, a pu être une espèce de lichen ou de mousse. Adanson pense que c'étoit un de nos *sphagnum* des marais; enfin, Dillenius l'a donné à un genre de mousse décrit ci-après et qui a été conservé. (Lem.)

SPHAGNUM (*Bot. crypt.*), *Sphaigne* et *Tourbette.* Genre très-remarquable de la famille des mousses, qui forme à lui seul une division très-naturelle.

Les caractères du *sphagnum* sont ceux-ci : Bouche nue; coiffe adhérente à la base de l'urne ou capsule, se déchirant en son milieu; capsule égale, operculée, sans rameau et sans vaginule sessile à l'extrémité des rameaux, renflée en forme de réceptacle apophysiforme; séminules grandes, deltoïdes, lisses, avec le centre pellucide. Les mousses de ce genre sont monoïques. La fleur dite mâle est portée sur un rameau terminal en forme de massue. Les organes génitaux sont entourés de plusieurs paraphyses linéaires, également articulés. La fleur femelle est placée aux extrémités des derniers rameaux; ses organes génitaux sont privés de paraphyses.

Ces plantes sont molles, flasques, souples, comme des éponges, lorsqu'elles sont humides; droites et friables, quand elles sont sèches: celles qui végètent dans l'eau sont flottantes et très-rameuses; leurs tiges sont très-feuillées et garnies d'un très-grand nombre de rameaux, disposés le long des tiges en petits faisceaux plus serrés et plus nombreux à la partie supérieure, et formant à l'extrémité une touffe plus dense et étoilée : tous les rameaux, comme les tiges, sont garnis de feuilles très-petites, très-nombreuses, imbriquées, concaves, sans nervures, diaphanes, lâchement et élégamment réticulées, à mailles polygones, ayant le bord serpentant. Les capsules sont ovales ou presque rondes, un peu coriaces, fermées par un opercule et s'ouvrant avec bruit.

Ces plantes se rencontrent par toute la terre: elles se plaisent dans les eaux tourbeuses, dans les bruyères, placées dans les terrains gras et dans les marais des bois; on les rencontre aussi sous la zone torride sur le sommet des plus hautes montagnes, près des sources et dans les eaux situées sous la région des nuages. Elles pullulent avec une telle abondance, qu'on leur doit souvent la fertilité du sol sur lequel elles ont végété autrefois, et qu'on a livré ensuite à la culture. On leur doit aussi la formation de la tourbe dans divers pays, ou du moins de concourir à cette formation. Dans les terrains qui ne sont point inondés, le *sphagnum* forme des touffes épaisses, hautes de cinq à dix pouces et même d'un pied ou deux, très-nombreuses, et qui couvrent souvent une grande étendue de terrain. Elles sont vivaces ; l'été est le temps de leur plus belle végétation : leurs couleurs sont le vert, le vert pâle, variés de rouge ou de violet purpurin. Lorsqu'elles sont sèches, elles deviennent fragiles. Bridel, auquel nous devons le travail le plus complet sur les espèces de ce genre, en décrit dix-sept; mais ce n'est pas le sentiment de quelques botanistes, qui pensent qu'on donne trop d'importance à certaines espèces qui, selon eux, ne sont que des variétés d'autres. Curt Sprengel ne veut y voir que quatre espèces principales, auxquelles il rapporte toutes les autres. On doit faire observer que quelques-unes de ces espèces se rencontrent presque constamment ensemble et tendroient à faire croire plutôt à l'existence des variétés. Le *Sphagnum palustre* de Linnæus est maintenant divisé en six ou sept espèces.

Le genre *Sphagnum*, fondé par Dillenius, adopté par Linnæus, comprenoit quelques espèces qui, par leur port, leur manière de vivre et par leurs caractères génériques, lui sont totalement étrangères. Ainsi il comprenoit : 1.° le *sphagnum arboreum*, Linn., depuis placé dans le *Neckera* par Hedwig (*Neck. heteromella*), et devenu le type du genre *Cryphœa*, Brid., ou *Daltonia* de Hoocker. On l'a également placé dans les genres *Fontinalis*, *Grimmia*, *Hypnum* et *Phascum*; 2.° le *Sph. alpinum*, Linn. (*dicranum sphagni*, Wahlenb.); *alpinum*, Schrank; *clandestinum*, P. Beauv.; *javense* et *iridans*, Brid., sont des *dicranum*. Haller avoit placé parmi ses *sphagnum* les *sphascum cuspidatum* et *subulatum*, et aussi le *buxbaumia foliosa*. Les descriptions des espèces suivantes sont données d'après Bridel.

§. 1. *Rameaux en faisceaux distincts.*

a. Feuilles larges, un peu obtuses.

1. Le SPHAGNUM A FEUILLES EN COUPE : *Sphagnum cymbifolium*, Brid., Bryol. univ., 1, p. 3 ; Hedw., *Fund.*, I, pl. 1, fig. G

et *H*, pl. 3, fig. 1; Nées et Hornsch., *Bryol. germ.*, pl. 1, fig. 1; *Sph. latifolium*, *Engl. Bot.*, pl. 1405; Bull., Fl. par., pl. 157; *Sphagnum palustre*, var., Linn., *Fl. Dan.*, pl. 474; Dill., *Musc.*, pl. 52, fig. 1; Vaill., Bot., pl. 5, fig. 4. **Tige** droite, peu rameuse, à rameaux inférieurs fasciculés, inégaux, réfléchis et dirigés vers le bas; feuilles oblongues, concaves, un peu obtuses, appliquées les unes sur les autres. Capsules presque globuleuses, peu saillantes. Cette plante vivace croit dans les marais, les eaux stagnantes, les endroits gras et humides des bois, des bruyères situées dans les terrains spongieux : par toute la terre elle forme des touffes très-épaisses; les racines sont cotonneuses. Les tiges longues d'un à deux pieds et très-fragiles lorsqu'elles sont sèches, garnies de feuilles blanchâtres; les feuilles du périchèze sont plus grandes. Les capsules naissent sur les rameaux terminaux les plus courts et situés dans le centre. Elles sont d'une couleur brune luisante; elles s'alongent après l'émission des séminules; la coiffe est fort petite, à peine apparente. Les feuilles varient de couleur du blanchâtre au vert, au rouge et au pourpre. Bridel décrit sept variétés de cette espèce, dont une de Magellan, une autre de Malacca, et une troisième des îles de France et de Bourbon.

2. Le Sphagnum rude : *Sph. squarrosum*, Pers.; Hedw., Schwæg., *Suppl.*, 1, part. 1, pl. 4; Nées et Hornsch., *Bryol. germ.*, pl. 1, fig. 5; Schkuhr, *Deutsche Moose*, pl. 6; Funk, *Taschenb.*, pl. 2. Tige droite, peu divisée; rameaux tous fasciculés, dissemblables et réfléchis; faisceaux écartés; feuilles oblongues, concaves, pointues, réfléchies en arrière; capsules presque globuleuses, très-saillantes, sur un pédoncule long et grêle. Cette plante se rencontre dans les mêmes lieux que la précédente, en Angleterre, en Suède, en France, etc.; elle n'a pas été trouvée dans le Midi de l'Europe. Sa tige est droite, longue d'un pied et plus, rougeàtre, simple ou à peine divisée. Elle est très-remarquable par ses rameaux *réfléchis* et par ses feuilles recourbées, qui lui donnent un aspect hérissé.

b. Feuilles très-étroites, un peu en pointe.

3. Le Sphagnum a feuilles capillaires : *Sphagnum capillifolium*, Hedw., Brid.; Sowerb., *Engl. Bot.*, pl. 1406; *Sphagnum*

acutifolium, **Nées**, *Bryol. germ.*, pl. 3, fig. 8 ; Schkuhr, *Deut. Moos.*, pl. 6 ; Funk, *Taschenb.*, pl. 3 ; Hook. et Tayl., *Musc. brit.*, pl. 4 ; *Sphagnum palustre*, β, Linn. ; Hedw., *Fund.*, 1, pl. 3, fig. 13 — 15 ; *Sph. palustre*, Dill., *Musc.*, pl. 32, fig. 2, *A.* Tige droite, rameuse, à rameaux lâches, filiformes, fasciculés, presque égaux, réfléchis, avec une longue pointe ou ovales-lancéolés ; feuilles oblongues, concaves, imbriquées presque sur cinq rangs ; capsule en ovale renversé, saillante, portée sur un pédicule grêle, un peu long. Cette mousse se trouve par toute la terre, en touffes ou gazons, mélangée avec les *sphagnum cymbifolium* et *squarrosum*, dans les marais et les eaux stagnantes des bois, près des sources et dans les mares des pays montagneux, mais plus rarement dans les eaux courantes. On l'a observée à Ochotzk et Jakutzk en Sibérie, aux environs de New-York dans les marais des sapinières, etc. Elle est commune en été dans nos marécages des bois montueux : elle y végète avec une grande abondance ; ses touffes sont verdâtres ou d'un blanc grisâtre, souvent un peu rougeâtres, principalement à l'extrémité ; les tiges n'ont quelquefois que six lignes de long, mais le plus souvent un à cinq pouces. Les rameaux sont réunis trois, cinq ou sept ensemble ; les feuilles, terminées par une longue pointe, sont roulées en dedans et semblent alors capillaires. Les capsules, ovales ou arrondies, deviennent, après l'émission de leur poussière, presque cylindriques et brunes ; elles ont un opercule très-plan, de même couleur, et une coiffe d'une grande délicatesse : elles sont portées chacune sur un pédicelle ou pseudopodium de trois à quatre lignes, débile, rougeâtre. Bridel fait connoître cinq variétés de cette espèce, observées en Allemagne.

Les *sphagnum capillifolium*, *cymbifolium* et *squarrosum* sont les espèces les plus communes dans nos marais : elles s'y multiplient avec une abondance qui concourt à en élever le sol et à former de la tourbe promptement. On les emploie à divers usages ; les agriculteurs les ramassent et les font sécher pour les employer comme litière pour les bestiaux. Elles sont excellentes pour emballer les racines des plantes destinées à être exportées au loin. En Laponie on s'en sert pour faire des lits et des mèches de lampes ; enfin, elles peuvent remplacer les autres mousses dans tous leurs usages.

4. Le Sphagnum pointu : *Sphagnum cuspidatum*, Bridel ; Schwæg., *Suppl.*, 1, part. 1, pl. 6 ; Nées, *Bryol. germ.*, pl. 4, fig. 9 ; Schkuhr, *Deutsch. Moose*, pl. 7 ; Hook. et Tayl., *Musc. brit.*, pl. 6 ; *Engl. Bot.*, pl. 2392 ; *Fl. Dan.*, pl. 1712 ; Dill., *Musc.*, pl. 32, fig. 2, *B.* Tige flasque, presque simple, à rameaux fasciculés, presque également réfléchis, grêles et très-pointus ; feuilles alongées, lancéolées, pointues, presque planes, à bord ondulé, réfléchies ou étalées par l'effet de la sécheresse : capsules brunes, presque globuleuses, portées sur un pédicule un peu alongé et rougeâtre. Cette espèce se rencontre dans les eaux stagnantes et profondes dans presque toute l'Europe septentrionale. Lorsqu'elle vit dans l'eau, ses tiges sont flottantes et plus longues ; mais, lorsqu'elle végète hors de l'eau, ses tiges sont droites, hautes d'un pied et plus.

§. 2. *Rameaux indistinctement fasciculés.*

5. Le Sphagnum compacte : *Sphagnum compactum*, Bridel ; Schwægr., *Suppl.*, *loc. cit.*, pl. 3 ; Nées, *Bryol. germ.*, pl. 2, fig. 5. Tige droite, rameuse, divisée, à rameaux rassemblés en touffe dense, aplatis, obtus, droits, filiformes, quelquefois rabattus ; feuilles imbriquées, ovales-oblongues, concaves, obtuses, denticulées à la pointe ; capsules ovales-arrondies, portées sur un pédicule court. Cette espèce a trois ou quatre pouces de hauteur : elle est très-rameuse, et ses rameaux forment des touffes serrées. On la trouve dans les tourbières alpines, en France, en Suisse, en Allemagne, etc. ; on en distingue plusieurs variétés.

6. Le Sphagnum subulé : *Sphagnum subulatum*, Brid. ; *Sph. acutifolium subulatum*, Nées, *Bryol. germ.*, pl. 3, fig. 8. Tige droite, divisée ; rameaux rassemblés et très-serrés entre eux, un peu redressés, cylindriques et en forme d'alène ou subulés ; feuilles concaves, ovales-lancéolées, appliquées les unes sur les autres ; capsules ovales, à pédicules courts. Cette espèce se fait remarquer par sa fragilité, par la ténuité de ses rameaux et par ses feuilles tellement imbriquées et serrées, qu'on ne distingue guère que celles qui sont à l'extrémité des rameaux : elle est blanchâtre et nuancée de rouge-purpurin. Elle est peut-être une variété du *sphagnum capillifolium*. On la trouve en Suisse, dans la ville de Konder, où

elle a été découverte par M. Dejean, et près Mayence, d'après Blandow. (Lem.)

SPHAIGNE. (*Bot.*) Voyez Sphagnum. (Lem.)

SPHASE. (*Entom.*) M. Walckenaër a décrit sous ce nom, parmi les aranéides, un genre dont les huit yeux sont rangés deux à deux sur quatre lignes transverses :::: M. Latreille les a fait connoître sous le nom d'oxyopes. (C. D.)

SPHÉCODE. (*Entom.*) Genre d'hyménoptères, voisin des andrènes, de la famille des mellites, établi par M. Latreille. (C. D.)

SPHÉCOTHÈRE. (*Ornith.*) M. Vieillot a donné ce nom, en latin *sphecotera*, mangeur de guêpes, à un genre d'oiseaux de l'ordre des sylvains, qui a pour caractères : Un bec épais, glabre, entier, dont la mandibule supérieure est fléchie vers le bout et l'inférieure plus courte ; des narines arrondies, ouvertes, situées près du front ; des orbites nues ; quatre doigts, dont les extérieurs sont réunis à leur origine ; les deux premières rémiges les plus longues de toutes.

Le Sphécothère vert, *Sphecothera virescens*, Vieill., qui se trouve dans l'Australasie, est la seule espèce connue jusqu'à ce jour. La tête est noire, ainsi que le bec et les pieds ; le dessus du corps est verdâtre et le dessous d'un vert jaunâtre. Cet oiseau est de la taille du merle commun. (Ch. D.)

SPHÉGE, *Sphex*. (*Entom.*) Genre d'insectes hyménoptères. Voyez Sphex. (C. D.)

SPHÉGIDES ou SPHÉGIMES. (*Entom.*) Tribu établie sous ce nom par M. Latreille dans la famille des hyménoptères fouisseurs, caractérisé par le rétrécissement de la partie antérieure du corselet, qui forme ainsi une sorte de col, et par la base de l'abdomen, qui est rétrécie aussi pour former un long pédicule. Voyez Oryctères. (C. D.)

SPHENDAMNOS. (*Bot.*) Suivant Césalpin, l'arbre nommé ainsi par Théophraste paroît être notre érable commun. (J.)

SPHÈNE. (*Min.*) L'histoire de ce minéral est remarquable par le grand nombre d'incertitudes et d'erreurs auxquelles a donné lieu la détermination de ses caractères ; aussi a-t-il reçu plusieurs noms différens, qui attestent la divergence des opinions émises par les naturalistes qui ont écrit sur cette substance. On l'a nommé successivement *rayonnante en* gouttière, *Sphène*, *Menac*, *Titanite*, *Spinthère*, *Pictite*, *Ligu-rite*, *Séméline*, *Spinelline*, et enfin *Titane silicéo-calcaire*. La première variété de ce minéral que l'on ait connue, est celle du Dissentis, que Saussure a rapprochée de la rayonnante ou Amphibole actinote [1], et dont Haüy a fait une espèce particulière, sous la dénomination de *Sphène*, parce qu'il lui paroissoit évident qu'on ne pouvoit la rapporter à l'amphibole. Les variétés brunes ou d'un blanc jaunâtre, découvertes par Hunger à Leizesberg, près de Passau, et retrouvées depuis à Arendal en Norwége, furent analysées par Klaproth sous le nom de *Titanite* [2], et classées par Haüy dans sa méthode sous celui de Titane silicéo-calcaire. [3] Ces variétés principales d'une même espèce, le sphène et le titanite, demeurèrent séparées jusqu'au moment où une analyse de la variété de sphène du Saint-Gothard, faite par M. Cordier, vint lui fournir la preuve de l'identité des deux substances. Haüy reprit alors l'examen des cristaux de sphène, pour essayer de ramener leur structure à celle du titanite: mais, trompé par la similitude des angles, que lui offroient des cristaux de sphène et de titanite de formes peu prononcées, mais essentiellement différentes, il les regarda comme identiques, et fut conduit ainsi à choisir pour type fondamental l'octaèdre à bases rhombes, au lieu du prisme oblique rhomboïdal, qui est la vraie forme primitive commune aux deux substances. Le défaut de symétrie qu'il avoit remarqué dans les cristaux de sphène, auroit pu le mettre sur la voie pour découvrir le véritable système de cristallisation; mais une propriété physique, dont ces cristaux lui parurent doués, savoir la vertu pyro-électrique, le confirma dans son erreur, en lui donnant les moyens de sauver l'espèce de contradiction que ses observations avoient d'abord semblé lui offrir. C'est M. Gustave Rose qui a mis hors de doute la réunion des systèmes cristallins du sphène et du titanite, dans une belle dissertation publiée à Berlin en 1820, et qui a pour titre : *De*

---

1 *Voyages dans les Alpes*, tom. 3, §. 1921.
2 *Beiträge*, tom. 1, pag. 251, et tom. 5, pag. 344.
3 Traité de min., 1.re édit, tom. 4, pag. 307.

Sphenis atque Titanitæ systemate crystallino [1]. Ayant pris avec beaucoup de soin les mesures des angles d'un très-grand nombre de cristaux appartenant aux deux variétés, et, les ayant soumises au calcul, il en déduisit une forme fondamentale dont toutes les autres formes observées par lui dérivèrent avec facilité. Ses résultats sont maintenant admis par la plupart des minéralogistes.

Sphène. = Silicéo-titanate de chaux [2]. Substance vitreuse, translucide, de couleur claire ou brune, et d'un éclat assez vif, tirant parfois sur l'adamantin.

Le sphène ne s'est encore trouvé qu'à l'état cristallin. Il offre des clivages assez sensibles dans trois directions parallèles aux faces d'un prisme oblique rhomboïdal, dont les plans latéraux font entre eux, suivant M. Rose, l'angle de 133° 48′, et dont la base est inclinée sur ces mêmes plans de 94° 38′. Le clivage parallèle aux pans est ordinairement très-facile ; celui qui est dans le sens de la base se voit plus difficilement. Le prisme peut être considéré comme la forme primitive du sphène, et c'est celui que M. Leonhard adopte dans son Manuel de minéralogie. Mais M. Rose, pensant que la considération du clivage ne peut être ici d'une grande importance pour décider du choix de la forme fondamentale, qui n'est que la forme la plus simple, dont les autres peuvent être dérivées, admet pour type du système un autre prisme rhomboïdal, qui ne s'est point encore rencontré dans la nature, et dont les faces ne s'observent pas même fréquemment sur les cristaux de sphène. Les plans latéraux de ce prisme sont inclinés mutuellement sous les angles de 76° 2′ et 105° 58′, et le plan terminal oblique s'incline vers le bord longitudinal aigu de 94° 54′ [3]. La base de ce prisme est la même que celle du précédent ; elle est très-brillante, et toujours striée dans la direction de la

---

1 Voyez le Manuel de Leonhard, tom. 16, pag. 393. ·

2 Titane silicéo-calcaire, H. — *Menakerz*, Wern. — *Titanit*, Leonh. — *Prismatic titanium-ore*, Haidinger.

3 Les dimensions fondamentales de ce prisme, savoir : les diagonales de sa coupe transversale et son axe, sont entre elles comme $\sqrt{136{,}9}$: $\sqrt{11{,}68}$: 3.

diagonale oblique. La cassure du sphène est ordinairement conchoïde et inégale.

Ce minéral est fragile, mais assez difficile à broyer. Sa dureté est inférieure à celle du felspath, et supérieure à celle de l'apatite; sa pesanteur spécifique est de 3,4 à 3,6.

Il a ordinairement un éclat vitreux; quelquefois l'éclat de la surface extérieure tire sur l'adamantin ou sur le résineux, et celui de la cassure se rapproche de l'éclat gras.

Il est difficilement fusible au chalumeau en un verre de couleur sombre. Avec le borax il se fond aisément en un verre transparent d'un jaune clair, qui se rembrunit par l'addition d'une nouvelle quantité de sphène : avec la soude, il donne constamment un verre opaque. Le résultat du traitement du sphène par la potasse est en partie soluble dans les acides ; le résidu ne renferme que de l'oxide de titane.

Composition. $= \ddot{C}\ddot{S}^i + \ddot{C}\ddot{T}^3$. Beud.

	Silice.	Oxide de titane.	Chaux.	
De Passau...	35	33	33	Klaproth.
Du Felberthal	56	44	16	*Idem.*
Saint-Gothard	28	33,3	32,2	Cordier.

Variétés de formes.

Le sphène, considéré sous le rapport de ses variétés de formes, offre un grand nombre de modifications différentes, dont les plus ordinaires prennent naissance sur les bords longitudinaux aigus et sur l'angle supérieur de la base. Ses cristaux sont simples ou maclés. Ceux que M. Rose a décrits et figurés dans son Mémoire, sont au nombre de trente. Nous ne citerons ici que les plus communs parmi ceux dont les formes dominent dans l'ensemble des autres, ou qui peuvent se rapporter aux variétés anciennement connues, et dénommées par Haüy.

* *Cristaux simples.*

1. *Sphène prismatique,* l, x (fig. 1), Rose[1]. Prisme rhomboïdal, à base oblique, dont les faces ll proviennent d'un biscllement sur les bords latéraux aigus de la forme fondamentale, et les faces terminales x d'une troncature sur l'angle supérieur. Les faces ll sont quelquefois si petites, que le cristal se présente sous la forme d'une table très-mince. Les angles inférieur et supérieur des bases sont souvent remplacés par de très-petites facettes. — Cristaux verts, mélangés de chlorite, du Saint-Gothard; cristaux d'un gris foncé, d'Arendal.

2. *Sphène anamorphique.* $P\ x\ y\ s$ (fig. 28), Rose. En prisme hexaèdre non symétrique, terminé par des sommets dièdres, et vu dans une position renversée[2]. Cette forme simple est souvent surchargée d'une multitude de facettes secondaires. Les cristaux de cette variété se présentent souvent maclés. C'est à elle que se rapportent les premières formes de sphène qui aient été décrites (voyez Haüy, 1.re édit., t. 3, p. 144), et les plus belles cristallisations de ce minéral que l'on connaisse aujourd'hui. La partie moyenne des cristaux a la couleur verte ordinaire du sphène, tandis que les sommets offrent au contraire une teinte de rouge hyacinthe. — Au Saint-Gothard, les cristaux simples, avec felspath adulaire et chlorite; les cristaux maclés, avec adulaire calcaire spathique et amphibole actinote fibreux.

3. *Sphène ditétraèdre.* $P\ n\ y$ (fig. 30), Rose. Prismes quadrangulaires symétriques, à sommets dièdres[3]. C'est la forme la plus simple et l'une des plus ordinaires des cristaux bruns et gris-jaunâtre du titanite proprement dit. En négligeant la petite différence que présentent les incidences de P et de y sur les pans n, on seroit tenté de rapporter ces cristaux au système du prisme droit rhomboïdal, comme l'a fait Haüy.

---

1 Mém. déjà cité. — Incidence de l sur l, 133° 48′; de x sur l, 124° 12′; de x sur l'arête obtuse, située en avant, 127° 39′.

2 Incidence de P′ sur x, 137° 27′; de x sur y, 162° 6′; de s sur y, 123° 53′.

3 Incidence de n sur n, 136° 0′; de n sur y, 141° 35′; de P′ sur n, 144° 53′.

4. *Sphène duodécimal*, var. dioctaèdre d'Haüy. **P** *n y r* (fig.
32). Rose. La variété précédente, plus les facettes *r*, situées,
au nombre de deux, d'un seul côté de chaque sommet, tandis que Haüy les supposait au nombre de quatre [1]. — Cristaux d'Arendal, avec épidote; de Gustafsberg en Suède, etc.

5. *Sphène décaèdre*. *n y r* (fig. 35). Rose [2]. Octaèdre irrégulier, dont les sommets sont remplacés chacun par une facette trapézoïde oblique. Forme ordinaire de la variété de sphène à laquelle on a donné le nom de *spinthère*, et que l'on trouve à Maromme en Dauphiné, où elle est engagée dans des cristaux de calcaire spathique.

* * *Cristaux maclés.*

Les cristaux de sphène se groupent ordinairement deux à deux par les faces *P* de la base, de manière que l'une des moitiés du cristal semble avoir fait une demi-révolution sur l'autre. Quelquefois aussi ils présentent des accolemens par une autre face terminale oblique. Ces réunions donnent naissance à des angles rentrans, espèces de sillons qui, par l'élargissement considérable de certaines faces, forment une sorte de gouttière. C'est à ces accolades, très-communes dans les cristaux du Saint-Gothard, que Saussure avoit donné le nom de rayonnante en gouttière, et Lamétherie celui de *pictite*. Haüy les a décrits sous la dénomination de *sphène canaliculé*. Assez souvent deux groupes semblables sont adossés l'un à l'autre par leur arête saillante, en sorte que l'assemblage est doublement canaliculé. Quelquefois des cristaux tubulaires ou lamelliformes se groupent par pénétration apparente, de manière que les grandes faces de l'un font un angle droit avec les grandes faces de l'autre. Trois cristaux peuvent aussi se croiser, de telle sorte que deux ont leurs grandes faces perpendiculaires sur celles du troisième, et ne sont saillans chacun que d'un côté : Haüy a décrit tous ces groupemens sous le nom de *sphène cruciforme*. Ce qu'il nomme *sphène polyédrique* n'est qu'un assemblage drusiforme de petits cristaux très-brillans, dont l'éclat se rapproche de celui du diamant.

---

[1] Incidence de *r* sur P, 146° 45'.
[2] Incidence de *n* sur *y*, 141° 35'; de *r* sur *y*, 114° 22'.

Variétés de texture et de couleurs.

Sphène laminaire. En petites masses lamelleuses d'un blanc jaunâtre, à Arendal, avec l'épidote et le fer oxidulé.

Sphène granuliforme. En très-petits cristaux, dont la couleur varie entre le jaune citrin et l'orangé, disséminés dans les sables et les roches volcaniques d'Andernach. Séméline de Fleuriau de Bellevue. (Journ. de phys., t. 41, p. 443.)

En grains irréguliers ou petits cristaux d'un jaune de miel, engagés dans une roche composée, principalement vitreux, sur les bords du lac de Laach ; spinelline de Nose. (Études minéralogiques sur les montagnes du Bas-Rhin, pag. 95.)

Sphène jaunâtre. De différentes nuances.

Sphène vert-pomme. Ligurite de Viviani. En petits cristaux épars dans une roche talqueuse, près de Campo-Freddo, sur les bords de la Stura, en Ligurie.

Sphène verdâtre.

Sphène violâtre.

Sphène brunâtre.

Sphène noirâtre. A Åker, en Sudermanie.

Gisement et localités.

Le sphène se rencontre dans la nature en cristaux, tantôt disséminés ou implantés dans les roches primordiales, principalement les diorites et les syénites, tantôt engagés dans les roches pyrogènes et volcaniques, telles que les trachytes, les phonolites et les laves des volcans anciens. Les substances auxquelles il est le plus fréquemment associé, sont le felspath adulaire, le quarz limpide, la chlorite, l'épidote, l'amphibole, le pyroxène, le mica, le calcaire spathique, la wernérite paranthine, le titane anatase, le titane ruthile, le graphite, le fer oxidulé, la chaux phosphatée, etc.

Dans les terrains primordiaux. Le sphène est rare dans le gneiss : on le cite dans la contrée d'Arendal en Norwége, où il se rencontre en même temps dans les filons épidotifères et les amas métallifères subordonnés ; dans le Maryland, Amérique septentrionale. Il est plus commun dans le micaschiste, où il se rencontre dans les veines et nids de chlorite qui existent dans ce terrain. C'est ainsi qu'on le trouve au Saint-Gothard et dans les vallées adjacentes (vallées de Tawetsch, de Sainte-Marie; vallées des Grisons, du Dissentis, etc.). On le trouve aussi assez fréquemment dans le granite des Alpes; dans la vallée de Chamouny (variété pictite); dans les Chalanches, et en plusieurs endroits du département de l'Isère; à Pormenaz, au pied du Mont-Blanc; à Trollhetta en Suède. Dans des roches amphiboliques, à Kalligt, en Tyrol: aux environs de Nantes et d'Uzerche, en France; à Leizesberg, près de Passau, en Bavière; dans le Staten-Island, près Fort-Richmond, aux États-Unis. Dans des roches felspathiques, à Gustafsberg, en Suède, avec du cuivre pyriteux; à Tromoë et Addel, près Arendal; à Ticonderago, à Sparta et à Newton, dans le New-Jersey, avec amphibole et graphite. Le sphène de Sparta, en cristaux lenticulaires d'un jaune citrin, a été rapporté à la chondrodite par les minéralogistes américains; à Sainte-Marie-aux-Mines, dans les Vosges, avec pyroxène sahlite. Dans les roches syénitiques, à Skeen, en Norwége; à Haystorp, canal de Gotha, en Suède; dans les montagnes du comté de Galloway et d'Inverness, en Écosse; sur les bords de l'Elbe, en Saxe. Dans des roches calcaires, à Kingsbridge, état de New-York; à Borkhult, en Westrogothland; à Torbiornsboë, près d'Arendal, avec épidote; à l'argas, en Finlande, avec wernérite paranthine vitreux.

Dans les roches pyrogènes et volcaniques. On trouve le sphène disséminé en petits cristaux dans la domite du Puy-Chopine; dans les roches pétrosiliceuses de Sanadoire, du Vélay et du Vivarais; dans les phonolites de Marienberg, près d'Aussig, en Bohème; dans les roches volcaniques du Kaiserstuhl, et dans les laves de Laach et d'Andernach, sur les bords du Rhin.

Aux indications de lieux qui précèdent, il faut ajouter quelques localités du Groënland, telles que les iles d'Akudlek et de Saïtungoït, et le Brésil, où l'on a trouvé le sphène en petits cristaux épars dans un sol d'alluvion. (DELAFOSSE.)

SPHENE, *Sphena.* (*Conch.*) Petit genre de coquilles, établi par quelques auteurs anglois, et entre autres par Turton, pour une espèce de corbule de M. de Lamarck et que nous avons ainsi défini : Coquille mince, subrégulière, alongée, subrostrée, comprimée, inéquivalve, très-inéquilatérale ; sommets peu marqués ; charnière formée sur la valve gauche, plus plate que l'autre, d'une fausse dent élargie, horizontale, se plaçant dans une excavation correspondante de la valve droite et qui échancre évidemment son rebord ; ligament sous le sommet ; deux impressions musculaires assez peu distantes ; impression palléale arrondie en arrière.

La seule espèce de coquille vivante que je connoisse dans ce genre, qui mérite à peine d'être admis, puisque la différence principale avec les corbules consiste dans la forme lamellaire de la dent, est

La Sphène de Birgham ; *Sphena Birghami*, Turt., voisine du *Corbula porcina* de M. de Lamarck, Anim. sans vert., tom. 5, p. 496, n.° 8, figurée pl. du Dictionn., pl. LXXVI, fig. 5. Elle est extrêmement petite, puisqu'elle a à peine quatre lignes de long sur deux de haut ; arrondie en avant, elle se prolonge en arrière en une sorte de bec tronqué et un peu courbé, ce qui la rapproche de la *corbula porcina* de M. de Lamarck.

J'ignore la patrie de cette coquille, que j'ai observée dans la collection de M. Defrance ; je la crois cependant des côtes d'Angleterre. Ce n'est pourtant pas la C. noyau de M. de Lamarck, qui est de ce pays. En effet, elle a une tout autre forme que cette coquille représentée par Maton et Rakett, *Act. soc. linn.*, vol. 8, p. 40, tab. 1, fig. *b*. (De B.)

SPHÈNE. (*Foss.*) On a donné en Angleterre le nom générique de sphène à des coquilles qui paroissent tenir de si près aux corbules, que M. de Lamarck n'avoit pas balancé à ranger dans ce genre une espèce qu'on trouve à Grignon, département de Seine-et-Oise, à laquelle il a donné (Ann. du Mus.) le nom de corbule à bec, *corbula rostrata*. Elle porte le caractère des corbules ; mais, ainsi que les sphènes, elle est beaucoup plus large qu'elle n'est longue. Elle se trouve figurée dans les Vélins du Mus., n.° 38, fig. 12. Ces coquilles sont rares et fragiles, et la plus grande valve que j'ai rencontrée n'a que deux lignes de longueur sur cinq lignes de largeur ; mais elles sont rares de cette grandeur.

Ayant trouvé des coquilles vivantes de ce genre dans des pierres qui étoient percées en différens sens, je soupçonne qu'elles vivent dans les pierres; mais il reste à vérifier si elles ont formé les trous où on les trouve. (DE F.)

SPHENISCUS. (*Ornith.*) Ce nom a été donné par Mœhring aux macareux, et par Brisson aux manchots. (CH. D.)

SPHÉNISQUE. (*Ornith.*) M. Cuvier, dans son Règne animal, forme sous ce nom une division du genre MANCHOT. Voyez les caractères qu'il lui assigne au tome XXIX de ce Dictionnaire, pag. 8. (CH. D.)

SPHÉNOCARPE. (*Bot.*) Voyez SPHÆNOCARPUS. (LEM.)

SPHÉNOCLE. (*Bot.*) Voyez SPHÆNOCLEA. (LEM.)

SPHÉNOGYNE, *Sphenogyne.* (*Bot.*) Ce genre de plantes, établi en 1813, par M. R. Brown, dans le cinquième volume de la seconde édition de l'*Hortus kewensis* d'Aiton, appartient à l'ordre des Synanthérées, à notre tribu naturelle des Anthémidées, à la section des Anthémidées-Prototypes, et au groupe des Anthémidées-Prototypes vraies, dans lequel nous l'avons placé auprès du genre *Ursinia* de Gærtner, dont il diffère très-peu. (Voyez notre tableau des Anthémidées, tom. XXIX, pag. 180 et 186.)

Nous avons observé huit espèces de *Sphenogyne*, qui nous ont présenté les caractères génériques suivans:

Calathide radiée: disque multiflore, régulariflore, androgyniflore; couronne unisériée, liguliflore, neutriflore. Péricline hémisphérique, ordinairement supérieur aux fleurs du disque; formé de squames régulièrement imbriquées, appliquées, ovales, coriaces, scarieuses sur les bords; les intérieures surmontées d'un grand appendice inappliqué, suborbiculaire, scarieux. Clinanthe plan ou convexe, garni de squamelles inférieures, égales, ou supérieures aux fleurs, enveloppantes, membraneuses ou scarieuses, élargies inférieurement, tronquées, arrondies, ou trilobées au sommet. *Fleurs du disque:* Ovaire ou fruit oblong, cylindracé, strié, muni d'une rangée de poils capillaires, aussi longs ou plus longs que lui, nés de sa base, et enveloppant toute sa surface, qui du reste est très-glabre; aigrette composée d'environ cinq squamellules unisériées, paléiformes, suborbiculaires, membraneuses, scarieuses, roulées ensemble latéralement en spirale pendant la fleuraison. Corolle glabre, à cinq divisions courtes, ovales, souvent munies derrière le sommet d'une sorte d'appendice ou bosse cuculliforme. Anthères pourvues d'un appendice apicilaire subcordiforme, et privées d'appendices basilaires. Stigmatophores (d'Anthémidée) bordés de deux bourrelets stigmatiques non confluens, et tronqués au sommet, qui est bordé de collecteurs. *Fleurs de la couronne* : Faux-ovaire ordinairement nul ; style nul. Corolle à tube portant une languette oblongue, plurinervée, tantôt très-entière, tantôt échancrée ou tridentée au sommet.

Sphénogyne de Sonnerat ; *Sphenogyne Sonneratii*, H. Cass. La tige est très-dure, presque ligneuse, simple, dressée, haute de plus d'un pied, cylindrique, légèrement striée, velue, très-garnie de feuilles ; celles-ci sont alternes, peu distantes, longues d'environ un pouce, larges de deux à trois lignes, sessiles, semi-amplexicaules, oblongues, uninervées, garnies de longs poils mous sur les deux faces, comme tronquées au sommet, qui est découpé en trois petites dents, régulièrement dentées en scie sur les deux bords latéraux (souvent entières vers la base), à dents opposées, distantes, grandes, très-saillantes, très-aiguës. le sommet de la tige se ramifie en un faisceau de quatre ou cinq pédoncules, nés à peu près du même point, longs de cinq à six pouces, dressés, un peu flexueux, grêles, velus, munis de quelques bractées alternes, très-distantes ; les inférieures foliacées, linéaires-lancéolées, très-entières ; les supérieures petites, scarieuses et plus ou moins analogues aux squames du péricline ; chaque pédoncule se termine par une calathide large d'environ un pouce ; son péricline, plus long que le disque et plus court que la couronne, est hémisphérique, glabre, entièrement scarieux, luisant, de couleur rousse ; les corolles du disque et de la couronne sont jaunes (sur l'échantillon sec) ; celles de la couronne sont très-entières ou échancrées au sommet ; l'aigrette, beaucoup plus courte que le fruit et que la corolle, est presque diaphane, non colorée, à peine roussâtre ; le clinanthe est plan, garni de squamelles à peu près égales aux fleurs et souvent trilobées au sommet ; les fleurs neutres de la couronne ont un faux-ovaire grêle, stérile, portant quelques rudimens d'aigrette.

Nous avons fait cette description sur un échantillon sec, recueilli par Sonnerat, probablement au cap de Bonne-Espérance, et qui se trouve dans l'herbier de M. de Jussieu, où il n'étoit point nommé. Il nous paroit appartenir à une espèce non décrite, voisine de l'*Arctotis serrata* de Linné fils, mais bien distincte.

Linné confondoit les *Ursinia* et *Sphenogyne*, qui sont de la tribu des Anthémidées, avec les *Arctotis*, qui appartiennent à une autre tribu naturelle très-différente et très-éloignée. Cette alliance vraiment monstrueuse paroit avoir depuis long-temps choqué M. de Jussieu, qui remarquoit (*Gen. pl.*, pag. 190) que le genre *Arctotis* devoit être soumis à de nouvelles observations, comme étant peu naturel, et comprenant des plantes dissemblables, les unes analogues au *Calendula*, les autres à l'*Anthemis*.

Cette indication de M. de Jussieu peut très-bien avoir suggéré à Gærtner l'idée d'établir son genre *Ursinia*, qu'il caractérisa ainsi : « Calice hémisphérique, imbriqué, à écailles « coriaces, opaques, ayant les bords et le sommet scarieux, « transparens; réceptacle plan, paléacé; fleurons du disque « androgyns, fertiles, tubuleux; ceux du rayon neutres ou « femelles, stériles, à languette oblongue, très-entière; « graines couronnées d'une aigrette double, l'extérieure scarieuse, pentaphylle, l'intérieure à cinq rayons sétacés. » L'auteur fonde ce genre sur l'*Arctotis paradoxa* de Linné, en ajoutant que l'on doit rapporter également à l'*Ursinia* les *Arct. pilifera* et *anthemoides*, et peut-être aussi toutes les autres espèces linnéennes d'*Arctotis* à réceptacle paléacé; mais qu'il faut vérifier auparavant si elles ont toutes l'aigrette double.

Cette dernière remarque de Gærtner semble avoir dicté à M. Brown son genre *Sphenogyne*, qui en effet comprend toutes les espèces linnéennes d'*Arctotis* à réceptacle paléacé et à aigrette simple, et que l'auteur caractérise ainsi : « Réceptacle « à paillettes distinctes; aigrette paléacée, simple; stigmates « ayant le sommet dilaté, presque tronqué; calice imbriqué, « dont les écailles intérieures (ou toutes les écailles) ont le « sommet dilaté, scarieux. » M. Brown rapporte au *Sphenogyne* les *Arctotis anthemoides, paleacea, scariosa, abrotanifolia, dentata*, et l'*Anthemis odorata*.

Le nom de *Sphenogyne* nous paroît signifier que les stigmates sont en forme de coin ; et l'auteur dit en termes formels qu'ils ont le sommet dilaté, presque tronqué. La vérité est que les stigmates (ou plus exactement les stigmatophores) du *Sphenogyne* ne diffèrent en rien de ceux de toutes les autres Anthémidées, c'est-à-dire que leur face interne est bordée de deux bourrelets stigmatiques non confluens, et que leur sommet est tronqué et bordé de collecteurs, mais pas réellement dilaté, ni surtout en forme de coin. Nous pourrions en conclure que M. Brown a méconnu les vraies affinités du genre dont il s'agit, et la structure propre aux stigmatophores dans tout le groupe naturel auquel il appartient. Il est au moins certain que le nom donné par lui à ce genre et l'un des caractères qu'il lui attribue, ont le double défaut d'être peu exacts et de n'être point du tout distinctifs.

Cette critique n'a cependant pas pour but de faire prévaloir le nom d'*Oligærion*, que nous avions donné au même genre, à une époque où nous ignorions que M. Brown nous avoit devancé (voyez tom. XXIX, pag. 187). Ce nom, composé de deux mots grecs, qui signifient *peu de laine*, fait allusion aux poils laineux, très-longs, mais très-peu nombreux, qui naissent de la base même de l'ovaire, l'entourent complétement et s'élèvent jusqu'au-dessus de son sommet. Ce caractère, négligé par M. Brown, est pourtant remarquable en ce que l'ovaire, très-glabre du reste, produit de sa base seulement une ceinture complète de poils extrêmement longs, et qui, à l'époque de la dissémination, lorsque le fruit est détaché du clinanthe, s'étalent, se renversent, et remplissent les fonctions d'une aigrette, en sorte que ce fruit semble offrir deux aigrettes, l'une paléacée, située au sommet, l'autre pileuse, située à la base. Cette fausse aigrette de la base peut sans doute concourir avec la véritable aigrette du sommet pour donner prise aux vents qui doivent transporter le fruit au loin ; mais il est probable que sa principale fonction est de faire sortir le fruit de la squamelle dans laquelle il est engaîné. En général, quand les fruits des Synanthérées sont couverts de longs poils, ces poils, qui étoient dressés pendant la floraison, s'étalent à l'époque de la maturité, et forcent ainsi les fruits à sortir de la calathide.

Les botanistes qui n'aiment pas autant que nous la multiplicité des genres, pourront réunir les *Ursinia* et *Sphenogyne* sous le nom d'*Ursinia*, qui est le plus ancien, ou bien considérer le *Sphenogyne* comme un sous-genre de l'*Ursinia*; car la seule différence essentielle qui existe entre eux se réduit à la présence ou à l'absence d'une petite aigrette intérieure très-peu apparente.

Quoique les *Ursinia* et *Sphenogyne* appartiennent sans aucun doute à la tribu des Anthémidées, ils ont évidemment beaucoup d'affinité avec le groupe des Leysérées (*Leysera*, *Relhania*, etc.), qui appartient aux Inulées-Gnaphaliées. Cela établit, entre la tribu des Anthémidées et celle des Inulées, un lien indissoluble, que nous avons rendu bien manifeste dans notre classification, en plaçant les deux genres dont il s'agit à la fin des Anthémidées, et le groupe des Leysérées au commencement des Inulées.

Dans les diverses espèces de *Sphenogyne* que nous avons observées, les fleurs occupant le milieu du disque nous ont souvent paru être stériles. Les fleurs de la couronne étoient toujours privées de faux-ovaire, excepté dans notre *Sphenogyne Sonneratii*, qui se rapproche par là de l'*Ursinia*. (H. Cass.)

SPHÉNORAMPHES. (*Ornith.*) Ce nom, tiré du grec, correspond à la famille des cunéirostres dans la Zoologie analytique de M. Duméril. n.° 51. (Ch. D.)

SPHÉRANTHE, *Sphæranthus*. (*Bot.*) Ce genre de plantes, établi en 1719 par Vaillant, appartient à l'ordre des Synanthérées, et probablement à notre tribu naturelle des Inulées, dans laquelle nous l'avons placé avec doute. (Voyez notre tableau des Inulées, tom. XXIII, pag. 566.)

Le *Sphæranthus indicus*, qui est le type de ce genre, nous a offert les caractères génériques suivans:

Capitule régulier, globuleux, composé de petites calathides très-nombreuses, immédiatement rapprochées, sessiles. Involucre nul, ou point distinct des bractées appartenant aux calathides extérieures. Calathiphore épais, ovoïde, lacuneux intérieurement, garni de bractées un peu plus courtes que les calathides, obovales-acuminées, concaves, coriaces-foliacées, membraneuses et frangées sur les bords, spinescentes au sommet; chaque bractée accompagnant extérieurement et

solitairement une calathide. Calathide discoïde: disque pauciflore, régulariflore, masculiflore; couronne subunisériée, pluriflore, tubuliflore, féminiflore. Péricline inférieur aux fleurs,
obovoïde-oblong, formé d'environ cinq squames à peu près
égales, subunisériées, appliquées, se recouvrant par les bords,
oblongues, concaves, membraneuses-foliacées, à sommet obtus, frangé, mutique. Clinanthe très-petit, nu. *Fleurs du
disque:* Faux-ovaire oblong, inaigretté, privé d'ovule, presque
continu avec la corolle. Corolle à limbe subcylindracé, peu
distinct du tube, divisé au sommet en cinq lobes très-courts,
dressés. Étamines à filet greffé à la partie basilaire seulement
du tube de la corolle; article anthérifère conforme au filet;
anthère munie d'un appendice apicilaire obtus, presque arrondi, et de deux appendices basilaires aigus, polliniffères.
Style masculin, absolument indivis, ayant la partie inférieure
glabre, la partie supérieure longue, exserte, colorée, hérissée
de collecteurs glanduliformes, le sommet arrondi et très-entier. *Fleurs de la couronne:* Ovaire oblong, cylindracé, his-
pidule, inaigretté, muni d'un bourrelet basilaire. Corolle articulée sur l'ovaire, longue, tubuleuse, élargie inférieurement, étrécie supérieurement, terminée par trois dents très-
petites. Style féminin, à deux stigmatophores courts, divergens, un peu arqués en dehors, demi-cylindriques, arrondis au
sommet, glabres, ayant la face intérieure bordée de deux gros
bourrelets stigmatiques, poncticulés, confluens au sommet.

On connoît six espèces de *Sphæranthus*, que nous pouvons
nous dispenser de décrire dans ce Dictionnaire, en disant
seulement que ce sont des plantes asiatiques ou africaines,
herbacées, à feuilles alternes, décurrentes, à capitules terminaux, et à fleurs rouges.

Le *Sphæranthus* est un des genres de Synanthérées dont la
classification naturelle est le plus problématique.

Vaillant, auteur de ce genre, le plaçoit dans ses Corymbifères, auprès des *Cotula*, *Artemisia*, *Tanacetum*. Linné, dans
ses ordres naturels, a transporté le *Sphæranthus* parmi ses
Composées capitées, auprès de l'*Echinops* et du *Gundelia*.
Cette grave erreur sur les affinités a été adoptée par Adanson,
dont la section (très-artificielle) des Échinopes est composée
des trois genres *Echinopus*, *Gundelia*, *Sphæranthus*. Il est sur-

prenant que M. A. L. de Jussieu, ordinairement si bien ins-
piré sur les rapports naturels, ait suivi l'opinion de Linné et
d'Adanson, préférablement à celle de Vaillant, que son oncle
Bernard de Jussieu avoit très-justement adoptée.

Dans notre premier Mémoire sur les Synanthérées, nous
avons démontré que le *Sphæranthus* ayant les stigmatophores
parfaitement continus ou non articulés avec le style, et munis
de bourrelets stigmatiques, ce genre appartenoit indubita-
blement aux Corymbifères, et non aux Cinarocéphales (voyez
nos *Opuscules phytologiques*, tom. I, pag. 74). Mais les Corymbifères ne sont qu'un assemblage artificiel de quinze tribus
naturelles : dans laquelle faut-il placer le *Sphæranthus ?*

Ce genre nous semble être attiré en divers sens par différens rapports d'affinité, 1.° vers la tribu des Inulées, pour s'y
placer dans la section des Buphthalmées, auprès du *Grangea ;*
2.° vers la tribu des Anthémidées, dans laquelle il seroit voisin des *Artemisia ;* 3.° vers la tribu des Vernoniées, où il s'as-
socieroit aux *Epaltes , Chlænobolus , Pluchea ,* etc. La préférence que nous avons donnée aux Inulées est principalement
fondée sur l'importante considération de la structure du style.
En effet, le style du *Sphæranthus* seroit très-anomal chez les
Vernoniées, qui n'ont point de bourrelets stigmatiques, et
chez les Anthémidées, qui ont tous les collecteurs rassemblés
autour du sommet tronqué de leurs stigmatophores.

Le genre proposé comme nouveau par Forskal, sous le nom
de *Polycephalos*, est le même que le *Sphæranthus* de Vaillant ;
et la description générique et spécifique du *Polycephalos*,
tracée par l'auteur dans sa *Flora ægyptiaco-arabica*, s'applique
très-exactement au *Sphæranthus indicus* , qui se trouve en
Égypte aussi bien que dans l'Inde, car nous avons observé
dans l'herbier de M. de Jussieu un échantillon de cette espèce, recueilli en Égypte par Nectoux.

Scopoli, dans son *Introductio ad historiam naturalem*, adopte
le genre *Polycephalos* de Forskal ; et il présente en outre un
genre *Sphæranthus*, qu'il caractérise ainsi : « Réceptacle nu ;
« involucre commun contenant cinq calices biflores, à fleurs
« hermaphrodites, stériles, et cinq calices uniflores, à fleurs
« femelles fertiles et apétales ; graine couronnée de cinq
« soies. » Nous ne devinons pas la plante à laquelle ces sin-

guliers caractères peuvent s'appliquer; mais à coup sûr elle n'est point congénère des vrais *Sphœranthus* de Vaillant, de Linné et des autres botanistes.

Suivant Adanson, le capitule du *Sphœranthus* auroit un involucre imbriqué; chacune des calathides composant ce capitule contiendroit trois ou quatre fleurs centrales mâles, et trois ou quatre fleurs marginales femelles; ces six ou huit fleurs, mâles et femelles, seroient portées sur un petit tubercule entouré de quinze écailles obtuses; enfin les corolles femelles seroient divisées en cinq dents, comme les mâles. Gærtner, qui n'a observé que le *Sphœranthus indicus*, remarque que cette espèce n'offre point le péricline de quinze squames et les corolles femelles quinquédentées, qu'Adanson attribue au genre *Sphœranthus* : c'est pourquoi il présume que ce botaniste a décrit le *Sph. africanus*, que M. de Jussieu soupçonne de n'être pas congénère. Gærtner a mal compris le doute de M. de Jussieu, qui ne porte pas sur le vrai *Sphœranthus africanus*, mais sur une autre plante à laquelle N. L. Burmann a faussement appliqué ce nom dans sa *Flora indica*, et qui paroit être la *Centipeda latifolia* (voyez tom. XIX, pag. 306).

M. de Jussieu possède plusieurs plantes sèches, recueillies dans le Sénégal par Adanson. L'une d'elles, étiquetée avec doute *Sphœranthus*, nous paroit être le *Sphœranthus africanus* de Linné, ou quelque espèce voisine non décrite jusqu'à présent, et qu'on pourroit nommer *Sph. paniculatus*. Il est probable que c'est sur cette plante du Sénégal qu'Adanson a décrit les caractères génériques du *Sphœranthus*; car il dit (pag. 604) que le *Sphœranthus* est nommé *kaséouànn* par les habitans du Sénégal. Quoi qu'il en soit, cette plante a des capitules nombreux, non solitaires, mais associés et disposés en une sorte de panicule entièrement dépourvue de feuilles; les pédoncules, formés par les ramifications de la panicule, sont plus ou moins longs, grêles, cylindriques, plus ou moins velus, absolument privés de tout appendice foliacé. On peut admettre, si l'on veut, une sorte d'involucre formé par l'assemblage des bractées appartenant aux calathides extérieures; mais ces bractées, et surtout celles des calathides intérieures, ne se distinguent point ou presque point des squames périclinales, avec lesquelles elles semblent confondues. Chaque calathide du capitule a un péricline formé d'environ dix à quinze squames bi-trisériées, à peu près égales, étroites, les extérieures longuement acuminées : ce péricline contient deux, trois ou quatre fleurs mâles, et quatre à douze fleurs femelles. La corolle des fleurs mâles est absolument continue par sa base avec le sommet du faux-ovaire; celle des fleurs femelles est terminée par trois dents très-petites. Le fruit mûr est oblong, sub-cylindracé, presque glabre.

Il résulte de ces observations que la description d'Adanson n'est fautive qu'à l'égard des corolles femelles, qu'il suppose quinquédentées comme les mâles. Ne pourroit-on pas, d'après cela, diviser le genre *Sphæranthus* en deux sections : la première, intitulée *Sphæranthus* ou *Oligolepis*, fondée sur le *Sph. indicus*, caractérisée par le péricline d'environ cinq squames unisériées, mutiques, bien distinctes de la bractée née sur le calathiphore; la seconde, intitulée *Polylepis*, fondée sur le *Sph. africanus*, caractérisée par le péricline d'environ dix à quinze squames, bi-trisériées, les extérieures acuminées et confondues avec la bractée.

Le *Sph. indicus* a une odeur aromatique, qui paroit due aux points glanduleux dont ses feuilles sont parsemées. (H. Cass.)

SPHERE CÉLESTE. (*Astr.*) C'est l'assemblage idéal de cercles auxquels on rapporte les mouvemens des astres. On donne aussi ce nom à des machines qui représentent cet assemblage. Il y faut remarquer : l'Horizon, le Méridien, l'Équateur, l'Écliptique, les Tropiques, les Cercles polaires. La machine est traversée par une verge ou *axe*, autour de laquelle elle peut tourner et dont les extrémités sont nommées Pôles (voyez tous les mots rappelés ci-dessus). On distingue deux sortes de *sphères* : celle de Ptolémée, dont la terre occupe le centre, est destinée à représenter les mouvemens apparens des corps célestes; l'autre, où l'on a placé le soleil au centre, est conforme au système de Copernic, et sert à donner une idée des mouvemens réels. Voyez Système du monde. (L. C.)

SPHÉRIDIE. (*Bot.*) Voyez Pleuridium. (Lem.)

SPHÉRIDIE, *Sphæridium.* (*Entom.*) Genre d'insectes coléoptères, à cinq articles à tous les tarses ou pentamérés, de la famille des hélocères ou clavicornes, c'est-à-dire à élytres durs, à antennes terminées par une masse formée d'articles comme perforés.

Ce genre, établi par Fabricius, tire évidemment son nom du mot grec Σφαιριδιον, *en forme de sphère.* Cependant la plupart des espèces sont, il est vrai, arrondies ou à peu près aussi larges que longues, mais seulement en dessus ; car ces insectes sont plats en dessous, par conséquent ils sont hémisphériques et de plus leurs jambes antérieures sont dentelées et aplaties. C'est en effet de cette forme générale du corps, de celle des jambes antérieures, que sont tirés les caractères distinctifs du genre Sphéridie, comme on peut le voir par le tableau analytique que nous avons présenté à la page 501 du tome XX de ce Dictionnaire, à l'article HÉLOCÈRES, et nous avons fait figurer une espèce de ce genre, planche 9, fig. 1 *bis* du 8.ᵉ cahier de l'atlas.

On ne connoît pas les larves des sphéridies : leur manière de vivre est probablement différente, si du moins on rapporte au même genre les espèces qui y sont inscrites et que l'on trouve les unes dans les bouses, d'autres sous les écorces ou dans la matière altérée de la séve des arbres qui s'écoule des caries qu'on observe sur leurs troncs, enfin quelques espèces qu'on a observées dans l'eau, où elles vivent à la manière des hydrophiles.

Nous allons indiquer quelques espèces, et d'abord celle que nous avons fait figurer, et qui est

1.º La SPHÉRIDIE SCARABÉOÏDE, *Sphæridium scarabæoides.*

Car. Noir, lisse, poli ; écusson alongé ; élytres à deux taches rouges, séparées ou réunies.

On trouve cette espèce dans les bouses aux environs de Paris.

2.º La SPHÉRIDIE A FAISCEAUX, *Sphæridium fasciculare.*

Car. Noir, élytres à points jaunes, formés de petits paquets de poils réunis en faisceaux.

Cette espèce se trouve dans les caries humides du tronc des ormes.

3.º La SPHÉRIDIE A UN POINT, *Sphæridium unipunctatum.*

Car. Noir, à bord du corselet, élytres striés et pattes pâles.

Cette espèce, qui est plus alongée, se trouve près des matières stercorales. (C. D.)

SPHÉRIDIOTES. (*Entom.*) M. Latreille désigne sous ce nom

une tribu d'insectes coléoptères de la famille qu'il nomme palpicornes, parmi lesquels il ne place maintenant dans ses familles du genre animal (1825) que les deux genres Sphéridie et Cercyon de M. Leach. (C. D.)

SPHÉRIE. (*Bot.*) Voyez Sphæria. (Lem.)

SPHÉRIQUE, GLOBULEUSE [Graine]. (*Bot.*) Peu de graines sont parfaitement sphériques. Quand elles sont petites (*canna*, *pisum sativum*, *brassica*, etc.), on emploie l'épithète globuleuse de préférence. L'épithète sphérique s'applique à l'ombelle de l'*allium cæpa*, au spadix du *pothos*, aux chatons du platane, au placentaire de l'*anagallis arvensis*, à la cupule du châtaignier, à la capsule du marronier d'Inde, etc. (Mass.)

SPHÉRITES, SPHARITES. (*Entom.*) M. Duftschmid nomme ainsi un genre de coléoptères que M. Fischer, de Moscou, a appelé *Sarape*, insecte de la famille des hélocères. Tel est l'*hister glabratus* de Fabricius. (C. D.)

SPHÉROCARPE. (*Bot.*) Voyez Sphærocarpus. (Lem.)

SPHÉROCERE. (*Entom.*) M. Latreille nomme ainsi un genre d'insectes à deux ailes, auquel il rapporte la *musca cynophila* de Panzer, dont M. Meigen a fait de son côté le genre *Thyréophore*. (C. D.)

SPHÉROCOQUE. (*Bot.*) Voyez Sphærococcus. (Lem.)

SPHÉROGASTRE. (*Entom.*) M. Dejean a nommé ainsi, dans le Catalogue de ses insectes coléoptères, un genre qu'il a introduit dans la famille des rhinocères, pour y placer une espèce de la Chine. (C. D.)

SPHÉROÏDE. (*Ichthyol.*) D'après un dessin du P. Plumier, qui représente un tétrodon vu de face, et dont on ne peut distinguer les nageoires verticales, ainsi que l'a remarqué M. Cuvier, et comme on peut l'inférer d'après M. Schneider (*Index*, 57), de Lacépède avoit établi sous ce nom un genre de poissons chondroptérygiens, qui appartiendroit à la famille des téléobranches ostéodermes de M. Duméril et qu'on pourroit ainsi caractériser :

Squelette cartilagineux; branchies à membranes et à opercules; catopes et nageoires dorsale, anale, caudale, nuls; quatre dents à la mâchoire supérieure.

Ce genre seroit facilement distingué des Coffres, des Téᴛʀᴏᴅᴏɴs, des **Dɪᴏᴅᴏɴs**, des **Sʏɴɢɴᴀᴛʜᴇs**, qui ont des nageoires impaires visibles, et des Ovoɪᴅᴇs, qui n'ont que deux dents à la mâchoire supérieure (voyez ces mots et Osᴛᴇᴏᴅᴇʀᴍᴇs), s'il étoit adopté ; mais il ne paroît point devoir en être ainsi.

De Lacépède n'y a fait entrer qu'une seule espèce, c'est :

Le Sᴘʜᴇʀᴏïᴅᴇ ᴛᴜʙᴇʀᴄᴜʟᴇ, qui offre un grand nombre de petits tubercules sans aiguillons sur la plus grande partie du corps, dont la figure est globuleuse, dont les yeux sont supportés chacun par une saillie.

Des mers intertropicales de l'Amérique. (H. C.)

SPHÉROÏDINE. (*Foss.*) Dans le Tableau méthodique de la classe des céphalopodes, M. Dorbigny a signalé un genre de coquilles cloisonnées auquel il assigne les caractères suivans : *Têt sphéroïdal ; loges en partie recouvrantes, quatre seulement apparentes à tous les âges ; ouverture latérale semi-lunaire.* M. Dorbigny ne connoît de ce genre qu'une espèce, qu'il a nommé sphéroïdine bulloïde, *spheroides bulloïdes.* Elle vit dans la mer Adriatique, près de Rimini, à l'Isle-de-France, et on la trouve fossile aux environs de Sienne. (Dᴇ F.)

SPHÉROLOBE. (*Bot.*) Voyez Sᴘʜᴇʀᴏʟᴏʙᴇ. (Lᴇᴍ.)

SPHÉROME, *Sphœroma.* (*Crust.*) Genre de crustacés isopodes, qui est décrit dans l'article Cʏᴍᴏᴛʜᴏᴀᴅᴇᴇs, tome XII, page 345 de ce Dictionnaire. (Dᴇsᴍ.)

SPHÉRONÉMA. (*Bot.*) Voyez Sᴘʜᴇʀᴏɴᴇᴍᴀ. (Lᴇᴍ.)

SPHÉROPHORE. (*Bot.*) Voyez Sᴘʜᴇʀᴏᴘʜᴏʀᴜᴍ. (Lᴇᴍ.)

SPHÉROPSIS. (*Bot.*) Voyez Sᴘʜᴇʀᴏᴘsɪs. (Lᴇᴍ.)

SPHÉROPTÉRIS. (*Bot.*) Voyez Sᴘʜᴇʀᴏᴘᴛᴇʀɪs. (Lᴇᴍ.)

SPHÉROSIDÉRITE. (*Min.*) Ce n'est qu'une variété de fer carbonaté, qui ne devoit pas être érigée en espèce, ainsi que l'analyse et les autres caractères admis suivant leur valeur réelle, vont le prouver.

Ce minérai de fer se présente en petites masses à peu près sphéroïdales, d'un jaune brunâtre, à texture fibreuse ou radiée du centre à la circonférence. Les rayons ou fibres qui composent ces petites sphères sont assez déliées. Ces sphéroïdes sont ordinairement groupés et comme implantés sur les fissures des roches trappéennes, auxquelles ce minéral appartient plus spécialement. Il a un éclat intermédiaire entre l'éclat perlé et l'éclat gras.

On a deux analyses du minéral que les minéralogistes allemands distinguent par ce nom, et elles donnent, comme on va le voir, des résultats à peu près semblables, et qui ne diffèrent pas plus de ceux du fer carbonaté proprement dit que ceux-ci ne diffèrent entre eux.

	Oxidule de fer.	Acide carbonique.	Oxide de manganèse.	Chaux.	Magnésie.	
sphérosidérite de Steinheim {	63,75	34,=	0,75	—	0,25	Klaproth.
	59,62	38,03	1,89	0,20	0,14	Stromeyer.

Cette variété sphéroïdale du fer carbonaté se trouve plus particulièrement dans les fissures des roches trappéennes, telles que les basaltes, les dolérites, les wakites, etc., accompagnés de calcaire spathique, d'arragonite, de calcédoine, etc. A Steinheim près d'Hanau, à Drausberg près Göttingue, à Rheinbreitbach dans la Prusse rhénane, à Habelschwerdt, dans le comté de Glatz suivant M. Breithaupt, près Zeltau, à Johann-Georgenstadt dans l'Erzgebirg, à Bodenmais en Bavière, dans la vallée de Fassa, etc.

M. Hausmann a distingué un sphérosidérite argileux, qui paroît n'être qu'un mélange de fer carbonaté avec de l'argile, de la silice hydratée, etc. Il se trouve dans les dépôts de minérai de fer jaune du grés à carreau, et comme il y rapporte la masse ou nodules ellipsoïdes qui sont engagés dans les couches d'argile schisteuse et bitumineuse des terrains houillers, il n'y a pas de doute que cette variété ainsi caractérisée par sa texture et par sa position géognostique, ne soit la même que celle que nous nommons Fer carbonaté lithoïde. Voyez ce mot. (B.)

SPHÉRULACÉS, *Spherulacea*. (*Conchyl.*) M. de Blainville, dans son Système de conchyliologie, établit sous cette dénomination dans son ordre des *Cellulacés* une petite famille pour les genres de coquilles à plusieurs cellules ou loges, dont la forme est plus ou moins sphéroïdale, comme les miliolés, les mélonies, les saracénaires et les textulaires; mais il est évi dent que, tous ces corps, quoique incomplétement connus, ayant une structure très-différente, ce rapprochement est complétement artificiel. (De B.)

SPHÉRULE. (*Bot.*) Dans les hypoxylées les conceptacles sont des lirelles ou des sphérules. Les lirelles sont linéaires, flexueuses, et s'ouvrent par une fente longitudinale; les sphérules sont arrondies, et s'ouvrent au sommet par des fentes ou des pores par où s'échappent les séminules sous la forme de gelée, que la sécheresse réduit en poussière très-fine. (Mass.)

SPHÉRULE, *Sphærula.* (*Entom.*) Nom donné par M. Megerle au genre de coléoptères rhinocères, que M. Schœnherr a inscrit sous le n.° 182, avec la dénomination d'*Orobitis;* tel est l'*attelabus globosus* de Fabricius, le *curculio cyaneus* de Linné. (C. D.)

SPHÉRULÉES, *Spheruleæ.* (*Conchyl.*) M. de Lamarck, dans son Système des animaux sans vertèbres, tom. 7, pag. 610, forme, dans son ordre des céphalopodes, une division sous ce nom, qu'il définit : Coquille globuleuse, sphéroïdale ou ovale, à tours de spire enveloppans ou à loges réunies en tunique, et il y place les genres Miliole, Mélonie et aussi les Gyrogonites, que tous les zoologistes s'accordent à regarder comme des graines fossiles de charagne, depuis les observations de M. Léman. (De B.)

SPHÉRULITE et aussi SPHÆRULITE et SPHÆROLITE. (*Min.*) C'est par ce nom que Werner a désigné les globules ou petits sphéroïdes lithoïdes qui sont disséminées dans les roches à pâte vitreuse. que nous avons nommées en général stigmite, et qui renferment. comme groupe particulier de variété, les perlites de M. Beudant.

Les sphérulites sont assez difficiles à caractériser. et cette difficulté jette de l'incertitude sur leur détermination.

Ils se présentent, comme leur nom l'indique, sous la forme de globules, ou sphéroïdes jaunâtres, grisâtres, brunâtres ou même rougeâtres, presque opaques, à texture tantôt compacte, avec une cassure cireuse, tantôt fibreuse, à fibres rayonnantes.

Ils sont quelquefois plus durs que le quarz, mais toujours moins durs que la topaze. Leur pesanteur spécifique varie de 2,5 à 2,4. Ils fondent, mais difficilement, en un émail blanc.

M. Ficinus les a analysés et y a trouvé les principes suivans :

Silice	79,12
Alumine	12
Potasse et soude	3,58
Fer oxidulé	2,45
Magnésie	1,10
Eau ou perte par le feu	1,75

Les sphérulites se trouvent dans les perlites, obsidiennes et stigmites en globules, dont le volume varie depuis celui d'un grain de millet jusqu'à celui d'un pois, ou disséminés sans ordre ou agrégés en grappes, ou disposés en petits lits.

Ils paroissent être, ainsi que M. Beudant l'a présumé, comme des parties dévitrifiées et cristallisées confusément de la pâte même de l'obsidienne ou du rétinite, et y avoir été formés probablement par la voie ignée, comme le sont les sphéroïdes d'apparence pierreuse, gris de perle et à structure radiée, que l'on observe souvent dans le fond des creusets ou pots de verrerie.

Ils sont accompagnés dans ces roches de mica et quelquefois de petits cristaux de felspath vitreux; mais M. Beudant a fait l'observation qu'ils sont d'autant plus petits et plus rares dans les stigmites que les cristaux de felspath vitreux deviennent plus gros et plus abondans, en sorte que ce minéral ne semble être autre chose que la matière même du felspath qui a pris cette texture et cette forme.

C'est principalement en Hongrie qu'on a trouvé le plus abondamment de ce minéral, notamment dans la vallée de Glashütte près Schemnitz, entre Königsberg et Zsarocza ; on en cite aussi en Saxe, à Spechtshausen dans la vallée de Tharand. (B.)

SPHÉRULITE, *Spherulites*. (*Conchyl.*) Genre établi par M. de Lamétherie et adopté par tous les zoologistes pour une coquille qui n'est encore connue qu'à l'état fossile, et qui rappelle un peu la forme des orbicules, auprès desquelles elle doit être rangée. Voici comme ce genre a été caractérisé par M. de Blainville, dans son Manuel de malacologie et de conchyliologie : Coquille orbiculaire, équilatérale ou symétrique, inéquivalve et irrégulièrement foliacée à l'extérieur; valve inférieure agariciforme, hémisphérique, déprimée, avec un sommet médian, percé d'un trou; valve supérieure operculaire; charnière non marginale, formée par quatre cavités non symétriques, deux internes rapprochées et sillonnées, deux externes fort larges et profondes sur la valve inférieure, correspondante à quatre éminences ou dents extrêmement fortes, linguiformes, de la valve supérieure; une crête médiane s'avançant du bord antérieur de chaque valve vers les deux parties médianes de la charnière.

Les parties qui sont ici caractérisées comme dents, peut-être analogues aux supports de forme si extrêmement variable dans les térébratules, ne sont probablement pas de véritables dents; il faut cependant avouer qu'elles ne sont pas rigoureusement symétriques. M. de Lamétherie les regardoit comme des parties pétrifiées du mollusque habitant de cette coquille.

Ce genre ne contient encore qu'une espèce fossile, figurée dans ce Dictionnaire pl. 57, fig. 1 et 2. (De B.)

SPHÉRULITE. (*Foss.*) Coquille inéquivalve, adhérente, orbiculaire-globuleuse, un peu déprimée en dessus, hérissée à l'extérieur d'écailles grandes, subangulaire, horizontale. Valve supérieure plus petite, planulée, operculaire, munie en sa face interne de deux tubérosités inégales, subconiques, courbées en saillie; valve inférieure plus grande, un peu ventrue, à écailles rayonnantes hors de son bord, ayant sa cavité obliquement conique, et formant, par un repli de son bord interne, une crête ou une carène saillante. Paroi interne de la cavité striée transversalement. Charnière inconnue.

Sphérulite agariciforme : *Spherulites agariciformis*, de Lamétherie, Journ. de phys., tome 61, pl. 596, et pl. 57, fig. 12; Sph. foliacée, Lamk., Anim. sans vert., tome 6, part. 1, page 232; Enc., pl. 172, fig. 7 — 9; Favannes, pl. 67, fig. *B* 1, *B* 2, *B* 5. *B* 4 et *B* 5; Guettard, tome 4, pl. 38, fig. 1, et Knorr, *Petref.*, pl. 181. fig. 1. Comme on ne connoît que cette espèce, voir les caractères ci-dessus qu'elle a fournis. On la trouve dans des couches anciennes en Souabe et à l'île d'Aix. où il y en a qui ont plus de dix pouces de largeur.

On en voit un exemplaire bien conservé dans le cabinet de M. de Drée. (D. F.)

SPHEX ou SPHÉGE. (*Entom.*) Genre d'insectes hyménoptères de la famille des oryctères ou fouisseurs, c'est-à-dire, ayant l'abdomen conique distinct ou pédiculé, porté par un anneau très-grêle; à antennes non brisées, composées de quatorze à dix-sept articles au plus; à lèvres et à mâchoires ne dépassant pas les mandibules; à ailes non doublées sur leur longueur.

Le genre des Sphéges est en outre distingué de ceux de la même famille des Oryctères par la forme des antennes, qui sont en soie; par leur abdomen arrondi, dont le pétiole ou le pédicule est très-long et cylindrique. Ils diffèrent par toutes ces notes, d'abord des Tiphies, dont les antennes sont en fil; des Larres, qui ont l'abdomen aplati et à pédicule très-court; des Pompiles et des Pepsides, qui ont aussi le pétiole de l'abdomen court, mais dont le ventre est arrondi, conique, et enfin des Tripoxylons, chez lesquels ce pédicule est alongé, mais évasé du côté de l'abdomen, et non cylindrique.

Ce genre, ou plutôt le nom de ce genre, a été établi par Linnæus, qui y avoit rapporté beaucoup d'espèces, que l'on a maintenant réparties sous beaucoup d'autres dénominations génériques. Il l'a emprunté du grec Σφὴξ-ηκός d'Aristote, qui a désigné très-souvent sous ce nom plusieurs insectes hyménoptères qui piquent et qui ont le corps très-étranglé, comme les guêpes. C'est dans ce sens que l'emploie aussi Aristophane, en parlant des femmes qui sont maigres et dont le ventre est étranglé à la manière des guêpes.

Ce genre des sphéges a été partagé par M. Latreille, dans ses derniers ouvrages et en particulier dans ses *Familles du règne animal*, en neuf autres genres, d'après la disposition des mandibules, qui sont dentées ou non; d'après la forme des palpes, qui sont en soie ou en fil, tels sont les genres *Ammophile, Miscus, Sphége, Pronée, Chlorion, Dolichure, Ampulex, Podie* et *Pélopée.*

Les mœurs des sphéges sont très-curieuses à connoître et à suivre. On observe ces insectes dans les lieux les plus secs et les mieux exposés à l'ardeur du soleil. Ils volent avec ra-

pidité; mais ils s'abattent souvent sur le sol ou sur le sable,
et là, les ailes agitées et portées un peu en triangle sur le
corps, on les voit courir sur leurs longues pattes et comme
par sauts, continuellement occupés en apparence à choisir
le lieu qui leur conviendra le mieux pour y creuser une sorte
de fosse ou de nid qu'ils destinent à leur progéniture. Si le
terrain est très-résistant, on voit le sphége saisir les graviers
un peu pesans avec ses mandibules, pour les transporter à
quelque distance, ou pour les pousser avec les pattes. Si
le sable est très-mobile à la surface, alors des pattes de devant et de derrière il travaille avec une activité et une telle
prestesse, que la poussière est lancée comme un jet continu, jusqu'à ce que, le terrain devenant plus solide, l'insecte
s'y creuse une galerie à plusieurs pouces de profondeur. A
l'extrémité de cette galerie est disposé un espace plus ou moins
considérable, destiné à recevoir, comme dans un caveau, d'a-
bord un œuf fécondé, d'où naitra une larve sans pattes, mais
qui cependant est appelée à se nourrir de matière animale et
même d'insectes mous vivans, de corps mutilés ou paralysés d'araignées, de larves diverses ou de chenilles d'espèces
différentes, suivant chaque race de sphéges. Réaumur, Vallisnieri, ont décrit les nids de quelques espèces, dont plusieurs construisent avec de la terre ou du sable réuni au moyen
d'une bave qu'ils y dégorgent, une sorte de mortier ou de
ciment qui résiste à toutes les intempéries ; ces masses ter-
reuses sont composées de cellules rapprochées, mais très-distinctes ; dans chacune est une loge ou alvéole qui recevra la
larve et ses provisions animales. Nous avons eu nous-mêmes
occasion d'observer souvent les manœuvres de ces insectes et
les cavités où nous avons trouvé des larves de chrysomèles,
de criocères, des mouches, des chenilles rases, des larves de
tenthrèdes, des araignées, dont le nombre et la grosseur étoient
à peu près les mêmes dans chaque nid d'une même espèce.

Quoique les sphéges soient continuellement à la recherche
des insectes, et surtout des races de ceux dont le corps est
mou et qu'ils attaquent avec une sorte de fureur et d'intré-
pidité, ce genre de guerre ou de chasse est uniquement destiné à la nourriture de leurs larves ; car eux-mêmes, sous
l'état parfait, ne se sustentent que du nectaire des fleurs

qu'ils sucent, ou du pollen des anthères qu'ils mangent. La plupart des espèces s'attachent, comme nous le disions plus haut, à recueillir une même sorte de race d'insectes mous qui vivent en société : on les voit revenir incessamment pour saisir ces larves les unes après les autres. Au moment où ils les attaquent, ils les piquent avec l'aiguillon dont l'extrémité de leur ventre est armé. Il paroît que dans le même instant l'insecte blessé reçoit à l'intérieur une molécule d'un liquide vénéneux qui le paralyse, et qui, sans détruire la vie, le prive du libre exercice de ses organes du mouvement, et il est probable que, dans sa sagesse, la nature a voulu que cet être paralytique fût en même temps privé de la sensibilité; car il est destiné à être placé, comme une sorte de provision de chair fraîche, dans une cavité resserrée, où il se trouve rangé et pressé auprès d'autres individus de sa race, qui sont, comme lui, appelés à servir successivement de pâture à la larve du sphége, lorsqu'elle sortira de l'œuf, et celle-ci n'aura d'autres besoins à satisfaire, que celui de sucer et de dévorer successivement les provisions de cette sorte de viande. que la mère a pris la précaution de déposer auprès de chacun de ses enfans, justement dans la quantité et dans la proportion que pouvoit et que devoit comporter le développement ultérieur de la larve, pour se métamorphoser en nymphe et ensuite en sphége.

Quant aux espèces qui attaquent de préférence les araignées, nous avons vu et suivi les détails de la chasse à laquelle l'insecte ailé se livre pour obtenir le nombre de corps dont il prévoit, dans son instinct, que chaque individu de sa progéniture aura besoin. et voici comme il s'y prend pour parvenir à ce résultat. Aussitôt qu'il a reconnu une toile d'araignée, il vient se mettre en embuscade dans les environs, et là il épie le moment où un insecte, tombant imprudemment sur le filet qui a été tendu sur son passage, appelle par ses mouvemens l'araignée qui sort de sa tannière. Au moment que le sphége la voit occupée à saisir sa proie, il fond sur elle à l'improviste, et comme un aigle il la saisit avec rapidité pour l'enlever en l'air avec ses pattes, et bientôt on voit tomber les membres de l'araignée, que probablement le ravisseur a coupées avec ses mandibules, de sorte qu'il n'apporte à son nid que le tronc mutilé de cette araignée, qu'il a même blessée de son aiguillon pour la priver de la faculté de faire agir ses mandibules, et peut-être afin de la soustraire par cette paralysie à la conscience de son existence, puisqu'elle est dès ce moment appelée uniquement à servir de proie à une larve sans pattes et sans armes.

L'espèce de ce genre que nous avons fait figurer, planche 34, fig. 5, de l'atlas de ce Dictionnaire est :

1. Le Sphége spirifége, *Sphex spirifex.*

C'est le sphége tourneur décrit par Réaumur, tom. 6 de ses Mémoires, et qu'il a figuré sur la planche 28, fig. 5.

M. Latreille le rapporte à son genre Pélopée.

Car. Noir, à corselet velu sans taches, pédicule de l'abdomen jaune très-long, pattes presque entièrement jaunes.

Cette espèce fait un nid en terre sous les entablemens et les corniches des maisons, ou sur des portions saillantes de rochers dans le Midi de la France. Cette masse de terre, plus ou moins globuleuse, offre en dehors des tours de spirale saillans. Dans l'intérieur de cette masse on trouve des cavités où sont déposés les insectes paralysés destinés à la nourriture de la larve, qui se file un cocon au moment où elle doit se métamorphoser en nymphe, puis en insecte parfait.

2. Le Sphége des sables, *Sphex sabulosa.*

C'est l'ichneumon à ventre fauve en devant et à long pédicule, que Geoffroy a décrit dans le tome 2 de son Histoire des insectes, pag. 249, n.° 63.

Car. Noir, velu, abdomen à pédicule grêle, formé de deux segmens dont le second, ainsi que le troisième, sont de couleur rougeâtre ou jaunâtre.

C'est l'espèce la plus commune aux environs de Paris. Ses ailes ne sont que moitié en longueur de l'abdomen. Dans le mâle il y a du duvet cendré, argenté sur le front, et le dessus de l'abdomen est tout noir.

3. Le Sphége du gravier, *Sphex arenaria.*

M. Latreille rapporte cette espèce à son genre Ammophile.

Car. Noir, velu ; second, troisième et base du quatrième segmens de l'abdomen rouges. (C. D.)

SPHINCTÉRULE, *Sphincterulus.* (Conchyl.) Voyez Spincté-rule. (De B.)

SPHINCTRINA. (*Bot.*) Genre de la famille des hypoxylons ou de celle des champignons, fondé par Fries (*Nov. Fl. Suec.*) pour placer le *sphæria sphincterica*, Decand. et Sowerb. Dans ce genre le réceptacle ou périthécium est entier, d'abord clos, puis s'ouvre au sommet par une ouverture orbiculaire ; il contient des sporidies globuleuses, entassées sur le disque.

Les espèces de ce genre croissent à la surface du bois mort.

Le *sphinctrina turbinata*, Fries, *Syst. orb. veget.*, 1, p. 121. est la seule espèce de ce genre : c'est l'*hypoxylon sphinctericum*, Bull., Champ., pl. 444, fig. 1 ; le *sphæria sphincterica*, Decand., Fl. fr., n.º 799, et Sowerb., *Engl. fung.*,, pl. 386. fig. 1. C'est une espèce infiniment petite, alongée, un peu amincie, uniloculaire, blanchâtre dans sa jeunesse, arrondie, cotonneuse, ensuite noire, remplie d'un suc glaireux, ayant son sommet hérissé de poils, creusé en entonnoir et plissé comme un sphinctère ou comme une bourse fermée ; elle est glabre dans sa vieillesse. On la trouve sur le bois mort, selon Bulliard et M. De Candolle, et sur le thallus du *lichen vernalis*, Linn. (*lecidea vernalis*, Ach.), selon Sowerby. Il ne faut pas confondre cette plante avec le *sphæria sphinctrina*, Fries, qui n'offre point de bouche ou d'ouverture plissée. (Lem.)

SPHINGIDES. (*Entom.*) Tribu d'insectes lépidoptères formée par M. Latreille, et qui comprend les sphinx proprement dits et ceux dont on a composé le genre Smérinthe. (Desm.)

SPHINGION. (*Mamm.*) Le *sphingion* ou sphinx de Pline, paroit être un cynocéphale, peut-être le *papion* proprement dit. (Desm.)

SPHINX. (*Bot.*) Voyez Mousseron pleureur, tome XXXIII, page 175. (Lem.)

SPHINX, *Sphinx* ou *Sphingos*. (*Entom.*) Genre d'insectes lépidoptères à antennes en fuseau ou renflées au milieu, et par conséquent de la famille des fusicornes ou clostérocères.

Ce genre a été établi par Linnæus, qui a adopté ce nom tiré de la fable. parce que les chenilles qui les produisent ont une forme tout-a-fait bizarre. Le sphinx de la mythologie, Σφιγξ, était un monstre imaginaire qui restoit immobile sur un rocher, au-dessus d'une grande voûte, et y proposoit des énigmes aux passans. Ces chenilles, qui sont ordinaire-

ment lisses et fort grosses , ont souvent le corps singulièrement bariolé de lignes obliques, à égales distances, de couleurs vives; leur tête, protégée par une espèce de casque
corné, de forme variable, est portée sur une sorte de col par
un segment plus étroit; les pattes articulées sont rapprochées
les unes des autres et fort éloignées des pattes membraneuses,
ou à couronne de crochets, qui garnissent les derniers anneaux du corps. L'insecte, lorsqu'il se repose ou lorsqu'il
craint le danger, a l'habitude de se dresser sur ses pattes
postérieures, en relevant sous un angle déterminé toute la
partie antérieure de son corps, qui reste ainsi suspendue
et immobile pendant des heures entières. C'est ce qu'on
a regardé comme l'attitude du sphinx et ce qui a fait
donner à ces insectes le nom qu'ils portent et qu'ils conservent même sous la forme de lépidoptères ou sous l'état
parfait.

Les sphinx , comme la plupart des clostérocéres, ont le
corselet en général beaucoup plus gros que les papillons;
les ailes inférieures se lient et s'attachent aux supérieures à
l'aide d'un crin court ou d'un poil roide qui est reçu sur une
sorte d'anneau ou de boucle que l'on distingue au bord interne de l'aile supérieure, près de la base; de sorte que ces
ailes ne peuvent pas s'élever verticalement, et que, dans
l'état de repos, elles restent étendues sur le même plan ,
légèrement inclinées ou presque horizontalement.

Les chenilles, dont les formes varient beaucoup , sont
glabres et munies de seize pattes. La plupart se métamorpho-
sent sous la terre. Leurs chrysalides sont arrondies, et le plus
ordinairement elles sont très-pointues du côté où se termine
l'abdomen, et cette pointe est quelquefois fort aiguë. Ces
chrysalides passent le plus souvent l'hiver sous cette forme,
et l'insecte parfait n'en sort que quand les feuilles sont pous-
sées: c'est alors qu'après avoir été fécondée, la femelle va
déposer isolément ses œufs sur les plantes ou sur les arbres
qui conviennent à sa race.

Ce genre est très-nombreux en espéces, quoiqu'il soit difficile de se les procurer. En général ce sont de très-beaux insectes pour la disposition et la variété des couleurs, qui sont
très-vives. Nous allons faire connoître la plupart des espéces

qui se trouvent aux environs de Paris et même dans d'autres parties de la France.

1. Le Sphinx du nérium ou du laurier-rose, *Sphinx nerii.*

Il est figuré dans l'ouvrage de Godart sur les Lépidoptères de France, tom. 3, 1.re livraison, pl. 15.

Car. Corps et ailes d'une teinte verte terne, nuancée de rouge et de violet, avec des lignes blanches, ondulées; l'extrémité de l'abdomen est pointu.

C'est une grande espèce qui a près de quatre pouces et demi d'une extrémité libre de l'aile à l'autre. Cet insecte n'a pas été recueilli à Paris, mais on en a reçu beaucoup du département de Maine-et-Loire, et à Genève on le reçoit communément de Nice, de Gênes et de Turin.

La chenille se nourrit des feuilles du laurier-rose (*nerium oleander*). Elle est d'un vert glauque pointillé de blanc, avec les quatre premiers anneaux d'un jaune pâle, marqués de chaque côté d'une tache œillée bleue à double prunelle blanche et à iris noir; puis on voit sur les autres anneaux, de chaque côté, une ligne longitudinale d'un blanc bleuâtre; la corne est jaune, courte, un peu courbée; les stigmates sont indiqués par des points noirâtres, bordés de jaune.

2. Le Sphinx de la vigne; *Sphinx elpenor,* Linné.

Car. Lavé d'un rouge de laque carminé, entremêlé de bandes longitudinales d'un vert-clair olive; pattes blanches, avec le bord interne brun.

Cette espèce présente quelques variétés par la disposition des couleurs.

La chenille se nourrit sur le laurier Saint-Antoine (*epilobium*), sur la salicaire (*lytharum*), sur le caille-lait (*galium*), sur le gratteron (*asperula*) et sur la vigne. Elle est d'un brun plus ou moins obscur, avec deux taches œillées d'un blanc violâtre sur les côtés, vers le quatrième ou le cinquième anneau; six raies obliques, grisâtres. La corne est noire, avec la pointe blanche. L'insecte est commun aux environs de Paris.

3. Le Sphinx petit pourceau, *Sphinx porcellus.*

Le sphinx à bandes rouges dentelées de Geoffroy, tom. 11, pag. 88, n.° 12.

Car. Corps rouge; ailes lavées de rouge, avec un fond olivâtre; pattes et antennes blanches en dessus.

La chenille est brune ou verte; sa corne est très-courte ;
comme les deux espèces précédentes et comme la suivante,
elle peut alonger et retirer la tête, qui ressemble alors à un
groin de cochon. On la trouve sur le caille-lait et sur l'épi-
lobe à feuilles étroites. Dans le jour elle reste au pied de la
plante, et il est difficile ainsi de l'apercevoir. L'insecte parfait est pris souvent le soir sur les fleurs des chèvrefeuilles,
dont il suce le nectaire à l'aide de sa trompe, qu'il tient
alongée en volant.

4. Le Sphinx célério, *Sphinx celerio.*

Sphinx phénix d'Engramelle.

Car. Gris ; à lignes blanches ; dos de l'abdomen marqué
d'une ligne longitudinale blanche, avec des points plus blancs;
ailes inférieures lavées de rose ou de rouge-carmin tendre.

La chenille a beaucoup de rapports pour la couleur et les
habitudes avec la précédente ; elle a deux taches œillées
noires, à iris jaunes et à prunelles blanches.

Cette espèce ne se trouve pas aux environs de Paris, mais
dans les départemens méridionaux.

5. Le Sphinx a tête de mort, *Sphinx atropos.*

Car. Ailes supérieures brunes, saupoudrées de bleuâtre,
avec des lignes ondulées, blanchâtres ; ailes inférieures jaunes,
avec deux bandes transversales noires; abdomen jaune, avec
six bandes ou cerceaux noirs coupant une bande élargie,
dorsale, d'un bleu cendré. Corselet brun, saupoudré de
bleu, comme les ailes, avec une tache blanche ou jaune,
figurant à peu près une face de tête de mort.

Cet insecte a été observé depuis long-temps, et il frappe
surtout par l'apparence de la tête de mort qu'il porte sur le
corselet. Il a été aussi le sujet des recherches de quelques naturalistes par le bruit qu'il a la faculté de produire lorsqu'il
est saisi de crainte, et qui est une sorte de murmure ou de
plainte, que Réaumur et Rossi attribuent au frottement de la
trompe de l'insecte entre ses palpes, mais que M. Lorey, fort
habile ornithologiste, croit dépendre de la sortie de l'air
par les deux principaux stigmates qui se trouvent à la base
de l'abdomen.

Ce sphinx cherche à pénétrer dans les ruches pour y sucer
le miel des abeilles; c'est pourquoi, dans les pays où il est

commun, les abeilles ont soin d'en rétrécir l'entrée. Lorsqu'il est aperçu, il devient une cause de rumeur dans l'intérieur de la ruche, et il est obligé de se soustraire à l'attaque dont il est l'objet. Souvent le soir il entre dans les appartemens, attiré par la lueur des lumières; on le voit aussi voltiger autour des réverbères. Il n'est pas rare aux environs de Paris.

La chenille est jaune, avec sept bandes obliques d'un vert bleu sur les côtés du corps; la tête est bordée de noir; les pattes sont écailleuses et les stigmates noirs; la corne est jaune et recourbée. Elle se trouve sur la pomme de terre et autres solanées, comme la douce-amère, la pomme d'amour, la pomme épineuse, l'alkekenge, et sur le jasminoïde, le fusain.

6. Le Sphinx du troëne, *Sphinx ligustri.*

Car. Gris-rougeâtre; abdomen et ailes inférieures roses, avec des bandes noires.

La chenille est verte, avec sept raies obliques, violettes en avant et pâles en arrière; stigmates jaunes; corne lisse, longue, jaune en dessous, noire en dessus. On la trouve sur le troëne, le lilas de Perse, le frêne, le laurier-thym, le sureau. On la découvre par la forme de ses excrémens, qui sont noirs, cannelés à six cannelures, qui conservent long-temps cette forme sur la terre, aux pieds des arbrisseaux où l'insecte paît, mais où il reste immobile au moindre bruit qu'il entend.

7. Le Sphinx du liseron, *Sphinx convolvuli.*

C'est le sphinx à cornes de bœuf de Geoffroy, tom. 2, pag. 85, n.° 9.

Car. Ailes d'un gris nébuleux; abdomen à cerceaux rouges, noirs et blancs; antennes très-grosses, blanchâtres en dessous, grises en dessus; pattes grises, avec des anneaux blancs aux tarses.

Cet insecte fait beaucoup de bruit en volant, le soir, moment qu'il choisit, ainsi que le crépuscule du matin, pour butiner sur les fleurs en entonnoir.

La chenille est verte, avec des points et des taches noirs, souvent avec des bandes blanches obliques sur les côtés; sa corne est lisse, jaune et noire. Elle se nourrit des feuilles du liseron des champs et d'autres espèces de *convolvulus* et de *mirabilis.*

8. Le Sphinx du pin, *Sphinx pinastri.*

Car. Gris foncé ; abdomen et bords postérieurs des deux ailes à taches blanches ; corselet à deux lignes latérales blanches.

Cette espèce a été trouvée à Fontainebleau. Sa chenille se nourrit des feuilles du pin de la Corse (*pinus pinaster*). Elle est verte, avec trois lignes longitudinales citron de chaque côté, et le dos brun ; sa corne est noire.

9. Le Sphinx du tithymale, *Sphinx euphorbiæ.*

Car. Ailes supérieures et corps lavés de grandes taches vertes ; ailes inférieures roses, avec deux bandes noires : l'une très-large à la base, l'autre étroite et parallèle au bord libre.

La chenille est brune, avec des points jaunes rapprochés, disposés par anneaux. Deux rangées longitudinales de taches jaunes ou blanches en étoiles ; la tête, les pattes, l'anus et la base de la corne rouges : celle-ci est courbe, épineuse, noire à la pointe. On la trouve assez facilement sur le tithymale à feuilles de cyprès, dans les terrains arides, sur les bords des chemins. C'est une des plus belles chenilles.

Il y a une espèce de sphinx dont l'insecte parfait ressemble à celui que nous venons de décrire, mais il est d'un tiers plus grand, et la chenille est toute différente. C'est le sphinx nécien qu'on a aussi trouvé à Montpellier.

10. Le Sphinx de la garance, *Sphinx galii.*

Il ressemble beaucoup au sphinx du tithymale ; mais il y a quelques différences constantes dans les nuances, et la chenille se nourrit d'autres plantes ; sa couleur est aussi différente. La nourriture auroit-elle une aussi grande influence sur la teinte de la chenille et de l'insecte parfait ?

11. Le Sphinx de l'œnothère ou de l'onagre, *Sphinx œnotheræ.*

Car. Vert ; corselet, ailes supérieures et bords libres des inférieures à lignes grises ; base des ailes inférieures jaune ; antennes noires, avec l'extrémité blanche.

La chenille, qui vit sur diverses espèces d'épilobes et sur l'onagre, est verte ou brune, avec les stigmates rouges, bordés de noir.

12. Le Sphinx moro-sphinx ou du caille-lait, *Sphinx stellatarum.*

Car. Gris; ailes inférieures jaunes ; abdomen tacheté de blanc, élargi à l'extrémité par une brosse de poils plats.

Scopoli avoit considéré cette espèce et les deux suivantes comme formant le type d'un genre qu'il a nommé *Macroglosse.*

Sa chenille vit sur le caille-lait et les aspérules ; elle est verte, avec quatre lignes longitudinales : deux blanches en dessus, deux jaunes en dessous; stigmates noirs ; pattes membraneuses, noires, avec la couronne rosée. Ce sphinx vole en plein jour avec une rapidité extrême.

13. Le SPHINX FUCIFORME, *Sphinx fuciformis.*

C'est le sphinx à ailes transparentes de Geoffroy, tom. 2, pag. 82, n.° 4.

Car. Corps vert; ailes transparentes au centre, brunes au pourtour; une bande large d'un brun rougeâtre au milieu de l'abdomen : extrémité du ventre à poils noirs.

La chenille, qui vit sur le chèvrefeuille et sur le caille-lait, est verte, avec le dessous du corps, les pattes et la corne rouge-brun; les stigmates sont noirs, avec le centre blanc.

14. Le SPHINX BOMBYLIFORME, *Sphinx bombyliformis.*

C'est le sphinx gazé d'Engramelle.

Semblable au précédent pour la forme, la taille et pour les couleurs des ailes et de la partie antérieure du corps ; mais après la bande noire large de l'abdomen vient une bande d'un beau rouge; puis le vert se prolonge jusqu'à l'extrémité de la queue.

On ne connoît pas bien la chenille; on dit qu'elle vit sur la scabieuse et sur la lampette (*lychnis dioica*).

Nous décrirons ici, ainsi que nous l'avons indiqué à l'article SMÉRINTHE, une division des sphinx à ailes anguleuses de Linné, dont le port est lourd, dont les antennes ressemblent à une corde tordue par les légères dentelures qu'on aperçoit au bord interne, et que l'on a surtout séparés des sphinx à cause de la brièveté excessive de leur trompe, qui a changé tout-à-fait leurs habitudes; car, d'ailleurs, les chenilles sont bien celles des sphinx, excepté que leur tête est très-angulaire, puisqu'elles ont une corne sur la partie postérieure du dos et très-souvent des lignes obliques sur les parties latérales. Fabricius leur a donné pour nom de genre celui de *Laothoe.*

15. Le Sphinx du tilleul, *Sphinx tiliæ.*

Car. D'un jaune brunâtre sur les ailes, dont les supérieures sont bordées de vert, avec deux taches de même teinte sur le milieu ; tête et bords du corselet verts ; abdomen gris lavé de vert.

La chenille vit sur l'orme et sur le tilleul ; elle est verte, chagrinée, avec sept lignes obliques blanchâtres, bordées de vert foncé ; la corne est bleue, avec la pointe verdâtre.

Elle est très-commune aux environs de Paris.

16. Le Sphinx œillé, *Sphinx ocellata;* Sphinx demi-paon, Geoff., tom. 2, pag. 79, n.° 1.

Car. Gris ; ailes inférieures rouges, avec une tache œillée noire, un iris bleu, la prunelle noire.

La chenille, qui se nourrit des feuilles de saule, de pêcher, d'amandier, de pommier, est commune aux environs de Paris. Elle est verte sur le dos ; d'un vert bleuâtre sur les côtés ; tout son corps est rugueux ou chagriné, avec six lignes obliques blanches ; la corne bleue ; la tête est bordée de jaune.

17. Le Sphinx du peuplier, *Sphinx populi.* C'est le sphinx à ailes dentelées de Geoffroy, p. 81, n.° 3.

Car. Ailes d'un gris brun ou roussâtre ; base des inférieures avec une tache d'un rouge de rouille et très-velue.

M. Godart a trouvé deux fois des individus de cette espèce qui avoient l'apparence d'être hermaphrodites, ayant d'un côté les ailes autrement colorées, et, du même côté, l'antenne plus en scie. Nous remarquons cette particularité, parce que nous avons présenté nous-même à la Société philomatique un individu de la même espèce absolument dans le même cas.

Cet insecte est très-commun aux environs de Paris. Sa chenille, qui est verte, chagrinée, avec sept lignes jaunâtres, obliques sur chaque côté, porte une corne jaune, avec la base bleue, et sa tête est bordée de jaune. (C. D.)

SPHODRUS. (*Entom.*) Genre de coléoptères, démembré de celui des carabes par M. Bonelli, de Turin. (Desm.)

SPHŒNOCARPUS. (*Bot.*) Ce nom, sous lequel Richard avoit fait un genre du *Conocarpus racemosa* de Linnæus, seroit peut-être préférable à celui de *Laguncularia*, qui lui a été donné par M. Gærtner fils. (J.)

SPHONDYLE. (*Conchyl.*) Voyez SPONDYLE. (DESM.)

SPHONDYLOCLADIUM. (*Bot.*) Nées, dans son *Radix plantarum mycetoidearum*, orthographie ainsi le SPONDYLOCLADIUM (voyez ce mot), genre de la famille des champignons. (LEM.)

SPHRAGIS ou SPHRAGIDE. (*Min.*) Les anciens donnoient le nom de sphragis ou de pierre en terre sigillée, c'est-à-dire portant un cachet, à deux espèces minérales très-différentes.

Au rapport de Pline, livre 57, chap. 8, on nommoit ainsi une sorte de jaspe, plus propre que les autres à être gravé pour servir de cachets; mais le sphragis qu'on regardoit comme le véritable, non pas parce qu'on en faisoit des cachets, mais parce que ce minéral ne se mettoit dans le commerce que marqué du sceau des prêtres de Diane, étoit l'ocre rouge de l'île de Lemnos. L'emploi de cette ocre ou terre bolaire comme médicament, et l'usage d'en garantir l'authenticité par l'empreinte d'un cachet, s'est perpétué jusqu'aux temps modernes. Les autorités turques de cette île ont mis cette terre dans le commerce avec l'empreinte de leur sceau, un croissant et trois étoiles, et elle porte en Europe dans les pharmacies et les magasins des droguistes le nom de *terre sigillée*. (B.)

SPHYRÈNE, *Sphyræna*. (*Ichthyol.*) On donne ce nom à un genre de poissons de la famille des siagonotes, parmi les holobranches abdominaux, et, par conséquent, à squelette osseux, à branchies complètes, à opercules lisses, à rayons pectoraux réunis, à mâchoires très-prolongées et ponctuées.

Mais outre ces caractères généraux, les SPHYRÈNES en ont encore de particuliers, qu'on peut exposer comme il suit, tout en reconnoissant qu'elles ont quelques rapports avec les dentex :

Deux nageoires du dos; corps alongé; museau pointu par le prolongement en avant de l'ethmoïde et des sous-orbitaires; gueule très-fendue; mâchoire inférieure plus longue que la supérieure, et formant, quand la gueule est fermée, comme la pointe d'un cône; dents maxillaires supérieures coniques, les deux antérieures plus fortes; vomer lisse; langue un peu âpre; joues et opercules écail-

leuses, mais sans épines ni dentelures; première nageoire dorsale sur les catopes; la seconde sur la nageoire anale.

Il devient donc facile de distinguer les Sphyrènes des Stomias et des Microstomes, qui ont le museau très-court; des Élopes, des Synodons, des Mégalopes, des Ésoces, des Lépisostées, qui n'ont qu'une seule nageoire dorsale, et des Polyptères, ainsi que des Scombrésoces, qui en ont plus de deux. (Voyez ces divers noms de genres et Siagonotes.)

Parmi les sphyrènes, qui, pour la plupart, ont été confondues avec les *ésoces* ou *brochets*, nous citerons :

Le Spet, *Sphyræna spet*, Lacép.; *Esox sphyræna*, L. Nageoires dorsale et anale échancrées; teinte générale argentée; dos verdâtre, ni taches, ni bandes, ni raies; nageoires anale et pectorales rouges, ainsi que les catopes.

Ce poisson parvient à la taille de trois pieds. Il est d'une agilité et d'une voracité remarquables. Sa chair, blanche et délicate, est d'une excellente saveur, et lui fait livrer une guerre continuelle par les pêcheurs de la Méditerranée et de l'océan Atlantique, dont il anime les eaux.

Il paroît que le poisson dessiné par Sonnerat et gravé par feu de Lacépède sous le nom de *Variété de la sphyrène chinoise*, n'est que le spet lui-même.

La Sphyrène orvert; *Sphyræna aureoviridis*, Lacép., donnée d'après un dessin de Plumier, doit appartenir à un genre différent, puisqu'elle a les catopes sous les nageoires pectorales et qu'elle manque de grandes dents.

La Bécune; *Sphyræna becuna*, Lacép. Tête alongée ; corps et queue très-déliés; presque toutes les nageoires falciformes; opercules très-arrondies; teinte générale bleue; un grand nombre de taches rondes, très-inégales et d'un bleu foncé, le long de la ligne latérale; œil d'un rouge de rubis.

La Sphyrène aiguille, *Sphyræna acus*, ne paroît à M. Cuvier être qu'une orphie, faite d'après un dessin où la position de l'animal fait paroître un des catopes comme une première nageoire dorsale. (H. C.)

SPHYRNÆNA GILLU. (*Ichthyol.*) Voyez Zygène. (H. C.)

SPIC. (*Bot.*) Nom vulgaire d'une espèce de lavande. (L. D.)

SPICANARD. (*Bot.*) Voyez Nard. (J.)

SPICARA. (*Ichthyol.*) M. Rafinesque-Schmaltz a créé sous
ce nom un genre de poissons voisin des LABRES et des SPARES,
mais caractérisé par le défaut de dents et par l'extensibilité
de la bouche. (H. C.)

SPICIFÈRE. (*Ornith.*) Cette espèce de paon du Japon est
décrite au mot PAON, tome XXXVII de ce Dictionnaire,
pag. 560. (CH. D.)

SPICULARIA. (*Bot.*) Stipe simple ou peu rameux, divisé
au sommet en deux ou en quatre parties; sporules terminales, formant un épi ovale, pédicellé, compacte. Ce genre,
établi par Persoon dans la famille des champignons, et du
groupe qu'il désigne par *champignons byssoïdes vrais*, voisin
de celui des moisissures, comprend six espèces qu'il avoit
rangées précédemment dans le genre *Botrytis*. Ces plantes ont
le port des moisissures.

Il a été dit à l'article POLYACTIS de ce Dictionnaire que ce
genre étoit le même que le *Spicularia* de M. Persoon. En
effet, en comparant les caractères de ces deux genres, on y
aperçoit à peine des différences marquantes. Les *spicularia
simplex*, *umbellata* et *ramosa*, Pers., sont des POLYACTIS de
Link et sont décrites dans ce Dictionnaire à cet article. Les
spicularia racemosa, *alba*, *gemina*, de Persoon, ont été considérées d'abord par lui comme espèces du genre BOTRYTIS, où
Link les place de nouveau. Mais Fries (*Syst. orb. veg.*), en
exposant les caractères du genre *Botrytis* et en faisant connoître ses divisions, y ramène comme telles les genres *Polyactis* et *Spicularia*, ainsi que le *Cladobotryon* de Nées, l'*Ha-
plaria* de Link; et, en effet, tous ces genres ont beaucoup
d'affinité et ne diffèrent que par leur manière de se ramifier :
ils méritent donc d'être réunis en un seul, auquel on peut
assigner, avec Fries, les caractères suivans : Filamens floconneux, cloisonnés, libres; les fertiles droits, simples à l'extrémité; sporidies simples, rassemblées à l'extrémité ou autour des rameaux.

On pourroit encore y joindre le *Dimera*, Fries, qui n'en
diffère réellement que par ses filamens renflés à leur extrémité, et qui est fondé sur le *Botrytis didyma*, Schmidt. Curt
Sprengel a réuni également au *Botrytis* les genres *Helmis-
porum*, *Stachylidium* et *Penicillium* de Link, les *Virgaria* et

Verticillium de Nées, et le genre *Polyactis* de Link. (Lem.)

SPICULÉ [Épi]. (*Bot.*) Composé de plusieurs petits épis (épillets) sessiles ou presque sessiles, serrés contre l'axe; exemples : *carex muricata*, *lolium perenne*, etc. (Mass.)

SPIEGELKARPFEN. (*Ichthyol.*) Nom allemand de la *reine des carpes*. Voyez Carpe. (H. C.)

SPIEL - STRICH - SCHELLFISCH. (*Ichth.*) Voyez Sœ - ræv. (H. C.)

SPIELMANNE, *Spielmannia*. (*Bot.*) Genre de plantes dicotylédones, à fleurs complètes, monopétalées, de la famille des *verbénacées*, de la *tétrandrie monogynie* de Linnæus, offrant pour caractère essentiel : Un calice persistant, à cinq divisions presque égales : une corolle hypocratériforme; le limbe partagé en cinq lobes presque égaux ; quatre étamines égales; un ovaire supérieur; le style court; le stigmate courbé en crochet; un drupe globuleux renfermant un noyau à deux loges; les semences oblongues, solitaires.

Spielmanne d'Afrique : *Spielmannia africana*, Lamk., *Ill. gen.*, tab. 85 ; *Spielmannia jasminum*, *Medic. act. Palat.*, vol. 3 , *Phys.*, pag. 198 ; Commel., *Rar.*, tab. 6 ; *Lantana africana*, Linn., *Hort. Cliff.*, 520. Arbrisseau de cinq à six pieds, dont la tige est droite, rameuse; les branches étalées; les rameaux opposés, quadrangulaires, velus à leur partie supérieure, un peu ailés sur leurs angles, garnis de feuilles sessiles, opposées ; les supérieures alternes, presque décurrentes, minces, ovales, un peu velues, dentées en scie à leurs bords, longues d'un pouce. Les fleurs sont sessiles, solitaires, axillaires; le calice légèrement velu, à cinq divisions droites, subulées, aiguës; la corolle blanche et petite; le tube de la longueur du calice, renflé à sa base; le limbe divisé en cinq lobes tres-obtus, comme tronqués; l'orifice garni de poils; les étamines courtes, attachées sur le tube, non saillantes; l'ovaire arrondi, surmonté d'un style court et d'un stigmate fortement courbé en crochet. Le fruit est un petit drupe globuleux, un peu acuminé, marqué d'un sillon, renfermant un noyau à deux loges. Cette plante croit au cap de Bonne-Espérance ; on la cultive au Jardin du Roi. (Poir.)

SPIERING. (*Ichthyol.*) Nom hollandois de l'Éperlan. (H. C.)

SPIERLING. (*Ichthyol.*) Un des noms allemands de l'aphie, *leuciscus aphya.* Voyez ABLE dans le Supplément du tome I.ᵉʳ de ce Dictionnaire. (H. C.)

SPIESIA. (*Bot.*) Genre de Necker, fait sur le *phaca muricata* de Linnæus fils, qui a une gousse longue et chargée d'aspérités. (J.)

SPIGÈLE, *Spigelia*. (*Bot.*) Genre de plantes dicotylédones, à fleurs complètes, monopétalées, de la famille des *gentianées*, de la *pentandrie monogynie* de Linné, caractérisé par un calice à cinq divisions, persistant; la corolle infundibuliforme ; le tube beaucoup plus long que le calice, rétréci à sa partie inférieure ; le limbe ouvert, à cinq découpures acuminées ; cinq étamines insérées sur le tube ; les anthères sagittées ; un ovaire supérieur, à deux lobes; un style; un stigmate simple; une capsule à deux lobes, à deux loges ; les semences nombreuses, fort petites, attachées à l'angle intérieur des loges.

SPIGELE ANTHELMINTIQUE : *Spigelia anthelmia*, Linn. , *Amœn. acad.* , 5 , tab. 2 ; Lamk., *Ill. gen.*, tab. 107 ; Petiv. , *Gazophyll.*, tab. 59 , fig. 10; vulgairement POUDRE AUX VERS. BRAINVILLIÈRE. Cette plante a des racines fibreuses, d'où s'élève une tige forte, herbacée, glabre, cylindrique, striée, presque simple, haute d'environ un pied et demi. De l'aisselle des feuilles sortent quelques rameaux opposés, très-simples, semblables aux tiges. Les feuilles sont sessiles, opposées, lancéolées, entières, aiguës, glabres à leurs deux faces ; les tiges, ainsi que les rameaux, sont terminés par quatre feuilles opposées en croix, plus grandes que les autres. Les fleurs sortent du centre des feuilles supérieures. disposées en épis médiocrement ramifiés à leur base, un peu grêles, alongés, munis de bractées; chaque fleur est presque sessile, un peu unilatérale, de couleur un peu herbacée. Le calice est partagé en cinq découpures aiguës; le tube de la corolle renflé à sa partie supérieure ; le limbe à cinq lobes ovales, acuminés. Le fruit est une capsule à deux lobes, surmontés dans leur milieu du style persistant. Cette plante croit dans plusieurs contrées de l'Amérique méridionale, au Brésil, à Cayenne , etc. : elle est cultivée au Jardin du Roi.

Malgré les propriétés délétères que l'on attribue à cette plante, et qui lui ont attiré le nom de *Brainvillière*, par allusion à celui d'une fameuse empoisonneuse, elle ne passe pas

moins pour un des meilleurs spécifiques contre les vers in-
testinaux. Les habitans du Brésil en font usage depuis long-
temps, ainsi que les Nègres, qui l'ont communiquée aux colons des îles américaines ; ils lui ont donné le nom de *poudre
aux vers.*

Spigèle du Mariland : *Spigelia marilandica*, Linn., *Syst. veg.*;
Bot. Magaz., tab. 202; Catesb., *Carol.*, 2, tab. 78. Ses tiges
sont très-droites, simples, herbacées, hautes d'un pied, presque quadrangulaires, un peu rudes sur leurs angles. Les
feuilles sont opposées, sessiles, assez grandes, larges, ovales,
lancéolées, glabres, entières, longues de deux ou trois pouces,
larges d'un pouce et demi. Les fleurs sont sessiles, terminales,
unilatérales, disposées en épis simples, plus longs que les
feuilles, accompagnés de petites bractées opposées. Le calice
est composé de cinq folioles subulées. presque filiformes,
persistantes. La corolle est d'un rouge vif en dehors. orangée
en dedans, infundibuliforme, au moins longue d'un pouce,
à cinq angles à sa partie supérieure, dilatée à sa base, relevée
en bosse à son orifice; le limbe à cinq lobes réfléchis; les étamines, point saillantes, ont les anthères conniventes et sagittées; le style est articulé et persistant: la capsule arrondie, à
deux lobes, biloculaire, avec les semences rudes et anguleuses. Cette plante croit dans le Mariland, la Caroline et
la Virginie. On lui attribue les mêmes propriétés qu'à l'espèce
précédente.

Spigèle arbuste : *Spigelia fruticulosa*, Lamk., *Ill. gen.*, n.°
2152; Poir., Encycl. Cette espèce offre dans ses feuilles supérieures le même caractère que la spigèle anthelmintique ;
elle s'en distingue par ses tiges un peu ligneuses, par ses
feuilles ovales, pétiolées. Ses rameaux sont glabres, très-
grêles, un peu quadrangulaires, comprimés à leur partie supérieure. Les feuilles sont opposées, pétiolées, ovales, un peu
lancéolées, lisses, glabres, entières, vertes en dessus, plus
pâles en dessous, longues de deux ou trois pouces, larges
d'un pouce; les supérieures au nombre de quatre, comme
verticillées. Les fleurs forment un épi grêle, terminal, long
de deux ou trois pouces ; chaque fleur sessile ou à peine pédicellée. Cette plante croît dans les bois à Cayenne. (Poir.)

SPIGG. (*Ichthyol.*) Voyez Skitpigg. (H. C.)

SPIGOLA. (*Ichthyol.*) Nom italien du *loup de mer*, *perca labrax* de Linnæus. Voyez Persèque. (H. C.)

SPIL-STRÆNG-HYSE. (*Ichthyol.*) Voyez l'article Sœ-raev. (H. C.)

SPILACRE, *Spilacron.* (*Bot.*) Ce nouveau genre de plantes. que nous proposons, appartient à l'ordre des Synanthérées. à la tribu naturelle des Centauriées. à la section des Centauriées-Chryséidées, et au groupe des Chryséidées vraies. Voici ses caractères :

Calathide radiée : disque subduodécimflore. subrégulariflore, androgyniflore ; couronne unisériée. suboctoflore, anomaliflore, neutriflore. Péricline ovoïde-oblong, inférieur aux fleurs du disque ; formé de squames peu nombreuses, régulièrement imbriquées, appliquées ; les intermédiaires ovales, coriaces, striées, munies d'un appendice peu distinct, appliqué, décurrent, marginiforme, dont la partie moyenne ou terminale est lancéolée, opaque (roussâtre), épaisse, roide, subcornée, mucronée, et dont les parties latérales et décurrentes sont larges, scarieuses, diaphanes, irrégulièrement découpées ou comme lacérées sur les bords et au sommet. Clinanthe plan, garni de fimbrilles libres, nombreuses, longues, inégales, filiformes-laminées. *Fleurs du disque :* Ovaire oblong, pubescent (probablement épais, turbiné, strié) ; aréole basilaire large, peu oblique ; bourrelet apicilaire élevé, mince, annulaire, entier ; aigrette longue, composée de squamellules très-nombreuses, très-inégales, plurisériées, imbriquées, étagées ; les extérieures courtes, larges, laminées, linéaires-lancéolées ; les intérieures longues, ayant la partie inférieure filiforme, presque nue, et la partie supérieure élargie, laminée, linéaire, régulièrement et très-profondément dentée en scie (ou presque barbellée) sur les deux bords ; petite aigrette intérieure nulle ou point distincte. Corolle un peu obringente, entièrement glabre. Étamines à filets très-poilus ; appendices apicilaires des anthères longs, obtusiuscules ou un peu aigus. Style à deux stigmatophores longs et entregreffés. *Fleurs de la couronne :* Faux-ovaire grêle, glabre, inaigretté. Corolle à limbe un peu amplifié, subbiliguliforme, à languette extérieure très-profondément divisée en trois lanières très-longues, étroites, à languette intérieure un peu moins longue, peu distincte, divisée en deux jusqu'à sa base.

Spilacre fausse-crupine : *Spilacron crupinoides*, H. Cass.; *Centaurea arenaria*, Marsch., *in* Willd., *Spec.*, tom. 3, pag. 2278; *Fl. cauc.*, tom. 2, p. 547; Suppl., pag. 590. Plante glabre, à tige dure, roide, grêle, longue, étalée, très-rameuse, verte, un peu anguleuse; feuilles alternes, distantes, très-étroites, linéaires; les inférieures pinnées (presque entièrement détruites dans l'échantillon que nous décrivons); les supérieures très-simples, très-entières; calathides hautes d'environ six lignes, nombreuses, comme paniculées, solitaires au sommet des rameaux, qui sont très-grêles, presque filiformes, munis de petites feuilles; disque de treize fleurs; couronne de huit fleurs; péricline glabriuscule, à squames roussâtres au sommet; corolles purpurines; aigrettes blanches.

Nous avons fait cette description spécifique, et celle des caractères génériques, sur un échantillon sec, recueilli vers l'embouchure du Wolga, et donné par M. Steven à M. Gay, qui a bien voulu nous le communiquer.

Le nom de *Spilacron*, composé de deux mots grecs, qui signifient *sommet taché*, fait allusion à ce que l'appendice des squames du péricline paroît au premier coup d'œil réduit à une tache roussâtre, située au sommet de la squame.

La très-grande affinité qui existe entre le *Spilacron* et le vrai *Crupina*, exige que nous décrivions ici les caractères de ce dernier genre, tels que nous les avons observés sur la *Crupina vulgaris*, Pers., que Linné nommoit *Centaurea crupina*.

Crupina. Calathide radiée : disque tri-quinquéflore, subrégulariflore, androgyniflore; couronne unisériée, quadri-septemflore, anomaliflore, neutriflore. Péricline ovoïde-oblong, égal ou un peu inférieur aux fleurs du disque; formé de squames peu nombreuses, paucisériées, imbriquées, appliquées, ovales-lancéolées, très-aiguës au sommet, absolument privées d'appendice, un peu coriaces, trinervées, ayant les bords membraneux-scarieux et diaphanes. Clinanthe plan, comme alvéolé ou fovéolé, garni de fimbrilles libres, très-longues, larges, inégales, laminées, membraneuses, linéaires-subulées. *Fleurs du disque* : Ovaire ou fruit obovoïde, non comprimé, tronqué au sommet, velu, comme velouté; aréole basilaire large, orbiculaire, convexe, point oblique ; bourrelet basilaire nul; bourrelet apicilaire annulaire, cartilagineux, très-entier, lisse; péricarpe épais, dur, corné; aréole apicilaire produisant, après la fleuraison, entre l'aigrette et la corolle, un bourrelet circulaire très-élevé, très-épais, cartilagineux, persistant; nectaire élevé, cylindrique, tubuleux, irrégulièrement et profondément denté au sommet; aigrette (noire) double : l'extérieure beaucoup plus longue, composée de squamellules multisériées, régulièrement imbriquées, très-inégales, dont les extérieures sont extrêmement courtes, laminées, linéaires, obtuses, un peu barbellulées sur les bords, et dont les intérieures, graduellement plus longues, sont filiformes, irrégulièrement barbellulées; l'aigrette intérieure très-courte, composée de dix squamellules unisériées, distancées, laminées, larges, irrégulières, tronquées, aiguës, inappendiculées. Corolle subrégulière ou un peu obringente, à tube garni en dehors de poils fugaces, longs, filiformes, hérissés eux-mêmes de poils plus petits; cette corolle, après la fleuraison, produit, au-dessus de sa base, une énorme expansion en forme de calotte hémisphérique, épaisse, charnue, verte, membraneuse et diaphane sur ses bords, laquelle emboîte et recouvre entièrement le bourrelet circulaire qui s'est élevé autour de sa base sur l'aréole apicilaire. Étamines à filets parsemés de longues papilles cylindriques; appendices apicilaires des anthères aigus. Style à deux stigmatophores entregreffés. *Fleurs de la couronne :* Faux-ovaire long, grêle, linéaire, glabre, inaigretté. Corolle grêle, à limbe ordinairement divisé en cinq (quelquefois trois ou quatre) lanières longues, étroites, linéaires, un peu inégales.

On jugera sans doute que cette description des caractères génériques du *Crupina* est surchargée outre mesure de détails beaucoup trop minutieux ; mais comme ils font connoître des particularités fort remarquables et négligées avant nous par tous les botanistes, nous espérons qu'on nous les pardonnera. On doit surtout remarquer, comme très-digne d'attention, la production simultanée, après la fleuraison, d'un bourrelet (analogue à la cupule des *Jurinea*) sur l'aréole apicilaire du fruit, et d'une expansion de la base de la corolle pour recouvrir ce bourrelet. Cette production est d'autant plus notable qu'elle paroît s'opérer plus ou moins manifestement dans toutes les Centauriées, en sorte que la Crupine, au lieu d'offrir, sous ce rapport, une anomalie, ne présente qu'un maximum de développement.

Par exemple, dans le *Cyanus vulgaris* (*Centaurea cyanus*, L.), le fruit mûr porte sur son aréole apicilaire un petit bourrelet circulaire, cartilagineux, bien manifeste, saillant entre l'aigrette intérieure et le cercle d'insertion de la corolle ; ce bourrelet est couvert et emboîté par un anneau que forme la base de la corolle en dehors de la ligne circulaire par laquelle elle s'attache à l'ovaire. Remarquez que cet anneau basilaire de la corolle et le bourrelet couvert par lui sont produits en même temps, et seulement après la fécondation. La corolle, quoique articulée sur l'ovaire, dont elle est spontanément séparable, persiste sur lui long-temps après la fécondation, ayant alors le limbe desséché, mais le tube ou le bas du tube encore vivant; cet état dure jusqu'à la dissémination, époque où la corolle, déja entièrement desséchée, abandonne le fruit. Il est probable que cette disposition a pour but de garantir la graine de l'humidité, en empêchant l'eau de la pluie de pénétrer par l'aréole apicilaire dans l'intérieur du péricarpe. Nous attribuons la même destination à la petite aigrette intérieure, qui paroît être hygrométrique, et qui, après la chute de la corolle, reste dressée, ou même devient plus ou moins convergente, tandis que la grande aigrette extérieure diverge pour faciliter la dissémination.[1]

Tout ce que nous venons de dire du *Cyanus vulgaris* se trouve plus ou moins applicable, d'après nos observations, à toutes les Centauriées[2], et peut par conséquent fournir de

---

[1] Les deux aigrettes du *Cyanus vulgaris* se distinguent très-facilement, l'extérieure étant violette et l'intérieure blanche.

[2] Dans le *Cnicus*, le bourrelet annulaire né sur l'aréole apicilaire du fruit, entre l'aigrette et la corolle, adhère manifestement par sa base à la petite aigrette intérieure; cette adhérence, que nous avons aussi remarquée dans quelques autres Centauriées, notamment dans le *Crupina*, existe peut-être dans toutes, et semble indiquer des rapports intimes entre la petite aigrette et le bourrelet dont il s'agit. Ajoutons que, dans le *Cnicus*, les deux aigrettes et le bourrelet peuvent se détacher du fruit mûr nettement, mais avec effort.

50.   16

nouveaux caractères à cette tribu naturelle. (Voyez t. XX.
pag. 558.)

Maintenant, si nous comparons les caractères génériques
du *Crupina* et ceux du *Spilacron*, nous reconnoissons que ces
deux genres ont beaucoup d'affinité, mais que pourtant ils
diffèrent, 1.° par les squames du péricline, appendiculées au
sommet dans le *Spilacron*, absolument privées d'appendice
dans le *Crupina* ; 2.° par la corolle, entièrement glabre dans
le *Spilacron*, munie dans le *Crupina* de poils composés très-
remarquables; 5.° par la structure de l'aigrette. Celle du *Spilacron* est simple, c'est-à-dire privée de la petite aigrette intérieure, qui est bien manifeste et bien distincte dans le *Crupina* : il est vrai que, dans le *Spilacron*, les squamellules du
rang le plus intérieur nous ont paru notablement moins longues que celles des rangs voisins : mais cette différence n'est
pas à beaucoup près suffisante pour faire admettre l'aigrette
double. Outre cela, les squamellules intérieures de l'aigrette
du *Spilacron* ont la partie inférieure filiforme, presque nue,
et la partie supérieure élargie, laminée, linéaire, régulièrement dentée sur les deux bords : tandis qu'au contraire, dans
le *Crupina*, les squamellules intérieures de la grande aigrette
ont la partie inférieure plus large, laminée, linéaire, et la supérieure filiforme, irrégulièrement barbellulée tout autour.

Il est donc indubitable que notre *Spilacron* constitue un
genre distinct du vrai *Crupina* : mais on peut s'étonner que
ces deux genres, si voisins l'un de l'autre, soient attribués
par nous à deux sections différentes. Il est certain que le *Spilacron* est un genre ambigu, c'est-à-dire formant comme une
nuance intermédiaire entre les deux sections de la tribu des
Centauriées, et pouvant être rapporté presque indifféremment à l'une ou à l'autre. L'absence de la petite aigrette intérieure, et la forme des grandes squamellules, plus larges
en haut qu'en bas, nous ont décidé pour la section des Chryséidées : mais le *Crupina* étant placé à la fin de la première
section, et le *Spilacron* au commencement de la seconde, les
rapports naturels se trouvent conservés. Remarquez que le
caractère essentiel des Chryséidées, qui consiste en ce que
les plus grandes squamellules de l'aigrette sont paléiformes,
élargies de bas en haut, et privées de barbelles distinctes,

est peu manifeste dans le *Spilacron*, et reconnoissable seulement à l'aide d'une forte loupe, parce que la partie supérieure de ces squamellules est linéaire, un peu plus large seulement que l'inférieure, et bordée de dents si longues et si étroites, qu'elles ressemblent beaucoup à des barbelles.

Notre intention étant de présenter dans cet article, sous la forme la plus abrégée, le tableau méthodique de la tribu des Centauriées, tel qu'il résulte de nos dernières observations, suivi de notes sur les nouveaux genres récemment établis par nous dans cette tribu, et qui n'ont point encore été indiqués dans ce Dictionnaire, il convient de faire précéder ce tableau de quelques considérations sur les caractères qu'on peut employer pour diviser la tribu dont il s'agit en groupes naturels de divers degrés et définitivement en genres ou sous-genres.

La calathide des Centauriées est presque toujours couronnée ; et lorsque la couronne manque, ce caractère est quelquefois inconstant, et dans tous les cas d'une très-foible importance. La calathide est longuement radiée, courtement radiée, ou discoïde, selon que les fleurs de la couronne sont plus ou moins longues comparativement à celles du disque : mais ces différences, toujours peu importantes, sont souvent variables. Le disque est presque toujours multiflore, rarement pauciflore.

Le péricline fournit en général les meilleurs caractères qu'on puisse employer, surtout pour distinguer les genres, et ces caractères distinctifs résident principalement, et même presque uniquement, dans l'appendice des squames intermédiaires. En effet, la forme du péricline et celle des squames qui le composent ne varient presque pas dans toute la tribu, tandis que l'appendice des squames offre une multitude de modifications plus ou moins notables dans sa substance et dans sa forme. Les appendices d'un même péricline diffèrent plus ou moins, selon qu'ils appartiennent aux squames extérieures, aux squames intermédiaires, ou aux squames intérieures, et les descriptions génériques se compliqueroient sans utilité, si l'on y faisoit mention de toutes ces différences. Il est très-avantageux sous tous les rapports de se borner à considérer l'appendice des squames intermédiaires, qui offre toujours le vrai type de la structure qui lui est propre, et de négliger les appendices extérieurs et les intérieurs, où ce type est plus ou moins altéré, et souvent même absolument méconnoissable. Cette méthode simplifie, facilite, éclaircit les distinctions génériques, et les rend exactement comparables entre elles. Ainsi, dans nos descriptions des Centauriées, les caractères que nous attribuons aux appendices du péricline sont toujours exactement applicables aux appendices intermédiaires, et non aux extérieurs ni aux intérieurs. Les appendices dont il s'agit sont tantôt nuls, tantôt scarieux, tantôt cornés et piquans, tantôt foliacés ; ils sont tantôt simples ou indivis, tantôt diversement ramifiés ou découpés ; les appendices scarieux, qui sont les plus communs, sont tantôt plus ou moins décurrens, tantôt non décurrens, sur les bords des squames ; ils sont tantôt plus ou moins diaphanes, minces, membraneux, tantôt opaques, épais, coriaces, en tout ou partie. Telles sont les principales modifications qu'il importe de considérer dans les appendices intermédiaires du péricline des Centauriées.

Le clinanthe et ses fimbrilles sont à peu près uniformes dans toute la tribu. On peut remarquer cependant de légères différences dans la largeur des fimbrilles, tantôt subfiliformes, tantôt largement laminées, et surtout que quelquefois elles sont munies au sommet de deux ou trois petites dents en forme de barbellules, comme dans le *Cyanus.*

L'ovaire, presque toujours plus ou moins garni de poils épars, assez longs, très-fins, est rarement très-velu comme dans le *Crocodilium,* ou velouté comme dans le *Crupina,* ou glabre et muni de côtes comme dans le *Cnicus,* le *Mantisalca,* le *Cyanopsis.* Il est presque toujours plus ou moins comprimé, rarement non comprimé comme dans le *Crupina,* le *Cnicus.* Son aréole basilaire, presque toujours très-oblique-intérieure, est rarement non oblique comme dans le *Crupina,* quelquefois entouré de longues soies comme dans le *Cyanus.* Le bourrelet apicilaire est plus ou moins manifeste, entier ou crénelé.

L'aigrette est parfaite, imparfaite ou nulle, selon qu'elle a reçu tout l'accroissement dont elle est susceptible, ou qu'elle est demi-avortée, ou tout-à-fait avortée : mais ces trois modifications de l'aigrette sont les moins importantes à considérer, et ne peuvent guère servir que pour les distinctions spécifiques. L'aigrette fournit au contraire de bons caractères génériques selon qu'elle est *normale* ou *abnormale*, c'est-à-dire selon qu'elle offre la structure ordinairement propre aux Centauriées, ou qu'elle s'écarte notablement de cette structure ordinaire. Il importe beaucoup de remarquer si l'aigrette est simple ou double, c'est-à-dire, s'il existe ou non une rangée intérieure de squamellules incomparablement plus courtes que celles qui les avoisinent, et tellement différentes sous d'autres rapports qu'elles méritent d'être considérées comme formant une aigrette intérieure distincte. Enfin, la différence la plus essentielle, selon nous, de toutes celles que peuvent offrir les aigrettes des Centauriées, consiste en ce que les squamellules les plus longues sont tantôt filiformes-laminées, étrécies de bas en haut, et munies de barbelles, tantôt paléiformes, élargies de bas en haut, et privées d'appendices distincts. Ces derniers caractères, qui doivent être observés sur les squamellules les plus longues, parce que ce sont les plus parfaites et que les autres sont plus ou moins altérées, nous ont servi à diviser la tribu des Centauriées en deux sections.

La corolle des fleurs du disque est tantôt régulière, tantôt et le plus souvent subrégulière, tantôt manifestement obringente. Elle est ordinairement glabre, rarement hérissée de longs poils composés dans le *Crupina*, simples dans le *Volutarella*, dont la corolle est en outre remarquable par ses divisions roulées en dedans comme une volute.

Les étamines ont le filet tantôt poilu, tantôt papillé. La disposition des poils sur le filet ne mérite d'être notée que dans le *Cyanus vulgaris*[1] et dans les *Kentrophyllum*. Le tube formé par la réunion des appendices apicilaires des anthères est plus ou moins long, plus ou moins courbe, d'une substance

---

1 Dans le *Cyanus vulgaris*, il n'y a qu'une seule rangée transversale de poils, formant une sorte de manchette autour du filet de l'étamine, vers le milieu de sa hauteur; et en cet endroit le filet se coude en dedans très-brusquement et change subitement de couleur. Quant aux *Kentrophyllum*, voyez tom. XXIV, pag. 384.

plus ou moins cornée, mais ce qu'il importe le plus de considérer dans ces appendices, c'est la forme de leur sommet, tantôt aigu, tantôt arrondi.

Le style porte deux stigmatophores, qui sont ordinairement longs et entregreffés, au moins en leur partie inférieure; mais qui sont quelquefois courts, entièrement libres jusqu'à la base, divergens et arqués en dehors, comme dans le genre *Cyanus*.

Les fleurs de la couronne ont toujours un faux-ovaire (qui ne peut fournir aucun caractère distinctif), et rarement de fausses-étamines (dont la présence mérite d'être notée). Leur corolle, étant très-diversifiée, sembleroit pouvoir être utilement employée dans les distinctions génériques : mais la plupart des différences qu'elle présente ont peu d'importance et peu de constance; elles se confondent par des nuances insensibles, qui les rendent très-ambiguës, et sont fort difficiles à distinguer, à déterminer, à décrire exactement. On peut donc négliger sans inconvénient cette corolle, excepté dans certains cas où elle offre des caractères très-notables. Cependant il convient de faire ici remarquer que les innombrables modifications de cette corolle, qui semble un véritable protée, peuvent toutes se rapporter à deux classes, dont la plus nombreuse se subdivise en trois sections : la première classe comprend les corolles *inamplifiées*, c'est-à-dire dont le limbe n'est jamais plus large que celui des corolles du disque, et est souvent plus étroit; la seconde classe comprend les corolles *amplifiées*, ou dont le limbe est plus large que dans les corolles du disque. Les corolles amplifiées sont *équicrescentes*, quand les forces d'accroissement sont égales en tous sens, c'est-à-dire quand les deux faces (extérieure et intérieure) sont égales en longueur et divisées par des incisions égales; elles sont *extracrescentes*, quand la face extérieure est plus longue ou moins profondément fendue que la face intérieure; elles sont *intracrescentes* dans le cas contraire, dont le *Zoegea* offre l'exemple le plus manifeste.

La combinaison de tous les caractères que nous venons d'analyser, donne pour résultat le tableau suivant.

Première section. CENTAURIÉES-PROTOTYPES. (Aigrette ordinairement double, composée de squamellules dont les plus longues sont filiformes-laminées, étrécies de bas en haut, munies de barbelles ou quelquefois de barbellules.)

I. Jacéinées. (Appendices intermédiaires du péricline scarieux, au moins en grande partie.) = A. Jacéinées vraies. (Appendices intermédiaires point ou presque point décurrens sur les bords des squames.) 1. *Microlophus;* 2. *Charlolepis;* 3. *Phalolepis;* 4. *Jacea;* 5. *Pterolophus;* 6. *Platylophus;* 7. *Stenolophus;* 8. *Stizolophus;* 9. *Ætheopappus;* 10. *Cheirolophus* ou *Chirolophus;* 11. *Zoegea;* 12. *Psephellus;* 13. *Heterolophus.* = B. Cyanées. (Appendices intermédiaires notablement décurrens sur les bords des squames.) 14. *Melanoloma;* 15. *Cyanus;* 16. *Odontolophus;* 17. *Lopholoma;* 18. *Acrolophus;* 19. *Acrocentron;* 20. *Hymenocentron;* 21. *Crocodilium.*

II. Calcitrapées. (Appendices intermédiaires du péricline entièrement cornés, piquans.) = A. Calcitrapées vraies. (Appendices intermédiaires pennés.) 22. *Cnicus;* 23. *Mesocentron,* 24. *Verutina;* 25. *Triplocentron;* 26. *Calcitrapa.* = B. Séridiées. (Appendices intermédiaires palmés.) 27. *Philostizus;* 28. *Seridia;* 29. *Pectinastrum.*

III. Centauriées-Prototypes vraies. (Appendices intermédiaires du péricline nuls, presque nuls, ou très-petits.) 30. *Mantisalca* ou *Microlonchus;* 31. *Centaurium;* 32. *Crupina.*

Seconde section. CENTAURIÉES-CHRYSÉIDÉES. (Aigrette ordinairement simple, composée de squamellules dont les plus longues sont paléiformes, élargies de bas en haut, ou étrécies vers la base, dentées, mais privées d'appendices distincts.)

I. Chryséidées vraies. (Aigrette simple. Appendices intermédiaires du péricline tantôt nuls, tantôt scarieux ou cornés, tantôt spiniformes.) 33. *Spilacron;* 34. *Goniocaulon;* 35. *Volutarella;* 36. *Cyanopsis* ou *Cyanastrum;* 37. *Chryseis.*

II. Fausses Chryséidées. (Aigrette double. Appendices intermédiaires du péricline foliacés.) 38. *Kentrophyllum* ou *Centrophyllum;* 39.? *Hohenwartha.*

Il s'en faut de beaucoup sans doute que toutes les Centauriées puissent se rapporter exactement à ces trente-neuf genres ou sous-genres: et pourtant nous sommes loin de prétendre que tous ces genres ou sous-genres méritent d'être adoptés par les botanistes. Nous les avons trop multipliés, suivant notre usage, et nous reconnoissons franchement que la plupart sont peu distincts et se confondent par des nuances intermédiaires. Mais faut-il répéter pour la centième fois que notre but n'est que de recueillir, de préparer et de classer des matériaux, en laissant à de plus habiles le soin de les employer convenablement pour construire un système général, complet et régulier. Celui qui entreprendra cette tâche difficile. infiniment supérieure à nos forces et à nos moyens, devra nécessairement supprimer ou réunir un grand nombre de nos genres dans toutes les tribus, notamment dans celle des Centauriées. Il pourra juger aussi que nos sections et sous-sections sont souvent peu distinctes, surtout ici, quelques genres ambigus pouvant être presque indifféremment rapportés à tel ou tel autre groupe : mais ces divisions, quelque imparfaites qu'elles soient, sont indispensables pour établir l'ordre qui doit régner dans toute classification ; et les cas douteux peuvent presque toujours être assez bien résolus par la considération des affinités naturelles. Sous ce rapport, le tableau qui précède, quoique déjà rectifié, est probablement encore susceptible de quelques rectifications nouvelles.

A la suite de la première ébauche que nous avons présentée (tom. XLIV, pag. 35), nous avons indiqué très-succinctement le caractère et la composition de tous les genres alors établis. Il suffira donc ici de faire connoître les nouveaux genres ajoutés dans ce tableau, et de noter quelques corrections ou additions à faire dans l'indication des anciens.

1. Notre genre *Microlophus*, fondé sur la *Centaurea alata*, est remarquable par la petitesse des appendices du péricline, ce qu'exprime le nom générique, qui signifie *petite crête.* Les squames intermédiaires ont leur partie apicilaire desséchée, comme scarieuse, et surmontée d'un appendice très-petit, peu distinct, inappliqué, non décurrent, scarieux, opaque, un peu corné dans le milieu, comme palmé, découpé jusqu'à moitié en neuf lanières à peu près égales et très-glabres, dont la moyenne est étalée, épaisse, roide, cornée, spinescente, et dont les autres sont planes, linéaires, scarieuses, plus ou moins difformes et irrégulières.

3. Notre genre *Phalolepis*, ainsi nommé à cause des *écailles*

luisantes de son péricline, est principalement fondé sur la *Centaurea splendens*, et doit aussi comprendre les *nitens*, *alba*, etc. Les squames intermédiaires du péricline sont courtes, larges, ovales, presque arrondies, munies d'un appendice très-grand (beaucoup plus grand que la squame), non décurrent (ou très-peu décurrent), presque orbiculaire, concave, scarieux, un peu denticulé irrégulièrement sur les bords; à partie moyenne épaisse, opaque, coriace, plurinervée, roussâtre, prolongée au sommet en un filet court, subulé, un peu laminé, roide, spiniforme; à parties latérales minces, diaphanes, incolores, parcheminées, se déchirant facilement. Nous avons observé une espèce dont l'appendice est décurrent sur le haut de la squame, ce qui établit un rapport d'affinité très-notable entre le *Phalolepis* et l'*Hymenocentron*, que nous sommes pourtant obligé d'éloigner beaucoup l'un de l'autre.

5. Nous avions cru trop légèrement, sur la foi d'étiquettes fautives, que les plantes sur lesquelles nous avons fondé notre genre *Pterolophus* (tom. XLIV, pag. 34) étoient les *Cent. alba*, *splendens*, *nitens*, etc. Ne pouvant indiquer ces plantes par des noms connus et certains, il est indispensable de les décrire.

Pterolophus lanceolatus, H. Cass. Plante herbacée, haute d'environ quatre pieds; tige dressée, un peu épaisse, anguleuse ou striée, à partie supérieure ramifiée et pubescente; feuilles alternes; les inférieures plus grandes, comme pétiolées ou étrécies vers la base en forme de pétiole, lancéolées, parsemées de petits poils sur les deux faces, à bords entiers, munis de quelques denticules extrêmement petites et très-distantes; feuilles supérieures graduellement plus petites, sessiles, oblongues-lancéolées, pubescentes et grisâtres sur les deux faces, ordinairement dentées vers la base, qui est souvent comme biauriculée; calathides radiées, larges d'environ quinze lignes, solitaires au sommet des rameaux, souvent accompagnées autour de leur base de trois petites feuilles très-inégales; appendices du péricline roussâtres, non-décurrens; corolles purpurines; ovaires privés d'aigrette. Nous décrivons cette espèce sur des individus vivans, cultivés au Jardin du Roi, sous le faux nom de *Cent. alba*.

Pterolophus pinnatifidus, H. Cass. Tige haute de près de quatre pieds. dressée, très-rameuse, épaisse, striée, scabre, d'un vert cendré; feuilles alternes. sessiles. un peu pubescentes, d'un vert cendré. pinnatifides. à divisions elliptiques-oblongues, entières, acuminées au sommet; calathides nombreuses, paniculées. solitaires au sommet des derniers rameaux: chaque calathide accompagnée de deux ou trois petites feuilles nées sous la base de son péricline; corolles purpurines. quelquefois blanches : appendices du péricline tantôt bruns, tantôt blanchâtres, souvent un peu décurrens autour du sommet des squames ; ovaires aigrettés. Cette espèce est très-variable; nous l'avons décrite sur des individus vivans, cultivés au Jardin du Roi, où ils étoient faussement nommés *Cent. splendens*.

9. Notre genre *Æthcopappus*, fondé sur la *Centaurea pulcherrima*. Willd., sera décrit dans notre article SUZOLOPHE. Il suffit donc de dire ici que ce nouveau genre, immédiatement voisin du *Stizolophus*, s'en distingue principalement par la structure insolite de son aigrette, qui est très-longue, composée de squamellules très-nombreuses, très-inégales, imbriquées. étagées, toutes absolument filiformes d'un bout à l'autre. grêles, pointues au sommet, hérissées de barbelles fines, distantes, plus ou moins étalées, irrégulièrement disposées : il n'y a point de petite aigrette intérieure.

10. Notre genre *Chevolophus*, qui sera décrit aussi dans l'article SUZOLOPHE. est fondé sur les *Cent. sempervirens* et *intybacea*. C'est un genre très-remarquable par sa nature ambiguë, qui participe des Centauriées et des Carduinées, ayant beaucoup d'affinité avec les *Serratula, Lappa*, etc., par les caractères de l'ovaire et de l'aigrette, et avec les *Mantisalca, Centaurium*, etc., sous plusieurs autres rapports.

13. HETEROLOPHUS, H. Cass. Calathide très-radiée : disque multiflore, subrégulariflore, androgyniflore; couronne unisériée. ampliatiflore, neutriflore. Péricline ovoïde, très-inférieur aux fleurs du disque, formé de squames régulièrement imbriquées, interdilatées. appliquées : les extérieures ovales, surmontées d'un appendice non décurrent, scarieux, long, étroit (plus étroit que le sommet de la squame), plan, droit, demi-lancéolé, presque subulé, uninervé, très-entier, très-

aigu, les squames intermédiaires plus larges, ovales, ayant
un appendice non décurrent, scarieux, lancéolé, uninervé,
aigu, découpé peu profondément sur les deux côtés en quelques lanières courtes, subulées, planes, minces, molles, nullement ciliées ; les squames intérieures étroites, oblongues,
ayant l'appendice arrondi, scarieux, crénelé sur les bords.
Clinanthe garni de fimbrilles laminées, membraneuses, linéaires-subulées. *Fleurs du disque :* Ovaire pubescent ; aigrette
presque aussi longue que l'ovaire, régulière, persistante,
composée de squamellules très-nombreuses, multisériées, régulièrement imbriquées ou étagées, laminées, linéaires, obtuses, très-régulièrement barbellées sur les deux bords (sans
aucun globule) ; petite aigrette intérieure composée de squamellules unisériées, oblongues, laminées, denticulées, terminées par quelques longues barbes très-fines. Corolle subrégulière, un peu obringente. Étamines à filets presque glabres ; appendices apicilaires des anthères arrondis au sommet. Style à deux stigmatophores longs et entregreffés. *Fleurs*
de la couronne : Faux-ovaire grêle, pubescent, portant une
petite aigrette. Corolle à tube long et grêle, à limbe obco-
nique, profondément divisé en six longues lanières.

Heterolophus sibiricus, H. Cass. (*Centaurea sibirica,* Lin.,
Sp. pl., pag. 1291 ; Marsch., *Fl. Taur. cauc.,* tom. 2, p. 548.)
Racine probablement vivace, à collet couvert par les bases
desséchées des anciennes feuilles, et paroissant hérissé d'une
touffe épaisse de longs poils laineux, qui appartiennent réellement aux bases des feuilles, des tiges et des jeunes pousses ;
feuilles radicales longues d'environ deux à trois pouces,
larges de près d'un pouce, pétiolées, tomenteuses et blanches en dessous, verdâtres et plus ou moins velues en dessus,
pinnées ou pinnatifides, à pinnules supérieures plus ou moins
confluentes ou décurrentes, à pinnules inférieures distinctes,
distantes, larges, elliptiques, très-entières, ayant le sommet
arrondi, quelquefois un peu apiculé, et la base souvent
étrécie, subpétioliforme ; tiges très-étalées, presque couchées,
longues d'environ quatre pouces, grêles, tomenteuses, presque simples, ou un peu rameuses à la base, munies de feuilles
alternes, distantes, ordinairement simples, très-entières, pétiolées, lancéolées ; calathides solitaires au sommet des tiges ;

péricline laineux sur certaines parties, glabre sur d'autres,
ayant les appendices roussâtres ; corolles du disque et de la
couronne purpurines.

Nous avons fait cette description, générique et spécifique,
d'après un échantillon sec, recueilli sur le Caucase, et donné
à M. Gay par M. Steven.

Le nom d'*Heterolophus*, qui signifie *crête diverse*, fait allusion aux appendices du péricline, qui sont très-différens selon
qu'ils appartiennent aux squames extérieures, intermédiaires
ou intérieures. Cette diversité étant ici très-notable, nous
avons dû nous écarter de notre règle, d'après laquelle nous
ne considérons que les appendices intermédiaires. Ce genre
a beaucoup d'affinité avec le *Psephellus*, dont il est pourtant
bien distinct par le péricline et par l'aigrette.

14. Aux deux espèces de *Melanoloma* décrites dans ce Dictionnaire (tom. XXIX, pag. 473), il faut en ajouter une troisième, que nous nommons *Melan. Fontanesii*, et qui est la
Centaurea involucrata de la Flore atlantique.

16. ODONTOLOPHUS, H. Cass. Calathide manifestement radiée : disque pluriflore, subrégulariflore, androgyniflore ;
couronne unisériée, subampliatiflore, neutriflore. Péricline
très-inférieur aux fleurs du disque, étroit, oblong, subcylindracé ; formé de squames peu nombreuses, régulièrement
imbriquées, appliquées ; les intermédiaires larges, presque
arrondies, comme tronquées au sommet , plurinervées,
striées, surmontées d'un appendice appliqué, un peu décurrent, large, presque ovale, scarieux, parcheminé, semi-dia-
phane, roide, mais non piquant au sommet, régulièrement
découpé sur les bords en dents subulées, planes, minces,
à peine ciliées. Clinanthe plan, garni de fimbrilles nombreuses, libres, longues, inégales, grêles, filiformes. *Fleurs
du disque* : Ovaire oblong, pubescent ; aigrette composée de
squamellules très-nombreuses, très-inégales, plurisériées, imbriquées, étagées, filiformes-laminées, garnies sur les deux
côtés de barbellules, dont quelques-unes sont épaissies en
globules ; petite aigrette intérieure peu distincte. Corolle
subrégulière. Étamines à filets hérissés de fortes papilles ; appendices apicilaires des anthères longs, droits, arrondis au
sommet. Style à deux stigmatophores très-longs, grêles, entre-

greffés. *Fleurs de la couronne :* Faux-ovaire long, grêle, presque inaigretté. Corolle à tube long et grêle, à limbe un peu amplifié, profondément divisé, par des incisions à peu près égales, en six lanières égales, longues, étroites, linéaires, presque obtuses; contenant cinq grands rudimens filiformes d'étamines.

Odontolophus cyanoides, H. Cass. (*Centaurea trinervia*, Willd.) Tige grêle, anguleuse ou striée, plus ou moins pubescente, probablement rameuse, garnie de feuilles alternes, sessiles, longues, étroites, simples, entières, oblongues-lancéolées, trinervées, ayant les deux faces plus ou moins pubescentes ou un peu cotonneuses et grisàtres; les feuilles supérieures très-distantes et beaucoup plus petites; calathides solitaires au sommet de la tige (ou des rameaux), dont la partie supérieure est presque filiforme; péricline glabre, ayant les appendices blancs-roussâtres; disque de seize fleurs; couronne de neuf fleurs; corolles purpurines.

Nous avons fait cette description sur un échantillon sec et incomplet de l'herbier de M. Desfontaines, recueilli dans l'Ukraine.

Cette plante a beaucoup d'affinité naturelle avec le *Cyanus vulgaris;* mais ses caractères génériques sont fort différens. Le nom d'*Odontolophus*, qui signifie *crête dentée*, fait allusion aux appendices du péricline.

18 et 19. Notre genre *Acrolophus*, fondé sur les *Centaurea paniculata, maculosa,* etc., est principalement caractérisé par l'appendice des squames intermédiaires du péricline, qui est peu distinct de la squame, décurrent sur les bords de son sommet seulement, dressé, presque entièrement appliqué, demi-lancéolé, coriace-scarieux, opaque, roide, mais point ou presque point piquant au sommet, garni sur les deux côtés de lanières un peu distantes, régulièrement disposées, longues, étroites, subulées, courtement ciliées. Ainsi, le nouveau genre diffère du *Lopholoma*, en ce que l'appendice, loin d'être marginiforme, n'est décurrent qu'autour du sommet de la squame, caractère que nous avons voulu exprimer par le nom d'*Acrolophus;* il diffère aussi de l'*Acrocentron*, dont l'appendice se termine par une véritable épine bien manifeste et très-différente des lanières latérales, auquel nous rappor-

tons les *Cen. collina, diffusa, eryngioides*, etc., et dont nous allons décrire une autre espèce, très-remarquable par la longueur de l'épine qui termine son appendice.

Acrocentron tenuifolium, H. Cass. (*An? Centaurea rupestris*, Willd.) Plante herbacée, glabre; tige grêle, anguleuse ou striée, rameuse; feuilles caulinaires (je n'ai point vu les radicales) alternes, semi-amplexicaules, lisses, presque luisantes, souvent comme fasciculées ou rassemblées en faisceau de trois ou quatre, parce que les deux ou trois premières feuilles du bourgeon axillaire sont très-développées; la partie inférieure de la feuille étroite, linéaire, pétioliforme; la partie supérieure comme pennée, à lanières longues, étroites, linéaires, très-aiguës au sommet, très-entières, un peu épaisses, plus ou moins divergentes, alternes ou opposées; feuilles supérieures plus petites, simples, linéaires; calathides radiées ou discoïdes, solitaires au sommet de la tige et des rameaux; corolles jaunes; péricline glabre, ovoïde, très-inférieur aux fleurs, formé de squames régulièrement imbriquées, appliquées, coriaces; les intermédiaires larges, ovales-oblongues, arrondies au sommet, un peu laineuses sur les bords, munies d'un appendice décurrent, scarieux, roussâtre, divisé sur les deux côtés en lanières longues, subulées, planes, un peu denticulées, et prolongé au sommet en une épine très-longue, dont la base est aplatie et bordée de quelques lanières; les squames extérieures à peu près semblables aux intermédiaires; les intérieures longues, étroites, ayant l'appendice décurrent, arrondi, scarieux, mince, non épineux, découpé sur les bords; clinanthe garni de fimbrilles linéaires-subulées, laminées, membraneuses, terminées par quelques petites barbellules; ovaires du disque pubescens, à aigrette courte; faux-ovaires de la couronne longs, grêles, pubescens, inaigrettés; corolles du disque obringentes; celles de la couronne anomales et à quatre lanières, étamines à filets munis de poils très-courts; style à deux stigmatophores courts, entregreffés inférieurement.

Nous avons fait cette description sur un échantillon sec, incomplet et innommé, de l'herbier de M. Gay.

22. CNICUS, Vaill., Gærtn., Decand. (*Centaurea benedicta*, Linn.) Calathide incouronnée ou discoïde; disque subvigin-

tiflore, obringentiflore, androgyniflore ; couronne nulle ou
subuniflore, ténuiflore, neutriflore. Grand involucre de brac-
técs foliiformes, entourant la calathide. Péricline ovoïde,
supérieur aux fleurs par ses appendices, inférieur sans eux ;
formé de squames régulièrement imbriquées, appliquées,
coriaces : les extérieures surmontées d'un appendice long,
filiforme-subulé, subfoliacé, mou, membraneux, velu ; les
intermédiaires ovales-oblongues, surmontées d'un appendice
bien distinct, non décurrent, étalé, long, linéaire-subulé,
penné, roide, subcorné, un peu scarieux, blanchâtre, fragile, flexible, peu solide, foiblement piquant, hérissé sur
toute sa surface de poils courts et roides et de longs poils
laineux, muni sur les deux côtés de sa partie moyenne
seulement, d'environ dix épines ou lanières spiniformes, opposées, étalées, divergentes, subulées, roides, un peu piquantes, courtement ciliées ; les squames intérieures à peu
près semblables aux intermédiaires, sauf que leur appendice,
un peu altéré, est tout-à-fait scarieux, non corné. Clinanthe
épais, charnu, plan, garni de fimbrilles très-longues, libres, inégales, filiformes-laminées, membraneuses. *Fleurs du
disque* : Ovaire ou fruit subcylindracé, peu ou point comprimé, très-glabre, régulièrement cannelé sur toute sa surface par des côtes égales et cylindriques ; aréole basilaire extrêmement large, très-oblique-intérieure, formant une énorme
échancrure quadrilatérale, à bords curvilignes, remplie par
une grosse masse charnue ; point de bourrelet basilaire ; bourrelet apicilaire saillant, coroniforme, cartilagineux, découpé supérieurement en dix dents courtes, aiguës, séparées
par autant de sinus arrondis ; aréole apicilaire portant un
anneau cartilagineux, très-large, épais, interposé entre la
corolle et la petite aigrette intérieure, qui adhère autour de
la base de cet anneau ; aigrette double : l'extérieure longue,
divergente, composée de dix squamellules correspondant aux
sinus du bourrelet apicilaire, unisériées, égales, filiformes,
cylindracées, épaisses, charnues, un peu pubescentes inférieurement, un peu barbellulées supérieurement, roides et
cornées sur le fruit mûr ; l'aigrette intérieure très-courte,
dressée, composée de dix squamellules alternant avec celles
de l'aigrette extérieure, unisériées, à peu près égales, fili-

formes-laminées, subulées, très-roides, munies d'appendices très-difformes. Corolle à tube très-long, à limbe court, très-obringent. Étamines à filets très-papillés, presque poilus; anthères courtes; appendices apicilaires cornés, bruns. un peu aigus ou presque obtus, formant par leur réunion un tube très-arqué; appendices basilaires très-longs, polliniferes. Style à deux stigmatophores très-courts et libres. *Fleurs de la couronne* (plus courtes que celles du disque): Faux-ovaire grêle, insigretté. Corolle très-grêle, à limbe divisé ordinairement en deux lanières.

Cette description, très-longue et très-minutieuse, était nécessaire pour faire bien connoître les singuliers caractères de ce genre, l'un des plus remarquables de la tribu. La partie supérieure de l'appendice des squames du péricline porte souvent sur sa face supérieure quelques épines analogues aux latérales, en sorte qu'il y a trois rangs longitudinaux d'épines.

Le *Crocodilium* et le *Cnicus* ayant tous deux les appendices du péricline d'une nature ambiguë, ont dû être placés par nous, l'un à la fin des Jacéinées, l'autre au commencement des Calcitrapées.

35. La *Centaurea crupinoides* de M. Desfontaines est une seconde espèce de *Volutarella*, qui, sous le rapport des caractères génériques, ne s'écarte de la *Volut. Lippii* que par sa corolle glabre et les appendices de son péricline moins distincts. Nous la nommons *Volut. bicolor*, parce que son disque est orangé ou safrané, et sa couronne bleue.

38. Devons-nous supprimer le groupe des fausses Chryséidées, et rapporter les deux genres *Kentrophyllum* et *Hohenwartha*, qui le composent, au groupe des Carthamées, dans la tribu des Carduinées? Cette question est plus difficile qu'importante à résoudre; car les motifs pour opérer ce changement, et ceux qui militent pour laisser les choses telles qu'elles sont, se trouvent à peu près de force égale; et quel que soit le parti qu'on adopte, les *Kentrophyllum* et *Hohenwartha* confineront toujours, d'une part aux Chryséidées vraies, de l'autre aux Carthamées, en sorte que la question qui nous occupe n'intéresse pas beaucoup les affinités naturelles.

La tribu des Centauriées et celle des Carduinées ont encore d'autres points de contact tout aussi notables que le précédent, et que l'ordre de notre classification n'a pas pu représenter aussi heureusement. Nous voulons parler ici de l'affinité qui existe entre les *Mantisalca*, *Cheirolophus*, etc., d'une part, et le groupe des serratulées proprement dites, d'autre part.

Dans le *Kentrophyllum*, les plus longues squamellules de l'aigrette sont linéaires-lancéolées, aiguës, en sorte qu'au premier aspect elles semblent offrir le caractère des Centauriées-Prototypes plutôt que celui des Chryséidées; mais un examen plus attentif démontre qu'elles sont étrécies vers la base, aussi bien que vers le sommet, c'est-à-dire qu'elles sont plus étroites à la base que vers le milieu de leur longueur, ce qui suffit pour fixer ce genre dans la section des Chryséidées. Quant à l'*Hohenwartha*, la description insuffisante de son auteur nous laisse dans une grande incertitude.

Nous avons observé, dans l'herbier de M. Gay, une plante de l'île de Crête, étiquetée *Carthamus leucocaulos*, Sm., et qui appartient au genre *Kentrophyllum*. (H. Cass.)

SPILANTHE, *Spilanthes*. (*Bot.*) Ce genre de plantes, établi en 1765 par Jacquin, appartient à l'ordre des Synanthérées, à la tribu naturelle des Hélianthées, et à notre section des Hélianthées-Prototypes, dans laquelle il est voisin des *Acmella*, *Salmea*, etc. Voici ses caractères, tels que nous les avons observés sur les *Sp. oleracea* et *fusca* :

Calathide globuleuse, incouronnée, équaliflore, multiflore, régulariflore, androgyniflore. Péricline subhémisphérique, supérieur aux fleurs; formé de squames subbisériées ou paucisériées, à peu près égales, appliquées, subfoliacées, presque lancéolées, ou oblongues et obtuses. Clinanthe élevé, cylindracé, garni de squamelles presque égales aux fleurs, demi-embrassantes, oblongues, membraneuses. Ovaires ou fruits très-comprimés bilatéralement, obovales, ciliés ou garnis de poils sur les deux arêtes; aigrette composée de deux squamellules (souvent avortées) opposées, continues au sommet des deux arêtes du fruit, courtes, inégales, filiformes, presque nues ou à peine barbellulées. Corolles gla-

50.   17

bres, à tube court, à limbe large, divisé au sommet en quatre ou cinq lobes obtus, étalés, hérissés de papilles sur la face interne ou supérieure. Étamines à anthère noirâtre. Styles à deux stigmatophores divergens, arqués en dehors, arrondis au sommet, ayant la face intérieure toute couverte de papilles stigmatiques (sans bourrelets), et la face extérieure munie vers le sommet de collecteurs piliformes.

Les *Spilanthes* sont des plantes herbacées, à feuilles opposées, à calathides solitaires, terminales ou axillaires, longuement pédonculées, composées de fleurs ordinairement jaunes : la plupart habitent l'Amérique ; aucune ne mérite d'être ici l'objet d'une description particulière.

Ce genre est intermédiaire entre le *Salmea* (tom. XLVII, pag. 87), dont il diffère principalement par la forme et la structure du péricline, et l'*Acmella*, dont il se distingue par sa calathide absolument privée de couronne.

Nous ne répéterons point ici ce que nous avons dit dans notre article KALLIADE (tom. XXIV, pag. 3₂8) sur ce genre *Acmella*, confondu par la plupart des botanistes avec le *Spilanthes*; mais nous croyons devoir décrire l'espèce suivante :

Acmella brachyglossa, H. Cass. Plante herbacée, glabre ou glabriuscule sur presque toutes ses parties ; tige dressée, rameuse ; feuilles opposées, pétiolées, ovales, un peu sinuées-dentées irrégulièrement et inégalement ; calathides ovoïdes, hautes d'environ quatre lignes, très-courtement radiées, solitaires au sommet de très-longs pédoncules nus, terminaux et axillaires ; disque multiflore ; couronne unisériée, interrompue, composée de quatre ou cinq fleurs ligulées femelles ; péricline à peu près égal aux fleurs du disque, subhémisphérique, un peu irrégulier, formé d'environ six à huit squames uni-bisériées, appliquées, un peu inégales, ovales, foliacées, planiuscules, obtuses au sommet ; clinanthe long, cylindracé, axiforme, garni de squamelles un peu inférieures aux fleurs, oblongues, embrassantes, concaves, naviculaires ou canaliculées, arrondies au sommet, membraneuses, trinervées, caduques à l'époque de la maturité ; fruits du disque très-comprimés bilatéralement, obovales-oblongs, tronqués au sommet, hispidules sur les deux faces, et ciliés sur les deux arêtes par une rangée de longues soies; portant une aigrette de deux squamellules opposées, correspondant aux deux arêtes, à peu près égales, longues comme moitié du fruit, filiformes, barbellulées; fruits de la couronne semblables à ceux du disque, si ce n'est qu'ils sont obcomprimés au lieu d'être comprimés bilatéralement, et que par conséquent les deux squamellules de l'aigrette se trouvent à droite et à gauche, au lieu d'être en dedans et en dehors; corolles jaunes; celles du disque glabres, à tube court, à limbe large, divisé au sommet en quatre ou cinq lobes; celles de la couronne un peu plus longues que celles du disque, un peu variables, à tube long, élargi de bas en haut, muni de quelques longs poils, à languette courte, large, presque arrondie, entière ou presque entière.

Nous avons fait cette description sur un échantillon sec, recueilli par M. Poiteau dans la Guiane française, et qui se trouve dans l'herbier de M. Gay. Seroit-ce le véritable *Spilanthus acmella* de Linné, que nous avons nommé (tom. XXIV, pag. 330) *Acmella Linnæi?* Quoi qu'il en soit, cette espèce prouve que le caractère propre à distinguer essentiellement le genre *Acmella* du *Spilanthes*, ne consiste point dans l'absence de l'aigrette, mais seulement dans la présence d'une couronne de fleurs ligulées, femelles.

Parmi les espèces faussement attribuées au genre *Spilanthes*, nous remarquons principalement le *Spilanthus crocatus* de Curtis (*Bot. Mag.*, tab. 1627), que Cavanilles avoit précédemment nommé *Bidens crocata*, et qui est maintenant le *Platypteris crocata* de M. Kunth. Nous pouvons aujourd'hui tracer, d'après nos propres observations, les caractères de ce genre *Platypteris*, que nous nous étions abstenu de décrire dans ce Dictionnaire (tom. XLI, pag. 504), parce que nous ne l'avions pas encore observé.

PLATYPTERIS. Calathide incouronnée, équaliflore, multiflore, régulariflore, androgyniflore. Péricline très-inférieur aux fleurs, formé de squames nombreuses, régulièrement imbriquées, longues, étroites, linéaires-subulées, plurinervées, à partie inférieure linéaire, coriace, appliquée, à partie supérieure presque subulée, foliacée, (probablement) inappliquée. Clinanthe (probablement) convexe, garni de squa-

melles inférieures aux fleurs, embrassantes, longues, étroites, linéaires-subulées, canaliculées, carénées, membraneuses-
foliacées, paroissant un peu caduques. Ovaire très-comprimé
bilatéralement, obovale-oblong, glabriuscule, muni vers le
sommet, sur chaque arête, d'une membrane aliforme, ciliée, plus ou moins manifeste, qui se prolonge sur la partie
basilaire et dorsale de la squamellule correspondante ; aigrette formée de deux squamellules opposées, très-adhérentes
et continues à l'ovaire, situées sur ses deux arêtes (extérieure et intérieure), égales, longues, fortes, roides, sub-
triquètres inférieurement, filiformes-subulées supérieurement, munies de quelques barbellules piliformes. Corolle
glabriuscule, à tube court. bien distinct, à limbe extrêmement long, cylindracé, divisé au sommet en cinq lobes. Anthères incluses. Style à deux stigmatophores longs, exserts,
roulés en spirale.

Nous avons fait cette description sur un fragment presque
sec de calathide, provenant d'un individu cultivé dans le
jardin du duc d'Orléans, à Neuilly, et qui paroît bien conforme à la figure du *Spilanthus crocatus*, dans le *Botanical
Magazine*. C'est un arbuste à tige ailée ; les squames du péricline sont hérissées extérieurement de petits poils ; les
squamelles du clinanthe, longues comme l'ovaire et son aigrette, se détachent facilement, ce qui semble annoncer
qu'elles doivent être caduques à l'époque de la maturité
des fruits: la partie supérieure du limbe de la corolle est,
ainsi que les stigmatophores, d'une belle couleur orangée ;
les anthères et le pollen qu'elles contiennent sont de la
même couleur. Nous présumons que cette plante est d'une
autre espèce que la *Platypteris crocata* de M. Kunth, qui,
d'après la description de ce botaniste, a les fleurs bien plus
courtes, les anthères exsertes, les fruits probablement ailés
d'un bout à l'autre, la tige herbacée, etc. Si cette conjecture se vérifie, on pourra nommer *Platypteris longiflora* l'espèce que nous avons observée.

Quoi qu'il en soit, le genre *Platypteris* appartient incon-
testablement à notre section des Hélianthées-Prototypes, et
il a beaucoup d'affinité, sous différens rapports, avec les
Spilanthes, Salmea, Hamulium, Verbesina, Zinnia, etc. Il est

donc, selon nous, fort éloigné du genre *Bidens*, auquel
Cavanilles l'avoit rapporté, mais qui, ayant les fruits obcomprimés, c'est-à-dire aplatis en sens inverse, appartient
à une autre section. Quant au *Spilanthes*, le *Platypteris* en
diffère bien suffisamment par la structure de son péricline
et la forme de son clinanthe. (H. Cass.)

SPILITE. (*Min.*) On a donné tantôt le nom de variolite et
tantôt celui d'amygdaloïde à la roche que je vais décrire
sous le nom de spilite. J'avois désiré ne pas faire un nouveau
nom et me servir des deux qui avoient été donnés presque
indistinctement à deux sortes de roches, semblables par l'aspect, et, cependant, entièrement différentes par leur nature
et par leur mode de structure. Mais la difficulté d'appliquer
convenablement ce nom, qui s'est déjà montrée dans l'emploi
que j'en ai fait, m'a décidé à sacrifier entièrement l'un des
deux noms, et donner le nom de spilite à la roche dont on
va présenter les caractères.

Les spilites ont été nommés amygdaloïdes et variolites par
les minéralogistes françois : ils ont reçu les noms de *Blatter-
stein, Perlstein, Schaalstein*, quelquefois celui de *Mandelstein*,
même de *Kugelfels*, de M. Hausmann et des minéralogistes
allemands.

Le Spilite est une roche à structure empâtée, dont la masse
est un aphanite [1], renfermant des noyaux et des veines calcaires, contemporains ou postérieurs à la pâte.

Ces parties y sont disséminées : elles forment les *parties
essentielles* de cette roche; mais on y trouve encore comme
parties accessoires disséminées :

La chlorite ;

Le pyroxène ;

L'amphibole ;

L'épidote : il y est assez rare ;

Le felspath ;

Le mica, qui est également très-rare ;

Et comme *parties accessoires implantées* en cristaux drusiques

---

1 Aphanite, Haüy. — Cornéenne, Dolomieu, de Saussure, Wallerius. — *Wacke, Trapp* ou même *Basalte* des minéralogistes allemands.

ou comme pelotonnées, quelquefois même sous un très-gros volume :

Le quarz améthyste ;

Les agates ;

Le jaspe ;

La prehnite ;

Le cuivre malachite et le cuivre natif ;

La mésotype, la stilbite, l'analcime ;

La stéatite ;

La lithomarge.

La pâte de cette roche a la *structure* essentiellement compacte et terreuse : elle est quelquefois homogène, mais plus ordinairement mélangée des minéraux accessoires dénommés plus haut et disséminés en petits grains.

Ces parties et la pâte sont, ou au moins paroissent d'une formation simultanée. Les veines et les noyaux paroissent être, au contraire, la plupart d'une formation postérieure.

La succession des différentes matières qui composent ces noyaux, est presque toujours la même ; c'est, en allant de l'extérieur à l'intérieur, la chlorite, la calcédoine, le quarz, l'améthiste, et le calcaire spathique dans le milieu. Cette disposition régulière et concentrique, et les cavités drusiques qu'on remarque quelquefois au centre des globules, prouvent que, si ces parties ne sont pas contemporaines à la pâte, elles ne lui sont certainement pas antérieures.

Enfin la structure de cette roche est quelquefois cellulaire, à cellules rondes.

Les spilites sont souvent très *solides* et même difficiles à casser lorsqu'ils n'ont point été altérés.

Leur *cassure* est généralement unie, quelquefois raboteuse, même grenue, c'est-à-dire, que les globules restent en saillies sur la surface de la cassure.

Ils ont la *dureté* de l'aphanite, qui leur sert de base, et ne sont point susceptibles de recevoir le poli. Cette propriété, d'ailleurs si peu importante, contribue à les distinguer des amygdaloïdes.

La *couleur* la plus ordinaire de cette roche est le brun rougeâtre ou plutôt violâtre, le vert sombre, le noir. Les noyaux sont blancs ou rouges.

La base des spilites a les caractéres de l'aphanite. Elle est toujours *fusible* en émail noir et même assez facilement. La base des spilites des environs d'Édimbourg, analysée par M. Kennedy, lui a donné les principes suivans :

	Silice.	Alumine.	Oxide de fer.	Chaux.	Soude.	Eau.	Acide muriatique.
De Salisbury-Craigg.....	46	19	17	8	3,5	4	1
De Caltonhill..........	50	18,5	16,7	3	4	5	1

On remarquera que cette composition est à peu près la même que celle du basalte.

Les spilites sont très-susceptibles de désagrégation : ils deviennent terreux, et les globules qui y sont renfermées, venant à se détacher, y produisent les cellules arrondies mentionnées plus haut, et qui ont fait souvent regarder ces roches comme des laves; mais toutes les cellules ou cavités vides ne sont pas superficielles, plusieurs s'observent dans la masse même de la roche, et la rapprochent ainsi des roches qui ont été molles et dans lesquelles s'est dégagé un fluide élastique, par conséquent des véritables laves ou roches qui ont fondu et coulé. Cependant la présence assez constante de l'eau dans les spilites a paru être, à quelques géognostes de l'école allemande, une preuve irréfragable qu'ils n'ont pu avoir été formés par fusion ignée. Ce n'est pas ici le lieu de discuter cette question et de faire voir que la présence actuelle de l'eau dans une roche ne peut pas être toujours apportée comme argument contre son origine ignée.

Cette roche est assez bien limitée ; néanmoins les globules se déforment quelquefois et prennent la forme angulaire, ce qui donne à cette roche une structure porphyroïde et même grenue. Cependant la différence considérable qu'il y a constamment entre la nature de la pâte et celle des globules, caractérise toujours très-bien cette roche, et on n'y remarque pas ces passages multipliés et ces nuances indéterminables de structure qu'on observe si communément dans les amygdaloïdes.

Variétés.

1. Spilite commun.

Pâte compacte, vert-sombre ou d'un brun-rouge violâtre; noyaux calcaires ronds, tantôt blancs, tantôt rouges, quelquefois accompagnés de noyaux d'agates.

Cette roche est extrêmement répandue sur la surface du globe, et se présente avec une uniformité remarquable dans presque tous les lieux où on la trouve. — En cailloux roulés dans le Drac : fond violâtre; elle renferme quelquefois de l'épidote disséminé : elle vient de Saint-Maurice et de Lachapelle du Villars-Aimon en Oisans, département de l'Isère; elle est connue sous le nom de variolite du Drac. — De Beaulieu, département des Bouches-du-Rhône. — D'Elbingerode, Wetzberg, Polsterplatz, etc., au Harz. — De Planitz en Saxe : la pâte est verdâtre et les noyaux quelquefois presque entièrement de chlorite. — De Keswig en Cumberland. — De Montecchio maggiore, près Vicence. — De Steinau, près de Hanau. — D'Oberstein, sur les bords de la Nahe, etc. — A Timor, dans une vallée en ravin au sud de Coupang : sa pâte est verdâtre.

2. Spilite butonite.

Pâte noire; noyaux calcaires ronds. Il diffère à peine du précédent.

Ex. La pierre nommée *toadstone*, à Bakewell en Derbyshire. — Du Polsterberg, près d'Altenau, au Harz. — Du Kalkenberg, près d'Oberstein : pâte gris-verdâtre, avec de gros nodules à écorce noirâtre, etc.

3. Spilite zootique.

Des portions d'entroques, mêlées avec les noyaux calcaires. Pâte calcarifère.

Cette variété offre cette disposition remarquable, qu'une partie des noyaux, ceux qui ont une forme cylindrique, sont d'une formation antérieure à la pâte. Mais trois circonstances lient cette roche singulière avec le spilite :

1.° La pâte est d'aphanite, comme celle des autres spilites;

2.° Parmi les noyaux d'entroques se trouvent des noyaux orbiculaires, absolument semblables à ceux des variolites proprement dits;

3.° Les entroques ont éprouvé dans la pâte même un

changement particulier, en prenant la texture lamelleuse du calcaire spathique.

Ce spilite se trouve principalement à Kerzu, près Clausthal au Harz. Les noyaux ont été reconnus pour être des entroques, par M. de Bonnard.

4. Spilite veiné. (*Schaalstein*, Stifft.)

Base d'aphanite, avec des veines et des petits grains de calcaire spathique.

Les grains de calcaire sont si petits, si multipliés et si serrés, que la roche prend presque la texture grenue.

Ce spilite renferme en outre des fragmens de schiste. Il passe quelquefois à la diorite subcompacte; il est très-susceptible de décomposition.

Ex. Aux environs de Dillenbourg. Quelques spilites du Drac.

5. Spilite porphyritique.

Des cristaux déterminables de felspath, etc., dans la pâte, avec des nodules de calcaire et d'agate.

Ex. A Oberstein, au-dessus de l'église. Les nodules d'agate sont fort petits et souvent altérés en calcédoines, opaques ou cacholongs. — A Salisbury-Craigg, près d'Édimbourg : il est interposé dans des bancs de calcaire rougeâtre. — Au fort Royal de la Martinique : il est rougeâtre et violàtre. (B.)

SPILLANCOSA. (*Ichthyol.*) Nom italien du Joël. Voyez ce mot et Athérine. (H. C.)

SPILOCÆA. (*Bot.*) Genre établi dans la famille des champignons par Fries, et voisin, selon lui, de l'*Æcidium*. Le *Spilocæa* a des sporidies simples, presque globuleuses, adhérentes entre elles et à leur base ou matrice, quelquefois disposées en série, logées sous l'épiderme des plantes, qui, par son déchirement, les met à nu.

1. Le Spilocæa de la pomme : *Spilocæa pomi*, Fries, *Nov. Flor. Suec.*, pag. 79; Link, *in* Willd., *Sp. pl.*, 6, 2, pag. 86. Il croit sur la pomme encore sur pied et il y forme des taches irrégulières, qui s'élargissent au point de couvrir quelquefois tout le fruit, dont l'épiderme tombe par écailles et laisse à nu des sporidies olivâtres, très-ténues, quelquefois disposées en manière d'étoile ou en série, ou bien entassées.

2. Le Spilocæa du scirpe; *Spil. scirpi*, Link, *in* Willd., *Sp.*

pl. 6, 2, page 87. Il forme sur les tiges sèches des scirpes des taches oblongues, irrégulières, contiguës ou rapprochées de manière que les tiges paroissent comme marbrées ; mais leur épiderme persiste, et au-dessous sont logées les sporidies de couleur brune, fort petites et réunies par séries. Cette espèce se trouve en Europe et en Égypte sur les tiges des plus grandes espèces de scirpes, plantes aquatiques de la famille des cypéracées. (LEM.)

SPILOMA. (*Bot.*) Genre de la famille des lichens, ainsi nommé par Acharius , et qui représente le *Coniocarpum*, Dec., décrit dans ce Dictionnaire à l'article CONIOCARPE, où nous avons indiqué quelques-unes de ses espèces. Depuis lors ce genre s'est accru et il a éprouvé quelques modifications. Il a été adopté sous le nom de *Coniocarpon* par MM. Fée , Fries et Meyer, qui en modifient légèrement les caractères et limitent le nombre des espèces. Meyer y ramène le *Conioloma* de Floerke ; mais il en est séparé par Fries et d'autres botanistes, tels que Eschweiller.

Acharius établit ainsi le caractère du *Spiloma* : Réceptacle universel (ou croûte) crustacé, plan , étalé , adhérent, uniforme ; réceptacles partiels (ou tubercules) chacun formé de corpuscules composant une masse compacte , homogène, un peu pulvéracée, nue, difforme et colorée. Il en décrit seize espèces dans son *Synopsis lichenum*. Dans ce nombre se trouvent :

1.° Le *spiloma inustum*, espèce qui croît sur les écorces des arbres à Sierra-Leona en Afrique. Fries en fait son genre *Hypospila*, qui s'éloigne en effet beaucoup du *Spiloma* par ses caractères, et se place même dans une autre famille , celle des *pyrenomycetes* ou *hypoxylons*. Ce genre offre des périthéciums ou réceptacles globuleux, réguliers, recouverts par un voile , sous lequel ils sont logés, et percés à leur sommet d'un petit trou ou pore. Ils contiennent un amas de séminules, qui bientôt s'échappent.

2.° Le *spiloma sphærale*, Achar. Type du genre SCLEROCCUM, Fries. (Voyez ce mot.)

3.° Le *spiloma paradoxum*, Ach., que Fries a pris pour type de son genre *Coniangium*, qu'il distingue ainsi : Noyau ou apothécium privé de périthécium (ou péricarpe), lépreux, pulvérulent à l'intérieur, formant un tubercule arrondi irrégulièrement et nu. Le thallus est crustacé, adhérent, et porte les apothéciums épars. Outre l'espèce citée, qui se rencontre communément sur le bois et l'écorce du chêne, du sapin, du pin, de l'aune, du bouleau, etc., Fries ramène dans ce genre l'*arthonia ochracea*, Dufour, et le *spiloma auratum*, *Engl. bot*.

4.° Le *conioloma*, qui contient aussi d'anciens *spiloma*, doit être caractérisé ainsi, selon Fries : Noyau ou apothécium presque oblong, privé de périthécium ou péricarpe, formant avec une base moelleuse des verrues floconneuses, pulvérulentes, qui sortent de l'écorce en forme de disque. Ce genre s'éloigne, comme on peut le juger, des précédens, et semble devoir être admis avec Floerke, Eschweiller, Fries, etc. Quelques espèces de *lecidea* (le *lecidea rubinæ*, Ach.) offrent des verrues semblables à celles du *conioloma*, enfin les bords floconneux et pulvérulens du *conioloma* le distinguent du *coniangium*, qui n'offre pas ce caractère. (Lem.)

SPILOTE. (*Erpét.*) D'après le mot grec σπιλὸΤος, qui signifie *tacheté* ou *taché*, feu de Lacépède a ainsi nommé une grande et belle couleuvre envoyée de la Nouvelle-Hollande par les naturalistes de l'expédition du capitaine Baudin, et qui offre plusieurs rangées longitudinales de taches, une tête grosse, des mâchoires dépourvues de crochets venimeux, des écailles de la même nature sur le crâne et sur le dos, 276 plaques abdominales, 89 paires de plaques sous-caudales.

La taille de cet ophidien, qui a été décrit dans les Annales du Muséum d'histoire naturelle, tome 4, page 195, est d'environ six pieds. (H. C.)

SPILUS ou SPINUS. (*Min.*) Théophraste dit, en parlant de cette pierre, que, quand on en expose au soleil les fragmens réunis en un tas, elle s'enflamme, et cela d'autant plus promptement qu'on l'humecte avec de l'eau.

Il est difficile de ne pas reconnoître ici une des propriétés les plus caractéristiques des terres pyriteuses, et que ce ne soit des pyrites même, des ampélites ou des houilles pyriteuses : ce ne peut donc être, comme le pense Hill, le traducteur de Théophraste, un bitume concret.

Agricola a eu une idée plus juste de cette pierre en comparant le *spinus* de Théophraste à l'ampélite, ou en le regardant comme une variété de cette pierre, renfermant une certaine quantité de bitume. (B.)

SPINA DE VAGRA. (*Bot.*) Dans la province de Popayan, en Amérique, on nomme ainsi l'*hydrolea spinosa*. Voyez SESO. (J.)

SPINACHIA. (*Ichth.*) Nom latin du genre GASTRÉ. Voyez ce mot. (H. C.)

SPINACIA. (*Bot.*) Nom latin du genre Épinard. (L. D.)

SPINARELLA. (*Ichthyol.*) Voyez ÉPINOCHETTE. (H. C.)

SPINARELLE. (*Ichthyol.*) Nom spécifique d'un CÉPHALA-CANTHE. Voyez ce mot. (H. C.)

SPINAROLA. (*Ichthyol.*) Nom italien de l'*épinochette*. Voyez GASTÉROSTÉE. (H. C.)

SPINASTELLA. (*Bot.*) Quelques anciens donnoient ce nom à la chaussetrape, *calcitrapa*. (J.)

SPINAX. (*Ichthyol.*) Voyez AIGUILLAT, dans le Supplément du tome Ier de ce Dictionnaire. (H. C.)

SPINCTÉRULE, *Spincterulus*. (*Conchyl.*) Denys de Montfort (Conchyl. systém., tom. 1, p. 225) a établi sous ce nom une petite division générique avec les espèces de lenticulines qui sont carinées et denticulées à leur circonférence, et dont la dernière cloison, presque marginale, est, suivant lui, percée de trois trous en avant d'une rimule au centre : tel est le *nautilus costatus* de Von Fichtel, *Tes. microsc.*, p. 47, tab. 13, fig. *g*, *h*, *i*, qui paroît se trouver en grande abondance dans les sables de la côte du royaume de Maroc. (DE B.)

SPINELLANE. (*Min.*) C'est M. Nose qui a établi cette espèce minéralogique ; les caractères qu'elle présente ne paroissent pas être déterminés d'une manière assez rigoureuse pour qu'on puisse encore regarder ce minéral comme une espèce bien distincte.

C'est une pierre d'un brun noirâtre, blanchissant au chalumeau et s'y fondant facilement en un verre blanc très-bulleux, assez dure pour rayer le verre, et se présentant sous la forme de petits cristaux opaques ou translucides, dont la forme ordinaire est un prisme hexaèdre irrégulier, terminé par un pointement à six faces, dont quatre sont des rhombes et les deux autres des hexagones. Cette variété, qui a beaucoup de rapports de forme avec les cristaux qu'on rapporte au dodécaèdre rhomboïdal, a été nommée sexduodécimale par Haüy. Il considère ces cristaux comme dérivant d'un rhomboïde obtus, dans lequel l'incidence de deux faces P est de $117^d\,25$, et celle de la face P sur la face P' est de $62^d\,37$. Ce rhomboïde se subdiviseroit en six tétraèdres, par des coupes qui coïncident avec les bords supérieurs et avec les diagonales obliques.

Le spinellane se résout en gelée dans les acides; sa pesanteur spécifique est de 2,28. (LEONHARD.)

Haüy croit reconnoître quelque analogie entre ce minéral et la sodalite, et si l'analyse de Klaproth se rapporte réellement à cette espèce, elle confirmeroit ce rapprochement.

Silice 43
Alumine 29,5
Soude.................... 19
Eau...................... 2,5
Fer, chaux, etc........... 4,5
                         ——
                         98,5.

M. Leonhard le regarde comme une variété d'haüyne.

Telles sont les seules notions minéralogiques et chimiques qu'on ait sur ce minéral. M. Nose pense qu'elles indiquent un passage du spinellane au spinelle, et de là le nom qu'il lui a donné. Haüy n'admet point cette prétendue transition d'une espèce à une autre par la forme, et nous partageons son opinion. Le nom de spinellane n'est donc pas très-convenable, mais néanmoins il vaut mieux le conserver que de le changer, sans motifs suffisans et sans droit, en celui de Nosin.

Le spinellane a été trouvé par M. Nose sur les bords du lac de Laach, dans la Prusse rhénane, en cristaux disséminés dans une roche composée de petits grains de felspath vitreux, de quarz, d'amphibole, de mica noir et de fer oxidulé octaèdre. Il y est accompagné de titane ruthile et d'haüyne.

On croit l'avoir reconnu dans des roches semblables qui viennent du cap de Gates en Espagne. (B.)

SPINELLE, *Spinifex.* (*Bot.*) Genre de plantes monocotylédones, à fleurs glumacées, polygames, de la famille des *gra-minées*, de la *polygamie monoécie* de Linnæus, offrant pour ca-ractère essentiel : Des fleurs polygames, les hermaphrodites et les mâles souvent renfermées dans le même calice, qui est composé de deux valves biflores, droites, parallèles au rachis; une fleur mâle, une autre hermaphrodite; deux valves co-rollaires, mutiques, plus longues que le calice : deux petites écailles linéaires, diaphanes dans les fleurs hermaphrodites, qui renferment trois étamines, deux styles courts; des semences oblongues, enveloppées par les valves de la corolle.

SPINELLE RABOTEUSE : *Spinifex squarrosus*, Linn., *Mant.*, 300; Lamk., *Ill. gen.*, tab. 840; *Stipa spinifex? Syst. nat.*, édit. 13, pag. 104; *Arundo arborescens*, etc.; Moris., *Hist.*, 3, §. 8, tab. 8, fig. 11; Scheuchz., *Gram.*, 112, tab. 11, fig. 11, *O*; *Ilu mullu*, Rhéed., *Malab.*, 12, pag. 75. Cette plante est au nombre de ces étonnantes graminées qui, par l'élévation et la grosseur de leur chaume, semblent rivaliser avec les ar-bres et se ranger à côté de plusieurs espèces de palmiers : celle-ci a des chaumes presque ligneux, très-élevés, de la grosseur du doigt, pleins dans leur intérieur, glauques et géniculés. Les feuilles naissent par fascicules aux articula-tions; elles sont longues de trois à quatre pouces, presque imbriquées, très-roides, roulées à leurs bords, glauques ou blanchâtres, un peu recourbées, épineuses et piquantes à leur sommet. Leur gaine est ample, courte, lâche, ventrue, garnie à son orifice d'une membrane lanugineuse; les feuilles supérieures sont bien plus nombreuses à chaque fascicule, plus étroites, lancéolées, presque sans gaine. De leur aisselle sortent plusieurs épis longs de trois ou quatre pouces. Le ra-chis est triangulaire, prolongé en une pointe droite, épineuse : il supporte des épillets sessiles, distans, alternes, cinq ou neuf au plus, ovales, oblongs, appliqués contre le rachis. Les valves calicinales sont ovales, lancéolées, striées, aiguës : elles renferment deux fleurs, dont une hermaphrodite, l'autre mâle et stérile. Cette plante croît dans les Indes orientales, sur la côte du Malabar, dans les lieux sablonneux, sur les bords de la mer.

Je ne pense pas que l'*arundo arbor tabaxifera* de C. Bauhin, *Theatr.*, pag. 286, *Icon.*, puisse être rapporté à cette plante.

à en juger d'après la description et la figure : cependant la forme des épis, quoique imparfaitement rendue, donneroit lieu de soupçonner qu'elle appartient au même genre. La plante de C. Bauhin fournit le *tabaxir*, liqueur sucrée qui se coagule par l'action du soleil et se convertit en larmes dures et concrètes, dont on faisoit un grand usage autrefois avant la culture de la canne à sucre. Plusieurs auteurs pensent que cette liqueur est fournie par le bambou : il est possible qu'elle le soit par plusieurs autres plantes, et il paroit que celle que je viens de décrire en fournit également.

Spinelle hérissée ; *Spinifex hirsutus*, Labill., *Nov. Holl.*, 2, pag. 81, tab. 230 et 231. Quoique cette espèce s'écarte, par quelques-uns de ses caractères, de la précédente, elle ne doit pas moins être réunie au même genre. Ses tiges sont hautes d'un pied et demi et plus, pleines, cylindriques, à peine velues, foibles et tombantes, garnies de feuilles vaginales, subulées, point piquantes, longues de six pouces, velues principalement en dehors ; les inférieures réunies plusieurs sur le même nœud, s'engaînant les unes les autres. Les fleurs sont polygames, dioïques ; les hermaphrodites sessiles, agglomérées en tête, entourées de bractées foliacées, alongées, aiguës, terminées par une longue pointe subulée. A la base de chaque fleur existe une très-longue arête subulée, outre un involucre à deux folioles inégales, alongées, aiguës. Le calice est uniflore, à deux valves aiguës, presque égales, ciliées, velues en dessus ; la corolle un peu plus courte que le calice ; les valves sont égales ; deux écailles brunes et transparentes sont autour de l'ovaire ; les trois filamens plus longs que la corolle ; les anthères presque hastées, à deux lobes. La semence est nue, ovale, alongée. Les fleurs femelles, réunies en épis nombreux, rapprochés en tête, accompagnés de bractées foliacées, ont le rachis nu, subulé, à peine piquant ; un calice biflore, à deux valves égales, un peu aiguës, pileuses en dessus ; la corolle bivalve, plus longue que le calice ; les valves linéaires aiguës, pileuses ; deux écailles presque orbiculaires autour de l'ovaire ; trois étamines. Cette plante croit au cap Van-Diémen, à la Nouvelle-Hollande. (Poir.)

SPINELLE ou ALUMINATE DE MAGNÉSIE. (*Min.*) Cette espèce minérale, appartenant à l'ancienne classe des pierres, a été composée d'abord des seules variétés rouges, connues des lapidaires sous les noms de *rubis spinelle* et de *rubis balais*, et dont le principal caractère était d'être infusibles, et de cristalliser sous des formes dérivées de l'octaèdre régulier. On y a réuni successivement d'autres substances, qui présentaient le même caractère, avec des couleurs différentes, telles que la ceylanite ou le pléonaste, la gahnite ou automalite, et le spinelle bleu d'Acker, en Sudermanie.

Le spinelle ne s'est encore offert dans la nature qu'à l'état cristallin, et toujours en cristaux disséminés dans les roches solides ou dans les terrains meubles. Ses formes dérivent de l'octaèdre régulier; les clivages parallèles aux faces de cet octaèdre sont peu sensibles et s'obtiennent avec difficulté.

Il est infusible; sa dureté est inférieure à celle du corindon, et supérieure à celle du felspath, au moins dans la variété rouge. Sa pesanteur spécifique varie de 3,5 à 4.

Il a la réfraction simple, l'éclat vitreux, la cassure imparfaitement conchoïde.

Considéré sous le rapport de ses variétés de formes, le spinelle offre, indépendamment de l'octaèdre primitif, deux modifications principales, savoir : une sur les arêtes, conduisant au dodécaèdre rhomboïdal, et une autre sur les angles, menant au solide trapézoïdal. Ces modifications, seules ou combinées entre elles et avec l'octaèdre, donnent les quatre variétés de formes suivantes :

1. Le SPINELLE PRIMITIF, en octaèdre régulier, complet ou sans modification. C'est la plus commune des formes du spinelle; on la rencontre dans presque toutes les variétés de couleur, *Spinelle rubis*, *Spinelle pléonaste*, *Spinelle bleu d'Acker*.

Cette même variété de forme est susceptible d'offrir plusieurs modifications secondaires, qui dépendent de la manière dont s'est fait l'accroissement du cristal. De là les sous-variétés suivantes :

a. *Spinelle cunéiforme.* En octaèdre alongé dans le sens de l'une des coupes principales, en sorte que deux des angles solides sont remplacés par des arêtes en forme de coins.

b. *Spinelle segminiforme.* Semblable à un segment qu'on au-

roit extrait d'un octaèdre, en le coupant par un plan parallèle à l'une de ses faces.

c. *Spinelle trapézien.* La variété précédente, obtenue par
deux sections faites entre deux faces opposées, parallèlement
à ces faces.

d. *Spinelle transposé.* Cette variété peut être considérée
comme un cristal double, formé par la réunion de deux
cristaux semblables à la variété *b*, et tournés en sens contrai-
res; c'est le même assortiment que présenteroit un octaèdre
que l'on auroit coupé par le milieu, et dont une des moitiés
auroit fait une demi-révolution sur l'autre.

2. Le Spinelle dodécaèdre. En dodécaèdre rhomboïdal,
provenant d'une troncature tangente sur toutes les arêtes
de l'octaèdre primitif : *Spinelle purpurin*, *Spinelle noir* ou
pléonaste.

3. Le Spinelle émarginé. Combinaison des deux variétés
précédentes; octaèdre régulier, dont toutes les arêtes sont
légèrement tronquées. Les cristaux de cette variété ont souvent leurs faces striées parallélement aux côtés des triangles
qui correspondent aux faces primitives : *Spinelle rubis*, *Spinelle
pléonaste.*

4. Le Spinelle unibinaire. Octaèdre régulier, tronqué sur
ses arêtes, et dont les angles sont remplacés par un pointement à quatre faces : *Spinelle rubis* et *Spinelle pléonaste.*

Sous-espèces.

1. Spinelle rubis [1]. En cristaux d'un rouge ponceau, colorés par l'acide chromique : *Rubis spinelle des lapidaires.* En
cristaux d'un rouge de rose intense, d'un rouge violâtre
foible, avec teinte laiteuse : *Rubis balais des lapidaires.* Ces
cristaux sont ordinairement d'un très-petit volume, fort
nets, et rarement groupés entre eux. Le spinelle rubis se
présente aussi en grains roulés, qui ne sont que des cristaux
déformés et arrondis par le frottement.

Le spinelle rubis est transparent ou au moins translucide,
et sa teinte offre différentes nuances, telles que le rouge
pourpré, le rouge écarlate, le rose, le rouge jaunâtre, etc.

---

[1] *Rubin-Spinell*, Wern.— *Dodecaedral Corundum*, Haiding.

Son éclat vitreux est extrêmement vif. Sa pesanteur spécifique est de 5,5. Traité seul au chalumeau, il n'éprouve aucune altération constante. Il brunit, noircit même, et devient opaque par l'action de la chaleur; mais, en se refroidissant, il reprend sa couleur rouge, après avoir passé par une teinte d'un beau vert de chrome. Avec le borax il se dissout lentement en un verre transparent peu coloré.

Composition.

	Alumine.	Magnésie.	Acide chromique.	Silice.	Chaux.	Oxide de fer.
Vauquelin..	82,47	8,78	6,18	0,00	0,00	0,00
Klaproth...	74,50	8,25	0,00	15,50	0,75	1,50

En regardant la silice, la chaux et l'oxide de fer comme des mélanges accidentels, on a, pour représenter la composition du spinelle rubis, la formule MA^6.

Gisement. Le spinelle paroît appartenir au terrain de micaschiste, comme le prouvent les observations de M. John Davy et les échantillons recueillis par M. Leschenault à l'île de Ceilan. C'est au comte de Bournon que l'on doit la description des différentes gangues qui renferment ce minéral[1]. On trouve le spinelle en petits cristaux d'un rouge pâle, appartenant aux variétés octaèdre et émarginée, dans une dolomie lamellaire avec cristaux d'apatite d'un bleu foncé et de forme ordinairement arrondie, aux pieds des montagnes élevées qui séparent Candi de Colombo, dans l'île de Ceilan. Il se rencontre également dans une dolomie, à sept lieues à l'est de Candi. Sa couleur est le rouge de chair, et dans cette localité il s'associe à des cristaux de mica d'un jaune très-foncé, et à du fer pyriteux icosaèdre. Enfin, on le trouve en cristaux d'une belle teinte rose, et sous les formes des variétés octaèdre, émarginée et unibinaire, dans une dolomie grano-lamellaire du même canton que celle que nous avons citée en premier lieu, et

---

1 Observations sur quelques-uns des minéraux, soit de l'île de Ceilan, soit de la côte de Coromandel. Paris, 1823.

renfermant des pyrites icosaèdres, de la pyrite magnétique, du mica d'un jaune orangé, et des cristaux d'apatite d'un vert jaunâtre analogue à la phosphorite chrysolite d'Espagne.

Le spinelle rubis existe encore à Ceilan dans deux autres espèces de roches. L'une est composée en grande partie de felspath adulaire, et renferme de la pyrite magnétique et un peu de calcaire spathique; l'autre est une roche à texture granitoïde, composée de felspath granulaire et de molybdène sulfuré en petites lames minces, avec quelques paillettes de mica brun. Le molybdène sulfuré semble être ici en remplacement de ce dernier principe. Cette dernière roche n'a point été observée en place; M. Leschenault l'a trouvée en masses isolées sur le bord d'une rivière, à sept milles au nord-est de Candi, sur la route de la province de Fassagram.

Le spinelle rubis se rencontre aussi en cristaux isolés ou en grains roulés dans le sable des rivières de Ceilan, où il est entremêlé de corindons, de tourmalines, de zircons, de grenats, de topazes, de cristaux de fer magnétique, etc.; au Pégu et à Cananore, dans la province de Mysore. On cite encore du spinelle rubis aux États-Unis d'Amérique, à Byron près de Sparta, à Franklin dans le New-Jersey, et à Warwick, état de New-York.

Le spinelle rubis occupe un des premiers rangs parmi les pierres précieuses, à raison de sa grande dureté et de son vif éclat. On le taille ordinairement en brillant à degrés, à petite table et à haute culasse. Les cristaux de spinelle sont en général fort petits; on en rencontre cependant qui ont de trente à quarante grains, et M. Brard en a vu un qui pesait deux cent quinze grains. Quand un spinelle pèse quatre carats ou seize grains, il vaut, dit-on, la moitié d'un diamant du même poids. Le spinelle d'un rouge vif ou rubis spinelle est le plus estimé; on le fait passer quelquefois pour le rubis oriental. Les spinelles d'une teinte rosâtre ou rouge de vinaigre, et qu'on nomme *rubis balais*, ont moins de valeur : on les confond souvent avec les topazes brûlées. Ce nom de *rubis balais* vient, selon Chardin, de Balacchan ou Balaxiam, nom d'une ancienne contrée d'Asie, d'où l'on apporte le spinelle : M. Léman pense que ce pourroit être une corruption de Bacham, qui est le nom du spinelle sur la côte du Malabar. D'après la description que Pline et Théophraste nous ont laissée de l'alabandine des anciens, on peut croire que c'était une variété du spinelle rubis.

Werner a décrit, sous le nom de *salamstein* (*salamrubin*), une pierre rouge qu'il a placée entre le spinelle et le saphir. Elle ne sauroit être rapportée à la première espèce, puisqu'il lui assigne des formes rhomboédriques, incompatibles avec celles du spinelle. Il est probable que ce n'est qu'une variété du corindon télésie.

2. Spinelle pléonaste[1]. En cristaux bleus, verts, purpurins et noirs, se rapportant principalement aux variétés émarginée et unibinaire. Sa dureté est un peu moins grande que celle du spinelle rubis. Il est seulement translucide, et souvent opaque. Sa poussière est d'un gris verdâtre ; son principe colorant est l'oxide de fer.

Seul, il est inaltérable au chalumeau ; avec le borax, il se dissout en un verre transparent, dont la couleur est le vert sombre.

Composition.

	Alumine.	Magnésie.	Silice.	Oxide de fer.
Collet Descotils.	68	12	2	16

Le spinelle pléonaste ne paroît différer du spinelle rubis que par un mélange variable de silicate, et peut-être d'aluminate de fer.

Il a d'abord porté le nom de *ceylanite*, parce que, pendant long-temps, on n'a connu de ce minéral que la variété noire, trouvée à Ceilan dans les sables des rivières. Cette variété, lorsqu'elle est en cristaux roulés, se distingue difficilement des tourmalines qui lui sont associées. Mais depuis on a rapporté au pléonaste tous les cristaux colorés de spinelle que l'on a découverts en différens lieux et dans différens gisemens. C'est dans les terrains primordiaux de

---

1 *Ceylanit*, Wern. — Pléonaste et spinelle noir, Haüy.

cristallisation et dans les terrains volcaniques que l'on rencontre les variétés de pléonaste. Les roches de la Somma, qui proviennent des anciennes éruptions du Vésuve, en renferment une multitude de petits cristaux noirs, bleu-verdâtres ou purpurins. Ces cristaux sont disséminés dans un calcaire granulaire, ou tapissent les cavités de blocs composés de mica, d'idocrase, de pyroxène, de néphéline, de grenat, etc. Le spinelle pléonaste se trouve à Ceilan, dans des roches quarzeuses micacées, à sept milles au nord-est de Candi. Il y est en petits cristaux d'un bleu pâle ou d'un bleu foncé et presque noirâtre. On l'y rencontre encore dans des roches presque entièrement composées de mica lamellaire d'un jaune brunâtre; ses cristaux sont alors d'un brun tirant sur le violet ou sur le noir.

Le spinelle pléonaste existe aussi dans l'Amérique septentrionale, principalement aux États-Unis, où on le rencontre en cristaux d'un volume remarquable. Le docteur Fowler a trouvé dans le comté d'Orange et de New-York, vallée de Warwick, des cristaux noirs de spinelle, dont plusieurs étoient de la grosseur d'un boulet de canon. Ils étoient disséminés avec des cristaux de spinelle rubis dans un calcaire primitif, et associés à de la serpentine cristallisée et à du fer chromaté. La même variété se rencontre également dans un calcaire à quatre milles de Greenwood, dans le Newburgh.

Dans les terrains volcaniques, le spinelle pléonaste se trouve au milieu des sables et des détritus de basaltes, au pied de la colline de Montferrier, près de Montpellier, et dans les roches de Laach, près d'Andernach, sur les bords du Rhin.

On peut rapporter au spinelle pléonaste le minéral connu sous le nom de spinelle bleu ou spinelle d'Acker, en Sudermanie, analysé par Berzelius, et trouvé dans un calcaire. Il est formé, suivant ce chimiste, de 72,25 d'alumine, 14,63 de magnésie, 5,45 de silice, et 4,26 d'oxide de fer.

Une autre substance vitreuse, d'un noir luisant, que M. Leschenault a rapportée de Ceilan, où on la trouve dans le district de Candi, paroît avoir les plus grands rapports avec le spinelle pléonaste. Sa pesanteur spécifique est de 3,7. Sa texture est laminaire ou grenue, à très-gros grains. Elle raie le quarz avec facilité, et elle est rayée, mais difficilement, par le spinelle rubis. Elle est très-fragile; les parties minces sont translucides, et leur couleur paroît d'un bleu plus ou moins foncé. Les acides sont sans action sur elle, et elle est infusible au chalumeau. M. Laugier, qui en a fait l'analyse [1], l'a trouvée composée de la manière suivante :

Alumine	65
Magnésie	13
Oxide de fer	16,5
Silice	2
Chaux	2
Traces de manganèse	=
	98,5

Cette analyse s'accorde assez bien avec celle du pléonaste noir, faite par Collet Descostils. Le comte de Bournon, qui le premier a fait connoître cette substance [2], ayant cru y reconnoître les caractères d'une espèce nouvelle, a proposé de lui donner le nom de *candite*.

Il est encore un autre minéral sur la classification duquel les minéralogistes ne sont pas d'accord, les uns le regardant comme une sous-espèce du spinelle, à laquelle ils donnent le nom de *spinelle zincifère;* d'autres, et c'est le plus grand nombre aujourd'hui, le considérant comme une espèce à part, voisine du spinelle par ses caractères extérieurs et par sa composition. C'est la substance découverte, en 1805, par Gahn, à Fahlun, en Suède, à laquelle Eckeberg a donné le nom d'automalite, et que MM. Hisinger et Berzelius désignent par celui de *gahnite*, qui a été généralement adopté. On l'a appelée aussi *fahlunite*, nom qui a été donné déjà à deux autres substances, la cordiérite et le triclasite.

La gahnite n'a encore été observée que sous la forme d'oc-

---

1 Mémoires du Muséum d'hist. nat., t. 12, p. 177.
2 Mémoire déjà cité, p. 27.

taèdres réguliers, simples ou maclés, disséminés dans un
stéaschiste ou dans une sorte de chlorite schisteuse d'un
vert sombre, à la mine d'Éric-Matts et à Broddbo, près de
Fahlun, en Suède. Elle y est accompagnée de galène, de
grenat et de gadolinite. Sa couleur est le noir verdâtre, son
éclat assez vif, et tirant quelquefois sur le métallique. Sa
pesanteur spécifique est de 4,23. Elle est moins dure que
le spinelle, et se clive avec moins de difficulté. Seule, elle
est inaltérable au chalumeau ; réduite en poudre fine et
mêlée avec la soude, elle donne au feu de réduction une
fumée de zinc, qui entoure la matière d'essai au commencement de l'insufflation. (BERZELIUS.)

Composition.

	Alumine.	Oxide de zinc.	Silice.	Oxide de fer.
Eckeberg. .	60	24,25	4,25	9,25

avec traces de chaux et d'oxide de manganèse.

Si l'on regarde la silice et l'oxide de fer comme accidentels, la formule de cette composition est ZA^6 ; c'est-à-dire
que la gahnite est un aluminate de zinc, isomorphe avec
l'aluminate de magnésie, ou, en d'autres termes, que c'est
un spinelle dans lequel la magnésie a été remplacée entièrement par l'oxide de zinc.

Suivant M. Hisinger, la gahnite a été trouvée disséminée
sous la forme de grains dans le quarz à Œstra-Silverberg,
dans la paroisse de Gros-Tuna, en Dalécarlie. (DELAFOSSE.)

SPINELLES. (*Bot.*) Pointes plus fortes et plus grosses que
les soies, mais qui n'ont pas la consistance ligneuse des épines
et des aiguillons. Le *dipsacus fullonum*, par exemple, est
muni de spinelles. La capsule du marronier d'Inde, encore,
est spinelleuse. (MASS.)

SPINELLIN ou SPINELLINE. (*Min.*) M. Nose a désigné
par ce nom cette variété de sphène ou de titane silicéo-calcaire en petits cristaux, que M. Fleuriau de Bellevue a fait
connoître autrefois sous le nom de *sémeline*. Voyez SPHÈNE.
(B.)

SPINELLO. (*Ichthyol.*) Nom sarde de l'Aiguillat. Voyez ce mot dans le Supplément du tome I.er de ce Dictionnaire. (H. C.)

SPINESCENT. (*Bot.*) Devenant épine; exemples : extrémité des rameaux de l'*anonis arvensis*, des pétioles de l'*astragalus tragacantha*, des bractées du *molucella lœvis;* stipules du *berberis*, du *robinia pseudo-acacia*, etc. (Mass.)

SPINIDYA. (*Ornith.*) Ce nom est donné par les Grecs modernes, suivant Belon, au serin d'Italie ou venturon, *fringilla serinus*, Linn. (Ch. D.)

SPINIFÈRE [Feuille]. (*Bot.*) Ayant des épines sur la surface; exemple : *solanum pyracantha*, etc. (Mass.)

SPINIFÈRE. (*Ichthyol.*) Mot formé du latin et qui signifie *porte-épine*. Il a été donné comme nom spécifique à la perche commune et à une Daurade. Voyez ce mot et Perseque. (H. C.)

SPINIFEX. (*Bot.*) Voyez Spinelle. (Poir.)

SPINILIO D'ESPANA. (*Bot.*) Aux environs de Cumana ou nomme ainsi le *parkinsonia spinosa* de M. Kunth. Le *spinulo* des mêmes lieux est son *inga microphylla*. (J.)

SPINITORQUUS. (*Ornith.*) Ce nom a été donné par quelques auteurs à la pie-grièche rousse, à cause de son habitude d'accrocher sur des buissons d'épines les petits oiseaux qu'elle attrape, afin de les y retrouver au besoin. (Ch. D.)

SPINOS. (*Ornith.*) Nom grec du tarin. (Desm.)

SPINTHÈRE. (*Min.*) Ce nom, qui veut dire *scintillant*, a été donné par Haüy à un minéral en petits cristaux décaèdres d'un vert grisâtre, ordinairement encroûtés de chlorite, et implantés par une de leurs extrémités sur des cristaux de calcaire spathique de la variété *bibinaire*. Ces cristaux se trouvent à Maronne, dans le département de l'Isère, au milieu d'une chlorite schisteuse. Lorsqu'on les fait mouvoir à la lumière d'une bougie, leur surface paroît comme brillantée par une multitude de points scintillans, et c'est de là qu'est emprunté le nom de spinthère, donné à ce minéral, qui offre les plus grandes analogies avec le sphène; aussi le regarde-t-on maintenant comme n'étant qu'une variété de cette espèce. Voyez Sphène. (Delafosse.)

SPINTURNIX. (*Ornith.*) Ce nom, qui présente le même sens qu'*incendiaria avis*, dont on a déjà parlé au tome XXIII, pag. 53, de ce Dictionnaire, a été appliqué au jaseur de Bohème, au *coracias*, espèce sur laquelle les naturalistes ne sont point parfaitement d'accord, et il semble s'être donné plus généralement aux oiseaux que leur instinct porte à rechercher tout ce qui brille, comme les corneilles, les pies, les choucas, dont on a vu des individus enlever du foyer des morceaux de bois allumés, et exposer ainsi la maison à être incendiée. (Ch. D.)

SPINULARIA. (*Bot.*) Genre de la famille des algues, proposé par Roussel, Fl. du Calv., pour placer le *fucus aculeatus*, Linn., qui depuis est devenu le type du genre *Desmarestia*, Lamour.; *Desmia*, Lyngb., et *Hippurina*, Stackh. Voyez Desmarestia et Sporochnus. (Lem.)

SPINUS. (*Ornith.*) Nom latin du tarin, *fringilla spinus*, Linn. (Ch. D.)

SPINZAGO. (*Ornith.*) Ce nom italien se donne sur le lac Majeur au courlis commun, *scolopax arcuata*, Linn.; et on appelle, sur le même lac, l'avocette *spinzago d'acqua*. (Ch. D.)

SPIO. (*Chétop.*) Genre de Néréides, établi par Othon Fabricius (*Schriften der berl. naturf. Gesellsch.*, 6, p. 259, n.° 1, tab. 5, fig. 1 — 7), et adopté par Gmelin (*Verm.*, p. 3109), pour un petit nombre d'espèces de nos côtes, qui ont pour caractère principal : Une paire de tentacules céphaliques très-gros, presque aussi longs que le corps, et d'habiter un tube. Voyez au mot Néréide la division E, tome XXXIV, page 448, où ces espèces ont été décrites. (De B.)

SPIONCELLE. (*Ornith.*) Le nom de pipit spioncelle est donné par M. Temminck au pipit des buissons de Buffon, *anthus aquaticus*, Bechstein. (Ch. D.)

SPIONÉRÉIDE. (*Chétop.*) Voyez Spio. (Desm.)

SPIPOLA ALBA. (*Ornith.*) Selon Sonnini, Aldrovande donne ce nom à une variété albine du pipi farlouse. (Desm.)

SPIPOLETTE. (*Ornith.*) Gueneau de Montbeillard a décrit sous ce nom l'espèce de farlouse que l'on connoît en Italie sous la dénomination de *spipoletta*, et qui est le pipi spipolette de M. Vieillot. (Ch. D.)

SPIRACANTHA. (*Bot.*) Genre de plantes dicotylédones, à fleurs composées, de la division des *flosculeuses*, de la *syngénésie polygamie séparée* de Linné, offrant pour caractère essentiel : Des fleurs agglomérées, en tête, accompagnées de bractées uniflores, épineuses; chaque fleur pourvue d'un calice à quatre ou cinq folioles égales; une corolle tubulée, hermaphrodite, à cinq découpures égales; les étamines inconnues; un ovaire linéaire, surmonté d'un style saillant; une semence un peu comprimée, ovale, cunéiforme, couronnée par une aigrette pileuse, courte, persistante.

SPIRACANTHA A FEUILLES DE CORNOUILLER; *Spiracantha cornifolia*, Kunth, *in* Humb. et Bonpl., *Nov. gen.*, 4, p. 29, tab. 315. Arbrisseau très-rameux; les rameaux alternes, glabres, verdâtres, grêles, cylindriques, un peu striés, pubescens dans leur jeunesse. Les feuilles sont alternes, médiocrement pétiolées, ovales-oblongues, acuminées, mucronées, très-entières, rétrécies en pétiole à leur base, membraneuses, vertes, glabres et luisantes en dessus, un peu lanugineuses et argentées en dessous, presque longues de trois pouces, larges d'un pouce; les pétioles pileux, dilatés et à demi embrassans à leur base. Les pédoncules sont axillaires ou terminaux, géminés, ternés ou quaternés, pileux, cylindriques, longs de deux pouces et plus, portant à leur sommet une tête de fleurs composée de quatre ou cinq bractées en forme d'involucre, assez semblables aux feuilles, mais plus petites; les bractées partielles fortement imbriquées, concaves, oblongues, épineuses à leur sommet, à cinq nervures, lanugineuses à leur base, ciliées à leurs bords, renfermant chacune une fleur. Le calice est plus court que la bractée, lanugineux à sa base, à cinq divisions très-profondes, lancéolées, membraneuses, diaphanes, presque égales, acuminées, mucronées. La corolle est violette, tubulée; le tube grêle; le limbe infundibuliforme, à cinq divisions étalées, linéaires, lancéolées. Cette plante croît dans l'Amérique méridionale, aux lieux ombragés et humides, proche le port Sapoté. (POIR.)

SPIRALÉES [FEUILLES]. (*Bot.*) Feuilles alternes, formant deux, trois, etc., séries parallèles, qui tournent concurremment autour de la tige ou du rameau qui les porte; exemples: *abies picea*, *lycopodium*, *selago*, etc. SPIRALÉ signifie aussi contourné en tire-bourre; exemples : pédoncule des fleurs mâles du *valisneria spiralis*, filets des étamines du *hirtella*, style du *glycine*, légume du *medicago sativa*, coques du fruit de l'he-

licteres, embryon du *salsola tragus*, du *cistus monspeliensis*, etc. (Mass.)

SPIRANTHÈRE, *Spiranthera*. (*Bot.*) Genre de plantes dicotylédones, à fleurs complètes, polypétalées, de la famille des *rutacées*, de la *pentandrie monogynie* de Linnæus, offrant pour caractère essentiel : Un calice court, en cupule, à cinq dents profondes; cinq pétales hypogynes, autant d'étamines alternes avec les pétales; les anthères à deux loges, roulées en spirale après leur ouverture; un style; un stigmate à cinq lobes; un nectaire cylindrique, campanulé, entourant la base d'un ovaire à cinq lobes profonds, tronqué au sommet, à cinq loges; deux ovules dans chaque loge. Le fruit inconnu.

Spiranthère odorante : *Spiranthera odoratissima*, Aug. S. Hil., Mém. du Mus., vol. 10, p. 362, tab. 22. La racine produit plusieurs tiges simples, droites, glabres, anguleuses, longues d'un pied et demi, garnies de feuilles pétiolées, alternes, ternées; les folioles un peu pédicellées, ovales, lancéolées, très-entières, glabres, parsemées de points transparens, longues d'environ trois pouces; les fleurs sont belles; elles répandent une odeur très-suave, assez semblable à celle du chèvrefeuille. Elles sont axillaires, formant un corymbe à l'extrémité des tiges; les pédoncules pubescens; les inférieurs à deux ou trois fleurs pédicellées, munies de bractées pubescentes et subulées. Le calice est pubescent; les pétales blancs, longs d'un pouce et demi, pubescens, parsemés de points transparens, ainsi que les étamines; les filamens glabres, un peu tuberculeux; les anthères longues; le nectaire épaissi à sa base, à dix angles, à dix dents aiguës; l'ovaire velu. Le fruit n'a point été observé. Cette plante croît dans les champs élevés, au Brésil. (Poir.)

SPIRATELLE, *Spiratella*. (*Malacoz.*) Genre de mollusques, établi pour le *clio helicina* de Linné et que MM. Cuvier et de Lamarck ont nommé limaçine; dénomination que M. de Blainville n'a pas adoptée, d'abord pour éviter la confusion que l'analogie de nom avec celui de limace pourroit occasioner, et ensuite parce qu'il avoit proposé celui de spiratelle avant la publication de l'ouvrage de M. Cuvier. La caractéristique de ce genre, comme il a été possible de la rédiger d'après les détails que nous a donnés M. Sowerby sur le *clio helicina*, est la suivante : Corps conique, alongé, mais **enroulé** longitudinalement, élargi en avant et pourvu de **chaque** côté d'un appendice aliforme, subtriangulaire, arqué; **bouche** à l'extrémité de l'angle, formée par deux lèvres infé-**rieures**; branchies en forme de plis à l'origine du dos; anus **et** organes de la génération inconnus. Coquille papyracée, **très-fragile**, planorbique, subcarinée, enroulée un peu obliquement, de manière à être largement et profondément ombiliquée d'un côté, et pourvue de l'autre d'une spire un peu saillante et pointue ; ouverture grande, entière, non modifiée, élargie de chaque côté, à péristome tranchant.

On ne connoît encore dans ce genre qu'un petit animal presque microscopique, extrêmement commun dans les mers septentrionales et dont Gmelin fait une espèce de clio, sous le nom de *C. helicina*, d'après le peu qu'en avoit dit d'abord Martens, dans son Histoire naturelle du Spitzberg, p. 141, tab. Q, fig. *c*, et ensuite Phipps, dans son Voyage au pôle boréal, p. 195; mais ce n'est que depuis la publication du grand ouvrage de M. Scoresby, sur la pêche de la baleine, que ce mollusque a été assez connu pour que nous ayons pu en donner une description suffisante et une figure passable. Voyez pl. XLVIII *bis*, fig. 5, copiée de Scoresby, Pêches de la baleine. tom. 2, pl. 5, fig. 7. (De B.)

SPIRE, *Spire.* (*Conchyl.*) Terme très-fréquemment employé en conchyliologie pour désigner toute la partie des coquilles univalves qui est en arrière de leur corps ou du dernier tour. Voyez l'article Conchyliologie, où ont été expliqués tous les termes techniques appliqués aux caractères que l'on tire de cette partie. (De B.)

SPIRÉE; *Spiræa*, Linn. (*Bot.*) Genre de plantes dicotylédones polypétales, de la famille des *rosacées*, Juss., et de l'*icosandrie pentagynie*, Linn., qui a pour caractères : Un calice monophylle, persistant, à cinq divisions; une corolle composée de cinq pétales arrondis ou oblongs, insérés sur le calice entre ses divisions; dix à cinquante étamines, à filamens filiformes, attachés sur le calice, et terminés par des anthères arrondies; trois à cinq ovaires ou plus, surmontés chacun d'un style filiforme, et terminés par un stigmate simple; trois à cinq capsules ou plus, comprimées, à une loge s'ouvrant en deux valves, et contenant deux à six graines.

Les spirées sont des arbrisseaux ou des herbes vivaces, à feuilles alternes, simples ou plus rarement composées, à fleurs blanches ou quelquefois purpurines, axillaires ou terminales, disposées en corymbe, en grappe ou en panicule. On en connoît près de quarante espèces, dont le plus grand nombre est exotique.

* *Tiges ligneuses.*

Spirée a feuilles de millepertuis; *Spiræa hypericifolia*, Linn., *Sp.*, 701. Sa tige est haute de quatre à six pieds, divisée en rameaux nombreux, effilés, recouverts d'une écorce brune rougeâtre, et garnis de feuilles éparses, ovales, rétrécies en pétiole, d'un vert gai, glabres, ou légèrement pubescentes, entières ou crénelées à leur sommet; ses fleurs sont petites, blanches, disposées quatre à douze ensemble par petites ombelles sessiles, éparses le long des rameaux, et ordinairement tournées toutes d'un seul côté. Cette espèce croit naturellement dans plusieurs parties du Nord de l'Europe et de l'Asie, et dans l'Amérique septentrionale; on la trouve dans plusieurs parties de la France, particulièrement aux environs de Bourges, de Cahors, à Saint-Germain-en-Laye.

Spirée a feuilles crénelées; *Spiræa crenata*, Linn., *Sp.*, 701. Sa tige est haute de quatre à cinq pieds, divisée en rameaux nombreux, redressés, brunâtres, garnis de feuilles ovales-lancéolées, brièvement pétiolées, légèrement ciliées en leurs bords, entières dans plus de la moitié de leur partie inférieure, crénelées au sommet. Ses fleurs sont petites, blanches, portées sur des pédicelles grêles et disposées au nombre de vingt et plus en corymbes situés au sommet de petits rameaux placés le long des rameaux principaux. Les ovaires sont le plus souvent au nombre de cinq et pubescens. Cette espèce croit naturellement en Sibérie, en Hongrie, en Espagne; on l'indique aussi en France, dans les Cévennes.

Spirée a feuilles d'orme; *Spiræa ulmifolia*, Willd., *Sp.*, 2, pag. 1058. Sa tige est haute de quatre à cinq pieds, divisée en rameaux effilés, presque simples, revêtus d'une écorce brune grisâtre, glabre. Ses feuilles sont ovales - oblongues, pétiolées, deux fois dentées. Ses fleurs sont blanches, portées sur des pédoncules longs d'un pouce ou environ, et disposées, au nombre de trente à cinquante, au sommet des jeunes rameaux, en grappes courtes et resserrées en corymbe. Elles ont une odeur désagréable, assez analogue à celle de la punaise ; mais elles font d'ailleurs un joli effet. Les étamines, au nombre de plus de quarante, sont plus longues que les pétales. Cette espèce croît naturellement dans la Carniole et la Sibérie.

SPIRÉE A FEUILLES D'OBIER : *Spiræa opulifolia*, Linn., *Sp.*, 702; Lois., Nouv. Duh., vol. 6, p. 41, t. 14. Ses tiges s'élèvent à six ou huit pieds, en se divisant en rameaux nombreux, grisâtres ou rougeâtres, garnis de feuilles pétiolées, glabres, d'un vert foncé en dessus, plus pâle en dessous, rarement ovales-oblongues, le plus souvent découpées en trois lobes plus ou moins profonds, et simplement dentées en scie. Les fleurs sont blanches, portées sur des pédicelles grêles, munies d'une bractée à leur base, et rapprochées, à l'extrémité des rameaux, au nombre de quarante à cinquante, en corymbes serrés. Les ovaires sont au nombre de trois à quatre. Cet arbrisseau croit naturellement dans les États-Unis et le Canada.

SPIRÉE A FEUILLES LISSES; *Spiræa lævigata*, Linn., *Mant.*, 244. Sa tige s'élève à trois pieds ou environ, en se divisant en rameaux nombreux, étalés, garnis de feuilles sessiles, lancéolées, très-entières, cunéiformes à leur base, parfaitement glabres et d'un vert un peu glauque. Ses fleurs sont petites, blanches, portées sur de très-courts pédicelles munis d'une bractée à leur base, très-rapprochées les unes des autres et disposées sur plusieurs épis, formant, par leur rapprochement, au sommet des rameaux, une sorte de grappe paniculée. Cet arbrisseau est originaire de la Sibérie : ses fleurs paroissent, dans les jardins, dès le mois d'Avril.

SPIRÉE A FEUILLES DE SAULE; *Spiræa salicifolia*, Linn., *Spec.*, 700. Cet arbrisseau s'élève à trois ou quatre pieds, en se divisant en rameaux effilés, redressés, recouverts d'une écorce jaunâtre. Ses feuilles sont ovales ou ovales-lancéolées, brièvement pétiolées, glabres, finement dentées en scie. Ses fleurs sont petites, blanches ou couleur de chair, nombreuses, disposées sur plusieurs grappes rameuses, dont la réunion au sommet des rameaux forme une belle panicule. Il y a cinq ovaires dans chaque fleur. Cette espèce croît naturellement en Sibérie, en Tartarie, en Bohème, en Piémont; on l'indique aussi en France.

SPIRÉE COTONNEUSE; *Spiræa tomentosa*, Linn., *Spec.*, 701. Cet arbrisseau s'élève à quatre ou cinq pieds de hauteur, en se divisant en rameaux effilés, redressés, revêtus d'une écorce rougeâtre et chargée d'un duvet roussâtre. Ses feuilles sont ovales-lancéolées, brièvement pétiolées, inégalement dentées en leurs bords, vertes en dessus, blanchâtres et cotonneuses en dessous. Ses fleurs sont rosées, portées sur des pédicelles très-courts, disposées, au sommet des rameaux, en grappes plus ou moins longues, dont l'ensemble forme une belle panicule pyramidale. Cette espèce est originaire des États-Unis et du Canada; elle fleurit au mois d'Août dans nos jardins.

SPIRÉE A FEUILLES DE SORBIER; *Spiræa sorbifolia*, Linn., *Sp.*, 702. Sa tige s'élève à quatre ou cinq pieds, et ses rameaux sont étalés, un peu tortus, recouverts d'une écorce brunâtre. Ses feuilles sont pétiolées, ailées avec impaire, composées de dix-sept à vingt-une folioles lancéolées, deux fois dentées, glabres, d'un vert gai en dessus, un peu plus pâles en dessous. Ses fleurs sont blanches, très-nombreuses, disposées en plusieurs grappes rameuses, touffues, formant, au sommet des rameaux, une belle panicule, qui a souvent plus d'un pied de hauteur. Cette espèce croît naturellement dans les lieux humides et marécageux du Nord de l'Asie.

** *Tiges herbacées.*

SPIRÉE BARBE-DE-CHÈVRE : *Spiræa aruncus*, Linn,, *Sp.*, 702. Ses tiges sont droites, cylindriques, légèrement anguleuses, hautes de deux à trois pieds, divisées en quelques rameaux, et garnies de feuilles deux à trois fois ailées, composées de folioles ovales ou ovales-lancéolées, aiguës, deux fois dentées, glabres. Ses fleurs sont blanches, petites, extrêmement nombreuses, disposées au sommet des tiges et des rameaux, sur de longs épis rameux, formant dans leur ensemble une vaste et belle panicule ayant souvent plus d'un pied de hauteur.

Ces fleurs sont ordinairement dioïques. Cette plante croit dans les bois des montagnes, en France et dans plusieurs parties de l'Europe.

SPIRÉE FILIPENDULE, vulgairement FILIPENDULE; *Spiræa filipendula*, Linn., *Spec.*, 702. Ses racines sont composées de plusieurs fibres d'un brun noirâtre, renflées, dans leur partie moyenne, en tubercules ovoïdes, de la grosseur d'une noisette ou à peu près; elles produisent une tige droite, glabre, simple ou peu rameuse, haute d'un à deux pieds, garnie, surtout dans sa partie inférieure, de feuilles glabres d'un beau vert, ailées avec impaire, composées d'un grand nombre de folioles oblongues, profondément et inégalement incisées, entremêlées d'autres folioles beaucoup plus petites. Ses fleurs sont blanches, nombreuses, disposées, au sommet des tiges et des rameaux, en un large corymbe. Les ovaires sont légèrement pubescens, et varient pour le nombre de huit à douze. Cette plante se trouve dans les bois et les pâturages, en France et dans d'autres contrées de l'Europe. On en cultive dans les jardins une variété à fleurs doubles.

Les tubercules qui tiennent aux racines de la filipendule sont astringens, et ils contiennent une fécule nourrissante, dont on s'est servi, dit-on, comme aliment dans les temps de disette. Ces mêmes tubercules ont été employés en médecine à cause de leur astringence, dans la leucorrhée, la diarrhée et même contre les hernies. Les cochons en sont très-friands, et quand on les conduit dans les lieux où il s'en trouve, ils bouleversent la terre pour les chercher et les manger. Les parties herbacées de la filipendule ont été employées comme incisives et diurétiques dans les affections catarrhales des voies urinaires et pour favoriser l'expulsion des graviers hors de la vessie. Les fleurs de la filipendule, infusées dans le lait, lui donnent une saveur agréable. La plante entière peut servir pour le tannage des cuirs.

SPIRÉE ULMAIRE, vulgairement REINE DES PRÉS, HERBE AUX ABEILLES, PETITE BARBE-DE-CHÈVRE, VIGNETTE; *Spiræa ulmaria*, Linn., *Spec.*, 702. Sa racine est assez grosse, longue comme le doigt, horizontale, noirâtre en dehors, garnie de beaucoup de fibres; elle produit une tige droite, un peu anguleuse, rougeâtre, haute de deux à trois pieds, munie de feuilles ailées avec impaire ; composées de sept grandes folioles ovales, inégalement dentées, d'un vert foncé en dessus, blanchâtres en dessous ; la foliole terminale est plus grande que les autres, ordinairement partagée en trois lobes, et chaque intervalle entre les autres grandes folioles est garni d'une petite foliole. Ses fleurs sont blanches, nombreuses, disposées au sommet des tiges et des rameaux en une large panicule corymbiforme ; elles ont un odeur agréable. Cette plante croît dans les prés humides, en Europe. On en cultive dans les jardins une variété à fleurs doubles. ·

La spirée ulmaire est tonique, astringente et sudorifique ; elle a aussi été mise au nombre des vulnéraires, lorsqu'on croyoit à la vertu des plantes sous ce rapport. Sa racine a été employée, comme astringente, dans les hémorrhagies, la diarrhée, la dyssenterie, etc. Les fleurs, en infusion théiforme, ont été recommandées comme cordiales, sudorifiques et calmantes. On assure qu'infusées dans le vin et l'hydromel, elles communiquent à ces liqueurs une saveur et une odeur qui les fait ressembler à du vin de Malvoisie. La plante entière est bonne pour le tannage des cuirs. Les feuilles font un bon fourrage ; les chèvres surtout les aiment beaucoup.

Spirée trifoliée : *Spiræa trifoliata*, Linn., *Sp.*, 702 ; *Gillenia trifoliata*, Mœnch, Méth., Suppl., 286. Ses racines sont vivaces, fibreuses ; elles produisent une tige haute d'un à deux pieds, rameuse, garnie de feuilles pétiolées, ternées, composées de trois folioles ovales-lancéolées, dentées en scie, acuminées, parfaitement glabres. Ses fleurs sont blanches, disposées, au sommet des tiges et des rameaux, en une panicule lâche. Le calice est campanulé, et les pétales sont lancéolés, à onglets plus longs que le calice. Le fruit consiste en une seule capsule à cinq loges. Cette plante croît dans le Canada et les États-Unis. On la cultive dans les jardins.

Les spirées ligneuses sont de jolis arbrisseaux qui font un très-joli effet dans les jardins, et dont on peut jouir pendant la plus grande partie de la belle saison, parce que les fleurs des différentes espèces se succèdent les unes aux autres depuis le mois d'Avril jusqu'en Août. Leur culture est très-facile ; on les multiplie de graines, de marcottes et de drageons enracinés qui poussent autour des anciens pieds. Elles ne sont pas délicates sur la nature du terrain, si ce n'est la spirée cotonneuse, qu'on plante ordinairement en pleine terre de bruyère. Aucune d'elles ne craint d'ailleurs le froid.

Les spirées herbacées sont toutes également de pleine terre. Les espèces à fleurs simples peuvent se multiplier de graines ; les variétés à fleurs doubles ne se multiplient qu'en divisant les racines des vieux pieds, en automne ou à la fin de l'hiver. (L. D.)

SPIRIDENS. (*Bot.*) Genre de la famille des mousses, établi par Nées d'Esenbeck, et qu'il caractérise ainsi : Capsule latérale ; péristome externe à seize dents lancéolées, subulées, dont l'extrémité est tordue en spirale ; péristome interne à seize cils, réunis à la base par une membrane et soudés deux ou trois ensemble par leur sommet ; coiffe cuculiforme, glabre.

Ce genre est placé par Nées près du *Climacium* et du *Leskea* ; Curt Sprengel le réunit au *Leskea*. M. Arnott pense qu'il doit être conservé. Il est fondé sur une mousse découverte par M. Reinwardt sur le volcan de Tidor, aux Moluques.

Le *spiridens Reinwardti*, Nées, *Nov. act. acad. cœs. Leop.*, vol. 11, 1.ʳᵉ part., page 141, pl. 17, est une belle mousse, qui a le port d'un grand hypnum. Sa tige, droite ou ascendante, a un pied et plus de long : elle est garnie d'un grand nombre de feuilles lancéolées-linéaires, très-aiguës, disposées sur six rangées, longues de sept à huit lignes, dentées sur les bords, marquées d'une nervure longitudinale. Les capsules sont latérales, sessiles, portées sur des pédicelles à peine longs d'une ligne, cachées dans les feuilles, mais saillantes au-dessus de leur périchèze, obovales, d'un jaune pâle d'abord, puis brunes ; l'opercule est droit, en cône pointu ; la coiffe glabre, lisse, longuement subulée, un peu arquée.

On ne connoît que les fleurs femelles de cette mousse, celles qui donnent les capsules. Dans leur origine, elles forment des gemmules qui présentent plusieurs pistils purpurins, entourés de plusieurs paraphyses.

Nées fait remarquer que le *bartramia gigantea*, Schwæg., *Suppl.*, vol. 2, page 63, pl. 65, est peut-être une seconde espèce de *spiridens*.

Ce genre doit son nom aux cils de son péristome externe, tordus en spirale. (Lem.)

SPIRIFÈRE, *Spiriferus.* (*Conchyl.*) Genre de coquilles de la famille ou du genre des Térébratules, établi par M. Sowerby pour un petit nombre d'espéces fossiles chez lesquelles le support intérieur particulier à ce genre, est extrêmement considérable et enroulé en une masse spirale. (De B.)

SPIRIFÈRE. (*Foss.*) M. Sowerby, qui a signalé ce genre, l'ayant reconnu d'abord dans des coquilles, que, jusque-là, on avoit prises pour des térébratules (*terebratula canalifera*, Lamk.), lui assigna entre autres caractéres ceux d'avoir au-dessous du bec un large sinus anguleux, une charnière transverse, longue et droite, et deux spirales linéaires, qui partent de la charniére et qui remplissent presque la coquille.

Depuis la publication de ce genre, ces spirales ayant été trouvées dans des coquilles (*terebratula decussata*, Lamk.) qui n'ont pas la forme de celles ci-dessus, puisque la plus grande valve est percée d'un trou rond et assez grand, que la charniére n'est pas linéaire et que les spirales ne partent pas toujours de cette derniére, il semble que des caractéres établis par M. Sowerby il ne devroit subsister que ceux-ci : Coquille bivalve, équilatérale, inéquivalve, dans laquelle il se trouve deux spirales linéaires.

Il y a lieu de croire que M. Sowerby s'est assuré que les corps coniques et divisés en portions circulaires, qui se trouvent dans ces coquilles, sont formés en spirale ; mais je n'ai pu m'en assurer, comme aussi je n'ai pu être assuré qu'ils n'avoient pas cette forme ; ceux que j'ai été à portée d'observer ne m'ayant présenté aucune certitude à cet égard.

J'ai trouvé de ces corps dans des coquilles dépendantes d'espéces identiques avec d'autres coquilles, dans lesquelles je n'en ai pas observé, en sorte qu'il n'est pas certain si ces corps font partie essentielle des espéces dans lesquelles on les rencontre.

Les espéces de ce genre ont toutes été trouvées dans des couches antérieures à la craie, et quoiqu'on en connoisse déjà un assez grand nombre, il est extrêmement probable qu'il en existe d'autres que le hazard fera connoitre, attendu qu'il est difficile d'y parvenir par analogie, sans avoir été assuré de l'existence des corps coniques contenus dans les coquilles. Voici celles qu'on connoît :

Spirifer cuspidatus, Sow., *Min. conch.*, tome 2, pag. 42. pl. 120; *Anomia cuspidata*, W. Martin, *Trans. soc. linn.*, 4. page 45, t. 3 et 4, fig. 5; *Petrif.*, d'Orb., t. 46 et 47, fig. 3 — 5; *Terebratula*, Park., *Org. rem.*, tom. 3, page 234, tab. 16. fig. 17. Coquille de forme pyramidale, renversée, longitudinalement striée, à dos plat, triangulaire, équilatérale, dont la valve supérieure porte une élévation semi-circulaire, qui correspond à une dépression qui se trouve sur la valve inférieure. Hauteur, deux pouces. Largeur, deux pouces trois lignes. Fossile de Castleton en Derbyshire et de Cork en Irlande. Cette espèce a quelque rapport dans ses formes avec la calcéole, et M. Sowerby n'a pas donné la figure des corps coniques qu'elle doit contenir. Il a été trouvé aux environs de Bristol une variété de cette espèce, dont le talon de la grande valve est couvert de stries transverses : on en voit une figure dans Sowerby, *Min. conch.*, tome 5, page 90, tab. 461, fig. 2.

Spirifer oblatus, Sow., *loc. cit.*, tab. 268. Coquille bossue, ovale-transverse, unie, portant une élévation longitudinale dans son milieu et à sommets rapprochés. Largeur, deux pouces. Fossile du Derbyshire. M. Sowerby a donné la figure des deux corps coniques qui remplissent presque cette coquille. Les sommets partent des bords de chaque côté, et les bases viennent se réunir au milieu sous l'élévation qui s'y trouve.

Spirifer glaber, Sow., *loc. cit.*, tab. 269, les deux figures supérieures; *Anomites glaber*, Martin, *loc. cit.*, tab. 28, fig. 9 et 10. Cette espèce, qui est plus grande que celle qui précède, paroît avoir les plus grands rapports avec elle. Largeur, trois pouces. Fossile du Derbyshire.

Spirifer obtusus, Sow., *loc. cit.*, même planche, les deux figures inférieures. Ces coquilles paroissent n'être que des variétés du *Sp. oblatus*. Fossile de Scaliber, près de Settle dans l'Yorkshire en Angleterre.

Spirifer pinguis, Sow., *loc. cit.*, pl. 271. Coquille gibbeuse, ovale-transverse, à sommet droit, sillonnée longitudinalement, élevée à son milieu. Largeur, un pouce et demi. Fossile de Blackrock en Irlande. M. Sowerby ne donne pas la figure des corps coniques des trois dernières espèces qui précèdent.

Spirifer striatus, Sow., *loc. cit.*, pl. 270; *Anomites striata*, Martin, *loc. cit.*, tab. 23; *Terebratula striata*, Sow., Linn., *Trans.*, 12, part. 2, page 515, tab. 28, fig. 1 et 2. Coquille couverte de sillons nombreux, ovale-transverse, à sommets rapprochés, à charnière droite et canaliculée. La plus grande valve porte un enfoncement longitudinal qui répond à une élévation qui se trouve sur l'autre valve. Largeur, plus de quatre pouces. Fossile de Cork en Irlande et des environs de New-York et de Weymouth en Angleterre. Dans la figure de la planche 270, citée ci-dessus, M. Sowerby a exprimé la présence de ce qu'il a nommé spirale, de telle manière qu'il semble que le sommet est placé sur le côté.

Spirifer trigonalis, Sow., *loc. cit.*, tom. 3, pl. 265, fig. 1 — 4; *Anomites trigonalis*, Martin, *loc. cit.*, tab. 36, fig. 1. Coquille gibbeuse, striée transversalement, portant vingt-six sillons rayonnans; la charnière est aussi longue que la coquille; le devant est semi-circulaire; les trois sillons du milieu sont plus élevés et les sommets sont recourbés et rapprochés. Largeur, deux pouces. Fossile de Castleton dans le Derbyshire. Les figures représentent les corps coniques, dont la pointe est tournée vers les bords de la coquille. On voit des figures de cette espèce et de ces corps dans l'atlas de ce Dictionnaire, planches des fossiles.

Spirifer ambiguus, Sow., *loc. cit.*, tom. 4, page 105, tab. 376; *Terebratula decussata?* Lamk., Anim. sans vert., t. 6, 1.re part., page 265, n.° 51; Encycl., pl. 245, fig. 4? Park., *loc. cit.*, tome 3, pl. 16, fig. 5. Coquille subpentagone, gibbeuse, lisse, dont le milieu porte une élévation, à bec élevé et percé d'un trou rond et à charnière très courte. Tous ces caractères conviennent parfaitement à la *T. decussata*, à l'exception que cette dernière, quand elle a conservé son têt, est couverte de stries fines et un peu rudes, qui se croisent transversalement et longitudinalement. J'en possède de cette espèce qui sont lisses; mais elles ne sont telles que parce qu'elles sont dépouillées de leur têt. Largeur, un pouce. Fossile des environs de Bakewel en Angleterre. On trouve la *terebratula decussata* avec son têt en Angleterre, à Ranville et à Missy, près de Caen, dans la couche à polypiers, et aux environs de Dijon.

Les pointes des corps coniques de cette espèce sont tournées vers les bords de la coquille, d'après la figure donnée par M. Sowerby.

Spirifer minimus, Sow., *loc. cit.*, tab. 377, fig. 1. Coquille oblongue-transverse, bossue, couverte de quinze sillons longitudinaux; les trois sillons du milieu sont élevés. Largeur, neuf lignes. Fossile d'Angleterre.

Spirifer Walcotti, Sow., *loc. cit.*, même planche, fig. 2. Coquille suborbiculaire, gibbeuse, couverte de sillons rayonnans et portant une élévation large et arrondie dans son milieu. La charnière est droite et presque aussi longue que la coquille est large. Largeur, quinze lignes. Fossile du lias près de Keynsham et de Berkley dans le Gloucestershire.

Spirifer attenuatus, Sow., *loc. cit.*, tom. 5, p. 151, tab. 493, fig. 5 — 5; *Terebratula canalifera*, var., Lamk., Enc., pl. 244, fig. 4. Coquille trigone, gibbeuse, couverte de stries rayonnantes, avec une élévation dans son milieu; à charnière droite, aussi longue que la coquille, à sommets éloignés l'un de l'autre. Le talon de la plus grande valve est grand, plan, et strié perpendiculairement à la charnière. Le trou est triangulaire. Largeur, un pouce neuf lignes. Fossile des environs de Dublin.

Spirifer lineatus, Sow., *loc. cit.*, même planche, fig. 1 et 2. Coquille gibbeuse, couverte de fines stries divergentes et aiguës. Le devant est demi circulaire et élevé dans son milieu; la charnière est droite; les sommets sont peu éloignés l'un de l'autre. Largeur, un pouce et demi. Fossile de Dudley en Angleterre.

Spirifer bisulcatus, Sow., *loc. cit.*, pl. 494, fig. 1 et 2. Coquille demi-circulaire, bossue, couverte de stries rayonnantes, élevée à son milieu, à charnière longue et droite, et à sommets rapprochés. Largeur, un pouce et demi. Fossile des environs de Dublin.

Spirifer distans, Sow., même planche, fig. 2 et 3. Cette espèce ne paroît différer de la précédente que parce que les sommets sont éloignés l'un de l'autre. Elle semble aussi avoir beaucoup de rapports avec le *terebratula canalifera*, Lamk., représentée dans l'Encycl., pl. 244, fig. 5. Fossile des environs de Dublin.

Spirifer rotundatus, Sow., *loc. cit.*, tom. 5, page 89, tab. 461, fig. 1. Coquille oblique-transverse, bossue, longitudinalement striée, élevée à son milieu, unie, à sommets rapprochés et à charnière linéaire, presque aussi longue que la coquille. Largeur, deux pouces. Fossile d'Irlande. M. Sowerby ne donne pas les figures des corps coniques qui doivent se trouver dans les sept dernières espèces ci-dessus.

SPIRIFÈRE DE SOWERBY; *Spirifer Sowerbyi*, Def.; atlas de ce Dictionnaire, planches des fossiles. Coquille suborbiculaire, gibbeuse et couverte de stries assez fines et rayonnantes. Je ne possède et je n'ai vu de cette espèce que la plus grande des deux valves. Comme dans presque toutes les espèces, le bord s'abaisse en s'alongeant au milieu. Le dedans est rempli par les deux corps coniques, appliqués l'un contre l'autre, et qui sont très-remarquables, en ce que leur pointe se trouve placée au milieu de la valve, où elle forme une assez grande élévation, et que les bases de ces sortes de cônes vont aboutir de chaque côté contre les bords en s'élargissant. Largeur, un pouce. Cette valve s'est trouvée dans une collection qui a été recueillie aux environs de Chimay. (D. F.)

SPIRIPLOCO. (*Bot.*) A Surinam on nomme ainsi le *helicteres pentandra* de Linnæus, qui cite sur ce point le témoignage d'Allamund. (J.)

SPIRLIN. (*Ichthyol.*) Nom spécifique d'un cyprin, *cyprinus bipunctatus* de Linnæus, lequel rentre dans le genre des ABLES. (H. C.)

SPIROBRANCHE. (*Chétopod.*) Quelques auteurs, et entre autres M. de Blainville, dans leur distribution systématique des chétopodes, ont employé ce nom pour désigner génériquement les espèces d'Amphitrites de M. de Lamarck, ou de Sabelles de MM. Cuvier et Savigny, dont les branchies se tortillent en spirale. Voyez l'article SABELLE, tome XLVI, page 491, où elles ont été décrites. (DE B.)

SPIROGLYPHE, *Spiroglyphus*. (*Chétopod.*) Daudin, en essayant de mettre de l'ordre parmi les tubes que Linné et Gmelin ont rassemblés sous la dénomination générique de Serpules (Recueil de mémoires et de notes, Paris, 1800), n'a pu trop y réussir, parce qu'il n'a pas été guidé par la considération des animaux. Il y a cependant établi trois genres :

les Vermets d'Adanson, parmi lesquels il range, on ne sait trop pourquoi ; la *S. triquetra* de Linné, type du genre Vermilie de M. de Lamarck ; les Spirorbes, dont il va être question tout à l'heure ; et enfin, les Spiroglyphes, qu'il définit ainsi : Coquille tubulée, en spirale irrégulière, et se creusant un lit sur la surface des autres coquilles marines. Il est de fait qu'il n'y auroit rien d'étonnant que les animaux auxquels appartiennent ces espèces de tubes, qui pénètrent dans la substance même des coquilles, dussent former un genre distinct ; mais il n'est pas certain que ce genre doive être rangé dans la classe des chétopodes ; toujours est-il que les Spiroglyphes ne paroissent pas *répondre* aux vermilies de M. de Lamarck.

Daudin définit deux espèces de spiroglyphes.

1.º Le Spiroglyphe poli, *Spiroglyphus politus.* Tube blanc, poli, enroulé en deux tours de spirale irréguliers, et plus gros à son ouverture, qui est cylindrique.

Cette espèce, dont le diamètre est de trois lignes au plus, se trouve sur des jambonneaux et des peignes de l'Inde, où elle se creuse un lit.

2.º Le Spiroglyphe cordelé ; *Spiroglyphus annulatus,* Daud., *loc. cit.*, pag. 50, fig. 28 et 29. Tube d'égale grosseur dans toute son étendue, tortillé en un tour de spire irrégulier, et comme composé d'une multitude de très-petits anneaux couleur de corne, qui ont la forme d'une maille de tricot.

On le trouve sur les patelles et les fissurelles de l'océan Indien.

La description que donne Daudin de ce tube, ne correspond pas du tout à sa figure, qui représente une serpule à tube conique, comme à l'ordinaire, et forme au moins deux tours de spire irréguliers, avec des anneaux ou stries transverses nombreuses. (De B.)

SPIROGRAPHE, *Spirographis.* (Chétopod.) Genre de chétopodes du groupe des véritables amphitrites, établi par M. Viviani dans une petite brochure intitulée : *De phosphorescentia maris,* pour une belle espèce de la côte de Gênes dont les branchies, placées et constituées du reste comme dans les autres amphitrites, sont contournées en spirale ou en tire-bouchon, l'une, plus grande, embrassant l'autre. Elle se forme aussi un tube de boue ou de sable vaseux. Ses filamens branchiaux, fort longs, sont annelés de blanc et de violet. L'auteur cité en donne une assez bonne figure au trait, sous le nom de S. DE SPALLANZANI, *S. Spallanzanii*. Nous en donnons une plus détaillée dans les planches du Dictionnaire, d'après des individus bien conservés que nous devons à la complaisance de M. Paretto, de Gênes. MM. Cuvier et Savigny, qui donnent au genre Amphitrite de M. de Lamarck le nom de Sabelle et qui n'admettent pas le genre Spirographe, font des espèces à branches spirales une simple tribu et nomment celle dont il est ici question, SABELLE UNISPIRÉE, *S. unispira*. Voyez SABELLE et VERS A SANG ROUGE. (DE B.)

SPIROGYRA. (*Bot.*) Ce genre, établi par Link dans la famille des algues, a été réuni au *Zygnema* d'Agardh, qui représente les conjuguées, *conjugata*, de Vaucher, placées dans les conferves par M. De Candolle; mais qui, dans l'état actuel de cette partie de la science, méritent d'être distinguées. Mertens et Mohr réunissent le *Spirogyra* à l'*Oscillatoria;* ce qui répond au même sentiment.

Le *Spirogyra* de Link diffère de ses *Conjugata* et *Globulina*, par la matière verte contenue dans les loges des articulations des filamens, laquelle est disposée ou tordue en spirale. Ce caractère y ramène les espèces de la première division du *Conjugata* de Vaucher. Dans le *Conjugata* de Link, la matière verte est éparse, et dans le *Globulina*, elle est configurée en globules et en étoiles. Ces genres rentrent aussi dans le *Zygnema*. (LEM.)

SPIROLINE, *Spirolina*. (*Conchyl.*) Genre établi par M. de Lamarck (Syst. des anim. sans vert., tom. 7, p. 601) pour un certain nombre de coquilles microscopiques qui semblent pouvoir être rangées sous la caractéristique des spirules, puisque, enroulées d'abord, leur dernier tour se prolonge ensuite en ligne droite; mais, en les examinant plus attentivement, on voit qu'elles en diffèrent tout autrement que par la contiguité des tours de la spire, la petitesse de leur ouverture ne permettant pas de croire que l'animal ait pu y placer d'autre partie de son corps que le muscle d'adhérence. Le siphon d'ailleurs, en supposant que l'ouverture soit ce qu'on entend ordinairement par là. étant central, les cloisons étant droites ou même convexes, tout cela empêche de confondre les spirules avec les spirolines. C'est donc à tort que dans le genre de l'article Mollusques celles-ci ont été confondues avec les spirules, avec lesquelles en définitive elles ont même un très-petit nombre de rapports. (DE B.)

SPIROLINE. (*Foss.*) Les coquilles de ce genre n'ont été trouvées jusqu'à ce jour à l'état fossile que dans les couches du calcaire grossier.

Voici les espèces qu'on connoît :

SPIROLINE APLATIE : *Spirolina depressa*; SPIROLINITE APLATIE, *Spirolinites depressa*, Lamk., Ann. du Mus., vol. 5, p. 245, n.° 1, et vol. 8, pl. 62, fig. 14 ; Anim. sans vert., tome 7, page 602, n.° 1 ; atlas du Dict., pl. des fossiles; Parkinson, tab. 11, fig. 8. Coquille aplatie, un peu carénée dans son contour et ayant l'aspect d'une petite ammonite, couverte de très-petites stries longitudinales. Longueur, une ligne. Fossile de Grignon, département de Seine-et-Oise.

SPIROLINE CYLINDRACÉE : *Spirolina cylindracea*; SPIROLINITE CYLINDRACÉE, *Spirolinites cylindracea*, Lamk., Ann. du Mus., vol. 8, pl. 62, fig. 15 ; Anim. sans vert., t. 7, page 603, n.° 2 : atlas du Dict., pl. des foss.; Encycl., pl. 465, fig. 2. La coquille de cette espèce est presque entièrement droite, et ce n'est qu'à son sommet qu'elle forme une petite courbure ou commencement de spirale. Elle ressemble à un très-petit bâton, dont l'extrémité supérieure seroit un peu courbée en crosse. Dans une variété le tube, cloisonné, au lieu d'être cylindrique, s'agrandit un peu vers sa base comme une corne d'abondance, et dans une autre variété, plus remarquable encore (Encycl., même pl., fig. 16), la coquille est tout-à-fait droite, même à son sommet, où souvent il se trouve une pointe triangulaire. Longueur, une à deux lignes. Fossile de Grignon, de Hauteville, département de la Manche et des couches du calcaire grossier des environs de Paris.

On trouve une espèce qui paroît être identique avec celle-ci et qui vit dans la Méditerranée.

Dans le Tableau méthodique de la classe des céphalopodes, M. d'Orbigny signale la *Sp. striata*, la *Sp. lævigata* et la *Sp. pedum*, qu'on trouve aux environs de Paris. Il range dans ce genre la lituolite nautiloïde; mais nous croyons que la différence dans son ouverture ne dépend pas de l'âge, comme M. d'Orbigny le pense. (**D. F.**)

SPIROLOCULINE. (*Foss.*) Dans le Tableau méthodique de la classe des céphalopodes, M. d'Orbigny a signalé sous le nom d'agathistègues, une famille dans laquelle il place les milioles des auteurs et les *frumentaria* de Soldani, et à laquelle il assigne les caractères suivans : *Loges pelotonnées de diverses manières sur un axe commun, faisant chacune dans son enroulement autour de l'axe la longueur totale de la coquille. Par ce moyen l'ouverture, toujours munie d'un appendice, se trouve alternativement à une extrémité ou à l'autre. Texture du têt opaque et blanche.*

Le deuxième genre de cette famille, qui porte le nom de spiroloculine, a pour caractère particulier d'avoir les loges non embrassantes, opposées sur un seul plan, toutes à découvert. Voici les espèces que M. d'Orbigny connoit à l'état fossile.

Spiroloculina depressa, d'Orb. ; *Frumentaria sigma*, Sold., 3, page 229, tab. 155, fig. *K, K?* habite la Méditerranée, et fossile à Castel-arquato.

Spirol. perforata, d'Orb. Fossile de Montmirail et des environs de Paris.

Spirol. Grateloupi, d'Orb. Fossile des environs de Dax.

Spirol. tricarinata, d'Orb. Fossile des environs de Dax.

Spirol. bicarinata, d'Orb. Fossile des environs de Paris.

Spirol. lyra, d'Orb. Fossile des environs de Bordeaux.

Spirol. orbicularis, d'Orb. Fossile à Castel-arquato.

Spirol. elongata, d'Orb. Fossile au même lieu.

Spirol. limbata, d'Orb. ; *Frumentaria sigma*, Sold., 3, p. 54, tab. 19. fig. *M.* Fossile à Castel-arquato.

Spirol. pulchella, d'Orb. Fossile à Auvert, département de l'Oise. (**D. F.**)

SPIROPORE. (*Foss.*) Ce genre de polypiers a été établi par Lamouroux dans l'exposition méthodique des genres de l'ordre des polypiers, et il lui a assigné les caractères suivans : *Polypier pierreux, rameux, couvert de pores ou de cellules placées en lignes spirales, rarement transversales ; cellules un peu saillantes, se prolongeant intérieurement en un tube parallèle à la surface, se rétrécissant graduellement et se terminant à la ligne* *spirale située immédiatement au-dessous; ouverture des cellules ronde et un peu saillante.*

Lamouroux a ajouté dans ces caractères génériques, comme il a fait pour beaucoup d'autres polypiers, qu'il étoit fossile; mais indépendamment que ce n'est pas un caractère, il ajoute que ce genre existoit vivant dans les collections du Jardin des plantes, ayant été rapporté par MM. Péron et Lesueur de leur voyage aux Terres australes.

Spiropore élégant : *Spiroporus elegans*, Lamx., *loc. cit.*, page 47, tab. 73, fig. 19 — 22; Atlas de ce Dict., planches des fossiles. Polypier se ramifiant avec grâce, quelquefois presque dichotome; les rangées de pores éloignées l'une de l'autre d'une distance égale au diamètre des rameaux. Grandeur, deux à trois pouces. Diamètre des rameaux, une ligne. Lamouroux dit que les cellules de cette espèce sont placées en lignes spirales; cependant je me suis assuré qu'elles sont un peu obliques, mais placées circulairement, ainsi que dans l'espèce suivante.

Spiropore en gazon; *Spiropora cespitosa*, Lamx. Cette espèce paroît ne différer de celle qui précède, que parce que les rameaux sont moins gros et que les cellules des pores sont très-rapprochées les unes des autres en lignes circulaires autour des rameaux. Les deux espèces ci-dessus semblent avoir beaucoup de rapport avec les sériatopores.

Spiropore en buisson; *Spiropora dumetosa*, Lamx. Ce polypier est encore plus petit que les précédens : il se trouve rassemblé en petits buissons. Les pores, dont il est couvert, paroissent être inégalement placés, et le sommet de chacun des rameaux est couvert de très-petits trous. Ces trois espèces ont été trouvées au-dessous de la craie, dans la couche à polypiers des environs de Caen.

Lamouroux a annoncé, *loc. cit.*, qu'il possédoit plusieurs autres espèces de spiropores. Une d'elles, entre autres, a la tige et les rameaux carrés, *spiropora tetraquetra*; une autre, *spiropora capillaris*, se distingue par la petitesse des rameaux, dont les plus gros n'ont pas un millimètre de diamètre. (D. F.)

SPIRORBE, *Spirorbis*. (*Chétopod.*) Genre établi par Daudin (Recueil de mémoires et de notes sur les mollusques et

les vers, pag. 37) pour les espèces de serpules de Linné et
de Gmelin, dont le têt, adhérant dans toute son étendue,
s'enroule à plat, d'une manière presque régulière, et forme
ainsi une sorte de coquille planorbique. Ce sont du reste tous
les caractères des véritables serpules, et l'animal en diffère
encore moins peut-être que la coquille; aussi ce genre, quoique adopté par M. de Lamarck, tom. 5, p. 358, de son Système des animaux sans vertèbres, ne l'a-t-il pas été, avec juste
raison, par M. Savigny, dans son Système des annelides, et
ne fait pas même une des trois tribus qu'il y établit. Guettard, dans son grand travail sur les animaux qui vivent dans
les tubes, et sur ces tubes eux-mêmes, avoit depuis long-
temps proposé ce genre sous le nom de Dinote.

Les mœurs et les habitudes des spirorbes ne diffèrent en
aucune manière de celles des autres serpules; elles sont toujours fort petites. Il en existe dans toutes les mers, fixées sur
toute espèce de corps marins morts ou vivans. M. de Lamarck en caractérise cinq espèces vivantes; mais il est probable qu'il en existe un plus grand nombre, qu'il est souvent assez difficile de bien distinguer.

Le Spirorbe nautiloïde : *Spirorbis nautiloides*, Linn., Gmel.,
p. 3740, n.° 1; Schröt., *N. Litter.*, 3, p. 283, t. 5, fig. 22
et 23. Tube subaplati, verruqueux; spirale interrompue par
des étranglemens, avec des cloisons semi-lunaires très-brunes.

Des mers de Norwége, sur le madrépore prolifère.

Ne seroit-ce pas une miliole plutôt qu'un véritable spirorbe ?

Le Sp. transparent; *Sp. spirillum*, Linn., Gmel., *loc. cit.*,
n.° 4. Tube discoïde, pellucide; ses tours de spire arrondis
et tout-à-fait lisses.

Des mêmes mers que le précédent.

Le Sp. caréné : *Sp. carinata*, Daudin, *loc. cit.*, fig. 25; de
Lamk., *loc. cit.*, n.° 3. Tube discoïde, concave au centre, caréné sur ses tours de spire.

Des mers de la Nouvelle-Hollande, à l'île King, où il a été
recueilli par MM. Péron et Lesueur.

Je rapporte à cette espèce de M. de Lamarck celle que
Daudin a nommée également le Sp. caréné, mais sans assurer
cependant qu'il y ait identité.

Le Spirorbe tricostal; *Sp. tricostalis*, id., ibid., n.° 5. Tube pourvu de trois côtes arrondies, s'enroulant en une petite masse subdiscoïde.

De la Manche, près le Croisic, et de la Nouvelle-Hollande, au port du roi George.

Le Sp. lamelleux; *Sp. lamellosa*, id., ibid., n.° 4. Tube pourvu de trois côtes longitudinales, lamelleuses, denticulées, striées dans les intervalles, et s'enroulant en un disque subombiliqué.

Des mers de la Nouvelle-Hollande.

Le Sp. planorbe: *Sp. planorbis*, Linn., Gmel., p. 3740, n.° 5. Tube très-petit, très-mince, s'enroulant en un disque orbiculaire régulier, aplati et parfaitement égal, au point de ressembler à une petite écaille circulaire.

Sur les coquilles des mers d'Europe.

Le Sp. boréal: *Sp. borealis*, Daud.; *Sp. spirorbis*, Linn., Gmel., ibid., n.° 5; Muller, *Zool. Dan.*, 3, p. 38, tab. 86, fig. 1 — 6; Spirorbe nautiloïde de Lamarck. Tube subcanaliculé au côté interne, s'enroulant d'une manière presque régulière en un disque orbiculaire, appliqué sur les corps marins.

Des mers d'Europe, surtout de l'océan du Nord; aussi Daudin l'a-t-il nommé *S. borealis*. M. de Lamarck a pensé que c'étoit la même chose que le *S. nautiloides* de Linné, ce qui n'est pas probable, si celui-ci est cloisonné.

Le Sp. transversal; *Sp. transversus*, Daud., *loc. cit.*, fig. 26 et 27. Tube garni de plusieurs côtes transverses, ou mieux de lames d'accroissement extrêmement prononcées, formées par les ouvertures successives, s'enroulant d'une manière bien régulière en un disque non ombiliqué.

De l'océan Indien. (DE B.)

SPIRORBE. (*Foss.*) Il paroît que ce n'est que dans la craie et dans les couches plus nouvelles que cette substance qu'on a trouvé des espèces de ce genre.

Ces tuyaux ne sont pas bien rares dans les localités où les coquilles ou autres corps sur lesquels on les trouve attachés, se sont conservés; mais, comme en général ils sont fort petits, leurs caractères spécifiques sont difficiles à saisir, et il est probable qu'il en existe un beaucoup plus grand nombre d'espèces que celles que nous allons présenter.

SPI

Spirorbe nautiloïde; *Spirorbis nautiloides*, Lamk. Dans ..
vol. 4 de l'Hist. nat. des princip. prod. de l'Europe mérid.,
p. 408, M. Risso annonce qu'on trouve cette espèce à l'état
subfossile dans les environs de Nice.

Spirorbe conoïde; *Spirorbis conoidea*, Lamk., Anim. sans
vert., t. 5, p. 560, n.° 6. Tuyau contourné, discoïde, à tours
rapprochés et dont le dernier est détaché de celui qui précède. Dans quelques individus l'ouverture se présente presque perpendiculairement. Diamètre du disque, un peu plus
d'une ligne. Fossile de Grignon, département de Seine-et-
Oise, et de Hauteville, département de la Manche, dans le
calcaire grossier.

Spirorbe carénée; *Spirorbis carinata*, Def., Vélins du Mus.,
n.° 20, fig. 9, et n.° 47, fig. 9. Cette espèce, plus petite que
la précédente, se fait remarquer par trois carènes aiguës qui
se trouvent sur la partie supérieure du tuyau. Fossile de Grignon et de Hauteville. On trouve cette espèce à l'état vivant
dans les mers de la Nouvelle-Hollande, à l'île King.

Spirorbe a crêtes; *Spirorbis cristata*, Def. Cette espèce,
dont le disque, formé par ses tours réunis, n'a pas une ligne
de diamètre, est remarquable par une rangée de petites
crêtes qu'elle porte sur le dos. Fossile de Hauteville.

Spirorbe élégante; *Spirorbis elegans*, Defr. Le disque de
cette espèce, qui a environ une ligne de diamètre, est agréablement orné de bourrelets serrés et transverses. Fossile de
Hauteville.

Spirorbe ornée; *Spirorbis ornata*, Def., Vél. du Mus., n.° 20,
fig. 11. Cette espèce, dont le disque est de la même grandeur que dans celle qui précède, mais plus orbiculaire, et
dont l'ouverture se présente quelquefois perpendiculairement, est couverte de petites stries profondes très-rapprochées
les unes des autres et transverses, et ces stries sont coupées
par une et quelquefois par deux fines carènes longitudinales.
Fossile de Grignon.

Spirorbe ammonite; *Spirorbis ammonites*, Defr. Cette espèce, dont le diamètre total n'est que d'une demi-ligne, est
lisse et contournée sur elle-même en disque très-arrondi.
Elle n'est pas rare et se trouve attachée sur des coquilles
univalves, ainsi que sur des bivalves. Fossile de Grignon.

On trouve à Ermenonville, dans les couches du grès supérieur, une espèce qui a beaucoup de rapports avec celle-ci; mais elle est un peu plus grande et moins régulièrement contournée.

SPIRORBE STRIÉE; *Spirorbis striata*, Def. Cette espèce a beaucoup de rapports avec la spirorbe conoïde; mais elle en diffère en ce qu'elle est couverte de fines stries longitudinales. Fossile de Fontenai-Saints-Pères, près de Mantes, dans le calcaire grossier.

SPIRORBE DISJOINTE; *Spirorbis disjuncta*, Def. Cette espèce. qui est plus petite que toutes les précédentes, est très-singulière, en ce que les tours ne se touchent pas et ressemblent à une très-petite spirule. On la trouve à Grignon, attachée dans des coquilles bivalves.

SPIRORBE? LITUITE; *Spirorbis? lituitis*, Def. Tuyau uni, contourné sur lui-même au sommet, et qui se termine en s'alongeant. Diamètre du disque, sept lignes; diamètre du tuyau, une ligne et demie. Fossile de la craie de Gravesend en Angleterre, et de Beauvais. Ces tuyaux portent en dessous des traces des corps sur lesquels ils ont été attachés; mais ces corps ne les accompagnent pas où on les trouve, et il est presque certain qu'ils ont été dissous. (D. F.)

SPIROSPERMUM (*Bot.*), Pet. Th., *Nov. gen. Madag.*, 19, n.° 65. Genre de plantes dicotylédones, à fleurs dioïques? de la famille des *ménispermées*, qui a, par sa privation de périsperme, des rapports avec les *cissampelos* et les *menispermum*, dont le caractère essentiel consiste dans un calice à six folioles; les trois intérieures plus courtes; pour corolle, six écailles concaves, plus courtes que le calice; six étamines, dont trois intérieures réunies à leur base; les anthères à deux lobes, attachées par leur sommet. Dans les fleurs femelles, le calice et la corolle sont inconnus; les huit noix sont pédicellées, placées circulairement, monospermes, courbées en dedans. Point de périsperme; un embryon cylindrique, très-long, roulé en spirale. Ce genre a été établi pour un arbrisseau de l'île de Madagascar, garni de grandes feuilles alternes, à plusieurs nervures, et à fleurs disposées en grappes pendantes. (POIR.)

SPIRULE, *Spirula*. (*Malacoz.*) Genre de malacozoaires céphalés conchylifères, de la famille des lituacés parmi les polythalames, établi par M. de Lamarck, d'abord seulement sur la coquille, dont Linné et Gmelin faisoient une division de ses nautiles, et ensuite sur l'animal rapporté par Péron et Lesueur. Les caractères de ce genre peuvent être exprimés ainsi : Corps assez alongé, cylindrique, terminé en avant par une tête distincte, pourvue de cinq paires d'appendices tentaculaires, dont deux plus longs, à peu près comme dans les sèches, et en arrière par deux lobes latéraux qui cachent en partie une coquille bien symétrique, longitudinalement enroulée dans presque toute sa longueur ; tube spiral, conique, à coupe bien circulaire, à tours de spire complétement disjoints ; cavité conique partagée en un grand nombre de loges, dont la dernière est beaucoup plus profonde que les autres, par des cloisons concaves, percées d'un seul siphon latéro-supère.

Ce qui vient d'être dit de l'animal de la spirule, est entièrement tiré de ce que M. de Roissy, qui l'a vu dans les mains de l'Péron, m'a rapporté, et de ce que M. de Lamarck, qui l'a également observé dans la collection du Muséum, dont il a fait partie quelque temps, en rapporte dans son ouvrage. Il assure, en effet, et la figure qu'il en a donnée dans l'Encyclopédie méthodique le confirme, que cet animal est un véritable céphalopode, pourvu d'un sac qui enveloppe la partie postérieure de son corps ; que l'antérieure en est dehors, et que la tête, qui la termine, soutient dix bras disposés en couronne autour de la bouche, dont deux sont plus longs que les autres. Il ajoute qu'à l'extrémité postérieure du sac on voit une coquille enchâssée n'offrant au dehors qu'une portion découverte de son dernier tour. C'est même cette ressemblance de l'animal de la spirule avec les sèches, qui a porté d'abord M. de Roissy dans son Histoire générale des mollusques, et ensuite M. de Lamarck, à conclure, d'une manière plus rigoureuse qu'on ne l'avoit fait jusqu'alors, que toutes les coquilles polythalames ont appartenu à des céphalopodes. Malheureusement l'individu unique, qui a servi aux observations des zoologistes que je viens de citer, et qui avoit été recueilli par Péron et Lesueur, mort et flottant à la surface de la mer, dans leur trajet des Moluques à l'Isle-de-France, a été perdu ou au moins égaré dans les collections du Muséum au Jardin du Roi, en sorte qu'on n'a pu confirmer par une observation attentive ce qui n'avoit été probablement que le résultat d'un examen rapide et superficiel. Ce qui semble le prouver, c'est que le dessin gravé dans l'Encyclopédie ne répond que très-incomplétement à celui que Lesueur a donné dans l'atlas du Voyage dans l'Océan austral, et dans lequel, par extraordinaire, l'animal, qui n'a été vu que mort, est cependant très-vivement coloré en rouge incarnat : il n'y auroit donc rien d'étonnant qu'on se fût exagéré la similitude de l'animal de la spirule avec les sèches, et alors on expliqueroit, comment M. de Fréminville, lieutenant de vaisseau et bon observateur, a annoncé dans une lettre à M. Brongniart, que cet animal, qu'il a pu voir vivant, est tout différent de ce que l'on croit d'après ce que MM. de Roissy, de Lamarck et Péron en ont dit. Il m'est impossible de prendre un parti à ce sujet; cependant, si j'en juge d'après la figure incomplète que Rumph nous a donnée de l'animal du nautile flambé, il est fort probable que la ressemblance ne doit pas être aussi complète qu'on le croit. Quant à la coquille, il est également vraisemblable qu'elle est tout-à-fait intérieure, ce que font présumer sa minceur, sa fragilité et son absence totale de coloration.

On ne connoît encore qu'une seule espèce de spirule, que M. de Lamarck avoit d'abord nommée la spirule australe, *S. australis*, figurée sous ce nom dans l'Encyclopédie méthodique, pl. 465, fig. 5, *a*, *b*, mais que depuis il a consacrée par la dénomination de *S. Peronii* à la mémoire de Péron, auquel les collections du Muséum doivent un si grand nombre de choses intéressantes. C'est le *nautilus spirula* de Linné, Gmelin, p. 3571, n.° 9, figuré, pour la coquille du moins, dans tous les recueils de conchyliologie, et connu par les marchands sous le nom de cornet de postillon. C'est une jolie coquille fort mince, toute blanche, nacrée à l'intérieur, surtout sur les cloisons, formée par l'enroulement dans le même plan vertical, d'un tube conique, à coupe parfaitement circulaire, décroissant régulièrement et graduellement du sommet à la base, d'abord un peu moniliforme et comme vésiculeuse, à cause des étranglemens formés par les cloisons et qui se termine par une ouverture parfaitement circulaire, du moins

autant que nous pouvons en juger sur les échantillons les
moins endommagés. En effet, aucune collection ne possède
une spirule complète; une partie plus ou moins considérable
du dernier tour, celle qu'on suppose se prolonger en ligne
droite, étant toujours tronquée.

La spirule paroît être très-commune dans la mer Atlantique, dans sa partie intertropicale, mais probablement en
haute mer. A Saint-Domingue et dans d'autres iles de l'Archipel américain les coquilles de spirule y sont si communes
sur certains rivages, qu'elles jonchent entièrement le sol
sur lequel on marche. Nous devons donc espérer qu'avant
peu de temps les zoologistes sauront à quoi s'en tenir sur les
véritables caractères de l'animal qui produit cette jolie coquille.

Gmelin avoit parfaitement senti le rapport qu'il y a entre
la spirule et les lituoles, au point qu'il se demande si l'une
n'est pas le type de l'autre. (De B.)

SPIRULE. (*Foss.*) On ne connoît pas de coquille fossile
qui réunisse tous les caractères de l'espèce unique non fossile qui porte ce nom générique; mais il en est d'autres, difficiles à déterminer et peu connues, auxquelles on a donné
le nom de lituite, et qui paroissent s'en rapprocher beaucoup.

Klein (*De tubulis marinis*) définit ainsi les lituites : *Coquille
longue, cylindrique, à sommet contourné en spirale et à cloisons
concaves, qui sont traversées par un siphon.*

Dans la Conchyliologie systématique, Denys de Montfort
assigne à ce genre les caractères suivans : *Coquille libre, univalve, cloisonnée, recourbée au sommet, mais droite en se prolongeant vers la base; bouche ronde, ouverte, horizontale; cloisons
unies, percées par un siphon central; la spire du sommet adhérente au têt.*

Les auteurs anciens, qui ont parlé des lituites, ont dit que
la partie droite et la partie courbe ne consistent qu'en cloisons qui tiennent à la surface interne de la coquille et qui
forment par là des concamérations. A l'extrémité de la partie
étendue il y a un espace vide sans compartimens, et c'est là
probablement où logeoit l'animal. Les cloisons sont concaves
vers l'extrémité droite et convexes vers l'extrémité contour-

née. Quelques-unes de ces coquilles ont les cloisons sinueuses.
Le nombre dans certaines autres s'élève jusqu'à cinquante.
Le têt de la partie contournée est marqué de stries fines on-
doyantes, comme quelques ammonites à dos saillant:

Dans quelques individus les tours sont contigus, d'autres
ont les tours écartés. Dans quelques espèces le siphon passe
par le milieu des cloisons; dans d'autres il est hors de leur
centre, tantôt vers le côté externe, tantôt vers le côté interne; quelquefois il est très-fin, et dans d'autres au contraire
il est très-gros. Quelques-unes de ces coquilles ont plusieurs
pieds de longueur.

Gesner dit que quelques espèces ont les cloisons hémisphériques, et que d'autres les ont, comme les ammonites, courbées en plusieurs inflexions.

Leur patrie est la Gothlande et particuliérement l'Œlande;
on en trouve en Allemagne, dans le pays de Mecklenbourg,
à Neustrelitz, à Stargard; en Normandie, en Angleterre, en
Écosse.

On voit des figures de ces coquilles dans l'ouvrage de Knorr
sur les pétrifications, tab. 165; tab. 166, fig. 2; tab. 167,
fig. 1; tab. 168, fig. 1, 3? et 4? tab. 169, fig. 2? et 3? et
tab. 2o5, fig. 7.

Denys de Montfort (*loc. cit.*) a créé le genre Hortole, qui
ne diffère de celui des Lituites que parce que la spire du
sommet est évidée et non adhérente au têt; mais cette différence ne nous paroît pas assez grande pour constituer un genre.

Je possède une coquille de ce genre dont le siphon est
presque dorsal, les cloisons sont simples, concaves, et leur
concavité est tournée du côté de l'ouverture. La pâte qui remplit les cloisons est d'un grain fin et de couleur brun-clair.
Il est très-probable que c'est cette espèce qui se trouve représentée dans l'ouvrage de Knorr ci-dessus cité, pl. 12,
fig. 1, et à laquelle il manque le sommet, qui est contourné
sur lui-même.

Une autre coquille, que je possède et qui a été trouvée
dans des couches antérieures à la craie, aux environs de
Nevers, paroît avoir quelques rapports avec les lituites, et
surtout avec les spirules, par la position du siphon, qui est
situé, comme dans ces dernières, contre le côté interne. Son

têt est mince et couvert de stries transverses, qui sont comme treillissées sur le dernier tour. L'ouverture est ronde ; elle a deux pouces et demi de diamètre, et cette coquille n'étant pas entière, on ne sait si elle se termine en ligne droite ; près de l'endroit où elle a été brisée il se trouve un étranglement. J'ai donné à cette espèce le nom de *spirula? interrupta*. (D. F.)

SPIRULINE OSCILLARIOÏDE ; *Spirulina oscillarioides*, N. (*Bot.*), Microsc. atl., pl. oscillariées, fig. 3, 3 *a*, 3 *b* et 3 *c*. Nouveau genre de plante, qui ne comprend encore qu'une seule espèce, et qui a quelque rapport avec les conjuguées de Vaucher, *salmacis*, Bory, d'une part, et avec les oscillaires de l'autre.

L'organisation de ce végétal consiste en un tube ou filet muqueux, obtus et arrondi par ses extrémités, dépourvu de toute espèce de cloisons ou diaphragmes, d'une blancheur et d'une transparence telle que bien souvent on a peine à en apercevoir les bords au milieu de la goutte d'eau dans laquelle on l'observe ; son diamètre est d'environ $\frac{1}{200}$ de millimètre. Dans toute l'étendue et dans toute l'épaisseur de ce tube muqueux et incolore on distingue un autre tube, d'un diamètre trois ou quatre fois moindre que le premier, contourné en spirale à la manière d'un ressort de bretelle ou d'une trachée végétale, d'un vert tendre, brillant ou comme vitré, et dans lequel on ne peut apercevoir ni cloisons, ni granulations.

La spiruline oscillarioïde manifeste des mouvemens graves, lents et progressifs dans toute l'étendue du filament, semblables à ceux que l'on connoit déjà dans quelques oscillaires.

On observe certains individus, fig. 3 *b*, dont les tours de spire, de la partie intérieure, se contractent et se gonflent à un tel point, qu'ils ont l'aspect d'une petite corde. D'autres, fig. 3 *c*, étant foiblement éclairés sous le microscope, paroissent si différens de l'état naturel, fig. 3, qu'on les prendroit pour toute autre chose, si on ne se rendoit pas compte de la cause de cette illusion d'optique.

Ce végétal confervoïde naît et se développe dans les eaux douces et pures des fossés. Comme on ne le trouve jamais assez abondant pour être réuni en masses visibles, on ne peut espérer se le procurer à volonté ; le hasard seul le jette sous le microscope, parmi d'autres objets que l'on se propose d'observer.

La spiruline ressemble aux oscillaires, par son diamètre, par sa belle couleur verte et surtout par ses mouvemens; mais elle en diffère extrêmement par le défaut de cloisons transversales du tube muqueux et par son élégante spirale intérieure. Elle diffère également des salmacis par l'absence des cloisons; mais elle s'en rapproche par la disposition de la spirale, quoique dans celle-ci il n'y ait aucunes granulations apparentes.

Le mode de reproduction de ce végétal filamenteux est entièrement inconnu. (Turp.)

SPITFISH. (*Ichthyol.*) Un des noms anglois du *spet* ou *brochet de mer*. Voyez Sphyrène. (H. C.)

SPITHAME. (*Bot.*) Espèce de mesure linéenne, qui représente l'espace compris entre le pouce et l'index ouvert le plus possible. (Mass.)

SPITZ. (*Mamm.*) L'un des noms allemands du chien de Poméranie, qui appartient à la famille des épagneuls et se rapproche du chien-loup. (Desm.)

SPITZBARTIGER. (*Ornith.*) Nom allemand de la mésange moustache, *parus biarmicus*, Linn. (Ch. D.)

SPITZHUND. (*Ichth.*) Nom allemand du Humantin. Voyez ce mot. (H. C.)

SPITZKOPF. (*Ichthyol.*) Nom allemand du Pholis. (H. C.)

SPITZLAUBEN. (*Ichth.*) Un des noms allemands de *l'ablette*. Voyez Able, dans le Supplément du tome I.er de ce Dictionnaire. (H. C.)

SPITZNASE. (*Ichthyol.*) Nom allemand de la *raie oxyrhynque*. Voyez Raie. (H. C.)

SPITZSCHWANTZ. (*Ichthyol.*) Nom danois du poisson appelé par Linnæus *coryphœna acuta*. (H. C.)

SPITZSCHWANZ. (*Ichthyol.*) Nom allemand du pailleen-cul, *trichiurus lepturus*. Voyez Ceinture. (H. C.)

SPIZA. (*Ornith.*) Selon Gueneau de Montbeillard, ce nom, donné par Aristote, s'applique au pinson d'Ardenne ou des montagnes, *fringilla montifringilla*, Linn.; et celui d'*orospiza* au pinson ordinaire, *fringilla cœlebs*, Linn. (Ch. D.)

SPIZAÈTE, *Spizaetus*. (*Ornith.*) M. Vieillot, qui a établi ce genre, dit lui-même que ces oiseaux de proie diffèrent des véritables aigles en ce qu'ils ont des ailes et des pieds d'épervier ou d'autour, c'est-à-dire des ailes plus courtes que la queue, des tarses élevés et grêles et des doigts foibles. La plupart se rapportent aux aigles-autours, *morphnus* de M. Cuvier, tome 1, pag. 318, de son Règne animal, et sont décrits, sous le mot AIGLE, au tome Ier de ce Dictionnaire, 3.e et 4.e sections, pag. 358 et suiv., ou au Supplément du même volume, pag. 88 et suiv.

Les caractères assignés par M. Vieillot à ses spizaètes sont : Un bec grand, presque droit et garni d'une cire à sa base, comprimé latéralement, convexe en dessus; la mandibule supérieure à bords dilatés, crochue vers le bout et acuminée; l'inférieure droite, plus courte et obtuse; des narines ellip- tiques; une langue charnue, épaisse, échancrée; des tarses un peu grêles, alongés, nus ou vêtus: quatre doigts foibles et courts, dont les extérieurs sont unis à leur base par une membrane, et dont l'interne est libre; l'ongle postérieur le plus long et le plus fort de tous; des ailes médiocres, dont la première rémige est plus courte que la huitième, et dont les quatrième et cinquième sont les plus longues.

Ce genre est divisé en deux sections, et les espèces sont de l'Amérique méridionale, à l'exception de deux ou trois.

La première section, qui se distingue par ses tarses nus, comprend :

1.° Le SPIZAÈTE BASANÉ (*Spizaetus ambustus*, Vieill.; *Falco ambustus*, Gmel.; *Vultur ambustus*, Lath., pl. 1 des Illustra- tions de Brown), qu'on trouve aux îles Falkland.

2.° Le SPIZAÈTE BLANCHARD (*Spizaetus albescens*, Vieillot; *Falco albescens*, Lath., pl. 18 de Levaillant, Oiseaux d'Afr.), lequel est décrit au tome Ier, pag. 361, de ce Dictionnaire.

3.° Le SPIZAÈTE HUPPART; *Aquila occipitalis*, Daud. et Lath. (voyez la description au tome Ier, pag. 360, de ce Diction- naire).

4.° Le SPIZAÈTE BRUN DU PARAGUAY (*Spizaetus fuscescens*, Vieillot; AIGLE BRUN, tom. 3, n.° 9, de la traduction de d'Azara par Sonnini), dont la longueur totale est de vingt- trois pouces, et dont la couleur, brune en dessus, est blanche, avec des taches noires, en dessous.

5.° Le Spizaète moucheté; *Spizaetus maculosus*, pl. 5 *bis* de l'Histoire des oiseaux de l'Amérique septentrionale; lequel a été trouvé par le voyageur Perrein dans cette partie de l'Amérique, où il est très - rare, et qui se fait surtout remarquer par la couleur noire de la tête, de la nuque, du dessus du cou et du manteau, et par les taches longitudinales blanches sur un fond noir, qui couvrent la gorge et les parties inférieures jusqu'au ventre, tandis que le ventre est moucheté de noir sur un fond blanc.

6.° Le Spizaète noir; *Spizaetus niger*, Vieillot. Espèce apportée de Cayenne, qui a deux pieds de longueur; dont tout le plumage est noirâtre, à l'exception de la queue, blanche dans les deux tiers de sa longueur, ensuite noire et traversée de blanc-jaunâtre, et qui a la cire bleuâtre, les pieds jaunes, le bec et les ongles noirs.

7.° Le Spizaète noir et blanc; *Spizaetus melanoleucus*, Vieill. Espèce du Paraguay, décrite par d'Azara, sous le n.° 8, dont la longueur est de vingt-cinq pouces, et dont le plumage est, sur la tête, le cou et le dos, d'un noir bleuâtre; de couleur cendrée sur les ailes, dont les parties inférieures sont blanches, avec des lignes transversales noirâtres sous la queue.

8.° Le Spizaète noir huppé, *Spizaetus ater*, Vieill., qui paroît ne se distinguer de l'*urubitinga* que par l'existence d'une huppe.

9.° Le Spizaète a queue blanche; *Spizaetus leucurus*, Vieill., dont la longueur est de vingt pouces. Il est décrit par d'Azara, n.° 10, sous le nom d'*aigle à queue blanche*. Son bec, noirâtre à la pointe, est d'un bleu clair dans le reste. Il a la tête et le dessus du corps blancs et traversés par des traits en festons; la gorge presque noire et les parties postérieures d'un beau blanc, avec quelques festons étroits et noirâtres sur les flancs et les couvertures inférieures de l'aile; enfin, la queue blanche, légèrement rayée de noirâtre en dessus et terminée en dessous par une zone noire et une zone cendrée, toutes deux larges d'un pouce.

10.° Le Spizaète varié, huppé: *Spizaetus variegatus*, Vieill.; *Falco guianensis*, Lath. Espèce de Cayenne, qui a la tête et les parties inférieures du corps d'un beau blanc; les parties supérieures, la huppe et les sourcils noirs; le dessus des ailes

mélangé de noir et de gris-bleuâtre ; les couvertures inférieures blanches ; le dessous des pennes varié de blanc et de
noir ; la queue traversée par huit bandes alternativement
noires et blanches, et parsemée de petites taches d'un brun
effacé et peu apparentes ; le bec et les pieds jaunes.

L'auteur regarde comme des variétés d'âge de cette espèce,
le *petit aigle de la Guiane* de Mauduyt et le *grand autour de
Cayenne.*

La seconde section, dont les tarses sont vêtus, comprend :

1.° Le Spizaète brun et roussâtre (*Spizaetus fuscus*, Vieill. ;
Morphnus fuscus, Cuv., esp. du Nord de l'Europe), dont le
manteau, le dessus des ailes et de la queue sont bruns, et
qui a le dessus de la tête d'un roussâtre rembruni ; les côtés
de la tête et le dessus du cou d'un roussâtre clair, avec un
trait longitudinal brun au centre de chaque plume, lequel
trait se voit aussi sur le fond blanc-roussâtre des parties inférieures jusqu'au bas-ventre, qui est blanc, ainsi que les
cuisses, les jambes et les plumes du tarse ; les grandes pennes
des ailes noires ; la queue brune en dessus et d'un blanc
roussâtre en dessous ; le bec bleuâtre et les pieds jaunes.

2.° Le Spizaète huppé (*Spizaetus ornatus*, Vieill. ; *Falco ornatus*, Daud.), lequel, à raison des changemens qu'éprouve
son plumage, a été décrit par Levaillant, pl. 26, sous le
nom d'*autour huppé*; par Mauduyt, sous celui d'*aigle moyen
de la Guiane*; par d'Azara, n.° 23, sous la dénomination d'é-
pervier pattu; par Latham, sous celle de *falco harpyia*; par
Buffon, sous le nom d'*aigle couronné*; par Brisson, sous le
nom d'*aigle huppé du Brésil*; par Marcgrave, sous celui d'*urutaurana*; par les premiers habitans de l'île de Tabago, sous
celui d'*aigle d'Orénoque*; et peut-être encore sous les dénominations d'*ouira ouassou pena* à la Guiane, et d'*yapacani* au
Brésil.

3.° Le Spizaète couronné (*Spizaetus coronatus*, Vieillot ;
Falco coronatus, Lath., pl. 24 des Glanures d'Edwards), que
Buffon croit être de la même espèce que l'*urutaurana*, quoique
celui-ci se trouve en Amérique et l'autre en Afrique, parce
que tous deux ont des plumes en forme d'aigrette, qu'ils re-
lèvent à volonté ; que leur taille est à peu près la même,
qu'ils ont tous deux le plumage varié dans les mêmes en-

droits; que leurs tarses sont également couverts de plumes marquetées de noir et de blanc jusqu'aux doigts , qui sont jaunes, et qu'il n'y a de différence que dans la distribution et les teintes du plumage. (Ch. **D.**)

SPIZIAS. (*Ornith.*) Nom grec de l'épervier, qu'on appelle aussi *spizias ieras.* (Ch. **D.**)

SPIZITES. (*Ornith.*) La mésange charbonnière, *parus major*, Linn., est ainsi nommée dans Aristote. (Ch. **D.**)

SPLACHNON et SPLANCHNON. (*Bot.*) Ces deux noms sont donnés par Théophraste à une plante qu'Adanson pense avoir été une espèce d'ulve, puisqu'il la place dans son genre *Splachnon*, qui a pour type les *ulva intestinalis* et *compressa*, Linn. D'autres auteurs ont cru que la plante de Théophraste étoit une mousse, et c'est parmi les synonymes des *muscus* qu'on la voit citée dans le Dictionnaire polyglotte de Mentzel. C'est à une espèce de lichen, à une usnée, que C. Bauhin et d'autres auteurs de ce temps rapportent le *Sphagnos* de Pline et le *Splachnos* de Dioscoride. Le genre *Splachnon* d'Adanson a pour caractère de présenter une fronde en forme de vessie vide, charnue, dont la surface interne offre des capsules hémisphériques et des graines sphériques contenues dans la substance charnue de chaque capsule. Voyez Ulva. (Lem.)

SPLACHNUM , *Splane.* (*Bot.*) Genre de la famille des mousses et de l'ordre de celles à péristome simple. Son caractère générique est celui-ci : Péristome simple, à seize dents réunies par paire, marquées chacune d'une ligne longitudinale, se repliant avec l'âge, de manière à s'appliquer sur le dos ou la paroi externe de la capsule. Coiffe campanulée, presque entière à sa base et sur le côté, beaucoup plus courte que la capsule; celle-ci est égale, sans anneau, et placée sur une apophyse ou renflement ovoïde ou conoïde, ou globuleuse, et quelquefois en forme d'ampoule et même très-dilatée en façon de parasol. Les séminules sont lisses et exiguës.

Les mousses de ce genre ont des fleurs hermaphrodites, rarement monoïques ou dioïques, terminales; les unes en forme de disque et stériles, les autres alongées et fertiles. Les fleurs stériles contiennent huit à trente anthères ou organes mâles, un organe femelle infécond, et les deux entremêlés

avec un grand nombre de paraphyses articulés et en forme
de massue. Dans les fleurs fertiles on observe deux à quatre
organes mâles, et un à huit femelles privées de paraphyses.

Le Splachnum est un beau genre, très-distinct de tous les
autres de la famille. Il contient des mousses d'une consistance
molle et spongieuse, droites, qui forment des gazons ou
coussinets; leurs tiges sont presque simples; les feuilles lâches,
marquées d'une nervure et d'un tissu réticulaires; à mailles
lâches et rhomboïdales; les capsules sont droites ou presque
droites, cylindriques, munies d'une apophyse variable et
portées sur des pédicelles souvent d'une longueur excessive,
qui donnent à ces mousses un bel aspect; l'opercule est obtus
et court, et la columelle dilatée à son sommet en un disque
quelquefois surmonté d'une pointe ou bec. Ces mousses, la
plupart vivaces, excepté quelques espèces qui sont annuelles,
se plaisent dans les marais tourbeux des régions boréales, et
dans les lieux humides des parties élevées des montagnes alpines des deux hémisphères. Plusieurs se plaisent sur les bouses
de vaches; la plupart viennent sur la terre et rarement sur
les rochers humides.

Le genre *Splachnum*, fondé par Linnæus, a été adopté ensuite par tous les naturalistes : d'abord très-peu nombreux en espèces, il s'est accru insensiblement, et maintenant, d'après
Bridel, il en contient vingt-trois. Il est vrai que Bridel établit
ses genres *Eremodon* (*Aplodon*, Brown) et *Orthodon* (voyez
Rectident), sur des mousses données pour des espèces de
splachnum par d'autres auteurs. D'une autre part, on voit
dans les tables de Steudel que certaines espèces de splachnum, admises pour telles, sont données par d'autres botanistes pour des espèces des genres *Phascum*, *Gymnostomum*,
Grimmia, *Bryum*.

M. Arnott, dans sa Nouvelle disposition méthodique des
mousses, n'assigne que quinze espèces au Splachnum, et encore y comprend-il, avec Schwægrichen, l'*Aplodon* de Brown.
Mais les *Cyrtodon splachnoides*, Brown; *Splachnum ligulatum*,
Brid.; *Frœlichianum*, Schwæg., et *Scabrisetum*, Hook., Musc.
exot., sont pour lui un genre distinct, qu'il nomme *Dissodon*.
(Voyez Systilium.)

Voici la description de quelques espèces de sphlachnum d'après Bridel :

§. 1. *Apophyse de la capsule conoïde ou ovoïde.*

1. Le SPLACHNUM MNIOÏDE : *Splachnum mnioides*, Linn., *Fl. Läpp.*; Hedw., *Musc. frond.*, 2, pl. 11 : Schkuhr, *Deutsch. Moose*, pl. 18; Sow., *Engl. bot.*, pl. 559; Hook. et Tayl., *Musc. brit.*, pl. 9; *Phascum pedunculatum*, Œd., *Fl. Dan.*, pl. 192; Panz., *Pfl. Syst.*, 13, tome 2, page 147, pl. 102, fig. 5. Petite mousse à tige longue de six lignes et plus, droite, simple, garnie de feuilles lancéolées, longuement acuminées, entières; capsules ovales, droites, avec l'apophyse en forme de cône renversé; opercule obtus, ayant le sommet un peu proéminent; les pédicelles de cette mousse sont solitaires, droits, longs de six à neuf lignes et d'un jaune safran très-vif; sa capsule est d'un vert brun, avec le rebord aussi jaune de safran; sa coiffe est brunâtre. Le splachnum mnioïde se rencontre dans les régions les plus boréales de l'Europe, en Laponie, en Norwége, en Groënland, en Suède; il croît aussi en Angleterre, en Autriche, en Silésie, en Suisse, dans les Alpes, aux lieux tourbeux, bas et humides, dans les îles du Danube, près d'Ingolstadt, dans les bruyères tourbeuses de la basse Allemagne, et encore dans l'Asie boréale, au Kamschatka, à Unalaska. Il est commun en Laponie sur les bouses de vaches et sur les troncs d'arbres morts, etc. : il est vivace et fructifie en Juin et Juillet.

2. Le SPLACHNUM DENTÉ : *Splachnum serratum*, Hedw., *Sp. Musc.*, pl. 8 : Schkuhr, *Deutsch. Moose*, pl. 14; Funk, *Moostasch.*, pl. 7. Tige droite, simple; feuilles ovales, lancéolées, terminées en pointe et dentelées; capsule cylindrique, à apophyse en cône renversé; opercule en cône obtus; columelle courte et cachée. Les pédicelles de cette espèce sont solitaires, droits, d'un rouge agréable; ils portent des capsules cylindriques, jaunâtres, avec des apophyses d'un brun vert, passant ensuite au noirâtre. Cette mousse croît dans les endroits secs des parties alpines et subalpines de l'Allemagne méridionale, de la Silésie, de la Suisse, de la Savoie, et dans les forêts de sapins du Tyrol. Elle forme des gazons sur les bouses de vaches.

§. 2. *Apophyse de la capsule sphéroïde.*

3. Le Splachnum sphérique : *Spl. sphæricum*, Linn. fils, *Method. musc. in Ludw.*, p. 373, pl. 4, fig. 1 ; Linn., *Amœn. acad.*, 10, pl. 4, fig. 1 ; Hedw., *Musc. frond.*, 2, pl. 16 ; Schkuhr, *Deutsch. Moose*, pl. 16 ; *Engl. bot.*, pl. 785 ; Hook. et Tayl., *Musc. brit.*, pl. 9 ; *Spl. viride*, Villars, Pl. du Dauph., pl. 54. Tige droite, simple ou presque simple ; feuilles lâches, éparses, lancéolées-oblongues, resserrées à la base ; capsules cylindriques, à apophyses globuleuses, opercule très-obtus. Cette mousse a été observée pour la première fois par Linnæus fils dans les montagnes de la Laponie. Depuis elle a été découverte dans les montagnes alpines de l'Angleterre, du Harz, de la Silésie, de la Suisse, du Valais, de la Savoie et en Dauphiné, sur les montagnes de la Vialette près Taillefer. Elle forme des gazons sur la fiente décomposée des animaux, dans les lieux humides. Ses pédicelles ont un à trois et même quatre pouces de longueur ; ils sont d'un jaune purpurin et portent des capsules cylindriques d'un jaune brun avec l'âge, ayant leurs apophyses vertes ou d'un rouge brun, de la même longueur. Les tiges stériles sont plus hautes et gemmifères.

4. Le Splachnum vasculeux : *Spl. vasculosum*, Linn., Œd., *Flor. Dan.*, pl. 822 ; Hedw., *Musc.*, pl. 15 ; Schkuhr, *Deutsch. Moose*, pl. 17 ; Funck, *Moostasch.*, pl. 7 ; Hook. et Tayl., *Musc. brit.*, pl. 31. Tige droite, simple, de six à neuf lignes de longueur ; feuilles ovales, spatulées, obtuses, très-entières, à nervures médianes, s'évanouissant vers la partie supérieure des feuilles ; capsules cylindriques, munies d'une apophyse, ovale, ventrue, rubiconde, d'une ampleur remarquable, beaucoup plus considérable que celle des capsules. Pédicelles longs de dix-huit lignes, droits et d'un rouge foncé. Cette jolie mousse forme des gazons dans les marais de la Laponie, de l'Islande, de l'Écosse et au Harz. Elle est entièrement boréale, et n'a pas été observée plus au midi en Europe.

§. 3. *Apophyse de la capsule en forme d'ampoule.*

5. Le Splachnum ampoulé : *Splachnum ampulaceum*, Linn., Hedw., *Musc. frond.*, 2, pl. 14 ; *Ejusd. Fund. musc.*, 2, pl. 7,

fig. 33 et 34; *Mooslasch.*, pl. 7; Œd., *Fl. Dan.*, pl. 822;
Hook. et Tayl., *Musc. brit.*, pl. 9; Sow., *Engl. bot.*, pl. 144;
Bryum ampulaceum, Dillen., *Musc.*, pl. 44, fig. 3; Vaillant,
Bot. Par., pl. 26, fig. 4; Moris., *Oxon.*, 3, pl. 3, fig. 10;
Buxb., cent. 2, page 1, pl. 1, fig. 2. Tige droite, simple,
quelquefois rameuse, longue d'un à deux pouces; feuilles
ovales, lancéolées, entières, traversées d'une nervure qui
se prolonge en pointe; feuilles du périchèze, un peu dentées;
pédicelle long de dix-huit lignes et plus, droit, rouge; capsule droite, cylindrique, d'un jaune doré, munie d'une apophyse en forme d'ampoule, obverse, verte, plus longue que
la capsule; les dents du péristome, rapprochées par paire,
le sont tellement, qu'on pourroit croire qu'il n'a que huit
dents; opercule convexe, orangé; coiffe presque en forme
de mitre, lacérée en son bord. Cette espèce vivace se trouve
partout en Europe, dans l'Asie septentrionale, au pied du
Caucase, en Pensylvanie, etc. Elle végète dans les marais
tourbeux, quelquefois sur la terre nue ou sur les bouses de
vaches, sur lesquelles mêmes elle forme des gazons épais et
étendus. Ses capsules sont mûres vers le milieu de l'été.

§. 4. *Apophyse de la capsule en forme de parasol.*

6. Le SPLACHNUM JAUNE : *Splachnum luteum*, Linn., *Amœn.
acad.*, 2, pl. 3, fig. 1; Hedw., *Musc. frond.*, 2, pl. 17; Œd.,
Fl. Dan., pl. 1359; Houthuy, *Nat. hist.*, pl. 102. fig. 6; Panz.,
Pfl. Syst., 13, tome 2, pl. 102, fig. 6 (voyez l'atlas de ce
Dictionnaire, n.° 45, pl. 4, fig. a). Tige fertile, droite, fort
courte, ayant une à six lignes, garnie de feuilles éparses,
obovales, presque dentées ou entières. Celles du périchèze
ovales, lancéolées, entières, traversées par une nervure, se
terminant en une pointe. Pédicelle terminale, à vaginule très-
courte à sa base, long de trois à quatre pouces et même de
six pouces, d'une couleur pourpre-doré, portant une apophyse jaune, aplanie, orbiculaire, en forme de parasol, d'un
diamètre infiniment supérieur à celui de la capsule: celle-ci
est presque cylindrique, d'un rouge brun. Cette mousse,
remarquable par la longueur excessive de ses pédicelles, la
grandeur et la forme de ses apophyses, ne croit que dans le

Nord de l'Europe , en Suède , en Laponie, dans les régions arctiques orientales et en Sibérie , jusqu'au Kamtschatka. Elle se plait dans les marais des forêts subalpines. Cette mousse curieuse fut découverte, pour la première fois, par Adlerheim, en 1740, en Westrobothnie. Elle est annuelle et fructifie en été ; ses tiges stériles ont un pouce environ.

7. Le Splachnum rouge : *Splachnum rubrum*, Linn., *Sp. pl.*; Linn. fils, *Method. musc.*, pl. 51 ; *Aman. acad.*, 2 , pl. 3 , fig. 2 ; Hedw., *Musc. frond.*, 2 , pl. 18. (Voyez l'atlas de ce Dictionnaire, n.° 45 , pl. 4 , fig. 6). Tige fertile, droite , simple , de trois à six lignes de long; feuilles éparses, obovales, très-entières; celles du périchèze pilifères et dentelées ; pédicelles ayant une vaginule cylindrique, plus longue et plus épaisse que dans l'espèce précédente , droite, longue de deux à six pouces et rouge; apophyse en forme de parasol, convexe, rouge, d'un diamètre infiniment supérieur à celui de la capsule; celle-ci droite, ovale, de couleur jaune d'ocre à sa maturité. Cette mousse, aussi curieuse que la précédente, et par les mêmes causes , croit également dans les lieux humides et tourbeux des régions les plus boréales de l'Europe, en Islande , en Norwége, où Richard Whealer en fit la découverte en 1695 , en Laponie, en Finlande près Abo, et en Sibérie , jusqu'au Kamtschatka. Elle est également annuelle et fructifie en été. (Lem.)

SPLANCHNON. (*Bot.*) Voyez Splachnon. (Lem.)

SPLANE. (*Bot.*) Voyez Splachnum. (Lem.)

SPLEN. (*Anat.*) Nom latin de la rate. (Desm.)

SPLENION. (*Bot.*) Ruellius cite ce nom grec ancien soit pour l'*Asplenium*, genre de fougère, soit pour le *periclymenum* , espèce de chèvrefeuille. Mentzel ajoute à cette synonymie celle de la cynoglosse. (J.)

SPLINEIOS. (*Bot.*) Voyez Scolymos. (J.)

SPLIT. (*Bot.*) Nom italien de la fumeterre, cité par Césalpin et C. Bauhin. (J.)

SPODIAS. (*Bot.*) Ce nom grec, cité dans le texte de Théophraste , paroît devoir s'appliquer au prunelier ou prunier sauvage, d'après ses propres expressions traduites en latin : *Spodias quæ velut prunus sylvestris habetur.* (J.)

SPODITE. (*Min.*) M. Cordier a distingué par ce nom certaines éjections pulvérulentes, ou cendres de volcans blanchâtres qui paroissent venir de la désagrégation des laves vitreuses à base de felspath. (B.)

SPODUMÈNE. (*Min.*) M. Dandrada a, le premier, fait remarquer que ce minéral constituoit une espèce particulière et n'étoit pas une zéolithe. Il lui a donné le nom de spodumène, qui indique qu'il prend la couleur et l'aspect de la cendre, quand on le chauffe. Ce nom univoque, sonore, tiré d'une qualité peu importante, il est vrai, mais par cela même non susceptible d'établir contradiction entre le nom et celle qu'il auroit indiquée comme éminemment caractéristique, en valoit bien un autre, et il eût fallu le respecter. Haüy ne l'a point fait : il a usé de son autorité scientifique pour changer arbitrairement ce nom en celui de TRIPHANE, qui a été trop généralement adopté pour que nous puissions nous refuser à l'admettre. Voyez ce mot. (B.)

SPOET. (*Ornith.*) Ce nom, avec l'addition de *gnul* ou *gron*, désigne, en danois, le pic-vert, *picus viridis*, Linn., et, avec celle de *meisse*, il s'applique à la sittelle commune, *sitta europæa*, Linn. (CH. D.)

SPONDIAS. (*Bot.*) Voyez MONBIN. (POIR.)

SPONDYLE, *Spondylis*. (*Entom.*) Nom d'un genre d'insectes coléoptères, établi par Fabricius, pour y ranger une seule espèce anomale que nous plaçons dans le sous-ordre des tétramérés.

En effet cet insecte, ayant quatre articles à tous les tarses, diffère des diverses familles par les caractères suivans : Des rhinocères, parce que ses antennes ne sont pas portées sur un bec ou prolongement du front ; des cylindroïdes et des omaloïdes, parce que ses antennes ne sont pas en masse ; des xylophages, parce qu'elles ne sont pas en soie ; enfin des phytophages, parce que ces antennes ne sont pas formées d'articles arrondis, mais aplatis ou comprimés dans le même sens.

Ce genre a d'ailleurs beaucoup d'analogie, par les habitudes et les mœurs, avec les Priones et les Capricornes, de la famille des xylophages ; mais il a des antennes en fil, comme nous l'avons dit, et, de plus, ces antennes sont courtes, car à peine atteignent-elles en longueur celle du corselet, qui est globuleux, sans épines, ni rebords.

L'étymologie de ce nom est incertaine; il paroît que Fabricius l'a emprunté d'Aristote, Histoire des animaux, liv. 5, chap. 8, où il parle évidemment d'un insecte Σφονδυλη ou Σπονδυλη, *qui porte une mauvaise odeur et qui s'accouple.*

Quoi qu'il en soit, l'insecte dont il est ici question se nourrit et se développe dans l'intérieur du bois des pins. On l'a d'abord découvert dans le Nord de l'Europe. Degéer l'a regardé comme un ténébrion et l'a décrit et figuré comme un hétéroméré, mais à tort. Linnæus l'a rangé parmi les attélabes. C'est bien à tort aussi que M. de Latreille l'a rangé avec les longicornes, au moins d'après le nom de cette famille.

La seule espèce connue est celle que nous avons fait figurer sur la planche 17 de l'atlas de ce Dictionnaire, sous le n.° 6.

C'est le Spondyle buprestoïde, *Spondylis buprestoides.*

Il est tout noir. On l'a trouvé dans les landes de Bordeaux. (C. D.)

SPONDYLE , *Spondylus.* (Malacoz.) Genre de mollusques acephalés lamellibranches, de la famille des subostracés, établi par Linné dans les dernières éditions du *Systema naturæ,* et adopté sans divisions par tous les zoologistes modernes, parce que l'animal et sa coquille offrent quelque chose d'assez particulier. Les caractères de ce genre peuvent être exprimés ainsi : Corps médiocrement comprimé, enveloppé dans un manteau non adhérent, ouvert dans toute sa partie inférieure et postérieure, et garni dans sa circonférence d'une double rangée de cirrhes tentaculaires et d'un rudiment de pied, sans byssus à la base de l'abdomen; bouche entourée de lèvres très-épaisses et frangées; branchies semi-lunaires et non réunies dans la ligne médiane. Coquille solide, adhérente, subrégulière, plus ou moins hérissée, subauriculée, inéquivalve; valve droite ou inférieure fixée, beaucoup plus excavée que la gauche, suboperculée, et ayant en avant, au sommet, une facette triangulaire qui s'accroit avec l'âge ; charnière ovale, longitudinale, formée sur chaque valve de deux fortes dents cardinales, intrantes dans des fossettes correspondantes; ligament court, à peu près médian, en grande partie extérieur et s'enfonçant dans le talon de la valve droite;

impression musculaire unique et subcentrale. Ainsi, en considérant l'animal et la coquille , les spondyles forment un genre évidemment intermédiaire aux huîtres et aux peignes. Ils n'ont pas encore tout-à-fait la régularité de ceux-ci , et ils sont beaucoup moins irréguliers que celles-là, étant cependant fixés comme elles. On peut néanmoins regarder ce genre , quant à l'animal , comme plus voisin des peignes que des huîtres. En effet, Poli, qui les réunit sous la dénomination commune d'*argoderme*, décrit dans les bords frangés de leur manteau les mêmes singuliers organes en forme de petits boutons œillés, que nous avons indiqués dans celui des peignes.

Les spondyles ont les mêmes habitudes que les huîtres et que les peignes. Ils vivent constamment fixés sur les rochers et les corps sous-marins, et, plus souvent encore, les uns sur les autres. Cette adhérence a lieu par une partie plus ou moins étendue de la valve inférieure ou concave.

On les mange aussi comme les huîtres; mais il paroît que leur chair est moins délicate et par conséquent moins estimée.

Les spondyles peuvent être regardés comme des animaux essentiellement des mers des pays chauds. On en trouve encore dans la Méditerranée; mais on n'en connoît pas même dans l'Océan, du moins sur nos côtes, et encore moins dans la Manche et les mers du Nord.

Linné ne distinguoit qu'une ou deux espèces de spondyles; mais les conchyliologistes modernes, et, entre autres, M. de Lamarck , entraînés peut-être par les amateurs de coquilles, qui regardent ce genre, qu'ils désignent par la dénomination commune d'*huîtres épineuses*, comme l'un des plus beaux et des plus riches ornemens de leurs tiroirs , en ont porté le nombre à plus de vingt. Pour leur distinction ils ont eu égard au nombre des côtes et des stries, dont elles sont marquées; à la coloration uniforme ou panachée ; mais surtout aux épines de différentes formes dont la valve supérieure est constamment hérissée, et dont la grandeur et la conservation donnent le plus de prix à ces coquilles pour les amateurs. J'avoue qu'en faisant l'observation que ce sont justement toutes ces choses qui offrent le plus de variation dans les coquilles, il me semble fort probable que le nombre des véritables espèces de spondyles a été considérablement exagéré ; mais comme il m'est impossible de le prouver, puisque, dans ma manière de voir, il faudroit pouvoir étudier les animaux, je vais donner les caractères des espèces établies par M. de Lamarck.

Le Spondyle pied-d'ane: *Spondylus gæderopus*, Linn., Gmel., p. 3296, n.° 1; Encycl. méth., pl. 190, fig. *a*, *b*, pour la coquille; et Poli, Test., 2, tab. 21, fig. 20 et 21, pour l'animal. Coquille souvent assez grande, garnie de sillons longitudinaux assez nombreux, très-petits, un peu granuleux, et d'épines subligulées, tronquées, médiocres, sur six à huit rangs: couleur d'un rouge violacé en dessus, blanche en dessous.

De la Méditerranée.

Le S. d'Amérique : *S. americanus*, de Lamk., Syst. des Anim. sans vert., tom. 6, 1.re partie, p. 188, n.° 2; Encycl. méth., pl. 195, fig. 1 et 2. Coquille sillonnée dans sa longueur et hérissée d'épines extrêmement longues, ligulées et foliacées à l'extrémité: couleur blanche, d'un pourpre orangé à la base.

Une variété de cette espèce, qui habite les mers de Saint-Domingue, a ses épines purpurescentes ; et une autre a en dessous des lames foliacées très-grandes.

Le S. arachnoïde : *S. arachnoides*, de Lamarck, *loc. cit.*, n.° 3; Knorr, *Vergn.*, 5, t. 9, fig. 1. Coquille petite, délicate, sillonnée longitudinalement et subépineuse en dessus, armée de lames foliacées et d'épines submarginales très-longues en dessous: couleur d'un rose rougeâtre en dessus.

Des mers d'Amérique.

Le S. blanc ; *S. albus*, id., ibid., n.° 4. Coquille sillonnée finement dans sa longueur; sillons séparés, à dos aigu, sans épines : couleur blanche.

Des mers de la Nouvelle-Hollande.

Le S. multilamellé : *S. multilamellatus*, id., ibid.; Chemn., Conch., 7, t. 46, fig. 472 et 473. Coquille arrondie, de couleur blanche, ornée en dessus de stries tachetées de pourpre et de huit à dix rangées de lames nombreuses, spatulées, relevées, teintes de rose et de pourpre.

Des mers de l'Inde.

Le Spondyle a côtes: *S. costatus*, id., *ibid.;* Chemn.. *Conch..* 7, tab. 44, fig. 460—462. Coquille garnie de stries longitudinales et de côtes épineuses, subdentelées, distantes ou submutiques: couleur rayée de blanc et de rouge pourpre ou rose.

Des mers de l'Inde et de la Chine. Une variété, dont les côtes et les épines sont purpurescentes et plus nombreuses, vient de la mer Rouge.

Le S. panaché: *S. variegatus*, id., *ibid.;* Chemn., *Conch.,* 7, tab. 45, fig. 464. Coquille striée et garnie de côtes longitudinales, hérissées d'épines en languette concaves d'un côté: couleur variée de lignes angulo-flexueuses, brunes et fauves dans les interstices et pourprées vers le sommet.

De l'océan Indien.

Le S. longue-épine: *S. longispina*, id., *ibid.;* Encycl. méth.. pl. 194, fig. 2. Coquille sillonnée et côtelée dans sa longueur. très-hérissée d'épines arquées, ligulacées, extrêmement longues: couleur rougeâtre, orangée vers les sommets.

Des mers de l'Inde.

Le S. royal: *S. regius*, Linn., Gmel., p. 3298, n.° 2; Encycl. méth., pl. 193, fig. 1. Coquille arrondie, ventrue, sillonnée et côtelée; les sillons garnis d'épines courtes; les côtes d'épines rares, très-longues et arrondies: couleur d'un rouge orangé.

Cette espèce, qui paroît extrêmement rare et par conséquent fort recherchée dans les collections, est de l'océan Indien.

Le S. aviculaire: *S. avicularis*, id., *ibid.;* Gualt., Test., tab. 102, fig. *B.* Coquille ovale-oblongue, avec le crochet inférieur recourbé en tête d'oiseau, sillonnée, côtelée, très-fortement épineuse: couleur pourpre.

De l'océan Indien.

Le S. écarlate: *S. coccineus*, id., *ibid.;* Gualt., Test., tab. 99, fig. *E* et *F.* Coquille arrondie, sillonnée dans sa longueur, fléchie en dehors à sa base: épines courtes, subulées; couleur écarlate ou purpurescente.

Il paroît que cette espèce, dont on ignore la patrie, offre plusieurs variétés: en effet, elle est quelquefois sans épines, ou bien les épines sont assez rares, ou enfin plus nombreuses et plus petites.

Le Spondyle grosses-écailles : *S. crassi-squama*, *id.*, *ibid.*, n.° 12; Enc. méth., pl. 192, fig. 2; et, pour une variété, Séba, *Mus.*, 3, tab. 88, fig. 10. Coquille grande, épaisse, striée et côtelée longitudinalement; côtes distantes, hérissées de squames épaisses, subspatulées et quelquefois palmées : couleur d'un rouge pourpre en dessus, comme en dessous.

Des mers de l'Inde.

Le S. spatulifère : *S. spatuliferus*, *id.*, *ibid.*, n.° 13; Encycl. méth., pl. 192, fig. 4, 6, 7. Coquille sillonnée et côtelée dans sa longueur; sept à dix rangées d'écaillls simples, spatulées, lisses, plus ou moins alongées : couleur pourpre ou d'un blanc purpurescent, quelquefois blanchâtre, avec les squames pourpres.

De l'océan Indien?

Le S. ducal : *S. ducalis*, *id.*, *ibid.*, n.° 14; Encycl. méth., pl. 193, fig. 2, *a*, *b*. Coquille blanche, maculée ou linéée de brun violacé et hérissée de squames blanches, spatulées, palmées et incisées.

Cette variété est grande, très - épaisse et sans aucune squame.

De l'océan des grandes Indes. C'est, à ce qu'il paroît, une belle espèce, fort recherchée dans les collections sous le nom de *manteau ducal des spondyles.*

Le S. longitudinal : *S. longitudinalis*, *id.*, *ibid.*, n.° 15; Chemn., *Conch.*, 7, tab. 45, fig. 466 et 467? Coquille ovale-oblongue, sillonnée dans sa longueur, garnie d'écailles aplaties, ligulées : de couleur orangée; sommet blanc; le dessous safrané.

Cette espèce, qui paroît avoir quelques rapports avec le S. orangé, vient probablement des mers d'Amérique.

Le S. microlèpe : *S. microlepus*, *id.*, *ibid.*, n.° 16; Knorr, *Vergn.*, 6, tab. 12, fig. 3? Coquille striée et côtelée dans sa longueur; cinq ou six côtes portant des écailles ligulées, trés-petites et tronquées, et qui la rendent comme mutique, quoique fort âpre au toucher.

De l'océan Indien?

Le S. safrané : *S. croceus*, *id.*, *ibid.*, n.° 17; Encycl. méth., pl. 191, fig. 4. Coquille garnie de cinq côtes longitudinales, distantes, hérissées d'épines inégales et obtuses : couleur safranée en dessus , comme en dessous, blanche en dedans , si ce n'est sur le limbe qui est crénelé et plissé.

De l'océan Indien.

Le Spondyle orangé: *S. aurantius*, id., *ibid.*, n.° 18; Encycl. méthod., pl. 191 , fig. 5. Coquille garnie de vingt à vingt-six côtes hérissées d'épines subulées, nombreuses; couleur presque partout orangée et fort vive , du moins pour les épines.

Des mers de la Chine.

Le S. rayonnant: *S. radians*, id., *ibid.*, n.° 19; Encycl. méth., pl. 191, fig. 5. Coquille médiocre ou petite, sillonnée et garnie d'épines nombreuses, ordinairement grêles et sériales : couleur blanche, élégamment rayonnée par des rangées de petites taches purpurines ou rembrunies.

Des mers de Timor, aux îles de Nicobar.

Le S. zonal : *S. zonalis*, id., *ibid.*, n.° 20. Coquille très-iné-quivalve, très-renflée et bossue en dessous , garnie de sillons et d'écailles ou de lames foliacées, divergens du sommet : couleur blanche , tachetée de brun , avec une large zône jaunâtre sur le bord.

De l'océan des grandes Indes.

Le S. violatre; *S. violacescens*, id., *ibid.*, n.° 21. Coquille sillonnée et striée du sommet à la circonférence , hérissée d'épines en forme d'écailles canaliculées , tronquées pour la plupart ; couleur violâtre ou gris de lin.

Des mers de la Nouvelle-Hollande, au port du roi George. (De B.)

SPONDYLE. (*Foss.*) Les espèces de ce genre se sont présentées dans les couches plus nouvelles que la craie, et quelquefois elles ont laissé leur trace dans des couches pétrifiées de cette substance.

Spondyle rape : *Spondylus radula*, Lamk., Ann. du Mus., vol. 8, p. 351, et vol. 14, pl. 23, fig. 5; *Ejusd.*, Anim. sans vert., tom. 6, part. 1.re, pag. 194, n.° 3. Coquille ovale-orbiculaire, oblique et rude au toucher comme une râpe. Les stries de sa valve supérieure sont rayonnantes, très-fines, nombreuses et serrées, les unes un peu plus fortes et plus relevées que les autres, portent de petites écailles relevées en épines et distantes entre elles; mais ces stries épineuses sont séparées les unes des autres par six à neuf stries plus petites et simplement granuleuses. La valve inférieure est feuilletée par des lames élargies et transversales. Longueur vingt-une lignes. Fossile du calcaire grossier de Grignon, département de Seine-et-Oise.

SPONDYLE CISALPIN : *Spondylus cisalpinus*, Al. Brongn., Mém. sur les terr. du Vicent., pag. 76, pl. 5, fig. 1. Coquille gibbeuse, ronde-oblique, à valve inférieure couverte de sillons longitudinaux et de lames transverses interrompues, et à valve supérieure couverte de côtes arrondies, nombreuses, à peine marquées de quelques aspérités. Longueur, vingt lignes. Fossile de Castel-Gomberto, dans les monts Grumi.

SPONDYLE GROSSES-CÔTES; *Spondylus crassicosta*, Lamk., Anim. sans vert., tom. 6, 1.re part., pag. 193, n.° 1. Coquille arrondie, très-large, longitudinalement striée et côtelée, à côtes épaisses, couvertes d'écailles inégales et de sillons tuberculeux. Longueur, près de cinq pouces. Fossile des environs de Turin. Cette espèce paroît avoir de l'analogie avec le spondyle grosses-écailles. (Lamk.)

SPONDYLE RATEAU; *Spondylus rastellum*, Lamk., *loc. cit.*, n.° 2. Coquille sublongitudinale, épaisse, très-concave, couverte de côtes longitudinales inégales entre elles et écailleuses. Longueur, près de trois pouces; largeur, deux pouces et demi. Fossile des environs de Turin.

SPONDYLE PODOPSIDÉ : *Spondylus podopsideus*, Lamk., *loc. cit.*, pag. 194, n.° 4. Coquille trigone en coin, longitudinalement striée, sans aspérités en dessus. Les tubercules de la valve inférieure sont écartés, presque également espacés et disposés sur huit à neuf rangs. Longueur, près de trois pouces. M. de Lamarck indique avec doute qu'elle est des environs du Hâvre; mais nous avons vu cette coquille et nous avons beaucoup de raisons de croire qu'elle appartient au genre *Podopsis*, et qu'elle a été trouvée en Italie. C'est peut-être notre *podopsis spinosa*.

Dans la Conchyliologie fossile subappennine, M. Brocchi annonce que dans le Plaisantin on trouve à l'état fossile trois variétés de *spondylus gœderopus*, qui vit dans la Méditerranée; mais dans les coquilles de ce genre, trouvées en Italie, que j'ai pu voir, je n'ai vu rien qui se rapporte à cette espèce.

SPONDYLE ÉPAIS ; *Spondylus crassus*, Def. Coquille oblongue, très-épaisse, dont je n'ai vu que la valve inférieure, qui est d'une couleur grise. Elle est couverte de côtes longitudinales ; quatre ou cinq de ces côtes, plus élevées que les autres, paroissent avoir été couvertes d'écailles ou d'épines qui sont détruites. Trois autres côtes entre celles ci-dessus sont simplement sillonnées, et entre toutes il se trouve des rangées de petites écailles très-rudes. Longueur, quatre pouces ; largeur, trois pouces et demi. Fossile du Plaisantin.

On trouve aux environs d'Angers une espèce de spondyle qui a jusqu'à trois pouces et demi de longueur et qui est épais ; la valve supérieure est couverte de fines stries, mais l'inférieure, que je possède, est couverte d'une pétrification qui ne permet pas de voir sa surface et je n'ai pu en voir d'autres.

On trouve des moules intérieurs de spondyles dans la couche crayeuse de Fréville, département de la Manche ; mais le têt en est détruit. Le sable d'Acy, département de l'Oise, contient des petites valves de spondyles, mais elles sont dans un si mauvais état, qu'on ne peut en déterminer l'espèce.

M. de Lamarck annonce qu'on trouve fossile à Carthagène d'Amérique le spondyle grosses - écailles, *spondylus crassisquama*. Je possède une valve inférieure de spondyle qui paroît avoir été trouvée dans une couche de cailloux roulés et qui est très-singulière, en ce que le sommet de cette valve est pointu et que le talon est fort long ; mais l'espèce n'en peut être déterminée.

Dans son Mémoire géologique sur les environs de Bordeaux, M. de Basterot annonce qu'il a trouvé près de cette ville, et qu'il a reçu des environs de Dax des fragmens de coquilles appartenant à ce genre, qu'il avoit pensé qu'on ne trouvoit fossile qu'en Italie et qu'il avoit cru pouvoir rapporter ces fragmens au *spondylus gæderopus*.

On trouve à la perte du Rhône, dans des couches de glauconie crayeuse, une espèce de coquille bivalve à côtes couvertes de très-courtes épines et avec un indice d'oreille ; l'une des deux valves est un peu plus plate que l'autre. Toutes deux sont marquées des mêmes côtes divergentes presque épineuses. Dans la Description géologique des environs de

Paris, M. Brongniart donne la figure de cette espèce, pl. 9, fig. 6, et la nomme *spondylus? strigillis;* mais ce savant n'ayant pu voir sa charnière, il n'est pas certain du genre auquel elle appartient : nous croyons jusqu'à présent pouvoir la rapporter à la *plicatula placuna,* Lamk., dont il a été question dans le tome XLI de ce Dictionnaire, p. 400; mais dont on ne connoît point encore la charnière. (D. F.)

SPONDYLIUM. (*Bot.*) Nom latin ancien de la berce, que Tournefort avoit adopté et auquel Linnæus a substitué celui de *herculeum.* (J.)

SPONDYLOCLADIUM. (*Bot.*) Genre de la famille des champignons, très-voisin du *Stachylidium* et confondu autrefois avec le *Dematium* par Hoffmann. Il appartient au même ordre que les *Byssus.* D'après Link, ce genre se distingue par ses filamens sporifères, simples ou rameux, moniliformes et en flocons ; les sporidies sont placées sur les côtes de ces filamens, tantôt opposées, tantôt verticillées.

Ce genre, établi par Martius, a été adopté par Nées, qui le nomme *Sphondylocladium.* Sprengel le réunit au genre *Monilia* et Persoon à son *Dematium;* mais Fries et Link doutent que la plante donnée par Persoon, et qui auroit servi à Martius pour établir ce genre, soit la même. Fries penche pour la réunion du *Spondylocladium* au STACHYLIDIUM. (Voyez ce mot.)

SPONDYLOCLADIUM FUMÉ : *Spondylocladium fumosum,* Mart., *Fl. Erl.; Dematium verticillatum,* Hoffm., *Fl. germ.,* 2, pl. 13; Pers., *Synops.* et *Mycol. eur.,* 1, p. 17. Ses flocons, d'un noir ou d'un brun-noir couleur de fumée, sont formés de filamens rameux et verticillés, qui portent des sporidies oblongues; ils n'ont guère plus d'une demi-ligne de diamètre et se développent sur le bois pourri ou desséché, et surtout sur les herbes ; dans leur vieillesse, ils deviennent grisâtres, ce qui leur donne beaucoup d'analogie avec le *stachylidium bicolor.* (LEM.)

SPONDYLOCOCCOS. (*Bot.*) Ce genre de Mitchel est le même que le *callicarpa* de Linnæus, appartenant aux verbénacées. (J.)

SPONDYLOLITHE. (*Foss.*) Lang, Scheuchzer, Wallerius, et d'autres auteurs anciens, ont donné ce nom aux portions de pâte qui se sont moulées ou pétrifiées entre les cloisons des ammonites, dont les bords sont découpés et qui n'adhérent point les unes avec les autres. Ces morceaux, qui peuvent avoir toutes les formes des ammonites, ne se trouvent point adhérer entre eux, parce que la pétrification a dû nécessairement avoir eu lieu avant la dissolution du têt des cloisons, et encore parce que, après cette dissolution, une autre cristallisation ou pétrification n'est pas venue remplir le vide laissé par la dissolution du têt, et n'a pas soudé ensemble toutes ces parties, comme il est souvent arrivé.

On voit de jolis morceaux de baculites qui sont dans ce cas et dont les portions, composées d'un assez grand nombre de moules de cloisons qui sont mobiles, sans se séparer, ne laissent presque aucun intervalle entre eux. (D. F.)

SPONGIA. (*Bot.*) Ce nom, chez les Latins, désignoit plus particulièrement les éponges ; il étoit aussi un de ceux donnés aux morilles (voyez Morchella). Ces plantes sont nommées *spongiæ* et *spongiolæ* dans les ouvrages des anciens botanistes; en Italie, encore, on les appelle *spugnioli* et *spugnuoli*, qui ont la même signification, celle de petites éponges. Le chapeau celluleux et souple de ces champignons les a fait comparer depuis long-temps à des éponges.

Dans les ouvrages des botanistes anciens le nom de *spongia* est employé, comme chez les Grecs le *spongos*, et comme le *spongia* chez les Latins, pour désigner non-seulement de véritables éponges, mais aussi des plantes marines de la famille des algues. (Lem.)

SPONGIA. (*Amorphozoaires.*) Nom latin du genre Éponge. (De B.)

SPONGIÉES, *Spongiæ.* (*Amorphoz.*) Lamouroux, dans son Histoire générale des polypiers coralligènes flexibles, établit sous ce nom un ordre qu'il définit ainsi : Polypiers spongieux, inarticulés, poreux, formés de fibres entrecroisées en tous sens, coriaces ou cornées, jamais tubuleuses, et enduites d'une humeur gélatineuse très-fugace, et irritable, suivant quelques auteurs : et dans lequel il place le genre Spongille, qu'il nomme Éphydatie, et celui des Éponges. Voyez ces mots. (De B.)

SPONGILLE, *Spongilla.* (*Amorphoz.*) Depuis l'impression de l'article Éphydatie, nom sous lequel M. Lamouroux a fait

un genre des corps qu'avant M. de Lamarck on confondoit avec
les éponges, sous le nom d'*éponge fluviatile*, nous n'avons pas
eu l'occasion de l'observer nous-même, mais quelques auteurs
ont donné des détails assez curieux à leur sujet. D'abord,
M. Grant, dans un mémoire inséré dans le Journal philosophique d'Édimbourg, n.° 28, pag. 270, admettant, à ce qu'il
paroît, le rapprochement des éponges fluviatiles avec les
éponges marines, dit avoir trouvé dans les unes comme dans
les autres un appareil très-compliqué d'organes et, en outre,
des parties solides en forme d'aiguilles, qu'il a nommées des
spicules. Ces spicules avoient, à ma connoissance, été observées dans les éponges depuis plusieurs années par M. Gaillon;
et, dans la lettre où il m'annonçoit quelques-unes de ses observations, il paroissoit porté à croire que la disposition et
la forme de ces spicules pourroient servir à distinguer les espèces si nombreuses de ce grand genre; mais il ne paroît pas
qu'il ait porté ses recherches jusque sur les spongilles. Depuis le travail de M. Grant, en Angleterre, M. Raspail,
dans un mémoire lu à la Société philomatique, le 23 Juin
1827, et le 25 du même mois à l'Académie des sciences, a
annoncé des recherches suivies sur ce genre singulier de
corps organisés. Malheureusement il en a retardé la commu-
nication à l'Académie, et il s'est borné à dire que, bien loin
d'admettre la complication d'organes telle que M. Grant l'a
observée dans les éponges et dans les spongilles, il pensoit
que la structure de ces êtres étoit aussi simple qu'il étoit possible de la concevoir, et qu'ils devoient être placés, comme
une transition heureuse, sur les limites des deux règnes des
corps organisés. Cependant il ajoute que les spongilles ont
des gemmes organisés comme ceux des alcyonelles, avec cette
différence, qu'ils sont sphériques, sans bourrelet; qu'ils ne
sont pas libres dans le tissu de ces êtres, mais toujours étroitement enfermés dans un organe particulier, dont il se propose de donner la description. Voici ce qu'il dit de l'organisation de la spongille elle-même : « Quand on en soumet une
« petite portion au microscope, on voit que son tissu est en-
« trelardé de cristaux brillans, tous de la même dimension,
« d'environ un cinquième de millimètre de large, sur un tiers
« de long : ils ne sont pas agglutinés d'une manière informe par

« une substance verte, mais chacun d'eux est logé dans les
« interstices des cellules d'un véritable tissu, et tout en sem-
« blant se feutrer autour d'elles et se mouler quelquefois sur
« leur convexité jusqu'à en devenir arqué ; cependant ils ne
« communiquent jamais entre eux immédiatement, c'est-à-
« dire qu'il n'y en a jamais plusieurs à la fois dans le même
« interstice. » Ces cristaux, examinés avec soin et à sec,
ont paru à M. Raspail des cristaux réguliers, à six faces, terminés par des pyramides très-alongées, produites au moyen
d'un décroissement, l'une de deux et l'autre d'une seule
rangée. Les essais chimiques que leur petitesse lui a permis
de faire, lui paroissent suffisans pour conclure qu'ils sont
composés entièrement de silice pure. En sorte que, pour lui,
c'est une nouvelle variété de forme de quarz, qu'il propose de désigner par la dénomination de *quarz hyperoxide.*
(De B.)

SPONGIODENDROS. (*Amorphoz.*) Donati, dans son Essai
sur la mer Adriatique, a donné ce nom à une sorte de division générique qui comprend les éponges élevées et ramifiées en arbre. (De B.)

SPONGIOLES. (*Bot.*) Nom donné par M. De Candolle à
la substance spongieuse qui compose le stigmate et qui sert à
aspirer la liqueur fécondante ; à celle qu'on observe à l'extrémité de toutes les moindres divisions des racines et qui
sert à aspirer la séve ; à celle qui est située sur la surface
externe des graines et chargée d'absorber l'eau qui doit les
faire germer. (Mass.)

SPONGIOLITHE. (*Foss.*) Aldrovande donne ce nom à une
sorte de polypier (alcyon ?), qui se trouve dans les campagnes aux environs de Boulogne. Aldrov., Mus. métall.,
pag. 462. (D. F.)

SPONGITE et SPONGITIS. (*Min.*) Ce nom n'indique pas
toujours une éponge fossile, mais aussi toute pierre po-
reuse qui ressemble à une éponge. Pline s'en est servi dans
ce sens, et des naturalistes l'ont appliqué à des incrustations
formées par les eaux sur des végétaux. (B.)

SPONGODIÉES. (*Bot.*) Cinquième ordre des thalassio-
phytes non articulés de Lamouroux, qui répondent au premier ordre de la famille des algues. Les spongodiées ne con-

tiennent qu'un genre, le *Spongodium*. Elles sont caractérisées par leur organisation spongieuse, et leur couleur verte se ternissant à l'air. Olivi a fait connoître, le premier, l'organisation de ces plantes. D'après cet auteur, leur substance est formée d'une réunion de tubes fistuleux, entrelacés, diaphanes, remplis d'un fluide aqueux. La plante entière est couverte de petits filamens capillaires, obtus, qui contiennent des grains qu'on retrouve également dans l'intérieur de la plante et qui forment la fructification. Ces grains sont des vésicules membraneuses (ou coniocystes, Agardh) qui contiennent une matière verte.

Ces plantes se rapprochent des ulvacées, et plusieurs d'entre elles ont même été considérées comme des espèces d'*ulva*. Voyez Spongodium. (Lem.)

SPONGODIUM. (*Bot.*) Genre de plantes de la famille des algues, ainsi nommé par Lamouroux, qui le place dans un ordre particulier, celui des spongodiées. Ce genre est le même que le *Lamarckia* d'Olivi, ou *Lamarckea* de Stackhouse, le *Agardhia* de Cabrera, auquel on en doit une bonne monographie, enfin le *Codium* d'Agardh, qui a préféré adopter ce nom, d'abord employé par Stackhouse et plus ancien que celui de *Spongodium*. Ajoutons encore que le *Myrsidrum* de Rafinesque répond au *Spongodium* un peu modifié.

Ce genre très-remarquable est caractérisé par sa fronde composée de petits fils tubuleux, continus, entrelacés, qui lui donnent une forme déterminée. Entre la substance de la fronde et sur ces fils sont des vésicules membraneuses, remplies d'une matière pulvérulente verte. Cette structure donne à la fronde une consistance tomenteuse ou spongieuse, ce qu'exprime le nom de *spongodium*; les fils sont membraneux.

La racine de ces plantes ressemble à de l'étoupe et se compose de fibres entrelacées, ainsi que la fronde; celle-ci est verte, de forme diverse, plane, ou cylindrique, ou globuleuse, dichotome, etc.; les fils qui la composent entièrement sont fort entrelacés, continus, très-ténues et hyalins. Les coniocystes, ou les vésicules membraneuses, mentionnées plus haut, ont le plus souvent une forme en massue : ils sont groupés ou fastigiés à la surface des frondes sessiles sur les fils, et plus épais; quelquefois ils sont sphériques. biarticulés.

Ce genre, que nous faisons connoître d'après Agardh (*Sp. et Syst. algarum*), comprend, suivant lui, sept espèces, dont une seule a été connue de Linnæus, qui l'avoit placée dans la classe des zoophytes; c'est son *alcyonium bursa*. On doit à M. Bory de Saint-Vincent la connoissance de plusieurs autres espèces, dont trois : les *spongodium elongatum*, *obtusatum* et *cristatum*. sont figurées dans les cahiers de planches qui accompagnent ce Dictionnaire.

Le *Flabellaria Desfontainii*, Lamx., doit faire partie de ce genre, selon M. Agardh. Le *Spongodium* de Lamouroux étoit plus limité que le *Codium* d'Agardh : l'un et l'autre et Olivi l'ont fondé sur les *Spongodium dichotomum* et *bursa*, décrits plus bas. Ce genre, comme le fait observer Agardh, est trèsremarquable par sa structure et sa fronde, qui semble un composé d'individus distincts, mais agrégés sous une forme déterminée. Les anciens botanistes ont considéré les espèces qu'ils ont connues comme des *spongia* ou éponges. Olivi a cherché à démontrer par toutes sortes de raisons, que ce sont des végétaux et non des animaux, ce qui est cependant encore en question pour le *spongodium bursa* : en effet, cette plante, dont la fronde est percée, se contracte spontanément, et ce mouvement ne paroît point être l'effet d'un mouvement mécanique. Dans le *spongodium dichotomum*, madame Hutchins a observé que ses rameaux, étant placés convenablement, se dilatent et se contractent naturellement. Quelques autres espèces de ce genre ont été prises pour des *ulva*, des *fucus* ou des *conferva*.

Les espèces se trouvent principalement dans la Méditerranée : une seule, le *spongodium dichotomum*, se rencontre partout.

1. Le SPONGODIUM DICHOTOME : *Spongodium dichotomum*, Lamx., Ess., 73 ; *Codium tomentosum*, Agardh, *Sp. alg.*, p. 155 ; *Fucus*, Marsigli, pl. 8, fig. 36 et 37 ; *Fucus tomentosus*, Stackh., *Ner. brit.*, pl. 7 et tab. 12 ; Turn., *Hist. pl.*, 135 ; Sowerb., *Engl. bot.*, pl. 712 ; *Lamarckea tomentosa*, Stackh., *Gen. pl.*, 13 ; *Lamarckia vermilara*, Olivi, *Adriat.*, p. 358, pl. 7 ; *Ulva tomentosa*, Dec., *Fl. fr.* ; *Agardhia dichotoma*, Ca-

brera ; *Spongia dichotoma*, Rai, *Syn.*, p. 29, n.ᵒˢ 3 et 4; *Fucus*, Moris., Hist., 3, sect. 15, pl. 8, fig. 7; *Vermilara*, Imper., *Hist.*, 646. Sa fronde est dichotome, fastigiée, cylindrique, longue de six à douze pouces, de couleur verdâtre. Dans l'état frais, elle est épaisse, comme fongueuse ou spongieuse ; lorsqu'elle est desséchée, elle a une consistance cotonneuse.

Cette plante se trouve dans l'Océan, depuis les côtes de l'Angleterre jusqu'au cap de Bonne-Espérance, dans la Méditerranée, dans la mer du Sud, sur les côtes de la Nouvelle-Hollande, au passage de Nootka.

Cette espèce très-remarquable est une de nos algues les plus anciennement connues. Morison l'a figurée comme *fucus*, sans attacher à ce nom l'acception que nous lui donnons ; Rai en fait une éponge : mais les botanistes en firent bientôt une espèce de *fucus*; M. De Candolle l'a placée parmi les *ulva*. Lamouroux nous semble un des premiers qui crut utile d'en faire un genre distinct ; Olivi le reconnut aussi, et Stackhouse, dans une nouvelle classification des genres qu'il proposa, moins peut-être dans l'utilité de la science, que pour servir de critique à ceux qui croyoient nécessaire de multiplier les genres dans la famille des algues, Stackhouse, disons-nous, l'adopta également.

Le spongodium tomenteux offre plusieurs variétés décrites dans Agardh, dont une a la fronde épaisse, plus courte, à rameaux divariqués et inégaux. Elle se trouve à la Nouvelle-Hollande, d'après l'herbier du Muséum d'histoire naturelle de Paris, et à Cadix, selon Cabrera; situation qui peut faire croire que deux plantes sont confondues ici.

2. Le Spongodium flabelliforme : *Spong. flabelliforme*, Nob.; *Codium flabelliforme*, Agardh ; *Conferva flabelliformis*, Desf., *Atl.*; *Tussilagine*, Ginn., *Op. posth.*, 1, pl. 25, fig. 56 ; *Ulva flabelliformis*, Poir., Encycl. Fronde plane, disposée en forme d'éventail, longue d'un pouce et demi à trois pouces, à fibres lâches. Cette plante, de couleur verte, se trouve dans la mer Méditerranée et dans l'Océan, sur les côtes de Cadix. Cette espèce se rapproche du *codium membranaceum*, Agardh, ou *flabellaria Desfontainii*, Lamx. (Voyez Flabellaria.)

3. Le Spongodium bourse : *Spongodium bursa*, Lamx., Ess.,

p. 73 ; *Codium bursa*, Agardh ; *Alcyonium bursa*, Linn. ; *Lamarckia bursa*, Olivi, *Zool. adr.*, p. 218 ; *Lamarckea pommiformis ?* Stackh.. *Gen. fuc.*, n.° 40 ; *Fucus bursa*, Turn., *Hist. pl.*, 136 ; Sowerb., *Engl. bot.*, p. 2185 ; *Palla marina*, Ginn., *Op. posth.*, 1, pl. 34, fig. 74. Cette plante a une fronde globuleuse et creuse, semblable à une bourse, qui varie beaucoup de volume, depuis celui d'un petit œuf jusqu'à celui de la tête d'un homme. On la trouve adhérente aux rochers et aux pierres, quoique privée de racine. Elle vit dans la Méditerranée, l'Adriatique, l'Océan, depuis les côtes d'Angleterre jusqu'à Cadix. Elle a fixé depuis long-temps les regards des botanistes. C'est le *bursa marina* de Gaspard Bauhin et de Rai. Turner est le premier, parmi les modernes, qui l'ait rapporté à la famille des algues. (LEM.)

SPONGOS, SPONGION. (*Bot.*) Noms grecs du laurier rose ou laurose, *nerium*, cités par Mentzel et Adanson. (J.)

SPONIA. (*Bot.*) Genre de Commerson, qui se rapporte au micocoulier, qui paroît être le *celtis orientalis*, Linn. (POIR.)

SPONTHAMIUM. (*Bot.*) Genre proposé par Rafinesque-Schmaltz, qui le place dans le règne végétal. Ce genre, voisin des éponges, selon Rafinesque, uni au *Phycerus* du même auteur, forme le groupe de ses spongodiées, lequel appartient au règne animal plutôt qu'au règne végétal, où il le rapporte. Voyez Rafinesque, *Analyse de la nature*, etc., Palerme. 1815. (LEM.)

SPONTON. (*Ichthyol.*) Les marins ont donné ce nom à un prétendu poisson de la Gambra, qui est armé d'une longue corne et qui pourroit bien n'être que le NARWHAL. Voyez ce mot. (H. C.)

SPOON-BILL. (*Ornith.*) Nom anglois de la spatule blanche, *platalea leucorodia*, Linn. (CH. D.)

SPORANGE. (*Bot.*) L'urne des mousses est composée de deux vases d'inégale grandeur, soudés à leur bord. C'est le plus grand qui est nommé par Hedwig *sporangium* (sporange); il sert d'étui au plus petit, qu'il nomme *sporangidium*. Voyez URNE. (MASS.)

SPORE, SPORULE. (*Bot.*) Voyez SÉMINULES. (MASS.)

SPORIDESMIUM. (*Bot.*) Ce genre, de la famille des champignons et voisin des genres *Isaria*, *Ceratium* et *Exosporium*, dans l'ordre des champignons nus ou *gymnocetes*, a été établi par Link, puis adopté par Nées.

Ce genre peut être caractérisé ainsi: En forme de croûte étalée, composée d'amas de sporidies opaques, juxta-posées, cloisonnées, très-différentes selon l'âge. d'abord en forme de massue, puis atténuées à leurs deux bouts; ensuite se courbant et s'alongeant diversement, de manière à être filiformes ou vermiformes; elles sont enfin roides et fragiles. La forme variable de ces sporidies a été reconnue par Link. Une seule espèce compose ce genre, selon le même auteur.

Le SPORIDESMIUM NOIR: *Sporidesmium atrum*, Link *in* Willd., *Sp. pl.* 6, part. 2, pag. 120; *ejusd. Obs.*, 1, pag. 59, fig. 64; Nées, *Fung.*, pag. 22, fig. 18, premier âge; *Sporid. atrum fusiforme*, Nées, *Nov. act. acad. Leop.*, tom. 9, p. 250, pl. 5, fig. 1, âge avancé; *Sporid. vagum*, Nées, *loc. cit.*, fig. 2; *Puccinia atra* et *fusiformis*, Curt Sprengel, *Syst.*, 4, part. 1, p. 569. Il forme sur le bois et les souches pourris des plaques noires fortement adhérentes, nombreuses, étendues, de forme alongée, rétrécies, ou semblables à de petites taches d'une ligne de diamètre; les amas de sporidies qui les composent sont d'abord petits, oblongs, puis linéaires, enfin étendus. Link fait observer que dans la même croûte ou *stroma* on voit à la fois des sporidies de diverses formes : ces sporidies ne sont visibles qu'à l'aide du microscope composé. (LEM.)

SPORISORIUM. (*Bot.*) Genre de la famille des champignons, de l'ordre des *gymnocetes* de Link ou des moisissures, placé près du *phragmidium* et du *spilocæa* par le même auteur. Dans ce genre les sporidies sont sessiles, point cloisonnées, réunies en tas, ou bien en amas entremêlés de filamens articulés et cachés sous l'épiderme des germes des graminées, qu'ils déchirent pour se mettre à jour. Une seule espèce compose ce genre.

Le *Sporisorium sorghi*, Link *in* Willd., *Spec. pl.*, 6, 2, pag. 86. Les sporidies forment des amas ovales : elles sont globuleuses et noires. Cette plante vit sur le germe ou embryon de la graine du *sorgho*, grande plante graminée. Elle a été observée par Ehrenberg sur des graines de cette plante rapportées d'Égypte. Lorsque la substance farineuse de la graine est attaquée par ce champignon, elle se sépare en plusieurs fentes. Ensuite les sporidies paroissent successivement jusqu'à ce que toute la surface interne du germe en soit couverte. Elles se montrent aussi dans les glumes situées aux extrémités des rameaux de la panicule et dans les fleurs avortées. Examinés au microscope, les amas de sporidies paroissent compactes. Ces amas ne sont point solubles dans l'eau. Il naît de chacun un petit nombre de filamens simples ou rameux et cloisonnés. Les sporidies forment des agrégats comprimés : elles sont parfaitement globuleuses, grandes ou petites et mêlées. (Lem.)

SPOROBOLE, *Sporobolus*. (*Bot.*) Genre de plantes monocotylédones, a fleurs glumacées, de la famille des *graminées*, de la *triandrie monogynie* de Linnæus, offrant pour caractère essentiel : Un calice uniflore, à deux valves mutiques, inégales; une corolle à deux valves un peu aiguës, plus longues que le calice; deux écailles à la base de l'ovaire; deux ou trois étamines; deux styles; une semence libre, ventrue, caduque. en ovale renversé.

Sporobole pyramidal : *Sporobolus pyramidalis*, Pal. Beauv., Fl. d'Ow. et de Ben., vol. 2, pag. 36, tab. 80; Poir., Enc., Suppl. 225. Cette plante a des tiges droites, cylindriques, garnies de feuilles alternes, glabres, étroites, linéaires, alongées, acuminées; les gaines glabres, presque nues à leur orifice; chaque tige se termine par une belle pyramide droite, étalée, longue de six ou neuf pouces; la plupart des rameaux sont verticillés, presque simples, rarement solitaires; les supérieurs alternes, beaucoup plus courts; les fleurs petites, unilatérales, un peu pédicellées; les épillets uniflores; les valves du calice inégales, beaucoup plus petites que la corolle; la valve inférieure est terminée par quatre petites dents inégales : la supérieure tronquée ou un peu échancrée; les étamines sont au nombre de deux ou trois. Les semences sont presque quadrangulaires, anguleuses, sans sillon, non adhérentes aux valves et tombent aussitôt après leur maturité. Cette plante croit dans les royaumes d'Oware et de Benin.

Sporobole des Indes : *Sporobolus indicus*, Pal. Beauv., *Agr.*, tab. 6, fig. 11; *Agrostis indica*, Linn., *Spec.*; Sloan., *Jam. Hist.*, 1, pag. 115, tab. 73, fig. 1. Cette espèce a des tiges

droites, terminées chacune à leur sommet par une panicule
alongée, composée de rameaux alternes, assez distans les uns
des autres, médiocres, courts et resserrés de manière que la
panicule qu'ils forment ressemble presque à un épi linéaire.
Les fleurs sont petites; les balles calicinales uniflores, aiguës,
plus courtes que la corolle, à valve inférieure ovale, presque entière, et la supérieure un peu trifide; la corolle a deux
valves: l'inférieure à quatre dents fort petites, un peu épineuses, la supérieure presque tronquée, échancrée; les écailles
qui accompagnent l'ovaire sont ovales, lancéolées, un peu obtuses, glabres. entières; les étamines au nombre de trois; le
style est court, profondément bifide, à stigmates velus. Les
feuilles sont longues, étroites. Cette plante croit dans les Indes
orientales.

SPOROBOLE A DEUX ÉTAMINES : *Sporobolus diander*, Pal. Beauv.,
loc. cit.; Agrostis diandra, Retz., *Obs. bot.*, 5, pag. 19. Il paroît que le principal caractère de cette espèce consiste dans
le nombre constant de deux étamines au lieu de trois. Les
feuilles sont étroites, alongées, subulées. roulées à leurs bords.
Les fleurs sont fort petites, presque sessiles, la plupart unilatérales, disposées en une panicule lâche, alongée, un peu
resserrée ; les pédoncules et les pédicelles très-grêles, sétacés; les valves calicinales un peu subulées, aiguës : celles de
la corolle plus courtes, dépourvues d'arêtes ; les semences
ovales et roussâtres. Cette plante croit dans les Indes orientales. (POIR.)

SPOROCHNUS. (*Bot.*) Genre de la famille des algues et de
l'ordre des fucacées ou fucoïdées, qui comprend des plantes
marines à fronde filiforme ou plane, ou linéaire, cartilagineuse, avec une fructification constituée par de petits réceptacles composés de corpuscules en forme de massue. articulés et concentriques, entremêlés de grains plus petits et
arrondis. De petits bouquets ou pinceaux de poils confervoïdes et caducs couronnent souvent les réceptacles.

Ce genre se compose du *Desmarestia* de Lamouroux et
d'une partie de son genre *Gigartina*.

Les espèces ont une racine calleuse. étalée ou composée de
fibres confervoïdes, entrelacées, serrées. La fronde est plane,
à rameaux distiques; la tige filiforme, le plus souvent com-

primée, pennée ou dichotome. Les réceptacles sont sessiles ou pédonculés. Ces plantes sont d'une substance cartilagineuse, un peu dure ou un peu ligneuse. Agardh en décrit quatorze espèces. Elles vivent dans les mers tempérées et entre les tropiques : on en rencontre dans les deux hémisphères.

§. 1.ʳ *Fronde filiforme.*

1. Le Sporochnus pédonculé : *Sporochnus pedunculatus*, Agardh, *Sp. alg.*, p. 149; *Fucus pedunculatus*. Stackh., *Ner. brit.*, pl. 16; Sowerb., *Engl. bot.*, pl. 545; Turn., *Hist. pl.*, 188; Esp., *Fuc.*, pl. 156; *Gigartina pedunculata*, Lamour., Ess. Réceptacles pédonculés, elliptiques, latéraux, de la même longueur que leur pédoncule. Cette plante se rencontre sur les côtes d'Angleterre et de France. Elle est d'un brun jaunâtre; sa tige est filiforme, cylindrique, longue d'un à six pouces et plus, couverte de petits rameaux pressés, disposés en spirale, irrégulièrement alternes, sétacés, horizontaux. Les pinceaux qui couronnent les réceptacles sont d'un jaune verdâtre.

2. Le Sporochnus vert : *Sporochnus viridis*, Agardh; *Fucus viridis*, *Fl. Dan.*, pl. 886; Turn., *Fuc.*, pl. 97; Sow., *Engl. bot.*, pl. 1669; Stackh., *Ner. brit.*, pl. 17; Esp., *Fuc.*, pl. 114; *Desmarestia viridis?* Lamx. Fronde plusieurs fois ailée de suite, à frondules opposées, capillacées. Cette plante, récemment tirée de l'eau, est d'une couleur orangée; mais son exposition à l'air change cette couleur en vert-de-gris. Desséchée, elle est d'un vert obscur. La fronde, extrêmement rameuse et capillaire, acquiert deux pieds et plus de long. Cette plante se rencontre communément en Europe, sur les côtes baignées par l'Océan, particulièrement dans le Nord. M. Chamisso en a recueilli une variété à Unalaska, aux Aléoutes. Cette variété est plus grande, à tige trois fois plus large, et frondules comprimées et planes.

A cette division appartient le *sporochnus aculeatus*, Agardh, ou *fucus aculeatus* de Linné et de beaucoup d'auteurs, type du genre Desmarestia, Lamx., et décrit à cet article.

§. 2. *Fronde plane, membraneuse.*

3. Le Sporochnus ligulé : *Sporoch. ligulatus*, Agardh; *Fucus*

ligulatus, Ligthf., *Scot.*, 2, pl. 19; Turn., *Hist. pl.*, 98; So-werb., *Engl. bot.*, pl. 1636; Stackh., *Ner. brit.*, pl. 20; *Fl. Dan.*, pl. 1592; Esp., *Fuc.*, pl. 162; *Desmarestia ligulata*, Lamour.; *Desmia ligulata*, Lyngb., *Hydrop.*, pl. 7. Fronde plane, membraneuse, presque sans nervures, deux fois ailées, à frondules, et leurs divisions et subdivisions opposées, linéaires-lancéolées, atténuées à la base. Cette belle algue acquiert deux, trois, et même jusqu'à six pieds de longueur; elle est d'une couleur olive brunâtre, quand on la retire de l'eau : cette couleur se change aussitôt à l'air en jaune orangé et peu après en couleur vert-de-gris. Cette espèce se trouve sur les côtes d'Europe baignées par l'Océan, depuis les îles Féroë jusqu'à Cadix. Sa fructification n'est pas connue, ce qui peut faire douter qu'elle doive appartenir au *Sporochnus* plutôt qu'à un autre genre. Une variété à frondules distantes et presque entières se trouve sur les côtes des îles Malouines. (Lem.)

SPOROCYBE. (*Bot.*) Genre de la famille des champignons, proposé par Fries pour placer les espèces du genre *Periconia* privées de filamens ou de flocons, et dont le réceptacle est subulé en forme de stipe, terminé par un capitule farineux, qui contient les sporidies. Fries laisse dans le *Periconia* les espèces byssoïdes. Le Sporocybe se rapproche du *Cephalotrichum* de Link; mais dans celui-ci le capitule est formé par une pelote de petits filamens contournés qui enveloppent les sporidies. (Lem.)

SPORODERMIUM. (*Bot.*) Ce nom avoit été substitué à celui de *Sporidesmium* par Link, dans son second Mémoire sur les champignons (*Berl. Magaz.*, 3, p. 39); il l'a abandonné depuis, pour adopter de nouveau le plus ancien. On trouve aussi dans quelques ouvrages *sporidermium* au lieu de Sporidesmium. Voyez ce mot. (Lem.)

SPORODINIA. (*Bot.*) Genre de la famille des champignons, voisin des *mucor* et des *monilia*, dans l'ordre des *hyphomycetes* de Link, auteur du genre, dont les caractères sont donnés par ses filamens rameux, floconneux, qui forment des gazons ou plaques étalées irrégulièrement. Sur les filamens sont des sporanges remplis de sporidies ou de sporules : ces sporanges forment les extrémités des rameaux. Après la chute de leur péridium ils prennent la forme ovale ou en massue ; des sporules nombreuses, agglutinées à des filamens, les remplissent.

Le *Sporodinia grandis*, Link *in* Willd., *Spec.*, 5, part. 2, pag. 9 ; *Aspergillus globosus*, Link. *Obs.*, 1, pag. 14, fig. 15 ; Ehrenb., *Syst. mycol.*, p. 54 ; *Monilia spongiosa*, Pers., *Myc.*, 1, p. 50. Ses flocons forment des gazons persistans, lâches, épais, d'un jaune brun. Les filamens sont plus épais que dans les moisissures ; les extrémités des rameaux, renflés en massue, paroissent contenir des sporidies agrégées. Cette plante se trouve sur les champignons en putréfaction : elle a été observée aux environs de Berlin, par Ehrenberg ; Persoon l'indique en France.

Link indique une seconde espèce dans ce genre ; c'est son *sporodinia carnea*, dont les filamens, épars, droits, sont dichotomes, et les spores couleur de chair. Cette plante est le *petroclis carnea* d'Ehrenberg, qui avoit annoncé qu'on devoit la rapporter aux *sporodinia*, ou bien en faire un genre particulier. (LEM.)

SPOROPHLEUM. (*Bot.*) Genre de la famille des champignons, de l'ordre des hyphomycètes de Link ou moisissures, qui est caractérisé ainsi : Thallus floconneux ; filamens presque droits, simples, articulés, à articulations longues ; sporidies simples, point cloisonnées, couvrant les filamens.

Ce genre, établi par Nées et adopté par Link, est fondé sur l'*arthrinium sporophleum* de Kunze et Schmidt, ou *sporophleum gramineum*, Nées *in* Sprengel, *Grundzüge der wissensch. Pflanz.*, pl. 5, fig. 5 ; Link *in* Willd., *Spec. pl.*, 6, part. 1, p. 45. Ce champignon forme, sur les feuilles arides de diverses graminées, de petites touffes ou coussinets d'une ligne et demie environ de diamètre, convexes, dont les flocons sont très-ténus, fort courts et bruns, ainsi que les sporidies nombreuses et infiniment petites qui les couvrent : ces sporidies sont demi-diaphanes, oblongues et aiguës à leur extrémité. Cette espèce a été observée près de Bâle. Elle ne peut appartenir au genre *Arthrinium*, parce que dans ce genre les filamens sont moniliformes et les sporidies obscurément cloisonnées. Cependant Fries persiste à réunir le *Sporophleum* et l'*Arthrinium*. (LEM.)

SPOROTRICHUM. (*Bot.*) Genre de la famille des champignons, de l'ordre des *hyphomycetes* de Link et des moisissures (*mucorini*) de Fries, établi par Link. Ses caractères sont ceux-ci : Filamens rameux, sporidifères, tous cloisonnés et couchés ou presque couchés; sporidies nues, sans appendicule, simples, point cloisonnées, point didymes et non agglutinées au thallus. Ce genre comprend environ cinquante espèces, d'après le dernier travail de Link, publié dans l'ouvrage sur la cryptogamie, faisant suite au *Species plantarum* de Willdenow. Ce travail diffère en bien des points d'un premier, que Link publia dans le Magasin de Berlin, vol. 3, 1813, et d'une monographie de ce genre insérée dans le premier volume du Nouveau Journal de botanique, publié par Sprengel, Schrader et Link. Dans ce dernier travail, comparé aux deux précédens, on reconnoît que Link réunit au *Sporotrichum* ses genres *Aleurisma*, *Byssocladium* et *Collarium*. Le *sporotrichum* a été adopté par Nées, Persoon, Fries, Curt Sprengel, et chacun de ces auteurs y a apporté des modifications qui contribuent à rendre un peu diffuse l'histoire des espèces, parmi lesquelles il s'en trouve qui ont appartenu aux genres *Pulveraria*, Ach.; *Racodium*, *Himantia*, *Hyphasma*, *Acrosporium*, *Torula*, *Monilia*, *Alytosporium*, Ehrenb.; *Mucor*, *Ægerita*, *Dematium*, *Athelia*, *Byssus*. D'une autre part quelques espèces de *sporotrichum* de divers auteurs font partie maintenant des genres *Botrytis*, *Dematium*, *Alytosporium*, etc., de Link.

Ces plantes ressemblent à des moisissures qui forment des espèces de pellicules, de voiles, de toiles, de flocons semblables à de la laine, de taches ou de petits gazons blancs, jaunes, couleur de fumée, bruns, rouges, roux, noirs, etc. On les trouve sur l'écorce et le bois pourris, les mousses, les feuilles mortes, les excrémens, les insectes morts, les pots et les murailles où végètent des plantes, la colle desséchée, le verre altéré, etc. Leur couleur est due à celle des sporidies, lesquelles sont ordinairement très-nombreuses, et point agglutinées sur le thallus, c'est-à-dire sur l'expansion que forment les flocons par leur entrelacement.

Link les divise en plusieurs sous-genres que nous allons faire connoître, ainsi que les espèces principales.

1.er Sous-cenre. *Flocons blancs, entrelacés; sporidies abondantes.*

1.re *Division.* Sporidies toujours blanches.

Link fait observer qu'il est difficile de dire si les espèces de cette division sont plutôt le premier commencement d'un tout autre champignon; car la plupart des champignons proprement dits ont, en naissant, un thallus ou base dans lequel sont disséminés des grains qui représentent les sporidies.

1. Le Sporotrichum luisant : *Sporotrichum nitens.* Link *in* Willd., *Sp. pl.*, 6, 1, p. 3; *Himantia nitens*, Pers., *Myc. eur.*, 1, p. 91. Thallus très-fin, étalé, épais; flocons très-denses, entrelacés, blancs; sporidies globuleuses, très-petites. On le trouve en Europe sur les feuilles tombées. M. Persoon l'a observé aux environs de Paris. Il forme sur les feuilles des pellicules blanches d'une grande délicatesse, dont le tissu n'est pas discernable à l'œil nu.

2. Le Sporotrichum des fruits : *Sp. fructigena*, Link., *loc. cit.*; *Acrosporium fructigenum*, Pers., *Myc. eur.*, 1, p. 24; *Torula fructigena*, Pers., *Obs.*, 1, p. 26, pl. 1, fig. 7; *Aleurisma macrosporum*, Link, *Obs.*, 2, pag. 38. Thallus formant de petites taches ou boutons d'une à deux lignes de diamètre, épais, convexes, composés de flocons denses; vésicules ou sporidies grumeuses, grandes, globuleuses, contenues dans les flocons ou disséminées. On le trouve sur les cerises et sur les fruits de plusieurs autres arbres.

3. Le Sporotrichum des champignons; *Sp. fungorum*, Link, Pers., *Mycol. eur.*, 1, p. 75. Il forme sur les champignons pourris un duvet léger semblable à de la laine la plus fine, ou à une efflorescence. Les sporidies sont menues, globuleuses. Les flocons disparoissent par la sécheresse.

4. Le Sporotrichum dense : *Sp. densum*, Link, Nées, *Fung.*, pl. 49, fig. 45; *Racodium entomogena*, Pers., *Mycol.*, 1, p. 72. Il forme sur les insectes morts de petits gazons ou coussinets de deux à trois lignes de diamètre, épais, limités, assez fermes, quoique un peu élastiques, d'un blanc qui se change en jaunâtre; sporidies menues, globuleuses.

5. Le Sporotrichum des cavernes : *Sp. latebrarum*, Link,

Pers.; *Pulveraria latebrarum*, Ach., *Syn. lich.*, p. 331. Son thallus est épais, étalé, composé de flocons denses; sporidies globuleuses, très-abondantes. On le trouve en Europe dans les fentes et les cavités des rochers, là où le soleil ne pénètre jamais; les gazons, larges d'une à deux lignes, s'étendent beaucoup en tous sens. Il persiste long-temps, et c'est pour cette raison qu'on l'a sans doute pris pour un lichen.

6. Le Sporotrichum a sporules : *Sp. sporulosum*, Link; *Aleurisma sporulosum*, Link, *Obs.*, 1, pag. 17, fig. 25; *Aleurisma erubescens*, Nées, *Fung.*, p. 52, fig. 48. Sous forme de petits boutons d'une ligne à peine de diamètre, un peu épais, denses, contenant très-peu de filamens, mais une grande quantité de sporidies menues, globuleuses, blanches ou plus ou moins roses. On trouve cette espèce sur diverses sortes de substances en putréfaction et sur les terres tourbeuses.

2.ᵉ *Division.* Sporidies grises.

7. Le Sporotrichum gris; *Sp. griseum*, Link, Pers. Il forme sur les tiges et sur les racines des herbes desséchées de longues et larges pellicules, semblables au pelage d'une souris, composées de flocons très-denses. Sporidies globuleuses, très-nombreuses, et ressemblant à de la farine. Cette espèce se plait dans les lieux humides.

5.ᵉ *Division.* Sporidies jaunâtres ou jaunes.

8. Le Sporotrichum d'un jaune blanc; *Sp. luteo-album*, Link. Il forme sur les tiges des plantes desséchées un tissu léger semblable à la toile des araignées pour la délicatesse, étalé, composé de filamens très-lâches; les sporidies sont globuleuses, petites, jaunâtres. Cette espèce se détruit promptement : on la rencontre particulièrement sur les tiges des plantes ombellifères.

4.ᵉ *Division.* Sporidies fauves.

9. Le Sporotrichum en forme de point : *Sp. punctiforme*, Link; *Ægerita punctiformis*, Decand., Fl. fr., 2, p. 72. Il forme sur les racines et les bulbes des plantes des tubercules très-petits, semblables à des points, d'un fauve bleuâtre, contenant une grande quantité de sporidies globuleuses, adhérentes à des filamens rameux. Il attaque l'ognon de la jacinthe.

5.ᵉ *Division.* Sporidies roses.

10. Le Sporotrichum des pots; *Spor. ollare*, Link, Pers. Il forme sur les pots de terre et sur les murs où l'on cultive, ou sur lesquels végètent des plantes, une sorte de laine blanche, haute de deux a quatre lignes, largement étendue, dans le milieu de laquelle les sporidies sont agglutinées en petits glomérules. Elles restent et persistent sur le sol après la destruction des filamens.

6.ᵉ *Division.* Sporidies rouges ou orangées.

11. Le Sporotrichum doré : *Sp. aureum*, Link.; *Mucor aurantius*, Bull., Champ., pl. 504, fig. 5; *Ægerita aurantia*, **Dec.**, Fl. fr., 2, p. 72. Il croît sur les écorces pourries des arbres. Son thallus y forme des plaques serpentantes, formées de flocons crispés, couverts de sporidies globuleuses, de couleur de safran.

12. Le Sporotrichum scotophile; *Sp. scotophilum*, Link, Pers. Il se développe sur les excrémens humains desséchés; son thallus est un peu épais, composé de flocons embrouillés, un peu lâches, et contient des sporidies globuleuses, de couleur rouge. Les *Sporotrichum merdarium*, Link, *inquinatum*, Link, *stercorarium*, Link, accompagnent le sporotrichum scotophile.

7.ᵉ *Division.* Sporidies verdâtres.

13. Le Sporotrichum verdoyant : *Sp. virescens*, Link; *Cladosporium virescens*, Pers., *Myc. eur.*, 1, pag. 14. Le thallus est serpentant, composé de filamens rares et de sporidies très-nombreuses, globuleuses, d'un vert obscur. Il croît sur les écorces pourries des arbres, sur lesquelles il adhère fortement en manière de croûte; il s'étend beaucoup en long et en large.

8.ᵉ *Division.* Sporidies noires.

14. Le Sporotrichum des murailles; *Sp. parietinum*, Link. Il couvre les murailles, nouvellement enduites de chaux, d'une espèce de laine étalée, lâche, qui se détruit bientôt, et laisse à nu et adhérent à la chaux des amas de sporidies noires, qui persistent long-temps.

Le *collarium nigrispermum*, Link, *Observ.*, qui croît sur la colle desséchée, est rapportée maintenant par Link à cette division du *sporotrichum*.

2.ᵉ Sous-genre. *Filamens libres formant des flocons ouverts, étalés.* (Byssocladium, Link.)

15. Le Sporotrichum des fenêtres : *Sp. fenestrale*, Ditmar *in* Sturm, *Flor.*, fig. 1, t. 1; *Byssocladium fenestrale*, Link, *Obs.*, 2, p. 56; Nées, *Fung.*, p. 50, fig. 47; *Conferva fenestralis*, Roth, *Catal.*, 2, p. 191. Il forme sur les vieux carreaux des fenêtres des flocons blancs, diaphanes, très-délicats, très-adhérens au verre, à peine visibles à l'œil. Ces flocons constituent des taches blanches d'abord, puis d'un brun gris. Les sporidies sont globuleuses, d'abord blanches, puis brunes, enfin grises. (Lem.)

SPORULIE, *Sporulius.* (*Conchyl.*) Denys de Montfort (Syst. de conchyl., tom. 1, pag. 43) a établi sous ce nom un genre avec le *nautilus strigillatus* de von Fichtel et von Moll, tab. 5, fig. 9, 2.ᵉ var. Petite coquille d'une ligne de diamètre, trouvée en grande abondance dans les sables de la mer Adriatique, près Novi, et qui ne diffère des vorticiales de M. de Lamarck que parce que la carène de la circonférence est denticulée et que l'ouverture est triangulaire, les cloisons étant percées au centre, ce qui est plus que douteux. Il nomme l'espèce qui sert de type à ce genre, le S. pectiné, *S. strigillatus*. (De B.)

SPORULIE. (*Foss.*) Dans le Tableau méthodique de la classe des céphalopodes, M. d'Orbigny a rangé dans le genre Polystomelle des coquilles, que dans la Conchyliologie systématique Denys de Montfort avoit placées dans le genre Sporulie. M. d'Orbigny annonce que l'espèce, à laquelle il a donné le nom de *polystomella angularis*, se trouve fossile aux environs de Nantes, dans les faluns de la Touraine ainsi qu'à Chavagnes, département de Maine-et-Loire, et que celle qu'il a nommée *polystomella striata*, se trouve fossile à Castel-arquato. Nous avons regardé ces coquilles comme dépendant du genre Cristellaire. Voyez ce mot. (D. F.)

SPOTTED GROUND LIZART. (*Erpét.*) Nom singulier par lequel les colons anglois ont désigné l'*ameiva*. Voyez Sauvegarde. (H. C.)

SPOTTED LUTJAN. (*Ichthyol.*) Nom anglois du *lutjan* marqué de Bloch. Voyez CRÉNILABRE. (H. C.)

SPOTTED OPOSSUM. (*Mamm.*) Nom donné au dasyure viverrin par les Anglois. (DESM.)

SPRAT. (*Ichthyol.*) Un des noms anglois de l'anchois. (Voyez ENGRAULE).

C'est aussi celui du *cailleu-tassart*. Voyez l'article MÉGALOPE. (H. C.)

SPRATTUS. (*Ichthyol.*) Nom latin de la *sardine*. Voyez CLUPÉE. (H. C.)

SPRECHE. (*Ornith.*) Ce nom, qui s'écrit aussi *sprehe*, désigne, en allemand, l'étourneau commun, *sturnus vulgaris*, Linn., qu'on appelle *spreuve* ou *sprue* en flamand, et *sprœuw* en hollandois. (CH. D.)

SPREITFISCH. (*Ichthyol.*) Voyez SKERIA STEINBITR. (H. C.)

SPREKELIA. (*Bot.*) Heister nommoit ainsi la perce-neige, *galanthus* de Linnæus, qui est l'*acrocorion* de Pline et d'Adanson. (J.)

SPRENGELIA. (*Bot.*) Genre de plantes dicotylédones, à fleurs complètes, polypétalées, de la famille des *épacridées*, de la *pentandrie monogynie* de Linnæus, offrant pour caractère essentiel : Un calice persistant, à cinq folioles, accompagné en dehors de plusieurs écailles imbriquées; une corolle en roue, plus courte que le calice, à cinq divisions profondes; cinq étamines; les anthères conniventes, velues en dehors; un ovaire supérieur, point environné d'écailles ; un style; un stigmate tronqué; une capsule à cinq loges, à cinq valves : les cloisons opposées aux valves; les semences nombreuses, attachées à un réceptacle central.

SPRENGELIA INCARNATE : *Sprengelia incarnata*, Smith, *Act. Holm.*, 1794, pag. 260, tab. 8; Willd., *Spec.*, 1, pag. 833; Andr., *Bot. repos.*, tab. 2; *Poiretia cucullata*, Cavan., *Icon. rar.*, vol. 4, tab. 343; Pers., *Synops.*, 1, pag. 173. Petit arbuste d'environ un pied de haut, dont les tiges sont glabres, lisses, très-dures, noirâtres, souvent couchées, chargées de rameaux alternes, redressés, garnis dans toute leur longueur de feuilles courtes, roides, alternes, en forme de capuchon, imbriquées presque sur trois rangs, engainant les tiges par leur base, entières, concaves, glauques, sans nervures apparentes, terminées par une pointe épineuse. Les fleurs sont presque sessiles, axillaires, situées vers l'extrémité des rameaux, accompagnées chacune à leur base de plusieurs petites écailles imbriquées, très-aiguës, ordinairement au nombre de six, élargies, en carène vers leur base, au moins de moitié plus courtes que le calice qu'elles enveloppent. Celui-ci est composé de cinq folioles droites, persistantes, étroites, lancéolées, aiguës. La corolle est rougeâtre, fort petite, plus courte que le calice, à cinq divisions lancéolées, alternes avec les folioles du calice ; les étamines sont placées sur le réceptacle ; les filamens capillaires ; les anthères linéaires, conniventes, velues en dehors, échancrées à leur base ; l'ovaire est globuleux, à cinq faces, surmonté d'un style subulé, de la longueur des étamines, terminé par un stigmate tronqué. Le fruit est une capsule globuleuse, à cinq côtes, à cinq loges et autant de valves ; les semences sont ovales, fort petites, attachées à un réceptacle central. Cette plante croit dans la Nouvelle-Hollande, à Botany-Bay, au port Jackson, et au cap Van-Diémen. (Poir.)

SPREO. (*Ornith.*) Ce nom spécifique a été donné, d'après Levaillant, à un merle, *turdus spreo*, Lath. (Ch. D.)

SPRINGBOK. (*Mamm.*) Ce nom, qui en hollandois signifie *bouc sautant* ou *chèvre sautante*, est appliqué à une espèce d'antilope qui habite le cap de Bonne-Espérance. Voyez l'article Antilope. (Desm.)

SPRINGEN. (*Mamm.*) C'est l'un des noms du dauphin ordinaire, en Norwége, selon feu de Lacépède. (Desm.)

SPRINGER. (*Ichthyol.*) A Heiligeland on appelle ainsi le Thon. (Voyez ce mot.)

Les Allemands désignent aussi par cette appellation le *scombéroïde sauteur* de feu de Lacépède (voyez Scombéroïde), et l'*exocet sauteur*. Voyez Exocet. (H. C.)

SPRINSLING. (*Ichthyol.*) Un des noms autrichiens du *thymalle*. Voyez Corégone. (H. C.)

SPRITZFISCH. (*Ichthyol.*) Un des noms allemands du *chelmon museau alongé*. Voyez Chelmon. (H. C.)

SPROTT. (*Ichthyol.*) Voyez Sprat. (H. C.)

SPUE. (*Ornith.*) Nom du courlis d'Europe, *scolopax arcuata*, Linn., en Norwége. (Ch. D.)

SPUGNIOLI et SPUGNUOLI. (*Bot.*) Noms italiens des morilles. Voyez Spongia. (Lem.)

SPUMARIA. (*Bot.*) Genre de la famille des champignons, voisin du *reticularia* de Bulliard, avec lequel il avoit été confondu par cet auteur. Il a été établi par Persoon, et avant lui par Michéli. sous le nom de *mucilago*. Les champignons de ce genre n'ont pas de forme déterminée ; leur substance est molasse, spongieuse ou pulpeuse, composée d'un tissu floconneux, cellulaire ; leur péridium s'ouvre par le centre et offre des plis membraneux, tortueux, semblables à des étuis. qui contiennent des sporidies ou séminules entassées , de couleur noire.

Le Spumaria blanc : *Spumaria mucilago*, Pers., *Disp. fung.*, pl. 1, fig. 1 ; *Spumaria alba*, Dec., Fl. fr., 2, n.° 704 ; *Reticularia alba*, Bull., Champ., pl. 126 ; Sow., *Fung.*, pl. 280 ; *Mucilago crustacea alba*, Mich., *Nov. gen.*, pl. 96, fig. 2 ; Battar. *Fung. arim.*, pl. 40, fig. *f — i.* Blanc, semblable à de l'écume, spongieux et mou , se réduisant en poudre par la dessiccation et laissant ainsi à nu ses tuyaux ou étuis de couleur bleuâtre, qui renferment une poussière séminifère noire. On trouve cette espèce sur les feuilles et les tiges des plantes. Elle est en partie fluide dans son premier âge, puis elle se solidifie et devient membraneuse, ensuite fragile.

Le *Spumaria physaroides*, Pers., seconde espèce de ce genre, est maintenant le genre *Dichosporium* de Link, caractérisé par sa forme déterminée, presque arrondie et déprimée; par sa substance membraneuse, parce qu'il est recouvert d'une couche floconneuse ou farineuse, et enfin par ses sporidies agglomérées et compactes.

Les *Spumaria didermoides*, Pers., et *fagi*, Schleich., sont deux autres espèces, citées dans le *Nomenclator botanicus* de Steudel.

C'est auprès du genre *Spumaria* que Fries et Link placent le genre *Enteridium* d'Ehrenberg. Ce genre a pour caractère : Un péridium membraneux, plissé, contenant des sporidies, réuni en petits globules entrelacés dans des fibres qui forment de petites membranes par leur réunion, et quelquefois un peu réticulaires. L'*Enteridium olivaceum*, Ehrenberg, *Berlin. Jahrb.*, 2, pl. 1, fig. *A — E*, forme, sous les écorces de l'aune, de petites utricules ou des prolongemens intestiniformes de couleur olivacée. (Lem.)

SPURBACK. (*Ichthyol.*) Nom anglois du centronote éperon de Lacépède. Voyez Centronote et Liche. (H. C.)

SPURINE. (*Min.*) Jurine a proposé, dans sa Description minéralogique des roches des Alpes[1], de désigner ainsi des roches nommées porphyres, mais composées d'une pâte de stéatite enveloppant des grains de quarz et des petits cristaux de felspath. Je n'ai pas reconnu de caractères assez tranchés dans cette roche, ni des preuves qu'elle se soit présentée sous une grande étendue dans des lieux différens, pour l'admettre comme sorte dans une classification des roches mélangées. (B.)

SPUTATEUR, *Sputator*. (*Ichthyol.*) Nom spécifique d'un Gecko. Voyez ce mot et Anolis. (H. C.)

SPUYT-VISCH. (*Ichthyol.*) Nom hollandois du *chelmon museau alongé*. Voyez Chelmon. (H. C.)

SPYR. (*Ornith.*) C'est, en Suisse, le martinet noir, *hirundo apus*, Linn., et *cypselus*, Illig., lequel se nomme aussi *spyren*. (Ch. D.)

SQUADRA, SQUADRO. (*Ichthyol.*) Voyez Squaia. (H. C.)

SQUAIA. (*Ichthyol.*) Un des noms italiens de *l'ange de mer*. Voyez Squatine. (H. C.)

SQUAIOTTA. (*Ornith.*) L'oiseau auquel on donne ce nom et celui de *quaiot*, dans le Bolonois, est le crabier caiot de Buffon, *ardea squaiotta*, Lath., lequel est un individu de l'espèce du crabier de Mahon, *ardea ralloides*, Scop., Meyer et Temm. (Ch. D.)

SQUALE, *Squalus*. (*Ichthyol.*) *Squalus* est le nom latin d'un poisson, dont ont parlé quelques auteurs et dont on ne sauroit bien déterminer l'espèce aujourd'hui. Artédi, le premier, puis Linnæus et la plupart des naturalistes, l'ont appliqué à un genre de poissons chondroptérygiens, de la famille des sélaciens de M. Cuvier et de celle des plagiostomes de M. Duméril, lequel est actuellement partagé en un grand nombre de genres secondaires, qu'il est facile de reconnoître tous aux caractères suivans, qui leur sont communs.

---

1 Journ. des mines, tom. 19, n.° 113. p. 375.

Squelette cartilagineux ; opercules et membranes des branchies nulles ; os palatins et postmandibulaires seuls armés de dents ; os des mâchoires comme rudimentaires et suspendus au crâne par un seul os , qui représente à la fois le tympanique , le jugal et le temporal , et supporte un os hyoïde rayonné comme celui des poissons ordinaires et suivi des arcs branchiaux ; catopes en arrière de l'abdomen ; nageoires pectorales de grandeur médiocre , non échancrées ; l'eau pénétrant dans des trous alongés , ouverts sur les côtés du cou pour la respiration ; bouche large , située en travers sous le museau ; yeux latéraux ; corps alongé ; queue grosse et charnue.

Les Squales, qu'il est facile de distinguer des Raies, des Torpilles, des Myliobates, des Pastenagues, des Rhina, des Rhinobates, des Céphaloptères, qui ont les trous des branchies ouverts au-dessous du corps; des Squatines, qui ont les nageoires pectorales échancrées, et des Aodons, qui sont absolument dépourvus de dents (voyez ces divers noms de genres, ainsi que Plagiostomes et Trématopnés), sont des poissons de figure conique ou fusiforme, qui atteignent une grosseur considérable et parviennent au poids de quinze cents livres et plus.

Leur peau est le plus ordinairement rugueuse : leur bouche est armée d'un très-grand nombre de dents distinctes , pointues ou tranchantes ; les ouvertures de leurs branchies ont la figure de fentes placées à la suite les unes des autres. leurs omoplates sont suspendues dans les chairs en arrière des branchies et ne s'articulent ni au crâne ni au rachis, qui, indépendamment des petites côtes branchiales bien marquées, en porte aussi de petites le long de ses côtés.

Leur labyrinthe membraneux communique avec l'extérieur par une sorte de fenêtre ovale.

Leur pancréas est une véritable glande conglomérée et non un assemblage de tubes ou de cæcums distincts.

Leur canal intestinal est court et garni intérieurement, dans une partie de son étendue, d'une lame spirale, qui prolonge le séjour et permet une élaboration plus parfaite de la pâte alimentaire. (Voyez Cartilagineux.)

Plusieurs espèces sont vivipares. Il se fait, dans toutes, une intromission réelle de semence. Les femelles ont des oviductes très-bien formés, qui tiennent lieu d'utérus dans le premier cas, et qui, dans le second, servent au développement d'œufs revêtus d'une coque dure, cornée, jaune et transparente, à la production de laquelle contribue une grosse glande qui entoure chaque oviducte. (Voyez REPRODUCTION DES POISSONS.)

Les mâles se reconnoissent, comme ceux des raies, à des appendices placés auprès des catopes, appendices d'un très-grand volume, d'une structure compliquée et d'un usage encore obscur.

Leur chair est généralement coriace et peu estimée comme aliment.

On les distingue en plusieurs genres, d'après la présence ou le défaut des évents sur la nuque et de la nageoire impaire, située derrière l'anus, ainsi que d'après la disposition de la tête, du nez et des dents. Voyez AODON, CARCHARIAS, AIGUILLAT (dans le Supplément du tome I.er), CESTRACION, CENTRINE, ÉMISSOLE, GRISET, SQUATINE, HUMANTIN, LEICHE, LAMIE, MARTEAU, MILANDRE, SCIE, PELERIN, ROUSSETTE et PLAGIOSTOMES. (H. C.)

SQUALE ACANTHIAS. (*Ichthyol.*) Voyez SQUALE AIGUILLAT. (H. C.)

SQUALE AFRICAIN. (*Ichthyol.*) Voyez ROUSSETTE. (H. C.)

SQUALE AIGUILLAT. (*Ichthyol.*) Voyez AIGUILLAT dans le Supplément du tome I.er de ce Dictionnaire. (H. C.)

SQUALE AMÉRICAIN. (*Ichthyol.*) Voyez LEICHE. (H. C.)

SQUALE ANGE ou ANGELOT. (*Ichthyol.*) Voyez SQUATINE. (H. C.)

SQUALE ANISODON. (*Ichthyol.*) Voyez SCIE. (H. C.)

SQUALE DE L'ASCENSION; *Squalus Ascensionis*, Osb. (*Ichthyol.*) Voyez SQUALE BLEU. (H. C.)

SQUALE BARBILLON. (*Ichthyol.*) Voyez ROUSSETTE. (H. C.)

SQUALE BARBU. (*Ichthyol.*) Voyez ROUSSETTE. (H. C.)

SQUALE BEAUMARIS. (*Ichthyol.*) Voyez LAMIE. (H. C.)

SQUALE BLEU. (*Ichthyol.*) Voyez CARCHARIAS. (H. C.)

SQUALE BOUCLÉ. (*Ichthyol.*) Voyez LEICHE. (H. C.)

SQUALE CENDRÉ. (*Ichthyol.*) Voyez SQUALE PERLON. (H. C.)

SQUALE CENTRINE. (*Ichthyol.*) Voyez HUMANTIN. (H. C.)

SQUALE CHAT-MARIN. (*Ichthyol.*) Voyez ROUSSETTE. (H. C.)

SQUALE CILIÉ. (*Ichthyol.*) Voyez CARCHARIAS. (H. C.)

SQUALE DENTELÉ. (*Ichthyol.*) Voyez ROUSSETTE. (H. C.)

SQUALE ÉCAILLEUX. (*Ichthyol.*) Voyez HUMANTIN. (H. C.)

SQUALE ÉDENTÉ. (*Ichthyol.*) Voyez AODON. (H. C.)

SQUALE D'EDWARDS. (*Ichthyol.*) Voyez ROUSSETTE. (H. C.)

SQUALE ÉMISSOLE. (*Ichthyol.*) Voyez ÉMISSOLE. (H. C.)

SQUALE ÉPINEUX. (*Ichthyol.*) C'est le même poisson que le squale bouclé. Voyez LEICHE. (H. C.)

SQUALE ÉTOILÉ. (*Ichthyol.*) Voyez ROUSSETTE. (H. C.)

SQUALE FAULX. (*Ichthyol.*) Voyez CARCHARIAS et SQUALE RENARD. (H. C.)

SQUALE GALONNÉ. (*Ichthyol.*) Voyez ROUSSETTE. (H. C.)

SQUALE GLAUQUE. (*Ichthyol.*) Voyez CARCHARIAS. (H. C.)

SQUALE GRISET. (*Ichthyol.*) Voyez GRISET. (H. C.)

SQUALE HUMANTIN. (*Ichthyol.*) Voyez HUMANTIN. (H. C.)

SQUALE KUMAL. (*Ichthyol.*) Voyez AODON. (H. C.)

SQUALE LENTILLAT. (*Ichthyol.*) Voyez ÉMISSOLE. (H. C.)

SQUALE LICHE. (*Ichthyol.*) Voyez LEICHE. (H. C.)

SQUALE LONG-NEZ. (*Ichthyol.*) Voyez SQUALE NEZ. (H. C.)

SQUALE LONGUE-QUEUE ; *Squalus longicaudus*, Gmel. (*Ichthyol.*) Voyez ROUSSETTE. (H. C.)

SQUALE MARTEAU. (*Ichthyol.*) Voyez ZYGÈNE. (H. C.)

SQUALE MASSASA. (*Ichthyol.*) Voyez AODON. (H. C.)

SQUALE MILANDRE. (*Ichthyol.*) Voyez MILANDRE. (H. C.)

SQUALE MOUCHETÉ. (*Ichthyol.*) Voyez SQUALE BARBU. (H. C.)

SQUALE NEZ. (*Ichthyol.*) Voyez LAMIE. (H. C.)

SQUALE NICÉEN. (*Ichthyol.*) Voyez LEICHE. (H. C.)

SQUALE NOIR, *Squalus niger*. (*Ichthyol.*) Gunner a ainsi nommé le sagre. Voyez SQUALE SAGRE. (H. C.)

SQUALE PANTOUFLIER. (*Ichthyol.*) Voyez l'article ZYGÈNE. (H. C.)

SQUALE PERLON. (*Ichthyol.*) Voyez CARCHARIAS. (H. C.)

SQUALE PHILIPP. (*Ichthyol.*) Voyez CESTRACION. (H. C.)

SQUALE POINTILLÉ. (*Ichthyol.*) Voyez ROUSSETTE. (H. C.)

SQUALE PORT-JACKSON. (*Ichthyol.*) Voyez SQUALE PHILIPP et CESTRACION. (H. C.)

SQUALE RENARD ou RENARD MARIN. (*Ichthyol.*)
Voyez Carcharias. (H. C.)

SQUALE REQUIN. (*Ichthyol.*) Voyez Carcharias. (H. C.)

SQUALE ROCHIER. (*Ichthyol.*) Voyez Roussette. (H. C.)

SQUALE RONDELET. (*Ichthyol.*) M. Risso a ainsi appelé (*Squalus Rondeletii*) un poisson de la mer de Nice, qui lui paroît être le véritable *Squalus glaucus* d'Artédi, différent de celui des ichthyologistes modernes, qui habite les mers polaires. Voyez Carcharias. (H. C.)

SQUALE ROUCHIER. (*Ichth.*) Voy. Squale étoilé. (H. C.)

SQUALE ROUSSETTE. (*Ichthyol.*) Voyez Roussette. (H. C.)

SQUALE SAGRE. (*Ichthyol.*) Voyez Aiguillat dans le Supplément du tome I.er de ce Dictionnaire. (H. C.)

SQUALE SCIE. (*Ichthyol.*) Voyez Scie. (H. C.)

SQUALE SQUAMEUX. (*Ichthyol.*) Voyez Humantin. (H. C.)

SQUALE TIGRE ou TIGRÉ. (*Ichthyol.*) Voyez Roussette. (H. C.)

SQUALE TRÈS - GRAND ; *Squalus maximus*, Linnæus. (*Ichthyol.*) Voyez Pélerin. (H. C.)

SQUALE ZYGÈNE. (*Ichthyol.*) Voyez Zygène. (H. C.)

SQUAMARIA. (*Bot.*) Rivin nommoit ainsi une espèce de clandestine, *Lathræa squamaria* de Linnæus, genre de la famille des orobanchées. (J.)

SQUAMARIA, Écaillaire. (*Bot.*) Genre de la famille des lichens établi par M. De Candolle, et dont les espèces, d'abord disséminées par Acharius dans les genres *Psoroma* et *Placodium*, l'ont été ensuite dans son genre *Lecanora*.

Le *Squamaria* est caractérisé par son thallus composé d'écailles crustacées ou foliacées, distinctes ou soudées ensemble, le plus souvent imbriquées, rayonnantes du centre à la circonférence; par les apothéciums épars sur le thallus en forme de scutelles ou de tubercules distincts et non enfoncés dans le thallus.

Ces plantes forment sur la terre et sur les rochers des plaques ou des croûtes écailleuses dont les couleurs sont quelquefois très-vives. La plupart se rencontrent dans les pays de montagnes.

Les plus remarquables d'entre elles sont les suivantes :

1.º Le Squamaria épais : *Squamaria crassa*, Decand.; *Lichen laqueatus*, Jacq., Coll., 3, p. 109, pl. 5, fig. 2; *Lichen cœspitosus*, Vill., Dauph., 3, pl. 55; *Lichen crassus*, Hoffm., *Enum. lich.*, pl. 19, fig. 1 ; Dill., *Musc.*, pl. 24, fig. 74; *Lecanora crassa*, Ach., *Syn.*, p. 190. En plaques crustacées, arrondies ou irrégulières, d'un blanc brunâtre ou d'un vert glauque, à lobes ou écailles imbriquées, planes, incisées, crénelées, ondulées, irrégulières; apothéciums épars, nombreux, à disque plan, arrondi, d'un roux fauve, puis brun noirâtre; rebord des apothéciums blanchâtre. Cette espèce croit à terre dans les lieux montueux : elle y forme des plaques d'un à deux pouces et même plus de largeur et quelquefois très-multipliées dans le même endroit. Dans une variété (*lecanora crassa melaloma*, Ach.), les lobes ou écailles du thallus sont épais, arrondis, presque entiers, et les apothéciums, d'un brun pâle, renflés, irréguliers en leur pourtour et munis d'un rebord à peine sensible.

Le *Squamaria cartilaginea*, Decand., ou *Lecanora cartilaginea*, Ach., est une espèce voisine de la précédente, qui se trouve sur les rochers les plus durs, dans les Pyrénées, selon M. De Candolle, et en Suède, d'après Acharius.

2.º Le SQUAMARIA DE SMITH : *Squamaria Smithii*, Dec., Fl. fr., n.º 1016 (voyez n.º 18, pl. 1, fig. 2, de l'atl. de ce Dictionnaire); *Lichen gypsaceus*, Smith, *Act. soc. linn. Lond.*, 2, p. 81, pl. 4. fig. 2; *Lecanora Smithii*, Ach., *Syn.* Croûte épaisse, d'un vert glauque, garnie d'écailles foliacées, concaves, arrondies, sinueuses, à fissures et bordure blanches ; apothéciums scutelliformes, d'abord orbiculaires et concaves, avec un rebord blanchâtre, saillant, et le disque roussâtre ou brun, puis irréguliers, bosselés ou concaves, grands, presque comme les écailles qui les portent, et qui forment une bordure blanche à l'entour. Cette espèce croit sur la terre et les rochers, en France, en Espagne et en Italie.

3.º Le SQUAMARIA PORTE-LENTILLE : *Squamaria lentigera*, Dec.; *Lichen lentigerus*, Web., *Spic.*, p. 192, pl. 5; Hoffm., *Enum.*, pl. 9, fig. 4; Fl. Dan., pl. 1185, fig. 2; Sow., *Engl. Bot.*, pl. 871; *Psora lentigera*, Hoffm., *Pl. ich.*, pl. 48, fig. 1 ; *Lecanora lentigera*, Ach., *Syn.*, 179. Thallus ou croûte blanchâtre, en forme de rosette arrondie, composée de folioles imbriquées, un peu concaves, flexueuses, incisées, crénelées: apothéciums nombreux, d'abord un peu concaves, puis convexes, arrondies , d'un roux jaunâtre , entourés d'un rebord élevé , renflé, fléchi en dedans et un peu crénelé. On trouve cette jolie espèce sur la terre, dans les lieux montueux. Ses scutelles ou apothéciums ont l'apparence de petites lentilles.

4.° Le Squamaria en bouclier; *Squamaria peltata*, Decand., Fl. fr., 1 , p.377 , n.° 1022. Thallus ou fronde coriace , jaunâtre en dessus , noirâtre en dessous , blanc à l'intérieur , fixé par le centre et disposé en rosette peu lobée ; apothéciums épars sur le disque de la fronde ou sur ses bords , fauves , d'abord un peu enfoncés , puis saillans , plans ou un peu convexes , bordés par le thallus lui-même , qui les revêt en dehors. Cette espèce croît sur les rochers dans les Pyrénées et dans les Alpes.

Hoffmann , avant M. De Candolle , avoit établi sous le nom de *Squamaria* un genre de lichen , dont les espèces sont à présent des *cetraria* et des *parmelia* pour Acharius , et des *physcia* et des *imbricaria* pour M. De Candolle. (Lem.)

SQUAMIFÈRES. (*Erpétol.*) M. de Blainville donne ce nom à une classe de reptiles, qu'il compose des Chéloniens, des Ophidiens et des Sauriens. Voyez ces mots, Erpétologie et Reptiles. (H. C.)

SQUAMIFORMES [Feuilles]. (*Bot.*) Demi - amplexicaules, courtes et larges; telles sont les feuilles de l'orobranche, de l'*ophrys nidus avis*, du *monotropa*, etc. Le nectaire du *grevillea* est aussi squamiforme. (Mass.)

SQUAMIPENNES. (*Ichthyol.*) M. Cuvier a ainsi nommé la sixième famille de ses poissons acanthoptérygiens, reconnoissable à ce que la portion molle, et souvent même la portion épineuse des nageoires du dos et de l'anus des individus qui la composent, sont en grande partie recouvertes d'écailles qui les encroûtent et les rendent difficiles à distinguer de la masse du corps.

Tel est leur caractère le plus apparent.

Ils ont d'ailleurs beaucoup de rapports avec les scombéroïdes, et ont de même des intestins longs et assez généralement des cœcums nombreux.

C'est à cette famille qu'appartiennent les genres Chétodon, Chelmon, Platax, Heniochus, Ephippus, Holacanthe, Pomacanthe, Acanthopode, Osphronème, Trichopode, Archer, Kurte, Anabas, Cæsio, Castagnole, Stromatée, Fiatole, Se-

SERINUS, PIMÉLEPTÈRE, KYPHOSE, PLECTORHYNQUE, GLYPHISODON, POMACENTRE, AMPHIPRION, PREMNADE, TEMNODON, CHEVALIER, POLYNÈME. (Voyez ces divers mots.)

Cette famille a été partagée en trois sections.

L'une, où toutes les dents sont en soie ou en velours, renferme les quinze premiers genres nommés.

Une autre, où les dents sont sur une seule rangée régulière et non en soies, contient les dix suivans.

La troisième, qui est formée avec le reste, offre deux dorsales. (H. C.)

SQUAMMARIA. (*Bot.*) C'est sous ce nom, ainsi orthographié, qu'est aussi décrit, par M. De Candolle, le genre SQUAMARIA. Voyez ce mot. (LEM.)

SQUAMMIPENNES. (*Ichth.*) Voyez SQUAMIPENNES. (H. C.)

SQUAMODERMES. (*Ichthyol.*) M. de Blainville donne ce nom a sa classe des poissons gnathodontes, dont la peau est couverte d'écailles. (H. C.)

SQUAMOLOMBRIC. *Squamolombricus.* (*Chétop.*) Dénomination que, dans son Système de nomenclature et de division des grands genres naturels de Linné, M. de Blainville a employée dans un Mémoire sur la classification méthodique des chétopodes, pour caractériser une division des lombrics, qui comprend les espèces dont le corps alongé, cylindrique, est formé d'un grand nombre d'anneaux bien distinct, pourvus chacun d'appendices composés d'une écaille pellucide, recouvrant un fascicule flabelliforme de soies droites et d'un cirrhe. Ce genre, qui comprend les *Lombricus squamosus, armiger* et peut-être même le *L. fragilis*, est évidemment fort rapproché de certaines espèces de néréides dont il ne diffère essentiellement que par l'absence de tentacules. Voyez LOMBRIC et la dernière section de l'article NÉRÉIDE. (DE B.)

SQUAQUA. (*Ichthyol.*) Voyez SQUAIA. (H. C.)

SQUARE-FISH. (*Ichthyol.*) Nom anglois du *coffre tigré*. Voyez COFFRE. (H. C.)

SQUASH. (*Mamm.*) Ce nom est employé à la Nouvelle-Espagne pour désigner un quadrupède carnassier qui appartient au genre des moufettes. Buffon paroit en avoir tiré le nom de *coase*, qu'il donne à une espèce de ces animaux, sur la distinction de laquelle il existe les plus grands doutes. (DESM.)

SQUATAROLA. (*Ornith.*) Ce nom vénitien a été adopté par Linné pour désigner le vanneau gris, *tringa squatarola*, dont l'espèce ne paroît pas être différente du vanneau varié, du vanneau suisse et du vanneau pluvier. (Ch. D.)

SQUATINA. (*Ichthyol.*) Nom latin de l'ange de mer. Voyez Squatine. (H. C.)

SQUATINE, *Squatina*. (*Ichthyol.*) M. le professeur Duméril a créé sous cette dénomination, un genre parmi les poissons chondroptérygiens, de la famille des plagiostomes et aux dépens du grand genre des Squales de Linnæus et de la plupart des autres ichthyologistes.

Ce genre, dont le nom est tiré de l'ancien mot latin, *squatina*, encore usité en Italie et en Grèce pour désigner le poisson vulgairement appelé chez nous *ange de mer*, peut être ainsi caractérisé :

Squelette cartilagineux; branchies ouvertes sur les côtés, sans opercules ni membranes ; corps arrondi ; quatre nageoires latérales ; les pectorales échancrées ; nageoire anale nulle ; bouche fendue au bout du museau et non en dessous ; yeux verticaux et non latéraux ; tête ronde ; corps large et déprimé ; deux nageoires dorsales en arrière des catopes ; des évents ; des dents.

D'après cela, il devient facile de séparer les Squatines des Raies, des Rhinobates, des Rhina, des Torpilles, des Myliobates, des Pastenagues et des Céphaloptères, qui ont les branchies ouvertes en-dessous du corps ; des Aodons, qui manquent de dents, ainsi que des Roussettes, des Carcharias, des Lamies, des Marteaux, des Milandres, des Grisets, des Émissoles, des Cestracions, des Aiguillats, des Humantins, des Leiches et des Pélerins, qui n'ont point les nageoires pectorales échancrées, dont les yeux sont latéraux et dont la bouche a son entrée au-dessous du museau. (Voyez ces divers noms de genres, Plagiostomes et Squale.)

L'espèce connue dans ce genre est :

L'Angelot ou Ange de mer : *Squatina lœvis*, Cuvier ; *Squalus squatina*, Linnæus. Nageoires pectorales très-étendues ; museau plus large que le tronc et comme porté par un cou ; tête grande, arrondie à son pourtour et déprimée ; dents aiguës, recourbées, disposées sur deux rangs, dont le nombre, augmentant avec l'âge, est toujours plus grand à la mâchoire inférieure; narines couvertes d'une membrane en forme de deux barbillons; yeux garnis d'aspérités grisâtres, à prunelle noire; catopes triangulaires et rayés en dessous; les deux nageoires dorsales égales et implantées sur la queue, dont la nageoire est en demi-cercle.

Ce poisson vit dans la mer Méditerranée; aussi étoit-il connu d'Aristote, qui lui attribue, même à tort, la faculté de prendre à volonté la couleur du poisson dont il a dessein de faire sa proie et qui lui donne le nom de ρινη. Il est gris par-dessus et blanc par-dessous; ses nageoires pectorales, blanches supérieurement, sont souvent bordées de brun inférieurement, ce qui leur donne de l'éclat, les fait contraster avec la nuance bleuâtre du dos, et n'a pas peu contribué à les faire considérer comme des ailes et à faire donner le nom d'*ange* au poisson lui-même.

L'angelot atteint la taille de sept ou huit pieds; il parvient à un prodigieux volume vers la Hollande, et quelquefois il pèse jusqu'à cent et cent soixante livres. Aussi, quoiqu'il se nourrisse habituellement de raies, de mourines, de pastenagues, de plies, de soles, de carrelets et d'autres plagiostomes et pleuronectes, qui, de même que lui, demeurent plongés dans la fange; il ne craint point de s'attaquer à l'homme, ainsi que cela est arrivé à un pêcheur anglois, dont parle Bloch, dans son Histoire naturelle des Poissons.

Il va quelquefois par troupes et donne le jour à treize petits à la fois, qui, au moindre danger, dit Rondelet, se sauvent et se cachent dans la gueule de leur mère.

Sa chair, coriace et d'une saveur désagréable, n'est nullement estimée; mais sa peau, comme celle de plusieurs squales, sert à polir des corps durs, à garnir des étuis, à couvrir des fourreaux de sabres ou de cimeterres.

Les pêcheurs emploient ses œufs desséchés pour arrêter la diarrhée, et, dans le temps de Pline, le poisson lui-même étoit appliqué en topique par les femmes qui vouloient conserver la fermeté de leurs mamelles, ou les empêcher de prendre trop d'accroissement. (H. C.)

SQUATROLINO. (*Ichthyol.*) A Gênes et à Venise on appelle ainsi le Rhinobate. Voyez ce mot. (H. C.)

SQUATRO-RAJA. (*Ichthyol.*) Voyez Rhinobate. (H. C.)

SQUATUS. (*Ichthyol.*) Voyez Squatina. (H. C.)

SQUELETTE, *Sceleton.* (*Anat. générale.*) Le fondement iné-branlable sur lequel s'appuie l'édifice entier de la machine vivante chez les animaux vertébrés ; la charpente solide dont les pièces distinctes, retenues par des liens robustes, peuvent en même temps se mouvoir les unes sur les autres , et ré-sister aux effets d'un mouvement étranger : le système qui soutient les parties molles dont il est recouvert, qui décide la figure, la grandeur et la solidité des membres, qui , par sa disposition et son arrangement, détermine tels avantages ou tels inconvéniens dans le mécanisme de l'organisation ; en un mot, la réunion, l'assemblage de toutes les parties dures du corps, voilà ce que l'on appelle *squelette*, d'après le mot grec σκελεῖός, qui signifie *cadavre desséché*.

On trouve un Squelette chez presque tous les animaux ; mais il n'est point dans tous conformé de la même manière. Dans les animaux sans vertèbres ou à sang blanc, et spécia-lement dans les Crustacés, les Insectes et les Testacés, il est *extérieur*, quand il existe, et sa forme est la même que celle de l'animal, puisqu'il en renferme toutes les parties. Dans les animaux vertébrés ou à sang rouge, à l'exception de cer-tains reptiles, où, comme dans les Tortues, il semble en par-tie extérieur, il est *intérieur*, et ne retrace plus que les pro-portions et les formes les plus importantes du corps.

Il est certains animaux où l'on n'aperçoit rien qui puisse re-présenter le squelette, où le corps entier mou , homogène, mu-cilagineux et très-expansible, n'offre aucune partie plus dense, plus consistante. Les Polypes, les Infusoires sont dans ce cas.

Dans tous les animaux où il existe, le squelette n'est point formé de la même substance. Dans les poissons chondropté-rygiens, les Raies, les Squales, les Chimères, il est composé d'un assemblage de *pièces cartilagineuses;* quelquefois il est *fibreux*, ainsi qu'il est facile de l'observer dans la plupart des insectes diptères, comme la Mouche commune ; ou *corné*, comme dans les Coléoptères et les Cératophytes ; ou *pierreux* et *crétacé*, comme dans les Coquillages et les Crustacés déca-podes. Plusieurs Annelides, enfin, et beaucoup de Radiaires, ne présentent dans leur organisation que des anneaux *mem-braneux*, circulaires ou ovales, qui se resserrent, se dilatent.

et produisent par cette double action le mouvement au moyen duquel peut s'opérer une locomotion. Le Ver-de-terre, si commun dans nos jardins et dans nos campagnes, nous offre journellement l'exemple de cette disposition. Mais le plus communément, dans les animaux vertébrés, le squelette est *osseux*, et c'est ainsi qu'il se présente chez les Mammifères, et chez l'Homme spécialement, chez les Oiseaux, chez les Reptiles, et dans la plupart des Poissons.

C'est de cette dernière espèce de squelettes que nous allons d'abord nous occuper ; nous jetterons ensuite un coup d'œil général sur les parties dures qui semblent en tenir lieu dans les êtres qui occupent les derniers rangs de l'échelle zoologique. Une pareille étude est d'un haut intérêt pour ceux même qui prétendent n'approfondir que l'anthropologie ; car l'examen du squelette de l'Homme isolé ne donneroit que des connoissances bornées sur le jeu de ses parties, ne conduiroit qu'à une évaluation défectueuse du mécanisme qui les fait agir, si l'on ne comparoit la forme, la composition, l'arrangement, la coordination de ses pièces solides, dans les différens animaux où elles sont appelées à remplir des usages semblables ou différens. Les ébauches les plus grossières de l'organisation deviennent pour le zoologiste attentif, pour le physiologiste curieux, pour le médecin profond, ce que sont, pour le minéralogiste, pour le géologue, ces cristallisations informes que la Nature, interrompue dans son travail, a été contrainte d'abandonner, et qui semblent révéler le secret de ses opérations mystérieuses. Il faut, quand on veut bien connoître l'objet constant de nos soins et de notre constante prédilection, notre propre économie, chercher les rapports capables d'en éclairer l'étude, si difficile, si compliquée, souvent même si obscure, dans celle des êtres qui présentent avec nous assez de ressemblances ou assez de différences pour faire naître sur différens points des comparaisons utiles.

Lorsque, dans le cabinet de l'anatomiste, les os d'un animal vertébré sont encore réunis par leurs ligamens véritables, son squelette est appelé *naturel*, et on le distingue en *frais* et en *sec*, suivant le temps qui s'est écoulé depuis sa préparation. Lorsque, au contraire, ils sont joints entre eux par des liens étrangers à l'articulation, comme par des fils d'or, d'argent, de laiton, de chanvre, par des cordes de boyau, etc., on le nomme *artificiel*.

Dans l'espèce humaine on conserve ordinairement des *squelettes de fœtus, d'enfans, de vieillards, de Nègres, de Hottentots, d'Européens, de femmes, d'hommes*, etc., afin de pouvoir, dans l'occasion, fixer d'une manière certaine les différences qui caractérisent les âges, les races et les sexes.

A l'exception de celui des poissons pleuronectes ou hétérosomes, comme les Plies, les Soles, les Turbots, les Carrelets, les Limandes, le squelette des animaux vertébrés constitue un tout symétrique, disposition surtout remarquable chez l'Homme, et qui a été l'objet de recherches spéciales de la part de quelques anatomistes, et en particulier du professeur Fréd. Henri Loschge, d'Erlang.

Le squelette de l'Homme, dont l'étude peut servir de base à celle des autres, est, comme le corps qu'il soutient, divisé en *Tronc* et en *Membres*.

Dans l'état normal, le nombre de ses os s'élève à 253, dont 117 appartiennent au tronc, 68 aux membres thoraciques, et 66 aux membres abdominaux.

Le *Tronc* est formé par une partie moyenne et par deux extrémités.

La partie moyenne résulte de la réunion de la colonne vertébrale avec la poitrine.

La *Colonne vertébrale*, composée de 24 os nommés *Vertèbres*, est divisée en trois régions. L'une, *cervicale*, est au cou et a 7 vertèbres; l'autre, *dorsale*, en a 12, et la troisième, *lombaire*, en a 5.

La *Poitrine* ou le *Thorax* est formée par le *Sternum*, en avant et au milieu, et, sur chaque côté, par 12 *Côtes*, distinguées en 7 *vraies* ou *vertébro-sternales*, qui sont supérieures, et en 5 *fausses* ou *asternales*, qui sont inférieures.

L'extrémité supérieure du tronc est la *Tête*, qui comprend le *Crâne* et la *Face*.

Le *Crâne* est composé des os suivans: le *Sphénoïde*, les *Cornets du Sphénoïde* ou de *Bertin*, l'*Ethmoïde*, le *Frontal*, l'*Occipital*, les *Temporaux*, les *Pariétaux*, les *Os wormiens*, les *Marteaux*, les *Enclumes*, les *Osselets lenticulaires* et les *Étriers*.

La *Face*, divisée en *Mâchoire supérieure* ou *syncrânienne*, et en *Mâchoire inférieure* ou *diacrânienne*, réunit les *Os maxillaires supérieurs*, *palatins*, *malaires*, *nasaux*, *lacrymaux*, les *Cornets inférieurs*, le *Vomer*, qui constituent la mâchoire supérieure, et l'*Os maxillaire inférieur*, qui seul forme l'autre mâchoire.

Il faut aussi rapporter à la face les 32 *Dents* qui s'observent sur l'adulte, et l'*Os hyoïde*, placé au-devant du cou, dans l'épaisseur des parties molles.

L'extrémité inférieure du tronc est le *Bassin*, qui est formé par le *Sacrum*, le *Coccyx* et les *Os des hanches*.

Les *Membres supérieurs*, *pectoraux* ou *thoraciques* se partagent en :

1.º *Épaule*, formée par la *Clavicule* et par l'*Omoplate*.

2.º *Bras*, formé par l'*Humérus*.

3.º *Avant-bras*, composé du *Radius* et du *Cubitus*.

4.º *Main*, divisée elle-même en *Carpe*, en *Métacarpe* et en *Doigts*.

Le *Carpe* présente 8 os sur deux rangées, savoir, en commençant de dehors en dedans :

Pour la première rangée, le *Scaphoïde*, le *Semi-lunaire*, le *Pyramidal* et le *Pisiforme*.

Pour la seconde rangée, le *Trapèze*, le *Trapézoïde*, le *Grand Os* et l'*Os crochu* ou *unciforme*.

Le *Métacarpe* est dû à la réunion de *cinq os*, distingués en *premier*, *second*, *troisième*, etc., en comptant de dehors en dedans aussi.

Chaque *Doigt*, excepté le *Pouce*, qui n'en a que deux, est formé de 3 os nommés *Phalanges*.

Les *Membres inférieurs*, *pelviens* ou *abdominaux*, sont divisés en *Cuisse*, en *Jambe* et en *Pied*.

Un seul os, le *Fémur*, existe à la *Cuisse*.

La *Jambe* en a trois, la *Rotule*, le *Tibia* et le *Péroné*.

Le *Pied* est partagé en :

1.º *Tarse*, qui comprend 7 os en deux rangées, dont la première est formée par l'*Astragale* et par le *Calcaneum*, et dont la seconde résulte de la réunion du *Scaphoïde*, des trois *Os cunéiformes* et du *Cuboïde*.

2.º *Métatarse*, dont les os, au nombre de cinq, se distinguent en *premier*, *second*, *troisième*, etc., en comptant de dedans en dehors, et non plus comme à la main;

3.° *Orteils*, composés chacun de trois *Phalanges*, excepté le premier, qui n'en offre que deux.

Le squelette de l'Homme présente en outre quelques os anomaux, et dont l'existence est variable ; ce sont les *Os sésamoïdes*, qui se développent dans l'épaisseur de certains tendons.

Il est essentiel de remarquer encore que le nombre des os, toujours considérable, et même en exceptant les os sésamoïdes et les os wormiens, n'est exactement tel que nous venons de l'indiquer que chez les adultes ; car, pour le fixer rigoureusement, il faut prendre en considération l'âge et les variétés individuelles. Dans la première enfance, tel os est composé de plusieurs pièces qui, dans la suite, n'en formeront plus qu'une seule.

La plupart des os du squelette sont *doubles*, c'est-à-dire, qu'il en existe un à droite et l'autre à gauche ; quelques-uns sont *simples* et *impairs*.

L'Homme marche droit ; il soutient, sur le talon et sur toute la plante du pied, son corps, dont la conformation extérieure est symétrique ; sa *tête* occupe la partie supérieure ; la *poitrine* et le *ventre* se partagent la partie antérieure, et le *dos* est tourné en arrière. C'est en conséquence de cette disposition, dont nous avons déjà dû naturellement nous faire une idée, que les diverses régions des organes ont reçu des dénominations propres à les distinguer les unes des autres. En effet, la ligne suivant laquelle notre corps est dirigé, est verticale, et forme, avec le sol sur lequel il repose, un angle de 90 degrés ; c'est cette ligne qu'on suppose passer par le sommet de la tête pour se terminer entre les deux pieds, qui sert de base pour assigner ces dénominations, suivant que, par rapport à elle, les régions où les organes eux-mêmes sont *antérieurs*, *postérieurs*, *latéraux*, *supérieurs*, etc.

On appelle cette ligne idéale, qui partage le corps en deux moitiés semblables, *Ligne médiane verticale*. Trente-huit des os du squelette sont placés sur son trajet ; quoique simples et impairs, chacun d'eux est formé de deux moitiés semblables, l'une à droite et l'autre à gauche. Tels sont, par exemple, le frontal, l'ethmoïde, le vomer, l'occipital, le sacrum, les vertèbres, etc.

Le squelette, dans l'espèce humaine, présente des différences assez tranchées entre les deux sexes, comme l'ont noté J. F. Ackermann, J. T. Sœmmering et Albinus entre autres. En général, le squelette de la Femme est plus petit et plus délicat que celui de l'Homme. Le col du fémur a une direction plus transversale; le thorax est plus court, moins vaste et plus mobile; le bassin plus large; la région lombaire de la colonne vertébrale plus alongée; les trous des os coxaux sont arrondis au lieu d'être ovalaires comme chez l'Homme.

Les Races humaines présentent aussi dans leur squelette des différences dont les principales sont relatives aux dimensions et à la forme du crâne, ainsi qu'à ses proportions avec la face. Il y a aussi quelques différences dans la proportion des membres, et chez les Nègres les membres thoraciques sont plus longs par rapport au tronc, de même que l'avant-bras et la jambe sont plus grands proportionnellement au bras et à la cuisse.

Nous n'avons rien à dire ici des variétés individuelles.

Dans les Animaux vertébrés, en général, comme dans l'Homme, les os qui composent le squelette sont articulés les uns avec les autres, de manière à constituer un ensemble dont toutes les parties sont liées. Il existe néanmoins quelques exceptions à cette règle.

L'os hyoïde, par exemple, dans les Mammifères et les Oiseaux, ne tient aux autres os que par les parties molles; tandis que, chez les Poissons, il fait véritablement partie intégrante du squelette.

Les membres thoraciques tout entiers ne sont de même attachés au tronc que par des muscles dans les Quadrupèdes non-claviculés; tandis que chez d'autres ils tiennent au sternum par une clavicule simple, qui devient double dans les Oiseaux, et que, chez les Poissons, ils sont fortement liés à l'épine par une ceinture osseuse, qui n'existe point de même pour les membres abdominaux, généralement, au contraire, libres de toute adhérence et flottans dans les chairs.

Dans le squelette d'un animal vertébré quelconque on trouve constamment une tête; mais les membres, qui ne sont jamais, d'ailleurs, au nombre de plus de quatre, ne sont point dans le même cas. Les Serpens et certains Poissons, comme l'Aptérichthe, en sont totalement dépourvus; les Poissons apodes, comme les Anguilles, les Congres, les Ammodytes, etc.; et les Mammifères cétacés sont privés des membres abdominaux; les pectoraux ne manquent seuls qu'à une espèce de saurien, le Bipède.

Jamais les vertèbres ne manquent; mais leur nombre est extrêmement sujet à varier.

Les Serpens et les Poissons n'ont point de sternum.

Les Grenouilles, les Raies, les Requins, les Milandres et beaucoup de poissons cartilagineux n'ont point de côtes, en sorte que chez ces animaux il n'existe aucune différence tranchée entre les vertèbres cervicales, dorsales et lombaires.

Un petit nombre de Mammifères, les Roussettes en particulier, ainsi que les Reptiles batraciens de la famille des Anoures, comme les Crapauds et les Grenouilles, sont seuls privés de coccyx.

Plusieurs Poissons n'ont pas de cou distinct.

Dans tous les Quadrupèdes les fausses côtes ou les côtes asternales sont constamment postérieures; dans les Oiseaux, une partie de ces côtes est en avant des autres et une partie en arrière.

Dans les animaux dépourvus de sternum la distinction entre les vraies et les fausses côtes devient impossible à établir.

Chez le Crocodile, par une exception singulière, il est des côtes qui tiennent au sternum sans aller jusqu'aux vertèbres, et dans le Caméléon il en est qui naissent des vertèbres et s'unissent en avant à la côte correspondante, sans que le sternum existe entre elles.

C'est toujours au sommet ou à l'extrémité supérieure de la colonne vertébrale que se trouve placée la tête, constamment composée du crâne et de la face dans tous les Animaux vertébrés, comme chez l'Homme.

Dans tous les animaux vertébrés, la mâchoire inférieure est mobile. Dans l'Homme, les Mammifères des classes inférieures à lui, les Tortues et le Crocodile, la supérieure est immobile; mais elle est susceptible d'exécuter quelques mouvemens dans les Oiseaux, les Serpens et les Poissons.

La subdivision des membres en épaule, bras, avant-bras, cuisse, jambe, main et pied, ne sauroit avoir lieu pour les Poissons dont les membres ne consistent qu'en osselets rayonnés, disposés en éventail, et articulés avec la partie qui semble correspondre à l'épaule ou à la hanche.

La clavicule manque à beaucoup de quadrupèdes, au Cheval, à l'Éléphant, au Bœuf, etc. On ne la retrouve point non plus chez les Cétacés. Elle est double au contraire dans les Oiseaux, les Crapauds, les Grenouilles, les Tortues et plusieurs Sauriens.

L'omoplate ne disparoît chez aucun des animaux vertébrés où les membres pectoraux existent.

Le bras n'est jamais chez eux, comme dans l'Homme, formé que d'un seul os.

Presque constamment on en retrouve deux pour l'avant-bras, et si cette partie du squelette semble parfois n'en offrir qu'un, on voit à la surface de celui-ci un sillon qui rappelle évidemment sa composition la plus ordinaire.

La main, quoique variant beaucoup sous le rapport du nombre des os, est toujours, même chez les Oiseaux, partagée en carpe, en métacarpe et en doigts.

Dans les animaux vertébrés, chaque classe et chaque ordre présentent dans le squelette des individus qui les composent des caractères particuliers, relatifs à la forme générale du tronc et des membres, à la présence ou à l'absence de ceux-ci, au nombre et à la figure des os qui entrent dans son ensemble. Du reste, ainsi que l'a judicieusement noté le célèbre professeur Cuvier, lorsqu'un animal d'une classe a quelque ressemblance avec ceux d'une autre classe par la forme de ses parties et par l'usage qu'il en fait, on peut affirmer que cette ressemblance n'est qu'extérieure et n'affecte le squelette que dans la proportion, et nullement dans le nombre ni dans l'arrangement des os. Une dissection attentive, une comparaison exacte nous démontrent, par exemple, que les *prétendues ailes* des Chauve-souris ne sont que de véritables mains, dont les doigts seulement sont un peu plus alongés, et que, dans l'épaisseur des nageoires des Dauphins et des autres Cétacés, on retrouve tous les os qui composent les membres thoraciques des autres Mammifères, et qui sont ici simplement raccourcis et rendus presque immobiles.

Comme les os ne se forment pas tous en même temps, comme ils ne s'accroissent pas tous dans la même proportion, la figure et les proportions du squelette, chez les animaux vertébrés, et non ses dimensions seulement, changent beaucoup avec l'âge.

Les variétés de conformation qui résultent de cette règle générale, ont été l'objet des recherches de beaucoup d'observateurs instruits, qui, comme Bœhmer, Cheselden, Eyson, Sue, F. G. Danz, Senff, Béclard et Bichat, les ont signalées chez l'Homme en particulier.

La proportion de la tête au reste du tronc et aux membres est d'autant plus grande que le sujet, au-dessous de 20 ans, est plus jeune. Au second mois de la gestation, elle fait la moitié de la hauteur totale du corps; au moment de la naissance, toujours chez l'Homme, elle n'en égale plus que le quart; à trois ans, elle en représente le cinquième, et quand l'accroissement est achevé, elle n'en est plus que le huitième. La face est aussi d'autant plus petite relativement au crâne; le bassin, relativement au thorax, et les membres sont, proportionnellement au tronc, d'autant moins développés que le sujet est plus jeune.

Le squelette dans l'espèce humaine, offrant les mêmes dimensions que le corps, n'est soumis qu'à un petit nombre de variétés de longueur chez les individus qui ont pris tout leur accroissement, et ces variétés, qui dépendent presque constamment des différences des races, sont, comme celles des autres espèces animales, renfermées dans de certaines limites; en sorte que ces prétendus os de géans de 17 à 25 pieds de hauteur, qu'on a trouvés à diverses époques et dans plusieurs contrées, ont appartenu à des animaux et ne sauroient être pris raisonnablement pour des os d'homme.

Le plus ordinairement, en effet, dans l'Homme adulte, le squelette est haut d'environ 5 pieds 4 pouces chez les individus mâles, et de 5 pieds seulement pour les individus femelles, terme moyen. Chez le vieillard il a perdu, par l'effet de l'âge, quelque chose de la hauteur.

Tels sont les résultats les plus importans de l'examen général, dans les animaux vertébrés, du squelette, celui de

5o.   24

tous les appareils organiques qui se montre le dernier dans la série animale; puisqu'il n'apparoit qu'avec le centre nerveux, c'est-à-dire, la moelle et l'encéphale, auquel il sert d'enveloppe et qu'il protège spécialement contre l'action des muscles, en même temps qu'il défend les principaux organes de la circulation du sang.

D'après cette idée, dont le germe doit être rapporté à Aristote, qui regardoit *l'épine comme l'origine de tous les autres os*, et qui s'est considérablement développée par suite des recherches d'ostéologie comparative de MM. Oken, Spix, Home, De Blainville, Schultze, G. Cuvier, Geoffroy Saint-Hilaire et J. F. Meckel, qui ont su, d'une manière philosophique, rattacher à des principes généraux les innombrables faits qui, naguère encore isolés les uns des autres, composoient seuls le domaine de la science, il ne faudroit point considérer comme un véritable squelette, l'assemblage des parties dures des animaux invertébrés, quand bien même elles auroient pour usages de déterminer la forme, la direction, les mouvemens du corps, si elles ne remplissoient pas la fonction que nous venons de leur assigner; il n'existeroit, à proprement parler, de squelette que dans les espèces qui ont un cerveau, une moelle épinière et des nerfs, fussent-elles même, comme cela arrive, dépourvues de poumons, d'un cœur et d'un appareil de circulation à sang rouge. Son existence est donc intimement liée à celle d'un système nerveux complet; aussi, comme l'a noté M. Schultze, dès qu'on observe une moelle épinière, il y a une colonne vertébrale dans les animaux, même lorsqu'on ne rencontre encore que de simples vestiges du système osseux, et plus l'enveloppe protectrice s'enfonce à l'intérieur et se rapproche du système nerveux, plus aussi les phénomènes de la sensibilité acquièrent de développement, et réciproquement.

Les rapports qui existent entre le squelette et le système nerveux, entre le crâne et l'encéphale, entre la colonne vertébrale et la moelle, sont beaucoup plus étendus qu'on ne sauroit l'imaginer au premier abord, et se font sentir jusque dans la position, les divisions, le mode de développement des os qui constituent les parois des cavités où sont logés les centres nerveux. Ne voyons-nous point, par exem-

ple, l'occipital qui, chez l'adulte, répond à la moelle alongée, au cervelet et à la partie postérieure du cerveau, se
développer chez le fœtus par autant de germes séparés et
appartenant plus particulièrement à chacune de ces parties
de l'encéphale? La portion où sont creusées les fosses céré-
belleuses, forme une pièce à part, qui naît long-temps avant
sa portion écailleuse, distincte elle-même chez le fœtus de
son apophyse basilaire, qui répond au pont de Varoli, et de
ses condyles articulaires qui sont en relation avec les derniers
nerfs cérébraux; enfin, la moitié supérieure de sa portion
écailleuse, qui tire son origine d'un point d'ossification spé-
cial, correspond aux tubercules quadrijumeaux.

Les parties les plus essentielles de tout squelette sont donc
la tête et les vertèbres. La connoissance de ce fait, d'une
importance majeure en anatomie philosophique, est devenue,
pour plusieurs savans du Nord, le sujet de rapprochemens
curieux entre les vertèbres et les os du crâne: nous aurons
naturellement plus tard occasion de discuter ce point de
doctrine. (Voyez Tête.)

Il convient, au reste, d'ajouter ici qu'une circonstance
constante et importante distingue le squelette de l'homme
de celui des autres mammifères, en tant qu'on le considère
comme ayant pour base le crâne et la colonne vertébrale.
Les germes, dont la réunion doit plus tard constituer les os
de la première de ces deux parties, les vertèbres et le sternum, paroissent plus tôt, et, dans certaines espèces, se joignent
plus vite que dans la nôtre; mais, pendant la vie entière
de l'animal, leurs diverses pièces restent distinctes, tandis
qu'elles se confondent les unes avec les autres sur le squelette
de l'homme adulte.

Plus, au reste, on porte son attention sur le squelette
considéré dans les diverses classes du règne animal, plus on
se convainc que l'organisation des nombreux individus qui
le composent, est soumise à un plan général d'unité, dont
les modifications constituent les espèces.

On ne s'est cependant pas contenté de cette vue générale qui
reposoit sur des analogies manifestes, et à laquelle conduisoit
une juste induction; une école nouvelle d'anatomie, qui compte
d'honorables partisans en Allemagne et même en France, en

réalisant des spéculations et en les admettant comme des faits, a poussé l'induction jusqu'à conclure une même unité organique qui lieroit non-seulement les Mammifères aux Poissons et aux Reptiles, mais encore toutes les classes les unes aux autres dans tout le Règne animal: de sorte que les animaux invertébrés ne différeroient des vertébrés que par de simples modifications secondaires qui disparoissent aux yeux de l'esprit, dès qu'on en a l'explication, c'est-à-dire, que les insectes et même les mollusques seroient des animaux vertébrés comme les Mammifères et les Poissons. Par là cette école auroit en quelque sorte réalisé l'assertion du célèbre Willis, quand, en parlant de l'écrevisse, il disait: *quo ad membra et partes motrices, non ossa teguntur carnibus, sed carnes ossibus*. Tel seroit, par exemple, le cas des insectes, qui, n'ayant aucun agent principal de circulation, et ne possédant, pour présider à la distribution des élémens constitutifs des organes, qu'un appareil composé d'une série de ganglions nerveux, paroissent dans ces nouvelles idées avoir la moelle épinière et les organes abdominaux renfermés dans un même tube solide tout-à-fait extérieur, semblent enfin, si je ne me trompe dans l'idée que je me suis formée de cette opinion, que la généralité des entomologistes n'a point encore admise, *habiter en dedans de leur colonne vertébrale, posséder un squelette véritable et se rapprocher ainsi des animaux vertébrés*.

Mais toutes les parties dures extérieures des animaux à sang blanc, quelles que soient d'ailleurs leur consistance et leur nature chimique, doivent, par leur manière de croître et de se reproduire dans des circonstances données, être comparées à l'épiderme, aux ongles, aux écailles des poissons et des reptiles, et aux cornes creuses de certains mammifères ruminans, plutôt qu'à de véritables os.

C'est ainsi, par exemple, que les *Coquilles*, qui servent d'enveloppe à un si grand nombre d'animaux de la classe des Mollusques, tantôt aussi denses et aussi dures que le plus beau marbre, tantôt d'un tissu feuilleté plus ou moins lâche; mais toujours si remarquables par l'élégance ou la singularité de leurs formes, par l'éclat resplendissant de leur nacre, par les nuances plus ou moins vives, plus ou moins tranchées de leurs couleurs, quoique composées, comme les os, d'une matière calcaire intimement unie à une substance gélatineuse que l'on peut isoler à l'aide des acides, ne sont formées, à aucune époque de la vie de l'animal, ni de faisceaux de fibres agglomérées, ni de couches de lames stratifiées; jamais non plus elles ne sont molles ou mucilagineuses, et celles des plus jeunes individus ont la même consistance, la même rigidité que celles des adultes, en sorte que, si elles sont plus fragiles, cela tient uniquement à leur plus grande ténuité. Le corps du mollusque, en outre, n'adhère à la coquille qu'au niveau des muscles, et la substance de celle-ci paroit évidemment transsuder au travers de la peau de l'animal, sans que des vaisseaux nourriciers viennent la déposer dans un parenchyme préexistant. Et, en effet, le célèbre Antoine Ferchault de Réaumur, ayant placé entre le corps d'un limaçon et des endroits de la coquille de celui-ci qu'il avoit cassés exprès, des pellicules minces, a vu que les vides ne se réparoient point, tandis qu'ils se remplissoient rapidement, quand on n'opposoit aucun obstacle à l'afflux des fluides régénérateurs.

De même encore, dans les Écrevisses et les autres Crustacés, la croûte calcaire, qui tient lieu en même temps de peau et de squelette, cesse de croître, quand une fois elle a acquise toute sa solidité, et lorsqu'elle se fend et se détache pour faciliter l'exercice des fonctions des parties molles qui ont toujours continuées à croître, on en trouve, à point nommé, au-dessous d'elle une autre, qui se formoit pendant qu'elle même se détachoit et perdoit ses connexions avec le corps par une sorte de mort partielle. Cette enveloppe nouvelle est d'abord molle, sensible et même pourvue de vaisseaux; mais, par suite du dépôt de molécules calcaires, elle ne tarde point à se durcir et à devenir semblable à la première.

Les Insectes, avant d'avoir atteint le terme de leur accroissement, changent plusieurs fois de peau, et chacune des enveloppes mortes qui vient les abandonner, est remplacée d'avance par une autre, et absolument comme dans le cas précédent.

Il est aussi des animaux invertébrés qui présentent des parties dures dans leur intérieur; mais, outre que ces parties ne sont point articulées les unes avec les autres, leur tissu diffère considérablement de celui des os des animaux vertébrés. On peut citer ici en exemples les pièces solides de l'estomac des Écrevisses, et les prétendus os des Sèches et des Calmars, qui, paroissant se développer par couches, ne sont que des coquilles intérieures, mais qui méritent un moment d'attention de notre part.

Dans la Sèche ordinaire, *Sepia officinalis*, Linnæus, cette pièce est un corps ovale, bordé par des espèces d'ailes cornées et élastiques, convexe en avant et en arrière, épais, non adhérent aux parties molles environnantes, sans vaisseaux, sans nerfs visibles, sans aucune connexion avec des cordes tendineuses ou ligamenteuses, et composé d'une infinité de lames calcaires, planes, non flexibles, très-minces, parallèles, écartées sensiblement les unes des autres, et jointes ensemble par des milliers de petites colonnes creuses, placées verticalement dans leurs intervalles, et disposées en un quinconce d'une régularité notable.

Dans les Calmars, *Sepia loligo*, Linnæus, les parties solides dont il est ici question, sont transparentes, élastiques, phylloïdes ou xiphoïdes.

Dans le lobe charnu qui recouvre les branchies des Aplysies, on trouve de même une petite plaque demi-cornée et demi-friable.

Dans le manteau de la Limace il en existe une analogue, mais plus petite.

Les Étoiles de mer, *Asterias*, et les Oursins, *Echinus*, ont une espèce de squelette dont la nature se rapproche sensiblement de celle des coquilles des mollusques.

Chez les premières, dont le corps est divisé en rayons, la charpente qui le soutient est formée pour chacune des branches par une tige calcaire, qui règne sous leur milieu, et qui est composée d'une multitude de petites pièces osseuses diversement combinées, articulées les unes avec les autres à la manière des vertèbres. De cette tige naît une sorte de grillage osseux aussi, qui soutient le reste de l'enveloppe de la branche, et dont la surface est hérissée de tubercules de diverses figures, ou d'épines quelquefois mobiles.

Tout l'appareil, du reste, est revêtu d'un épiderme et d'une couche plus ou moins épaisse de parties molles. Un pareil squelette n'est donc point, à proprement parler, absolument extérieur, et l'on a eu quelque raison de le considérer comme une exception manifeste à la règle, qui veut que les animaux invertébrés manquent constamment d'un *squelette intérieur articulé*.[1]

Dans les seconds, le prétendu squelette est une enveloppe calcaire, solide et souvent très-dure, qui est percée d'une foule de pertuis qui laissent passer des pieds membraneux.

Quant aux Coraux, aux Corallines et aux autres lithophytes, les parties dures qui entrent dans la composition de leur corps, croissent toujours par simple juxta-position comme les coquilles, ou bien, sans augmenter en grosseur, prennent de l'extension par la formation de nouvelles pousses, par le développement de nouvelles branches à leurs extrémités. Ces productions, dans les zoophytes dont il s'agit, contiennent toutes un mélange de matière terreuse et de gélatine, comme les coquilles et les véritables os. Voyez, pour de plus amples renseignemens, les articles ANIMAL, CHÉLONIENS, COQUILLE, CRAPAUD, CRUSTACÉS, INSECTES, MOLLUSQUES, NATURE, OISEAUX, OS, POISSONS, REPTILES. (H. C.)

SQUELETTE. (*Erpét.*) Nom spécifique d'une rainette. (H. C.)

SQUELETTES. (*Foss.*) Voyez au mot REPTILES. (D. F.)

SQUILLE. (*Crust.*) Genre de crustacés de l'ordre des Stomapodes dont nous avons fait connoître les caractères à l'article MALACOSTRACÉS, tome XXVIII, page 557 de ce Dictionnaire. (DESM.)

SQUILLIAIRES. (*Crust.*) Famille de crustacés anciennement formée par M. Latreille, et qui renferme les genres Squille et Mysis. Elle correspond entièrement à l'ordre des stomapodes admis maintenant. (DESM.)

SQUINQUE. (*Erpét.*) Voyez SCINQUE. (H. C.)

SQUIRREL. (*Ichthyol.*) A la Caroline on appelle de ce nom le SOGO. Voyez ce mot et HOLOCENTRE. (H. C.)

SQUIZZETINA. (*Ornith.*) Scopoli nomme ainsi l'alouette hausse-col, *alauda alpestris*, Lath. (CH. D.)

SRAGHA, HAUDAN. (*Bot.*) Noms arabes du *crepis radicata* de Forskal. (J.)

SROKA. (*Ornith.*) Selon Rzaczynski, c'est le nom polonois de la pie, *corvus pica*, Linn. (CH. D.)

---

1 Sous ce rapport, quelques Holuthuries sont dans le même cas que les Étoiles de mer.

SROKOS. (*Ornith.*) Nom polonois de la pie-grièche grise, *lanius excubitor*, Linn. (Cʜ. **D.**)

SSI, KARATAS-BANNA. (*Bot.*) Linnæus cite ces noms japonois, mentionnés par Kæmpfer, pour son *citrus trifoliata*. C'est le *si* ou *jesu-ige* de Thunberg. Le *ssi* ou *kuntsjinas* de Kæmpfer est le *gardenia florida*. Son *ssii* ou *jotei* est, selon lui, une espèce de *thlaspi*. Voyez Sɪ. (**J.**)

SSURNAK. (*Bot.*) Amman, dans son *Stirpes ruthenicæ*, dit que ce nom est donné par les habitans du Tangut, pays voisin de la Chine, au *rhododendrum dauricum*, qu'ils emploient en fumigations odorantes. Dans la Daourie, où cet arbrisseau se trouve aussi, on enivre le poisson avec son jeune fruit. (**J.**)

STAACKLÆRRING. (*Mamm.*) C'est un des noms du marsouin en Norwége. (Dᴇsᴍ.)

STAAL-SUEPPE. (*Ornith.*) Ce nom désigne, en Suède et en Danemarck, le combattant dans la mue. (Cʜ. **D.**)

STAAR. (*Ornith.*) Ce nom et ceux de *staer*, *starn*, désignent, en allemand, l'étourneau commun, *sturnus vulgaris*, Linn. (Cʜ. **D.**)

STAAVIA. (*Bot.*) Genre de plantes dicotylédones, à fleurs agrégées, de la famille des *rhamnées*, de la *pentandrie monogynie* de Linnæus, offrant pour caractère essentiel : Des fleurs agrégées ; un involucre fort grand, coloré ; un calice adhérent à l'ovaire terminé par cinq lobes subulés et calleux ; cinq étamines opposées aux pétales ; deux styles connivens ; une capsule à deux coques ; deux semences dans chaque coque ; un réceptacle garni de poils ressemblant presque à des paillettes.

Ce genre faisoit d'abord partie des *Phylica* de Linné, qui le réunit ensuite aux *Brunia*; comme il diffère de ces deux genres, on en a formé un particulier, dont à la vérité les fleurs sont en tête, mais pourvues d'un très-grand involucre, qui donne à ces fleurs l'aspect de fleurs radiées. Les étamines sont insérées sur le calice et non sur les onglets des pétales : il y a deux styles adhérens. Le fruit, au lieu d'être capsulaire, est une baie qui contient cinq semences couvertes d'une écorce coriace. Les paillettes du réceptacle ont la finesse des poils. C'est d'après ces caractéres que l'on rapporte à ce genre, le

Staavia radié : *Staavia radiata*, Willd., *Spec.*, 1, p. 1144 ; Thunb., *Prodr.*, 41 ; *Brunia radiata*, Linn., *Mant.*, 209 ; Berg., *Cap.*, 58 ; *Phylica radiata*, Linn., *Spec.*, 2, pag. 283 ; Breyn., cent. 165, tab. 82 ; Moris., Hist., 3, §. 6, tab. 3, fig. 43 ; Pluk., *Mant.*, tab. 454, fig. 7. Arbrisseau très-rameux, qui a le port d'un phylica. Ses rameaux sont grêles, nombreux, velus dans leur partie supérieure, alternes, garnis d'un grand nombre de petites feuilles éparses, linéaires, canaliculées en dessus, souvent ponctuées, très-rapprochées, velues dans leur jeunesse. Les fleurs sont sessiles, solitaires, situées à l'extrémité des rameaux, formant par leur ensemble une panicule lâche, étalée ; les têtes de fleurs sont petites, aplaties en dessus, semblables à de petites fleurs radiées ; l'involucre est composé d'écailles ouvertes, colorées, imbriquées, linéaires, obtuses, terminées par une callosité ; les intérieures plus grandes et plus larges, en forme de demi-fleurons. Cet involucre renferme plusieurs fleurs, pourvues chacune d'un calice à cinq divisions profondes, linéaires, subulées, redressées ; de cinq pétales oblongs, obtus, étalés, un peu concaves, plus longs que le calice, à onglets en bosse à leur base ; les étamines, non saillantes, ont les anthères brunes, ovales ; l'ovaire est inférieur, turbiné, chargé de deux styles réunis en un seul. Les coques sont ovales, couronnées par les dents du calice, fort petites, contenant chacune deux semences. Cette plante croît au cap de Bonne-Espérance.

Le *brunia glutinosa* de Linné, rapporté au *staavia*, est considéré comme espèce par les uns, et comme variété de la précédente par d'autres. Le disque de ses fleurs est glutineux, beaucoup plus grand. (Poir.)

STACHELBUTT. (*Ichthyol.*) Nom livonien du *pleuronectes passer* de Linnæus. Voyez Turbot. (H. C.)

STACHELFISCH. (*Ichthyol.*) Voyez l'article Seestichling. (H. C.)

STACHELFLASCH. (*Ichthyol.*) Un des noms allemands du *hérisson de mer*. Voyez Diodon. (H. C.)

STACHELKUGEL. (*Ichthyol.*) Voyez Stachelflasch et Diodon. (H. C.)

STACHELLOSES VIERECK. (*Ichthyol.*) Nom allemand du *coffre tigré*. Voyez Coffre. (H. C.)

STACHELNADEL. (*Ichthyol.*) Nom allemand de l'hippocampe double-épine. Voyez Hippocampe. (H. C.)

STACHLICHER BLAULING. (*Ichthyol.*) Nom allemand du
centronote nègre. Voyez Centronote. (H. C.)

STACHYARPAGOPHORA. (*Bot.*) C'est sous ce nom, de
composition grecque, et qui signifie en françois dard bar-
belé, que Vaillant désigne le *cadelari* du Malabar, *achyranthes*
de Linnæus. Adanson l'applique plus spécialement à l'*achyranthes lappacea*, dont il a fait son genre *Pupal*, que nous avons
adopté sous le nom de *Pupalia*, en précisant son caractère, et
auquel M. De Candolle a substitué celui de *desmocheta*. (J.)

STACHYGYNANDRUM. (*Bot.*) Genre de la famille des
lycopodiacées, établi par Palisot de Beauvois et décrit par
lui dans ce Dictionnaire à l'article Androginette. Ce genre
n'a pas été admis, et ses espèces sont restées dans le genre
Lycopodium. (Lem.)

STACHYLIDIUM. (*Bot.*) Genre de la famille des champignons, établi par Link aux dépens du genre *Botrytis*. Il comprend des champignons semblables à des moisissures, dont
les filamens, disposés en forme de flocons, sont tous cloisonnés, rameux et couchés, excepté ceux qui portent les
sporidies, lesquels sont droits et simples. Link en décrit deux
espèces.

1. Le Stachylidium terrestre : Link, *Obs.*, 1, p. 73, fig.
21, *in* Willd., *Sp. pl.*, 6, 1. p. 78: *Botrytis terrestris*, Pers.,
Mycol. eur., 1, p. 78. Semblable à une toile d'araignée, il
couvre la terre dans les bois. Cette toile, blanche et délicate,
porte des flocons rameux ; les sporidies sont oblongues, quaternées, blanches, verticillées, et les verticilles au nombre
de deux à trois à l'extrémité des filamens. Ces sporidies sont
assez grandes pour être considérées comme de petits rameaux
oblongs. On observe, en outre, sur les sporidies et sur les
flocons des grains blancs. Cette plante se détruit promptement. Link l'a observée dans les bois, prés de Rostock, et
Martius près d'Erlang.

2. Le *Stachylidium bicolor*. Link, ou *Botrytis bicolor*, Pers.,
se distingue par la couleur grise de ses flocons et ses sporidies
blanches. Il forme en été et en automne un duvet ou une toile
un peu épaisse sur les tiges desséchées des plantes, sur lesquelles

il prend beaucoup d'étendue. Ses flocons sont entrelacés, denses, gris; les filamens fructifères simples, et les sporidies blanches, opposées et verticillées : on observe aussi des grains blancs épars. Link l'a découvert près de Rostock, sur une espèce de rhubarbe, le *rheum undulatum*. Cette espèce a, selon Link, des rapports avec le *dematium verticillatum* d'Hoffmann et Persoon; mais ce *dematium* est donné aussi par Link pour son *spondylocladium fumosum*.

M. Persoon forme du *stachylidium* une partie de son genre *Botrytis*, qu'il partage en trois divisions. La première comprend le *botrytis* proprement dit; la seconde, ou *virgaria*, comprend le genre *Virgaria* de Nées ; la troisième, ou *stachylis*, représente le Stachylidium décrit ci-dessus, augmenté du *verticillium* de Nées et d'Ehrenberg et d'une nouvelle espèce. Cette division conserve les caractères du *Stachylidium*. (Lem.)

STACHYOÏDES. (*Bot.*) Reneaulme , botaniste de la fin du dix-septième siècle, faisoit sous ce nom un genre de l'*Ornithogalum pyrenaicum*. (J.)

STACHYOPTÉRIDÉES , *Stachyopterides*. (*Bot.*) Willdenow désigne par ce nom, qui signifie en grec fougères à épi, la seconde division de sa famille des fougères , laquelle comprend les lycopodiacées et les genres de fougères dont les capsules sont sessiles, axillaires ou en épis qui s'ouvrent en plusieurs valves. Les genres qu'il y ramène sont ceux-ci : *Lycopodium , Dufourea* (ce dernier n'est plus de la famille : voyez Tristica), *Tmesipteris , Bernhardia , Ophioglossum* et *Botrychium*. (Lem.)

STACHYS. (*Bot.*) Voyez Épiaire. (L. D.)

STACHYTARPHETA. (*Bot.*) Vahl a réuni sous ce nom générique les espèces de verveines à fleurs munies de quatre étamines, disposées en épi et à moitié enfoncées dans des fissures d'un axe charnu, terminant les rameaux. La même distinction avoit été faite antérieurement par Adanson sous le nom de *sherardia* ; par Necker sous celui d'*abama*; par Mœnch sous celui de *vermicularia*; par M. Salisbury sous celui de *cymburus* , qui devroit être préféré, à moins qu'on ne changeât celui de Vahl en celui de *sarcostachya*, qui exprimeroit mieux le caractère principal. Voyez Zapana. (J.)

STACHYTIS. (*Bot.*) Nom grec ancien du *potamogeton*, cité par Ruellius et Mentzel. (J.)

STACK. (*Ichthyol.*) Nom d'un *pleuronecte* fort commun sur les côtes de Norwége. (H. C.)

STACKHOUSIA. (*Bot.*) Genre de la famille des algues. voisin des *fucus*, proposé par Lamouroux. Il est caractérisé par sa fructification, formée par des réceptacles lancéolés ou ovales, fixés sur les bords de la partie supérieure des frondes, tuberculeux, composés de tubercules percés à leur sommet et contenant chacun un sac hyalin, lâche, dans lequel sont nichées des capsules pyriformes, mélangées avec des fibres parallèles. simples et articulées.

La plante qui constitue ce genre, le *Stackhousia linearis*, Linn., est, selon quelques algéologues instruits, une simple variété du *fucus dorycarpus* de Turner, *Hist. fuc.*, pl. 141, portée avec doute par Agardh dans son genre *Cystoseyra*. Ce fucus de Turner a, en effet, infiniment de rapports avec la plante de M. Lamouroux. Sa fronde, longue d'un pied et demi et plus, est plane, sans nervures linéaires, pinnatifides, à découpures obtuses, un peu courbées, portant sur leur bord supérieur des réceptacles plans ou peu épais, presque sessiles, lancéolés ou ovales, de la longueur de l'ongle ; la fronde, de nature cartilagineuse et cornée, est naturellement d'un rouge brun qui noircit par la dessiccation de la plante.

On trouve cette espèce sur les côtes occidentales de la Nouvelle-Hollande. (LEM.)

STACKHOUSIA. (*Bot.*) Genre de plantes dicotylédones, à fleurs complètes, polypétalées, régulières, de la *pentandrie trigynie* de Linné, dont le caractère essentiel consiste dans un calice à cinq divisions profondes ; cinq pétales réunis à leurs onglets: cinq étamines insérées sur le calice ; un ovaire supérieur ; trois styles ou un seul trifide ; une capsule à trois coques ; une ou deux semences dans chaque coque.

STACKHOUSE MONOGYNE ; *Stackhousia monogyna*, Labill., *Nov. Holl.*, 1, pag. 77, tab. 104. Ses tiges sont dressées, un peu ligneuses, hautes d'un pied et demi, striées et fistuleuses, ainsi que les rameaux marqués de lignes saillantes, géminées, produites par la base des feuilles. Celles-ci sont alternes, lancéolées, les unes alongées, en ovale renversé, les autres

presque spatulées, longues d'environ un pouce et plus, entières, rétrécies en pétiole à leur base, sans nervures sensibles; les fleurs sont disposées en un épi lâche, terminal,
alongé, munies chacune d'une bractée ovale-lancéolée et de
deux écailles transparentes très-courtes. Le calice est urcéolé,
à cinq divisions ovales, lancéolées; cinq pétales pourvus d'onglets très - longs, rapprochés en tube, insérés au-dessous
de l'orifice du calice, alternes avec ses divisions; cinq étamines, les filamens subulés, inégaux, insérés sur le calice,
opposés à ses divisions; les anthères alongées, tombantes, à
deux loges. L'ovaire est supérieur, ovale, strié; le style plus
court que les étamines, à trois, rarement à quatre divisions
profondes; les stigmates simples, aigus. Le fruit est une petite capsule à trois, rarement à quatre coques, s'ouvrant un
peu dans sa longueur, renfermant une ou deux semences
ovales. d'un brun châtain, attachées au fond des coques. L'embryon est ovale, alongé, renfermé dans un périsperme mince,
charnu; la radicule est inférieure. Cette plante a été découverte par M. de Labillardière au cap Van-Diémen, à la Nouvelle-Hollande. (Poir.)

STACKHOUSIÉES. (*Bot.*) M. Brown, dans ses *Generals re-*
marks, propose l'établissement d'une famille de ce nom, composée du seul genre *Stackhousia*, décrit plus haut et dont conséquemment il est inutile de répéter ici le caractère. Lorsqu'un
genre isolé n'appartient à aucune famille connue, on peut,
pour indiquer ses affinités, le placer à la suite de celle avec
laquelle il a plus de rapport, et attendre que la découverte
d'autres genres analogues permette de faire une famille distincte qui peut-être, dans la série, conservera la place du
genre primitif. M. Brown place le *Stackhousia* entre les célas-
trinées et les euphorbiacées, dont quelques caractères, et
surtout son port, semblent l'éloigner : ses cinq pétales réunis
à moitié, ses cinq styles et son fruit divisé en cinq coques,
et sa tige herbacée, sembleroient le rapprocher davantage
des crassulées ou des cercodiennes, ou de quelques ficoïdes;
mais ces affinités sont encore très-incomplètes. et la véritable place du *stackhousia* reste indéterminée. (J.)

STACTE. (*Bot.*) C. Bauhin cite, d'après Cordus, ce nom
d'une liqueur qui se sépare de la myrrhe. ou plutôt, selon

quelques-uns, qui suinte de l'écorce de l'arbre de la myrrhe avant qu'on lui fasse des incisions pour en extraire cette gomme résine plus ou moins pure, selon l'époque de l'extraction. Cet arbre croît dans l'Arabie et dans l'Éthiopie. La nature des principes constituans de la myrrhe est indiquée à l'article des Gommes résines, tom. XIX, pag. 180. (J.)

STADMANE, *Stadmania*. (*Bot.*) Genre de plantes dicotylédones, à fleurs incomplètes, de la famille des *sapindées*, de l'*octandrie monogynie* de Linnæus, offrant pour caractère essentiel : Un calice persistant, d'une seule pièce, à cinq dents; point de corolle; huit étamines : un ovaire supérieur; le style très-court; le stigmate triangulaire; une baie sèche, monosperme.

Stadmane a feuilles opposées : *Stadmania oppositifolia*, Lam., *Ill. gen.*, tab. 312; Poir., Encycl., 7, p. 376; vulgairement Bois de fer. Grand et bel arbre qui s'élève fort haut, sur un tronc droit. Son bois est dur et serré; les branches étalées; les rameaux opposés, cylindriques; l'écorce cendrée, un peu blanchâtre, légèrement pubescente à l'extrémité des jeunes rameaux. Les feuilles sont simples, opposées, pétiolées, ovales, lancéolées, coriaces, très-entières, obtuses, un peu rétrécies à leur base, glabres, d'un gros vert, luisantes en dessus, un peu brunes en dessous, longues de trois ou quatre pouces, larges d'un pouce et demi; les pétioles longs d'une à trois lignes. Les fleurs sont situées à l'extrémité des rameaux, disposées en épis nus, composés de petites grappes ou de fleurs, les unes solitaires, d'autres fasciculées : les pédicelles épais, longs d'une ou deux lignes, munis à leur base d'une petite bractée tuberculée, persistante. Le calice est fort petit, à cinq dents courtes, ovales; les filamens des étamines un peu plus longs que le calice; les anthères droites, arrondies; l'ovaire oblong; le style très-court; le stigmate triangulaire. Le fruit est une baie sèche, globuleuse, de la grosseur d'une petite cerise : elle contient une seule semence globuleuse. Cette plante croît à l'Isle-de-France. Son bois, employé utilement pour les charpentes, est un de ceux auquel on a donné le nom de *bois de fer*, à cause de sa dureté. On fait avec ses baies, un peu avant leur maturité, d'assez bonnes confitures en gelée. (Poir.)

STÆBE. (*Bot.*) Voyez Stebé. (Poir.)

STÆHELINIA. (*Bot.*) Ce nom, donné par Haller et par Crantz à un *bartsia*, de la famille des rhinanthées, est maintenant appliqué par Linnæus à un genre de la famille des cinarocéphales. Voyez Stéhéline. (J.)

STAGOSH. (*Ichthyol.*) Les Lapons nomment ainsi le Gunnel. Voyez ce mot. (H. C.)

STAHRKS. (*Ichthyol.*) Nom que l'on donne au Sandat en Estonie. Voyez Sandre. (H. C.)

STAIR. (*Ichthyol.*) Voyez Skate. (H. C.)

STALACTITES et STALAGMITES. (*Min.*) Les stalactites et les stalagmites sont des concrétions qui se forment journellement dans l'intérieur des cavernes des montagnes calcaires. Les stalactites sont attachées au plafond : elles croissent de haut en bas, et les stalagmites se forment sur le sol perpendiculairement au-dessous des premières et croissent de bas en haut. Les *stalactites naissantes* ont la forme et la grosseur d'un tuyau de plume. Leur centre est percé d'un canal, qui finit par se boucher, et, dès-lors, l'accroissement se fait en dehors par le dépôt continuel et successif de nouvelles couches de matière calcaire apportée par les eaux qui suintent à travers le plafond. Les *stalagmites* ne sont jamais canaliculées ; elles se forment à plat et à l'aide de couches juxtaposées les unes par-dessus les autres et cela aux dépens de l'eau, qui, après avoir augmenté la longueur ou la grosseur des stalactites, vient à tomber sur le sol avant d'avoir déposé toutes les molécules calcaires qu'elle tenoit en dissolution. Quand la caverne n'est pas trop élevée, il arrive que ces deux concrétions finissent par se toucher, par se souder bout à bout et par se changer en un pilier, qui grossit d'autant plus vite qu'il est arrosé par un plus grand nombre de gouttes à la fois. Tel est le cas le plus simple et celui qui s'explique assez naturellement ; mais il en est beaucoup d'autres qui sont encore énigmatiques et qui peuvent excuser l'erreur du grand botaniste, qui croyoit avoir trouvé dans les profondeurs d'Antiparos la preuve incontestable de la végétation des pierres. Je ne saurois me déterminer à répéter encore ici ce que tant d'autres ont décrit à satiété, en énumérant les prétendues merveilles des grottes qui sont tapissées de stalactites. Toutes ces extases à propos de concrétions, toutes ces excursions souterraines et périlleuses, qui n'ont jamais rien appris, se ressentent du temps où l'on attachoit la plus grande importance à des formes simplement imitatives, et où les fossiles et les pétrifications n'étoient considérés que comme des *jeux de la nature.* Phrase banale, assez joliment tournée et qui n'étoit que l'aveu pur et simple de l'ignorance de ceux qui la mettoient en avant.

L'étude des grottes et de l'accroissement des concrétions qu'elles renferment, ne sont cependant pas dénuées d'intérêt. Il seroit fort important de pouvoir apprécier la marche plus ou moins rapide de l'accroissement des stalactites et des stalagmites ; il seroit curieux d'assister pour ainsi dire à la création des cristaux calcaires qui se forment dans les flaques d'eau qui se rencontrent si souvent sur le sol de ces grottes ; il seroit important, ce me semble, d'analyser l'eau qui tient la matière calcaire en dissolution, avant qu'elle ne soit tombée de la voûte et après qu'elle a séjournée sur le sol. Ne seroit-il pas possible, pour parvenir à ce but, de choisir quelques grottes d'un accès facile et qui pourroient être visitées périodiquement par une commission de naturalistes et de physiciens, et dont les observations scroient consignées, tous les cinq ans par exemple, soit dans les mémoires de l'Institut, soit dans tout autre recueil. Un plan géométrique et des coupes en différens sens seroient déposés dans les archives de la commission, et il y seroit apporté tous les changemens successifs que l'accroissement journalier des concrétions exigeroit. De cette manière les grottes cesseroient d'être des objets de simple curiosité ; elles deviendroient des points d'observation où l'on suivroit le travail lent, mais continuel, de la nature. Si Buffon, qui a visité les grottes d'Arcy à deux reprises différentes et à dix-neuf ans d'intervalle, avoit consigné ses observations, ainsi que nous désirons qu'on le fît à l'avenir, nous pourrions déjà apprécier la justesse du jugement que ce grand homme porta sur la progression de l'accroissement des concrétions de ces grottes, puisqu'il prédit alors que deux siècles suffiroient pour les obstruer en entier. A plus forte raison, si Colbert, qui fit décrire les mêmes grottes, en eût fait relever les principales dimensions, nous aurions déjà des données comparatives d'un grand intérêt. C'est donc sur ce point de vue, je le répète, qu'il faut à l'avenir considérer les stalactites et les stalagmites, mais c'est surtout sur les concrétions qui sont attachées au sol et qui semblent véritablement, au premier abord, avoir été produites par un acte analogue à celui de la végétation, qu'il faudroit porter toute son attention. Au reste, la chaux carbonatée n'est point la seule substance qui soit susceptible de former des concrétions stalactiformes, car les calcédoines, les fers hématites, le cuivre carbonaté malchite, le zinc oxidé et même sulfuré, la plupart des sels, se présentent sous des formes analogues, et s'ils ne nous ont jamais autant intéressé, c'est qu'ils ne se forment plus de nos jours, ou que les concrétions salines ne se présentent jamais sur une aussi grande échelle.

Il seroit superflu d'insister sur ce que les stalactites calcaires ne se trouvent que dans les montagnes calcaires, car ce n'est guère que dans ces terrains que l'on rencontre des cavernes d'une certaine étendue, et c'est aux dépens de ces mêmes montagnes calcaires que se forment les concrétions dont il est ici question. C'est par la même raison, quoique avec des proportions bien minimes, que l'on trouve de petites stalactites sous les ponts et dans les caves; mais ces concrétions domestiques, que l'on me passe le terme, ne se font qu'aux dépens du mortier de chaux qui sert a lier les pierres de constructions.

L'albâtre proprement dit, surnommé albâtre oriental, et qu'il ne faut point confondre avec l'albâtre blanc de Volterra, dont on fait une infinité d'objets d'art et d'ornement; l'albâtre calcaire, enfin, qui est d'un jaune de miel plus ou moins roussâtre, provient toujours, et sans exception, des concrétions en stalactites et en stalagmites. Sa cassure est souvent lamellaire, quelquefois striée et fibreuse, et lorsqu'il est taillé et poli, on peut observer les couches concentriques ou ondulées, dont il a été successivement formé. On peut même distinguer assez souvent, surtout sur les grandes pièces, si elles proviennent d'une stalactite ou d'une stalagmite. Les agates œillées, qui sont composées de plusieurs couches concentriques, ne sont autre chose que des stalactites siliceuses, coupées perpendiculairement à leur axe, et il en est à peu près de même des malachites annulaires, etc.

Les stalactites calcaires sont employées à la Chine dans la décoration des jardins, et l'on en voit souvent des figures dans la peinture chinoise qui représentent les jardins paysagistes du pays. Voyez GROTTES. (BRARD.)

STALAGMITIS, *Cambogia.* (*Bot.*), Murr, *Comm. Gætt.*, 9 , pag. 175 ; Schreb., *Gen.*, 929 ; Pers. , *Synops.*, 2 . pag. 68 ; *Guttæfera*, Kœnig. Plante des Indes orientales, jusqu'alors peu connue, qui appartient à la famille des *guttifères*, à la *polyandrie monogynie* de Linné, qui offre pour caractère essentiel : Un calice à quatre ou six divisions profondes ; quatre ou six pétales ; des étamines nombreuses, insérées sur un réceptacle charnu, tétragone ; un ovaire supérieur. Le fruit est une baie globuleuse, à une seule loge, couronnée par un stigmate à quatre lobes. On prétend que cette plante fournit la gomme-gutte. (POIR.)

STALKER. (*Ornith.*) A la côte occidentale d'Afrique on appelle ainsi une espèce de cigogne. (CH. **D.**)

STALLING. (*Ichthyol.*) Voyez SPELT. (H. C.)

STAMINIFÈRE. (*Bot.*) Organe qui porte les étamines ; tel est le réceptacle dans les crucifères, le gynophore dans le *cleome pentaphylla*, le calice dans le rosier, la corolle dans le liseron, le pistil dans les ombellifères, le nectaire dans la rue, etc. (MASS.)

STANCHEL. (*Ornith.*) Ce nom et celui de *stannel* sont donnés, en Écosse, à la cresserelle, *falco tinnunculus* , Linn. (CH. **D.**)

STANILITE. (*Min.*) C'est le nom que Struve, suivant Fischer (Système d'oryctognosie, 1811, pag. 138), a donné à l'étain concrétionné fibreux. (B.)

STANLEYA. (*Bot.*) Genre de plantes dicotylédones, de la famille des *crucifères*, de la *tétradynamie siliqueuse* de Linnæus, offrant pour caractère essentiel : Un calice très large, à quatre folioles divergentes, très-ouvertes, colorées ; quatre pétales ; onglets plus longs que les lames, rapprochés en un tube tétragone ; six étamines presque égales ; quatre glandes, deux dans l'intérieur de la corolle, deux en dehors ; une silique pédicellée, à deux loges, à deux valves ; une cloison membraneuse; semences oblongues, un peu cylindriques; embryon droit et comprimé.

STANLEYA PINNATIFIDE : *Stanleya pinnatifida*, Nuttal, *Gen. of North Amer.*, pl. 2, pag. 71; *Cleome pinnata*, Pursh, *Amer.*, 2, Suppl., pag. 739; Dec., *Syst.*, 2, p. 512. Les tiges sont cylindriques, herbacées, hautes d'environ trois pieds; les feuilles alternes, pinnatifides, larges, épaisses, glauques, ondulées, presque en lyre, assez semblables à celles d'un *brassica*; les fleurs nombreuses, disposées en grappes longues de douze à dix-huit pouces; le calice large d'un pouce, à quatre folioles obtuses, en lanière, d'un jaune foncé et luisant, bordé d'un jaune orangé; la corolle d'un jaune de soufre, pubescente à l'intérieur sur les onglets; les étamines beaucoup plus longues que le calice, disposées par paires opposées; les siliques toruleuses, longues de quinze lignes. Cette plante croît sur les bords du Missouri.

STANLEYA GRÊLE : *Stanleya gracilis*, Dec., *Syst. veg.*, 2, pag. 512; *Cleome lævigata*, Soland. *in* Banks. Cette plante a une racine grêle, simple, perpendiculaire : sa tige est grêle, cylindrique, glabre, herbacée, un peu rameuse vers son sommet, longue d'un pied ou d'un pied et demi environ; les feuilles caulinaires et les supérieures sont éparses, sessiles, un peu rétrécies à leur base, oblongues, obtuses, traversées par une nervure saillante en dessous, longues de six lignes, larges d'une ligne et demie; les inférieures caduques avant l'inflorescence. Les fleurs sont disposées en petites grappes à longs pédoncules, placées à l'extrémité des tiges et des rameaux; les pédicelles filiformes, très-rapprochés les uns des autres, étalés, longs de trois lignes, dépourvus de bractées; la corolle jaune, petite, à six étamines; une silique grêle, linéaire, droite, longue de neuf à dix lignes, à peine épaisse d'une demi-ligne, munie d'une cloison membraneuse. Cette plante croît dans l'Amérique septentrionale. (POIR.)

STANNUM. (*Min.*) Nom de l'étain en latin moderne. (B.)

STANT. (*Mamm.*) De Lacépède rapporte que ce nom est celui que les pêcheurs de baleines donnent aux baleineaux de deux ans. (DESM.)

STANTZAÏTE. (*Min.*) Le minéral que Flurl a nommé stanzaïte, parce qu'il l'a trouvé dans la montagne de Stanzen, en Bavière, est regardé par tous les minéralogistes comme analogue à celui qu'on a nommé andalousite et felspath apyre, noms auxquels M. Leman a substitué celui de jamesonite, et par conséquent analogue aussi à la macle, si l'opinion de M. Beudant est admise. Voyez MACLE. (B.)

STAPAZINO. (*Ornith.*) L'oiseau qui, dans les environs de Bologne, porte ce nom, ou celui de *strapazino*, est appliqué à plusieurs espèces du genre Motteux, *Œnanthe*, ou Traquet, *Saxicola*. C'est le *motacilla stapazina*, Linn.; le cul-blanc roussàtre. *vitiflora rufescens*, Briss.; le *sylvia stapazina*, Lath.; le motteux stapazino ou à gorge noire de M. Vieillot; le traquet stapazin de M. Temminck, Manuel d'ornithologie, 2.ᵉ édit., pag. 239. (CH. D.)

STAPELE, *Stapelia*. (*Bot.*) Genre de plantes dicotylédones, à fleurs complètes, monopétalées, de la famille des *apocinées*, de la *pentandrie digynie* de Linné, offrant pour caractère essentiel : Un calice court, persistant, à cinq divisions; une corolle grande, en roue, à cinq lobes; un double appendice en étoile dans l'intérieur, entourant les organes de la génération; quelquefois un disque plan sous les étoiles; cinq étamines; deux ovaires supérieurs; point de style; deux stigmates: deux follicules subulés, à une seule loge, à une valve; des semences imbriquées, couronnées par une aigrette.

Ce genre est un des plus remarquables et des mieux caractérisés de cette famille, composé d'espèces nombreuses. Si on les considère d'après leur port, elles paroissent appartenir aux *cactus* ou aux euphorbes. Ce sont des plantes grasses, épaisses, charnues, à tige anguleuse, dépourvues de feuilles: elles sont remplacées par des tubercules de forme variée, ou par des dents saillantes, souvent situées sur les angles des rameaux, obtuses ou aiguës. La plupart distillent par incision un suc laiteux, d'une odeur désagréable. Les fleurs ont une forme, un aspect séduisant; elles sont grandes dans la plupart des espèces, riches en couleurs, variées dans leurs teintes; mais leur beauté ne séduit que les yeux : plusieurs d'entre elles ont une odeur fétide; les émanations en sont presque cadavéreuses.

* *Corolle à cinq divisions ciliées à leurs bords.*

STAPÈLE VELUE : *Stapelia hirsuta*, Linn.; Mill., *Dict.* et *Ic.*, 258; Jacq., *Miscell.*, 1, tab. 3; Commel., *Rar.*, tab. 19; Bradl., *Succ.*, 3, tab. 23; Desf., *Flor. atlant.*, 1, page 213; Lamk., *Ill.*, tab. 178, fig. 2. Cette plante se divise en branches fort épaisses, couchées à leur partie inférieure, d'où partent des racines à chacun des nœuds : elles sont redressées à leur partie supérieure, succulentes, quadrangulaires, glabres, étalées, d'un vert foncé dans leur jeunesse, tirant sur le pourpre en automne, creusées de quatre sillons profonds, garnies sur leurs bords de protubérances ou de tubercules. De l'aisselle des tubercules sortent des pédoncules simples, épais, cylindriques, de la longueur de la corolle, un peu velus : ils supportent une grande et belle fleur monopétale, plane, ouverte, de couleur jaunâtre, épaisse, charnue, marquée de stries transversales d'un violet foncé; les découpures grandes, ovales, aiguës, violettes à leurs bords et à leur sommet, couvertes en dedans et à leur contour de poils mous, d'un pourpre agréable; le fond de la corolle d'un rouge pâle et les appendices d'un rouge beaucoup plus vif. Ces fleurs sont nombreuses et durent pendant une grande partie de l'été et de l'automne. Le calice est court, un peu velu, à cinq découpures ovales-lancéolées, un peu aiguës, légèrement ciliées à leurs bords. Cette plante croît au cap de Bonne-Espérance. M. Desfontaines l'a également observée aux environs de Keroan, dans le royaume de Tunis.

STAPÈLE RÉFLÉCHIE : *Stapelia revoluta*, Willd., *Spec.*, 1, page 1277; Masson, *Stap.*, tab. 12. Cette plante a tous ses rameaux glauques, longs d'un pied, droits, denticulés, à quatre angles aigus; les dents distantes, ouvertes, aiguës dans leur jeunesse. Les fleurs naissent à la partie supérieure des rameaux. Le pédoncule est ordinairement solitaire, glabre, uniflore, cylindrique, long de trois ou quatre lignes; le calice partagé en cinq découpures glabres, ovales, aiguës; la corolle lisse, d'un vert jaunâtre en dehors, d'un pourpre plus ou moins clair en dedans; le tube court; le limbe divisé jusqu'à sa moitié en cinq lobes ovales, aigus, fortement réfléchis en dehors, ciliés à leurs bords; les cils terminés par une petite glande. Cette plante croît parmi les arbrisseaux, dans les champs arides, au cap de Bonne-Espérance.

Stapèle a grandes fleurs : *Stapelia grandiflora*, Willd., *loc. cit.*; Masson, *Stap.*, tab. 11. Cette plante s'élève à la hauteur d'un pied sur une tige divisée en rameaux droits, pubescens, quadrangulaires, en massue. Les angles sont garnis de dents écartées, un peu recourbées, terminées par une petite épine molle. Les fleurs sont situées à la partie inférieure des rameaux ; les pédoncules épais, charnus, plus courts que la corolle, redressés, souvent munis de trois fleurs ; le calice divisé en cinq découpures lancéolées, aiguës ; la corolle très-grande, plane, aiguë, d'un pourpre foncé, à cinq divisions lancéolées, aiguës, garnies à leurs bords de longs poils grisâtres, très-fins, bifurqués. Cette plante croît dans les contrées les plus chaudes du cap de Bonne-Espérance.

Stapèle étoilée : *Stapelia asterias*, Willd., *loc. cit.*; Mass., *Stapel.*; tab. 14. Cette espèce a des rameaux droits ou redressés, nombreux, inégaux, tétragones, longs de six ou neuf pouces, dentés sur leurs angles. Les dents sont droites, petites, un peu courbées en dedans, terminées par une pointe. Les fleurs naissent à la base des jeunes rameaux. Le pédoncule est ordinairement solitaire, pubescent, cylindrique, uniflore, long de deux pouces ; le calice divisé en cinq découpures linéaires, aiguës ; la corolle grande, purpurine, avec des raies jaunâtres et transverses, profondément partagées en cinq divisions ouvertes, ridées, obliques, lancéolées, réfléchies et ciliées à leurs bords ; le tube presque nul. Cette plante croît au cap de Bonne-Espérance. On la cultive au Jardin du Roi.

Stapèle coussinet : *Stapelia pulvinata*, Mass., *Stapel.*, tab. 13, vulgairement Rose d'Arabie. Cette plante est basse, à rameaux nombreux, inclinés, radicans, à peine longs de six ou huit pouces, tétragones, ascendans, garnis de dents redressées. Les fleurs sont situées à la base des rameaux, dans leur aisselle ; les pédoncules ordinairement solitaires, cylindriques, au moins de la longueur des fleurs. La corolle est grande, fort belle, d'un pourpre foncé, avec des rides blanchâtres, élevée et très-velue dans son centre ; ses divisions très-amples, oblongues, un peu arrondies, ridées, acuminées, ciliées à leurs bords. Cette corolle, avant son épanouissement, est presque globuleuse, renflée, à cinq angles, à cinq nervures extérieures, concaves au sommet. Cette plante croît parmi les buissons, au cap de Bonne-Espérance.

STAPÈLE TOUFFUE: *Stapelia cæspitosa*, Mass., *Stapel.*, tab. 29. Cette espèce, par ses tiges très-basses. nombreuses et serrées, forme des gazons d'un beau vert glauque. Ses rameaux sont courts, longs d'un à deux pouces, glabres, médiocrement tétragones, dentés; les dents ouvertes, aiguës, épaisses et charnues à leur base. Les fleurs sont situées vers la partie inférieure des rameaux, réunies souvent deux ou trois dans l'aisselle des dents; les pédoncules glabres, cylindriques, de couleur purpurine, très-simples, longs d'environ trois lignes; les découpures du calice lancéolées, aiguës; la corolle, à peine plus longue que le pédoncule, a cinq découpures ouvertes, étroites, aiguës, coudées vers leur base, un peu roulées en dehors, ciliées à leurs bords, d'un pourpre foncé; le fond de la corolle verdâtre; l'appendice, d'un jaune de soufre, à cinq rayons en étoile. Cette plante croît parmi les arbrisseaux, au cap de Bonne-Espérance : elle est cultivée au Jardin du Roi.

STAPÈLE ÉLÉGANTE ; *Stapelia elegans*, Mass., *Stapel.*, tab. 27. Plante basse et rampante, dont les tiges ou les principales branches sont étendues sur la terre, nombreuses, pressées, alongées, radicantes, un peu cylindriques ou à peine tétragones, glabres, dentées; les dents courtes, un peu épaisses, recourbées, aiguës. Les fleurs sont réunies au nombre de deux ou trois, à la partie inférieure des rameaux; les pédoncules glabres, cylindriques, longs d'un demi-pouce; le calice à cinq découpures presque triangulaires, aiguës; la corolle monopétale, à cinq angles, un peu recourbée, divisions triangulaires, pointues, hispides, frangées et roulées à leurs bords; la couleur d'un pourpre noirâtre; le fond de la corolle roussâtre; l'appendice à cinq rayons, d'un jaune de soufre. Cette plante croît au cap de Bonne-Espérance.

*** Corolle à cinq découpures glabres à leurs bords.*

STAPÈLE PANACHÉE : *Stapelia variegata*, Linn., *Spec.;* Lamk., *Ill. gen.*. tab. 178, fig. 1 ; *Bot. Magaz.*, tab. 26 ; Moris., Hist.,

5, §. 15, tab. 3, fig. 4; Herm., *Lugd. Bat.*, tab. 53; Jacq., *Miscell.*, 1, tab. 4. Cette espèce a des racines composées d'un grand nombre de fibres brunes, alongées, entortillées. Les tiges se divisent presque dès leur base en plusieurs rameaux coudés à leur partie inférieure, redressés, étalés, peu élevés, très-glabres, quadrangulaires, charnues, sans autres feuilles que des dents saillantes, épaisses, obtuses ou un peu aiguës. Les fleurs sont solitaires, ordinairement situées vers la base des rameaux, soutenues par des pédoncules glabres, cylindriques, plus longs que les fleurs. La corolle est glabre, verdâtre en dehors, d'un jaune de soufre en dedans, marquée de rides transversales, couverte de taches irrégulières, d'un pourpre foncé, d'un jaune pâle et circulaire dans le fond : elle se divise en cinq découpures ovales, aiguës, presque acuminées : les fruits sont des follicules droits, parallèles, rapprochés, longs, étroits. Cette plante croit au cap de Bonne-Espérance. On la cultive au Jardin du Roi. Toutes ses parties sont remplies d'un suc visqueux et fétide. La fleur répand, surtout lorsqu'elle est épanouie, une odeur des plus désagréables, qui approche de celle des substances animales en putréfaction.

Stapéle verruqueuse : *Stapelia verrucosa*, Mass., *Stapel.*, tab. 8. Dans cette espèce les branches sont couchées et produisent un grand nombre de rameaux courts, inégaux, redressées, longs de six ou sept pouces, garnis de dents nombreuses, éparses, presque opposées en croix, un peu brunes ou scarieuses au sommet. Les fleurs sont situées une ou deux à la base de chaque rameau, supportées par des pédoncules glabres, cylindriques, longs d'un pouce. Le calice est petit, à cinq découpures ovales, aiguës; la corolle plane, verruqueuse, d'un jaune pâle, parsemée de points rougeâtres; le limbe se divise en cinq découpures étalées, presque ovales, aiguës, renfermant dans leur centre un appendice un peu saillant, à cinq angles, entourant les organes de la génération. Cette plante croit dans les sols arides, au cap de Bonne-Espérance.

Stapéle incarnate : *Stapelia incarnata*, Linn., *Suppl.*, Mass., *Stapel.*, tab. 34; Burm., *Afric.*, tab. 7, fig. 1. Des fibres grêles, presque simples, longues de deux ou trois pouces, composent la racine de cette plante. Les tiges sont droites, glabres. rameuses, vertes, épaisses, tétragones, charnues, longues d'un pied, dentées sur les angles; les dents courtes, horizontales, aiguës ou un peu calleuses; celles des rameaux droites, épaisses, plus alongées, aiguës, presque semblables à de petites feuilles charnues. Les fleurs sont situées vers l'extrémité des rameaux, éparses, point axillaires, soutenues par des pédoncules beaucoup plus courts que la corolle. Celle-ci est petite, de couleur incarnate, quelquefois tout-à-fait blanche, ou blanche en dedans, colorée en dehors par une légère teinte purpurine; le limbe est à cinq découpures étroites, lancéolées, aiguës. Le calice est court, persistant; ses divisions lancéolées. Cette plante croît dans les champs arides et sablonneux : on dit que quelquefois elle sert d'aliment aux naturels du pays.

Stapèle mamillaire : *Stapelia mamillaris*, Linn., *Mant.*, 216; Burm., *Afric.*, page 27, tab. 11. Cette plante a des tiges de la grosseur du poing, divisées dès leur base en plusieurs rameaux courts, droits, épais, à six faces, chargés de tubercules ou de mamelons obtus, glabres, mucronés, très-serrés, terminés par une épine courte, forte, un peu recourbée. Les fleurs sont situées vers le milieu des rameaux, dans l'aisselle des tubercules, supportées par un pédoncule plus court que la corolle, muni à sa base de deux petites écailles droites, purpurines. La corolle est petite, d'un rouge pourpre, glabre, à cinq divisions lancéolées. Les follicules sont de la longueur du doigt, épais, étroits, de couleur cendrée, pendans, à une seule loge univalve, s'ouvrant à l'un de ses côtés. Cette plante croît au cap de Bonne-Espérance.

Stapèle porte-poil : *Stapelia pilifera*, Linn., *Suppl.*, 171 ; Mass., *Stapel.*, tab. 23, vulgairement Guaap par les Hottentots. Espèce remarquable, bien distinguée par ses formes. Ses tiges sont simples, ramassées, ou bien ce sont autant de rameaux simples, qui partent presque du collet de la racine. Ces tiges sont épaisses, très-charnues, cylindriques, ovales, oblongues, cannelées, chargées de tubercules nombreux, saillans, terminés par un poil sétacé. Les fleurs sont solitaires, sessiles, situées entre les tubercules le long des rameaux, particulièrement vers leur sommet. Le calice est à cinq divisions lancéolées, aiguës; la corolle assez petite, d'un pourpre foncé, avec un cercle rougeâtre dans le centre, à cinq découpures très-ouvertes, ovales, acuminées, un anneau saillant au fond de la corolle, environnant les parties de la fructification. Cette plante croît au cap de Bonne-Espérance, dans les lieux déserts, sur les collines sèches et arides. Les Hottentots se nourrissent quelquefois de cette plante.

STAPÈLE ÉLÉGANTE; *Stapelia pulchella*, Mass., *Stapel.*, tab. 36. Cette plante a des tiges glabres, rameuses; ses branches et ses rameaux sont fortement inclinés, tétragones; les angles munis de dents médiocrement ouvertes ou redressées, un peu distantes, aiguës. Les fleurs sont situées dans les aisselles des rameaux, ou un peu au-dessus, supportées par des pédoncules rameux, à plusieurs fleurs pédicellées, inclinées. Le calice est à cinq divisions lancéolées, aiguës; la corolle, moins grande que le pédoncule, est large d'un demi-pouce; ses divisions triangulaires, aiguës, ponctuées; l'appendice orbiculaire environne les parties de la fructification. Sa couleur est d'un blanc pâle, parsemée de petites taches rougeâtres; le sommet des divisions d'un brun pourpré. Cette plante croît au cap de Bonne-Espérance.

*** *Corolle à dix divisions ou à dix dents.*

STAPÈLE CAMPANULÉE; *Stapelia campanulata*, Mass., *Stapel.*, tab. 6. Les rameaux de cette plante sont courts, droits, inégaux, a quatre. quelquefois à cinq angles, de couleur verte, parsemés de taches nébuleuses, purpurines, garnis sur leurs angles de dents aiguës, très-ouvertes. Les fleurs naissent, au nombre de deux ou trois, à la base de chaque rameau, sur un pédoncule commun, qui se divise en autant de pédicelles qu'il y a de fleurs. Le calice est partagé jusqu'à sa base en cinq divisions lancéolées, aiguës. La corolle est d'un beau jaune de soufre, couverte sur toute sa surface intérieure d'un grand nombre de points saillans, de couleur purpurine : elle est campanulée, sans bourrelet à l'orifice du tube, à dix découpures très-aiguës, cinq alternes beaucoup plus courtes : le tube garni intérieurement de cils glanduleux à leur sommet. Cette plante croît dans les sols arides, au cap de Bonne-Espérance.

STAPÈLE BARBUE ; *Stapelia barbata*, Mass. , *Stapel.*, tab. 7. Cette espèce est composée de rameaux très-courts, simples, droits, fasciculés, glabres, obtus, inégaux, à quatre ou cinq angles, garnis de dents courtes et horizontales. Les fleurs sont situées à la partie inférieure des tiges, soutenues par des pédoncules rameux, longs de trois lignes, colorés et terminés par deux ou trois fleurs. Le calice est divisé en cinq découpures linéaires, lancéolées, aiguës ; la corolle grande, campanulée, sans rebord saillant à l'orifice du tube, de couleur blanche, parsemée de points rudes, de couleur purpurine ; le limbe rude en dessous, couvert à sa face supérieure de poils glanduleux, à dix divisions, cinq très-courtes, cinq autres bien plus grandes, alongées, subulées. Cette plante croît au cap de Bonne-Espérance.

STAPÈLE GRACIEUSE ; *Stapelia venusta*, Mass. , *Stapel.*, tab. 3. Plante d'un aspect assez agréable, dont les branches, hautes de six à sept pouces, sont glabres, à quatre, quelquefois à cinq angles, divisées en rameaux diffus, garnies de dents ouvertes, aiguës. Les fleurs sont latérales, situées quelquefois deux ensemble dans l'aisselle des dents, soutenues par des pédoncules glabres, cylindriques, pendans, longs d'un pouce. Le calice se divise en cinq découpures ovales, aiguës. La corolle est grande, d'un jaune de soufre, parsemée de points d'un rouge de sang. Son tube est glabre ; il s'élargit insensiblement en un bourrelet saillant, orbiculaire. Le limbe est divisé à son bord en dix dents aiguës ; cinq plus longues, cinq autres plus courtes. Cette plante croît dans les terrains secs au cap de Bonne-Espérance.

STAPÈLE MOUCHETÉE ; *Stapelia guttata*, Mass., *Stapel.*, tab. 4. Cette espèce se distingue de la précédente par son port, par ses branches plus serrées, presque simples, à quatre, quelquefois à cinq angles, particulièrement dans leur jeunesse, hautes de sept à huit pouces, très-obtuses, presque simples, munies de dents aiguës, horizontales. Les fleurs, au nombre de trois ou quatre, naissent à la partie inférieure des branches. Leur pédoncule est grêle, cylindrique, de la longueur des fleurs, garni de bractées à sa base. Le calice est partagé en cinq découpures linéaires, lancéolées, aiguës ; la corolle d'un jaune de soufre, parsemée de points d'un rouge de sang ; le limbe à dix dents alternativement plus longues ; le tube campanulé, rude en dedans. Cette plante croît dans les terrains secs, au cap de Bonne - Espérance. (POIR.)

STAPHISAIGRE. (*Bot.*) Nom donné au *delphinium staphisagria*, dont les graines, réduites en poudre, sont mêlées dans les cheveux pour détruire la vermine, d'où lui vient aussi le nom d'herbe aux poux. (J.)

STAPHYLÉ. (*Bot.*) Le raisin mûr est ainsi nommé en grec, et il prend le nom de *staphys* lorsqu'il est séché. (J.)

STAPHYLIER , *Staphylea.* (*Bot.*) Genre de plantes dicotylédones, à fleurs complètes, polypétalées, de la famille des *rhamnées*, de la *pentandrie trigynie* de Linné, dont le caractère essentiel est d'avoir un calice coloré, à cinq divisions profondes ; cinq pétales redressés, insérés sur le bord d'un disque urcéolé qui entoure l'ovaire ; même insertion pour les cinq étamines opposées aux divisions du calice ; un ovaire supérieur, à deux ou trois lobes, autant de styles : deux ou trois capsules conniventes à leur moitié inférieure, vésiculeuses, s'ouvrant intérieurement vers leur sommet, contenant une ou deux semences osseuses , tronquées à leur base.

Ce genre renferme de forts jolis arbrisseaux , dont un indigène , les autres exotiques, à feuilles opposées, ailées ou ternées. Les fleurs sont disposées en grappes ou en panicule. On en cultive quelques espèces en Europe pour l'ornement des jardins paysagers : ils se propagent de graines ou mieux de boutures et de marcottes. Les graines se sèment aussitôt qu'elles sont cueillies, étant sujettes à se rancir.

STAPHYLIER A FEUILLES AILÉES: *Staphylea pinnata*, Linn., *Spec.*; Lamk., *Ill. gen.*, tab. 210; Matth., *Comm.*, page 222, fig. 2; Trag , 1098; Lob., *Icon.*, 2, tab. 105, fig. 1, *Obs.*, 540, fig. 3 , vulgairement le NEZ COUPÉ, FAUX PISTACHIER , PISTACHE SAUVAGE. Arbre d'une médiocre grandeur , élevé à la hauteur de douze ou quinze pieds sur un tronc revêtu d'une écorce lisse et cendrée. Ses branches sont flexibles, étalées, divisées en rameaux verts, glabres, cylindriques. Les feuilles sont opposées, pétiolées, ailées, avec une impaire, composées de cinq ou sept folioles ovales, oblongues, glabres, aiguës, finement dentées. Les fleurs sont disposées en grappes simples ou rameuses, pendantes, axillaires, de la longueur des feuilles; les pédoncules grêles, alongés, cylindriques, munis à leur base de quatre longues bractées étroites, membraneuses. La corolle peu ouverte, à cinq pétales oblongs, obtus, insérés sur un disque urcéolé, placé dans le fond du calice. Celui-ci ressemble presque à la corolle. Il est coloré, à cinq divisions profondes, concaves, un peu arrondies; les étamines de la longueur de la corolle; les styles, aussi plus longs que la corolle, varient de deux à trois. Le fruit consiste en deux ou trois capsules ovales, membraneuses, très-renflées, un peu acuminées, veinées, réticulées, contenant chacune une ou deux semences osseuses, très-lisses, tronquées à leur base. Cette plante croît dans les terrains gras en Europe, dans les contrées méridionales de la France, dans l'Alsace, la Bretagne, l'Italie : elle fleurit vers le milieu du printemps. Réunie dans les bosquets avec le cytise des Alpes, ses fleurs blanches, en contraste avec les fleurs jaunes du cytise, produisent un effet très-agréable. L'amande des noyaux a **un** peu le goût de la pistache; mais elle est très-àcre. On dit qu'elle excite des nausées, quand on en mange une certaine quantité. On en retire par expression une huile douce et résolutive. On prétend que le miel recueilli sur ses fleurs par les abeilles, est nauséabonde. On forme des colliers et des chapelets avec ses semences, qui sont grises, très-dures et luisantes.

STAPHYLIER A FEUILLES TERNÉES : *Staphylea trifoliata*, Linn., *Spec.*; Lob., *Icon.*, 2, tab. 103, fig. 2; *adv.*, 414, fig. 2. Arbrisseau à peu près de la même hauteur que le précédent, mais dont le tronc est plus fort; les branches moins flexibles. L'écorce est lisse, de couleur grise cendrée, d'un vert jaunàtre sur les jeunes rameaux. Les feuilles sont opposées, pétiolées, composées de trois folioles; les deux latérales presque sessiles; celle du milieu, à pédicelle articulé et souvent renversé sur le pétiole; ces folioles sont grandes, ovales, glabres à leurs deux faces, un peu blanchàtres en dessous, acuminées, finement dentées; deux stipules, droites, alongées, sétacées, à la base des pétioles. Les fleurs sont axillaires, disposées en grappes nombreuses, épaisses, un peu courtes, pendantes, presque simples, accompagnées, à la base des pédoncules, de bractées fines, sétacées. La corolle est blanche, à pétales un peu élargis, obtus, ciliés à leur partie inférieure. Trois styles. Les capsules sont ovales, à une seule loge. Cette plante croît dans la Caroline supérieure, la Virginie, et à New-York. On la cultive au Jardin du Roi.

STAPHYLIER HÉTÉROPHYLLE : *Staphylea heterophylla*, Ruiz et Pav., *Flor. per.*, 5, tab. 253, fig. *A*. Arbrisseau de dix-huit ou vingt pieds et plus, qui a le port du sureau. Son tronc est droit. épais, terminé par une cime très-touffue. Les rameaux sont étalés, cylindriques, articulés, spongieux en dedans. Les feuilles sont opposées, pétiolées, ailées, composées de trois, cinq ou sept folioles pendantes, oblongues, lancéolées ou ovales-oblongues, glabres, aiguës, dentées en scie, luisantes à leurs deux faces, longues d'environ six pouces ; les dentelures épaisses, presque calleuses ; deux glandes noirâtres entre chaque paire de folioles. Les fleurs sont disposées en grappes droites, rameuses, étalées, terminales, munies de petites bractées subulées et caduques. La corolle est blanche, à pétales oblongs, connivens ; un appendice fort petit est autour de l'ovaire, jaunâtre, à cinq échancrures ; trois capsules conniventes, un peu arrondies, renferment une ou deux semences osseuses, luisantes, presque réniformes. Cette plante croît au Pérou dans les forêts.

STAPHYLIER DE LA JAMAÏQUE : *Staphylea occidentalis*, Swart., *Flor. Ind. occid.*, 1, page 566 ; Pluken., *Almag.*, tab. 269, fig. 1. Arbre de vingt ou trente pieds. Son tronc est lisse ; ses rameaux glabres, cylindriques ; les feuilles alternes, pétiolées, deux fois ailées, avec une impaire ; les folioles ovales, acuminées, glabres, dentées en scie, luisantes ; la foliole impaire pédicellée ; deux stipules, fort petites, recourbées, situées entre les pinnules. Les fleurs sont disposées en une panicule droite, terminale, un peu lâche ; les ramifications opposées ; les pédicelles chargés de trois fleurs blanches, odorantes ; les cinq folioles du calice concaves, arrondies, colorées ; les pétales droits, oblongs, connivens ; les filamens dilatés à leur base. Trois styles et autant de stigmates obtus, connivens ; le fruit est de la grosseur d'une cerise, point vésiculeux, à semences oblongues, solitaires.

Cette plante croit sur les hauteurs, à la Jamaïque. (Poir.)

STAPHYLIN , *Staphylinus*. (*Entom.*) Genre d'insectes coléoptères pentamérés, à élytres courts, durs, ne couvrant qu'une très-petite partie du ventre, qui se replie en dessus; à antennes grenues, en chapelet, et par conséquent de la famille des brévipennes ou brachélytres, nommée par Gravenhorst famille des microptères.

Le nom de *staphylinus* est tout-à-fait grec, Σταφυλῖνος. On le donnoit à quelques insectes, comme on le voit dans Aristote, liv. 8, chap. 24, de son Histoire des animaux, où il parle du cheval qui meurt pour avoir avalé un staphylin. Quelques auteurs, entre autres Scaliger, ont cru que, sous ce nom, le grand philosophe avoit voulu désigner une plante. Cependant Apsyrte, dans son Hippiatrique, parle du même insecte, du mal qu'il produit aux chevaux qui l'avalent, et il dit, en le comparant au spondyle, qu'il tient la queue redressée. Mouffet, Ray, Swammerdam , ont certainement désigné sous le nom de *staphylin* les insectes dont nous allons présenter l'histoire.

Linnæus, en établissant ce genre, y a réuni un très-grand nombre d'espèces, qui depuis ont été réparties dans une trentaine de genres différens; de sorte que le nom du genre de Linné convient maintenant à toute la famille des brachélytres. Nous ne devons pas, dans un ouvrage comme celui-ci, faire connoître toutes les espèces du genre, ni par conséquent discuter les motifs qui ont nécessité plus ou moins la distinction que l'on en a faite en tant de groupes. Nous les rapportons aux six principaux que nous avons fait connoître à l'article Brachélytres, où nous avons exposé les détails relatifs à la disposition méthodique ou systématique des trois auteurs principaux, Scheffer, Paykull et Gravenhorst, quoique depuis MM. Dahl, Kirby, Leach et autres auteurs, aient beaucoup ajouté par leurs observations aux connoissances acquises sur les insectes de cette famille.

Le caractère essentiel du genre Staphylin est ainsi exprimé: Élytres couvrant au plus la moitié du ventre; yeux non globuleux; palpes non renflées; corselet de la largeur de l'abdomen.

Chacune de ces notes distingue le genre Staphylin des cinq

autres compris dans la même famille : d'abord des *Sténes*, dont les yeux sont globuleux et la tête très-large ; puis par les palpes, qui ne sont pas renflés, des trois genres suivans : des *Oxypores*, qui ont les mandibules saillantes, avancées ; des *Pædères*, qui, avec des mandibules courtes, ont le corselet globuleux, et des *Tachyns*, qui l'ont sessile ou collé à l'abdomen ; enfin, des *Lestèves*, qui ont des élytres recouvrant plus des trois quarts du ventre.

Les habitudes et les mœurs générales des staphylins ont été décrites a l'article BRACHÉLYTRES. On les trouve en général sur la terre, où ils se retirent dans les crevasses, sous les pierres, les mousses, les écorces : ils semblent choisir de préférence les lieux humides. Leur nourriture consiste en matières animales mortes ou vivantes. Ils courent avec vitesse, et dans le danger ils montrent pour la plupart une sorte de hardiesse ou de courage. Il est vrai qu'ils sont munis de deux sortes d'armes : de mandibules fortes et acérées, avec lesquelles ils blessent profondément leurs victimes ; ensuite leur abdomen, qu'ils ont la faculté de recourber en dessus et de porter à droite et à gauche, comme les scorpions, se trouve garni de deux tubercules saillans, qui sortent de l'anus et qui laissent suinter une humeur acide très-âcre, dont l'odeur vive, souvent agréable, analogue à celle de l'éther, semble annoncer aussi une grande volatilité.

On trouve quelques espèces sous les charognes ou dans les cadavres de petits animaux avec les silphes, les escarbots, les nécrophores. Nous en avons vu attaquer particulièrement les larves des mouches ou les vers de la viande. Leurs longues mandibules se croisent dans l'état de repos et font ainsi l'office de ciseaux, qui entament et coupent souvent en travers le corps de ces larves, dont on les voit sucer avec avidité la sanie.

Les ailes membraneuses des staphylins, pour être protégées par les élytres, qui sont très-courts, ont dû être, comme celles des forficules ou labidoures, pliées en travers plusieurs fois sur elles-mêmes ; mais la structure en est différente. Elles ne se plissent pas par le même mécanisme et la solidité en est beaucoup plus grande. Les staphylins s'en servent plus souvent ; cependant leur vol est lourd, mais il leur permet de se transporter rapidement vers les lieux où les cadavres sont gisans, ce qui porte à croire qu'ils sont doués d'un odorat subtil. Comme les staphylins sont souvent obligés de pénétrer sous la terre, leurs jambes de devant sont élargies à cet effet, solides et dentelées sur leur bord externe.

La couleur des staphylins varie beaucoup : il en est de lisses et très-brillans par le poli des diverses parties ; d'autres, au contraire, sont couverts de poils plus ou moins rares. Il en est même qui sont absolument velus comme des abeilles bourdons, avec lesquelles on seroit tenté de les confondre au premier moment où on les voit s'abattre sur les charognes ; telle est la première espèce que nous allons faire connoître.

1. Le Staphylin velu, *Staphylinus hirtus.*

C'est le staphylin bourdon de Geoffroy, tom. 1, pag. 363, n.° 7.

Car. Velu, noir ; front, corselet et extrémité de l'abdomen jaunes.

C'est une grande espèce, qui atteint près d'un pouce de long sur plus de trois lignes de large. Le dessous est d'un noir d'acier bronzé ; toutes les pattes sont noires.

Il n'est pas très-rare aux environs de Paris.

2. Le Staphylin grande machoire, *Staphylinus maxillosus.*

Geoffroy l'a décrit sous le nom de nébuleux, n.° 5, et Olivier l'a figuré pl. 1, n.° 42, fig. 5, *a, b.*

Car. Noir ; abdomen et élytres à bandes cendrées, marquées de poils noirs.

Cette espèce est très-commune dans les voiries.

3. Le Staphylin odorant, *Staphylinus olens.*

C'est le grand staphylin noir, lisse, de Geoffroy, et qu'il a figuré pl. 7, n.° 1.

Car. Noir mat, sans taches ; tête plus large que le corselet ; ailes membraneuses, d'une teinte rousse.

On trouve ce staphylin sur les bords des routes. Il court rapidement sur la terre ; l'odeur qu'il répand est assez agréable et se rapproche un peu de celle de l'éther nitrique ou de la pomme de reinette.

4. Le Staphylin ailes rousses, *Staphylinus erytropterus.*

C'est l'espèce que nous avons fait figurer comme type du genre sur la planche III, n.° 1, de l'atlas des insectes de ce

Dictionnaire. C'est aussi l'espèce que Geoffroy a décrite au n.° 9 sous le nom de staphylin à étuis couleur de rouille.

Car. Noir, à base des antennes, élytres et pattes fauves; anneaux du ventre marqués chacun en dessus et en dessous de deux points d'un jaune doré.

Cette jolie espèce se trouve principalement dans les prairies sous les bouses de vache séchées.

5. Le STAPHYLIN BLEU, *Staphylinus cyaneus.*

Car. Noir, à tête, corselet et élytres d'un bleu noirâtre.

Cette espèce est de la même taille que les précédentes et se trouve avec elles. Ses antennes sont noires, presque aussi longues que le corselet; leur dernier article est en croissant. Le ventre et les pattes sont d'un noir foncé.

6. Le STAPHYLIN GRIS DE SOURIS, *Staphylinus murinus.*

Geoffroy, pag. 362, n.° 6 du tome 1, le nomme velouté.

Car. Noir, à duvet cendré, noir et bronzé; extrémité du ventre noire.

7. Le STAPHYLIN PUBESCENT, *Staphylinus pubescens.*

Car. Noir, à tête et base des antennes jaunes; abdomen noir, à duvet grisâtre.

C'est le staphylin à tête jaune de Geoffroy, tom. 1, pag. 336 — 338. Il est de la taille de l'espèce précédente, avec laquelle on le trouve souvent dans les charognes exposées à une grande sécheresse. (C. D.)

STAPHYLINIENS. (*Entom.*) Nom donné d'abord, puis abandonné, par M. Latreille, qui appeloit ainsi les coléoptères que nous avons désignés sous le nom de famille de BRACHÉLYTRES. (C. D.)

STAPHYLINUS. (*Bot.*) Cette plante, que Pline croit être un panais sauvage, paroît plutôt appartenir à la carotte, *daucus,* et être une variété de l'espèce cultivée à racine jaune ou d'un rouge orangé. C'est l'opinion de Tragus et d'autres botanistes anciens qui se fondent sur l'autorité de Dioscoride. (J.)

STAPHYLODENDRON. (*Bot.*) L'arbre ainsi nommé par Pline et mentionné ensuite par Matthiole et d'autres, avoit été conservé par Tournefort sous le même nom, que Linnæus a abrégé en celui de *Staphylea,* pour le donner au genre qui comprend cet arbre. Le même nom étoit donné par Plumier au *dodonea,* par Boerhaave au *royena hirsuta.* (J.)

STAR-SHOT. (*Ornith.*) C'est, dans la Zoologie britannique, le nom de la mouette d'hiver, *larus hybernus*, Gmel., laquelle ne paroit pas différer des *larus canus, ridibundus, atricilla* et *erythropus.* (Ch. D.)

STARBIA. (*Bot.*) En conservant le genre *Bartsia*, réuni par M. de Lamarck aux *Rhinanthus*, M. de Jussieu y rapporte celui-ci, établi par M. du Petit-Thouars, *Nov. gen. Madag.*, 7, n.° 23, pour une plante de Madagascar, qu'il caractérise par un calice à cinq découpures aiguës,. inégales ; une corolle globuleuse, ventrue, à deux lèvres dont la supérieure plus courte et fendue, l'inférieure à trois lobes ; les étamines didynames, non saillantes ; les filamens velus ; les anthères à deux loges écartées, terminées par une arête ; le style courbé ; le stigmate alongé, comprimé ; une capsule à deux loges, renfermée dans le calice, renfermant un grand nombre de petites semences attachées à un placenta central. Les feuilles inférieures sont opposées ; les autres alternes ; les fleurs axillaires, solitaires, presque sessiles ; accompagnées de deux bractées linéaires ; la corolle est presque globuleuse. Voyez Bartsia. (Poir.)

STARCKIA. (*Bot.*) Willdenow a fait sous ce nom un genre de plantes composées, qui est le même que l'*andromachia* de M. Kunth. (J.)

STARDA. (*Ornith.*) L'outarde, *otis tarda*, Linn., porte ce nom et celui de *starna* en Italie. (Ch. D.)

STARE. (*Ornith.*) C'est l'étourneau, *sturnus vulgaris* , en suédois et en anglois. (Ch. D.)

STARGATZER. (*Ichthyol.*) Nom anglois du *raspecon*. Voyez Uranoscope. (H. C.)

STARIKI. (*Ornith.*) Les oiseaux ainsi appelés par Steller. et qui étoient peu connus du temps de Buffon, ont été décrits par Pallas, dans le 5.ᵉ fascicule de ses *Spicilegia* , sous le nom générique *alca*, qui correspond aux Macareux, mot sous lequel on en a parlé avec détail dans le tome XXVII de ce Dictionnaire , pag. 473 — 479. Les deux espèces reconnues par M. Temminck forment son genre *Phaleris*, en françois *Starique*. Ce naturaliste conserve, sous la dénomination de macareux, *mormon*, Illiger, le macareux moine, *alca arctica*, Gmel., et les *alca cirrhata* et *glacialis* . Leach. (Ch. D.)

STARIQUE. (*Ornith.*) Voyez Stariki, Macareux, Pingouin. (Ch. **D.**)

STARKEA. (*Bot.*) Voyez notre article Liabon, tom. XXVI, pag. 203. (H. Cass.)

STARLET. (*Ichthyol.*) Voyez Sterlet. (H. C.)

STARLING. (*Ornith.*) Ce nom et celui de *starll* sont des dénominations angloises de l'étourneau vulgaire, *sturnus vulgaris*, Linn. (Ch. **D.**)

STARN. (*Ornith.*) Voyez Staar. (Ch. **D.**)

STARTAGNA. (*Ornith.*) Un des noms italiens de la fauvette babillarde, *motacilla curruca*, qui est aussi appelée vulgairement *startagina*. (Ch. **D.**)

STAS-HAUK. (*Ornith.*) C'est, en anglois, l'autour ordinaire, *falco palumbarius*, Linn. (Ch. **D.**)

STATICE; *Statice*, Linn. (*Bot.*) Genre de plantes dicotylédones polypétales, de la famille des *plumbaginées*, Juss., et de la *pentandrie pentagynie*, Linn., dont les principaux caractères sont les suivans : Calice tubuleux, scarieux, plissé; corolle de cinq pétales onguiculés, le plus souvent distincts, plus rarement adhérens et formant une corolle monopétale ; cinq étamines à filamens ordinairement insérés sur les onglets des pétales ; un ovaire supère surmonté de cinq styles; une petite capsule à une seule loge indéhiscente, contenant une seule graine. Cette capsule est enveloppée par le calice et la corolle qui persistent après la floraison.

Les statices sont des plantes herbacées ou suffrutescentes, à feuilles toutes radicales ou rarement garnies de véritables feuilles sur leurs tiges, et à fleurs réunies en tête terminale ou disposées en épi le long des rameaux. On en connoit aujourd'hui environ quatre-vingt-dix espèces, parmi lesquelles dix-sept croissent en France. Les propriétés médicales de ces plantes sont maintenant entièrement oubliées, mais plusieurs d'entre elles sont admises dans les jardins comme plantes d'ornement.

Le genre Statice de Linné offre deux divisions bien distinctes et bien naturelles. La première comprend les espèces qui ont les fleurs réunies en tête dans un involucre commun composé d'écailles imbriquées, scarieuses; la seconde, celles dont les fleurs sont disposées le long de la partie supérieure des rameaux, en une sorte d'épi unilatéral : chacune d'elles étant munie à sa base de deux bractées scarieuses. Tournefort, ayant observé ces différences, avoit établi les deux genres *Statice* et *Limonium*. Son opinion, qui n'avoit pas été adoptée par Linné, a trouvé des partisans parmi les botanistes modernes ; Willdenow, Schultes et Sprengel ont de nouveau reconnu deux genres dans les statices ; mais ils ont donné à la première division le nom d'*Armeria*, et adopté le nom de *Statice* pour la seconde.

*** *Fleurs en tête.*** (STATICE, Tournef.; ARMERIA, Willd.)

STATICE ARMERIE : *Statice armeria*, Linn., *Sp.*, 394; *Gramen polyanthemum minus*, Dod., *Pempt.*, 564. Sa racine, qui est alongée et presque ligneuse, donne naissance à plusieurs tiges droites, simples. Les feuilles sont toutes radicales, linéaires, étroites ; les fleurs sont d'une couleur purpurine claire, quelquefois presque blanches, et réunies en une tête enveloppée à sa base d'un involucre formé d'écailles ovales, qui sont en général plus courtes que les fleurs. Cette espèce croît sur les montagnes et dans les lieux voisins de la mer, dans le Midi de la France et dans d'autres pays de l'Europe. Connue sous le nom vulgaire de *gazon d'Olympe*, elle est cultivée dans les jardins, où elle sert à faire des bordures autour des platebandes. On la multiplie par le semis ou plus communément et plus facilement par la séparation des pieds.

STATICE A FEUILLES DE PLANTAIN : *Statice plantaginea*, All., *Fl. Ped.*, n.° 1606 ; *S. armeria major*, Jacq., *Hort. Vind.*, pag. 16, t. 42. Elle ressemble à la précédente, mais sa tige s'élève davantage ; ses feuilles sont linéaires-lancéolées, aiguës et marquées de nervures ; les écailles de l'involucre sont aiguës et aussi longues que les fleurs. Cette espèce croît dans les lieux secs : on la trouve aux environs de Paris.

STATICE EN FAISCEAU ; *Statice fasciculata*, Vent., *Hort. Cels.*, n.° 38, t. 38. Sa tige est un peu ligneuse dans le bas, garnie de feuilles linéaires-lancéolées. Les fleurs sont d'un pourpre clair, entourées d'écailles ovales-arrondies, dont les intérieures sont membraneuses et blanchâtres sur les bords. Cette plante croît en Corse, aux environs d'Ajaccio.

** *Fleurs en épi.* (Limonium , Tournefort ; Statice , Willd.)

Statice limonion : *Statice limonium*, Linn., *Spec.*, 394; *Fl. Dan.*, t. 515; *Limonium*, Lob. , *Icon.*, 295. Sa tige est rameuse, garnie, seulement à sa base, de feuilles ovales-oblongues, glabres, rétrécies en pétiole, ondulées sur les bords, souvent mucronées au sommet ; elle est pourvue dans le haut de quelques écailles scarieuses fort courtes. Ses fleurs sont bleuâtres ou d'un rouge clair, disposées en épis courts et unilatéraux, dont l'ensemble forme une espèce de corymbe ou de panicule. Cette plante croît naturellement dans les prairies humides et maritimes voisines de l'Océan et de la Méditerranée. On la cultive dans les jardins, où elle se multiplie comme le gazon d'Olympe.

Statice a feuilles de paquerette ; *Statice bellidifolia*, Gouan, *Fl. Monspel.*, 231. Sa tige est très-rameuse et un peu tuberculeuse dans le haut, garnie de feuilles ovales-spatulées, obtuses ; les fleurs sont blanches, petites, et disposées à peu près comme dans l'espèce précédente ; les bractées sont scarieuses, un peu obtuses. Cette plante croît sur les côtes de l'Océan et de la Méditerranée.

Statice a feuilles d'olivier ; *Statice oleæfolia*, Scop., *Carn.*, 1, t. 10. Ses tiges sont grêles, très-rameuses, garnies dans le bas de feuilles oblongues-spatulées, très-glabres, quelquefois légèrement mucronées ; les fleurs sont blanches ou un peu violettes, disposées en épis un peu lâches, dont l'ensemble forme une espèce de panicule. Les bractées sont brunes, un peu aiguës, membraneuses et blanchâtres sur les bords. Cette espèce croît sur les côtes maritimes de la Provence, du Languedoc , et dans le Midi de l'Europe.

Statice vipérine : *Statice echioides* , Linn. , *Spec.* , 394; Gouan, *Ill.*, 22, t. 2, fig. 4. Les tiges sont rameuses et paniculées au sommet, garnies dans le bas de feuilles ovales-spatulées, couvertes presque toujours de petits tubercules ; les fleurs sont d'un pourpre clair et disposées en épis très-lâches, formant la panicule ; les pétales sont très-étroits. Cette espèce, qui croît dans les mêmes lieux que la précédente, est annuelle, selon Linné et Gouan, bisannuelle, selon Willdenow.

STATICE MENUE; *Statice minuta*, Linn., **Mant.**, 59. Sa racine est ligneuse; elle produit plusieurs tiges rameuses, garnies de feuilles radicales, oblongues-spatulées, épaisses, très-légèrement chagrinées, disposées en rosette et formant un gazon très-serré. Les fleurs sont d'un rouge très-pâle, nombreuses et disposées en épis un peu lâches et paniculés. Cette plante croît sur les bords de la mer, en Provence et dans le Midi de l'Europe. Le *S. pubescens* de M. De Candolle n'en est qu'une variété.

STATICE ARTICULÉE; *Statice articulata*, Lois., *Fl. gall.*, p. 723, tab. 6. Ses tiges sont garnies de feuilles radicales, oblongues-spatulées, très-petites, tuberculées, caduques; elles se divisent, à peu de distance de la base, en un grand nombre de rameaux articulés, redressés et couverts de tubercules; les fleurs sont bleuâtres, disposées en paniculè. Cette plante croît naturellement sur les bords de la mer, aux environs d'Ajaccio en Corse.

STATICE A COROLLE MONOPÉTALE: *Statice monopetala*, Linn., *Sp.*, 396 ; *Limonium lignosum*, Bocc., *Sic.*, 54 et 35, tab. 16 et 17. Sa tige est rameuse, frutescente, garnie de feuilles ovales-oblongues, engaînantes, chagrinées ; les fleurs sont d'un rouge violet, beaucoup plus grandes que dans les espèces précédentes et disposées en épis rameux et paniculés. La corolle est monopétale. Cette espèce croît aux environs de Narbonne et dans le Midi de l'Europe.

STATICE A LARGES FEUILLES; *Statice latifolia*, Smith, *Act. soc. linn. Lond.*, tom. 1, p. 250. Ses tiges sont divisées en rameaux très-nombreux et très-grêles : elles sont garnies, seulement à la base, de feuilles oblongues, obtuses, couvertes, ainsi que la tige, de poils étoilés; les fleurs sont bleuâtres, petites, disposées en épis unilatéraux et paniculés. Cette plante croît en Sibérie ; on la cultive pour l'ornement des jardins.

STATICE DE TARTARIE : *Statice tartarica*, Linn., *Spec.*, 1, page 393 ; Gmel., *Sib.*, tom. 2, pag. 233, tab. 92. Ses tiges sont étalées, garnies à la base de feuilles ovales-lancéolées, mucronées, cartilagineuses sur les bords et glabres des deux côtés; les fleurs sont d'un pourpre clair et disposées en épis lâches, formant dans leur ensemble une large panicule. Cette espèce, que l'on cultive dans les jardins, croît naturellement en Tartarie et en Sibérie. (L. D.)

STATION DES PLANTES. (*Bot.*) Lieu où elles croissent, et sous ce rapport on les distingue en plantes TERRESTRES, arénaires. saxatiles, rudérales, des terrains crayeux, des terrains argileux, des terrains granitiques, des lieux cultivés, sylvatiques, campestres, des collines, alpestres, alpines, glaciales, salines, littorales, maritimes, AQUATIQUES, marines, des lacs, fontiales, fluviatiles, marécageuses, uligineuses, AMPHIBIES, ÉPIPHYTES, PARASITES, SOUTERRAINES, etc. Voyez ces mots. (MASS.)

STAUNTONIA. (*Bot.*) Genre de plantes dicotylédones, à fleurs incomplètes, de la famille des *ménispermées*, de la *dioécie monadelphie* de Linné, dont le caractère essentiel consiste dans des fleurs dioïques; les fleurs mâles pourvues d'une corolle (calice, Dec.) à six pétales linéaires, disposés sur deux rangs; les trois pétales extérieurs sont un peu plus larges; point de calice; les étamines sont monadelphes; six anthères presque réunies en anneau, s'ouvrent au sommet par une double fente, surmontées d'arêtes un peu charnues. Les fleurs femelles ne sont point connues.

STAUNTONIA DE CHINE; *Stauntonia chinensis*, Dec., Syst. vég., 1, page 514. Arbrisseau glabre, sarmenteux, garni de rameaux cylindriques, tortueux, terminés en vrille; les boutons à fleurs sont ovales, axillaires, composés d'écailles larges, obtuses; les feuilles alternes, soutenues par un pétiole cylindrique, un peu épais à sa base, long de deux pouces, divisé au sommet en cinq pédicelles cylindriques, longs de trois à dix lignes, articulés avec des folioles ovales, oblongues, un peu acuminées, coriaces, très-entières, lisses en dessus, longues de deux pouces, larges de neuf ou dix lignes, traversées dans leur milieu par une forte nervure avec des veines réticulées. Le pédoncule est solitaire, produit par un bouton, long de six lignes, divisé en deux ou trois pédicelles presque en grappes, fort grêles; celui du milieu un peu noueux, nu, privé de fleur; un autre sans nœud, fleuri au sommet; la fleur est longue de six lignes; les anthères sont blanchâtres. Cette plante croît dans la Chine, où elle a été recueillie par sir George Staunton, qui accompagna le lord Macartney dans son ambassade de la Chine. (POIR.)

STAUR-HIMING. (*Mamm.*) Nom norwégien du physetère microps, selon feu de Lacépède. (Desm.)

STAURACANTHE, *Stauracanthus.* (*Bot.*) Genre de plantes dicotylédones, à fleurs complètes, papilionacées, de la famille des *légumineuses*, de la *diadelphie décandrie* de Linnæus, offrant pour caractère essentiel : Un calice à deux divisions profondes; la lèvre supérieure bifide; l'inférieure à trois dents; une corolle papilionacée; dix étamines diadelphes; un ovaire supérieur; un style. Le fruit est une gousse comprimée, polysperme, plus longue que le calice.

Stauracanthe sans feuilles : *Stauracanthus aphyllus*, Willd., *Enum.*, pl. 2, page 746; Link *in* Schrad., *Neues Journ.*, 2, page 52; *Ulex genistoides*, Brot., *Flor. Lusit.*, 2, page 78. Arbrisseau dont la tige est rameuse, dépourvue de feuilles, armée de fortes épines. Les rameaux sont, dans leur jeunesse, couverts de poils grisâtres. Les fleurs sont jaunes, très-rapprochées de celles des *Ulex*, mais dont elles se distinguent par le calice divisé jusqu'à sa base en deux parties en forme de lèvres, la supérieure à deux divisions, l'inférieure à trois dents; les étamines réunies en un seul paquet. Le fruit consiste en une gousse comprimée, plus longue que le calice, renfermant plusieurs semences. Cette plante croît dans le Portugal, parmi les bois de pins, dans les terrains sablonneux. (Poir.)

STAURIDIA. (*Ichthyol.*) Nom que les Grecs modernes donnent au maquereau bâtard, *caranx trachurus.* Voyez Caranx. (H. C.)

STAURIT-BALUK. (*Ichthyol.*) Nom turc du *maquereau bâtard* ou *trachure.* Voyez Caranx. (H. C.)

STAUROBARYTE. (*Min.*) Nom par lequel de Saussure a voulu indiquer en même temps la baryte, l'un des principes essentiels de composition de l'harmotome et le croisement de ses cristaux parallèlement à l'axe, l'une de ses propriétés cristallographiques. Ce nom n'a pas été adopté. Voyez Harmotome. (B.)

STAUROLITHE. (*Min.*) Le staurolithe de Werner et de de Lamétherie est le même minéral que la Staurotide d'Haüy (voyez ce mot); mais la Staurolithe de Kirwan est l'Harmotome. (B.)

STAUROPHORA. (*Bot.*) Willdenow a donné ce nom générique au *marchantia cruciata*, qui est le *lunularia* de Michéli, dont le nom a été adopté par Adanson, et dernièrement par M. Raddi, dans son travail sur les espèces de *jungermannia* de la Toscane. Voyez Lunularia et Marchantia. (Lem.)

STAUROTIDE. (*Min.*) Ce minéral a reçu beaucoup de noms. On l'a appelé *schorl cruciforme*, *pierre de croix*, *croiselle*, *granatite*, *staurolite*. Mohs le désigne par le nom de *grenat prismatoïde*; Haüy lui a donné celui de *staurotide*, qui est maintenant adopté par la plupart des minéralogistes. C'est une substance d'un brun rougeâtre ou grisâtre, fusible en fritte, s'offrant toujours cristallisée sous la forme de prismes rhomboïdaux.

La staurotide a une structure sensiblement laminaire, dont les joints conduisent à un prisme droit à bases rhombes de 129° 30′ et 50° 30′ (Haüy et Mohs), dans lequel la hauteur est à la grande diagonale des bases :: 1 : 6. Ce prisme se laisse cliver dans le sens de la petite diagonale, et ce clivage est plus net que ceux qui sont parallèles aux pans.

La cassure est conchoïde et inégale, un peu luisante et comme résineuse dans les cristaux bruns, terne et tirant sur celle de l'argile dans les cristaux d'une couleur grise.

Sa dureté est inférieure à celle de la topaze, et supérieure à celle du quarz; sa pesanteur spécifique varie de 3,2 à 3,9.

Elle est translucide sur les bords minces. Au chalumeau, elle brunit et se convertit en une espèce de fritte. Avec le borax, elle fond difficilement en un verre transparent d'un vert sombre.

Composition. $= \ddot{\mathrm{F}}^3 \mathrm{Si} + 6 \ddot{\mathrm{A}} \mathrm{Si}^2$. Berz.

	Silice.	Alumine.	Fer oxidulé.	Manganèse oxidulé.	Chaux.	Magnésie.	
De Bretagne......	33,00	44,00	13,00	1,00	3,84	0,00	Vauquelin.
Ibid.	48,00	40,00	9,50	0,50	1,00	0,00	Collet-Descostils.
Du Saint-Gothard .	27,00	52,25	18,50	0,25	0,00	0,00	Klaproth.
Ibid.	37,50	41,00	18,25	0,50	0,00	0,50	*Idem.*

Variétés de formes.

* *Cristaux simples.*

Haüy ne compte que trois variétés de formes simples ou sans groupement ; ce sont :

1.° La Staurotide primitive ou prismatique. En prisme rhomboïdal, ordinairement alongé dans le sens de son axe. Aux environs de Quimper, département du Finistère.

2.° La Staurotide périhexaèdre. C'est la forme précédente, tronquée sur ses arêtes longitudinales aiguës. Au Saint-Gothard ; en Bretagne ; à Saint-Jacques de Compostelle en Galice ; à la Guiane.

3.° La Staurotide unibinaire. C'est la variété précédente, dans laquelle les angles obtus de la base sont remplacés par une facette triangulaire très-oblique. Aux environs de Chéronico, canton d'Uri, en Suisse ; à Aschaffenbourg ; à Germanstown, près de Philadelphie.

** *Cristaux maclés.*

Peu de substances minérales sont aussi remarquables que la staurotide, par les deux modes de croisement régulier auquel semblent s'assujettir les cristaux de cette substance, lorsqu'ils se groupent. Ce groupement a toujours lieu de manière que les prismes réunis paroissent se pénétrer mutuellement, et que leurs axes se croisent ou sous l'angle de 90° ou sous ceux de 120° et 60°. De là les variétés suivantes, que l'on distingue parmi les groupemens cruciformes de staurotide :

1.° Staurotide croisée rectangulaire. Elle offre l'apparence de deux cristaux semblables à la variété périhexaèdre, qui se pénétreroient par leur milieu, et dont les axes seroient perpendiculaires entre eux. On se rend facilement raison de ce groupement, en le considérant comme le résultat de quatre cristaux prismatiques à sommets dièdres, qui se réunissent circulairement par les faces de ces sommets, lesquelles faces doivent être inclinées l'une à l'autre de 90° sur chaque cristal simple. A Saint-Jacques de Compostelle ; en Bretagne.

2.° Staurotide croisée obliquangle. Les deux prismes entiers qui, par leur pénétration apparente, donnent ce nouvel assortiment, ont leurs axes inclinés l'un à l'autre sous les angles de 60° et 120°. On peut encore envisager cet assemblage comme formé par l'accolement de quatre cristaux prismatiques, terminés chacun d'un côté par un sommet dièdre; mais ici les faces de ce sommet n'appartiennent plus à une modification simple et symétrique, mais bien à deux modifications distinctes, l'une sur l'angle aigu de la base, et l'autre sur l'angle obtus. Il en résulte que les sections correspondantes des cristaux prismatiques sont toutes obliques entre elles ou tournées dans des plans différens. Cette variété a reçu en Allemagne le nom de *Basler Taufstein*. On la trouve au Saint-Gothard; en France, dans la Bretagne.

3.° STAUROTIDE TERNÉE. Assemblage de trois prismes qui semblent se pénétrer, et produisent une sorte de groupement stelliforme. Tantôt le croisement a lieu de manière que les prismes sont situés deux à deux, comme ceux de la variété précédente; c'est alors la *staurotide ternée obliquangle* (Haüy); tantôt deux des prismes se croisent à angle droit, et le troisième est placé par rapport à l'un d'eux comme dans la variété obliquangle; c'est la *staurotide ternée mixte* de Haüy.

Sous-espèces.

On distingue parmi les staurotides deux variétés principales ou sous-espèces, auxquelles on peut conserver, comme le fait M. Brongniart, les dénominations spécifiques de *grenatite* et de *croisette*, qu'on leur avoit anciennement données. L'une comprend tous les cristaux d'un brun rougeâtre, translucides, en longs prismes simples ou rarement groupés entre eux, qui se rapprochent des cristaux de grenats par quelques-uns de leurs caractères extérieurs; l'autre comprend les cristaux opaques d'un brun grisâtre, qui semblent affecter particulièrement et presque constamment la disposition cruciforme.

1.° STAUROTIDE GRENATITE, ainsi nommée par Saussure, qui l'a découverte au Saint-Gothard. D'un brun rougeâtre, translucide sur les bords, affectant ordinairement les formes simples des variétés périhexaèdre et unibinaire, et se présentant quelquefois en prismes extrêmement alongés dans le sens de leur axe. On la trouve au Saint-Gothard ; à Punta del Forno, canton du Tessin, dans un micaschiste talqueux, blanc ou jaunâtre, associée au disthène, au grenat et à l'amphibole. Les prismes de disthène et de staurotide sont souvent accolés dans toute leur longueur. A Saint-Jacques de Compostelle en Galice ; à Germanstown, près de Philadelphie. Au Passage de Grassoney, dans les Pyrénées, des staurotides imparfaitement cristallisées sont disséminées dans un phyllade ou stéaschiste phylladiforme. Ces ébauches de cristaux ressemblent à des nodules encroûtés de talc, et paroissent se fondre avec la pâte de la roche. Il faut être guidé par des passages graduels, pour pouvoir les reconnoître. Une variété semblable se rencontre dans l'île de Manetsok, au Groënland.

2.° STAUROTIDE CROISETTE. Schorl cruciforme et pierre de croix. En cristaux croisés, appartenant aux variétés que nous avons décrites précédemment, ordinairement opaques et d'un brun grisâtre ou noirâtre. Ces staurotides abondent en différens endroits du Finistère, où elles sont disséminées dans un phyllade que M. Brongniart a nommé *staurotique.* Cette roche forme une suite de collines peu élevées, qui s'étend de l'est à l'ouest, depuis Tellené jusqu'à Quimper, en passant par Baud et Coray. On les trouve encore, en cristaux bruns très-volumineux, à Saint-Jacques de Compostelle, où ils sont l'objet de la vénération des pélerins, ainsi que la jamesonite macle, que l'on rencontre avec elles dans le même terrain. Ces cristaux ont quelquefois deux à trois pouces de long sur un pouce et demi de largeur.

Gisement général et localités.

La staurotide appartient exclusivement aux terrains primordiaux, et principalement aux micaschistes et aux phyllades. Les minéraux qui l'accompagnent le plus fréquemment sont le grenat et le disthène. On l'a citée dans le gneiss, où elle est très-rare : dans le gneiss quarzeux d'Aschaffenbourg, où elle est associée au grenat. Ses cristaux, qui appartiennent à la variété unibinaire, ont été confondus avec le sphène, dont ils se rapprochent en effet par leur couleur, leur éclat et l'aspect général de leur forme (Haüy). Dans un gneiss à feuillets très-fins, dans la vallée de Piora, au Saint-Gothard, et au nord du glacier de Gries en Valais : des staurotides brunes y sont comme empâtées avec des grenats.

La staurotide se rencontre fréquemment dans le mica-schiste, où elle s'associe presque constamment au disthène. Les cristaux des deux substances se groupent d'une manière très-remarquable ; ils s'accolent par deux des pans de leurs prismes, de telle sorte que leurs axes sont parallèles, et que les clivages les plus nets dans les deux substances ont lieu dans la même direction. C'est ainsi que la staurotide se présente en cristaux simples, au Saint-Gothard ; au mont Greiner, dans le Zillerthal, en Tyrol ; dans le Maryland, à sept milles de Baltimore ; et à Harrington, dans le East-Hartford, aux États-Unis. On l'a encore observée dans le mica-schiste, en cristaux ordinairement croisés et associés au grenat, au Saint-Gothard ; à Bolton, dans le Massachusset ; à Winthrop, dans le Maine ; à Lichtfield, dans le Connecticut ; à Germanstown, en Pensylvanie. On la connoît encore, dans le même terrain, à Wicklow, en Irlande, où elle est accompagnée de galène ; entre Huntly et Keith, dans l'Aberdeenshire, en Écosse ; et à Bixeter-Voë, dans les Shetland. Dans le phyllade la staurotide est abondante, en France dans le département du Finistère, principalement aux environs de Quimper, de Baud, de Coadrix et de Coray ; dans le département du Var, sur la route d'Hières à Saint-Tropez ; dans les Pyrénées, au passage de Grassoney ; à Saint-Jacques de Compostelle, en Galice, et à Oporto, en Portugal ; à l'île de Manetsok, au Groënland.

On cite encore la staurotide dans plusieurs autres localités : à Cheronico, dans le canton d'Uri, en Suisse ; à Bieber, près Hanau, dans l'archiduché de Hesse ; à Sebes, en Transylvanie ; dans la Livonie et dans la Sibérie ; dans la baie d'Alexandrette, en Syrie ; à la Guiane, et à Fanzes, au Brésil. (DELAFOSSE.)

STÉARATES. (*Chim.*) Combinaisons salines de l'acide stéarique avec les bases salifiables.

100 parties d'acide stéarique sec neutralisent une quantité d'oxide qui contient 5 p. d'oxigène, et l'oxigène de l'acide est à celui de la base :: 2,5 : 1.

Tous les stéarates délayés ou dissous dans l'eau sont décomposés par les acides très-solubles dans ce liquide.

On prépare les stéarates de baryte, de strontiane et de chaux, en mettant l'acide stéarique hydraté dans les eaux de baryte, de strontiane et de chaux bouillantes, lavant les stéarates refroidis, 1.° avec de l'eau, 2.° avec de l'alcool chaud.

Les stéarates de potasse et de soude se préparent en faisant digérer l'acide stéarique dans les eaux de potasse et de soude concentrées, pressant les stéarates refroidis entre du papier Joseph, puis les traitant par l'alcool bouillant. Ces stéarates se précipitent par le refroidissement; on les fait égoutter sur un filtre; on les presse ensuite entre des papiers, puis on les divise et on les fait sécher.

Stéarate d'ammoniaque.

Composition.

Acide stéarique. 100
Ammoniaque. . . . . 6,68.

Propriétés.

Il est incolore, presque inodore; son goût est alcalin. Il peut être sublimé dans le vide; il y a bien de l'ammoniaque qui se dégage, mais elle finit par être réabsorbée. Il ne se manifeste pas d'eau.

Il est soluble dans l'eau, au moins celle qui contient de l'ammoniaque; par le refroidissement il se dépose du surstéarate.

Préparation.

Le stéarate que je viens de décrire avoit été préparé en exposant $0^g,25$ d'acide stéarique hydraté dans une cloche de verre pleine de gaz ammoniaque. L'acide avoit été liquéfié et ensuite abandonné à lui-même pendant deux mois : après 96 heures l'absorption étoit de 16,48 centimètres cubes (température de zéro, pression de $0^m,760$); après un mois elle étoit de 71 centimètres; enfin, elle n'avoit pas fait de progrès pendant le mois suivant.

STÉARATE DE BARYTE.

Acide 100
Baryte. . . . . 28,72.

Il est en poudre blanche, insipide, inodore, fusible au feu, un peu soluble dans l'alcool.

On le prépare en faisant bouillir l'eau de baryte avec de l'acide stéarique, ou en décomposant une solution chaude d'hydrochlorate de baryte par une solution chaude de stéarate de potasse ou de soude.

STÉARATE DE CHAUX.

Acide 100
Chaux. . . . . 11,06.

Ses propriétés sont analogues à celles du précédent et il se prépare de la même manière.

STÉARATE DE PLOMB.

Acide 100
Oxide de plomb. . . . . . 41,84.

Il est blanc, fusible, inodore.

On le prépare en mêlant des solutions bouillantes de nitrate de plomb et de stéarate de potasse. Le précipité doit être lavé jusqu'à ce que le lavage ne noircisse plus par l'acide hydrosulfurique.

BI-SOUS-STÉARATE DE PLOMB.

Acide 100
Oxide de plomb . . . . . 85,18.

On le prépare en faisant bouillir l'acide stéarique avec le sous-stéarate de plomb.

STÉARATE DE POTASSE.

Acide 100
Potasse . . . . 18.

Ce stéarate est en petites paillettes ou en larges écailles très-brillantes. incolores, douces au toucher : sa saveur est légèrement alcaline.

100 parties d'alcool d'une densité de 0,794. bouillant, ont dissous 15 parties de stéarate de potasse.

100 parties d'alcool, d'une densité de 0,821 , dissolvent à 66^d 10 parties de stéarate : la solution commence à se troubler à 55^d; à 38^d elle est prise en masse.

100 parties d'alcool, d'une densité de 0,821 , dissolvent à 10^d 0,432 parties de stéarate.

100 parties d'éther hydratique , chauffées jusqu'à bouillir sur 1 partie de stéarate, ne laissent précipiter que quelques flocons par le refroidissement : la liqueur refroidie contient, pour 100 parties d'éther, 0,16 parties d'acide stéarique, mêlé d'un atome de bistéarate; d'où il suit que l'éther enlève une portion d'acide à la potasse.

0^g,20 de stéarate , dans une atmosphère saturée de vapeur d'eau à 12^d, en ont absorbé, au bout de six jours, 0,202.

1 partie de stéarate et 10 parties d'eau font un mélange opaque à la température ordinaire, qui se liquéfie à 99^d.

1 partie de stéarate, chauffée dans 25 p. d'eau, s'y dissout complétement. La solution se prend en une masse nacrée visqueuse.

1 partie de stéarate , mise dans 100 parties d'eau bouillante , se dissout par le refroidissement. On obtient une masse solide , représentée par du stéarate et du bistéarate de potasse, et une eau qui retient un peu plus du quart de la potasse du stéarate mis en expérience.

1 partie de stéarate , dissoute dans 20 parties d'eau bouillante , mêlée à 1000 parties d'eau bouillante ou 5000 parties d'eau froide, cède la moitié de son alcali à l'eau et se précipite à l'état de bistéarate insoluble.

Le même résultat a lieu en mettant 1 partie de stéarate dans 5000 parties d'eau froide. Dans ce cas il ne se forme pas de mucilage, ainsi que cela a lieu lorsqu'on met le stéarate en contact avec son poids d'eau froide.

L'alcool dissout le stéarate de potasse sans le dénaturer, et ce n'est pas étonnant, puisqu'il dissout bien la potasse et l'acide stéarique ; mais l'éther, qui dissout bien plus difficilement la potasse que l'acide stéarique ; l'eau froide, qui dissout bien la potasse et qui ne dissout pas l'acide stéarique, agissant inégalement sur les principes immédiats du stéarate de potasse, il arrive que l'éther enlève de l'acide à la potasse, tandis que l'eau produit l'effet contraire.

Préparation.

On fait chauffer dans une capsule 2 parties d'acide et 2 parties d'hydrate de potasse dissoutes dans 20 parties d'eau : quand la combinaison est opérée, on retire la matière du feu : après le refroidissement il est aisé de séparer le stéarate de l'eau-mère. On soumet le stéarate à la presse : on le fait dissoudre dans 15 à 20 fois son poids d'alcool d'une densité de 0.821. bouillant ; on obtient le stéarate cristallisé par le refroidissement.

BISTÉARATE DE POTASSE.

Acide 100
Potasse. . . . . 8,97.

Ce sel contient un peu d'eau, qu'on ne peut en dégager qu'en le faisant chauffer avec l'oxide de plomb.

Il est en petites écailles d'un blanc argentin, inodore, douces au toucher.

Il ne se fond pas quand il est chauffé à 100^d.

1 partie de bistéarate, mise dans 1000 parties d'eau froide, ne paroît pas éprouver d'altération ; cependant, après un mois de macération, l'eau contient un peu de potasse et une trace d'acide.

1 partie de stéarate, bouillie dans 1000 parties d'eau, forme un liquide laiteux, mucilagineux, opaque ; à 72^d ce liquide est presque demi-transparent ; à 59^d il commence à déposer une matière nacrée.

Tant que l'eau est bouillante, elle tient en solution du stéarate neutre et en suspension de l'acide stéarique ou plutôt un stéarate plus acide que le bistéarate. Par le refroidissement le stéarate neutre est réduit en potasse et en bistéarate, qui se dépose avec la portion de bistéarate qui a cédé de son alcali à l'eau.

Si l'on prend le dépôt précédent, qu'on le fasse bouillir dans 1000 fois son poids d'eau, il perdra une partie de son alcali, et l'acide, retenant une quantité de potasse qui sera le quart de celle nécessaire pour le neutraliser, se séparera à l'état d'une matière fondue. On peut appeler ce composé *quadro-stéarate de potasse.*

Il forme avec l'alcool une solution qui laisse déposer,

par le refroidissement, du bistéarate et qui retient en dissolution de l'acide stéarique.

100 parties d'alcool, d'une densité de 0,794, dissolvent 27 parties de bistéarate de potasse.

Cette solution est sans action sur l'hématine; mais quand on y met de l'eau, une très-petite portion d'alcali est éliminée et fait passer l'hématine au pourpre. Le dépôt qui se produit est analogue à celui qu'on obtient de l'eau qu'on a fait bouillir avec le bistéarate de potasse.

L'éther hydratique enlève au bistéarate de potasse plus que l'excès de son acide, et cela doit être, puisque l'éther enlève de l'acide au stéarate neutre.

L'acide stéarique, même fondu, n'a pas d'action sur le papier de tournesol; il n'en a point à froid sur l'infusion de tournesol; mais à chaud il est capable d'enlever tout l'alcali nécessaire à sa neutralisation. Si l'infusion n'est pas concentrée, le stéarate qui s'est formé d'abord, est réduit ensuite en bistéarate qui se dépose, et en potasse qui reste en dissolution dans l'eau.

Lorsqu'on verse l'infusion de tournesol avec précaution dans l'alcool foible tenant du bistéarate de potasse en dissolution, le tournesol est rougi, parce que l'excès d'acide du bisel, enlevant la potasse au tournesol, met la couleur rouge à nu; mais si on l'étend d'eau, le stéarate neutre, étant réduit en bistéarate qui se dépose, et en potasse qui reste en dissolution, celle-ci se recombine à la couleur du tournesol et la fait repasser au bleu.

Si l'on dissout $0,^{g}02$ de bistéarate de potasse dans 5 gr. d'alcool d'une densité de 0,792, on obtient une solution qui ne rougit pas $0,^{g}20$ d'extrait aqueux de tournesol, et cela parce que l'extrait de tournesol ne se dissout pas dans l'alcool concentré. Il suffit d'ajouter 5 gr. d'eau pour que le tournesol soit rougi.

Préparation.

On prépare le bistéarate de potasse en décomposant le stéarate par une quantité d'eau froide qui doit être au moins de 1000 parties. Pour cela on fait dissoudre d'abord le sel dans une petite quantité d'eau bouillante, et on verse la solution dans l'eau froide. On laisse déposer, on filtre et on fait dissoudre le précipité lavé et séché dans l'alcool bouillant. Le bistéarate cristallise par le refroidissement.

STÉARATE DE SOUDE.

Acide 100
Soude . . . . 12,33.

Il est sous la forme de cristaux brillans ou en plaques demi-transparentes, qui sont insipides d'abord et qui ont ensuite un goût alcalin.

Il est fusible.

1 partie de stéarate de soude est soluble dans 20 parties d'alcool, d'une densité de 0,821, bouillant : la solution se trouble de 71^d à 69^d. Elle se prend ensuite en gelée, qui peu à peu se contracte et finit par se réduire en petits cristaux extrêmement brillans.

100 parties de solution alcoolique, saturée à 10^d, ne contiennent que 0,2 de partie de stéarate.

L'éther hydratique bouillant enlève un peu d'acide au stéarate neutre.

1 partie de stéarate de soude demi-transparent, mise en macération dans 600 parties d'eau à 12^d, pendant huit jours. ne change pas d'aspect. Au bout de quinze jours le sel a perdu de sa transparence et a cédé des traces de soude à l'eau.

1 partie de stéarate et 10 parties d'eau, chauffées à 90^d, donnent une liqueur épaisse, presque transparente, qui, à 62^d, est en masse solide : en ajoutant 40 parties d'eau à cette masse et la faisant chauffer, elle est dissoute avant que le liquide n'entre en ébullition, la solution, versée dans 2000 parties d'eau froide, se réduit en soude et en bistéarate, qui se précipite en petites paillettes nacrées.

Préparation.

On fait chauffer dans une capsule 20 parties d'acide, 300 parties d'eau, tenant 13 parties de soude hydratée en dissolution : on laisse refroidir. Quand l'union est opérée, on sépare le stéarate d'une eau-mère alcaline; on le presse entre des papiers; on le fait dissoudre dans 25 fois son poids d'alcool bouillant. On filtre : la liqueur se prend en masse; cette masse se change en cristaux. On les jette sur un filtre, on les lave avec de l'alcool froid et on les fait sécher.

Bistéarate de soude.

Acide 100
Soude . . . . 6,01.

Il est plus fusible que le stéarate.

Il est en petites paillettes brillantes, insipides, inodores.

Il est insoluble dans l'eau froide.

L'eau bouillante en sépare une portion d'alcali; mais la plus grande partie ne se dissout pas.

Il est très-soluble dans l'alcool; la solution rougit la teinture de tournesol, et la liqueur repasse au bleu par l'addition de l'eau.

On l'obtient en faisant dissoudre 1 partie de stéarate de soude dans 2000 à 3000 parties d'eau chaude; filtrant la liqueur refroidie, lavant le dépôt, le faisant sécher, puis, le traitant par l'alcool bouillant, le bistéarate se dépose par le refroidissement.

Stéarate de strontiane.

Acide 100
Strontiane . . . . 19,54.

Ses propriétés sont analogues à celles du stéarate de baryte; il se prépare de la même manière.

Histoire.

J'ai distingué les stéarates des margarates en 1818. Voyez mes Recherches sur les corps gras d'origine animale. (Ch.)

STÉARINES. (*Chim.*) Principes immédiats des corps gras, solides, à 44^d au moins, et caractérisés en outre par les propriétés suivantes :

La *stéarine de mouton* se convertit, sous l'influence de la potasse, en glycérine et en acides stéarique, margarique et oléique;

La *stéarine d'homme* se convertit, dans les mêmes circonstances, en glycérine et en acides margarique et oléique.

Stéarine de mouton.

Composition.

	Chevreul.	
	Poids.	Volume.
Oxigène.	9,454 . . .	1
Carbone.	78,776 . . .	10,89
Hydrogène . . .	11,770 . . .	19,98.

Propriétés.

Elle est blanche, peu éclatante; elle se fige à 44^d: refroidie lentement, elle cristallise en aiguilles très-fines.

0,^{g}5 chauffés dans le vide se distillent sans altération.

100 parties d'alcool, d'une densité de 0,795, bouillant, dissolvent 10 parties de stéarine. La solution dépose des petites aiguilles légères qui se réunissent en flocons.

Nous avons parlé de l'action de la potasse sur la stéarine. Les acides gras fixes, qui sont le résultat de la saponification, se figent à 55^d.

L'acide sulfurique, concentré et légèrement chaud, dissout la stéarine de mouton; si la température est élevée à 100^d, pendant quelques minutes, elle est convertie en plusieurs produits : 1.° en acide stéarique; 2.° en acide margarique; 3.° en acide oléique; 4.° en acide sulfo-adipique[1]; 5.° en glycérine ou matière qui a les plus grandes analogies avec cette substance; 6.° en une substance organique unie probablement à de l'acide sulfo-adipique.

200 gr. d'acide nitrique à 32^d, chauffé avec 2 gr. de stéarine, donnent à la longue un résidu pesant 1^g,83, presque incolore, cristallisable. Ce résidu, traité successivement par l'eau et par l'alcool, donne les résultats suivans.

L'extrait aqueux, évaporé, laisse un acide particulier cristallisé, qui produit avec la potasse un sel qu'on peut obtenir sous la forme de rosaces.

L'extrait alcoolique contient entre autres substances un acide huileux qui a quelque ressemblance avec l'acide oléique.

---

1 L'acide sulfo-adipique est probablement de l'acide hyposulfurique uni à une matière organique.

La stéarine, chauffée avec le contact de l'air, brûle à la manière du suif.

Distillée dans une cornue avec de l'air, elle donne un produit variable relativement à la proportion des principes immédiats qui le constituent, suivant la manière dont la distillation est conduite. M. Dupuy, qui a étudié ces phénomènes dans mon laboratoire, a observé : 1.° que, si la distillation se fait sans bouillir, le produit est solide ; 2.° que, si elle se fait par ébullition lente, le produit est liquide ; 3.° que, si elle se fait par distillation rapide, le produit est solide.

M. Dupuy a reconnu depuis plusieurs années dans ces produits la présence des acides margarique ou stéarique et oléique, de deux acides volatils odorans, d'un principe odorant non acide, d'un corps gras non acide, non saponifiable. Avant la publication de ses recherches, MM. Bussy et Lecanu avoient annoncé à l'Institut la présence de l'acide margarique dans le produit de la distillation du suif.

La stéarine, exposée à l'air, se change :

1.° En un principe de couleur orangée ;
2.° En un acide fixe, soluble dans l'eau ;
3.° En une substance non acide, soluble dans l'eau ;
4.° En un principe volatil non acide ;
5.° En un ou deux acides volatils ;
6.° En acides stéarique, margarique et oléique.

Préparation.

Voyez tome XIX, page 278.

Usages.

La stéarine peut servir aux mêmes usages que le suif. Depuis que j'ai découvert la stéarine, on a augmenté la qualité des suifs pour l'éclairage, en en séparant par la pression une certaine quantité d'oléine.

Stéarine d'homme.

Elle est blanche, peu éclatante ; un thermomètre qu'on y plonge descend à 41 et remonte à 49^{d}. Elle cristallise par le refroidissement en très-petites aiguilles.

100 parties d'alcool, d'une densité de 0,795 , bouillant, dissolvent 21,5 parties de stéarine d'homme. La solution, en refroidissant, dépose de petites aiguilles.

Elle se comporte comme la stéarine de mouton, si ce n'est que par la saponification elle ne donne pas d'acide stéarique.

Elle existe principalement dans la graisse d'homme.

Histoire.

Les stéarines furent découvertes en 1813; mais je ne publiai l'analyse des corps gras, d'où je les avois extraites, que le 4 Avril 1814. Les stéarines ne furent bien distinguées en stéarine de mouton et en stéarine d'homme qu'au milieu de l'année 1820, époque où je distinguai de l'acide stéarique de l'acide margarique. (Ch.)

STÉARIQUE [Acide]. (*Chim.*) Acide organique.

Composition.

L'acide stéarique hydraté, brûlé par l'oxide de cuivre, a donné :

$$\begin{array}{ll} \text{Oxigène} & 10,1488 \\ \text{Carbone} & 77,4200 \\ \text{Hydrogène} & 12,4312. \end{array}$$

Lorsqu'on le chauffe avec le massicot, on obtient de $0^g,500$ d'acide hydraté, $0^g,017$ d'eau; conséquemment,

1.° L'acide hydraté est formé de

$$\begin{array}{llll} \text{Acide sec...} & 483... & 96,6... & 100 \\ \text{Eau........} & 17... & 3,4... & 3,52 \end{array}$$

, qui contiennent 3,129 d'oxigène;

2.° L'acide sec est formé de

	Poids.	Vol.
Oxigène.......	7,377....	1
Carbone.......	80,145....	14,19
Hydrogène.....	12,478....	27,15.

100 parties d'acide sec neutralisent une quantité de base oxidée qui contient 3 parties d'oxigène ; conséquemment dans les stéarates neutres l'oxigène de l'acide est à celui de l'oxide :: 2,5 : 1.

D'après cela, et en admettant que l'acide est formé en volume de

$$
\begin{aligned}
&\text{Oxigène}\ldots\ldots\ldots\ldots\quad 1\\
&\text{Carbone}\ldots\ldots\ldots\ldots\quad 14\\
&\text{Hydrogène}\ldots\ldots\ldots\quad 27,
\end{aligned}
$$

l'acide sera formé en poids :

$$
\begin{aligned}
&\text{Oxigène}\ldots\ldots\ldots\ldots\quad 7,463\\
&\text{Carbone}\ldots\ldots\ldots\ldots\quad 79,963\\
&\text{Hydrogène}\ldots\ldots\ldots\quad 12,574.
\end{aligned}
$$

Propriétés physiques.

L'acide stéarique hydraté, fondu, présente un liquide incolore, qui cristallise à 70^{d} en belles aiguilles entrelacées, brillantes.

$0^{g},500$, chauffés dans le vide d'un baromètre, dont le bout fermé est en forme de cornue, entrent en ébullition et se volatilisent sans altération.

Propriétés chimiques que l'on observe sans que l'acide soit altéré.

Il est insoluble dans l'eau.

Il est soluble en toutes proportions dans l'alcool bouillant.

1 partie d'alcool d'une densité de 0,794, chauffée avec 1 partie d'acide, forment une solution qui ne se trouble qu'à $5o^{d}$. A 45^{d} elle est prise en masse.

L'acide stéarique, en se séparant lentement d'une solution alcoolique, cristallise en larges écailles blanches, brillantes.

1 partie d'acide stéarique, chauffée avec 1 partie d'éther hydratique, d'une densité de 0,727, est dissoute.

Il s'unit à l'acide sulfurique concentré sans éprouver d'altération.

Il forme des sels avec les bases salifiables.

On démontre son affinité pour les alcalis en le chauffant avec du sous-carbonate de potasse, ou bien encore avec une infusion de tournesol. Dans le premier cas le sel est décomposé et dans le second le tournesol est rougi. L'acide stéarique, fondu sur un papier de tournesol, ne le rougit pas. Il faut, ainsi que je l'ai fait voir, la présence de l'eau.

Propriétés chimiques qu'on observe dans des circonstances où l'acide est altéré.

1^g d'acide distillé dans une petite cornue contenant 29^{cc} d'air, et dont le bec s'engage dans une cloche pleine de mercure, se fond, bout, se colore en roux; une vapeur se condense en liquide, puis en solide dans le col de la cornue; il passe une huile épaisse, brune, et il ne reste qu'une trace de charbon.

Le volume du gaz, après l'opération, est de 30^{cc}. Il contient $1^{cc},6$ d'acide carbonique, un peu de gaz inflammable.

Le produit solide pèse $0^g,96$: il est presque entièrement formé d'acide stéarique.

Chauffé avec le contact de l'air, il brûle à la manière de la cire.

$0^g,2$ d'acide stéarique unis avec 2^g d'acide sulfurique concentré, dans un tube de verre, s'y dissolvent en partie; l'autre partie vient à la surface de la liqueur. Une demi-heure après le mélange des corps, il se dépose sur les parois du tube de petites aiguilles nacrées, blanches, réunies en étoiles. Au bout de huit jours la partie de l'acide stéarique qui n'a pas été dissoute pendant les premières vingt-quatre heures, est convertie en belles aiguilles. Les cristaux séparés de l'acide sulfurique au moyen de l'eau, ont toutes les propriétés de l'acide stéarique, sauf une légère couleur, et qu'au lieu de se fondre à 70^d, ils sont fusibles à 69^d. En élevant la température des deux acides, il se dégage du gaz acide sulfureux, et une couleur noire se manifeste.

200^g d'acide nitrique à 32^d n'ont pas d'action à froid sur 2^g d'acide stéarique; mais, en faisant chauffer les matières pendant un temps suffisant, l'acide stéarique est réduit, 1.° en un acide particulier, que M. Vogel a obtenu le premier, en traitant le suif par l'acide nitrique, et qu'il a pris pour de l'acide sacholactique, et que M. Braconnot a reconnu pour être différent de ce dernier; 2.° en une huile acide qui ne rougit le papier de tournesol que quand il est humide.

Siége.

Il existe dans les savons de graisses de mouton, de bœuf et de porc.

Préparation.

Voyez Savon.

Histoire.

Je le décrivis en 1816; mais ce ne fut qu'en 1820 que je le distinguai bien de l'acide margarique. (Ch.)

STÉASCHISTE. (*Min.*) Ce nom n'est que la traduction, en langue scientifique, de celui de *Talkschiefer*, sous lequel les minéralogistes ou plutôt les géognostes allemands ont désigné cette roche et les terrains dont elle fait la masse principale. Nous avons donc eu très-peu de modifications à apporter à la description et aux caractères qui en résultent, pour la faire entrer dans le système de classification minéralogique des roches mélangées que nous avons proposé.

Le Stéaschiste est une roche d'aspect sédimenteux, mais néanmoins de formation cristalline, à base de talc, ayant la structure schisteuse, et renfermant différens minéraux cristallisés. Il n'y a pas d'autres *parties constituantes essentielles* que la base; et c'est une anomalie dans les règles de détermination que nous avons cru devoir établir.

Les *parties constituantes accessoires* sont au contraire très-nombreuses et très-variées; ce sont :

    Le quarz;
    Le felspath;
    Le mica;
    La diallage;
    Les grenats;
    Le fer oxidulé;
    Le fer titané;
    Le fer sulfuré.

Les parties accidentelles sont :

    Le gahnite;
    La picrite ou dolomie laminaire;
    Le disthène;
    L'actinote;
    La tourmaline;
    L'asbeste.

La *structure* du stéaschiste est essentiellement fissile; si elle étoit empâtée et massive, elle placeroit cette roche parmi les *ophiolites*. Les feuillets sont rarement parallèles. Lorsqu'il y a des parties orbiculaires disséminées, ces parties sont enveloppées par les feuillets, et non traversantes. Cette disposition est même très-caractéristique.

Elle a peu de *cohésion*, et est même quelquefois presque friable et douce au toucher; d'autres fois elle est plus dure, même assez rude au toucher, surtout dans le sens perpendiculaire à la stratification.

Sa *cassure* est unie dans un sens, irrégulière dans l'autre.

Elle est quelquefois assez *dure* pour recevoir ce poli; mais c'est un poli gras, terne et peu durable.

Ses couleurs dominantes sont le blanc nacré, le jaunâtre et le vert plus ou moins intense. Elles sont assez uniformes, disposées plutôt en ondulations qu'en taches.

Les stéaschistes sont, suivant la nature des parties accessoires, *infusibles* ou *fusibles*.

Ils sont rarement susceptibles d'altération, et s'ils se désagrègent quelquefois, ils passent à l'argile smectique.

Le stéaschiste comprend les roches à base de chlorite schistoïde. Il peut se confondre aisément avec le phyllade micacé satiné, avec le micaschiste, surtout lorsqu'il renferme, comme lui, du quarz, et particulièrement avec les ophiolites. On l'a considéré quelquefois comme un gneiss ou un micaschiste altéré.

Variétés.

1. STÉASCHISTE RUDE. (*Verhärteter Talk.*)

Il est généralement brillant, rude au toucher.

Ses couleurs dominantes sont le blanc nacré ou le vert satiné.

Il se confond avec le phyllade micacé satiné, et même avec le micaschiste.

Il est souvent très-contourné, comme plissé ou tordu. Il offre les sous-variétés suivantes :

a. *Stéaschiste rude pétrosiliceux.*

Des lits alternatifs de felspath laminaire, ou de pétrosilex, et de talc rude.

Ex. : La roche dans laquelle s'exploite la mine de plomb de Pesey, ancien département du Mont-Blanc. [1]

----

1 Schiste onctueux mélangé de talc fibreux. BROCHANT.

b. *Stéaschiste rude micacé.*

Des paillettes de mica disséminées dans un talc rude.

c. *Stéaschiste rude pyritique.*

Des pyrites disséminées dans un talc rude.

Outre les lieux cités à l'article des sous-variétés, on peut encore indiquer ce stéaschiste, sur la route de Rennes à Nantes, il est maclifère. — Dans la vallée de Chamouny, il est blanc, et contient beaucoup de petites aiguilles de tourmaline. — A Chessy, près Lyon, il fait partie des terrains qui renferment les mines de cuivre. — Près Freiberg, c'est une des roches dans lesquelles s'exploitent les mines de Himmelsfürst et de Gottmituns.

2. STÉASCHISTE PORPHYROÏDE.

Rude, non brillante, presque compacte, avec des cristaux ou noyaux de felspath lamellaire disséminés. Texture porphyroïde. Il renferme souvent des pyrites.

Ex. : Des environs de Vereix, val d'Aoste : pâte verdâtre, felspath blanc. — De l'Argentière, vallée de Chamouny. — De Cévin, en Tarentaïse. — En Corse : talc vert, enveloppant un grand nombre de petits grains de quarz et de felspath. (DOLOMIEU.)

3. STÉASCHISTE GRANATIQUE.

Des grenats abondans, disséminés ; texture presque porphyroïde.

Ex. : Des Eulergebirge, en Bohême. — De Querbach. — De Saint-Marcel. — Le val Canaria, en Piémont.

4. STÉASCHISTE NODULEUX.

Des noyaux informes de quarz hyalin, de felspath, etc., enveloppés par des feuillets talqueux.

Il ne faut pas confondre cette roche de cristallisation avec des roches d'agrégation qui lui ressemblent par les noyaux, ou plutôt par les cailloux arrondis qu'elles renferment. Le stéaschiste noduleux est une des roches les plus répandues dans les terrains semi-cristallisés. On peut la citer particulièrement dans la rade de Cherbourg, où elle se présente avec les caractères les plus tranchés. — Au mont Jovet, dans le bassin de la Doire [1]. — Au bois Gerbault, au nord de

---

[1] Schiste talqueux, D'AUBUISSON, Journ. des mines, vol. 29, p. 329.

Nantes. — Les rochers de la pointe de Pelons, à l'ouest de Saint-Gilles, département de la Vendée, sont composés de cette roche. Le quarz s'y présente en nodules enveloppés de talc schistoïde luisant.

5. STÉASCHISTE STÉATITEUX.

Tendre, très-onctueux au toucher, mêlé de mica, etc.

Ex. Les environs de Dax, dans les Landes. — Tulle, dans la Corrèze. — Moulin-Bardou, près Limoges. — La Rue-route de Rennes à Nantes. Il est brun luisant et maclifère. — Finale, côte occidentale de Gênes. — Saint-Bel, près Lyon. — La pierre dite de Barame, apportée en Égypte pour faire des pots.

6. STÉASCHISTE CHLORITIQUE. (*Chloritschiefer*, WERN.)

Chlorite et talc intimement mélangés, onctueux, renfermant des cristaux de fer oxidulé. Il est assez tendre, d'un vert foncé, fissile.

Ex. Plusieurs lieux de la Corse, du Piémont, de l'Amérique septentrionale ; dans le Serro-do-Frio et près de Villa-Ricca, au Brésil; ils renferment un grand nombre de cristaux octaèdres de fer oxidulé, etc. — Vallée de Barrèges et de Cauterets, dans les Pyrénées. — Torrent de la Dioza, en Savoie. — Zillerthal, en Tyrol.

7. STÉASCHISTE DIALLAGIQUE.

Talc verdâtre ou brun, mêlé de diallage.

Il est peu fissile, surtout en petit.

Il n'est pas sûr que les petits cristaux qu'on voit dans celui qu'on cite à Othré, dans le pays de Liége, appartiennent à la diallage.

8. STÉASCHISTE PHYLLADIEN.

Talc et phyllade mêlés ensemble. Le phyllade acquiert par ce mélange un toucher onctueux, et le talc un aspect argileux.

Il est très-fissile.

Ex. De Valorsine. C'est le stéaschiste qui enveloppe les pouddings de Valorsine. Le fond en est violâtre micacé, avec des taches ovalaires verdâtres. (B.)

STÉATITE. (*Min.*) Voyez TALC. (B.)

STEATORNIS. (*Ornith.*) Ce nom, tiré de la graisse dont les petits de ces oiseaux ont une couche qui se prolonge depuis l'abdomen jusqu'à l'anus, et qui, étant fondue, s'emploie aux mêmes usages que le beurre et l'huile, est celui du *guacharo*, trouvé au Pérou par M. de Humboldt dans la grotte de Caripe. Voyez GUACHARO. (CH. D.)

STÉBÉ, *Stœbe*. (*Bot.*) Genre de plantes dicotylédones, à fleurs composées, de la famille des *composées*, de l'ordre des *flosculeuses*, de la *syngénésie séparée* de Linné, offrant pour caractère essentiel : Des fleurs flosculeuses, n'ayant d'autre calice commun que les paillettes extérieures du réceptacle ; les fleurs toutes composées de fleurons hermaphrodites, tubulés, à cinq découpures ; chaque fleuron muni d'un calice à cinq folioles, semblables aux paillettes du réceptacle ; cinq étamines syngénèses ; les ovaires oblongs ; les styles filiformes, surmontés d'un stigmate bifide ; les semences couronnées d'une aigrette plumeuse.

Les stébés sont tellement rapprochés des *seriphium*, que ces deux genres ont été réunis avec assez de raison par plusieurs auteurs. Dans les *seriphium*, le calice partiel est composé de dix folioles, cinq extérieures plus courtes, tomenteuses, obtuses, cinq intérieures glabres, plus longues, scarieuses, sétacées, acuminées, inégales et saillantes ; l'aigrette des semences plumeuse, caduque ou nulle. Les espèces ont presque le même port dans les deux genres. Ce sont de petits arbrisseaux, dont la tige se divise en rameaux alternes ou opposés, souvent ramifiés en d'autres plus courts, fasciculés, presque en ombelle, terminés par une petite tête de fleurs sessiles. Les feuilles sont éparses, sessiles, étroites, très-courtes, approchant de celles des bruyères, aiguës, subulées, quelquefois piquantes au sommet ou courbées en arc, laissant, après leur chute, sur les tiges et les rameaux les impressions de leur attache.

STÉBÉ D'ÉTHIOPIE : *Stœbe æthiopica* ; Linn., *Syst. plant.* ; *Seriphium juniperifolium*, Lamk., *Ill. gen.*, tab. 722 ; Gærtn., *De fruct.*, tab. 167. Cet élégant arbuste a des tiges droites, cylindriques, divisées en rameaux alternes, étalés ; les supérieurs opposés, ramifiés, dichotomes ou ombellés. Les feuilles sont éparses, sessiles, subulées, élargies à leur base, très-roides, roulées à leurs bords, courbées en dedans, lisses, un peu pubescentes à leur base, aiguës et piquantes, blanchâtres en dessous, vertes en dessus. Les fleurs sont réunies en têtes, sessiles, terminales, enveloppées extérieurement par les paillettes du réceptacle. Le calice propre est composé de cinq folioles subulées, acuminées, semblables aux paillettes; les corolles sont tubulées, à limbe un peu campanulé, à cinq dents courtes, aiguës; les étamines peu saillantes; le style est plus long que la corolle; les semences sont glabres, petites, oblongues, couronnées par une aigrette plumeuse et radiée, une fois plus longue que les semences. Cette plante croît en Afrique et dans l'Éthiopie.

Stébé couchée : *Stœbe prostrata*, Linn., *Mant.*, 291 ; *Seriphium prostratum*, Lamk., Dict., 1, page 275. Cette petite plante a ses tiges presque ligneuses, fort grêles, couchées, rameuses, longues de huit ou dix pouces, feuillées, brunes vers leur base, grisâtres vers leur sommet. Les feuilles sont alternes, sessiles, lancéolées, très-aiguës, blanches et cotonneuses en dessus, vertes et glabres en dessous, mais presque toutes retournées, de manière que leur côté blanc paroît être l'inférieur. Les fleurs sont disposées en petites têtes hémisphériques, terminales, de la grosseur d'un pois ordinaire. Le réceptacle est chargé de paillettes et les semences portent une aigrette plumeuse. Cette plante croît au cap de Bonne-Espérance.

Stébé gnaphaloïde : *Stœbe gnaphaloides*, Linn., *Syst. veg.*; *Gnaphalium niveum*, Linn., *Spec.*, 1192 ; *Seriphium corymbiferum*, Linn., *Mant.*, 119; Burm., *Afric.*, tab. 77, fig. 1. Arbrisseaux dont les tiges sont prolifères, hautes d'environ un pied et demi, divisées en rameaux très-menus, filiformes, couverts de feuilles sessiles, ovales, lancéolées, mucronées, droites, fortement appliquées contre les tiges, longues au moins d'un demi-pouce, ciliées à leurs bords, tomenteuses en dedans, nues extérieurement. Les fleurs sont disposées à l'extrémité des rameaux en petites têtes hémisphériques, d'un blanc argenté. Les calices sont glabres, composés de folioles lancéolées, subulées; les corolles blanches, ainsi que les étamines; les semences couronnées par une aigrette d'environ six poils plumeux; les paillettes imbriquées, semblables aux folioles calicinales. Cette plante croît au cap de Bonne-Espérance.

Stébé cendrée : *Stœbe cinerea*, Willd., *Spec.*, 3, p. 2406 ; Thunb., *Prodr.; Seriphium cinereum*, Linn., *Spec.*, 1316. Ses tiges sont droites, glabres, ligneuses, chargées d'un grand nombre de petits rameaux étalés et diffus; les plus jeunes tomenteux et blanchâtres. Les feuilles sont nombreuses, presque fasciculées, fort petites, ovales-lancéolées, concaves ou en gouttière à leur face supérieure, convexes sur le dos, un peu cotonneuses et grisâtres. Les fleurs sont disposées en petits épis cotonneux à l'extrémité des rameaux. Cette plante croît au cap de Bonne-Espérance. (Poir.)

STEBULON. (*Bot.*) Voyez Strobon. (J.)

STEBULOT. (*Bot.*) Voyez Sadiamalach, tom. XLVI, pag. 538. (J.)

STECHER. (*Ornith.*) Ce nom désigne, dans Schwenckfeld, la bergeronnette grise ou lavandière, *motacilla alba*, Linn., à laquelle, ainsi qu'à la bergeronnette jaune, M. Cuvier a donné le nom générique *budytes*, tiré de ce qu'on la voit souvent parmi les bœufs. (Ch. D.)

STECHROCHE. (*Ichthyol.*) Un des noms allemands de la Pastenague. (H. C.)

STECKELBAARS. (*Ichthyol.*) Nom hollandois de l'*épinoche* et de l'*épinochette*. Voyez Gastérostée, tom. XVIII, pag. 167. (H. C.)

STECKELVARKEN. (*Ichthyol.*) Un des noms hollandois du *diodon atinga.* Voyez Diodon. (H. C.)

STECKERLING. (*Ichthyol.*) Voyez l'article Seestichling. (H. C.)

STEEKELBUIK. (*Ichthyol.*) Nom hollandois du *triacanthe double-aiguillon.* Voyez Triacanthe. (H. C.)

STEEN-BIT, SEE-ULV. (*Ichthyol.*) Noms danois de l'*anarrhique* loup de mer. Voyez l'article Anarrhique, tome II, page 100. (H. C.)

STEEN-BOK. (*Mamm.*) Un quadrupède ruminant du genre des Antilopes a reçu des habitans du Cap ce nom, qui signifie en hollandois *bouc des pierres.* (Desm.)

STEEN-BOLK. (*Ichthyol.*) Nom hollandois du Tacaud. Voyez ce mot. (H. C.)

STEEN-BROSME. (*Ichthyol.*) Nom norwégien du *blennius viviparus* de Linnæus. Voyez Zoarcès. (H. C.)

STEEN-BUT. (*Ichthyol.*) Un des noms danois du TURBOT. Voyez ce mot. (H. C.)

STEEN-KAALKOP. (*Ichthyol.*) Nom hollandois du *stein-kahlkopf* des Allemands. (H. C.)

STEEN-RAPP. (*Ornith.*) Ce nom et celui de *Waldrapp* désignent, en Suisse, le coracias. (CH. D.)

STEEN-SWALEMEN. (*Ornith.*) Nom hollandois du martinet noir, *hirundo apus*, Linn. (CH. D.)

STEEN-ULKE. (*Ichthyol.*) Un des noms norwégiens de la BAUDROIE ou RAIE PÊCHERESSE. Voyez ces mots. (H. C.)

STEGANIA. (*Bot.*) Genre de la famille des fougères, établi par R. Brown, et que l'on a réuni depuis au LOMARIA. Voyez ce mot. (LEM.)

STÉGANOPE. (*Ornith.*) D'Azara a décrit, dans ses Oiseaux du Paraguay, sous le n.° 407, avec la dénomination de *chorlite à tarse comprimé*, un oiseau dont il n'a vu qu'une seule espèce, et qui, d'ailleurs, lui a paru différer essentiellement des autres chorlites. C'est de cet oiseau que M. Vieillot a fait un genre particulier sous le nom de Stéganope, *Steganopus*, lequel appartient à l'ordre des échassiers, et il a ainsi établi ce genre, d'après la description de l'auteur espagnol :

Bec très-foible, droit, effilé ; narines linéaires, situées dans une rainure ; tarses si aplatis par les côtés, qu'ils n'ont pas une demi-ligne d'épaisseur ; quatre doigts, dont les trois antérieurs sont bordés d'une membrane dans toute leur étendue.

M. Vieillot a donné à l'espèce le nom de STÉGANOPE TRICOLORE, *Steganopus tricolor*. La première des vingt-cinq rémiges est la plus longue, et les deux rectrices du centre, très-pointues, sont plus courtes que les dix autres d'une ligne et demie. Quant aux couleurs, suivant d'Azara, il y a devant l'angle antérieur de l'œil une ligne noire verticale et une autre brune qui va de l'angle postérieur à l'occiput ; le front, les sourcils, les côtés de la tête, le devant du cou, la poitrine, le ventre et le croupion, sont blancs ; le dessus de la tête, du cou, et les plumes scapulaires, sont d'un brun clair ; les plumes dorsales et les pennes des ailes sont noirâtres et terminées de blanc ; les deux pennes intermédiaires de la queue sont d'un brun clair, avec une bordure blanche, et les autres brunes, avec du blanc sur leur côté intérieur ; les petites couvertures inférieures de l'aile sont blanches, avec une bande brune sur celles qui sont les plus près du bord de l'aile ; les grandes couvertures et les pennes en dessous sont de couleur d'argent ; enfin le bas de la jambe et le tarse sont d'un jaune obscur, et le bec est noir. (Ch. **D.**)

STÉGANOPODES. (*Ornith.*) Ce nom a été donné par Illiger à la trente-neuvième famille de sa méthode, comprenant des genres d'oiseaux palmés dont les quatre doigts sont tous engagés dans la même membrane. (Ch. **D.**)

STEGARIA. (*Bot.*) Ce nom est une altération de celui de *stegania*, et a été employé par Sprengel pour désigner ce genre. (Lem.)

STEGIA. (*Bot.*) Genre établi par Fries et qu'il avoit d'abord nommé *Eustegia.* Ce genre a des rapports avec le *Sphœria* ; il appartient à la même famille des hypoxylons ou *pyrenomycetes* de Fries, pour lequel cette famille est une division des champignons. Le *Stegia* est caractérisé par ses réceptacles ou périthéciums en forme de cupules sessiles, orbiculaires, marginées, ouvertes, d'abord recouvertes par un opercule convexe, qui finit par tomber, et cette chute leur donne l'aspect d'une moitié de capsule coupée horizontalement. Dans chaque capsule est un noyau d'abord d'une consistance de cire, puis formé de corps annulaires, fructifères, droits, entremêlés avec des paraphyses, et qui finissent par crever. Les sporidies sont globuleuses.

L'*eustegia discolor*, Fries, *Obs.*, 2, pag. 352, pl. 8, fig. 2, est la seule espèce du genre. La partie inférieure de son périthécium est semblable à un *peziza*, presque membraneuse, noire, avec le rebord de même couleur, proéminent, entourant un opercule convexe, à disque légèrement raboteux, enflé, d'un brun roussâtre. Cet opercule tombe, par suite du gonflement du noyau intérieur, qui finit lui-même par s'écouler et par laisser le périthécium vide et creux.

Cette plante forme, sur les planches de bois et les solives, de petits points noirs, qui ne sont sensibles à l'œil que par leur multiplicité ; examinés à la loupe , ils sont de deux couleurs, car leur opercule est roussâtre et le périthécium noir. La substance du noyau est blanchâtre. Cette espèce a été découverte en Pologne par Agardh.

Fries présume que le *sphæria complanata ilicis*, Moug. et Nestl., qui s'ouvre aussi horizontalement, comme une boîte à savonnette, pourroit peut-être former une seconde espèce de *stegia*.

Nous devons faire remarquer ici que Fries a été conduit à changer le nom de *stegia* en celui d'*eustegia*, parce qu'il existe déjà un genre *Stegia* dans la famille des malvacées, et que le genre *Eustegia* de R. Brown ne sauroit être distingué du *Convolvulus*. (Lem.)

STEGIA. (*Bot.*) Le *Lavatera* de Tournefort est remarquable par un plateau orbiculaire qui couvre ses graines ou capsules. Linnæus, en adoptant le genre , lui a joint plusieurs espèces dépourvues de ce plateau. Médicus et Mœnch ont rétabli le genre de Tournefort, composé d'une seule espèce, et ont reporté ailleurs les espèces ajoutées. M. De Candolle, dans la Flore françoise , laissant ces dernières sous le nom de *lavatera*, avoit aussi séparé la plante de Tournefort sous celui de *stegia*; mais, dans son *Prodromus*, il n'en fait plus qu'un titre de section du genre *Lavatera*. (J.)

STÉGOPTÈRES ou TECTIPENNES. (*Entom*) Noms sous lesquels nous avons désigné une famille nombreuse d'insectes névroptères ou à quatre ailes nues, d'égale consistance, à nervures ou lignes saillantes en réseau ou maillées, et dont la bouche est munie de mâchoires; caractérisée en outre par la manière dont les ailes, dans l'état de repos de l'insecte, se trouvent disposées, en formant un toit au-dessus du corps, et parce que les parties de la bouche sont découvertes et très-distinctes dans le nombre des organes variés qui la forment.

Ce nom de stégoptères est emprunté de deux mots grecs, dont l'un , Στέγος, signifie *un toit incliné*, et l'autre , πlepα, *ailes*.

Nous avons fait figurer une espèce de chacun des genres qui composent cette famille, sur les planches 26 et 27 de l'atlas de ce Dictionnaire.

Cette famille se distingue de celle des agnathes, qui comprend les éphémères, les friganes, dont la bouche est formée de parties si petites, surtout les mâchoires et les mandibules, qu'on peut à peine les distinguer, et de celle des odonates, comme les demoiselles ou libellules, parce que chez celles-ci la bouche, quoique composée de parties distinctes, est pour ainsi dire masquée par le développement extrême de la lèvre inférieure, qui les enveloppe et les recouvre entièrement dans l'état de repos, et d'ailleurs par la forme et la brièveté des antennes.

M. Latreille avoit rangé la plupart des genres qui composent ce groupe dans une même (seconde) famille, qu'il nommoit *planipennes*, dans le 3.ᵉ volume du Règne animal; ayant réuni dans la première famille les libelles et les éphémères sous le nom de *subulicornes*, et ayant rangé le seul genre des *Friganes* dans la troisième famille, qu'il nommoit *Plicipennes*; mais depuis, en 1825, dans son ouvrage intitulé *Familles naturelles*, il a placé ces insectes dans une même section sous le nom de filicornes, quoique beaucoup de genres portent des antennes en soie, en fuseau ou en masse.

Les mœurs et les circonstances dans lesquelles on observe ces insectes sous leur premier état, sont à la vérité très-différentes; cependant, sous l'état parfait, ils ont la plus grande analogie. En effet, les larves de quelques genres, comme celles des fourmilions et peut-être celles des ascalaphes, se cachent sous le sable, s'y creusent des fosses en entonnoir, au fond desquelles elles restent blotties pour y attendre les insectes qu'elles y sucent. D'autres, comme celles des hémérobes, des raphidies, courent rapidement sur les feuilles, les branches, les écorces, pour y chercher les pucerons et autres insectes mous dont elles se nourrissent. Les larves des termites et des psoques se creusent des galeries, dans le bois qu'elles rongent et qu'elles détruisent; enfin, celles des semblides sont aquatiques. (Voyez à l'article INSECTES, tom. XXIII, pag. 434.)

Voici le tableau synoptique qui indique les noms des différens genres qui composent cette famille, avec les notes qui les caractérisent au premier aperçu.

Famille des TECTIPENNES *ou* STÉGOPTÈRES.

Névroptères à bouche découverte et dont les parties sont
très-distinctes.

Tarses à articles au nombre de						
cinq; antennes	renflées en...	masse.				1. FOURMILION.
		fuseau.				2. ASCALAPHE.
	non renflées; en	soie; ailes très-minces				5. HÉMÉROBE.
		fil; bouche ...	en bec; ailes inférieures.	larges		6. PANORPE.
				étroites.		7. NÉMOPTÈRE
		ordinaire				9. SEMBLIDE.
moins de 5	quatre; antennes en fil					8. RAPHIDIE.
	moins de 4	trois; à queue	à filets distincts			10. PERLE.
			sans filets			3. TERMITE.
		deux seulement				4. PSOQUE.

(C. D.)

STEGOSIA. (*Bot.*) Genre de Loureiro, qui, d'après M. R.
Brown, et d'après un exemplaire de cette plante, observée
dans l'herbier de M. Banks, est la même espèce que le *rott-
bollia exaltata*, Linn. (POIR.)

STÉHÉLINE, *Stæhelina*. (*Bot.*) Ce genre de plantes appartient à l'ordre des Synanthérées, à notre tribu naturelle des
Carlinées, et à la section des Carlinées-Stéhélinées. Il peut,
selon nous, être divisé en trois sous-genres, que nous avons
indiqués dans notre tableau des Carlinées (tom. XLVII,
pag. 499 et 511), et que nous devons décrire ici.

I. STÉHÉLINE, *Stæhelina*.

Calathide cylindracée, incouronnée, équaliflore, pluriflore,
régularifl re, androgyniflore. Péricline oblong, cylindracé,
très-inférieur aux fleurs, formé de squames plurisériées,
régulierement imbriquées, appliquées, coriaces, très-aiguës
au sommet; les extérieures ovales, les intermédiaires elliptiques, les intérieures oblongues-lancéolées. Clinanthe garni
de fimbrilles inégales, subulées, roides, entregreffées et laminées inférieurement, libres et filiformes supérieurement.
Ovaires oblongs, comprimés, un peu anguleux, très-glabres,
munis d'un petit bourrelet apiciaire; aréole basilaire point
oblique; aigrette caduque, très-longue, formée de plusieurs
faisceaux unisériés, entregreffés à la base, laminés, composés
chacun de très-nombreuses squamellules presque égales, fili-

formes, très-fines, absolument capillaires, nues ou pas sensiblement barbellulées, entregreffées inférieurement, libérées
supérieurement à différentes hauteurs. Corolles glabres, à
tube très-long, à limbe plus court que le tube, régulier, divisé en cinq lanières longues et linéaires. Étamines à filets glabres; à anthères pourvues d'appendices apicilaires très-longs,
aigus, et d'appendices basilaires longs, subulés, barbus. Stigmatophores comme dans le sous-genre *Barbellina*.

Stéhéline a feuilles de romarin : *Stœhelina rosmarinifolia*,
H. Cass.; *Stœhelina dubia*, Lin., *Sp. pl.*, pag. 1176. La tige est
ligneuse, ascendante, longue d'environ un pied, divisée en
rameaux nombreux, droits, cotonneux; les feuilles sont
rapprochées, sessiles, linéaires, munies de quelques petites
dents, presque glabres et d'un vert foncé en dessus, cotonneuses et blanches en dessous; les calathides, composées de
six ou sept fleurs purpurines, sont terminales, cylindriques, solitaires, géminées ou ternées; leur péricline est très-
long, un peu cotonneux, rougeâtre. Ce sous-arbrisseau habite les lieux secs et stériles de la France méridionale, de
l'Italie et de l'Espagne.

Linné n'ayant admis, dans son *Species plantarum*, que deux
espèces de *Stœhelina*, lesquelles ne sont point du tout congénères, et la première (*gnaphaloides*) ayant reçu de M. De
Candolle le nouveau nom générique de *Syncarpha*, quoiqu'elle fût l'espèce primitive du genre, il en résulte que
la seconde espèce (*dubia*) doit être maintenant considérée
comme le vrai type de ce genre *Stœhelina*, et que par conséquent il devient absolument nécessaire de changer le nom
spécifique que Linné lui avoit donné et qu'elle a conservé jusqu'ici. Celui de *rosmarinifolia*, indiqué par Tournefort (*Inst.*,
pag. 445), et par M. Desfontaines (Hist. des arbr., vol. 1,
pag. 281), nous semble pouvoir être adopté.

M. De Candolle a décrit, dans son second Mémoire sur les
composées (p. 38), une espèce qu'il nomme *Stœhelina Lobe-
lii*, et qui, d'après sa description, paroît bien analogue,
au moins par le port, à la *St. rosmarinifolia;* mais nous remarquons sur la figure que l'ovaire est velu, ce qui nous
fait douter si cette espèce, que nous n'avons point vue, appartient au vrai *Stœhelina* ou à l'*Hirtellina*.

II. Barbelline, *Barbellina.*

Calathide cylindracée, incouronnée, équaliflore, pauciflore (environ sept), régulariflore, androgyniflore. Péricline oblong, cylindracé, très-inférieur aux fleurs; formé de squames plurisériées, régulièrement imbriquées, appliquées, coriaces, tantôt obtuses, tantôt courtement apiculées au sommet; les extérieures ovales, les intermédiaires elliptiques, les intérieures oblongues. Clinanthe petit, plan, garni de fimbrilles très-nombreuses, entregreffées inférieurement, inégales, longues, laminées, subulées, roides. Ovaires oblongs, comprimés bilatéralement, très-glabres, munis d'un petit bourrelet apicilaire; aréole basilaire point oblique; aigrette caduque, longue, formée de plusieurs faisceaux unisériés, entregreffés à la base, laminés, composés chacun de plusieurs squamellules inégales, filiformes-laminées, très-barbellulées sur les bords, entregreffées inférieurement, libérées supérieurement à différentes hauteurs. Corolles glabres, à tube distinct, à limbe plus long que le tube, régulier ou subrégulier, divisé en cinq lanières trèslongues. Étamines à filets glabres; à anthères pourvues d'appendices apicilaires longs, aigus, et d'appendices basilaires très-longs, très-barbus. Style à sommet épaissi, entouré d'une touffe de collecteurs piliformes, et articulé avec la base des deux stigmatophores, qui sont assez longs, tout hérissés de très-petits collecteurs, entregreffés, libres seulement au sommet, où ils forment deux lobes arrondis.

Barbelline satinée : *Barbellina sericea*, H. Cass.; *Stœhelina arborescens*, Lin., *Mant.*, 111. C'est un arbrisseau d'environ trois pieds, dont les jeunes rameaux sont couverts, ainsi que la face inférieure des feuilles, d'un duvet soyeux, trèsserré, satiné, blanc, argenté; les feuilles sont persistantes, pétiolées, ovales ou elliptiques, obtuses, très-entières, glabres et d'un vert foncé en dessus; les calathides, composées de fleurs purpurines, sont cylindriques, rassemblées cinq ou six au sommet des rameaux, et disposées en un petit corymbe. Cet arbrisseau habite l'île de Candie, et se trouve aussi dans les îles d'Hyères.

Nous croyons que l'on confond, sous le nom peu convenable de *St. arborescens*, deux espèces distinctes : l'une à calathide plus grande, ayant les squames du péricline couvertes de poils sur la partie supérieure de leur face externe, non ciliées sur les bords, courtement apiculées au sommet, les intérieures aiguës; l'autre à calathide plus petite, ayant les squames du péricline presque glabres, ciliées sur les bords, obtuses, non apiculées, les intérieures arrondies au sommet.

III. Hirtelline, *Hirtellina*.

Calathide incouronnée, équaliflore, pauciflore (six ou sept), régulariflore, androgyniflore. Péricline oblong, cylindracé, formé de squames régulièrement imbriquées, appliquées, concaves, coriaces, courtement apiculées au sommet, à peu près uniformes, les extérieures ovales, les intermédiaires elliptiques, les intérieures oblongues, aiguës. Clinanthe petit, plan, presque nu, n'ayant que quatre ou cinq fimbrilles libres, distantes, très-inégales, filiformes-laminées, subulées. Ovaires oblongs [1], tout couverts d'une couche épaisse de très-longs poils souvent un peu fourchus au sommet; aigrette formée d'environ douze faisceaux subunisériés, libres, laminés, composés chacun de deux à cinq squamellules inégales, filiformes, barbellulées, entre-greffées inférieurement, libres supérieurement, les plus longues un peu épaissies au sommet. Corolles glabres, à tube plus court que le limbe. Étamines à filets glabres; à anthères pourvues d'appendices apicilaires longs, aigus, et d'appendices basilaires très-longs, subulés, barbus.

Hirtelline a feuilles lancéolées : *Hirtellina lanceolata*, H. Cass.; *Stæhelina fruticosa*, Lin., *Syst. veg.*; *Centaurea fruticosa*, Lin., *Sp. pl.*, p. 1286 ; *Rhaponticoides frutescens, oleæ folio.* Vaill.; *Jacea frutescens, plantaginis folio, flore albo*, Tourn.. *Coroll.*, p. 32. Une souche ligneuse, épaisse, brune, couverte de cicatrices rapprochées, et de membranes demi-détruites, qui sont les vestiges desséchés des anciennes feuilles, se divise au sommet en deux branches destinées l'une à continuer la souche, l'autre à porter les fleurs : la première

---

[1] Le petit bourrelet basilaire que nous avions attribué à l'ovaire de l'*Hirtellina* (tom. XLVII, pag. 511), n'existe point.

est très-courte, épaisse, couverte de feuilles rudimentaires, squamiformes, rapprochées, desséchées, et terminée par une touffe de cinq ou six feuilles vivantes, inégales, longues de trois à quatre pouces, larges d'environ neuf lignes, très-glabres ; ces feuilles ont la base élargie, semi-amplexicaule, la partie inférieure très-étroite, linéaire, pétioliforme ; la partie supérieure lancéolée, apiculée au sommet, très-entière sur les bords, un peu épaisse, subcoriace, subtriplinervée, un peu glauque, parsemée en dessus de points glanduleux : la branche florifère est longue de six à dix pouces, presque herbacée, verte, striée, glabre ou presque glabre, garnie à sa base de quelques écailles sèches, rapprochées, garnie du reste jusqu'au sommet de feuilles alternes, distantes, analogues à celles de la souche, mais graduellement plus courtes et moins pétiolées, les supérieures absolument sessiles et longues seulement d'environ un pouce ; cette branche se termine par un corymbe large de deux à trois pouces, composé de calathides nombreuses, les unes sessiles et agglomérées, les autres courtement pédonculées et un peu distantes ; les rameaux du corymbe sont un peu pubescens, et munis de quelques petites feuilles ou bractées situées à la base des calathides ou de leurs pédoncules ; chaque calathide a six ou sept fleurs ; le péricline est cylindracé, long de sept lignes ; ses squames sont velues sur les bords, et ont la face externe couverte de glandes entremêlées de quelques poils.

Nous avons fait cette description sur des échantillons secs, recueillis par Sieber sur les monts Sphak, de l'île de Crête, et qui se trouvent dans l'herbier de M. Gay. La souche ligneuse, dont nous n'avons vu que le sommet, est-elle simple ou rameuse ? La branche florifère périt-elle quelque temps après la fleuraison (ce qui nous paroît probable) ? Les corolles (non épanouies, mais seulement préfleuries, sur les échantillons observés par nous) sont-elles blanches, comme le dit Tournefort ? Ce botaniste assimile les feuilles de notre plante à celles du Plantain, et Vaillant à celles de l'Olivier : la première analogie est exacte, si l'on ne considère que les feuilles de la souche, et la seconde, si l'on ne considère que les feuilles de la branche florifère. Mais aucune feuille de cette plante n'est obtuse au sommet, comme le disent Linné et Willdenow ; et M. De Candolle, qui lui attribue des feuilles sessiles, cunéiformes, obtuses, a probablement observé une espèce distincte de celle-ci. Quoi qu'il en soit, le nom spécifique *fruticosa* est inadmissible dans un genre dont toutes les espèces sont ligneuses.

Les trois sous-genres décrits dans cet article se distinguent par plusieurs caractères, qu'on reconnoîtra facilement en comparant les descriptions. Remarquons seulement que, dans l'*Hirtellina*, l'ovaire est tout couvert d'une couche épaisse de très-longs poils, tandis qu'il est très-glabre dans le *Barbellina*, dont l'aigrette est très-barbellulée, et dans le *Stæhelina*, dont l'aigrette est nue.

Dans notre tableau des Carduinées (tom. XLI, pag. 311), le genre *Arction* se trouve placé auprès de l'*Onopordon*, et fait partie du petit groupe des Cinarées : mais ce genre, que nous ne connoissions point alors suffisamment, et que nous avons récemment observé avec soin sur un échantillon sec, nous paroît aujourd'hui devoir être transféré dans la tribu des Carlinées, et dans la section des Carlinées-Stéhélinées, où nous l'interposons entre le *Stæhelina* et le *Saussurea*.

Le péricline de l'*Arction* est formé de squames plurisériées, à peu près égales en longueur : les intermédiaires lancéolées, à partie inférieure appliquée, large, coriace-foliacée, laineuse en dehors, presque glabre en dedans, à partie supérieure appendiciforme, inappliquée, étroite, subulée, foliacée, molle, laineuse sur les deux faces, très-aiguë et presque aciculaire au sommet, sans être sensiblement piquante ; les squames extérieures, plus longues et plus larges que les intermédiaires, sont entièrement foliacées et laineuses sur les deux faces, ce qui indique qu'elles sont inappliquées ; les squames intérieures sont étroites, à partie inférieure linéaire, coriace, glabre sur les deux faces, à partie supérieure subulée, un peu scarieuse, velue extérieurement. L'ovaire est très-long, oblong, comprimé, un peu anguleux, très-glabre, lisse, absolument privé de bourrelet apicilaire et de plateau ; le péricarpe est coriace, flexible, peu épais ; l'aréole basilaire n'est presque point oblique ; le nectaire est court ; l'aigrette est longue, roussâtre, tordue à sa base, composée de squamelles très-nombreuses, très-inégales, plurisériées, libres jusqu'à la base, absolument continues à l'ovaire, filiformes, très-fragiles, nues vers la base, barbellulées sur le reste. La corolle (probablement jaune) est articulée sur l'ovaire, longue, droite, glabre, à tube long, à limbe plus court, peu distinct, cylindracé, divisé supérieurement, par des incisions égales ou inégales, en cinq lanières assez courtes, oblongues-lancéolées, un peu obtuses. Les étamines ont le filet libéré au sommet du tube de la corolle et très-glabre; l'article anthérifère court, peu distinct; l'anthère longue, pourvue d'un appendice apiciliaire peu long, lancéolé, aigu, et de deux appendices basilaires très-longs, étroits, presque sétiformes, submembraneux. Le style a sa partie apicilaire plus épaisse, plus colorée, mais peu distincte, garnie de très-petits collecteurs et comme veloutée, divisée au sommet en deux lobes divergens, larges, presque arrondis, laminés, concaves.

Si l'*Arction* devoit être maintenu dans la tribu des Carduinées, il faudroit au moins le transporter du groupe des Cinarées dans celui des Serratulées, où il seroit assez bien placé auprès du *Lappa*. Mais la glabréité parfaite des filets des étamines, qui ne paroît point résulter ici d'un avortement des poils ou des papilles, comme dans l'*Orthocentron*, nous indique suffisamment que l'*Arction* appartient aux Carlinées; et cette indication est confirmée par certains rapports qu'il présente, d'une part avec le *Stiftia* (tom. XLVII, pag. 511), de l'autre avec une nouvelle espèce de *Saussurea*, que nous avons observée dans l'herbier de M. Gay, où elle étoit faussement nommée *Serratula humilis*.

Cette plante, qui mériteroit peut-être de constituer un nouveau genre ou sous-genre, et que nous nommons provisoirement *Saussurea monocephala*, a de longues feuilles étroites, linéaires, une tige extrêmement courte et très-simple, terminée par une grosse calathide solitaire, le péricline laineux et très-analogue à celui de l'*Arction*. L'aigrette est plumeuse et ne semble pas d'abord être double ; mais avec beaucoup d'attention on parvient à découvrir quelques vestiges peu manifestes de la petite aigrette extérieure propre au genre *Saussurea*. Le clinanthe, que nous n'avons point vu, est-il fimbrillé, comme celui des *Saussurea*, ou seulement alvéolé, comme celui de l'*Arction?*

Nous pouvons avertir ici nos lecteurs que M. Gay vient de proposer tout récemment, sous le nom de *Siebera*, un nouveau genre de Carlinées, fondé sur le *Xeranthemum pungens* de Lamarck. Ce genre *Siebera*, que nous décrirons dans l'article Xéranthème, appartient à la section des Carlinées-Xéranthémées, et doit être placé dans notre tableau méthodique (tom. XLVII, pag. 497) entre le *Chardinia* et le *Nitelium*. (H. Cass.)

STEIFBART. (*Ichthyol.*) Nom allemand de l'*agénéiose armé*. Voyez Agénéiose. (H. C.)

STEIFSFUSS. (*Ornith.*) Nom allemand des grèbes, *podiceps*, Lath.; *colymbus*, Briss. et Illiger. (Ch. D.)

STEIKKER. (*Ichthyol.*) Nom danois du *maquereau bâtard*. Voyez Caranx. (H. C.)

STEILE D'OR. (*Ornith.*) Suivant M. Vieillot, c'est le nom du roitelet en Piémont. (Ch. D.)

STEINBARBEN. (*Ichthyol.*) Un des noms allemands du Barbeau. (H. C.)

STEIN-BARSCH, STEIN-BRACHSEM. (*Ichthyol.*) Noms allemands du Stone-Perch des Anglois. (Voyez ce mot.)

On a aussi appelé *Stein-Barsch* le *lutjan de l'Ascension* de feu de Lacépède. Voyez Lutjan. (H. C.)

STEINBEISEL. (*Ichthyol.*) Nom autrichien de la loche de rivière, *cobitis tænia*. Voyez Cobite. (H. C.)

STEINBENISSER. (*Ichthyol.*) Voyez l'article Steinpitzger. (H. C.)

STEINBICKER. (*Ichthyol.*) Dans plusieurs contrées de l'Allemagne on appelle ainsi la grande épinoche ou *spinachia*. (Voyez Gastré.)

Dans le Schleswig on appelle également de ce nom la *loche de rivière*. Voyez Cobite. (H. C.)

STEINBIKER. (*Ichthyol.*) Nom danois de la loche de rivière, *cobitis tænia*. Voyez Cobite. (H. C.)

STEINBITE. (*Ichthyol.*) Nom islandois de l'*anarrhique loup de mer*. Voyez Anarrhique. (H. C.)

STEINBITSBRODER. (*Ichthyol.*) Nom islandois du karrak. Voyez Anarrhique. (H. C.)

STEINBOCK. (*Mamm.*) Le mot françois *bouquetin*, employé pour désigner un quadrupéde ruminant de nos Alpes qui appartient au genre des Chèvres, n'est que la traduction de ce nom allemand qui signifie *bouc des pierres*. (DESM.)

STEINBOLK. (*Ichthyol.*) Un des noms allemands du TACAUD. Voyez ce mot. (H. C.)

STEINBOTTE. (*Ichthyol.*) Nom allemand du TURBOT. Voyez ce mot. (H. C.)

STEINBRUCHEL. (*Ornith.*) Ce nom suisse et celui de *Beinbrecher*, qui se traduisent par *ossifraga*, sont donnés par M. Savigny comme faisant partie des synonymes du percnoptère. *vultur percnopterus*, Linn., ou *neophron*, Savigny. (CH. **D**.)

STEINEMMERLING. (*Ornith.*) C'est, en Autriche, le bruant fou, *emberiza cia*, Linn. (CH. **D**.)

STEINEULE. (*Ornith.*) Ce nom allemand et celui de *Stein-kautz*, désignent la chouette, *strix ulula* et *brachyotos*, Gmel. (CH. **D**.)

STEINGAELLYL. (*Ornith.*) C'est, en allemand, la bécassine, *scolopax gallinago*, Linn. (CH. **D**.)

STEINGRUNDEL. (*Ichthyol.*) Voyez STEINPITZGER. (H. C.)

STEINHEILITE. (*Min.*) L'un des dix noms qui ont été donnés au minéral que M. Cordier a déterminé avec précision sous le nom de DICROÏTE (voyez ce mot), et qu'on a ensuite nommé CORDIÉRITE. M. Pansner, ayant reçu ce minéral de M. le comte de Steinheil, en a publié la description dans le *Taschenbuch für Mineralogie* de Leonhard, tom. 9, et a donné à cette variété, venant, sous la désignation de quarz bleu, d'Orijervi, près d'Abo en Finlande, le nom de *steinheilite*. Il eût été convenable ou de laisser à ce minéral le premier nom sous lequel on l'a fait connoitre, ou au moins celui de l'amateur distingué qui a donné les moyens de l'étudier et auquel l'avoit consacré le naturaliste, qui l'un des premiers a décrit cette espèce d'une manière systématique. (B.)

STEINHETZ. (*Ornith.*) C'est le chocard, *corvus pyrrhocorax*, en allemand. (CH. **D**.)

STEINKAHLKOPF. (*Ichthyol.*) Nom allemand du *pristipome Surinam*. Voyez PRISTIPOME. (H. C.)

STEINKARAUSCH. (*Ichthyol.*) Nom que, dans la Saxe, on donne au GIBÈLE. (H. C.)

STEINKOHLE. (*Min.*) Ce nom allemand d'une des substances charbonneuses qui se trouvent fossiles dans les couches
de la terre, paroît s'appliquer presque uniquement à la houille
ancienne, la véritable houille ou charbon de terre, celle
que nous désignons géologiquement par l'expression de houille
filicifère, parce qu'elle est remarquable et caractérisée par
la quantité considérable et constante de feuilles de fougère,
dont elle présente les empreintes. Voyez HOUILLE. (B.)

STEINKRÆHE. (*Ornith.*) En Allemagne on donne ce nom
et celui de *stein-tulen* ou *tahen*, au crave, *corvus graculus*,
Linn., ou *fregilus*, Cuv. (CH. D.)

STEINLERCHE. (*Ornith.*) C'est, dans Gesner, l'alouette
lulu, *alauda arborea* et *nemorosa*, Linn. (CH. D.)

STEINMARK. (*Min.*) C'est, dans la minéralogie allemande,
la marne argileuse endurcie, que nous désignons par le nom
scientifique correspondant de LITHOMARGE. (B.)

STEINPICKER. (*Ichthyol.*) Un des noms allemands de l'*aspidophore* armé et du *chabot*. Voyez ASPIDOPHORE et COTTE. (H. C.)

STEINPITZGER et STEINSCHMERL. (*Ichthyol.*) Noms allemands de la loche de rivière, *cobitis tænia*. Voyez COBITE.
(H. C.)

STEINREITLING. (*Ornith.*) Nom allemand du merle de
roche, *turdus saxatilis*, Linn., qu'on appelle aussi *stein-rœtele*
ou *trostel*. (CH. D.)

STEINROCHE. (*Ichthyol.*) Un des noms allemands de la
raie bouclée. Voyez RAIE. (H. C.)

STEINSCHMERL. (*Ichthyol.*) Voyez STEINPITZGER. (H. C.)

STELECHITE. (*Min.*) On dit qu'on donne ce nom dans les
pharmacies d'Allemagne aux incrustations calcaires qui se
forment autour des racines dans les terrains sablonneux traversés par des infiltrations calcaires. (B.)

STELEN. (*Ichthyol.*) Voyez TEPEL. (H. C.)

STELEPHUROS. (*Bot.*) Adanson a substitué ce nom d'une
plante de Théophraste à celui de *Phleum*, donné par Linnæus
à un de ses genres de graminées. Césalpin dit que ce nom de
Théophraste étoit aussi appliqué au platane. Voyez CONTUR-
NIX. (J.)

STÉLIDE, *Stelis*. (*Bot.*) Genre de plantes monocotylédones,
à fleurs incomplètes, de la famille des *orchidées*, de la gy

nandrie digynie de Linné, caractérisé par une corolle à six pétales étalés ; les cinq extérieurs soudés à leur base ; le sixième ou la lèvre libre, onguiculé, point éperonné ; la colonne des parties sexuelles (gymnostéme) point ailée ; un calice nul : une anthère terminale, operculée ; le pollen distribué en deux paquets ; une capsule trigone, polysperme.

Stélide ophioglosse : *Stelis ophioglossoides*, Swartz, *Flor. Ind. occid.*, 2, page 1551 ; *Epidendrum ophioglossoides*, Linn., *Spec.* ; Jacq., *Amer.*, tab. 133, fig. 2. Petite plante, dont les racines blanchâtres et fibreuses produisent un grand nombre de tiges, longues de trois ou quatre pouces, striées, cylindriques, entourées de plusieurs gaînes, portant vers leur sommet une feuille plane, ovale, lancéolée, aiguë, longue de deux ou trois pouces ; de son aisselle sortent plusieurs pédoncules plus longs que la feuille, chargés de petites fleurs alternes, presque unilatérales, d'un jaune sale, disposées en épis, et munies de petites bractées scarieuses ; les trois pétales extérieurs un peu plans, triangulaires, aigus ; les deux intérieurs fort petits, concaves, en cœur, d'un pourpre foncé ; la colonne dilatée et creusée au sommet, à trois dents ; l'anthère purpurine, bifide à sa partie antérieure. Cette plante croît sur les arbres dans les forêts des montagnes à la Jamaïque.

Stélide a petites fleurs : *Stelis micrantha*, Swartz, *loc. cit.;* Smith, *Exot.*, tab. 75. Cette espèce est très-rapprochée de la précédente : elle en diffère par ses feuilles deux et trois fois plus grandes. Les fleurs sont disposées en grappes, souvent une fois plus longues que les feuilles, inclinées à leur sommet. La corolle, avant son développement, forme un corps blanc, arrondi, à six faces. Les trois pétales extérieurs un peu concaves, obtus et blanchâtres au sommet ; les intérieurs et la lèvre d'un rouge sanguin ; la colonne rougeâtre ; les capsules petites, oblongues, acuminées. Cette plante est parasite sur les arbres et sur la pente des rochers des hautes montagnes, à la Jamaïque.

Stélide naine : *Stelis pusilla*, Kunth *in* Humb. et Bonpl., *Nov. gen.*, 1, page 361. Cette plante a des racines simples, épaisses et blanchâtres. Les tiges sont glabres, hautes d'environ six lignes, enveloppées à la base de gaînes striées, munies vers leur sommet d'une seule feuille lancéolée, aiguë, très-rétrécie et presque pétiolée à sa base, glabre, plane, coriace, longue d'environ un pouce et demi, large de deux lignes. L'épi est solitaire, terminal, de la longueur des feuilles, chargé de fleurs unilatérales, pédicellées, fort petites, accompagnées d'une bractée lâche, acuminée; la corolle est étalée; elle a les trois pétales extérieurs presque égaux, ovales, arrondis, à trois nervures; la capsule est oblongue, trigone, longue d'environ deux lignes. Cette plante est parasite : elle croît au royaume de Quito dans les forêts de la vallée de Puelo, aux lieux aquatiques.

STÉLIDE CHARNUE : *Stelis carnosa*, Kunth, *loc. cit.* Plante parasite, dont les tiges sont longues de quatre pouces, couvertes à leur partie inférieure de gaînes membraneuses, munies d'une seule feuille plane, oblongue, obtuse, nerveuse, un peu diaphane, striée, longue de quatre pouces, à peine large d'un demi-pouce. L'épi est terminal, cylindrique, solitaire, long de trois pouces; les fleurs sont pédicellées, très-rapprochées, munies de bractées lancéolées, subulées; la corolle, étalée, un peu jaunâtre, a les trois pétales extérieurs presque égaux, ovales, arrondis, soudés à leur base, et les deux intérieurs linéaires-lancéolés, plus courts, obtus; la lèvre est presque ronde, rétrécie à sa base; le gymnostème court. Cette plante croît aux lieux tempérés, dans la province de Jean de Bracamoros, proche Sondorillo et le rocher Mandor, à la hauteur de 1000 toises.

STÉLIDE ALONGÉE; *Stelis elongata*, Kunth, *loc. cit.* Ses racines sont simples et blanchâtres; elles produisent une souche garnie en totalité de gaînes striées. Les tiges sont longues de deux pouces et plus, portant à leur sommet une feuille lancéolée, plane, obtuse, un peu coriace, rétrécie à sa base, souvent divisée au sommet en trois dents peu apparentes. L'épi est solitaire, terminal, presque long d'un pied, grêle, roide, enveloppé d'une spathe à sa base. Les fleurs sont inclinées, pédicellées, longues d'une ligne et demie; les bractées ovales, acuminées; la corolle, rougeâtre, étalée, campanulée, a les trois pétales extérieurs oblongs, inégaux, plus longs que le supérieur, obtus, à trois nervures; les pétales intérieurs et latéraux très-petits. Cette plante parasite croît dans la vallée de Guachicone, proche le bourg Rio-Blanco, dans la province de Popayan.

Stélide blanche; *Stelis alba*, Kunth, *loc. cit.* Ses racines sont blanchâtres et simples; elles produisent une tige longue d'un pouce et demi, couverte de gaînes striées, portant au sommet une feuille alongée, un peu aiguë, coriace, rétrécie à sa base, charnue, longue de deux pouces et plus, large de huit ou neuf lignes. L'épi est grêle, solitaire, long de quatre pouces, entouré à sa base d'une spathe large, membraneuse, aiguë, longue de six lignes. Les fleurs sont unilatérales, inclinées, pédicellées; les bractées lâches, aiguës, mucronées; la corolle, blanche, étalée, campanulée, a les trois pétales extérieurs ovales, oblongs, aigus, les deux intérieurs latéraux plus petits; la lèvre concave. Le gymnostème est court; l'anthère terminale; le pollen distribué en deux paquets. Cette plante croît sur le tronc des vieux arbres dans la province de Popayan, entre la ville Almaguar et le bourg Pansitara.

Stélide élégante; *Stelis elegans*, Kunth, *loc. cit.*, tab. 90. Espèce parasite, dont les racines sont simples et blanchâtres, munies d'une bulbe ovale, oblongue, couverte de gaînes. Les tiges sont presque longues de trois pouces, engaînées, portant à leur sommet une feuille oblongue, lancéolée, obtuse, plane, rétrécie à sa base, coriace, longue de quatre pouces, larges de neuf ou dix lignes. Les épis sont roides, géminés, terminaux, longs de quatre ou six pouces, munis d'une spathe à leur base. Les fleurs sont pédicellées, inclinées, unilatérales; les bractées lâches, diaphanes, aiguës; la corolle, jaunâtre, campanulée, étalée, a les trois pétales extérieurs oblongs, concaves, rétrécis au sommet, à trois nervures; le supérieur une fois plus long que les autres; les pétales intérieurs latéraux, oblongs, linéaires, obtus, à une seule nervure, une fois plus courts que les extérieurs; la lèvre ovale, à trois lobes peu marqués, onguiculé, en capuchon, réfléchi au sommet. Le gymnostème est droit; l'anthère terminale. Cette plante parasite croît au royaume de Quito, dans la vallée d'Ichumbamba, proche Chillo.

Stélide a gros fruits; *Stelis macrocarpa*, Kunth, *loc. cit.* Plante parasite, dont la tige est longue de quatre à cinq pouces, couverte de gaînes membraneuses, striées, munie vers son sommet d'une feuille plane, oblongue, obtuse, striée, longue de trois pouces, large de dix ou douze lignes. Les épis sont fort grêles, géminés, terminaux, longs d'environ six pouces, enveloppés d'une spathe à leur base ; les fleurs pédicellées, unilatérales ; les bractées lâches, aiguës, diaphanes ; la corolle, étalée, campanulée, a les trois pétales extérieurs ovales, arrondis, un peu aigus, violets, presque égaux ; les deux intérieurs latéraux trois fois plus courts ; la lèvre ovale, arrondie, acuminée, à peine plus longue que les pétales intérieurs. La capsule est glabre, oblongue, à côtes saillantes, longue d'un demi-pouce. Cette plante croît au pied de la montagne volcanique de Pastoa.

Stélide a fleurs nombreuses ; *Stelis floribunda*, Kunth, *loc. cit.* De ses racines simples, blanchâtres et fibreuses sortent plusieurs tiges droites, anguleuses, longues de trois ou quatre pouces, couvertes de gaines membraneuses, striées ; vers le sommet des tiges est une feuille plane, oblongue, obtuse, rétrécie à sa base, longue de trois pouces, large de quatorze lignes. Les épis sont terminaux ; grêles, géminés, ternés ou quaternés, longs de deux à quatre pouces, enveloppés à leur base d'une spathe membraneuse. Les fleurs sont unilatérales, médiocrement pédicellées, un peu inclinées, accompagnées chacune à leur base d'une spathe lâche, diaphane, aiguë ; la corolle est étalée ; elle offre les trois pétales extérieurs violets, ovales, un peu aigus, légèrement pubescens en dedans ; les deux intérieurs latéraux, verdâtres, arrondis, trois fois plus courts que les extérieurs ; la lèvre concave, ovale, de la longueur des pétales intérieurs. Cette plante croît dans les Andes de Popayan, proche Poblaton. (Poir.)

STELKUR. (*Ornith.*) Nom donné, en Islande, au corlieu ou à la barge grise, *scolopax totenus*, Linn. (Ch. D.)

STELLA AVIS. (*Ornith.*) Sonnini fait remarquer, dans le Nouveau Dictionnaire d'histoire naturelle, que, bien qu'Aldrovande ait reconnu qu'il s'étoit mépris en regardant comme une petite outarde l'oiseau appelé *stella* par les pêcheurs de Rome, plusieurs ornithologistes ont continué d'adopter la même supposition. (Ch. D.)

STELLAIRE ; *Stellaria*, Linn. (*Bot.*) Genre de plantes dicotylédones polypétales, de la famille des *caryophyllées*, Juss., et de la *décandrie trigynie*, Linn., qui présente les caractères suivans : Calice de cinq folioles ovales-lancéolées, concaves, ouvertes, persistantes; corolle de cinq pétales oblongs, bifides; dix étamines à filamens filiformes, alternativement plus longs, terminés par des anthères arrondies; un ovaire arrondi, supère, surmonté de trois styles capillaires, terminés par des stigmates obtus; une capsule ovale, à une seule loge contenant plusieurs graines arrondies, comprimées.

Les stellaires sont des plantes herbacées, à feuilles entières, opposées, et à fleurs terminales ou axillaires. On en connoît une cinquantaine d'espèces, dont neuf croissent naturellement en France; on trouve les autres dans le reste de l'Europe, en Asie, en Afrique et en Amérique.

STELLAIRE DES BOIS; *Stellaria nemorum*, Linn., *Sp.*, 603. Sa racine est rampante, vivace; elle produit une tige foible, articulée, haute d'un pied ou environ, garnie, à chacune de ses articulations, de deux feuilles pétiolées, ovales-lancéolées, échancrées en cœur à leur base, légèrement pubescentes; ses fleurs sont blanches, assez grandes, disposées, au sommet des tiges, en panicule lâche et dichotome. Cette espèce croît dans les bois, en France et dans d'autres contrées de l'Europe.

STELLAIRE SAXIFRAGE; *Stellaria saxifraga*, Bertol., *Plant. Ital. rar.*, éd. 1, pag. 55, n.º 4. Sa racine est vivace; elle produit une tige divisée dès sa base en rameaux étalés, plus ou moins couchés, longs de deux à quatre pouces ou un peu plus, garnis de feuilles ovales, aiguës, presque cordiformes, sessiles, hérissées de poils courts. Ses fleurs sont blanches, à pétales deux fois plus grands que le calice, disposées en panicule dichotome et très-lâche. Cette plante croît sur les montagnes alpines en Italie.

STELLAIRE ALSINE : *Stellaria alsine*, Willd., *Spec.*, 2, p. 713; *Stellaria aquatica*, Poll., *Pal.*, n.º 422, *non Scop.* Sa racine est annuelle, fibreuse; elle produit plusieurs tiges foibles, en partie couchées, longues de huit à douze pouces, garnies de feuilles oblongues-lancéolées, parfaitement glabres, comme toute la plante. Ses fleurs sont blanches, petites, disposées, sur des pédoncules rameux, dans les aisselles des feuilles ou à l'extrémité des rameaux. Les pétales sont plus courts que le calice. Cette plante croît en France et dans d'autres contrées de l'Europe, dans les marais.

Stellaire graminée ; *Stellaria graminea*, Linn., *Spec.*, 604. Sa racine est vivace : elle produit une tige grêle, tétragone, haute d'un pied ou environ, garnie de feuilles linéaires-lancéolées, parfaitement glabres. Ses fleurs sont blanches, disposées en panicule terminale ; les pétales sont bifides au-delà de moitié et égaux au calice, dont chaque foliole est à trois nervures saillantes. Cette espèce croît en France et dans d'autres contrées de l'Europe, sur les bords des bois et dans les champs.

Stellaire des marais : *Stellaria palustris*, Willd., *Spec.*, 2, p. 712; *Stellaria glauca*, Smith, *Flor. Brit.*, 2, p. 475. Cette espèce ressemble beaucoup à la précédente ; mais ses feuilles sont d'un vert glauque et ses fleurs sont plus grandes, les pétales étant au moins d'un tiers plus longs que les folioles calicinales. Elle croît dans les marais, en France et dans d'autres contrées de l'Europe.

Stellaire holostée ; *Stellaria holostea*, Linn., *Spec.*, 603. La racine de cette espèce est rampante, vivace ; elle donne naissance à une ou plusieurs tiges redressées, glabres, hautes d'un pied à quinze pouces, garnies de feuilles lancéolées, sessiles, très-aiguës. Ses fleurs sont d'un blanc très-pur, assez grandes, disposées en panicule terminale ; les pétales sont une fois plus longs que le calice, dont les folioles n'ont point de nervures. Cette plante est commune dans les bois, en France et dans le reste de l'Europe.

Stellaire faux-céraiste ; *Stellaria cerastoides*, Linn., *Sp.*, 604. Ses racines sont fibreuses, rampantes ; elles produisent plusieurs tiges rameuses, étalées et même couchées dans leur partie inférieure, longues de deux à quatre pouces, garnies de feuilles oblongues, glabres ou quelquefois légèrement pubescentes dans le haut de la plante ; les fleurs sont blanches, portées sur des pédoncules solitaires ou quelquefois ternés, un peu pubescens et visqueux ; les pétales sont une fois plus grands que les folioles calicinales. Cette espèce croît dans les lieux humides et élevés des Alpes et des Pyrénées. (L. D.)

STELLARIA. (*Bot.*) Ce nom a été donné par plusieurs auteurs à des plantes très-différentes : par Matthiole à l'*alchi-milla vulgaris;* par Camerarius à l'*alchimilla alpina;* par Bruns-fels à l'*asperula odorata;* par Lobel au *callitriche;* par Dalé-champs à l'*arenaria rubra.* Linnæus l'a appliqué à un genre voisin de ce dernier, dans la famille des caryophyllées. Voyez Stellaire. (**J.**)

STELLARIS. (*Bot.*) C'est sous ce nom que Heister dési-gnoit des plantes rapportées maintenant au *scilla* et à l'*orni-thogalum.* (**J.**)

STELLÈRE. (*Mamm.*) M. Cuvier a donné ce nom à un genre de mammifères cétacés herbivores, dans lequel il place un animal marin du Kamtschatka, regardé par erreur comme un lamantin, et qui avoit été observé et décrit par le natura-liste russe Steller. Nous en avons traité au mot Rytine, dé-rivé de celui de *rytina,* qui lui avoit été imposé d'abord par Illiger. (Desm.)

STELLÉRIDES, *Stellerideæ.* (*Actinoz.*) Les divisions géné-riques que les progrès de la science ont forcé d'établir dans le grand genre *Asterias* de Linné, ont dû ensuite être réunies dans une famille ou dans un ordre distinct. C'est à ce groupe que M. de Lamarck a donné le nom de *stellérides,* voulant indiquer par là qu'il comprend les animaux qui sont désignés, dans presque toutes les langues, sous une dénomination qui répond à celle d'étoiles de mer (*stellæ marinæ*). Cette famille est aisément caractérisée par la forme du corps constamment plus ou moins déprimé, parfaitement radiaire, régulier, po-lygonal : chaque angle se prolongeant souvent en appendices simples ou ramifiées, ainsi que par la position centrale et inférieure de la bouche toujours édentule, et par l'absence totale d'anus. M. de Lamarck partage cette famille en quatre genres, les Comatules, les Euryales, les Ophiures et les As-téries ; mais le fait est qu'il n'y en a réellement que deux ou, tout au plus, trois : les Astéries, dont les angles, quelques distincts et nombreux qu'ils soient, sont fendus inférieure-ment dans toute leur longueur ; toutes les autres stellérides ayant toujours à l'extrémité des angles de leur corps des appen-dices en forme de queue d'orvet, simples ou ramifiés, mais qui ne sont jamais fendus inférieurement ; les Comatules, qui ont deux rangées de ces appendices, l'une au-dessu sde l'autre, se distinguent ensuite aisément des deux autres genres, qui n'en ont qu'une rangée, et qui ne diffèrent, du reste, que par la simplicité ou les ramifications des appendices.

Les stellérides sont toutes marines et, à ce qu'il paroît, littorales.

On en connoît dans toutes les mers; mais elles sont beaucoup plus grosses et beaucoup plus nombreuses dans les mers des pays chauds et en général dans l'hémisphère austral; le boréal ne contient même guère que de véritables astéries et à peine quelques petites espèces d'ophiures dans la Méditerranée : les comatules et les euryales sont toutes des mers des pays chauds. (De B.)

STELLÉRINE; *Stellera*, Linn. (*Bot.*) Genre de plantes dicotylédones apétales, de la famille des *thymelées*, Juss., et de l'*octandrie monogynie*, Linn., dont les principaux caractères sont d'avoir un calice monophylle, infundibuliforme, persistant, à tube grêle, et à limbe partagé en quatre ou quelquefois en cinq lobes ovales, colorés; point de corolle; huit à dix étamines, à filamens très-courts, insérés sur le calice, terminés par des anthères oblongues; un ovaire ovale, supère, chargé d'un style court, persistant, à stigmate en tête; une petite coque dure, monosperme, enveloppée par le calice persistant et terminée par une pointe recourbée et en forme de bec.

Les stellérines sont des plantes herbacées, à feuilles entières, éparses; elles ont les fleurs axillaires ou terminales. On n'en connoît que trois espèces.

Stellérine passerine; *Stellera passerina*, Linn., *Spec.*, 512. Sa racine, qui est annuelle, produit une tige droite, grêle, plus ou moins rameuse, haute d'un pied ou un peu plus, garnie de feuilles linéaires, sessiles, très-glabres; ses fleurs sont petites, blanchâtres ou jaunâtres, sessiles, une à trois ensemble dans les aisselles des feuilles et disposées dans la plus grande partie de la longueur des rameaux. Cette plante se trouve dans les champs, en France, ainsi que dans plusieurs parties de l'Europe et de l'ancien continent.

Des deux autres stellérines l'une croît en Sibérie et la dernière sur les monts Altaïques. (L. D.)

STELLIFERA. (*Bot.*) A l'article Mycétodéens nous avons renvoyé ici à décrire le genre *Asterophora* de Dittmar, adopté par Link et le plus grand nombre des botanistes. Il est fondé sur un champignon parasite, qui, par sa singulière structure, a été pris tantôt pour une espèce d'*agaricus*, tantôt pour un *merulius*, ou même pour un *helvella*, et qui, enfin, a des rapports avec les lycoperdons, près desquels il est même placé. Ce genre est caractérisé par son chapeau ou péridium stipité, globuleux ou arrondi, dont le bord se détache circulairement du sommet de son stipe, et dont le dessous est garni d'espèces de lames analogues à celles du genre *Agaricus*. Ce péridium est formé par un tissu serré de filamens floconneux ; il s'ouvre très-irrégulièrement à son sommet, et laisse échapper les sporules contenues dans son intérieur : ces sporules ou sporidies sont tantôt anguleuses, tantôt en forme d'étoile, d'où ce genre a tiré ses deux noms génériques rapportés plus haut. M. Desvaux avoit cru devoir également former ce genre : c'est son *Mycoconium*.

L'*asterophora lycoperdoides*, Dittm. , Link, *Berl. Mag.*, 3, pag. 31 ; *Agaricus asterophora agaricoides*, Nées, *Syst.*, 130 ; *Agaricus lycoperdoides*, Pers., *Disp.*, p. 20; Curt Sprengel, *Syst.* 4, p. 463, est l'espèce type du genre. C'est un champignon dont le chapeau est fauve, presque globuleux, tomenteux, garni en dessous de lamelles presque gélatineuses, épaisses, un peu saillantes , d'un blanc bleuâtre ; dont le stipe est grisâtre, tomenteux. long d'un pouce et plus, un peu flexueux ; le chapeau n'a que six lignes de diamètre, et sa substance est tomenteuse. Ce petit champignon se trouve sur les agarics pourris, tels que l'*agaricus adustus*.

M. De Candolle (Fl. françoise) a fait de l'*agaricus lycoperdoides* son *merulius lycoperdoides*, sur ce que le dessous du chapeau est garni de rides plutôt que de lamelles ou feuillets, et il cite, avec Persoon, pour figure de cette plante, l'*agaricus lycoperdonoides* , Bull. , Champ. , pl. 516, fig. 1, et, de plus, la planche 166 de Bulliard : sur cette dernière planche on lit le renvoi de Bulliard, mais avec doute, au *fungo daster* de Michéli, *Gen. pl.*, 82 , fig. 1 ; renvoi que M. De Candolle adopte sans en douter. Enfin, Sowerby (*Engl. fung.*, pl. 383) donne pour l'*agaricus lycoperdonoides* de Bulliard, un champignon qui nous paroît différent. On voit même, en comparant les figures de Michéli avec celles de Bulliard et de Sowerby, que ces trois auteurs ont presque sûrement figuré trois espèces différentes, et qu'il reste même à savoir si ces trois espèces ne sont pas réellement des *agaricus*, plutôt qu'un genre distinct. Il n'est pas certain, en effet, que les lamelles inférieures soient stériles, quoique Bulliard fasse remarquer, pour sa plante, que les feuillets ne paroissent point destinés à remplir les mêmes fonctions que les feuillets des vrais agarics. « Quand ce champignon « vieillit, dit-il, son chapeau devient ferme, brunâtre, pe- « luché, et se couvre d'une poussière qui est due à la subs- « tance même du champignon, et il ne reste point, après sa « dispersion, de bourse, comme cela a lieu dans les lyco- « perdons. » Ainsi cette plante ne sauroit être assimilée aux agarics ni aux lycoperdons, et sa place seroit indécise. Il est donc nécessaire d'un nouvel examen de ces plantes, parasites des champignons du genre Agaric et qui croissent sur leur chapeau ou leurs feuillets (Bulliard), sur leur stipe (Sowerby), pour pouvoir décider de leur véritable place en botanique. On ne doit conserver jusque-là dans le genre que le seul *asterophora lycoperdoides* de Dittmar, dont les sporidies ont été signalées, et peut-être l'*onygena agaricina* de Schweinitz, selon Fries. (LEM.)

STELLIFÈRE. (*Ichthyol.*) Voyez ÉTOILÉ, tom. XV, p. 492. (H. C.)

STELLION, *Stellio.* (*Erpét.*) Daudin, d'après l'ancien nom latin d'un reptile mal déterminé aujourd'hui, a ainsi appelé un genre de reptiles de l'ordre des *sauriens* et de la famille des eumérodes ou grimpeurs.

Ce genre, que Linnæus avoit confondu avec celui des lézards, est maintenant généralement admis, et peut être ainsi caractérisé :

Queue pointue, arrondie, à verticilles épineux; cou et pattes distincts; celles-ci à doigts libres, inégaux, onguiculés, non opposables; point de dents au palais; langue charnue, épaisse, non extensible et seulement échancrée au bout; tête renflée en arrière par les muscles des mâchoires; dos et cuisses hérissés çà et là d'écailles plus grandes que les autres, et parfois épi-

*neuses; oreilles entourées de petits groupes d'épines; cuisses dé-
pourvues de pores folliculaires.*

Les Stellions seront facilement distingués des Caméléons, qui ont les doigts opposables; des Iguanes, des Agames, des Lézards, des Anolis, des Dragons, des Geckos, qui n'ont point la queue épineuse; des Fouette-queue et des Cordyles, qui ont sous les cuisses une ligne de très-grands pores. (Voyez ces divers noms de genres, et Erpétologie, Eumérodes et Sauriens.)

Parmi les espèces de ce genre nous citerons :

Le Stellion du Levant : *Stellio vulgaris*, Daudin ; *Lacerta stellio*, Linnæus; *Cordylus stellio*, Laurenti. Tête grosse, un peu aplatie, triangulaire, très-élargie, calleuse et rude sur les côtés de l'occiput; tympan rond, large et peu enfoncé; mâchoires fendues jusqu'à son niveau, et bordées de deux ou trois rangs parallèles d'écailles étroites, lisses et presque carrées; narines rondes, un peu saillantes; yeux en arrière sur les joues; dix-sept dents à chaque côté de la mâchoire supérieure; vingt-deux à chaque côté de l'inférieure; queue plus longue que le corps, composée de soixante-dix verticilles épineux; anus transversal; cinq doigts à tous les pieds; ongles petits et crochus.

Ce saurien atteint la taille d'un pied environ ; il est olivâtre, nuancé de noirâtre; le dessous de ses pattes est orangé.

Il est très-commun dans tout le Levant, et surtout dans les îles de l'Archipel, en Égypte et en Syrie. On le rencontre aussi, dit-on, au cap de Bonne-Espérance. Il paroît vivre de préférence sous les ruines des vieux édifices, dans les tas de pierres, dans les fentes des rochers, et dans des espèces de terriers qu'il a l'art de se creuser.

Très-agile dans ses mouvemens, il se nourrit des insectes qui voltigent sur le sable.

Le stellion du Levant, que les Grecs modernes nomment κοσκόρδυλός, et les Arabes *hardun*, ne paroît point être le stellion des anciens, lézard tacheté, venimeux, ennemi de l'homme et rusé, lequel a donné lieu aux expressions de *stellionat*, ou *dol dans les contrats*, et qui se trouve probablement représenté par la *tarentole* ou *gecko tuberculeux* du Midi de l'Europe (voyez Gecko). Cette opinion est partagée par

MM. Schneider et Cuvier, et Belon, le premier, paroît avoir donné lieu à cette fausse application d'un mot ancien.

En Égypte, au rapport de ce dernier voyageur et de quelques autres, autour des Pyramides, dans le voisinage des tombeaux de la Thébaïde, on recueille, pour les pharmacies orientales, ses excrémens, qu'on employoit anciennement chez nous comme cosmétique, sous les dénominations de *cordilea*, de *crocodilea*, ou de *stercus lacerti*, et dont les Turcs font encore quelque usage, à l'exemple de ces coquettes de Rome, dont parle Horace dans ses Épodes :

> . . . . . *Nec illi*
> *Jam manet . . . colorque*
> *Stercore fucatus crocodili.*

Quoi qu'il en soit, les mahométans le poursuivent et le tuent, parce que, disent-ils, il se moque d'eux, en baissant la tête, comme quand ils font la prière.

Le STELLION A QUEUE PLATE DE LA NOUVELLE-HOLLANDE; *Stellio platurus*, Daudin. Corps et tête déprimés et larges; yeux saillans; museau effilé; queue plate, épineuse, surtout sur ses bords; membres alongés et minces.

Ce stellion, d'un gris brunâtre en dessus et d'un blanc pâle en dessous, n'a que six pouces et demi de longueur totale.

Il a été trouvé près de Botany-Bay et dans toute la Nouvelle-Galles méridionale par J. White, qui l'a comparé au gecko à tête plate de feu de Lacépède.

Très-probablement il doit être confondu avec le *stellio phyllurus* de M. Schneider. Voyez PHYLLURE. (H. C.)

STELLION DES ANCIENS. (*Erpét.*) Voyez GECKO. (H. C.)

STELLION AZURÉ. (*Erpét.*) Voyez FOUETTE-QUEUE. (H. C.)

STELLION CORDYLE. (*Erpét.*) Voyez CORDYLE. (H. C.)

STELLION COURTE-QUEUE. (*Erpétol.*) Voyez FOUETTE-QUEUE. (H. C.)

STELLION FRANGÉ. (*Erpétol.*) Voyez GECKO et THÉCADACTYLE. (H. C.)

STELLION QUETZ-PALEO. (*Erpétol.*) Voyez FOUETTE-QUEUE. (H. C.)

STELLION SPINIPÈDE. (*Erpét.*) Voy. FOUETTE-QUEUE. (H. C.)

STELLIONS BATARDS. (*Erpét.*) Voy. FOUETTÉ-QUEUE. (H. C.)

STEMASTRUM. (*Bot.*) Genre de la famille des champignons, de la division des lycoperdons, qui comprend des espèces semblables à celles du *geastrum*, mais qui sont pédiculées.

Le *Stemastrum Boscii*, cité par Rafinesque, auteur du genre, est le *lycoperdon heterogenum*, Bosc, type du genre *Mitremyces* de Nées, qui conséquemment se trouve être le même que le *Stemastrum*. Voyez MYTREMYCES. (LEM.)

STEMMACANTHE, *Stemmacantha*. (*Bot.*) Ce genre de plantes, que nous avons proposé dans le Bulletin des sciences de Janvier 1817 (pag. 12), appartient à l'ordre des Synanthérées, à notre tribu naturelle des Carduinées, et au groupe des Rhaponticées, dans lequel nous le plaçons entre le *Fornicium* et l'*Acroptilon*. Voici les caractères génériques du *Stemmacantha*, décrits un peu autrement que dans notre tableau des Carduinées (tom. XLI, pag. 520).

Calathide incouronnée, équaliflore, multiflore, subrégulariflore, androgyniflore. Péricline ovoïde, très-inférieur aux fleurs, formé de squames très-nombreuses, régulièrement imbriquées, appliquées, coriaces, striées; les intermédiaires oblongues-lancéolées, surmontées d'un long appendice inappliqué, dressé, un peu plus large à sa base que le sommet de la squame, étroitement lancéolé, presque subulé, plan, coriace-scarieux, opaque, hispide sur les deux faces, noirâtre en dehors, avec une bordure presque diaphane, blanchâtre, ciliée ou frangée. Clinanthe épais, charnu, plan, garni de fimbrilles nombreuses, longues, inégales, libres, filiformes-laminées. Ovaires oblongs, comprimés bilatéralement, subtétragones, glabres, lisses, un peu striés; aréole basilaire très-large, très-oblique-intérieure; les bords du sommet de l'ovaire inégalement et irrégulièrement dentés-crénelés, ayant souvent quelques dents plus ou moins prolongées en épines; plateau nul ou presque nul; aigrette longue, roussâtre, composée de squamellules très-nombreuses, très-inégales, plurisériées; les intérieures plus longues, ayant la partie inférieure laminée, largement linéaire, presque nue, et la partie supérieure triquètre-filiforme, barbellulée; les squamellules extérieures graduellement plus courtes et plus grêles, entièrement filiformes et barbellulées. Corolles presque régulières, très-peu obringentes, à base très-épaisse et charnue, formant autour du nectaire une masse arrondie, bulbiforme. Étamines à filet hérissé de très-petites papilles, à anthère pourvue d'un appendice apicilaire obtus. Styles à deux stigmatophores longs, libres seulement au sommet.

Stemmacanthe faux - artichaut : *Stemmacantha cinaroides*, H. Cass.; *Serratula cynaroides*, Decand., Fl. fr., tom. 4, p. 87; *Cnicus centauroides*, Linn., *Sp. pl.*, p. 1157. C'est une plante herbacée, à racine vivace, dont la tige, haute d'environ deux pieds et demi, est dressée, droite, épaisse, cannelée, simple ou presque simple, portant une ou deux calathides solitaires, terminales; les feuilles sont très-grandes, ovales, vertes en dessus, blanches et tomenteuses en dessous, les inférieures pinnatifides, découpées presque jusqu'à la côte moyenne, à lobes dentés, les intermédiaires découpées seulement jusqu'à moitié, les supérieures oblongues - lancéolées et dentées; la calathide est très-grosse, ovoïde; les appendices de son péricline sont absolument inermes, pointus, noirâtres, avec une bordure blanchâtre; les corolles sont purpurines et longues de près d'un pouce et demi. Cette belle plante, qui habite les Pyrénées, offre extérieurement beaucoup de ressemblance avec l'artichaut, par son port, ses feuilles, sa calathide.

Notre Stemmacanthe avoit été attribuée par Linné d'abord au genre *Carduus*, puis au *Cnicus*. Gærtner a beaucoup mieux fait en la rapportant au *Serratula*; et M. De Candolle, qui s'est conformé à l'avis de Gærtner, a très-judicieusement remarqué, dans son second Mémoire sur les Composées (pag. 32), que cette plante sembloit établir une sorte de passage entre les Rhapontics et les Serratules. Mais il est certain qu'elle ne s'accorde exactement avec aucun de ces deux genres, et nous croyons qu'elle diffère suffisamment de l'un et de l'autre, ainsi que de tout autre genre de la tribu des Carduinées, pour mériter d'être distinguée génériquement. On pourroit supposer que cette distinction générique a été faite avant nous par Necker; mais cela est fort douteux, parce que son genre *Hookia* correspond aussi bien au *Rhaponticum* et à l'*Alfredia* qu'au *Stemmacantha*, en sorte qu'on ignore sur quelle plante il l'a fondé. C'est pourquoi nous avons proposé le genre *Stemmacantha*, ainsi nommé parce que le bourrelet apicilaire du fruit ressemble souvent à une couronne d'épines. Ce genre est principalement caractérisé : 1.° par les appendices du péricline, qui sont longs, étroits, un peu plus larges cependant que le sommet des squames, lancéolés-aigus, plans, coriaces-scarieux ; 2.° par l'aigrette, dont les squamellules intérieures sont très-larges et comme paléacées inférieurement. Nous attribuons le *Stemmacantha* au groupe des Rhaponticées plutôt qu'à celui des Serratulées, parce que, bien que les appendices de son péricline soient étroits, ils sont un peu plus larges que le sommet des squames, et parce que d'ailleurs cette plante s'accorde mieux par son port avec les Rhaponticées qu'avec les Serratulées.

Dans notre article PLATYRAPHE (tom. XLI, pag. 3o5) nous avons présenté deux systèmes différens de classification pour la tribu des Carduinées : le premier (pag. 3o8) fondé sur les appendices du péricline considérés comme inermes ou piquans au sommet ; le second (pag. 538) fondé sur ces mêmes appendices considérés comme plus larges ou plus étroits que le sommet des squames. Aucun de ces deux systèmes n'est satisfaisant, et, mieux éclairé par de nouvelles observations, nous les répudions aujourd'hui l'un et l'autre, après y avoir mûrement réfléchi. En effet, les vraies Carthamées, c'est-à-dire les *Carduncellus* et *Carthamus*, ont les feuilles et le péricline réellement épineux ; et pourtant l'ordre naturel exige que ce petit groupe des Carthamées soit interposé entre les Centauriées et les Rhaponticées, ce qui l'éloigne nécessairement des autres Carduinées épineuses. Quant au second système, il a le très-grave inconvénient de contrarier trop manifestement les affinités naturelles, en éloignant considérablement l'un de l'autre le groupe des Rhaponticées et celui des Serratulées, qui se rapprochent tellement, qu'il est fort difficile ou même presque impossible de les distinguer par un caractère exact, dans certains cas, où ils se confondent par des nuances insensibles. Nous devons donc renoncer à diviser systématiquement la tribu des Carduinées en deux grandes sections, et nous borner à la distribuer en sept petits groupes naturels, de la manière suivante :

I. Carthamées. (Appendices du péricline plus larges que le sommet des squames, foliacés, plus ou moins épineux. Fruit tétragone, peu ou point comprimé, privé de plateau. Appendice apicilaire de l'anthère arrondi au sommet.) 1. *Carduncellus*; 2. *Carthamus.*

II. Rhaponticées. (Appendices du péricline plus larges que le sommet des squames, scarieux, inermes ainsi que les feuilles.) 3. *Cestrinus*; 4. *Rhaponticum*; 5. *Leuzea*; 6. *Fornicium*; 7. *Stemmacantha*; 8.? *Acroptilon.*

III. Serratulées. (Appendices du péricline plus étroits que le sommet des squames, et inermes ainsi que les feuilles.) 9. *Jurinea*; 10. *Klasea*; 11. *Serratula*; 12. *Mastrucium*; 13. *Lappa.*

IV. Silybées. (Appendices du péricline plus larges que le sommet des squames, scarieux ou foliacés, dentés, épineux. Fruit oblong ou obové, comprimé, portant un plateau très-manifeste. Appendice apicilaire de l'anthère aigu.) 14. *Alfredia*; 15. *Echenais*; 16. *Silybum.*

V. Cinarées. (Appendices du péricline larges ou étroits, coriaces, piquans au sommet. Fruit tétragone, à péricarpe dur.) 17. *Cinara*; 18. *Onopordon.*

VI. Lamyrées. (Appendices du péricline plus étroits que le sommet des squames, épais, très-roides, piquans au sommet. Fruit subglobuleux, à péricarpe dur.) 19. *Platyraphium*; 20. *Lamyra*; 21. *Ptilostemon*; 22. *Notobasis.*

VII. Carduinées vraies. (Appendices du péricline plus étroits que le sommet des squames, et piquans au sommet. Fruit oblong, comprimé, à péricarpe flexible.) 23. *Picnomon*; 24. *Lophiolepis*; 25. *Eriolepis*; 26. *Onotrophe* (*Apalocentron*, *Microcentron*); 27. *Cirsium*; 28. *Orthocentron*; 29. *Galactites*; 30. *Tyrimnus*; 31. *Carduus* (*Platylepis*, *Chromolepis*, *Stenolepis*).

Remarquez que l'attribution du *Kentrophyllum* à la tribu des Centauriées est ce qui nous oblige à placer le groupe des Carthamées au commencement de la série des Carduinées. Si donc l'on se décidoit à transférer ce genre *Kentrophyllum* dans la tribu des Carduinées et dans le groupe des Carthamées, il conviendroit alors de disposer les sept groupes de cette tribu de la manière suivante:

I. Serratulées. — II. Rhaponticées. — III. Carthamées. — IV. Silybées. — V. Cinarées. — VI. Lamyrées. — VII. Carduinées vraies.

Cette disposition seroit assurément préférable à toute autre, si l'on pouvoit arranger la série des Centauriées de manière à placer à la fin de cette tribu les *Centaurium*, *Mantisalca*, *Cheirolophus*, qui ont beaucoup d'affinité avec les Serratulées. Malheureusement il est impossible de concilier tous les rapports, dans la série linéaire, qui est pourtant la seule admissible et praticable, ainsi que nous l'avons démontré (*Opusc. phytol.*, tom. 1, pag. 368). Il faut donc se borner à choisir, entre toutes les dispositions linéaires, celle qui est la moins imparfaite, c'est-à-dire qui offre le plus d'avantages et le moins d'inconvéniens. C'est pourquoi nous ne craignons pas de multiplier les tâtonnemens, et d'offrir à nos lecteurs divers essais, dont la comparaison pourra enfin conduire à un résultat satisfaisant.

5. Le *Cestrinus*, que nous avions mis à la fin des Carthamées, est beaucoup mieux au commencement des Rhaponticées; et ce déplacement, le laissant auprès du *Carthamus*, ne dérange rien à l'ordre prescrit par les affinités naturelles.

6. Notre *Fornicium rhaponticoides* est la plante que M. Fischer avoit nommée, en 1813, *Centaurea altaica* (Spreng., *Pugill.* 1. p. 59), et qu'il a nommée, en 1822, *Leuzea altaica* (Link, *Enum. alt.*).

8. Acroptilon, H. Cass. Calathide incouronnée, équaliflore, pluriflore, subrégulariflore, androgyniflore. Péricline ovoïde, inférieur aux fleurs, formé de squames régulièrement imbriquées, appliquées : les intermédiaires très-larges, presque rondes, concaves, coriaces, glabres, lisses, plurinervées ou striées, pourvues d'un appendice dressé, presque appliqué, décurrent, marginiforme, très-large, subcordiforme, scarieux, parcheminé, mince, diaphane, incolore, pubescent sur la face externe, très-entier et cilié sur les bords, acuminé au sommet, muni d'une très-foible nervure médiaire; les squames extérieures à peu près semblables aux intermédiaires; les intérieures longues, étroites, lancéolées, membraneuses sur les bords, insensiblement prolongées en une sorte d'appendice subulé, plumeux. Clinanthe plan, garni

de fimbrilles nombreuses, longues, inégales, libres, laminées, membraneuses, linéaires-subulées. Ovaires obovoïdes-oblongs, glabres, ayant l'aréole basilaire non oblique ; aigrette caduque, très-longue, blanche, composée de squamellules nombreuses, très - inégales, plurisériées, imbriquées, étagées, libres, filiformes, très-barbellulées; les cinq squamellules intérieures égales, beaucoup plus longues que toutes les autres, ayant la partie inférieure élargie, laminée, linéaire, barbellulée sur les deux bords, et la partie supérieure filiforme, comme pénicillée, presque plumeuse, hérissée de longues barbelles. Corolles glabres, à tube grêle, bien distinct, à limbe subrégulier, divisé par des incisions à peu près égales. Étamines à filet large, laminé, paroissant glabre, rarement un peu papillé ; anthère à loges longues; appendice apicilaire presque arrondi au sommet ; appendices basilaires membraneux. Style à deux stigmatophores très-longs, à peine articulés sur leur support, comme veloutés ou garnis de très-petits collecteurs, complétement entregreffés en leurs deux tiers inférieurs, entièrement libres, divergens, arqués en dehors, et largement laminés, en leur tiers supérieur.

Acroptilon obtusifolium, H. Cass. Tige herbacée, haute d'environ huit pouces, rameuse, striée, pubescente, grisâtre, garnie de feuilles d'un bout à l'autre; feuilles alternes, sessiles, uniformes, simples, longues d'environ quatorze lignes, larges d'environ trois lignes, oblongues, étrécies vers la base, obtuses et apiculées au sommet, très-entières mais scabres sur les bords, plus ou moins pubescentes sur les deux faces; calathides hautes d'environ neuf lignes, solitaires au sommet de la tige et des rameaux. Nous avons fait cette description sur un échantillon sec de l'herbier de M. Desfontaines, étiqueté *Centaurea picris*, mais qui appartient peut-être à la *Serratula caspica*.

Acroptilon subdentatum, H. Cass. Plante glabriuscule ; tige très - longue, grêle, flexueuse, comme sarmenteuse, cylindrique, très - rameuse, à rameaux très-longs, presque filiformes; feuilles nombreuses, alternes, sessiles, longues de près d'un pouce et demi, larges d'environ cinq lignes, lancéolées, terminées au sommet par une pointe spinuliforme, et munies sur les bords de quelques dents très-distantes et extrêmement petites; calathides peu nombreuses, solitaires, sessiles au sommet de la tige et des rameaux, hautes de huit lignes et composées d'environ sept fleurs.

Acroptilon serratum. H. Cass. Tige herbacée, rameuse, striée, plus ou moins garnie d'un léger duvet lanugineux, blanchâtre; feuilles nombreuses, alternes, sessiles, longues d'environ un pouce et demi, larges d'environ cinq lignes, lancéolées, aiguës au sommet, dentées en scie sur les bords, à dents peu nombreuses (quatre ou cinq de chaque côté), très-distantes, mais très-grandes, ordinairement opposées; les deux faces plus ou moins garnies d'un léger duvet blanchâtre, très-manifeste sur les jeunes feuilles, presque nul sur les vieilles; calathides solitaires et sessiles au sommet de rameaux garnis de très-petites feuilles, et formant ensemble une sorte de petit corymbe terminal de quatre ou cinq calathides; chacune d'elles haute de six lignes et composée d'environ treize fleurs. Nous avons décrit cette espèce et la précédente sur des échantillons secs, innommés, dont nous ignorons l'origine.

Acroptilon angustifolium, H. Cass. Plante glabre ou presque glabre; tige roide, grêle, anguleuse, très-rameuse; feuilles alternes, sessiles; les inférieures longues de deux pouces, larges de trois lignes, oblongues-lancéolées, étrécies à la base, très-aiguës au sommet, bordées de dents longues et très-aiguës; les feuilles supérieures longues d'environ vingt lignes, larges d'environ deux lignes, linéaires-lancéolées, très-aiguës et presque subulées au sommet, à bords scabres, souvent un peu sinués et ordinairement munis d'une ou deux dents plus ou moins saillantes; les feuilles des rameaux presque linéaires, entières, longues d'environ dix lignes, larges d'environ une ligne; calathides solitaires au sommet de la tige et des rameaux; péricline luisant. Nous avons fait cette description sur un échantillon sec qui appartient probablement à la *Centaurea repens* de Linné.

La fleur des *Acroptilon* se décolore tellement après la dessiccation, que nous n'avons pu reconnoître sa couleur sur aucune des quatre espèces que nous avons vues: nous remarquons seulement que les nervures de la corolle sont rouges-orangées, et que le pollen des anthères est jaune pâle, ce qui nous fait présumer que la fleur est jaune. Les filets des étamines nous ont toujours paru être glabres (excepté dans l'*Acr. angustifolium*, où nous avons cru voir bien clairement de petits rudimens papillaires de poils avortés), en sorte que ce genre seroit peut-être fort bien placé dans la tribu des Carlinées et dans la section des Carlinées-Stéhélinées, à la suite du *Theodorea*. L'*Acroptilon* se trouvant ainsi à la fin de la série des Carlinées, confineroit immédiatement à celle des Centauriées, qui devroit alors commencer par notre genre *Phalolepis*, indiqué dans l'article STELACRE. Cette disposition seroit assurément très-satisfaisante, et cependant nous n'osons pas encore l'exécuter, parce qu'il nous a paru que les filets d'étamines des *Acroptilon*, quoique bien glabres, n'étoient point lisses, leur surface offrant vers les bords, surtout dans l'*Acr. angustifolium*, des inégalités, des éminences, de petites bosses, qui peuvent être, comme dans l'*Alfredia*, des vestiges de papilles ou de poils avortés. Pour résoudre cette question, il faudroit vérifier si ces aspérités existent sur la plante vivante, ou si elles ne résultent que de la dessiccation. En attendant, nous classons avec doute notre nouveau genre *Acroptilon* dans la tribu des Carduinées, et dans le groupe des Rhaponticées, où il se trouve fixé par les appendices larges et scarieux de son péricline, quoiqu'il se rapproche des Serratulées par son port ; et ce classement provisoire deviendra probablement définitif, car nous remarquons que, malgré la très-grande différence du port, il y a, entre l'*Acroptilon* et le *Stemmacantha*, des analogies très-notables dans le péricline, dont les appendices intérieurs sont comme plumeux, et dans l'aigrette, dont les squamellules intérieures sont élargies inférieurement. Quoi qu'il en soit, ce genre *Acroptilon* est principalement caractérisé par les appendices du péricline décurrens, subcordiformes, diaphanes, et par les cinq squamellules intérieures de l'aigrette très-longues, laminées vers la base, presque plumeuses vers le sommet. Le nom d'*Acroptilon*, qui signifie *sommet plumeux*, fait allusion aux squames intérieures du péricline et aux squamellules intérieures de l'aigrette.

10. Les *Serratula nudicaulis* (Decand.) et *nitida* (Fisch.) doivent-ils constituer un genre ou sous-genre particulier?

Les appendices de leur péricline sont scarieux : les extérieurs longs, très-étroits, subulés, roides, non piquans; les intermédiaires lancéolés, élargis à peu près comme ceux du *Stemmacantha*; les intérieurs peu distincts, longs, étroits, linéaires-lancéolés. Cependant, pour éviter de faire presque autant de genres qu'il y a d'espèces, nous rapportons celles dont il s'agit au *Klasea*, dont elles ne s'écartent que par l'aréole basilaire de l'ovaire, qui n'est point oblique, et par les appendices intermédiaires du péricline, qui semblent offrir le caractère des Rhaponticées.

11. C'est aussi pour ne pas trop multiplier les sous-genres que nous avons attribué (tom. XLVII, pag. 496) au vrai *Serratula* notre *Serratula tincta*, qui s'écarte en quelques points de la *Serratula tinctoria*, type de ce sous-genre; et le même motif nous détermine à y rapporter encore l'espèce suivante.

Serratula cordata, H. Cass. (*An? Serratula behen*, Decand., 2.ᵉ Mém. sur les comp., p. 29; *Non Centaurea behen*, Linn., Willd.) Plante herbacée, entièrement glabre; tige dressée, cylindrique, striée ou plutôt rayée longitudinalement, garnie de feuilles alternes, ramifiée supérieurement, à rameaux longs et très-grêles, très-garnis de feuilles d'un bout à l'autre; feuilles inférieures de la tige sessiles, semi-amplexicaules, à peine décurrentes, longues de près de six pouces, larges d'environ deux pouces, très-profondément pinnatifides ou presque pinnées, à pinnules inégales, opposées, oblongues ou elliptiques, obtuses et apiculées au sommet, entières ou irrégulièrement dentées; la pinnule terminale beaucoup plus grande; la partie basilaire de ces feuilles ayant la base arrondie, échancrée en cœur, un peu décurrente, et le sommet comme tronqué; feuilles supérieures de la tige sessiles, oblongues, à base arrondie, échancrée en cœur, semi-amplexicaule, un peu décurrente, à bords très-entiers, à sommet arrondi, ordinairement terminé par une très-petite pointe; feuilles supérieures des derniers rameaux nombreuses, rapprochées, courtes, subcordiformes, très-entières, à sommet arrondi, un peu échancré, courtement apiculé, à base plus large, arrondie, échancrée en cœur, un peu décurrente; calathides solitaires, dressées, sessiles au sommet de la tige et des rameaux; péricline très-glabre, lisse, formé de squames régulièrement imbriquées, entièrement appliquées et coriaces, ovales, aiguës au sommet, absolument privées d'appendice : clinanthe garni de fimbrilles libres, laminées, membraneuses, linéaires-subulées ; ovaires oblongs, très-glabres, ayant l'aréole basilaire non oblique ; aigrette longue, jaunàtre, composée de squamellules très-nombreuses, très-inégales, plurisériées, toutes filiformes et très-barbellulées.

Nous avons fait cette description sur un échantillon sec, incomplet et en mauvais état, étiqueté *Centaurea behen*, dans l'herbier de M. Desfontaines. Les corolles, les étamines, les styles, étoient tous détruits par les insectes : mais n'ayant point trouvé de faux-ovaires marginaux, nous devons croire que la calathide n'a point la couronne neutriflore des Centauriées ; d'ailleurs l'ovaire très-glabre et dont l'aréole basilaire n'est point oblique, l'aigrette composée de squamellules toutes filiformes, dont les extérieures sont plus fines que les intérieures, et qui n'offre point au centre une autre aigrette plus petite, tout cela suffit pour établir que notre plante n'est point une Centauriée. C'est donc une Carduinée et une Serratulée, qui, ayant le péricline privé d'appendices, ne peut se rapporter au *Klasea* (dont le péricline est manifestement appendiculé), mais bien au vrai *Serratula*, si elle est dioïque, ou au *Mastrucium*, si la calathide a une couronne de fleurs femelles, ce que le mauvais état de l'échantillon nous laisse ignorer. Quoi qu'il en soit, nous sommes convaincu que l'on confond, sous le nom de *Centaurea behen*, deux plantes très-différentes : l'une, qui est bien vraiment la *Centaurea behen* de Linné et de Willdenow, appartient à la tribu des Centauriées et au groupe des Centauriées-Prototypes vraies, et elle constitue, avec la *Centaurea babylonica*, notre nouveau genre *Piptoceras*, intermédiaire entre le *Microlophus* et le *Mantisalca*, et qui sera décrit dans l'article Tombecorne ; l'autre plante, que nous venons de décrire sous le nom de *Serratula cordata*, est probablement celle que M. De Candolle a nommée *Serratula behen*, et qu'il a cru être la *Centaurea behen* de Linné.

16. *Silybum pygmæum*, H. Cass. Racine probablement annuelle ; tige simple, haute d'un ou deux pouces, striée, pu-

bescente; feuilles alternes, sessiles, demi-embrassantes, oblongues, glabres, plus ou moins découpées irrégulièrement sur les bords en lobes inégaux, bordés eux-mêmes de dents inégales, épineuses; les feuilles radicales étrécies vers la base en une sorte de pétiole; calathide unique, terminale, dressée, haute d'un pouce, à péricline glabre. Cette plante, qui offre tous les caractères essentiels du vrai genre *Silybum*, notamment les étamines à filets monadelphes et papillés, a été recueillie sur la montagne de la Clape, près Narbonne, et se trouve dans l'herbier de M. Gay, où elle étoit étiquetée avec doute *Carlina lanata?* Il nous semble que c'est une espèce distincte du *Silybum marianum*, ou tout au moins une variété fort notable.

17. Le *Cinara humilis* doit peut-être constituer un genre distinct, voisin du *Platyraphium*, et qui appartiendroit au groupe des Lamyrées, à cause de la forme de ses fruits.

Le genre *Arction*, que nous avions attribué au groupe des Cinarées, se trouve maintenant transféré dans la tribu des Carlinées, entre le *Stæhelina* et le *Saussurea* (voyez l'article STÉHÉLINE).

20. Notre *Lamyra glabella* (tom. XXV, pag. 223) est le *Cnicus strictus* de Ténore (*Fl. nap. prodr.*).

24. Il faut rapporter à notre genre ou sous-genre *Lophiolepis* (tom. XXVII, pag. 180) une espèce très-remarquable, nommée en 1822 par M. Moretti *Cnicus spathulatus* (*Pl. ital.*, Déc. 3, p. 6).

25. Le *Cnicus ferox* de Linné, le *Cirsium laniflorum* de Marschall, le *Cirsium echinatum* de M. De Candolle (Flor. franç., Suppl.), et le *Cirsium italicum* du même botaniste (*Cat. hort. monsp.*), appartiennent à notre genre ou sous-genre *Eriolepis*.

31. Le *Carduus carlinoides* de Gouan nous semble pouvoir constituer dans le genre *Carduus* une section particulière, intitulée *Chromolepis*, et caractérisée par les appendices intérieurs du péricline très-longs, supérieurs aux fleurs, inermes, scarieux, colorés, pétaloïdes, analogues à ceux des Carlines. Nous interposons cette nouvelle section entre les deux autres déjà proposées (tom. XLI, pag. 337) sous les titres de *Platylepis* et de *Stenolepis*. (H. Cass.)

STEMMATES, *Stemmata*. (*Entom.*) Ce nom est employé,

dans la description des insectes, pour indiquer les yeux lisses qui sont le plus ordinairement situés au-dessus de la tête, et qui n'existent que dans certains ordres.

Ce nom, emprunté du grec Στεμμα - ατος, signifioit un ornement qui étoit porté sur la tête. Fabricius, en effet, dans sa Philosophie entomologique, n'en donne pas d'autre définition que celle-ci : les trois points élevés brillans qu'on observe sur le sommet du front de la cigale, du sphex.

On a désigné ces parties comme des yeux, parce qu'elles paroissent en effet en faire l'office dans certains ordres, et on les a distingués par l'épithète de lisses, par opposition à ceux dits à facettes ou composés, qui sont constans chez tous les véritables insectes à six pattes sous l'état parfait et situés sur les parties latérales de la tête ; tandis que les stemmates en occupent constamment le sommet, ou la partie moyenne au-dessus de la bouche et entre les antennes. On les a cru destinés à la vue, parce que dans les Araignées, les Scorpions et quelques autres genres voisins, qui en ont deux, quatre, six ou huit, à peu près de même apparence, il n'y a pas d'autres yeux à facettes, quoique ces insectes aient la vue très-parfaite.

Les stemmates n'existent pas du tout dans les insectes coléoptères : parmi les orthoptères, les forficules n'en ont pas, et dans les autres familles du même ordre on en distingue deux, et le plus souvent trois, disposés en triangle. Il en est de même de la plupart des hémiptères, des névroptères et des hyménoptères. Les lépidoptères en sont privés, comme les coléoptères. On les retrouve dans les diptères en général, mais quelquefois les mâles seuls en sont privés; d'autres espéces n'en ont dans aucun des sexes. Enfin, il n'y a rien de commun à cet égard dans les diverses familles de l'ordre des aptères. La puce et le pou paroissent en être privés, ainsi que les myriapodes et les nématoures; tandis que dans les acères, il y en a deux, six ou huit, qui tiennent lieu à ce qu'il paroît, des véritables yeux à facettes qui leur manquent. (C. D.)

STEMMATOPE, *Stemmatopus.* (Mamm.) Genre de mammifères carnassiers amphibies, formé par M. Fréderic Cuvier, pour placer quelques espéces de Phoques. Voyez ce mot, tom. XXXIX, pag. 550. (Desm.)

STEMMATOSPERME (*Bot.*); *Stemmatospermum*, Pal. Beauv., *Agrost.*, tab. 25, fig. 5. Genre de graminées, peu différent du *Nastus* (voyez Bambou), qui ne comprend qu'une seule espèce des îles d'Afrique, le *stemmatospermum verticillatum*, Pal. Beauv., pag. 144; *Bambusa alpina*, Bory, *Itin.; Nastus borbonica*, Kunth, Journ. phys., Août, 1822. Les fleurs sont disposées en une panicule presque simple, composée d'épillets sessiles, oblongs, comprimés; les fleurs inférieures neutres, n'offrant souvent que des écailles; la fleur supérieure hermaphrodite, accompagnée d'une autre très-petite, en tête, à l'extrémité d'un pédicelle; les valves calicinales un peu coriaces, plus courtes que celles de la corolle; la valve intérieure corollaire, presque tridentée, la supérieure entière; trois écailles hémisphériques, concaves, velues, situées à la base de l'ovaire; six étamines; l'ovaire turbiné, marqué d'un sillon; un style très-court, à trois divisions très-profondes; les stigmates plumeux; une semence. Les tiges sont en arbre, rameuses à leurs nœuds; les rameaux verticillés, portant les fleurs à leur sommet. (Poir.)

STEMMODONTIA. (*Bot.*) Ce genre ayant été décrit dans notre article Rudbéckiées (tom. XLVI, pag. 407), nous dirons seulement ici qu'une virgule, mise par l'imprimeur à la suite du mot *filiformes*, dans la 23.ᵉ ligne de la description générique, doit être supprimée, comme formant un contresens : ce sont les papilles de la corolle qui ont la base globuleuse.

Au lieu de décrire le *Stemmodontia*, ce qui feroit un double emploi, nous allons remplir une lacune, en faisant connoître à nos lecteurs le genre *Euxenia*, qui appartient au même groupe naturel, et qui n'a pas pu être décrit à sa vraie place dans ce Dictionnaire, parce qu'il n'a été publié par son auteur qu'après la rédaction et l'impression de nos articles pour la lettre E.

Euxenia. Calathide globuleuse, incouronnée, équaliflore, multiflore, régulariflore, androgyniflore? Péricline très-étalé, réfléchi, formé de plusieurs squames subunisériées, libres, inégales, oblongues-lancéolées, foliacées, dont deux opposées beaucoup plus grandes que les autres. Clinanthe globuleux, garni de squamelles inférieures aux fleurs, oblongues, presque arrondies ou un peu aiguës au sommet, membraneuses-foliacées, uni-trinervées, parsemées de glandes et de poils sur la face externe. Ovaires très-petits, obpyramidaux, tétragones, parsemés de poils et de glandes, munis d'une petite aigrette stéphanoïde, irrégulièrement découpée, très-manifeste sur quelques-uns, presque nulle sur la plupart. Corolle beaucoup plus longue que l'ovaire, à tube glabriuscule, bien distinct, beaucoup plus court et plus étroit que le limbe, à limbe large, campanulé, velu, découpé supérieurement en cinq divisions longues, parsemées de glandes extérieurement, réfléchies, très-arquées en dehors. Cinq étamines à filets assez longs, libérés au sommet du tube de la corolle, à anthères longues, noires, très-exsertes, foiblement cohérentes et facilement séparables, munies d'un appendice apicilaire presque oblong et un peu obtus. Nectaire très-grand. Style à deux stigmatophores courts, larges, épais, subspatulés, ordinairement inclus dans le tube anthéral et non divergens.

Euxenia grata. Tige ligneuse; jeunes rameaux presque tomenteux, grisâtres; feuilles opposées, à pétiole court, subtomenteux, roussâtre, à limbe ovale ou rhomboïdal, presque triplinervé, scabre, inégalement et irrégulièrement denté sur les bords, excepté vers la base, où il est indenté; les deux faces parsemées de petits corpuscules jaunes, brillans; les nervures des jeunes feuilles couvertes d'une sorte de coton roussâtre et comme glutineux; calathides solitaires au sommet de trois pédoncules longs, grêles, filiformes, droits, simples, nus, subtomenteux, nés au sommet du rameau, entre deux feuilles opposées, le pédoncule médiaire étant terminal et les deux autres axillaires; chaque calathide composée d'une multitude de fleurs, à corolle jaune.

Nous avons fait cette description, générique et spécifique, sur un petit échantillon sec de l'herbier de M. Gay, où il étoit étiqueté *Nocca rigida.*

Le genre *Euxenia*, établi par M. Chamisso, a été publié en 1820, dans le recueil intitulé *Horæ physicæ berolinenses.* L'auteur y déclare positivement que la plante sur laquelle il a fondé ce genre est la même que celle qui avoit servi de type à notre genre *Ogiera*, décrit dans le Bulletin des sciences de Février 1818. Si cela est exact, il ne falloit pas reproduire le même genre, comme nouveau, sous un autre nom. M. C. Sprengel semble donc n'avoir fait qu'un acte de justice, en inscrivant, dans son *Systema regetabilium* (tom. 3, pag. 568 et 674), le genre *Euxenia*, sous le nom d'*Ogiera*. Cependant ce botaniste, qui paroît n'avoir pris connoissance d'aucun des nombreux écrits sur les Synanthérées, que nous publions continuellement depuis quinze ans, auroit évité l'erreur de synonymie dans laquelle il a été induit par M. Chamisso, s'il s'étoit donné la peine de lire nos remarques sur l'*Euxenia* et l'*Ogiera* insérées dans le Bulletin des sciences de Janvier 1821, et reproduites dans ce Dictionnaire (tom. XXXV, pag. 445). Nous y avons démontré que notre plante et celle de M. Chamisso, loin d'appartenir à la même espèce, constituent deux genres très-différens ; et nos lecteurs peuvent bien facilement s'en convaincre, en comparant la description de l'*Euxenia* exposée ci-dessus, avec celles de l'*Ogiera triplinervis* (tom. XXXV, pag. 445) et de l'*Ogiera leiocarpa* (tom. XLIII, pag. 371).

Notre description de l'*Euxenia* est au contraire bien concordante avec celle de M. Chamisso, quoiqu'on puisse y remarquer quelques différences légères, mais qu'il importe de signaler ici.

Suivant la description de l'auteur du genre, le péricline est formé de dix squames entregreffées inférieurement (*involucrum monophyllum, decemfidum*); les squamelles du clinanthe sont égales aux fleurs; les ovaires sont absolument privés d'aigrette; les divisions de la corolle sont courtes; les étamines sont plus courtes que le tube de la corolle; leurs anthères sont parfaitement libres, aiguës, brunes; les stigmatophores sont exserts et divergens. En examinant les figures de la planche jointe à cette description, et en les supposant exactes, nous y voyons que la corolle est plus courte que l'ovaire, et que son tube est aussi long que son limbe, dont les lobes sont courts et presque dressés; que les anthères sont libres et même distantes, très-courtes, ovales-aiguës, très-incluses, leur sommet atteignant à peine la base des incisions de la corolle; et qu'enfin les filets des étamines sont très-courts et insérés ou libérés au milieu de la hauteur du limbe de la corolle.

Selon nous, le péricline est formé de squames entièrement libres jusqu'à la base; les squamelles du clinanthe sont inférieures aux fleurs; les ovaires ont une petite aigrette stéphanoïde, presque nulle sur la plupart, très-manifeste sur d'autres, quelquefois même prolongée en une ou deux lames linéaires, membraneuses, très-longues, imitant des squamellules; l'ovaire est très-petit, à peine long comme le tiers de la corolle; le tube de celle-ci est beaucoup plus court que le limbe, dont les divisions sont longues, réfléchies, très-arquées en dehors; les étamines sont très-exsertes, à filets assez longs, libérés au sommet du tube de la corolle; leurs anthères, longues, noires, un peu obtuses au sommet, ne sont point libres dans l'état naturel, mais elles se séparent facilement, parce qu'elles ne sont que foiblement cohérentes; les stigmatophores sont ordinairement inclus et non divergens.

La libération des étamines au milieu du limbe de la corolle est sans doute une erreur commise par le dessinateur de M. Chamisso, ce qui peut nous permettre de supposer quelques autres inexactitudes dans les figures dont il s'agit. Nous admettrions plus difficilement que M. Chamisso lui-même a pu, dans sa description, se tromper sur certains points très-minutieux, et qui, négligés par tous les botanistes, n'ont d'importance que pour nous seul. Malgré toutes ces suppositions, nous sommes très-disposé à croire qu'il existe des différences réelles entre la plante de M. Chamisso et celle que nous avons décrite dans cet article; que ces deux plantes n'en sont pas moins du même genre et de la même espèce; mais que très-probablement elles diffèrent par le sexe, en sorte que l'auteur de l'*Euxenia* auroit décrit et figuré un individu femelle, à étamines imparfaites, que nous aurions décrit un individu mâle, à pistil imparfait, et que l'*Euxenia* seroit dioïque, comme le *Tarchonanthus* et d'autres Synanthérées.

Quoi qu'il en soit de cette conjecture, que nous abandonnons aux vérifications ultérieures des botanistes, il est certain que le genre *Euxenia* appartient à la tribu des Hélianthées et à notre section des Hélianthées-Rudbéckiées, dans laquelle nous le placerons immédiatement à la suite du *Po-*

danthus, en sorte qu'il se trouvera près du *Ferdinanda*, avec lequel il a aussi des rapports. (Voyez notre tableau des Rudbéckiées, tom. XLVI, pag. 398.)

M. Chamisso considéroit son *Euxenia* comme un genre très-voisin du *Tetragonotheca*, et le rapportoit à la tribu des Eupatorines (*Eupatorinæ*) de M. Sprengel; mais celui-ci, dans son *Systema vegetabilium*, place l'*Euxenia*, sous le faux nom d'*Ogiera*, à la fin de ses Syngénèses anomales (*Desciscentes*), c'est-à-dire à la suite des *Acicarpha*, *Boopis*, *Calycera*, *Brunonia*, etc. Ne perdons pas notre temps à réfuter des opinions aussi évidemment erronnées. (H. Cass.)

STEMODIACRA. (*Bot.*) Ce genre, fait par P. Browne à la Jamaïque, est maintenant le *Stemodia* de Linnæus. (J.)

STÉMODIE, *Stemodia*. (*Bot.*) Genre de plantes dicotylédones, à fleurs complètes, monopétalées, irrégulières, de la famille des *personées*, de la *didynamie angiospermie*, dont le caractère essentiel consiste dans un calice persistant, à cinq divisions égales; une corolle tubulée; le limbe à quatre lobes, presque à deux lèvres; quatre étamines; les filamens presque égaux, chaque filament bifide au sommet, soutenant deux anthères; un ovaire supérieur; un style; un stigmate; une capsule bivalve, à deux loges; des semences petites et nombreuses.

Stémodie maritime : *Stemodia maritima*, Linn., *Amer.*, 5; Lamk., *Ill. gen.*, tab. 534, fig. 1; Jacq., *Stirp. amer.*, tab. 174, fig. 66; Brown, *Jam.*, tab. 22, fig. 2; Sloan., *Jam.*, tab. 110, fig. 2. Sa tige est grêle, un peu ligneuse, en partie inclinée ou couchée; les rameaux sont alternes; les feuilles opposées, sessiles, presque amplexicaules, glabres, ovales, lancéolées, longues d'un pouce au plus, aiguës, denticulées. Les fleurs sont sessiles, solitaires, axillaires, d'une grandeur médiocre; elles ont le calice à cinq découpures droites, subulées; la corolle presque à deux lèvres; la supérieure ovale, entière; l'inférieure à trois lobes courts, arrondis; l'ovaire ovale; le stigmate presque en croissant. La capsule est ovale-oblongue. Cette plante croît à la Jamaïque, sur les côtes maritimes, dans les terrains inondés.

Stémodie des décombres : *Stemodia ruderalis*, Vahl, *Symb.*, 2, pag. 69; Lamk., *Ill. gen.*, tab. 534, fig. 2; Gærtn., *De fruct.*, tab. 32. Ses tiges sont droites, herbacées, hautes de six ou huit pouces, à quatre angles peu marqués, rameuses, pubescentes; les rameaux simples, étalés; les feuilles oblongues, pétiolées, opposées, longues d'un pouce au plus, glabres. dentées en scie; les pétioles plus courts que les feuilles. Les fleurs sont axillaires, opposées, solitaires; les pédoncules sont pubescens, uniflores; la corolle est petite. Cette plante croît aux Indes orientales, parmi les décombres.

Stémodie aquatique; *Stemodia aquatica*, Willd., *Spec.*, 3, p. 346. Cette plante a des tiges glabres, cylindriques, longues d'un demi-pied à deux pieds. Les feuilles inférieures sont entièrement plongées dans l'eau, deux fois ailées; les folioles capillaires; les feuilles supérieures et hors de l'eau sont sessiles, ternées, glabres, lancéolées, à trois nervures, finement dentées en scie à leur moitié supérieure, entières à leur partie inférieure. De l'aisselle des feuilles et du sommet des tiges sortent des épis portés sur de longs pédoncules. Les fleurs sont sessiles, alternes, accompagnées d'une bractée lancéolée de la longueur du calice. Celui-ci est à cinq divisions; la corolle à deux lèvres; le tube court, resserré dans son milieu; la lèvre supérieure plus grande, en cœur renversé; l'inférieure à trois lobes; l'orifice garni de poils. Les étamines sont rapprochées deux par deux; les anthères petites, point géminées; l'ovaire est ovale; le style filiforme et courbé; le stigmate dilaté, concave; la capsule à deux loges. Cette plante croît dans les eaux, proche Tranquebar, aux Indes orientales.

Stémodie des sables; *Stemodia arenaria*, Kunth *in* Humb. et Bonpl., *Nov. gen.*, vol. 2, pag. 357, tab. 175. Plante couchée, herbacée, très-rameuse, dont la tige est divisée en rameaux opposés ou alternes, cylindriques, hérissés de poils. Les feuilles sont opposées, portées sur de longs pétioles, ovales, aiguës, crénelées, dentées en scie, presque glabres, rétrécies en coin et entières à leur base, longues de trois ou cinq lignes; les pétioles pileux, presque de la longueur des feuilles. Les fleurs sont axillaires, solitaires ou géminées, munies d'un pédoncule pileux, long d'une demi-ligne; le calice est chargé de poils, long d'une demi-ligne, partagé en cinq découpures linéaires, presque égales, ciliées à leurs bords, à trois nervures. La corolle est une fois plus longue que le calice, de couleur bleue, tubulée; le limbe à deux lèvres; la supérieure bifide, l'inférieure à trois lobes arrondis, presque égaux. Les étamines sont insérées sur le tube, non saillantes; les filamens légèrement pubescens; les anthères à deux loges écartées; l'ovaire est glabre, ovale; le stigmate à deux lobes; la capsule recouverte par le calice persistant, un peu globuleuse, glabre, surmontée par le style, à deux loges, à deux valves, séparées par une cloison et bifides; le placenta central, libre à la maturité; les semences sont brunes, nombreuses, fort petites, oblongues, cunéiformes, foiblement sillonnées. Cette plante croît sur les rives inondées du fleuve de la Magdeleine. (Poir.)

STÉMONE, *Stemona*. (*Bot.*) Genre de plantes monocotylédones, à fleurs incomplètes, polypétalées, de la famille des *asparaginées*, de la *tétrandrie monogynie* de Linnæus, offrant pour caractère essentiel : Une corolle composée de quatre pétales subulés, les deux intérieurs recouverts par les extérieurs; point de calice; quatre filamens presque semblables aux pétales; les anthères linéaires, à deux loges; un ovaire supérieur; point de style; un stigmate échancré; une baie sphérique, à une seule loge polysperme.

Stémone tubéreuse : *Stemona tuberosa*, Lour., *Flor. Coch.*, 2, pag. 460; *Ubium polypoides*, Rumph, *Amb.*, 5, pag. 364, tab. 129? Ses tiges sont ligneuses, grimpantes, grêles. alongées, dépourvues de vrilles et d'aiguillons. Les racines sont composées d'un faisceau de fibres tubéreuses, blanchâtres, cylindriques, alongées. Les feuilles sont opposées, pétiolées, glabres, ovales, acuminées, très-entières, à sept nervures. Les fleurs sont solitaires, axillaires, d'un rouge jaunâtre, à long pédoncule. La corolle est composée de quatre pétales subulés, assez grands, courbés en dedans : les deux intérieurs recouverts par les extérieurs; quatre filamens assez semblables aux pétales, élargis, subulés, un peu plus courts que la corolle, insérés sur le réceptacle, connivens au-dessus de leur base par une petite lanière verticale, en croix; les anthères sont grandes, linéaires, à deux loges adhérentes dans toute leur longueur aux filamens; l'ovaire est supérieur, comprimé, arrondi, sans style; le stigmate placé au sommet de l'ovaire échancré; la baie molle, rougeâtre, d'une médiocre grosseur, presque sphérique, à une seule loge polysperme. Cette plante croît à la Cochinchine, à la Chine, aux lieux incultes. Sa racine passe pour adoucissante, incisive, favorable dans les maladies du poumon, la phthisie et la toux invétérée. (Poir.)

STEMONITIS. (*Bot.*) Genre de la famille des champignons, très-voisin des *trichia* et appartenant au même groupe de champignons. Il a été établi par Michéli sous le nom de *Clathroidastrum*, adopté par Adanson, puis par Gleditsch, sous le nom de *Stemonitis*, admis par Persoon, qui en a fixé les caractères, et, depuis, par tous les botanistes, qui même y ont rapporté quantité d'espéces qu'on n'y place plus, étant mieux dans les genres *Trichia*, *Arcyria*, *Cribaria*, *Coniocype*, *Physarum*, *Eurotium* et même *Calycium*, dont plusieurs même en ont déjà fait partie. Dans le genre *Stemonitis* les péridiums, ou sporanges, sont membraneux, très-fugaces ; ils contiennent des sporidies éparses sur des filamens persistans, rassemblés, en façon de réseau, autour d'un axe ou stylidium ou columelle, prolongement des pédicelles qui soutiennent les péridiums. Ces pédicelles sont fixés, comme de très-petites épingles, sur une membrane commune, qui recouvre les feuilles, les tiges ou l'écorce de diverses plantes. Ces plantes ont à peine une à trois lignes de longueur, et imitent par leur port quelques espéces de moisissures ; elles sont peu nombreuses en espèces, qu'on peut partager en deux divisions, fondées sur la forme qu'affecte le réseau, ou capillitium, après la chute de son enveloppe ou écorce, c'est-à-dire le péridium.

§. 1.ᵉʳ *Capillitium alongé.*

1. Le Stémonitis massette : *Stemonitis typhina*, Pers., *Synops.*, p. 187; Spreng., *Syst. veg.*, 4, p. 582; *Mucor stemonitis.* Schæff., *Fung. bav.*, pl. 217; *Stemonitis typhoides*, Dcc., Fl. fr., n.° 692; *Trichia typhoides*, Bull., Champ., pl. 477, fig. 2; *Embolus pertusus*, Batsch, *Elench. fung.*, 1,, pl. 3, fig. 176; *Clathroidastrum*, Adans. Membrane qui sert de base, blanche, étalée ; pédicelles épars, nombreux, évasés à la base, grêles, noirs, luisans, terminés chacun par un péridium cylin-

drique, mou, d'un blanc de lait dans sa jeunesse, puis roux, enfin presque noir, qui se rompt et se déchire sur les côtés, et ses lambeaux restent quelque temps attachés aux pédicelles : le capillitium est cylindrique, obtus, et laisse échapper une poussière brune.

Cette espèce a servi de type à Michéli et à Adanson pour leur genre *Clathroidastrum* , et à Batsch pour son *Embolus*. Elle croît, sur le tan, dans les serres chaudes, et sur le tronc des arbres.

2. Le Stémonitis fasciculé : *Stemonitis fasciculata* , Pers., *Synops.*; Decand., Fl. fr., n.° 691 ; Curt Spreng. , *Syst.* , 4 , pag. 582 ; *Clathrus nudus*, Linn.; Bolt, *Fung.* , pl. 93 , fig, 1 ; *Trichia nuda*, Sowerby, *Engl. fung.* , pl. 50 ; *Trichia axifera* , Bull., Champ. , pl. 477 , fig. 1 ; *Embolus lacteus* , Hoffm. , *Veg. crypt.* , 2, pl. 2 ; Jacq., *Misc.* , 1, pl. 6. Membrane, qui sert de base, blanche ; pédicelles réunis huit à douze en bouquet, grêles, cylindriques, noirs ou fauves, luisans ; péridiums, d'abord ovoïdes et blanc de lait, puis alongés et bruns, se détruisant ensuite complétement, contenant les sporidies , qui s'échappent à travers les mailles du capillitium ou réseau, sous la forme d'une poussière noire ou d'un brun ferrugineux.

Cette espèce croît sur les troncs d'arbres morts et sur les mousses.

3. Le Stémonitis a pied blanc: *Stemonitis leucopodia* , Dec., Fl. fr. , n.° 693 (voyez le n.° 39, pl. 6, fig. 5 , de l'atlas de ce Dictionnaire); *Stemonitis leucostyla* , Persoon , *Synops.* ; Spreng., *Syst.*, 4 , p. 582. Membrane de la base nulle ou remplacée par une matière crétacée ; pédicelles groupés les uns près des autres, élargis à leur base au point quelquefois de se réunir, blancs, cotonneux, prolongés sous la forme d'un axe blanc et à travers les péridiums: ceux-ci, de forme cylindrique, sont d'abord jaunàtres, puis bruns, enfin noirs après leur chute ; une poussière d'un noir violacé, ou rougeàtre , selon Persoon et Trentepohl, s'échappe d'entre les mailles du réseau, qui est blanc et serré. Cette jolie espèce se rencontre sur les tiges et les feuilles de diverses plantes languissantes ou mortes, et ses pédicelles sont disposés en lignes et paroissent se tenir par une matière crétacée blan-

châtre ; les lambeaux du péridium persistent quelquefois sur les pédicelles.

§. 2. *Capillitium arrondi.*

4. Le Stémonitis ovale : *Stemonitis ovata* , Pers., *Synops.*, p. 189 ; Spreng., *loc. cit.* (voyez le cahier n.º 39, pl. 6, fig. 6, de l'atlas de ce Dictionnaire). Péridiums ovales, oblongs et arrondis, traversés en partie et non en totalité par les pédicelles : ceux-ci sont grêles, cylindriques ou subulés, tantôt noirs, avec le capillitium brun ou noir. On trouve cette espèce sur les écorces du chêne ; la variété toute noire a été observée sur le saule: celle-ci est très-remarquable en ce que son réseau finit par tomber complétement, et que l'on ne voit plus que son axe, qui forme avec le pédicelle une simple soie noire.

Quelques autres espèces ont été décrites par Persoon, Albertini, Schweinitz, etc., ou indiquées par Sprengel, et par Steudel dans son *Nomenclator botanicus*, qu'on peut consulter. (Lem.)

STEMONURUS. (*Bot.*) Genre de plantes dicotylédones, à fleurs complètes, polypétalées, de la famille des *santalacées* (R. Brown), de la *pentandrie monogynie* de Linnæus, offrant pour caractère essentiel : Des fleurs hermaphrodites, quelquefois dioïques par avortement : un calice court, persistant, très-entier ou à peine denté ; cinq pétales, rarement six, connivens à leur base ; cinq ou six étamines hypogynes ; les filamens alternes avec les pétales, comprimés, munis chacun d'un faisceau de poils à leur sommet ; les anthères à deux loges ; l'ovaire oblong, uniloculaire, à deux ovules pendans ; point de style ; un stigmate sessile, obtus ; une drupe en baie, ombiliquée au sommet, renfermant un noyau monosperme ; l'embryon renversé, fort petit, enfoncé dans le sommet du périsperme.

Ce genre a été établi par M. le docteur Blume, botaniste très-distingué, directeur du Jardin des plantes à Buitenzorg, île de Java, auquel nous sommes tout récemment redevables d'un excellent ouvrage sur les productions végétales de cette île, recueillies avec un zèle que n'ont pu ralentir les fatigues et les dangers d'une pareille recherche, décrites avec beaucoup d'ordre, de clarté, et avec cet esprit d'observation qui brille particulièrement dans son beau travail sur les orchidées, accompagné de très-bonnes figures.

Ce nouveau genre renferme des arbres ou des arbrisseaux à feuilles alternes, très-entières; les fleurs petites, axillaires, disposées en épis. On y trouve indiqué les espèces suivantes : 1.º *Stemonurus pauciflorus*, Blum., *Fl. Jav.*, fasc. 13, p. 648. Ses feuilles sont oblongues, acuminées, rétrécies à leur base, glabres à leurs deux faces; les pédoncules courts, partagés à leur sommet en deux ou trois divisions avec deux ou trois fleurs. Les filamens, courbés avant la floraison, se redressent ensuite, s'étalent et deviennent saillans. Ce caractère se retrouve dans les deux espèces suivantes. Cette plante croît dans les forêts qui recouvrent les montagnes de Salak vers l'orient, dans l'ile de Java; elle fleurit dans les mois de Novembre et Décembre. 2.º *Stemonurus secundiflorus*, Blum., *loc. cit.*, vulgairement *kimeong*. Arbre d'environ quarante pieds, dont les feuilles sont oblongues, aiguës, coriaces, entières, rétrécies à leur base, glabres et sans nervures; les fleurs sont unilatérales, disposées en épis axillaires, divisées à leur sommet en trois ou quatre parties. Cette plante est en fleurs dans le mois de Décembre : elle croît dans les forêts des montagnes Salak et Gède. 3.º *Stemonurus javanicus*, Blum., *loc. cit.* Les feuilles sont oblongues, coriaces, acuminées à leurs deux extrémités, glabres, veinées. Les fleurs sont disposées en cimes touffus, solitaires ou géminés. Cette plante croît dans les forêts, sur les montagnes de la province de Buitenzorg. Elle fleurit au mois de Mars. Les naturels la nomment *kilongerret*. On en trouve une variété à feuilles glabres, ovales, un peu membraneuses, acuminées à leurs deux extrémités; les plus jeunes pubescentes en dessous sur la principale nervure. Les cimes sont solitaires, dichotomes. Elle croît dans les forêts de l'ile *Nusa kambanga*. Elle fleurit en Novembre. 4.º *Stemonurus frutescens*, Blum., *loc. cit.* Arbrisseau à feuilles elliptiques, oblongues, aiguës à leur base, prolongées au sommet en une longue pointe obtuse, glabres, veinées, pubescentes en dessous le long de la principale nervure; les pédoncules sont fasciculés, uniflores; les filamens sont constamment droits, point saillans. Cette plante croît dans les hautes forêts du mont Salak. Elle fleurit en Décembre et dans les mois suivans. (Poir.)

STEMPHIS. (*Bot.*) Mentzel cite pour la renouée, *polygonum aviculare*, ce nom égyptien; et, selon Ruellius, elle est aussi nommée *telphis* dans le même pays. Adanson le cite comme synonyme de son *pedalion*, auquel il rapporte spécialement le *polygonum frutescens*, et l'*atraphaxis spinosa*. (J.)

STÉNACTE, *Stenactis*. (*Bot.*) Ce genre de plantes, que nous avons proposé en 1825, appartient à l'ordre des Synanthérées, à notre tribu naturelle des Astérées, à la section des Astérées-Prototypes, et au groupe des Érigérées, dans lequel nous le plaçons entre le *Podocoma* et le *Phalacroloma*. (Voyez notre tableau des Astérées, tom. XXXVII, pag. 462 et 485; et notre article PHALACROLOME, tom. XXXIX, p. 404.)

Voici les caractères du genre *Stenactis*, tels que nous les avons observés sur la *Stenactis delphinifolia*.

Calathide radiée : disque multiflore, régulariflore, androgyniflore; couronne uni-bisériée, multiflore, liguliflore, féminiflore. Péricline orbiculaire, convexe, subhémisphérique, égal aux fleurs du disque; formé de squames bi-trisériées, à peu près égales, appliquées, linéaires, aiguës, coriaces-foliacées. Clinanthe large, plan, nu, un peu fovéolé. Ovaires du disque et de la couronne oblongs, comprimés bilatéralement, hispidules, à aigrette double : l'extérieure très-courte, presque stéphanoïde, composée de rudimens de squamellules paléiformes, unisériées; l'intérieure longue, caduque, composée de squamellules peu nombreuses, unisériées, distancées, filiformes, barbellulées. Corolles de la couronne à languette longue, étroite, linéaire, point jaune.

STÉNACTE A FEUILLES DE DAUPHINELLE : *Stenactis delphinifolia*, H. Cass.; *Erigeron delphinifolium*, Willd., *Hort. Berol.*, n.° 90. Plante herbacée, bisannuelle; tiges hautes de près de deux pieds, dressées, rameuses, cylindriques, striées, hispides; feuilles alternes, sessiles, semi-amplexicaules, longues de trois pouces et demi, linéaires, d'un vert cendré, hispidules sur les deux faces, pinnatifides ou bipinnatifides, à pinnules linéaires, un peu aiguës au sommet; calathides penchées avant la fleuraison, larges de plus d'un pouce, solitaires au sommet de rameaux simples, pédonculiformes, munis de quelques petites feuilles linéaires, formant par leur assemblage une sorte de panicule corymbiforme, terminale; disque jaune; couronne blanche.

Nous avons fait cette description spécifique, et celle des caractères génériques, sur des individus vivans, cultivés au Jardin du Roi, où ils fleurissoient au mois de Juin. Cette plante, que nous avions d'abord attribuée, ainsi que les deux suivantes, au genre *Diplopappus* (tom. XXV, pag. 96), habite l'Amérique méridionale.

STÉNACTE PUBESCENT : *Stenactis pubescens*, H. Cass.; *Erigeron pubescens*, Kunth, *Nov. gen. et sp. pl.*, tom. 4, pag. 88. C'est une plante mexicaine, herbacée, pubescente, à racine vivace, à tige dressée, haute de huit ou neuf pouces, rameuse, à feuilles radicales longuement pétiolées, oblongues, aiguës, lobées ou dentées, à feuilles caulinaires sessiles, étroites, lancéolées-linéaires, très-entières, à calathides solitaires au sommet de la tige et des rameaux, longuement pédonculées, grandes comme celles du *Bellis perennis*; le disque est composé de fleurs très-nombreuses, et la couronne d'environ quatre-vingts fleurs à languette linéaire, très-étroite, blanchâtre, un peu purpurine en dessous.

STÉNACTE FAUX-GNAPHALE : *Stenactis gnaphalioides*, H. Cass.; *Erigeron gnaphalioides*, Kunth, *Nov. gen. et sp. pl.*, tom. 4, pag. 88, tab. 331. Celle-ci est, comme la précédente, une plante du Mexique, herbacée, à racine vivace; sa tige, haute d'environ quinze pouces, est dressée, simple inférieurement, paniculée supérieurement, couverte d'une laine blanche; ses feuilles sont sessiles, linéaires-lancéolées, dentées en scie au sommet, couvertes en dessous d'un coton laineux, blanc; leur face supérieure est glabre sur les feuilles radicales, un peu laineuse ou pubescente sur les caulinaires; les calathides sont nombreuses, petites, disposées en panicule terminale, rameuse et feuillée; leur disque n'a qu'environ dix fleurs, tandis que la couronne en offre près de cent disposées sur plusieurs rangs, à corolle blanchâtre, ayant le tube très-long, et la languette linéaire, très-étroite, deux fois plus courte que le tube.

Cette espèce s'éloigne des vrais *Stenactis* et se rapproche du *Laënnecia*, à cause de son disque pauciflore, de sa couronne plurisériée, à languettes courtes, et de son péricline vraiment imbriqué.

STÉNACTE DES ALPES : *Stenactis alpina*, H. Cass. ; *Erigeron alpinum*, Linn., *Sp. pl.*, pag. 1211. Une souche radiciforme, vivace, un peu ligneuse, produit une ou deux tiges herbacées, droites, simples ou un peu rameuses, glabres ou hérissées de poils, longues d'environ six pouces ; les feuilles sont oblongues, entières, les supérieures ordinairement pointues et sessiles, les inférieures obtuses, étrécies en pétiole, et presque en forme de spatule ; la calathide est large de près d'un pouce ; les fruits sont poilus et portent une aigrette rousse aussi longue qu'eux. Cette plante, assez commune sur les Alpes et les Pyrénées, varie beaucoup, 1.° par sa tige tantôt simple et portant une seule calathide, tantôt rameuse et portant quatre ou cinq calathides ; 2.° par son péricline tantôt presque glabre, ainsi que la tige et les feuilles, tantôt cotonneux, avec la tige et les feuilles plus ou moins poilues ; 3.° par la couronne de la calathide, ordinairement rougeâtre, quelquefois blanche.

Cette dernière espèce appartient certainement au genre *Stenactis*, quoique ses caractères génériques diffèrent un peu, sur quelques points, de ceux de la première espèce (*St. delphinifolia*), que nous considérons comme le vrai type du genre : mais ces différences, très-légères, n'ont aucune importance.

Notre genre *Stenactis* se distingue de l'*Erigeron*, en ce que ses fruits ont l'aigrette double ; du *Diplostephium*, en ce que sa couronne est composée de languettes très-étroites, nombreuses, souvent disposées sur plus d'un rang ; du *Diplopappus*, en ce que sa couronne n'est jamais jaune ; du *Laënnecia*, en ce que sa couronne est liguliflore et radiante ; du *Phalacroloma*, en ce que l'aigrette intérieure existe sur les fruits de la couronne aussi bien que sur ceux du disque.

C'est ici qu'il convient d'avertir nos lecteurs que, dans l'article PHALACROLOME (tom. XXXIX, pag. 405, ligne 16), une virgule placée par l'imprimeur après le mot probablement, et qui devroit être avant ce mot, forme un contre-sens : cette faute d'impression nous fait dire que les languettes de la couronne sont probablement bidentées, tandis que nous avons voulu dire qu'elles sont probablement d'une couleur autre que la jaune.

Le nom de *Stenactis*, composé de deux mots grecs, qui signifient *rayons étroits*, fait allusion aux languettes de la couronne. (H. Cass.)

STÉNANTHÈRE, *Stenanthera*. (*Bot.*) Genre de plantes dicotylédones, à fleurs complètes, monopétalées, régulières, de la famille des *épacridées* (Rob. Brown), de la *pentandrie monogynie* de Linnæus, offrant pour caractère essentiel : Un calice persistant, entouré d'écailles, à cinq dents ; une corolle tubulée ; le tube ventru, une fois plus long que le calice, point pileux à son orifice ; le limbe court, étalé, à demi-barbu ; les filamens charnus, non saillans, au nombre de cinq, plus larges que les anthères ; un ovaire supérieur, à cinq loges ; un drupe presque sec ; l'écorce ferme, presque osseuse.

Sténanthère a feuilles de pin ; *Stenanthera pinifolia*, Rob. Brown, *Nov. Holl.*, 538. Arbrisseau à tige droite, garnie de feuilles nombreuses, très-serrées, fort étroites, en forme d'aiguilles assez semblables à celles du pin. Les fleurs sont droites, placées dans l'aisselle des feuilles. Leur calice est environné de plusieurs écailles, plus court que la corolle, dont le tube est renflé, d'un rouge écarlate ; le limbe d'un jaune verdâtre ; les étamines au nombre de cinq. Sous l'ovaire est placé un disque entier, en forme de coupe. Cette plante croît dans la Nouvelle-Hollande. (Poir.)

STENARAH. (*Bot.*) Nom arabe du *zostera oceanica* de Linnæus, que M. Delile reporte au *posidonia oceanica* de M. Kœnig. (J.)

STENBEIT. (*Ichthyol.*) Nom danois du *lompe*. Voyez Cycloptère. (H. C.)

STENBIT. (*Ichthyol.*) Voyez Sjuryggfisk. (H. C.)

STENCORE, *Stenocorus*. (*Entom.*) Geoffroy, dans son Histoire des insectes des environs de Paris, avoit désigné sous ce nom un genre d'insectes coléoptères pour y ranger quelques espèces de leptures ou de capricornes de Linné, dont il les distinguoit par le mode d'insertion des antennes. Depuis, Fabricius avoit rapporté quelques espèces de stencores de Geoffroy à son genre *Rhagium*, et dans son Entomologie systématique il reprit le nom de stencore pour l'appliquer à quelques espèces du genre *Cerambyx* ou Capricorne.

Ce nom, comme l'indique Geoffroy, est tout-à-fait grec,

Στενόχωρος, signifiant *angustus*, *arctus*, resserré, rétréci. Les premières espèces de stencore de Geoffroy sont des rhagies, les autres des capricornes. Le genre Stencore de Fabricius ne comprend que des espèces de capricornes étrangères à l'Europe. (C. D.)

STÈNE, *Stenus*. (*Entom.*) Genre d'insectes coléoptères pentamérés, de la famille des brachélytres, voisin des staphylins, caractérisé par la forme particulière des yeux, qui sont très-gros, globuleux et saillans, et dont la tête est très-large, sans palpes renflés.

Ce genre est emprunté du grec στενός, qui signifie *resserré*, dont le nom a été établi par M. Latreille, pour y placer quelques espèces de staphylins ou de pédères.

Ce sont de petites espèces, que l'on ne trouve que dans les lieux humides; nous en avons fait figurer une sous le n.° 4 de la planche 3 de l'atlas de ce Dictionnaire, c'est

1. Le Stène deux gouttes, *Stenus biguttatus.*

C'est le pédère bimoucheté d'Olivier; le staphylin junon de Geoffroy, n.° 21, pag. 371, du tome 1.er

Car. Noir, à poils courts, argentés; un point jaune fauve vers l'extrémité libre de chaque élytre.

2. Le Stène Junon, *Stenus Juno.*

On le regarde comme une variété de sexe de l'espèce précédente, dont il diffère par le défaut de point jaune sur les élytres.

Ces deux espèces, et quelques autres voisines, sont fort communes aux environs de Paris : elles paroissent vivre en société comme les petits brachyns ou carabes. (C. D.)

STÉNÉLOPHE, *Stenelophus.* (*Entom.*) Nom donné par M. Ziegler à un petit genre de coléoptères créophages, qui comprend les petites espèces de carabes, tels que *vaporarium, meridianus, melanocephalus.* (C. D.)

STÉNÉLYTRES. (*Entom.*) M. Latreille a nommé ainsi une petite famille d'insectes coléoptères hétéromérés, que nous avions nommée angustipennes ou sténoptères. Il en forme deux tribus, celle des œdéméres, qui sont nos sténoptères, et celle des hélops, qui comprend la plupart de nos ornéphiles. (C. D.)

STENEOSAURUS. (*Foss.*) Voyez Reptiles fossiles. (D. F.)

STENGELIA. (*Bot.*) Nom générique, donné par Necker au *Mourera* d'Aublet, qui est le *Lacis* de Schreber, genre peu connu, rapporté récemment par MM. Martius et Zuccarini à la famille des podostémées. (J.)

STEN-NÆECKTERGHAL. (*Ornith.*) Nom suédois du merle solitaire, *turdus solitarius*, qui, suivant M. Bonnelli, ne diffère pas du merle de roche, ni du merle bleu, *turdus saxatilis* et *turdus cyaneus*. (Ch. D.)

STÉNOCARPE, *Stenocarpus*. (*Bot.*) Genre de plantes dicotylédones à fleurs incomplètes, de la famille des *protéacées*, de la *tétrandrie monogynie* de Linnæus, offrant pour caractère essentiel : Une corolle irrégulière, à quatre pétales distincts, unilatéraux; point de calice; quatre étamines enfoncées dans le sommet concave des pétales; une glande hypogyne, en demi-anneau; un ovaire supérieur, à plusieurs ovules; le style caduque; le stigmate oblique, un peu aplati, élargi, orbiculaire; le fruit étroit, linéaire, renfermant des semences ailées à leur base.

Sténocarpe de Forster : *Stenocarpus Forsteri*, Labill., *Sert. austr. Caled.*, pag. 21, tab. 26; Rob. Brown, *Trans. linn.*, 10, p. 201; *Embothrium umbellatum*, Forst., *Gen.*, pag. 16, tab. 8; Lamk., *Ill. gen.*, tab. 55, fig. 1. Arbrisseau de sept à huit pieds, chargé de rameaux touffus, nombreux, cylindriques, un peu cendrés; les feuilles sont oblongues, en ovale renversé, obtuses, presque spatulées, un peu épaisses, très-médiocrement pétiolées. Les fleurs sont disposées en ombelles axillaires et terminales, munies à la base de l'ombelle de trois ou quatre folioles courtes, pédicellées, en forme d'involucre. Il n'y a point de calice, à moins qu'on ne prenne pour tel le bord extérieur d'une glande placée sous le pistil, et à laquelle les pétales sont attachés. Les pétales sont au nombre de quatre, presque égaux, linéaires, rapprochés, puis séparés et réfléchis; les étamines presque sessiles; l'ovaire est pédicellé; le style courbé; le stigmate latéral et pelté, tuberculé dans le centre. Le fruit est un follicule membraneux, linéaire-lancéolé, s'ouvrant dans sa longueur; les semences sont imbriquées sur un double rang. Cette plante croit dans la Nouvelle-Calédonie. (Poir.)

STENOCERUS. (*Entom.*) M. Schœnherr a indiqué sous ce

nom un sous-genre parmi les anthribes. Voyez à l'article RHINOCÈRES le genre 4. (C. D.)

STENOCHILUS. (*Bot.*) Genre de plantes dicotylédones, à fleurs complètes, irrégulières, de la famille des *myoporinées* (Rob. Brown), de la *didynamie angiospermie* de Linnæus, offrant pour caractère essentiel : Un calice persistant, à cinq divisions; une corolle en masque; la lèvre supérieure droite, presque à quatre divisions; l'inférieure étroite, entière, rabattue; quatre étamines didynames et saillantes; un ovaire supérieur; un style; un stigmate entier; un drupe en baie, à quatre loges monospermes.

Ce genre, qu'on pourroit confondre avec les *bontia*, s'en distingue en ce que ceux-ci ont la lèvre supérieure de la corolle échancrée, l'inférieure trifide; le stigmate à deux lobes; un drupe à deux loges partagées en deux, contenant quatre semences. Les espèces comprises parmi les *stenochilus* sont des arbrisseaux presque glabres, ou légèrement tomenteux et cendrés; les feuilles sont alternes, souvent entières, sans nervures; les pédoncules solitaires, uniflores, privés de bractées; les fleurs purpurines ou jaunâtres. Le drupe est quelquefois réduit à deux loges par avortement.

M. Rob. Brown, auteur de ce genre, y rapporte les deux espèces suivantes : 1.° *Stenochilus glaber*, Rob. Brown, *Nov. Holl.*, 1, pag. 517. Les tiges sont étalées; les rameaux tomenteux; les feuilles lancéolées, elliptiques, entières, quelquefois dentées à leur sommet, glabres à leurs deux faces, un peu plus longues que la fleur. 2.° *Stenochilus longifolius*, Rob. Brown, *loc. cit.* Cette espèce a des tiges droites; les rameaux velus; les feuilles alongées, linéaires, lancéolées, très-entières, courbées en hameçon au sommet, longues de trois ou cinq pouces, tomenteuses dans leur jeunesse, puis glabres. Ces plantes croissent dans la Nouvelle-Hollande. (POIR.)

STENOCORUS. (*Entom.*) Nom latin du genre Stencore de Geoffroy, qui comprenoit des rhagies et des capricornes. (C. D.)

STENOCORYNUS. (*Entom.*) Vingt-quatrième genre des charansons de M. Schœnherr. (C. D.)

STÉNODERME. (*Mamm.*) M. Geoffroy a fondé sous ce nom un genre de chéiroptères ainsi caractérisé : Quatre in-

cisives, deux canines et quatre molaires à tubercules pointus
dans chaque mâchoire ; nez sans feuille ou production membraneuse ; oreilles petites, latérales et isolées ; oreillon intérieur ; membrane interfémorale rudimentaire bordant les
cuisses ; queue nulle.

Selon M. Cuvier, il y auroit quatre incisives en bas et
deux seulement en haut.

Le STÉNODERME ROUX, *Stenoderma rufa* de M. Geoffroy, dont
le pays est inconnu, est la seule espèce que M. Geoffroy cite,
sans en donner la description. (DESM.)

STENODERUS. (*Entom.*) M. Dejean a désigné sous ce nom,
dans son catalogue, le *cerambyx abbreviatus* de Fabricius, dont
il a fait un genre. (C. D.)

STÉNOGLOSSE, *Stenoglossum*. (*Bot.*) Genre de plantes monocotylédones, à fleurs incomplètes, de la famille des *orchidées*, de la *gynandrie diandrie* de Linnæus, offrant pour caractère essentiel : Une corolle renversée ; les pétales connivens au nombre de six ; les extérieurs latéraux soudés avec
le gymnostème et le sixième pétale ou la lèvre linéaire, presque spatulée, creusé en godet ; une anthère terminale, operculée ; quatre paquets de pollen sessiles. Ce genre, rapproché
des *epidendrum* et des *dendrobium*, en diffère principalement
par la partie libre et terminale de la lèvre ou sixième pétale
linéaire, presque en spatule au sommet. Il ressemble à un
cranichis par l'aspect de ses fleurs, mais leur composition est
très-différente. Son nom est composé de deux mots grecs,
σ]ειν (*étroit*), γλοσσα (*langue*), à cause de la lèvre linéaire,
étroite.

STÉNOGLOSSE CORYOPHORE : *Stenoglossum coryophorum*, Kunth
in Humb. et Bonpl., *Nov. gen. et spec.*, 1, pag. 356, tab 87.
Cette plante a une racine simple, blanchâtre, cylindrique.
Ses tiges sont glabres, presque à deux angles, hautes de six
ou dix pouces ; les feuilles glabres, lancéolées, obtuses, vaginales à leur base, longues de quatre pouces, larges de six
à neuf lignes ; les gaînes striées, les supérieures aiguës, sans
développement en lame. L'épi est solitaire, terminal, long
de deux ou trois pouces, chargé de fleurs médiocrement pédicellées ; la corolle renversée, brune par la dessiccation, à
pétales extérieurs latéraux, ovales, obliques, plans, aigus,

nerveux, formant à leur base une sorte de godet par leur soudure avec la lèvre et le gymnostème; le pétale supérieur, inférieur par le renversement de la fleur, est ovale, concave, oblong, aigu, à trois nervures, libre, un peu plus court que les latéraux; les deux pétales inférieurs latéraux sont lancéolés, presque de la longueur des extérieurs, mais plus grêles; la lèvre ou le sixième pétale point épcronné, en godet par sa réunion avec le gymnostème, a sa partie libre ascendante, charnue. linéaire, spatulée au sommet, de la longueur des pétales extérieurs. L'anthère est terminale, operculée; le pollen distribué en quatre paquets sessiles, presque globuleux; l'ovaire glabre. Cette plante croît dans les vallées humides des Andes de la Nouvelle-Grenade, proche la ville d'Almaguer au pied du Paramo, à la hauteur de 1080 toises. (Poir.)

STÉNOGYNE, *Cryptogyne*. (*Bot.*) Ce nouveau genre de plantes, que nous proposons, appartient à l'ordre des Synanthérées, à notre tribu naturelle des Anthémidées, à la section des Anthémidées-Chrysanthémées, et au groupe des Cotulées, dans lequel il est immédiatement voisin des *Eriocephalus* et *Monochlæna*.

Voici les caractères génériques du *Cryptogyne*:

Calathide subglobuleuse, discoïde : disque subduodécimflore, régulariflore, masculiflore; couronne unisériée, triquinquéflore, tubuliflore, féminiflore. Péricline double : l'extérieur turbiné, inférieur aux fleurs du disque, formé de cinq squames subunisériées, à peu près égales, appliquées, entièrement libres, larges, presque rondes, planes ou concaves, foliacées, scarieuses et un peu colorées sur les bords, velues en dehors, glabres en dedans; le péricline intérieur très-court, composé de squames entièrement entregreffées, et formant une seule pièce annulaire, tubuleuse. coriacescarieuse, à bord supérieur comme tronqué, irrégulièrement sinué-denté, à face externe convexe, hérissée de longs poils laineux, à face interne concave, glabre; une ceinture épaisse de poils laineux, très-nombreux, très-longs, très-fins, naît entre les deux périclines. sur leur support commun, et s'élève bien au-dessus d'eux. Clinanthe plan. garni de squamelles distinctes, libres, petites. oblongues, scarieuses, glabres sur les deux faces, mais hérissées sur les bords et au sommet de très-longs poils laineux. *Fleurs du disque :* Faux-ovaire petit, grêle, glabre, inaigretté, absolument continu à la corolle et confondu avec elle. Corolle glabre, à tube cylindracé, à limbe large, campanulé, parsemé de glandes supérieurement, divisé au sommet en cinq lobes. Anthères entregreffées, incluses, munies d'un appendice apicilaire ovale, et privées d'appendices basilaires. Style masculin, très-court, inclus, indivis, tronqué au sommet, qui est un peu épaissi et garni d'une touffe de collecteurs. *Fleurs de la couronne :* Ovaire obcomprimé, obovale, pubescent, bordé d'un bourrelet sur chacune de ses deux arêtes latérales; aigrette nulle. Corolle continue par sa base avec le sommet de l'ovaire, très-courte, étroite, tubuleuse, cylindrique, glabre, à sommet comme tronqué, échancré, à peine denté. Style féminin, beaucoup plus long que la corolle, à deux stigmatophores linéaires-oblongs, laminés, glabres, divergens, arqués en dehors.

Sténogyne de Mérat : *Cryptogyne absinthioides*, H. Cass. C'est une plante ligneuse, très-analogue à un *Absinthium* par son port ou ses apparences extérieures, et dont presque toutes les parties exhalent, quand on les froisse, une odeur aromatique; ses rameaux sont cylindriques, très-pubescens, presque tomenteux, grisâtres, garnis de feuilles; celles-ci sont alternes, caduques, articulées sur un support persistant, court, épais, demi-circulaire, cartilagineux : elles sont sessiles, longues d'environ trois lignes, larges d'environ deux tiers de ligne, oblongues, arrondies au sommet, très-entières sur les bords, épaisses, tomenteuses, grisâtres; l'aisselle de chacune de ces feuilles produit un faisceau de feuilles plus petites et comme spatulées, appartenant à un bourgeon, qui se développe quelquefois en rameau; les calathides sont alternes sur la partie supérieure du rameau, où elles forment une grappe terminale, longue d'environ deux pouces; elles sont ordinairement pendantes et portées chacune par un court pédoncule tomenteux, plus ou moins courbe, né solitairement dans l'aisselle d'une feuille oblongue ou spatulée; mais les calathides inférieures ont chacune pour support un petit rameau très-court, feuillé inférieurement, pédonculiforme supérieurement; chaque calathide, large d'environ deux lignes, est composée de trois à cinq fleurs femelles marginales, occultes, et de onze à quatorze fleurs mâles, ayant la corolle purpurine et les anthères blanchâtres.

Nous avons fait cette description spécifique, et celle des caractères génériques, sur un petit échantillon sec, innommé, recueilli au cap de Bonne-Espérance, et que M. Mérat a eu la complaisance de nous prêter, en nous invitant à l'examiner.

Cette plante nous paroit devoir constituer un genre nouveau, très-analogue à l'*Eriocephalus*, dont il est pourtant suffisamment distinct par les corolles de sa couronne, qui, au lieu d'être grandes, ligulées et radiantes, sont très-petites, tubuleuses et entièrement cachées. On peut donc nommer convenablement ce nouveau genre *Microgyne*, *Brachygyne*, *Stenogyne*, *Siphonogyne* ou *Solenogyne*, *Cryptogyne*, puisque son principal caractère distinctif consiste en ce que les fleurs femelles sont petites, courtes, étroites, tubuleuses, occultes. Les botanistes choisiront celui de ces noms qui leur semblera préférable.

Dans notre article Ériocéphale (tom. XV, pag. 188), nous avons décrit les caractères génériques observés par nous sur un échantillon sec d'*Eriocephalus africanus*, dans l'herbier de M. de Jussieu. Mais depuis cette époque nous avons observé, dans l'herbier du Muséum, deux nouvelles espèces, qu'il est à propos de décrire ici, pour faire bien connoître les singuliers caractères de ce genre très-mal étudié par les botanistes, et ses rapports avec celui qui est l'objet de cet article.

Eriocephalus paniculatus (ou *umbellulatus*), H. Cass. Tige ligneuse, tomenteuse. Feuilles alternes, sessiles, linéaires, très-entières, un peu élargies de bas en haut, presque arrondies ou très-obtuses au sommet, tomenteuses sur les deux faces. Calathides disposées en petites panicules terminales, composées chacune de plusieurs petites ombelles, l'une terminale, les autres latérales; chaque rameau de la panicule terminé par un groupe d'environ cinq petites feuilles presque verticillées, d'entre lesquelles naissent environ cinq pédoncules presque ombellés, simples, aphylles, grêles, tomenteux, terminés chacun par une calathide. Calathide radiée : disque subdécemflore, régulariflore, masculiflore; couronne unisériée, triflore, liguliflore, féminiflore. Péricline double : l'extérieur subhémisphérique, inférieur aux fleurs du disque, formé de cinq squames subunisériées, à peu près égales, appliquées, entièrement libres, larges, suborbiculaires, glabres sur la face interne, à partie moyenne coriace-foliacée, velue extérieurement, entourée d'une large bordure scarieuse, roussâtre, glabre, frangée sur ses bords; le péricline intérieur un peu plus élevé que l'extérieur, égal aux fleurs du disque, masqué par les poils laineux très-abondans, extrêmement longs, roussâtres, dont sa face extérieure est hérissée, subcampanulé, plécolépide, à cinq divisions, c'est-à-dire formé de cinq squames à peu près égales, unisériées, oblongues, ovales ou lancéolées, glabres en dedans, entregreffées et coriaces inférieurement, libres, scarieuses, roussâtres et glabres supérieurement. Clinanthe plan, garni de squamelles inférieures aux fleurs, oblongues-lancéolées, scarieuses, hérissées sur les bords et sur une partie de la face externe de poils très-longs, très-fins, flexueux. Ovaires de la couronne obcomprimés, obovales, hérissés de très-longs poils fins, laineux, privés d'aigrette. Faux-ovaires du disque oblongs, glabres, inaigrettés, paroissant continus avec la corolle. Corolles du disque à tube cylindrique, à limbe campaniforme, purpurin, à cinq divisions. Corolles de la couronne jaunâtres (sur l'échantillon sec), à tube court, à limbe grand, large, cunéiforme, subtriangulaire, terminé par trois lobes arrondis.

On trouve quelquefois, sur la face interne du péricline intérieur, une sorte de cloison longitudinale, étroite, formée par le bord rentrant d'une des cinq squames qui composent ce péricline.

Eriocephalus septifer, H. Cass. Il est doué d'une odeur aromatique; ses calathides, larges d'environ quatre lignes, hautes d'environ deux lignes, sont disposées en petits corymbes terminaux, et supportées chacune par un long pédoncule grêle, tomenteux, dénué de bractées. La calathide est radiée : son disque est composé d'environ seize fleurs régulières, mâles; sa couronne n'a que trois fleurs ligulées, femelles. Le péricline est double : l'extérieur, plus court, est formé de cinq squames unisériées, à peu près égales, inappliquées, libres, ovales-oblongues, obtuses, velues en dehors, scarieuses et diaphanes, sauf le milieu de leur partie inférieure ; le péricline intérieur, un peu supérieur aux fleurs du disque, est comme urcéolé ou ovoïde-campanulé, subcoriace, très-laineux en dehors, glabre en dedans, plécolépide, composé de trois squames entregreffées, libres seulement au sommet, ce qui forme trois divisions demi-lancéolées, correspondantes aux trois fleurs de la couronne. Le clinanthe est plan, garni de squamelles à peu près égales aux fleurs du disque, oblongues-lancéolées, scarieuses, bordées de poils laineux extrêmement longs, ayant la partie inférieure courbée en gouttière et embrassante. Les ovaires ou fruits de la couronne sont grands, obcomprimés, oblongs, un peu laineux, inaigrettés, bordés de deux petits bourrelets de même substance et de même couleur que le reste du péricarpe, dont ils sont peu distincts. Les faux-ovaires du disque sont oblongs, grêles, glabres, inaigrettés. Les corolles du disque sont glabres, à tube long, grêle, à limbe obconique-campanulé, rougeâtre, ayant cinq divisions étalées. Les corolles de la couronne sont jaunes (sur l'échantillon sec), à tube long comme la moitié de la languette, à languette très-grande, extrêmement élargie de bas en haut, terminée au sommet par trois larges crénelures arrondies.

Dans cette espèce, la face interne du péricline intérieur offre ordinairement trois saillies en forme de cloisons incomplètes, alternant avec les trois divisions de ce péricline, et séparant ainsi les trois fruits : il nous a semblé que ces cloisons étoient des squamelles extérieures du clinanthe soudées par un bord sur la paroi interne du péricline ; mais n'est-il pas plus vraisemblable que ce sont les bords rentrans des squames ? Quoi qu'il en soit, cette particularité est assez remarquable pour nous permettre de donner le nom de *septifer* à cette espèce, qui a les calathides corymbées, comme l'*Er. africanus*, mais qui nous paroît s'en distinguer suffisamment par quelques caractères, notamment par ses fruits bordés seulement de deux petits bourrelets peu distincts du reste du péricarpe, au lieu des deux énormes bourrelets que nous avions précédemment observés autour des fruits de l'*Er. africanus*.

Nous regrettons beaucoup de n'avoir point vu l'*Eriocephalus racemosus*, qui, d'après la description et la figure de Gærtner, nous semble devoir constituer, sous le nom de *Monochlæna*, un genre particulier, que nous distinguons de l'*Eriocephalus* en ce que : 1.° son péricline est simple, au lieu d'être double, le péricline intérieur [1] plécolépide n'existant point; 2.° le clinanthe ne porte, au lieu de squamelles, qu'une multitude de longues fimbrilles laineuses entassées. Cependant nous ne proposons qu'avec doute ce genre *Monochlæna*, parce que, malgré la confiance due à Gærtner, il ne seroit pas impossible qu'il se fût trompé.

Dans notre tableau des Anthémidées (tom. XXIX, pag. 180 et 186), nous avons placé avec doute le genre *Eriocephalus* entre le *Cladanthus* et l'*Achillea*, dans le groupe des Anthémidées-Prototypes vraies, mais en annonçant qu'il seroit peut-être mieux placé entre l'*Hippia* et le *Cenia*, parmi les Cotulées. Le nouveau genre *Cryptogyne* augmente nos doutes et notre embarras : car il est impossible de l'éloigner de l'*Eriocephalus*, et il a manifestement beaucoup plus d'affinité naturelle avec l'*Absinthium* et l'*Hippia* qu'avec le *Cladanthus* et l'*Achillea*. Si nous plaçons le *Cryptogyne* dans le groupe des Artémisiées, ou, ce qui est préférable, dans celui des Cotulées, il y entraînera nécessairement avec lui l'*Eriocephalus*, et ce groupe des Cotulées recevra ainsi des plantes à clinanthe squamellifère et à calathide radiée, ce qui contredit les caractères que nous lui avons assignés. Cependant, puisque dans une classification naturelle, les affinités doivent prévaloir sur les caractères techniques, et que d'ailleurs l'admission du *Cryptogyne* et du *Monochlæna* dans le groupe des Anthémidées-Prototypes vraies, contrediroit aussi les caractères de ce groupe, qui doit avoir la calathide radiée et le clinanthe squamellifère, nous nous décidons à placer les trois genres *Cryptogyne*, *Monochlæna*, *Eriocephalus*, auprès de l'*Hippia*, dans le groupe des Cotulées.

Faut-il conclure de ce qui précède que notre distribution des Anthémidées, principalement fondée sur le clinanthe

---

[1] Gærtner s'est évidemment trompé, en disant que c'est le péricline *extérieur* qui manque.

squamellé ou non squamellé, et sur la calathide radiée ou non radiée, doit être abandonnée désormais? il en résulte seulement que ces caractères ne sont point absolus ou d'une exactitude rigoureuse, mais ordinaires et sujets à des exceptions.

Toutes les méthodes de classifications, quelles qu'elles puissent être, sont nécessairement artificielles. A cet égard, la différence entre les méthodes dites artificielles et celles dites naturelles, n'est et ne peut être que du plus au moins. On devroit donc substituer à ces dénominations impropres celles de méthodes *nominales* et de méthodes *réelles*, les unes n'ayant pour but que de faire connoître les noms, et les autres se proposant de pénétrer dans la connoissance des choses. Selon nous, on doit admettre au rang des méthodes naturelles ou réelles toutes celles où la considération des affinités prédomine le plus souvent sur celle des caractères techniques, et reléguer dans la catégorie des méthodes artificielles ou nominales toutes celles où la considération des caractères techniques prédomine le plus souvent sur celle des affinités. Une méthode naturelle sans caractères techniques, comme les ordres naturels de Linné, ou la classification des Synanthérées par M. Kunth, n'est pas une véritable méthode, puisqu'elle ne peut faire connoître ni les noms ni les choses. Une méthode naturelle, avec des caractères techniques infaillibles et ne souffrant aucune exception, est absolument impossible.

Ainsi nous croyons pouvoir persister dans notre système de distribution des Anthémidées, tel que nous l'avons établi en 1823 (tom. XXIX, pag. 176 et 181), mais en répétant que le mot *ordinairement* doit toujours être exprimé ou sous-entendu dans l'énoncé des caractères de toutes nos sections et sous-sections. Cela posé, le tableau des Anthémidées, rectifié et augmenté, peut aujourd'hui être présenté, sous une forme très-brève, de la manière suivante :

Première section. ANTHÉMIDÉES-CHRYSANTHÉMÉES. (Caractère ordinaire.) Clinanthe privé de vraies squamelles.

I. Artémisiées. (Car. ord.) Calathide non radiée; fruits inaigrettés, point obcomprimés. = 1. *Abrotanella*; 2. *Oligosporus*; 3. *Artemisia*; 4. *Absinthium*; 5. *Humea*.

II. Cotulées. (Car. ord.) Calathide non radiée, ou quelquefois courtement radiée : fruits inaigrettés, obcomprimés. = 6. *Solivæa* ; 7. *Hippia* ; 8. *Cryptogyne* ; 9. *Monochlæna* ; 10. *Eriocephalus* ; 11. *Leptinella* ; 12. *Cenia* ; 13. *Cotula*.

III. Tanacétées. (Car. ord.) Calathide non radiée ; fruits aigrettés. = 14. *Balsamita* ; 15. *Pentzia* ; 16. *Tanacetum*.

IV. Chrysanthémées vraies. (Car. ord.) Calathide radiée. = 17. *Gymnocline* ; 18. *Pyrethrum* ; 19. *Coleostephus* ; 20. *Ismelia* ; 21. *Glebionis* ; 22. *Pinardia* ; 23. *Chrysanthemum* ; 24. *Matricaria* ; 25. *Lidbeckia*.

Seconde section. Anthémidées - Prototypes. (Caractère ordinaire.) Clinanthe garni de vraies squamelles.

I. Santolinées. (Car. ord.) Calathide non radiée. = 26. *Hymenolepis* ; 27. *Athanasia* ; 28. *Lonas* ; 29. *Morysia* ; 30. *Diotis* ; 31. *Santolina* ; 32. *Nablonium* ; 33. *Lyonnetia* ; 34. *Lasiospermum* ; 35. *Marcelia*.

II. Anthémidées - Prototypes vraies. (Car. ord.) Calathide radiée. = A. Aigrette stéphanoïde : 36. *Anacyclus* ; 37. *Anthemis*. = B. Aigrette nulle : 38. *Chamœmelum* ; 39. *Maruta* ; 40. *Ormenis* ; 41. *Cladanthus* ; 42. *Achillea* ; 43. *Osmitopsis*. = C. Aigrette composée de squamellules : 44. *Osmites* ; 45. *Lepidophorum* ; 46. *Sphenogyne* ; 47. *Ursinia*.

Nous ne devons pas terminer cet article sans faire observer que l'attribution des *Cryptogyne*, *Monochlæna*, *Eriocephalus*, à la section des Chrysanthémées et au groupe des Cotulées, ne contredit peut-être pas autant qu'elle le paroît les caractères de cette section et de ce groupe. La calathide de l'*Eriocephalus* et celle du *Monochlæna* sont, il est vrai, radiées, mais à peu près comme celle du *Cenia*, c'est-à-dire courtement, et par des languettes qui ont plus de propension à s'étendre en largeur qu'en longueur. Le clinanthe de l'*Eriocephalus* et celui du *Cryptogyne* paroissent bien manifestement squamellifères : mais cette apparence n'est-elle pas trompeuse ? Nous avons quelques raisons de croire qu'ici les appendices du clinanthe ne sont pas de véritables squamelles, et même que l'enveloppe considérée comme un pericline intérieur n'est point formée de vraies squames entregreffées. Ces appendices et cette enveloppe, qui sont évidemment de la même nature, diffèrent beaucoup du véritable pericline, et ne sont peut-être que des faisceaux de fimbrilles ou de poils entregreffés et formant des lames par leur réunion ; ou bien ce sont des saillies laminées de la substance du clinanthe, analogues aux cloisons des clinanthes alvéolés, et surtout aux appendices du clinanthe des *Damatris*, *Leysera*, *Leptophytus*, que nous avons nommés paléoles (tom. X, pag. 147), et qui n'ont qu'une apparente et fausse analogie avec les vraies squamelles. Pour vérifier ces conjectures, il faudroit observer des calathides vivantes : mais en attendant, il existe en leur faveur une forte présomption, résultant de la structure du *Monochlæna* (*Erioc. racemosus*), en supposant que la description de Gærtner soit exacte. Ajoutons que, dans les *Eriocephalus* et *Cryptogyne*, les appendices squamelliformes du clinanthe paroissent être inégaux, dissemblables, irréguliers, et un peu plus nombreux que les fleurs du disque qu'ils accompagnent ; que chacun de ces appendices est entièrement et uniquement formé de cellules tubuleuses très-longues, très-étroites, qui se prolongent en poils laineux sur les parties où elles deviennent libres ; que le tissu de l'enveloppe intérieure péricliniforme est aussi absolument homogène, sans aucune sorte de vaisseau ou de nervure ; que les lobes de cette enveloppe, au lieu d'alterner avec les squames du vrai péricline, paroissent ordinairement placés au devant d'elles, et que les fleurs de la couronne ont la même position. (H. Cass.)

STÉNOLOPHE, *Stenolophus*. (*Bot.*) Ce genre de plantes appartient à l'ordre des Synanthérées, à la tribu naturelle des Centauriées, à la section des Centauriées-Prototypes, à la sous-section des Jacéinées, et au groupe des Jacéinées vraies, dans lequel nous l'avons placé entre le *Platylophus* et le *Stizolophus*. (Voyez notre tableau des Centauriées, tome XLIV, pag. 35 et 36 ; et le même tableau rectifié et augmenté, dans l'article SPILACRE.)

Le caractère essentiellement distinctif du genre *Stenolophus* consiste en ce que l'appendice des squames intermédiaires du péricline est très-long, très-étroit, linéaire, non décurrent, coriace-scarieux, roide, opaque, brun ou roussàtre, pubescent sur les deux faces, ordinairement très-arqué en dehors, muni sur les deux côtés de filets régulièrement disposés, très-distans, très-longs, grêles, nullement laminés, barbellulés tout autour.

Ce caractère subit quelques modifications, qui pourroient servir à distribuer les espèces assez nombreuses de ce genre en trois sections sous-génériques : 1.º l'appendice est coriace-scarieux, arqué en dehors, muni de filets divergens, et sa base n'est pas sensiblement élargie; 2.º l'appendice est, comme dans la première section, coriace-scarieux, arqué en dehors, muni de filets divergens; mais sa base est notablement élargie et bordée de filets rapprochés, un peu laminés; 3.º l'appendice est élargi à sa base, comme dans la seconde section ; mais il est subcorné, roide, non arqué, et les filets de sa partie supérieure sont spiniformes, droits, non divergens. La première section offre, sans aucune altération, le vrai type du genre *Stenolophus*; la seconde se rapproche du genre *Platylophus*; la troisième s'éloigne des deux autres et semble avoir quelque affinité avec les Calcitrapées. Quoiqu'il y ait beaucoup d'analogie entre la seconde section du *Stenolophus* et le *Platylophus*, on les distingue facilement par les proportions inverses de la partie large et de la partie étroite de l'appendice; c'est-à-dire que, dans la seconde section du *Stenolophus*, l'appendice est très-étroit, à l'exception d'une petite partie basilaire, tandis que dans le *Platylophus* (*Cent. nigra*, etc.) l'appendice est très-large, à l'exception d'une petite partie apicilaire.

On peut croire au premier aperçu que notre genre *Stenolophus* n'est autre chose que le *Lepteranthus* de Necker, reproduit inutilement sous un autre nom; nous l'avions cru nous-même, et en conséquence nous avions adopté d'abord (tom. XXVI, pag. 64) le nom de *Lepteranthus*, dont nous ignorons l'étymologie et la signification. Mais en examinant la chose de plus près, et en comparant ensemble les sept genres *Antaurea, Jacea, Lupsia, Podia, Calcitrapa, Cyanus, Lepteranthus*, dans lesquels Necker distribue toutes les Centaurées de Linné, nous avons reconnu que son genre *Lepteranthus*, caractérisé, comme tous ceux de ce botaniste, avec peu d'exactitude, de clarté et de précision, comprenoit non-seulement notre *Stenolophus*, mais encore plusieurs autres genres de Jacéinées et de Cyanées, notamment le *Platylophus* et le *Mela-*

noloma, qui offrent aussi les caractéres attribués par Necker à son *Lepteranthus*. Nous croyons donc pouvoir proposer le genre dont il s'agit, comme nouveau, sous le nom bien plus convenable de *Stenolophus*, qui, signifiant *crête étroite*, c'est-à-dire appendices du péricline étroits, exprime aussi exactement que possible le vrai caractére de ce genre.

Nous rapportons au genre *Stenolophus* les *Centaurea phrygia*, *flosculosa*, *uniflora*, *pectinata*, *austriaca*, *linifolia*, *hyssopifolia*, *penicillata*, etc. (H. Cass.)

STÉNOPÉTALE, *Stenopetalum*. (*Bot.*) Genre de plantes dicotylédones, à fleurs complètes, polypétalées, de la famille des *crucifères*, de la *tétradynamie siliculeuse* de Linnæus, offrant pour caractère essentiel : Quatre pétales étroits; le calice et les étamines inconnus; une petite silique presque elliptique, comprimée, sans style; le stigmate court, sous la forme d'un point; une cloison membraneuse, elliptique, oblongue, plus grande à son diamétre; les valves planes, concaves, s'ouvrant parallèlement à la cloison; les semences disposées sur deux rangs, quatre ou cinq dans chaque loge, fort petites, presque ovales; les cotylédons ovales, convexes en dessous.

Sténopétale linéaire; *Stenopetalum lineare*, Rob. Brown, ined., Dec., *Syst. veg.*, 1, pag. 5i3. Plante grêle, herbacée, haute d'environ un pied; la racine simple, très-fine; la tige très-menue, filiforme, cylindrique, très-droite, simple ou médiocrement ramifiée, garnie de feuilles éparses, linéaires, entiéres, longues de sept ou huit lignes, larges d'une demi-ligne. Les grappes sont terminales; elles s'alongent à la maturité, soutenues par des pédicelles droits, filiformes, une fois plus courts que le fruit, dépourvus de bractées. Les petites siliques longues de deux lignes, larges d'une ligne. Cette plante croît sur les côtes de la Nouvelle-Hollande. (Poir.)

STENOPS. (*Mamm.*) Nom donné par Illiger aux quadrupèdes du genre Loris, dans son *Prodromus mammalium*. (Desm.)

STÉNOPTÈRES ou ANGUSTIPENNES. (*Entom.*) Nous avons désigné sous ces noms dans la Zoologie analytique (en 18o5) une famille d'insectes coléoptères hétéromérés, caractérisée par la forme et la consistance des élytres durs et rétrécis, et par les antennes qui sont en fil et souvent dentées.

Cette famille se distingue ainsi de tous les autres coléoptères qui ont cinq articles aux tarses antérieurs et moyens, et quatre seulement aux postérieurs; d'abord des épispastiques ou vésicans, tels que les cantharides, qui ont les élytres mous et flexibles; puis des ténébrions et autres insectes voisins, qui ont les élytres soudés comme les photophyges, et des mycétobies, qui ont les antennes à articles grenus ou très-distincts; enfin, des ornéphiles ou sylvicoles, qui, ayant aussi les antennes en fil, ont les élytres larges ou non rétrécis.

C'est, en effet, de l'étroitesse des élytres que le nom de sténoptères a été emprunté. Il est tiré de deux mots grecs, Σ]ενὸς, *étroite*, et de Π]εϱὸν, *aile*. Cette disposition est telle qu'il est facile de la distinguer au premier aperçu, l'extrémité libre de l'étui étant beaucoup plus resserrée que la base; ce qui donne à ces insectes un port tout particulier, et semble les rendre bossus.

Les mœurs des insectes ainsi rapprochés par la particularité de l'habitude de leur corps, ne sont pas encore bien connues, leurs larves n'ayant pas été observées. On croit cependant qu'elles se développent dans le bois. Quelques-uns sont parasites. On trouve ces insectes sur les fleurs dans les lieux où il y a des arbres et quelquefois sous leurs écorces.

Cette famille semble se lier par quelques genres à celle des épispastiques par les sitarides, et à celle des ornéphiles par les rhipiphores.

Nous allons présenter le tableau synoptique, qui indique par l'analyse les caractères essentiels qui distinguent les six genres de cette famille, dont nous avons fait représenter une espèce sur la onzième planche de l'atlas qui fait suite à ce Dictionnaire.

Famille des Angustipennes *ou* Sténoptères.

Coléoptères hétéromérés, à élytres durs, étroits à l'extrémité libre, à antennes en fil, souvent dentées.

Élytres à suture	contigue; écusson	distinct; antennes en	scie.... 5. Mordelle.
			fil...... 3. Nécydale.
		nul; antennes en....	masse... 6. Anaspe.
			éventail. 4. Rhipiphore.
	séparée; antennes.......	sétacées....... 2. OEdémère.
		filiformes...... 1. Sitaride.

Voyez chacun de ces mots. (C. D.)

STÉNORHYNCHUS. (*Entom.*) Nom donné par M. Megerle à un genre de Charansons ou de Rhinocéres, que M. Schœnherr a rangé parmi les baridies. Voyez dans ce Dictionnaire l'extrait à la fin de l'article Rhinocères, genre 162, t. XLV, p. 548. (C. D.)

STÉNORHYNQUE, *Stenorhynchus.* (*Mamm.*) M. Fréderic Cuvier a formé sous ce nom un genre de mammifères carnassiers amphibies, qui comprend une seule espèce, le *phoque leptonyx* de M. de Blainville. Voyez l'article Phoque, tome XXXIX, page 548. (Desm.)

STÉNORHYNQUES. (*Ornith.*) Nom donné par Mœhring à une des divisions de sa méthode, comprenant des oiseaux qui, comme le pélican, ont le bec droit à sa base, et ensuite recourbé. (Ch. D.)

STENOSIS. (*Entom.*) Herbst a désigné sous ce nom de genre quelques espéces de tagénies de M. Latreille, ou d'akis de Fabricius, de la famille des photophyges. Voyez dans l'atlas de ce Dictionnaire planche 14, n.° 9. (C. D.)

STÉNOSOME, *Stenosoma.* (*Crustac.*) Genre de crustacés édriophthalmes, de l'ordre des isopodes, et que nous avons décrit dans l'article Malacostracés, tome XXVIII, page 374, de ce Dictionnaire. (Desm.)

STÉNOSTOME. (*Entom.*) M. Latreille, sous le nom latin de *stenostoma*, emprunté du grec *bouche rétrécie*, fait un genre de coléoptéres hétéromérés, qu'il a séparé de celui des œdémères à cause du prolongement extrême du museau, qui est presque aussi long que la tête, telle est la *leptura rostrata* de Fabricius, qu'on trouve quelquefois dans le Midi de la France. (C. D.)

STÉNOSTOMUM. (*Bot.*) Voyez l'article Laugier, t. XXV, p. 317. (Poir.)

STÉNOTRÈME, *Stenotrema.* (*Conch.*) M. Rafinesque (Journ. de phys., 1819, tom. 88, pl. 425) a proposé d'établir sous ce nom une division générique pour les hélices, qui différent des autres parce qu'elles ont une lèvre épaisse, émarginée, et une seconde lèvre collée sur la spire, se réunissant à la véritable lèvre et avec une carène transversale en dessus; caractéristique qui, si je la conçois bien, se rapproche beaucoup de celle des carocolles de M. de Lamarck; mais c'est ce qu'il seroit trop hardi et d'ailleurs très-peu intéressant d'assurer. M. Rafinesque cite comme type de ce genre une hélice des États-Unis, qu'il nomme *S. convexa*, mais qu'il ne définit pas. (De B.)

STENSGUETTA. (*Ornith.*) Ce nom, qui s'écrit aussi *stensgwaetta*, désigne en suédois le motteux, *motacilla œnanthe*, Linn. (Ch. D.)

STENT. (*Ichthyol.*) Nom flamand de l'Esturgeon. Voyez ce mot. (H. C.)

STENTOR. (*Mamm.*) Nom latin, donné par M. Geoffroy Saint-Hilaire au genre des singes américains, qui comprend les espèces appelées *Singes hurleurs* ou *Alouattes.* Voyez l'article Singes. Ce genre avoit été nommé *Aluata* par Lacépède, et *Mycetes* par Illiger. (Desm.)

STENTOR. (*Infus.*) C'est le nom sous lequel M. Oken (tom. 1, p. 45, de son Manuel d'histoire naturelle) a fait un genre avec le *Vorticella stentor* de Muller, genre qui a été établi de nouveau par M. Bory de Saint-Vincent sous le même nom. Voyez Vorticelle. (De B.)

STENUS. (*Entom.*) Voyez Stène. (Desm.)

STÉPHANE. (*Bot.*) Nom grec ancien d'un fragon, *ruscus hypoglossum*, cité par Mentzel et Adanson. Il est aussi cité par Ruellius et Mentzel comme nom égyptien du thym. (J.)

STÉPHANE, *Stephania*. (*Bot.*) Genre de plantes monocotylédones, à fleurs incomplètes, dioïques, dont le caractère essentiel est celui-ci : Fleurs dioïques ; point de calice ; une corolle à six pétales, trois alternes plus petits, renfermant un appendice fort petit, à trois folioles ; une seule étamine ; un filament de la longueur du calice, épaissi, tronqué au sommet, entouré par une anthère en forme d'anneau ; les fleurs femelles semblables aux fleurs mâles ; un ovaire supérieur, ovale ; point de style ; un stigmate droit, alongé ; une baie petite, ovale, à une seule semence.

Stéphane arrondie ; *Stephania rotunda*, Lour., *Flor. Coch.*, 2, pag. 747. Cette plante a des tiges ligneuses, presque simples, glabres, grimpantes, très-longues, cylindriques, sans aiguillons. La racine est un gros tubercule brun, arrondi, ridé, souvent hors de terre, prolongé en une petite racine filiforme, longue, verticale. Les feuilles sont glabres, alternes, pétiolées, arrondies, peltées, aiguës, sinuées à leurs bords. Les fleurs sont disposées en ombelles latérales et composées ; leur appendice est de couleur jaune. Cette plante croît à la Cochinchine, dans les forêts. Ses tubercules sont très-amers : ils ont la forme et les propriétés de l'*aristolochia rotunda*.

Stéphane alongée ; *Stephania longa*, Lour., *loc. cit.*, 747. Cette espèce a des racines très-longues, filiformes, rampantes, munies de radicules peu nombreuses et distantes. Ses tiges sont ligneuses, grimpantes, fort grêles, rameuses, sans aiguillons, garnies de feuilles glabres, peltées, alternes, trigones, alongées, très-entières. Les fleurs sont blanchâtres, sessiles, latérales, réunies en petites têtes. Cette plante croît dans les haies de roseau à la Cochinchine. (Poir.)

STÉPHANE, *Stephanus*. (*Entom.*) M. Jurine a ainsi nommé un genre qu'il a établi parmi les hyménoptères, pour y ranger une espèce d'ichneumon, qui est le *bracon serrator* de Fabricius (*Systema piezatorum*) : c'est une espèce voisine des sphéges, dont l'abdomen, pendant le vol, fait presque un angle aigu avec le corselet. Les cellules de l'aile ont porté M. Jurine à établir ce genre, dont il a donné la figure dans son ouvrage, pl. 7, n.° 4. Cette espèce a les ailes colorées en brun, avec deux taches transparentes vers le tiers libre. (C. D.)

STÉPHANIUM. (*Bot.*) Nom générique substitué par Schreber à celui de *palicourea* d'Aublet, lequel paroit devoir être lui-même réuni au *psychotria* dans la famille des rubiacées. (J.)

STÉPHANOMIE, *Stephanomia*. (*Actinoz.* ?) Genre établi par MM. Péron et Lesueur dans le Voyage aux terres Australes, pour des animaux extrêmement singuliers, gélatineux, dont ils n'ont malheureusement vu que des portions plus ou moins considérables, ce qui jette nécessairement quelques doutes sur la place qu'ils doivent occuper dans la série et sur la caractéristique qu'en donne M. de Lamarck. Suivant ce dernier, qui n'a eu pour se guider que les figures publiées par M. Lesueur, ce sont des animaux gélatineux, transparens, agrégés, composés, adhérens à un tube commun et formant par leur réunion une masse libre, très-longue, flottante, imitant une guirlande garnie de longs feuillets : chaque animalcule étant pourvu d'un suçoir tubuleux, rétractile, d'un ou de plusieurs filets simples, longs, tentaculiformes, et de corpuscules en grappes, ressemblant à des ovaires. D'après cela M. de Lamarck s'est cru autorisé à ranger ces animaux dans sa première section des radiaires, celle qu'il a désignée par l'épithète d'anomales avec juste raison; car il y met les genres Ceste, Callianire, Béroé, avec les Noctiluques et les Lucernaires, qui sont de véritables actinies, les Physsophores, les Rhizophores, les Physales, avec les Velelles et les Porpites, qui sont de véritables méduses. Il convient, cependant, que les stéphanomies n'ont rien de la forme rayonnante des autres radiaires, quoiqu'elles aient l'essentiel de l'organisation de ses radiaires mollasses; que ce ne sont pas non plus des polypes, quoique avoisinant le plus, sous certains rapports, les polypes flottans. Le fait est, je le répète, que M. de Lamarck n'a pas observé ces animaux lui-même et que les dessins qu'il a vus ont été faits d'après des individus tronqués; sans cela il est fort probable qu'il se seroit aperçu que les stéphanomies doivent être extrêmement voisines des rhizophyses, avec cette différence, que le long tube qui les constitue, est chargé d'un beaucoup plus grand nombre de groupes de suçoirs. Quant à l'absence de la vessie terminale, on peut très-bien supposer qu'elle manque par accident sur les deux individus dessinés par M. Lesueur. Ces suçoirs, ces cirrhes, ces grappes d'ovaires, ont aussi une certaine analogie avec ces mêmes organes dans les physales, en sorte que, si j'ai eu raison, comme je le pense, de retirer celles-ci du type des actinozoaires, il est extrêmement probable que les stéphanomies devront aussi en sortir et entrer dans la composition d'une nouvelle classe, plus voisine des derniers malacozoaires que des animaux rayonnés. Quoi qu'il en soit, le peu que nous savons sur les stéphanomies est presque entièrement dû à M. Péron et surtout à M. Lesueur, qui conviennent qu'on ne peut les saisir entières, tant elles sont longues, transparentes et peu consistantes. Elles flottent librement dans l'intérieur des eaux; mais, probablement, entraînées par les courans. On suppose qu'elles agitent leurs suçoirs et leurs tentacules pour saisir la proie; ce qui auroit besoin d'être confirmé. Les espèces que je trouve définies dans les auteurs sont :

La Stéphanomie hérissée : *S. amphytridis*, Péron et Lesueur, Voyage aux terres austr., tom. 1, p. 45, pl. 29, fig. 5. Corps alongé, de couleur d'azur, hérissé d'un grand nombre d'appendices foliacés, aigus, lui donnant l'aspect d'une guirlande et de tentacules peu nombreux de couleur rose.

D'après ce qu'en dit Péron, cette espèce ressemble à une belle guirlande couleur d'azur, se promenant à la surface des flots. Elle soulève successivement ses follicules diaphanes, étend au loin ses tentacules couleur de rose, pour saisir sa proie, qui est sucée par des millions de suçoirs, semblables à de longues sangsues. J'avoue que je doute un peu que les choses se passent exactement ainsi, et je dois même faire observer que la figure est bien peu détaillée et n'indique qu'un fragment. Cette espèce a été observée dans l'océan Austral.

La Stéphanomie grappe : *S. uvaria*, Lesueur, Voy., pl. dernière. Corps excessivement alongé, cylindrique, creux, de couleur hyaline, entièrement caché par un grand nombre d'appendices oviformes ou arrondis, et de filamens ou de suçoirs fort longs et de la même couleur.

Dans la caractéristique que M. de Lamarck donne de cette espèce, qui a été observée dans la Méditerranée, il dit que les appendices sont foliacés; ce qui semble contradictoire avec la figure et surtout avec le nom donné par M. Lesueur, qui indiquent des appendices oviformes ou comme des graines de raisin.

M. de Chamisso parle dans son Mémoire sur quelques animaux de la classe des vers, de la stéphanomie hérissée, *S. amphytridis* de Péron, et il la décrit comme formée par un strobile cylindrique, oblong, canaliculé, de la grosseur du pouce, et composé de squames cartilagineuses, hyalines, tout-à-fait privées de vie. Chacune d'elles, de forme pyramidale, déprimée, est attachée par le sommet à l'axe du strobile, et est libre par la base élargie, qui est marquée de quatre sillons longitudinaux. Entre ces écailles sont épars des tentacules vermiformes, hyalins, jouissant d'un mouvement spontané. A l'une des extrémités du strobile se trouve un organe tentaculiforme, plus grand, de couleur jaune, renflé à sa racine, atténué en une espèce de col à son sommet, qui est noirâtre. Outre ces organes sont des filamens contournés, extensibles, susceptibles de mouvemens très-vifs, et sur lesquels sont de petits corps pyriformes, rouges et couronnés de deux très-petites cornes hyalines. Il y a aussi beaucoup de ces corps autour de l'axe du strobile. Les tentacules lui semblent devoir être des organes alimentaires et les filamens des organes de la génération.

Avant que M. de Chamisso eût pu examiner et dessiner suffisamment cet animal, il se rompit et se décomposa, et les squames se détachèrent avec elles, comme si elles étoient sorties de leurs intervalles. Il observa des animaux hyalins, cartilagineux, se mouvant çà et là avec rapidité dans le fluide où la stéphanomie se trouvoit. Suivant M. de Chamisso ces animaux appartiennent à la stéphanomie ; d'après M. Eysenhardt ils étoient accidentellement entrés dans le strobile de celle-ci et doivent constituer un genre particulier, qu'il propose de nommer Cunéolaire, *Cuneolaria*; ce qui semble confirmer cette opinion, c'est qu'un individu isolé, plus gros, fut pris par M. de Chamisso dans l'océan Atlantique équinoxial. Quoi qu'il en soit, voici la description que ces auteurs donnent de cet animal : Son corps, d'un demi-pouce de long et cartilagineux, a la forme d'un coin à peu près carré ; sa hauteur égalant sa longueur ; l'épaisseur du dos étant environ le tiers de la hauteur. L'extrémité, qui est tranchante, est profondément échancrée, de manière que l'animal semble bicorne. Dans cette échancrure sont quatre valvules, entre lesquelles semble s'ouvrir par un petit orifice un vaisseau transparent. L'autre extrémité, que M. de Chamisso nomme le dos, est pourvue d'un col subcylindrique, plus mou que le reste. L'intérieur du coin est creusé par une cavité natatrice, située au dos, bicorne et percée d'un seul orifice. C'est par lui qu'entre et sort l'eau qui sert aux mouvemens de l'animal. Le vaisseau transparent qui naît entre les quatre valvules ventrales se porte directement vers la cavité natatrice, et lorsqu'il l'a atteinte, il se partage en quatre rameaux, qui se dirigent dans la membrane interne du corps vers l'ouverture, de telle manière qu'ils entourent la cavité de quatre côtés par deux rameaux plus longs et courbés, et par deux plus courts et droits. D'après cette description il semble en effet que cet animal, nommé par M.

Eysenhardt *cuneolaria incisa*, a des rapports assez nombreux avec les méduses; mais cela n'est pas hors de doute. (De B.)

STEPHANOTIS. (*Bot.*) Ce genre de M. du Petit-Thouars, établi sur une apocinée de Madagascar, paroît appartenir au *ceropegia*, dont il diffère seulement par ses follicules plus gros et écartés horizontalement. Voyez Isaura. (J.)

STEPHANUS. (*Entom.*) Nom latin du genre Stéphane. (Desm.)

STERBECKIA. (*Bot.*) Nom générique substitué par Schreber à celui de *singana* d'Aublet, dans la famille des guttifères. Voyez Singana. (J.)

STERBEECKIA de Nées, et STERBECKIA. (*Bot.*) Voyez Sterrebeckia. (Lem.)

STERCACANTHA. (*Bot.*) M. Bosc cite ce nom et celui de *Sterophora* pour ceux de deux genres établis dans la famille des lichens; mais leurs caractères lui sont inconnus. (Lem.)

STERCHI. (*Ornith.*) Les Russes appellent ainsi la grue blanche de Sibérie, *ardea gigantea*, Linn., nommée *aktournak* par les Baskirs, *keougolok* par les Tartares, *yllin* par les Permikes, et *tzcwo-ting-ha* par les Chinois. (Ch. D.)

STERCORAIRE. (*Ornith.*) Voyez Labbe. (Ch. D.)

STERCORAIRE. (*Entom.*) Nom donné à plusieurs espèces d'insectes qu'on trouve dans les plus sales ordures, tels sont quelques bousiers et autres scarabées, plusieurs mouches ou autres diptères. (C. D.)

STERCORARIO. (*Ichthyol.*) Nom italien de l'*ephippus argus*. Voyez Éphippus. (H. C.)

STERCULIER, *Sterculia*. (*Bot.*) Genre de plantes dicotylédones, à fleurs incomplètes, de la famille des *hermaniées*, de la *monadelphie dodécandrie* de Linnæus, offrant pour caractère essentiel : Un calice coriace, à cinq divisions; point de corolle; environ quinze étamines attachées à un appendice urcéolé; un ovaire supérieur, pédicellé, à cinq sillons; un style subulé, quelquefois nul; un stigmate à cinq lobes; cinq capsules connivantes, à une seule loge polysperme, quelquefois monosperme.

Ce genre offre dans ses espèces plusieurs anomalies qui sembleroient suffisantes pour la formation d'un nouveau genre, telles que, dans les *sterculia longifolia, acuminata, colorata,* etc. Un calice court, campanulé, très-souvent à six divisions; vingt étamines sessiles, disposées sur deux rangs, placées circulairement sur un godet court; cinq ovaires connivens, presque sessiles; cinq stigmates réfléchis; point de style; cinq capsules monospermes, etc.; cependant il est essentiel d'observer qu'il n'y a de bien constant dans les *sterculia* que l'absence de la corolle, la situation des étamines, les capsules univalves, s'ouvrant dans leur longueur à la suture; mais la forme du calice, le nombre des étamines, celui des semences, sont variables. L'ovaire est quelquefois sessile; le style terminé par des stigmates réunis en une tête à cinq lobes; quelquefois le style nul; cinq stigmates séparés et réfléchis; cinq ovaires connivens. On ne retrouve pas moins dans ces différences le caractère essentiel de ce genre, un calice à cinq sillons ou cinq ovaires connivens ne formant pas une différence bien importante, puisqu'il en résulte également cinq capsules. Des cinq ovaires distincts résultent cinq styles ou cinq stigmates séparés, soudés ensemble dans les ovaires simples, à cinq sillons. Que de genres nouveaux disparoîtroient si on les considéroit sous ces rapports!

STERCULIER BALANGAS : *Sterculia balanghas*, Linn., *Spec.*; Cav., *Diss.*, 5, tab. 145; *Clompanus minor*, Rumph., *Amb.*, 3, pag. 169, tab. 107; *Cavalam*, Rhéed., *Malab.*, 1, tab. 49. Très-grand arbre, élevé sur un tronc d'environ deux pieds de diamètre, revêtu d'une écorce épaisse, cendrée. Le bois est blanc, filamenteux; les branches rapprochées en une cime touffue, étalée; les rameaux garnis vers leur extrémité de feuilles alternes, pétiolées, ovales, lancéolées, très-entières, glabres, acuminées, longues de neuf pouces, larges de trois; les pétioles renflés à leurs deux extrémités, de deux tiers plus courts que les feuilles. Les fleurs sont disposées en une panicule terminale, médiocrement étalée, à ramifications presque fasciculées et velues; les divisions du calice profondes, très-étroites, velues, ciliées, courbées en arc, rougeâtres ou un peu rousses en dehors, d'un jaune verdâtre en dedans; l'ovaire est pédicellé; les cinq capsules sont étalées, ovales, presque rondes, distillant une liqueur visqueuse, qui se répand sur la valve dure, épaisse, jaunâtre, renfermant plusieurs semences glabres, noires, un peu arron-

dies, attachées le long des deux côtés de la suture. Cette plante
croît dans les sols arides, sablonneux et pierreux de l'île
d'Amboine et dans les Indes orientales.

Sterculier monosperme; *Sterculia monosperma*, Vent., Jard.
de Malm., tab. 91. Arbre assez élevé, dont les rameaux sont
revêtus d'une écorce d'un brun cendré, garnis à leur sommet de feuilles alternes, pétiolées, réfléchies, ovales-oblongues, aiguës, très-entières, glabres, ondulées à leur contour,
luisantes, membraneuses, d'un vert foncé; les pétioles renflés
à leur base; les stipules droites, linéaires, pubescentes,
brunes, très-caduques. Les fleurs sont nombreuses, disposées en panicules terminales, rapprochées en faisceau; les
ramifications pubescentes. Le calice est campanulé, parsemé
de poils courts et glanduleux; les étamines, au nombre de
douze, ont les anthères sessiles, situées sur les bords d'un tube
cylindrique; l'ovaire est globuleux, pédicellé, à cinq sillons,
d'un rouge de cerise; le style pubescent, couché sur l'ovaire;
le stigmate renflé, tronqué, à cinq lobes; les cinq capsules sont
coriaces, ovales, ventrues, pubescentes, d'un gris cendré;
une semence est dans chaque capsule. Cet arbre croît dans les
Indes orientales : il est cultivé au Jardin du Roi.

Sterculier chevelu : *Sterculia crinita*, Cavan., *Diss.*, 5,
tab. 142; *Sterculia ivira*, Swartz, *Flor. Ind. orient.; Ivira pru-*
riens, Aubl., Guian., tab. 279. Arbre de soixante pieds,
dont les rameaux sont très-étalés; les feuilles assez grandes,
alternes, éparses, pétiolées, ovales, très entières, glabres
en dessus, un peu tomenteuses et roussâtres en dessous; les
pétioles très-longs, renflés à leur insertion avec les feuilles;
les stipules courtes et caduques. Les fleurs forment une panicule lâche, terminale, peu ramifiée, munie à chaque division d'une petite bractée; les divisions du calice sont concaves, profondes, jaunes en dehors, rougeâtres en dedans; le
tube est velu, à cinq dents bifides; les dix anthères sont presque sessiles; l'ovaire est velu, à cinq stries; les cinq capsules,
réniformes, pédicellées, étalées en étoile, ont leur face intérieure couverte de poils roussâtres : plusieurs avortent. Les
semences sont noires, attachées aux sutures des capsules et
environnées de poils. Cette plante croît dans les forêts de Si-
némari, à la Guiane, le long du fleuve des Galibis.

Sterculier a feuilles en cœur : *Sterculia cordifolia*, Cavan., *Diss.*, 5, tab. 144, fig. 2, vulgairement Mangose ou Collier faux. Ses tiges sont ligneuses, arborescentes ; les rameaux garnis de feuilles alternes, rapprochées, trois fois plus longues que leur pétiole, larges, ovales, en cœur à leur base, entières, acuminées, quelquefois à trois lobes peu apparens, glabres, à sept nervures ; les stipules caduques ; les capsules oblongues, assez larges, un peu réniformes, acuminées ; rétrécies à leur base en un court pédoncule, tomenteuses et roussâtres en dehors, revêtues intérieurement d'une membrane blanchâtre, parsemée de poils très-courts et roussâtres, plus abondans autour des semences. Cette plante a été découverte au Sénégal par Adanson.

Sterculier fétide : *Sterculia fœtida*, Linn., *Spec.*; Lamk., *Ill. gen.*, tab. 736 ; Cavan., *Diss.*, 5, tab. 141 ; Pluken., *Phyt.*, tab. 208, fig. 3 ; *Clompanus major*, Rumph., *Amb.*, 3, tab. 107 ; Cavalam a feuilles digitées, Journ. itin., 2, tab. 132 ; vulgairement Bois puant. Arbre des Indes, qui s'élève à une grande hauteur sur un tronc droit, très-rameux. Les feuilles sont amples, pétiolées, situées à l'extrémité des rameaux, divisées en sept, huit ou neuf digitations lancéolées, très-entières, fortement acuminées, glabres ; les pétioles très-courts ; les stipules courtes, larges, aiguës. Les fleurs sont d'une odeur très-fétide, disposées en une panicule lâche, terminale, pendante, peu ramifiée. Le calice est un peu rougeâtre, pubescent en dehors, tomenteux en dedans, à divisions profondes, lancéolées, très-étroites, recourbées à leur sommet. De leur centre s'élève un pédicelle assez long, rougeâtre, pubescent, terminé par un tube campanulé, court, à cinq pointes tridentées ; au sommet de chaque dent est une étamine presque sessile. L'ovaire est globuleux, tomenteux, situé au fond du tube, à cinq sillons ; le style velu, recourbé ; le stigmate comprimé en tête de clou. Les capsules sont longues de trois pouces, ovales, réniformes, acuminées ; les semences ovales et noires. Cette plante croît au Malabar et à l'île d'Amboine. Les semences, dépouillées de l'écorce noire qui les enveloppe, sont assez bonnes à manger ; d'après l'observation de Rumph, elles sont si grasses qu'elles fournissent une grande quantité d'huile.

Sterculier a feuilles de platane : *Sterculia platanifolia*, Linn. fils, *Suppl.*; Cavan., *Diss.*, 5, tab. 145, et *Diss.*, 6, page 352; *Firmiana*, Mars., *Act. acad. Patav.*, 1, page 106, tab. 1 et 2; *Culhamia*, Forsk., *Ægypt.*, 96; *Outom-chu*, Le comte, Mém. de la Chine, 1, page 441, *Ic.*; *Outong-chu*; Duhald., *Chin.*, 2, page 149, *Ic.* Cet arbre est fort élevé; son tronc épais, revêtu, ainsi que les branches, d'une écorce glabre, d'un brun obscur; les rameaux garnis vers leur extrémité de grandes feuilles alternes, très-rapprochées, échancrées en cœur, à trois ou cinq lobes très glabres, entiers, un peu arrondis, obtus; les pétioles forts longs, glabres, cylindriques, renflés à leurs deux extrémités. Les fleurs sont disposées en une ample panicule, composée de ramifications dures, presque ligneuses; les pédicelles longs d'environ un pouce, munis chacun d'une bractée lancéolée. Le calice est glabre, jaunâtre en dehors, un peu blanchâtre en dedans, à cinq découpures en roue, réfléchie en dehors; l'ovaire blanchâtre, anguleux, muni d'un pédicelle filiforme; les cinq capsules sont oblongues, acuminées, velues, étalées; les semences noires. Cette plante croît dans les Indes, à la Chine, au Japon et dans l'Arabie. On la cultive au Jardin du Roi.

Sterculier acuminé : *Sterculia acuminata*, Pal. Beauv., Flor. d'Oware et de Benin, 1, page 40, tab. 24; *Cola*, C. Bauh., *Pin.*, 507; J. Bauh., Hist., 1, page 210; Clus., *Exot.*, 65. Cet arbre est une des espèces les plus intéressantes de ce genre. Ses fruits étoient connus depuis long-temps sous les noms de *cola*, *kola*, *kula*; mais on ignoroit à quel arbre ils appartenoient. Nous en devons la découverte à Palisot de Beauvois, qui, en rectifiant les erreurs des anciens sur l'usage de ces fruits, nous a fourni en même temps des détails curieux sur leur emploi actuel chez les Nègres de l'Afrique. (Voyez Cola.)

Cet arbre est de moyenne grandeur. Ses feuilles sont simples, alternes, oblongues, entières, acuminées. « Leur calice, « dit Beauvois, offre un caractère très-particulier, une disparate qui se trouve rarement parmi les plantes du même « genre et de la même famille. Le nombre des divisions du « calice est ordinairement égal, double, triple ou quadruple « de celui des autres organes de la fleur; mais dans le *sterculia* « *acuminata* le calice porte six divisions, lorsque les anthères,

« au nombre de dix, forment le double ou le quadruple de
« cinq, et que les capsules sont encore au nombre de cinq,
« les anthères au nombre de vingt, simples, sessiles, sur un
« seul rang, ou dix anthères didymes, placées circulairement
« en un double rang, sur un godet à cinq ou dix dents à
« son sommet; cinq ovaires sessiles, ovales, portés sur le
« godet, et souvent sujets à avorter; il n'y a point de style,
« mais cinq stigmates simples, renversés, aigus; cinq cap-
« sules ovales, réniformes, à une seule loge, à une seule
« semence, s'ouvrant par la suture intérieure. Les semences
« sont grandes, charnues, d'un rouge tendre, tirant sur le
« violet; le calice est de même couleur. »

Cette plante croît en Afrique, dans le royaume d'Oware
et de Benin. Ces fruits se nomment dans le pays *cola* ou *kola*.
Il n'y a pas de doute, d'après les observations de Beauvois,
que le sterculier, dont le fruit et les amandes ressemblent
à ceux du *cola*, d'après la description des anciens botanistes
et voyageurs, ne soit en effet l'arbre qui le produit : c'est
ce même *cola* que les Nègres d'Oware mangent avec une sorte
de délices avant leur repas, non pas à cause de son bon
goût, puisqu'il laisse dans la bouche une sorte d'âpreté acide,
mais à raison de la propriété singulière qu'il a de faire trouver
bon tout ce qu'on mange après en avoir mâché : c'est principalement sur les différentes liqueurs, surtout sur l'eau, que
cet effet est plus sensible. Si, avant d'en boire, on a mâché
du *cola*, elle acquiert une saveur des plus agréables.

Sterculier brulant; *Sterculia urens*, Roxburg, *Corom.*, 1,
page 25, tab. 24. Le tronc de cet arbre supporte une cîme
large, étalée. Ses rameaux sont garnis à leur extrémité de
feuilles un peu pubescentes, très-amples, alternes, pétiolées,
échancrées en cœur à leur base, divisées à leur contour en
cinq grands lobes anguleux, très-aigus; les pétioles presque
aussi longs que les feuilles, glabres, cylindriques. Les fleurs
sont hermaphrodites; elles forment une ample panicule terminale, étalée, à trois principales divisions très-rameuses,
couvertes d'une substance farineuse ou un peu glutineuse;
les pédicelles très-courts, à plusieurs fleurs, la plupart sessiles, munies de bractées étroites, linéaires; le calice est tubulé, un peu campanulé, à cinq découpures courtes, ovales,

aiguës; les étamines sont au nombre de dix, sessiles, situées sur les dents du tube et alternativement plus courtes; l'ovaire est ovale, pédicellé; le style épais, cylindrique; le stigmate presque plan, à cinq lobes courts; les capsules sont ovales, verdâtres, un peu aiguës, velues en dehors, renfermant trois ou quatre semences ovales. Cette plante croît sur les montagnes, dans les Indes orientales.

Sterculier coloré; *Sterculia colorata*, Roxb., *Corom.*, 1, page 26, tab. 25. Cette espèce se rapproche beaucoup de la précédente par la forme de ses feuilles; elle en diffère tant par la disposition que par la forme de ses fleurs. Son tronc est assez élevé : il se divise en branches nombreuses, étalées, très-irrégulières, garnies de feuilles alternes, très-larges, un peu pubescentes, en cœur à leur base, divisées en cinq lobes anguleux, aigus; les pétioles sont droits, cylindriques, plus longs que les feuilles, munis à leur base de deux stipules fort petites, lancéolées, aiguës; les fleurs nombreuses, disposées en panicules serrées, terminales, presque en épi; les ramifications courtes, alternes, d'un rouge vif de corail, couvertes de poils étoilés, également rouges. Les calices sont presque sessiles, oblongs, tubulés, renflés vers leur sommet presque en massue, d'un rouge vif, à cinq petites dents courtes, velues; les étamines presque sessiles; l'ovaire, pédicellé, à cinq sillons profonds, porte cinq styles recourbés. Les capsules sont grandes, oblongues, glabres, d'une belle couleur rouge, pédicellées, pendantes, obtuses. Cette plante croît dans les Indes orientales, sur les montagnes. (Poir.)

STÉRÉOCAULON. (*Bot.*) Genre de la famille des lichens, très-voisin du *Sphærophorus* et de l'*Isidium*. Il comprend des lichens branchus, composés de tiges solides, arborescentes, rameuses, cartilagineuses ou un peu ligneuses, recouvertes d'une écorce crustacée, raboteuse; les conceptacles ou apothéciums sont tuberculeux, sessiles, solitaires, placés à l'extrémité des rameaux, d'abord plans et bordés, puis hémisphériques et même globuleux, ridés, jamais ciliés.

Hoffmann est le fondateur du genre *Stereocaulon*, mais il y comprenoit le *Sphærophorus* et l'*Isidium*. C'est Acharius qui l'a divisé en trois genres, et c'est d'après lui que nous présentons ici le *Stereocaulon*. Ce beau genre ne renferme qu'un petit nombre d'espèces; Acharius, dans son *Synopsis*, en décrit neuf. Curt Sprengel, dans son *Systema*, vol. 4, pag. 274, en porte le nombre à treize.

Ces jolies plantes imitent de petits arbrisseaux de deux pouces, au plus, de hauteur, assez touffus, d'un blanc plus ou moins gris, avec des apothéciums ou tubercules roux ou d'un noir roussâtre. Elles se plaisent dans les lieux stériles et montueux, sur les rochers, la terre sablonneuse, en Europe, quelques-uns au cap de Bonne-Espérance, à l'île de Bourbon, et une seule en Amérique, en Asie et en Afrique.

1. Le Stéréocaulon ramuleux : *Stereocaulon ramulosum*, Ach.; *Lichen salazinus*, Bory, Voy. en Afr., 3, pag. 106, pl. 16, fig. 3. Tiges et rameaux d'un blanc pâle, scabres, fibrillifères; rameaux épars, alongés, presque simples; tubercules terminaux, presque globuleux, d'un fauve noir. Cette espèce se trouve dans les montagnes, aux Indes occidentales, dans l'Amérique septentrionale et dans les iles de l'Australasie et de l'Afrique méridionale. M. Bory l'a découverte à l'île de Bourbon.

2. Le Stéréocaulon paschal : *Stereocaulon paschale*, Ach., *Syn.*; Decand., Fl. fr., n.° 891; *Lichen paschalis*, Linn., *Fl. Dan.*, pl. 151; Sow., *Engl. bot.*, pl. 282. (Voyez cahier n.° 15, pl. 9, fig. 5, de l'atlas de ce Dictionnaire.) Tige blanchâtre ou d'un gris bleuâtre, rameuse, fibrillifère, granuleuse, à rameaux courts, fort divisés, ramassés en bouquets, portant à leur extrémité des apothéciums épars, presque sessiles, plans, puis convexes, ridés, de couleur brune. Cette espèce, la plus commune du genre, croit en Europe, sur les collines sèches, sur les pierres et la terre sablonneuse. La poussière granuleuse et grisâtre qui recouvre la plante semble due à des frondules avortées.

3. Le Stéréocaulon nain : *Stereocaulon nanum*, Ach.; Dec., Flor. franç., vol. 6, n.° 891 *a*; *Lichen*, Michél., *Gener.*, pl. 53, fig. 8. Tige d'un blanc grisâtre, très-grêle et filiforme, rameuse, à rameaux fastigiés, floconneux, pulvérulens; apothéciums latéraux, rassemblés et très-rapprochés, convexes, d'un noir brun. On trouve cette espèce sur la terre et les rochers, en Suède, en Allemagne, en Suisse, en France.

Quelques auteurs l'ont donnée pour une variété de la précédente; elle en diffère par sa petite taille et par les caractères énoncés ci-dessus.

Le *lichen vulcani*, observé sur les scories et les laves de l'île de Bourbon par Bory de Saint-Vincent, appartient à ce genre; c'est le *stereocaulon cereolinum*, Ach.

Le *stereocaulon condyloideum*, Ach., est une espèce qu'on trouve sur la terre en France, en Suisse et en Suède. (LEM.)

STÉRÉOCÈRES ou SOLIDICORNES. (*Entom.*) Famille d'insectes coléoptères, à cinq articles à tous les tarses, ou pentamérés, qui comprend des genres dont les espèces ont toutes les élytres longs, durs; les antennes, formant une masse ronde et solide.

Le nom est en effet tiré de la particularité que nous venons d'indiquer. Les mots σΊεϱεος signifiant *solide*, et celui de ϰεϱας, *corne*.

Trois genres seulement ont été rapportés à cette famille, qui se distingue très-aisément de toutes celles du même sous-ordre : des apalytres, qui ont les élytres mous; des brachélytres, qui les ont très-courts, couvrant à peine le tiers du ventre; des nectopodes, créophages, sternoxes et térédyles, qui ont les antennes en soie ou en fil; des priocères et des pétalocères, qui les ont en masse feuilletée ou dentelées; enfin des hélocères, avec lesquels ils ont le plus de rapport, mais dont la masse des antennes n'est point solide, et composée au contraire d'articles comme perforés ou perfoliés.

Il est facile de distinguer au premier aperçu les trois genres qui composent cette famille, comme on va le voir par le tableau qui suit.

Famille des SOLIDICORNES ou STÉRÉOCÈRES.

Coléoptères pentamérés, à élytres durs, couvrant tout le ventre; à antennes terminées par une masse ronde, formée d'articles très-rapprochés et comme solides.

| A corps | écailleux ou farineux, souvent coloré...... 3. ANTHRÈNE. |
| | nu; lisse ou non écailleux; écusson { distinct . 2. ESCARBOT. / nul..... 1. LÈTHRE. |

Voyez chacun de ces mots. (C. D.)

STÉRÉODON. (*Bot.*) Dans sa Bryologie universelle, vol. 2, Bridel donne ce nom à la deuxième division du genre *Hypnum*, qui comprend des mousses dont les cils du péristome interne sont imperforés. Parmi les espèces, au nombre de soixante-six, l'on distingue les suivantes, décrites dans ce Dictionnaire à l'article HYPNUM : *Hypnum sylvaticum*, Linn.; *denticulatum*, Linn.; *cuspidatum*, *cordifolium*, Hedw. ; *abietinum*, Linn.; *confervoides*, Bridel ; *murale*, Bridel; *stellatum*, Schreb.; *cupressiforme*, Linn.; *fluitans*, Linn.; *palustre*, Linn., et *serpens*, Linn.

Toutes les autres espèces décrites à l'article HYPNUM, de Bridel, appartiennent à la première division de son genre *Hypnum*, où il range celles dont les cils du péristome interne sont perforés. (LEM.)

STEREOXYLUM. (*Bot.*) Ce genre de plantes, établi dans la Flore du Pérou, a été réuni à l'*Escallonia* de Linnæus fils. voisin du *Vaccinium*, dans sa famille des éricinées. Voyez ESCALLONE. (J.)

STEREUM. (*Bot.*) Link avoit proposé d'établir sous ce nom un genre dans la famille des champignons ; mais ce genre diffère très-peu du *Thelephora*, et lui a été réuni. Fries, qui avoit été un moment de cet avis, a reconnu depuis, en proposant de diviser le *Thelephora* en plusieurs genres, d'admettre le *Stereum* et de le caractériser de cette manière : hyménium un peu lisse; parties présumées être les amas fructifères, distincts, enfoncés par leur base, puis à sommités libres. Link a fait connoître les espèces suivantes : *stereum abietinum*, *ferrugineum* et *rubiginosum*, qui sont les *thelephora abietina*, Pers.; *tabacina*, Fries; *ferruginea*, Decand. Il y a encore les *stereum circinatum* et *incrustans* d'Ehrenberg, dont le placement parmi les *thelephora* ne paroît pas prouvé. La dernière espèce se trouve sur le tronc desséché de l'aune : elle y forme une croûte ou pellicule étalée, à surface ridée, ferrugineuse, offrant, vue à la loupe, des fibres très-petites, rarement annulaires; le bord de la croûte est glabre et appliqué contre le bois. (Ehr., *Syst. myc.*, p. 25.)

Persoon a fait usage du nom de *stereum* pour désigner une division du genre *Thelephora*. Le *Stereum*, Link, et des auteurs qui l'ont admis, en fait partie. Voyez THELEPHORA. (LEM.)

STERGETRON. (*Bot.*) Nom grec de la joubarbe, *semper-vivum tectorum*, et du nombril de Vénus, *cotyledon umbilicus*, cité par Mentzel. (J.)

STERIGMA, *Sterigmostemon*. (*Bot.*) Genre de plantes dico-tylédones, à fleurs complètes, polypétalées, régulières, de la famille des *crucifères*, de la *tétradynamie siliqueuse* de Linné, offrant pour caractère essentiel : Un calice à quatre folioles ovales, oblongues, redressées, presque égales à leur base; les pétales onguiculés; la lame en ovale renversé; six éta-mines tétradynames; les plus grandes soudées par paires à leurs filamens jusque vers leur milieu; un ovaire supérieur, alongé; point de style; deux stigmates sessiles; les siliques un peu cylindriques, presque toruleuses, polyspermes, in-déhiscentes, se séparant à leur maturité par articulations mo-nospermes. Les semences solitaires dans chaque articulation, enfoncées sur un double rang dans une substance dure, cel-luleuse; les cotylédons oblongs, linéaires, plans, couchés l'un sur l'autre.

Ce genre est composé de plusieurs espèces, réunies d'abord aux *cheiranthus* (giroflée), distingué par les caractères exposés plus haut, ainsi que par son port. Il comprend des herbes vivaces, peu élevées, couvertes d'un duvet mou, blanchâtre, étoilé. Les racines sont presque ligneuses; les feuilles al-ternes, oblongues, rétrécies à leur base, entières, sinuées ou pinnatifides; les fleurs disposées en grappes alongées après la floraison; les pédicelles filiformes, dépourvus de bractées; les calices mous et pubescens; la corolle d'un jaune foncé; les siliques couvertes d'un duvet court, épais, souvent parse-mées de longs poils roides, glanduleux au sommet.

STERIGMA TOMENTEUX : *Sterigma tomentosum*, Dec., Syst. vég., 2, page 579; *Cheiranthus tomentosus*, Willd., 5, page 323, Pall., *Itin.*, 2, *App.*, tab. K, fig. 2; *edit. gall.*, tab. 105, fig. 2. D'une racine simple et dure s'élèvent plusieurs tiges longues de quatre ou cinq pouces, très-rameuses, droites, un peu étalées, couvertes, ainsi que toute la plante, d'un duvet épais, tomenteux et blanchâtre, qui disparoît en grande partie dans la plante adulte. Les feuilles sont un peu épaisses, oblongues, pinnatifides, souvent déchiquetées; les lobes ob-tus ou un peu aigus, entiers ou légèrement dentés; les feuilles radicales plus grandes. Les fleurs sont disposées en grappes courtes, terminales; les pédicelles filiformes, longs de trois ou quatre lignes. Le calice est tomenteux, obtus, à peine en bosse à sa base; la corolle jaune et odorante, à pétales munis d'un onglet filiforme, un peu plus court que le calice; le limbe est orbiculaire. Les siliques sont grêles, linéaires, un peu cylindriques, longues de deux pouces, légèrement toruleuses, tomenteuses et blanchâtres, couronnées par un stigmate glabre, sessile, jaunâtre, à deux lobes. Cette plante croît vers les bords de la mer Caspienne, dans les campagnes limoneuses.

Sterigma jaune de soufre : *Sterigma sulfureum*, Dec., *loc. cit.*; Russel *in* Schrad., Journ., 1, page 426. Sa racine est cylindrique, perpendiculaire, fibreuse et ramifiée, d'où s'élève une seule tige rameuse, cylindrique, haute d'un ou deux pieds, chargée, ainsi que les feuilles, d'un duvet blanchâtre, tomenteux, en étoile; les feuilles inférieures sont pétiolées, pinnatifides, comme rongées; les lobes obtus, inégaux, sinués; les feuilles du milieu moins pétiolées, plus courtes; les lobes plus étroits, aigus, moins nombreux, le terminal plus alongé; les feuilles supérieures oblongues, linéaires, entières, rétrécies à leurs deux extrémités. Les grappes sont alongées, composées de dix à trente fleurs tomenteuses; les pédicelles longs de trois lignes; les folioles du calice ovales, oblongues, pubescentes en dehors, membraneuses à leurs bords; les pétales en ovale renversé, d'un jaune de soufre. Les siliques sont arrondies, toruleuses, longues de quinze lignes, pubescentes, surmontées par le stigmate à deux lobes. Cette plante croît dans la Syrie, aux environs d'Alep.

Sterigma toruleux : *Sterigma torulosum*, Dec., *loc. cit.*; *Cheiranthus torulosus*, Marsch., *Flor. taur. cauc.*, 2, page 121, et *Suppl.*, 444; Poir., Enc., Suppl. Cette plante se rapproche beaucoup des deux espèces précédentes : elle en diffère par ses feuilles bien moins tomenteuses; les inférieures dentées, sinuées, non pinnatifides; les supérieures entières ou médiocrement dentées. Les tiges sont rameuses et diffuses; les fleurs jaunes, en grappes terminales; les plus longues étamines soudées entre elles seulement jusque vers leur milieu.

Les siliques sont plus courtes, plus épaisses, arquées, plus fortement toruleuses, hérissées de poils courts, roides, épars. Cette plante croît dans la Géorgie, aux environs de Tiflis.

Sterigma a feuilles d'elychrysum : *Sterigma elychrysifolium*, Dec., *loc. cit.; Hesperis orientalis, elychrysifolio, florulatus*, Tournef., *Cor.*, 16. Toute cette plante est blanchâtre, couverte d'un duvet mou, tomenteux. étoilé. Sa tige est droite, herbacée, rameuse, longue de cinq ou six pouces, médiocrement feuillée. Les feuilles radicales sont oblongues, linéaires, très-entières, rétrécies à leur base, un peu obtuses, longues d'environ deux pouces, larges de deux lignes, sans nervures sensibles; celles de la tige sessiles, peu nombreuses, plus courtes, aiguës. Les fleurs sont d'un jaune foncé, disposées en grappes touffues; les folioles du calice oblongues, obtuses, membraneuses, un peu colorées, un peu tomenteuses sur le dos vers la base, longues de deux lignes, de la longueur des pédicelles; les onglets des pétales plus longs que le calice; le limbe est ovale, étalé, obtus; l'ovaire court, tomenteux. Cette plante croît dans l'Arménie et dans la Perse. (Poir.)

STERIGMOSTEMON. (*Bot.*) Le *cheiranthus littoreus* de Pallas, ou *tomentosus* de Willdenow, avoit été établi par M. Bieberstein sous ce nom générique, abrégé par M. De Candolle, qui le nomme *sterigma*. (J.)

STERILE. (*Bot.*) Se dit de la fleur qui n'a pas les moyens de féconder les graines, de l'anthère qui n'a pas de pollen, de l'ovaire qui n'a pas le stigmate bien organisé. (Mass.)

STERIPHA. (*Bot.*) Ce genre de Banks et Gærtner a été réuni au *Dichondra*, dans les convolvulacées. (J.)

STERIS. (*Bot.*) Ce nom grec, attribué à Dioscoride par Adanson, a été adopté par lui pour distinguer génériquement le *lychnis viscaria* de Linnæus. dont la capsule a cinq loges au lieu de trois. Linnæus avoit aussi un *steris javana*, que MM. Smith et Vahl confondoient avec son *nama zeylanica*, reporté comme congénère au genre *Hydrolea*. (J.)

STERLET. (*Ichthyol.*) Nom spécifique d'un Esturgeon. Voyez ce mot. (H. C.)

STERLET. (*Ornith.*) Ce nom est associé à celui de goéland

dans le 2.ᵉ vol., pag. 51, des Voyages du baron de la Hontan, où il paroît désigner les sternes ou hirondelles de mer. (Cₕ. **D.**)

STERLJED. (*Ichthyol.*) Voyez Sᴇᴡʀᴏᴜɢᴀ. (H. C.)

STERNACHUS. (*Ichthyol.*) M. Schneider a donné ce nom aux aptéronotes de feu de Lacépéde. Voyez Aᴘᴛᴇ́ʀᴏɴᴏᴛᴇ. (**H. C.**)

STERNBAUCH. (*Ichthyol.*) Un des noms allemands du *tétrodon lagocéphale.* Voyez Tᴇ́ᴛʀᴏᴅᴏɴ. (H. C.)

STERNBERGIE, *Sternbergia.* (*Bot.*) Genre de plantes monocotylédones, à fleurs incomplètes, de la famille des *narcissées,* de l'*hexandrie monogynie* de Linné, dont le caractére essentiel consiste dans une corolle monopétale, infundibuliforme; le limbe à six découpures; point de calice; six étamines insérées à l'orifice du tube ; un ovaire inférieur; un style; une capsule bacciforme, à trois loges polyspermes.

Sᴛᴇʀɴʙᴇʀɢɪᴇ ᴀ ꜰʟᴇᴜʀs ᴅᴇ ᴄᴏʟᴄʜɪQᴜᴇ : *Sternbergia colchiciflora*, Waldst. et Kit., *Pl. Hung.*, 2, tab. 159; Barrel., *Ic.*, 984; Clus., *Hist.*, 1, page 164, fig. 2 ; Tabern., *Ic.*, 622 , fig. 2 ; Lob., *Ic.*, 148, fig. 1 ; J. Bauh., Hist., 2, pag. 662, fig. 1. Cette plante a le port du *colchicum montanum.* Ses racines sont composées d'un faisceau de fibres presque simples, placées sous une bulbe ovale, dé la grosseur d'une noisette et plus. Il en sort, quelque temps après la floraison, plusieurs feuilles étroites, glabres, linéaires, alongées, obtuses, toutes radicales; d'une spathe membraneuse s'élève une hampe très-courte, droite, terminée par une seule fleur de couleur jaune, d'une odeur qui approche de celle du jasmin. La corolle est monopétale, en forme d'entonnoir; le tube alongé, cylindrique; le limbe divisé jusqu'à sa base en six découpures linéaires-lancéolées, un peu aiguës; l'orifice du tube nu, auquel adhèrent les étamines peu saillantes. L'ovaire est inférieur, surmonté d'un seul style; une capsule en forme de baie, ovale, presque ronde, à trois loges, renfermant un grand nombre de semences. Cette plante croit dans la Tauride et la Hongrie, vers le Bosphore, aux lieux arides et champêtres. (Pᴏɪʀ.)

STERNE. (*Ornith.*) On a donné primitivement à ces oiseaux le nom d'*hirondelles de mer*, parce qu'ils leur ressemblent

par leur queue fourchue, par leurs longues ailes, et parce
qu'ils rasent habituellement et en tous sens la surface des
eaux pour enlever les petits poissons, comme les hirondelles
terrestres saisissent les insectes dans leur vol rapide au milieu des campagnes et autour des maisons; mais, comme par
la forme du bec et par celle des pieds, garnis de membranes.
ces oiseaux présentoient des différences trop essentielles
pour que cette association pût être conservée dans une
méthode quelconque, les naturalistes ont senti la nécessité
d'en former un genre à part, et de ne pas laisser subsister
une dénomination commune pour des êtres disparates sous
tant de rapports. Dans les langues du Nord ils sont appelés
tœrn, *terns*, *stirn*, et Linné en a, d'après Turner, tiré le
nom de *sterna*, auquel on a assigné pour caractères particuliers : Un bec aplati par les côtés, pointu, effilé en pointe,
lisse, sans dentelures, dont les mandibules sont d'égale longueur; des narines oblongues, situées vers la base du bec
et percées de part en part; une langue grêle, fendue et
pointue à son extrémité; des tarses courts, nus au-dessus
du genou, un peu comprimés sur les côtés; les trois doigts
antérieurs réunis par des membranes fort échancrées; le pouce
libre et touchant à terre par le bout; les ongles falculaires;
la queue le plus souvent fourchue, les pennes alaires très-
longues, acuminées.

Les sternes volent presque continuellement; on ne les
voit point nager : ils se reposent rarement, et ce n'est que
sur la terre. Leur nourriture consiste le plus généralement
en petits poissons et en mollusques, qu'ils saisissent à la
surface des eaux; mais ils prennent aussi des insectes aé-
riens. Ils jettent, en volant, des cris perçans et aigus,
surtout à l'époque des nichées. Dans les temps calmes on
les voit s'élever fort haut et se laisser souvent retomber
d'à-plomb. Les jeunes ne diffèrent des adultes et des vieux
qu'avant la mue, qui est double chez les espèces connues.
et il n'existe aucune différence extérieure entre les deux
sexes. Les femelles déposent leurs œufs, ordinairement au
nombre de deux ou trois, dans une cavité, et leurs nids
sont quelquefois si rapprochés que les couveuses se touchent.

On trouve des sternes dans les deux continens. depuis

les mers, les lacs et les rivières du Nord, jusque dans les vastes plages de l'Océan austral, et dans presque toutes les contrées intermédiaires. A Taïti, ils couchent sur les buissons; et Forster, dans une course avant le lever du soleil, en a pris plusieurs qui dormoient le long des chemins.

Les espèces de sternes peuvent se distribuer en deux sections, suivant la forme de la queue, qui est égale dans le *noddi*, et fourchue dans toutes les autres. Le bec, en général droit, est aussi courbé à la pointe dans le *petit l'ouquet des Philippines*, *sterna Philippina*, Lath.; mais ces différences ne se rencontrant que dans deux des espèces, qui sont assez nombreuses quoique susceptibles de réductions, il n'en résulteroit pas de grands avantages pour la classification. M. Temminck regarde la longueur respective du tarse comme pouvant servir à bien distinguer ces différentes espèces, et l'on en fera mention pour celles qu'il a vues par lui-même; mais le genre *Sterne* est un de ceux qui auroient le plus besoin d'être soigneusement retouchés.

Le plus commun des sternes sur nos côtes est le PIERRE-GARIN ou la GRANDE HIRONDELLE DE MER, *Sterna hirundo*, Linn.; pl. enl. de Buffon, n.° 987. pl. 66, fig. 1, de Wilson, *Americ. Ornith.*, tom. 7. Cet oiseau, long d'environ treize pouces, en a deux d'envergure; le tarse a dix lignes de longueur; la queue, très-fourchue, est à peu près de la longueur des ailes; le front, le sommet de la tête et les longues plumes de l'occiput sont d'un noir profond; le derrière du cou, le dos et les ailes sont d'un cendré bleuâtre; le dessous du corps d'un beau blanc; les rémiges d'un cendré blanchâtre; les deux pennes latérales d'un brun noirâtre extérieurement; le bec et les pieds rouges.

Les poissons vivans ou morts, et souvent les insectes, forment la nourriture de cette espèce. qui se trouve sur les eaux douces comme sur les mers. Elle mue deux fois; mais elle conserve la calotte noire; et les individus tués dans l'Amérique septentrionale ne diffèrent en rien de ceux d'Europe. Quoi qu'il en soit, à chaque retour du printemps il en arrive sur nos côtes maritimes de grandes troupes qui se séparent en bandes, dont quelques-unes pénètrent sur divers points de la France en suivant les rivières, les lacs et les grands étangs; mais le gros de l'espèce reste sur les côtes et se porte au loin sur les mers pour nicher aux Salvages, petites îles désertes peu distantes des Canaries. Celles qui arrivent en France au printemps pour en repartir vers la mi-Août, s'y apparient dans les premiers jours de Mai, et chaque femelle dépose dans un petit creux, sur le sable nu, deux ou trois œufs fort gros, eu égard à sa taille. Si l'on approche de ces nids, les père et mère se précipitent du haut des airs et arrivent en jetant des cris d'inquiétude et de colère. Les œufs varient dans leur couleur, et sont tantôt bruns, tantôt gris, tantôt verdâtres, et plus ou moins gros ou pointus, selon qu'ils appartiennent à des individus plus ou moins âgés. On a remarqué que dans cette espèce la femelle ne couve que la nuit, et que, si le jour il ne pleut pas, elle abandonne ses œufs à la chaleur du soleil.

Quand les petits éclosent ils sont couverts d'un duvet gris-blanc, semé de quelques taches noires sur la tête et le dos; ils quittent le nid dès qu'ils sont nés, et les père et mère leur apportent de petits lambeaux de poissons; quand ils cessent de les leur apporter dans le bec, ils se contentent souvent de les laisser tomber auprès d'eux. Ces petits ne volent que plus de six semaines après leur naissance; leurs premières plumes sont d'un gris blanc sur la tête, le dos et les ailes, et les vraies couleurs ne viennent qu'à la mue.

Au Groënland, où les pierre-garins font leurs nids sur les îles basses et couvertes de mousse, on les prend, dit Othon Fabricius, avec des collets ou lacets de baleine, tendus à la surface de l'eau; leur chair et leurs œufs se mangent, et leur peau sert de vêtement.

Sterne épouvantail. Comme le sterne, plus particulièrement connu sous ce nom, porte dans sa jeunesse, ainsi qu'à l'époque de la mue, des livrées différentes, il en est résulté plusieurs doubles emplois. C'est tout à la fois la *guifette* et le *gachet* de Buffon, et les *sterna nigra*, *fissipes*, *nœvia* et *obscura* de Gmelin et de Latham; et c'est aussi le même oiseau qui est représenté sur les planches enluminées de Buffon, n.ᵒˢ 353 et 924.

M. Temminck donne à cet oiseau pour caractères essentiels : Un bec noir ; les pieds d'un brun pourpré ; les membranes des doigts découpées jusqu'à la moitié de leur longueur ; le tarse long de sept ou huit lignes ; la queue fourchue ; les ailes s'étendant à un pouce six lignes au-delà de son extrémité.

Le mâle et la femelle adultes, en plumage d'hiver, ont neuf pouces trois ou quatre lignes de longueur ; leur tête et le derrière du cou sont d'un noir profond ; le front, la gorge et tout le devant du cou jusqu'à la poitrine sont d'un blanc pur ; les parties inférieures d'un noirâtre cendré ; le dessus du corps, le croupion et les pennes de la queue d'un cendré bleuâtre ; les deux premières rémiges seulement lisérées de blanc à l'extrémité des barbes intérieures ; le bec noir ; les pieds d'un brun ou d'un noir pourpré. Ce plumage éprouve des variations suivant l'époque plus ou moins éloignée des mues ; et au printemps le front, l'espace entre le bec et les yeux, la gorge et tout le devant du cou deviennent d'un noirâtre cendré comme les autres parties. C'est alors les *sterna nigra*, *fissipes*, *obscura*, l'hirondelle de mer à tête noire ou gachet, la guifette noire ou épouvantail de la planche enluminée 353.

Enfin, avant la mue d'automne, les jeunes de l'année ont le front, les côtés, le devant du cou et tout le dessous du corps d'un blanc pur, avec une grande tache d'un cendré noirâtre sur les côtés de la poitrine et un croissant en avant des yeux ; le haut de la tête, l'occiput et la nuque sont noirs ; le dos et les scapulaires d'un brun bordé de blanc roussâtre ; les ailes et le croupion cendrés ; les couvertures terminées de blanc roussâtre ; le bec est brun à sa base ; les pieds sont d'un brun livide, et l'iris brun. Dans cet état, que représente bien la planche enluminée 924, on peut reconnoitre le *sterna nævia* et la guifette.

Cet oiseau se nourrit surtout d'insectes, et peu de poissons ; il prend les premiers en l'air ou dans les eaux. La femelle fait, sur quelque touffe d'herbe ou de mousse, avec des brins d'herbe sèche, un nid dans lequel elle pond trois ou quatre œufs d'un vert sale, avec des taches noirâtres qui forment une zone vers le milieu. L'incubation dure dix-sept jours, et les petits ne volent qu'un mois après.

Ces sternes se voient sur la Seine et la Loire à l'époque de leur passage.

Petit Sterne; *Sterna minuta*, Linn. Sonnini regarde cette espéce comme n'étant point distincte des *sterna sinensis* et *metopoleucos*. Elle est figurée pl. enl. 996. Son caractère essentiel consiste dans un bec noir à la pointe et orangé dans le reste ; des pieds orangés ; le tarse long de sept lignes ; la queue très-fourchue ; le front blanc. La longueur est de huit pouces quatre lignes ; et dans toutes les saisons les adultes ont le front et un trait au-dessus des yeux d'un blanc pur ; une raie longitudinale entre l'œil et le bec ; le haut de la tête, l'occiput et la nuque d'un noir profond ; le dos et les ailes d'un cendré bleuâtre ; le dessous du corps, le croupion et la queue blancs ; le bec d'un jaune orangé, à pointe noire ; l'iris noir ; les pieds d'un rouge orangé. La calotte noire, qui ne disparoît pas avec la mue, est seulement plus terne en hiver. Avant la mue d'automne les jeunes ont le front d'un blanc jaunâtre ; le haut de la tête, l'occiput et la nuque bruns, avec des raies noirâtres ; en avant et derrière les yeux une tache noire ; le dos et les ailes d'un brun jaunâtre ; les pennes alaires et caudales terminées de blanc jaunâtre. A la première mue d'automne l'occiput se couvre de plumes noires.

On trouve une espéce absolument semblable dans l'Amérique septentrionale. Il en existe aussi une sur le même modèle au Brésil ; mais M. Temminck, qui l'indique, trouve que celle-ci est bien caractérisée par son bec robuste, d'un jaune clair, dont le plumage offre aussi quelques disparités. Le prince de Neuwied l'a nommée *sterna argentea*.

Le *sterna minuta*, qui vit de petits insectes ailés, de vers de mer, du frai qui se trouve sur la mer, et mange rarement de petits poissons vivans, fréquente peu les lacs et les rivières, mais plus souvent les bords de la mer ; il est commun sur les côtes maritimes de Hollande, d'Angleterre et de France. Il niche en grandes bandes parmi les coquillages de la grève ou sur le sable nu. Sa ponte consiste en deux ou trois œufs d'un vert clair, avec des taches cendrées et brunes.

Sterne tschegrava ; *Sterna caspia*, Pallas. Cette espéce,

longue de vingt à vingt-un pouces, a le bec gros, fort, d'un rouge vif; son tarse est haut d'un pouce huit lignes; sa queue est courte et fourchue; les deux sexes ont, en hiver, le front et le sommet de la tête blancs; l'occiput varié de blanc et de noir; la nuque, le dos, les scapulaires et toutes les couvertures des ailes d'un cendré bleuâtre: les rémiges d'un brun cendré; les côtés de la tête et tout le dessous du corps blancs; la queue d'un cendré clair; l'iris d'un brun jaunâtre; le bec rouge et les pieds noirs. Au printemps, le front, le sommet de la tête et les longues plumes de l'occiput, sont noirs, et le reste du plumage paroit ne point changer à la seconde mue. Les jeunes, avant la mue d'automne, ont, comme les vieux, tout le dessous du corps blanc et le dessus d'un brun cendré, avec des taches et des bandes transversales noirâtres: les pennes caudales sont terminées par un grand espace noirâtre, et les rémiges sont entièrement de cette couleur: le bec est d'un rouge terne et la pointe est noirâtre.

Cet oiseau habite les bords de la Baltique, la mer Caspienne, l'Archipel; il se trouve aussi en Sibérie dans tous les bas-fonds de l'Irtisch. On ne le voit qu'accidentellement en France et en Hollande, et plus rarement encore sur les lacs et les rivières de l'intérieur. Sa nourriture consiste en poissons vivans. Il fait dans un petit enfoncement ou sur les rocs qui bordent la mer, un nid, où la femelle pond deux à trois œufs d'un vert grisâtre, parsemés de taches brunes et d'un noir profond.

Sterne Boys : *Sterna Boysii*, Lath.; *Sterna cantiaca*, Gmel. Ce sterne, que M. Temminck nomme *caugek*, et qu'il regarde comme étant, en divers âges, confondu avec d'autres espèces, a, d'après lui, pour caractères essentiels : Un bec long, noir, à pointe jaunâtre; des pieds courts, noirs; des tarses hauts d'un pouce; une queue longue, très-fourchue, plus courte que les ailes: sa longueur est de quinze à seize pouces, et les deux sexes ont, en hiver, le front et le sommet de la tête d'un blanc pur, avec de petites taches noires au centre des plumes vers l'occiput, où les longues plumes de l'occiput sont d'un noir profond et frangées de blanc; on voit un croissant noir en avant des yeux; la nuque, le dessous du corps et la queue sont d'un blanc lustré; le dos, les scapulaires, les couvertures des ailes et les rémiges, d'un cendré bleuàtre et velouté; le bec est d'un noir profond à la base et d'un jaune d'ocre à la pointe ; l'iris noiràtre; les pieds sont noirs, mais d'un jaune d'ocre en dessous : c'est, dans cet état, le *sterna stuberica*, Bechst.

Dans la saison des amours, la calotte est d'un noir profond ; le devant du cou et la poitrine sont d'un blanc rosé, plus ou moins vif et lustré, suivant l'âge et l'époque de la mue : c'est alors le *sterna canescens*, Meyer; le *sterna africana*, Gmel. et Lath., et l'hirondelle de mer à dos et ailes bleuâtres de Sonnini.

Enfin les jeunes, avant la première mue d'automne, ont les couleurs blanches et noires de la tête et de l'occiput mêlées de roussàtre très-clair ; tout le dessous du corps d'un blanc pur; le dos et les scapulaires d'un roux blanchâtre, rayés transversalement de bandes d'un brun noirâtre ; les plus grandes des scapulaires bordées de larges bandes brunes; les couvertures des ailes terminées de bandes demi - circulaires; les pennes secondaires et les rémiges d'un cendré noiràtre, bordées de blanc ; le bec est d'un noir livide. Tels sont les *sterna striata*, Gmel., figurés pl. 98 du *Synopsis* de Latham, et l'hirondelle de mer rayée de Sonnini. Les pennes de la queue ne deviennent blanchâtres qu'à la première mue du printemps, et elles ne sont d'un blanc parfait qu'à celle d'automne. Le bec devient aussi tout-à-fait noir, et la pointe est jaunâtre.

Cette espèce fréquente les bords de la mer; on la voit rarement dans l'intérieur des terres et sur les eaux douces; mais elle est très-répandue sur les côtes maritimes du globe : elle se nourrit de poissons vivans. Elle niche en grandes bandes sur la grève, et, selon les localités, sur les rochers nus; ses deux ou trois œufs sont blanchâtres, avec de grandes et de petites taches noiràtres où marbrées de brun et de noir.

STERNE DOUGALL ; *Sterna Dougallii*, Montagu, *Suppl. to the ornith. Dict.* Cet oiseau, que M. Vieillot appelle sterne rosé, est long de quinze pouces, du bout du bec à celui de la queue, et de neuf pouces dix lignes jusqu'à l'extrémité des doigts. Les ailes ont huit pouces et demi de longueur et s'étendent jusqu'à un demi-pouce au-delà de la cinquième rectrice; les deux pennes les plus extérieures de la queue, qui sont étroites et grêles, ont environ six pouces de plus que les intermédiaires; la queue étalée présente une échancrure de cinq pouces; le bec, long de vingt-quatre lignes, un peu courbé, orangé à sa base, est ensuite noir; les pieds sont d'un rouge de cerise clair; les ongles et l'iris sont noirs; le dessus de la tête est, jusqu'aux yeux, de la même couleur qui règne sur les longues plumes de l'occiput et de la nuque, blanches à leur base; le front, les côtés de la tête, la gorge, sont d'un beau blanc, qui prend une teinte rosée sur le devant du cou et le dessous du corps, dont les parties supérieures sont d'un gris bleuàtre.

Cet oiseau a du rapport avec les sternes pierre-garin et Boys; mais il est moins gros que le premier. Ses proportions sont plus courtes; les deux brins de sa queue plus grêles et plus alongés, et la couleur de ses pieds suffit pour ne pas le rapporter au second, qui, d'ailleurs, est d'une plus forte taille et a les ailes et les tarses plus longs et les deux pennes extérieures de la queue plus courtes.

Cette espèce niche sur la cime des rochers. Son cri est à peu près le même que celui du pierre-garin, et ses œufs sont plus petits. On la trouve sur les côtes de l'Angleterre, les îles de la Bretagne et en Norwége.

Sterne arctique; *Sterna arctica*, Temmk. M. Temminck a ainsi appelé cette espèce, parce qu'il la regarde comme représentant, dans les régions du cercle arctique, le sterne commun, qui habite les pays tempérés de l'Europe. Sa phrase caractéristique est : bec grêle, rouge, sans pointe noire; queue très-fourchue, aussi longue ou plus longue que les ailes. Ce naturaliste recommande d'observer que les tarses du sterne arctique sont toujours de quatre lignes plus courts que ceux du *sterna hirundo*; que le blanc de l'abdomen est moins étendu; que le devant du cou et la gorge sont toujours d'un cendré foncé, ainsi que le ventre; que la queue est constamment plus longue, et que le bec et surtout les pieds sont plus petits.

En été, ce sterne, dont la longueur est de treize pouces six ou huit lignes, a le sommet de la tête d'un noir profond;

la gorge, le devant du cou et les parties inférieures du
même cendré que le dos; une petite partie de l'abdomen,
les couvertures inférieures de la queue et une bande au-
dessous des yeux d'un blanc pur; le bec d'un rouge de laque;
l'iris brun.

Les voyageurs de la dernière expédition au pôle ont
rapporté plusieurs individus de cette espèce, très-commune
à la baie de Baffin et dans le détroit de Davis, et qui ne
diffèrent point de ceux qu'on trouve aux Orcades et sur les
côtes d'Écosse et d'Angleterre. Sa nourriture consiste en
poissons.

STERNE DES MARAIS; *Sterna anglica*, Montagu, *Suppl. to the
ornith. Dict.*, ou *Sterna aranea*, Wilson, *Amer. ornith.*, pl. 72,
fig. 6. Cet oiseau, qu'on nomme *hansel* sur les lacs Neu-
siedel et Platten, en Hongrie, et qui se trouve également
sur les côtes maritimes du cap May aux États-Unis, a environ treize pouces de longueur; son bec, très-court, est
gros et tout noir, ainsi que ses pieds, qui sont longs; le
tarse est haut d'un pouce trois ou quatre lignes; la queue
est peu fourchue; les ailes la surpassent de trois pouces;
l'ongle postérieur est droit. Les vieux en plumage d'hiver
ont, suivant M. Temminck, le front, le sommet de la tête,
le cou et toutes les parties inférieures d'un blanc pur, avec
un croissant noir au-devant des yeux et une tache noire
derrière; les jeunes de l'année ont sur le blanc du sommet
de la tête de très-petites taches longitudinales, et au printemps le front, le sommet de la tête, l'occiput et la nuque
sont couverts de plumes longues d'un noir profond.

Cette espèce, dit Wilson, fréquente les marais salés du
cap May, surtout à l'époque où l'on y voit en abondance une
grande araignée noire qui construit sa toile dessus et dessous
l'eau, et dont cet oiseau fait sa nourriture. En Europe, il
habite les marais couverts de joncs, dans le voisinage des
grands lacs, rarement le long des côtes maritimes ou en
pleine mer, et sa nourriture ordinaire consiste en gros
insectes, demoiselles et phalènes, qu'il saisit au vol. La
femelle pond dans les marais salés, sur un tas d'herbes
sèches, trois ou quatre œufs d'un vert olivâtre, tachetés
de brun. Afin de distinguer facilement cette espèce du

sterne Boys, il faut remarquer que ce dernier est plus grand, que sa queue, très-fourchue, a les plumes latérales beaucoup plus longues, le bec plus alongé, grêle et presque régulièrement subulé, avec la pointe de couleur de corne jaunâtre, les pieds et les doigts plus courts et les ongles plus crochus.

STERNE MOUSTAC; *Sterna leucoparia*, Natterer. Cette espèce nouvelle, de onze pouces de longueur, a été découverte par M. Natterer, de Vienne, dans une des parties méridionales de la Hongrie, et trouvée par M. Temminck dans les marais près de Capo-d'Istria et sur les côtes de Dalmatie. Elle a pour caractère essentiel : Le bec et les pieds d'un rouge de laque; le doigt du milieu avec l'ongle beaucoup plus long que le tarse, qui a dix lignes; la queue très-fourchue; les ailes s'étendant d'un pouce et demi au-delà de son extrémité. Chez les deux sexes, en plumage parfait d'hiver, le front, le sommet de la tête et l'occiput sont, ainsi que le cou et toutes les parties inférieures, d'un blanc pur, comme dans l'espèce précédente; il y a une tache noire derrière les yeux; le manteau, le dos, les ailes et la queue sont d'une même nuance de gris cendré.

Chez les jeunes de l'année, le sommet de la tête est roussâtre et varié de brun; l'occiput, le derrière des yeux et l'orifice des oreilles sont d'un cendré noirâtre; les plumes dorsales et les pennes secondaires des ailes, brunes dans le milieu, sont bordées de couleur isabelle; le bec est brun et les pieds sont de couleur de chair. Au printemps, un capuchon d'un noir profond couvre la tête, engage les yeux et se prolonge sur la nuque; une large moustache blanche se voit au-dessus des yeux et recouvre les oreilles; les parties supérieures sont d'un cendré foncé, qui s'éclaircit sous le corps; le bec et les pieds sont d'un rouge vif.

Cet oiseau est assez commun dans les grands marais des parties orientales du Midi de l'Europe, où il se nourrit d'insectes ailés et de vers aquatiques, mais jamais de poissons.

STERNE LEUCOPTÈRE ; *Sterna leucoptera*, Temm. Ses caractères essentiels sont, suivant M. Temminck, un bec brun; des pieds d'un rouge de corail; les membranes des doigts très-découpées; l'interne ne faisant qu'un petit rudiment;

le tarse long de neuf lignes ; la queue très - fourchue , et surpassée de plus de deux pouces par les ailes. Les deux sexes, dans leur plumage d'été, ont la tête, le cou, le haut du dos, la poitrine et le ventre d'un noir profond ; le bas du dos et les scapulaires d'un noir cendré ; les couvertures des ailes, le croupion et la queue en totalité d'un blanc parfait ; sur les barbes intérieures des deux premières rémiges est une large bande longitudinale également blanche. La couleur cendrée domine sur le plumage des jeunes. M. Temminck déclare ne pouvoir indiquer pour figure que le *sterna nera* de l'Histoire italienne des oiseaux, vol. 5, pl. 544, et la planche publiée par M. Schinz, de Zurich, au frontispice de l'ouvrage intitulé *Weisschwingige Meerschwalbe;* mais il présume que le *sterna plumbea* de Wilson, *Americ. Ornith.*, pl. 60, fig. 3, représente le même oiseau dans son plumage d'hiver.

L'espèce dont il s'agit habite les bords de la Méditerranée, et elle est commune aux environs de Gibraltar, sur les lacs de Lugano, de Como, de Guarda ; mais elle n'est que de passage sur celui de Genève, et ne se voit jamais en Hollande ni dans le Nord. Les vers aquatiques et les insectes ailés forment sa nourriture principale, à laquelle elle joint quelquefois du frai de poisson. On ne connoît pas ce qui concerne sa propagation.

Le *sterna plumbea* de Wilson, qu'on vient de citer, est le Sterne a queue courte de M. Vieillot, qui le décrit comme étant long de huit pouces et demi de la pointe du bec à l'extrémité de la queue, et ayant le bec d'un noir foncé, ainsi que l'occiput et le dessus de la tête; le front, les côtés de la tête et toutes les parties inférieures d'un blanc pur ; les plumes du dos d'un cendré sombre, et largement terminées de brun ; les ailes d'une couleur de plomb obscure ; la queue de la même teinte, peu fourchue et dépassée par les ailes d'un pouce et demi ; les épaulettes d'un cendré bleuàtre, et les pieds de couleur de tan.

Sterne de Cayenne : *Sterna cayennensis*, Linn., et *Sterna cayana*, Lath., pl. enlum. de Buffon, sous le nom de grande Hirondelle de mer de Cayenne, n.° 988; et *Mus. Carlson.*, de Sparrm., pl. 62. Cette espèce surpasse de plus de deux pouces le pierre-garin, une des plus grandes espèces d'Europe ; mais, suivant la remarque de M. Temminck, sa taille est néanmoins inférieure à celle du tschegrava. Le dessous de son corps est blanc; elle a une calotte noire sur la tête ; son manteau est d'un gris bleuâtre ; son bec est jaune, et ses pieds sont d'un brun jaunâtre.

STERNE CENDRÉ, *Sterna cinerea*, Lath. Cet oiseau, qui se trouve en Italie, est long de treize pouces ; il a la tête et la gorge noires ; une couleur cendrée domine sur le reste du corps ; le bec est noir et les pieds sont rouges ; mais, comme la longueur des ailes a paru à Buffon être l'attribut le plus marqué des hirondelles de mer ou sternes, vu la brièveté des siennes il ne l'a point admise dans ce genre. Les Génois l'appellent *martin-pescao*, et les Bolonois *rondone ma ino*.

STERNE ABOUMRAS ; *Sterna nilotica*, Linn. et Lath. Cet oiseau, de la grosseur d'un pigeon, a été décrit par Hasselquist comme ayant la tête et le cou grisâtres, avec de petites taches noires ; le tour des yeux noir et pointillé de blanc ; le devant du cou et du ventre blanc ; les ailes et la queue grises ; le bec et les ongles noirs ; les pieds de couleur de chair. L'aboumras, ainsi appelé par les Égyptiens, arrive en troupes au Caire dès le commencement de Janvier, et se tient sur les bords du canal de Trajan, où il cherche, dans la fange que le Nil dépose, de petits poissons morts, des insectes sans ailes. Si Buffon excluoit du genre Sterne l'oiseau admis par Brisson sous le nom d'hirondelle de mer cendrée, parce qu'il ne sembloit pas devoir jouir du principal attribut de ce genre, on ne doit pas s'étonner qu'il en ait rejeté l'aboumras, dont les habitudes sont si différentes.

STERNE A BANDEAU ; *Sterna vittata*, Linn. et Lath. Cet oiseau, trouvé à l'île de Noël, a un bandeau blanc sur la tête, qui est noire, ainsi que le croupion, le bas-ventre et les pennes caudales ; le reste du plumage est cendré ; le bec est sanguin, et les pieds sont fauves.

STERNE BLANC ; *Sterna alba*, Gmel. et Lath. La taille de cet oiseau est celle de l'épouvantail ; son plumage est tout-à-fait blanc ; son bec et ses pieds sont noirs.

STERNE A GRANDE ENVERGURE; *Sterna fuliginosa*, Linn. et Lath. Cette espèce, trouvée à l'île de l'Ascension, a deux pieds neuf pouces d'envergure, quoiqu'elle ne soit pas plus grande que le pierre-garin. Elle a sur le front un petit croissant blanc, comme tout le dessous de son corps. Sa tête et sa queue sont noires, comme son bec et ses pieds. Elle se trouve en si grand nombre à l'île de l'Ascension, que l'air en est souvent obscurci; son cri ressemble à celui de la fresaie : elle fait sur la terre nue un nid, dans lequel elle paroît ne pondre qu'un ou deux œufs fort gros et tachetés de brun et de violet; on en a rencontré à la Nouvelle-Galles du Sud et à la Nouvelle-Guinée.

STERNE DE PANAY; *Sterna panayensis* et *panaya*, Linn. et Lath. Sonnerat a trouvé dans l'île de Panay, une des Philippines, ce sterne, qui pourroit être le pierre-garin, modifié par l'influence du climat, et qui a, en effet, le bec et les pieds noirs, tout le devant du corps blanc, le dessus de la tête tacheté de noir, et n'en diffère que par les ailes et la queue, qui sont grisâtres en dessous et d'un brun de terre d'ombre au-dessus.

STERNE ROUGE-BAI; *Sterna spadicea*, Gmel. et Lath. La couleur dominante de cet oiseau, qui a quatorze pouces de longueur et qu'on trouve à Cayenne, est un rouge-bai; les plumes dorsales et les couvertures des ailes sont bordées de blanchâtre; le bas-ventre est blanc; les scapulaires et les pennes secondaires des ailes sont blanches à l'extrémité et noires dans le reste, ainsi que les pennes caudales, le bec et les ongles; les pieds sont d'un brun rougeâtre.

M. Vieillot a décrit les quatre espèces suivantes d'après d'Azara, qui a trouvé ces oiseaux au Paraguay.

STERNE A SOURCILS BLANCS; *Sterna superciliaris*, Vieill. Cet oiseau, qui est le hatis à sourcils blancs d'Azara, n.° 415, a huit pouces et demi de longueur; son œil est surmonté d'une bandelette blanche et d'une autre blanche et noire, laquelle s'étend depuis les narines et entoure l'œil; le dessus de la tête est marbré de noir et de blanc; l'occiput est noir; le dessus du cou et du dos, les ailes et la queue sont d'un blanc bleuâtre et lustré, à l'exception des quatre premières pennes alaires et de leurs couvertures supérieures, qui sont noirâtres; les côtés de la tête sous l'œil et le dessous du cou, du corps et des ailes sont blancs.

Le Sterne tacheté, *Sterna maculata*, Vieill., Azara, n.° 416, ne paroit être qu'une variété d'âge ou de sexe du précédent, et le voyageur n'ayant possédé que l'individu par lui décrit, on ne doit pas s'empresser d'en faire une espèce sur quelques différences dont on ne peut faire des points de comparaison, et qui sembleroient moins importans si l'on avoit été à portée de multiplier les observations.

Cette réflexion est fortifiée par la circonstance que M. Vieillot lui-même, après avoir décrit le sterne à bec court, *sterna brevirostris*, de l'auteur espagnol, n.° 414, émet l'opinion que ce pourroit être un jeune oiseau de l'espèce du pierre-garin, dont, par conséquent, il seroit indiscret d'augmenter ici une nomenclature déjà trop compliquée.

Enfin une quatrième espèce, présentée comme telle par M. Vieillot sous le nom de sterne aux pieds verdâtres, *sterna chloropoda*, est, d'après la description de M. d'Azara, n.° 412, longue de quatorze pouces, et elle a, comme une des précédentes, sur les côtés de la tête deux taches noires, dont une entoure presque l'œil, et dont l'autre, partant de sa partie postérieure, couvre l'oreille et se termine sur les côtés de l'occiput; le dessus de la tête, du cou et du corps, est d'un blanc bleuâtre; la gorge et les parties inférieures sont d'un beau blanc, et cette couleur remonte en pointe vers la nuque; les pieds sont d'un jaune verdâtre et le bec est jaune.

Le Sterne a tête et poitrine noires, *Sterna surinamensis*, Linn. et Lath., est présenté par M. Vieillot comme une espèce douteuse; mais quoiqu'il soit rangé depuis long-temps dans ce genre, on a lieu d'être surpris qu'il y ait été conservé; car il résulte de la description même de Fermin qu'il est de la grosseur d'un fou, qu'il se nourrit de poissons et que souvent il les enlève à de plus petits que lui à l'instant où ils viennent de les saisir; toutes circonstances propres à exclure l'idée même d'une hirondelle de mer.

Sterne noddi : *Sterna stolida*, Lath.; Pl. enl., n.° 997. Cet oiseau, dont la queue n'est pas fourchue comme celle des autres hirondelles de mer, a d'ailleurs sous le bec une légère saillie, qui le rapproche des mouettes; aussi forme-t-il, suivant Buffon, une espéce intermédiaire, que Brisson a placée avec celles-ci et que Latham a associée aux sternes. Le nom de noddi, donné par les voyageurs anglois, exprime l'étourderie ou l'assurance folle avec laquelle cet oiseau vient se poser sur les mâts et sur les vergues des navires. Sa taille est celle du pierre-garin, et sa longueur est d'environ quinze pouces : son plumage est en totalité d'un brun noirâtre, à l'exception du dessus de la tête, qui est blanchâtre; le bec et les pieds sont noirs.

Cette espèce est très-nombreuse à Cayenne, et elle couvroit surtout le rocher du grand Connétable à l'époque où le médecin Laborde y écrivoit ses mémoires. On lit dans le Recueil des voyages de la Compagnie des Indes orientales, Amst., 1702, tome 4, page 17, que sur les rochers qui avoisinent Sainte-Hélène, il y avoit des milliers de ces oiseaux qui y couvoient et qui se laissoient tuer à coups de bâtons. On a depuis retrouvé les mêmes oiseaux à la Nouvelle-Hollande, à l'île de l'Ascension et à Otaïti, où on les nomme *oiyo*.

Le STERNE dit le PETIT FOUQUET, *Sterna philippina*, Lath., que Sonnerat a figuré pl. 85 de son Voyage à la Nouvelle-Guinée, n'appartient peut-être pas plus que le précédent à ce genre. D'après la figure, la queue est arrondie et beaucoup plus longue que les ailes; sa taille est plus forte du double que celle du pierre-garin; il a le bec plus aminci et plus courbé que celui des sternes; ses jambes sont couvertes de plumes jusqu'au talon, et les membranes s'étendent jusqu'au bout des doigts. Quant aux couleurs, le dessus de la tête est blanc; le cou, les couvertures des ailes, la poitrine et le ventre, sont d'un gris vineux; il y a à la base du bec une petite bande noire, qui se termine vers un point rond dont l'œil est entouré, et que forment de petites plumes blanches, dont on ne peut distinguer les barbes qu'avec la loupe; les pennes alaires et caudales, le bec et les pieds sont noirs. Le petit fouquet a souvent été rencontré en mer à de grandes distances de terre. (Voyez FOUQUET.)

M. Temminck a fait figurer dans ses Oiseaux coloriés, sous le nom d'hirondelle de mer ou sterne à bec grêle, *sterna tenuirostris*, pl. 202, une espèce qui a été rapportée du Sénégal et qui a dix pouces et demi à onze pouces de longueur. L'individu adulte a les mandibules un peu fléchies en dedans vers la pointe; les pieds courts; la palmure des doigts large et complète; la queue longue, conique et dépassée par les ailes; le sommet de la tête et la nuque d'un gris blanchâtre, qui passe au cendré brun et prend un ton noir enfumé sur les plumes des ailes, de la queue et des parties inférieures du corps; les côtés du cou d'un cendré bleuâtre très-clair; la gorge et le devant du cou noirs, ainsi que le bec, et les pieds bruns. La livrée du jeune n'est pas encore connue.

Le même auteur a publié, sous le n.° 427, une figure du sterne à nuque noire. Le bec de cette espèce est noir; les tarses et les pieds sont bruns; la queue est largement fourchue et excède un peu les ailes; une bande noire, qui part en pointe de l'origine du bec et traverse l'œil, s'étend le long de la nuque; mais le sommet de la tête est blanc, ainsi que les autres parties du corps.

M. Horsfield, qui a fait un long séjour à Java, a donné dans les Transactions de la Société linnéenne de Londres, t. 13, p. 198 et 199, une notice sur sa nouvelle classification des oiseaux de cette île, formant la collection de la Compagnie des Indes orientales, où figurent, indépendamment d'un jeune individu du *sterna minuta*, déjà décrit, quatre nouvelles espèces de sternes; savoir: *sterna javanica, media, grisea* et *affinis*.

La première de ces espèces, longue de douze pouces anglois, a le fond du plumage glauque; la gorge, les joues, la nuque, les ailes et le dessous de la queue blancs; le dessus de la tête noir; les rémiges d'un gris-brun entremêlé de taches blanches; le bec et les pieds jaunes.

La seconde a le front, le derrière du cou et les parties inférieures blancs; le sommet de la tête varié de blanc et de gris; la nuque noire; les ailes, le dos et le croupion glauques; les rémiges grises extérieurement et verdâtres en dedans, avec le bord des 6.°, 7.° et 8.° régulièrement marqué de blanc. Elle a quinze pouces de longueur. Les Javanois la nomment *toyang-kacher*.

La troisième, longue de neuf pouces, a le dessus du corps gris et un collier blanc, ainsi que le front; la rémige extérieure noirâtre et le bec noir. Elle est appelée par les Java-nois *puter lahut*.

La quatrième espèce, trouvée par Horsfield, est blanche, et a le dos et les couvertures des ailes d'un gris plombé; les rémiges grises et intérieurement brunâtres. Elle est très-voisine du *sterna anglica* de Montagu.

On trouve aussi dans le tome 7, seconde section du Bulletin des sciences, n.° 203, l'analyse d'un mémoire dans lequel M. Kaup décrit une nouvelle espèce de sterne, *sterna Nitzschii*, dont les caractères sont d'avoir le bec et les pieds rouges; les ailes n'atteignant point les deux plus longues pennes de la queue, qui sont blanches, et noires seulement à l'extrémité des barbes internes; le front, la tête et la nuque noirs; le dos, les ailes et la queue d'un gris argenté; la moustache, la face, toutes les parties inférieures, les couvertures supé-rieures de la queue et les extrémités des rémiges secondaires blanches; les pennes caudales d'un gris argenté, avec les ex-trémités noires.

Cette espèce se rapproche du *sterna hirundo*; mais elle en diffère, 1.° par la longueur des ailes, moindre de dix-huit lignes; 2.° par la partie emplumée des tarses, plus élevée d'une ligne et demie; 3.° par la partie nue, aussi plus élevée: 4.° par le pouce, du double plus grand.

Enfin l'espèce le plus récemment publiée est le *sterna inea*, pl. 47 du Voyage de la Coquille par le capitaine Duperrey, dont la partie zoologique a pour auteurs MM. Lesson et Garnot. Le bec de cette espèce, trouvée au Pérou dans les environs de Lima, est rouge; la tête est d'un noir bleuâtre; sur les joues sont deux moustaches formées de longues plumes blanches décomposées; la presque-totalité du corps est de couleur ardoisée, dont la teinte est plus foible sur la gorge; plusieurs pennes secondaires des ailes sont bordées de blanc; les tarses et les pieds sont jaunâtres, et les ongles noirs. (Ch. D.)

STERNECHUS. (*Entom.*) M. Schœnherr nomme ainsi le 146.° genre qu'il a établi parmi les charansons. (Voyez l'ar-ticle Rhinocères.) Ce nom indique la saillie que forme le sternum, qui s'avance et fait une saillie entre les membres des pattes intermédiaires. (C. D.)

STERNFLASCHE. (*Ichthyol.*) Un des noms allemands du *tétrodon hérissé.* Voyez Tétrodon. (H. C.)

STERNICLE. (*Ichthyol.*) Voyez à l'article Gastéroplèque. (H. C.)

STERNOPTYGES. (*Ichth.*) D'après les mots grecs Στερνὸν (*sternum*), et πλυξ (*pli*), M. Duméril a donné ce nom au sixième ordre de ses poissons osseux, caractérisé par des branchies operculées, sans membrane.

Cet ordre forme à lui seul une famille qui ne renferme que le genre Sternoptyx de Hermann. (H. C.)

STERNOPTYX, *Sternoptyx.* (*Ichthyol.*) Le professeur Hermann, de Strasbourg, a le premier décrit sous ce nom un poisson de la Jamaïque, dont il a donné une figure, copiée depuis dans presque tous les ouvrages systématiques. On reconnoît le genre dont cet animal est le type, et qu'il compose seul, aux caractères suivans :

Corps et queue comprimés; dessous du corps caréné et transparent; une seule nageoire dorsale, petite; bouche dirigée vers le ciel; catopes nuls et comme remplacés par un pli festonné de chaque côté du tranchant abdominal.

Le Sternoptyx Hermann (*Sternoptyx Hermann*, Lacép.; *Sternoptyx diaphana*, Gmel.) a le ventre argenté, le dos d'un brun verdâtre; les nageoires pectorales et caudale de couleur de succin. Il n'a guère que trois pouces de longueur et offre une petite bosse derrière sa nageoire dorsale, dont le premier rayon est une forte épine. Ses yeux sont grands et ses dents très-petites. (H. C.)

STERNOXES ou THORACIQUES. (*Entom.*) M. Latreille avoit d'abord donné ce nom, qu'il a ensuite abandonné, à une famille d'insectes coléoptères pentamérés, qui comprenoit les taupins, les buprestes et autres genres voisins. Nous les avions nous-même confondus, dans les tableaux qui font suite à l'anatomie comparée de M. Cuvier, avec les térédyles, tels que les vrillettes, les ptines; mais dans la Zoologie analytique nous avons ainsi distingué et caractérisé les genres qui composent cette famille :

Élytres durs, couvrant le ventre; corps alongé, aplati; antennes en fil, souvent dentées ou pectinées, se logeant sur les côtés du corselet. qui emboîte la tête par derrière et qui offre en dessous un sternum ou ligne saillante entre les pattes qui s'appliquent contre le corps.

Ce nom de sternoxes est tout-à-fait grec et signifie poitrine pointue; de Στερνὸν, l'os *du milieu de la poitrine*, et de Οξὺς, *pointue.*

Les insectes pentamérés réunis sous ce nom, diffèrent de tous les coléoptères du même sous-ordre par les notes caractéristiques suivantes : d'abord des apalytres, qui ont les élytres non flexibles, comme leur nom l'indique; ensuite des brachélytres, dont les étuis couvrent à peine le tiers de la longueur de l'abdomen; troisièmement des hélocères, stéréocères, priocères et des pétalocères, qui ont les antennes en masse feuilletée ou non; quatrièmement des térédyles, qui ont le corps arrondi ou cylindroïde; cinquièmement des créophages et des nectopodes, qui ont les antennes en soie et jamais dentées.

On trouve les sternoxes dans le tronc des arbres, ou du moins leurs larves s'y nourrissent et y subissent leurs métamorphoses. Ils ont beaucoup de rapports avec les térédyles ou perce-bois, qui constituent la famille suivante.

Six genres composent cette famille : ce sont les *Atopes* et les *Cébrions*, qui ne comprennent que quelques espèces, dont la plupart même sont étrangères à l'Europe. On les reconnoît à la manière dont leur tête se trouve placée au devant du corselet, dont elle suit la direction. Leurs antennes ne sont point reçues dans une rainure, et leur sternum est moins saillant que dans les autres genres, dont ils s'éloignent jusqu'à un certain point.

Les *Taupins* et les *Throsques*, qui viennent ensuite, ont entre eux les plus grands rapports : ici le sternum offre une particularité caractéristique. Il se prolonge en arrière en une pointe recourbée, qui fait l'office d'un ressort en entrant de force dans une cavité correspondante du métathorax, ce qui leur donne la faculté de sauter même lorsqu'ils sont placés sur le dos et les pattes en l'air; car il leur seroit impossible de se redresser dans cette position sans ce mécanisme, leurs pattes étant en général très-courtes et leur mode d'articulation solide ne leur permettant pas de se porter du côté du dos : c'est ce qui les a fait nommer vulgairement *scara-*

bées à ressort et *maréchaux*, parce qu'ils font du bruit comme s'ils frappoient sur une enclume, chaque fois qu'ils débandent leur ressort quand ils font effort pour sauter.

Enfin les *Buprestes* et les *Trachydes* forment aussi entre eux un petit groupe. Leur corselet n'est point muni en arrière des deux prolongemens qui arrêtent la trop grande extension du corselet sur la base des élytres. Le sternum, quoique très-saillant, surtout du côté de la tête, ne remplit pas l'office d'un ressort. Beaucoup d'espèces sont ornées des couleurs métalliques les plus vives et les plus brillantes. Voilà pourquoi on les a désignés sous le nom vulgaire de *Richards*.

Voici, au reste, le tableau synoptique qui indique ces caractères d'une manière analytique.

Famille des Thoraciques *ou des* Sternoxes.

Coléoptères pentamérés, à élytres durs, couvrant tout le ventre; corps alongé, aplati, à antennes en fil, souvent dentées; corselet formant en dessous un sternum saillant.

```
            ⌠ pectinées;  ⌠ à deux pointes; pénultième ⌠ simple..  4. TAUPIN.
            |  corselet.. <   article des tarses        ⌡ bilobé..  3. THROSQUE.
            |            |
Antennes ⌡  |            |  sans pointes; à corps ⌠ alongé......    5. BUPRESTE.
            |            ⌡                        ⌡ triangulaire..  6. TRACHYDE.
            | simples, libres; tarses à article pénul- ⌠ simple...... 1. CÉBRION.
            ⌡    tième                                 ⌡ bilobé......  2. ATOPE.
```

Voyez chacun de ces genres à leur nom. (C. D.)

STERNSEHER. (*Ichthyol.*) Nom allemand du *raspecon.* Voyez Uranoscope. (H. C.)

STERNUM ou STERNON. (*Entom.*) On nomme ainsi dans les insectes la ligne moyenne et inférieure du corselet et de la poitrine entre les trois paires de pattes. M. Audouin, dans son mémoire sur la conformation des insectes, sous le rapport de la structure, donne des noms différens aux trois parties du sternum, suivant qu'elles correspondent au prothorax, au mésothorax ou au métathorax. Il appelle la première épisternum; la seconde, épimère, et la troisième, hypoptère.

Le sternum se prolonge en une pointe qui entre dans une cavité et fait l'office d'un ressort élastique dans les taupins de la famille des sternoxes. Il forme une quille dans les rémitarses. Il se prolonge en pointe acérée dans le grand hydrophile. (C. D.)

STERNUTAMENTORIA. (*Bot.*) Nom synonyme, cité par Daléchamps, de la ptarmique ou herbe à éternuer, *achillea ptarmica*. (J.)

STÉROPE. (*Entom.*) M. Steven a ainsi nommé un petit genre qu'il a établi parmi les anthices ou les notoxes. M. Megerle a employé la même dénomination pour indiquer un petit genre de coléoptères créophages, voisin des scarites. (C. D.)

STERREBECKIA. (*Bot.*) Genre de la famille des champignons, établi par Link, adopté par quelques auteurs sous les dénominations de *sterrebeckia*, de *sterbeckia* et *sterbeeckia*, qui ont été remplacées par celle d'*actinodermium* par Nées, sur la considération qu'il existe déjà en botanique un genre *Sterrebeckia*, mentionné dans le *Genera plantarum* de Schreber.

Le *Sterrebeckia*, Link, ou *Actinodermium*, Nées, appartient à l'ordre des champignons gastéromyciens, c'est-à-dire à l'ordre qui comprend les vesse-loups ou lycoperdons, et il est très-voisin du *Geastrum*, avec lequel même Curt Sprengel le réunit. Dans ce genre le sporange ou conceptacle est presque globuleux, sessile, composé d'une enveloppe externe ou involucre charnu d'abord, puis dur et multifide ; il est entouré d'un péridium charnu, ligneux, se divisant en plusieurs lanières et qui contient une poussière séminulifère composée de sporidies insérées sur des filamens. Une seule espèce compose ce genre ; c'est

Le STERREBECKIA ÉTOILÉ : *Sterrebeckia geastri*, Link, *Berl. Mag.*, 1, p. 44 ; *Actinodermium geastri*, Nées, *Syst.*, 1, p. 135. et part. 2, p. 35 ; *Geastrum Linkii*, C. Spreng., *Syst. veg.*, 1, pag. 518. Péridium d'un jaune un peu soufré, contenant une poussière séminifère, filamenteuse, brune. On le trouve dans les lieux sablonneux en Italie, en Espagne et en Portugal. Il est aussi grand que le *scleroderma citrini*. Cette plante a des rapports avec le *Scleroderma*, genre chez lequel le péridium s'ouvre aussi irrégulièrement, mais dont l'écorce ou l'enveloppe, ou l'involucre, ne se partage pas en lanière multifide. Fries paroit douter que le *sterrebeckia* soit précisément l'*actinodermium* de Nées, et ce dernier auteur lui-même les avoit d'abord distingués dans son *Radix plantarum mycetoidearum*. (LEM.)

STERREBEELLIA. (*Bot.*) Genre que Fries a proposé d'établir dans la famille des champignons pour y placer le *peziza coriacea*, Bull., Champ., 258, pl. 438, fig. 1 ; Dec., Fl. fr., n.° 191, parce qu'il diffère des autres espèces du genre par le disque de sa capsule, lequel est pulvérulent. Cette plante est le *sterrebeellia cinerascens* de Fries, *Obs. myc.*, 2, p. 313. Ce genre a été adopté par Nées. Elle est en forme de coupe, de la grandeur d'une lentille, glabre, cendrée, à chair épaisse et coriace, portée sur un stipe qui n'est que le prolongement de la partie inférieure, grêle, aminci à la base; la coupe est le plus souvent ferrugineuse en dedans et remplie d'une poussière grise abondante. Cette espèce, dont le stipe est quelquefois divisé en deux ou trois branches, croît sur le fumier du cerf, du cheval et de l'âne. M. Persoon pense qu'elle pourroit être une variété de son *sphæria poronia*. Fries indique encore une seconde espèce, c'est le *sterrebeellia testacea*, qu'il a observée en Scanie, dans les mêmes lieux que la précédente : elle est sessile et de couleur de brique. (Lem.)

STERREKJKER. (*Ichthyol.*) Nom hollandois du *raspecon.* Voyez Uranoscope. (H. C.)

STÉSION. (*Bot.*) Nom grec ancien de la staphisaigre, *delphinium staphisagria*, cité par Mentzel et Adanson. (J.)

STETIS. (*Bot.*) Le guy, *viscum*, est ainsi nommé par Théophraste et par Pline, suivant C. Bauhin. (J.)

STEUBER. (*Ichthyol.*) Nom allemand du *corégone de Wartmann*. Voyez Corégone. (H. C.)

STEUSIR. (*Bot.*) Voyez Giausir. (J.)

STEVENIA. (*Bot.*) Genre de plantes dicotylédones, à fleurs complètes, polypétalées, régulières, de la famille des *crucifères*, de la *tétradynamie siliqueuse* de Linné, offrant pour caractère essentiel : Un calice à quatre folioles un peu étalées, deux renflées à leur base; quatre pétales entiers; six étamines libres, tétradynames; un ovaire supérieur; un style; une silique sessile, oblongue, comprimée, souvent rétrécie et sinuée entre les semences, surmontée du style persistant, aigu; à deux valves planes, droites, un peu toruleuses à l'endroit des semences; une cloison très-mince; deux ou quatre semences ovales, comprimées, non échancrées.

Ce genre est renfermé entre les siliques et les silicules :

il renferme des plantes herbacées, couvertes d'un duvet cendré. Les tiges sont dressées, plus ou moins rameuses, cylindriques ; les feuilles entières, oblongues ; les fleurs blanches ou un peu purpurines ; les siliques droites, pubescentes ; les grappes terminales, sans bractées.

STEVENIA ALYSSOÏDE : *Stevenia alyssoides*, Adams et Fisch., *Mem. soc. nat. Mosc.*, 5, page 84 ; **Dec.**, Syst. vég., 2, p. 209. Ses racines sont simples, blanchâtres, fibreuses, tortueuses, de la grosseur d'une plume de canard. Sa tige est coudée à sa base, ascendante, très-rameuse, grêle, à peine longue d'un pied, ferme, cylindrique, hérissée, ainsi que toute la plante, de poils cendrés, étoilés et comme veloutés. Les feuilles caulinaires sont oblongues, linéaires, médiocrement rétrécies à leur base, un peu obtuses au sommet, entières, longues de six lignes. Les fleurs sont d'abord en corymbe, puis elles s'alongent en une grappe droite, longue de trois ou quatre lignes ; le calice a quatre folioles linéaires, médiocrement étalées ; la corolle blanche, à pétales ovales, oblongs, entiers, médiocrement onguiculés, une fois plus longs que le calice ; le style filiforme, de couleur purpurine ; le stigmate simple ; la silique longue de trois lignes, couverte d'un duvet velouté ; les valves sont sinuées entre les semences. Des quatre ovules dans les ovaires, deux avortent souvent à la maturité. Cette plante croit dans la Sibérie, aux lieux pierreux, sur les bords du fleuve Léna.

STEVENIA CHEIRANTHOÏDE ; *Stevenia cheiranthoides*, Dec., *loc. cit.* Cette espèce a une racine dure, un peu ligneuse, presque simple ; elle produit plusieurs tiges dressées, à peine longues d'un demi-pied, cylindriques, presque simples, couvertes d'un duvet velouté et en étoile. Les feuilles radicales forment une rosette touffue ; elles sont persistantes, oblongues, étalées, longues de trois ou quatre lignes ; celles des tiges éparses, linéaires. Les fleurs sont en corymbes, puis en grappes terminales, de couleur blanche ou purpurine ; les pédicelles filiformes, longs de trois ou quatre lignes. Les siliques sont dressées, planes, comprimées, terminées par un style aigu, longues de deux ou trois lignes, pubescentes ; les semences ovales, orbiculaires, comprimées, échancrées. Cette plante croit dans la Sibérie. (POIR.)

50. 35

STEVENSIA. (*Bot.*) Genre établi dans la famille des lichens par Necker, et qui n'a point été adopté, l'auteur n'ayant point indiqué ses espèces. (Lem.)

STEVENSIA. (*Bot.*) Genre de plantes dicotylédones, à fleurs complètes, monopétalées, de la famille des *rubiacées*, de l'hexandrie monogynie de Linnæus. offrant pour caractère essentiel : Un calice globuleux à sa base; le limbe à deux découpures caduques; une corolle tubulée, à six, quelquefois sept divisions à son limbe; autant d'étamines insérées à l'orifice du tube; les anthères sessiles; un ovaire inférieur; le style droit; un stigmate à deux lames ; une capsule à deux loges polyspermes, s'ouvrant au sommet en quatre parties.

Ce genre a été établi par M. Poiteau, qui l'a consacré au docteur Édouard Stevens, auquel plusieurs François sont redevables de services importans qu'ils en ont reçus pendant son consulat à Saint-Domingue pour les États-Unis d'Amérique.

Stevensia a feuilles de buis : *Stevensia buxifolia*, Poit., Ann. du Mus. d'hist. nat., 4, page 235, tab. 60; Gærtn., *Carpol.*, tab. 197. Arbrisseau de dix à douze pieds, droit, rameux. Son bois est très-dur, revêtu d'une écorce cendrée, crevassée ; les jeunes pousses sont enduites d'une liqueur visqueuse. Les feuilles sont opposées, pétiolées, oblongues, glabres, assez roides, luisantes en dessus, blanchâtres et réticulées en dessous, aiguës à leurs deux extrémités, longues d'environ un pouce et demi ; les pétioles courts, réunis par une stipule entière, formant une petite gaîne qui entoure la tige. Les fleurs sont blanches, odorantes, solitaires, axillaires, portées sur un pédoncule de la longueur du pétiole, munies à la base, immédiatement sous l'ovaire, d'une bractée en forme de calice, à quatre divisions, dont deux courtes, opposées, obtuses, et deux autres deux fois plus grandes, lancéolées, prenant quelquefois la forme de petites feuilles. Le calice est globuleux à sa base, divisé à son limbe en deux découpures lancéolées, caduques ; la corolle tubulée, un peu soyeuse en dehors; le tube cylindrique, de la longueur du calice; le limbe à six ou sept divisions planes, oblongues, obtuses, réfléchies en dehors; autant d'étamines, à anthères sessiles, oblongues, a deux loges; l'ovaire est globuleux, inférieur; le style de la longueur du tube de la corolle; le stigmate à deux lames ouvertes ; la capsule sphérique, de la grosseur d'un pois, faisant corps avec le calice, à deux loges s'ouvrant par le haut en deux coques un peu osseuses, dont les rebords rentrans forment une cloison double. Ces valves se divisent de haut en bas. Les semences sont nombreuses, menues, jaunâtres, ovales-oblongues, entourées d'une membrane élargie en forme d'une petite aile à la partie supérieure, attachées à un réceptacle hémisphérique, chagriné. Cette plante croît à Saint-Domingue. (Poir.)

STEVERAGTIGE PLOOY BECK. (*Ichthyol.*) Nom hollandois du *guacari*. Voyez Hypostome. (H. C.)

STÉVIE, *Stevia*. (*Bot.*) Genre de plantes dicotylédones, à fleurs composées, de l'ordre des *flosculeuses*, de la *syngénésie polygamie égale* de Linné, offrant pour caractère essentiel : Un calice simple, à plusieurs folioles presque égales ; une corolle composée de fleurons hermaphrodites et fertiles ; le réceptacle nu ; les semences, à cinq angles, couronnées par une aigrette formée de paillettes en arête, peu nombreuses.

Ce genre, établi par Cavanilles, a été consacré à la mémoire de Pierre-Jacques Estéve, médecin espagnol du seizième siècle, qui a laissé un dictionnaire des plantes du royaume de Valence. La stévie renferme des herbes ou sous-arbrisseaux à feuilles opposées ou alternes, entières, glanduleuses, ponctuées. Les fleurs sont blanches, violettes ou purpurines, disposées en corymbe paniculé, souvent ramassées en faisceau. Ce genre se rapproche des *eupatoires* et des *ageratum*.

Stévie faux-eupatoire : *Stevia eupatoria*, Willd., *Enum.*, 2, pag. 854 ; *Mustelia eupatoria*, Spreng., *Act. soc. Linn. Lond.*, 6, pag. 152, tab. 15. Plante herbacée, haute d'un pied. Ses tiges sont dressées, cylindriques, garnies de rameaux paniculés, épars, pubescens ; les feuilles alternes, sessiles, linéaires-lancéolées, obtuses, très-entières, longues d'un pouce au plus, luisantes, ponctuées, traversées par trois nervures. Les fleurs sont petites, fasciculées en un corymbe court, terminal ; leur calice, composé de cinq à six folioles linéaires-lancéolées un peu obtuses et glanduleuses, renferme cinq fleurons hermaphrodites, glabres, de couleur de chair, tubulés, à cinq découpures égales, oblongues, lancéolées, aiguës; les anthères ne sont point saillantes; les stigmates à deux longues divisions étalées, un peu pubescentes. Les semences sont petites, linéaires, comprimées, à cinq angles, glabres, noirâtres, couronnées d'une ou quatre arêtes rudes, de la longueur de la corolle, dilatées et conniventes à leur base. Cette plante croît au Mexique, proche Valladolid.

Stévie a fleurs purpurines; *Stevia purpurea*, Willd., *Enum.*, 2, pag. 855. Ses tiges sont herbacées, dressées, cylindriques, très-rameuses, légèrement pubescentes et cendrées; les rameaux grêles, serrés contre les tiges. Les feuilles sont opposées ou alternes, rétrécies à leur base en un pétiole court, lancéolées, obtuses, un peu pubescentes et ciliées, à trois nervures peu sensibles. Les fleurs sont de couleur purpurine, réunies en corymbes terminaux, fasciculés; les calices glabres, oblongs, étroits, à folioles égales, linéaires; les semences surmontées d'une aigrette en paillettes alternes avec des soies roides. Cette plante croît au Mexique. On la cultive au Jardin du Roi.

Stévie a feuilles d'iva; *Stevia ivæfolia*, Willd., *Enum.*, 2, p. 855. Sa racine est vivace; ses tiges sont nombreuses, herbacées, feuillées, hautes d'un pied et plus, cylindriques et velues; les rameaux alternes, fastigiés, pubescens. Les feuilles sont éparses ou alternes, pétiolées, oblongues, rétrécies en pétiole à leur base, dentées en scie, glabres et un peu visqueuses en dessus, ponctuées en dessous, à trois nervures, longues d'environ un pouce, un peu ciliées à leurs bords. Les fleurs sont blanches ou rougeâtres, disposées en un corymbe court, fastigié, terminal; l'aigrette des semences est composée de cinq paillettes membraneuses, dont une ou deux terminées par une arête. Cette plante croît dans la haute plaine de Bogota, entre Santa-Fé et Chipo. Elle est cultivée au Jardin du Roi.

Stévie a feuilles ovales; *Stevia ovata*, Willd., *Enum.*, *loc. cit.* Ses tiges sont herbacées, cylindriques, dressées, hautes d'environ deux pieds; les rameaux opposés, étalés; les feuilles distantes, pétiolées, opposées ou alternes, ovales, obtuses, longues d'un pouce et plus, rétrécies à leur base, glabres, d'un vert pâle, dentées en scie; les supérieures presque entières; les fleurs blanches, médiocrement fasciculées en un corymbe peu garni; les semences surmontées de cinq paillettes un peu échancrées; un ou deux poils roides, souvent interposés entre elles. Cette plante croît au Mexique. Elle est cultivée au Jardin du Roi.

STÉVIE DENTÉE; *Stevia serrata*, Cavan., *Icon. rar.*, 5, pag. 53, tab. 335. Cette plante a des tiges cylindriques, dressées, rameuses, herbacées, un peu pubescentes. Les rameaux sont alternes, nombreux, touffus, pubescens, paniculés; les feuilles éparses, sessiles, linéaires-lancéolées, aiguës, rétrécies à leur base, dentées en scie à leur partie supérieure, glabres, veinées, membraneuses, ponctuées et glanduleuses en dessous, longues de douze ou quinze lignes, larges de deux. Les fleurs sont petites, d'un blanc rougeâtre, fasciculées, en corymbe; le calice a cinq folioles lancéolées, acuminées, striées, légèrement pubescentes, presque égales, un peu glanduleuses sur le dos; les fleurons sont une fois plus longs que les calices, à cinq découpures ovales; le réceptacle est nu; les semences sont linéaires, à cinq angles, un peu hispides, surmontées de trois arêtes alternes, avec autant de petites écailles membraneuses. Cette plante croît au Mexique. On la cultive au Jardin du Roi.

STÉVIE EN PÉDALE : *Stevia pedata*, Cavan., *Icon. rar.*, 4, pag. 33, tab. 356; *Ageratum pedatum*, Orteg., *Dec.* Cette plante a des tiges herbacées, striées, un peu velues ; à rameaux alternes, nombreux, étalés en panicule. Les feuilles sont alternes, pétiolées, digitées en pédale, composées ordinairement de cinq folioles inégales, trois aux feuilles supérieures, lancéolées, étroites, aiguës ou un peu obtuses, entières, rétrécies en pédicelle à leur base, longues d'un pouce et plus, les inférieures plus petites. Les fleurs sont sessiles, réunies plusieurs ensemble en une petite tête à l'extrémité d'un pédoncule filiforme. Les calices sont glabres, d'un vert cendré, à folioles égales, linéaires; les corolles blanchâtres; les semences surmontées de huit ou dix paillettes courtes. Cette plante croît au Mexique. Elle est cultivée au Jardin des plantes.

STÉVIE VISQUEUSE; *Stevia viscida*, Kunth, *in* Humb. et Bonpl., *Nov. gen.*, 4, pag. 140, tab. 351. Sa tige est herbacée, haute d'un pied et demi, cylindrique, visqueuse, pubescente, divisée en rameaux paniculés, alternes, rapprochés, étalés, chargés à leur sommet d'un grand nombre de feuilles. Les feuilles sont alternes, sessiles, linéaires, un peu aiguës, légèrement crénelées vers leur sommet, à une seule nervure, ponctuées, glanduleuses et visqueuses à leurs deux faces, un peu hérissées en dessous et à leurs bords, longues d'un pouce, larges au plus d'une ligne et demie. Les fleurs sont terminales, pédonculées, longues d'un demi-pouce; les pédoncules hérissés et visqueux; les corolles couleur de rose; les semences hispides, linéaires, à cinq angles, surmontées de cinq arêtes. Cette plante croît aux lieux ombragés, dans le Mexique.

STÉVIE ALONGÉE; *Stevia elongata*, Kunth, *in* Humb. et Bonpl., *loc. cit.* Cette plante a des tiges droites, hautes d'un pied et demi, rameuses à leur sommet, à rameaux alternes, hérissés, cylindriques, alongés, chargés d'un grand nombre de fleurs. Les feuilles sont sessiles, opposées; les inférieures en ovale renversé, finement dentées en scie, entières et rétrécies en coin vers leur base, veinées, réticulées, presque à trois nervures, légèrement hérissées à leurs deux faces, ponctuées et glanduleuses en dessous, longues d'un pouce et demi, larges de dix lignes; les supérieures ovales, rhomboïdales, aiguës. Les fleurs sont longues de cinq lignes, portées sur un long pédoncule hérissé. Le calice est à cinq folioles linéaires-lancéolées, acuminées, subulées, purpurines, hérissées et glanduleuses, presque égales; il contient cinq fleurons une fois plus longs que l'involucre, glabres, cylindriques, une fois plus longs que le calice; les découpures oblongues, obtuses, étalées, à deux nervures; l'ovaire est glabre, les stigmates sont pubescens à leur sommet; les semences linéaires, comprimées, à cinq angles, surmontées d'un rebord membraneux, fendu irrégulièrement. Cette plante croît proche de Santa-Fé de Bogota.

STÉVIE DE QUITO; *Stevia quitensis*, Kunth, *loc. cit.* Sa tige est élevée d'environ deux pieds, purpurine, cylindrique, rameuse à sa partie supérieure, garnie de poils visqueux; les rameaux sont opposés, étalés, garnis de fleurs nombreuses. Les feuilles sont pétiolées, opposées, ovales-oblongues, aiguës, à grosses dentelures, entières et rétrécies en coin à leur base, réticulées, ponctuées, à triple nervure, hérissées en dessous de poils épars, longues de quinze lignes, larges de huit ; les pétioles hérissés, longs de deux lignes. Les fleurs sont pédonculées, très-rapprochées, longues de quatre lignes. Le calice est à cinq folioles linéaires-lancéolées, très-aiguës, verdâtres, presque glabres, fermées, à cinq fleurs blanches, plus longues que le calice ; la corolle est élargie à l'orifice du tube, à cinq découpures oblongues, obtuses, étalées, à deux nervures ; l'ovaire linéaire, un peu rude ; les stigmates sont alongés, saillans, pubescens au sommet ; les semences à cinq angles, rudes sur leurs angles, terminées par trois, quatre ou cinq arêtes rudes ; de petites écailles membraneuses, alternent avec les arêtes. Cette plante croit aux lieux découverts, proche la ville de Quito.

Stévie tomenteuse ; *Stevia tomentosa*, Kunth, *loc. cit.*, tab. 352. Très-belle espèce, dont la tige est pubescente, haute d'un pied, à rameaux alternes, fastigiés, étalés ; les feuilles sont alternes, quelquefois opposées, pétiolées, ovales-oblongues, aiguës, dentées en scie, entières et en coin à leur base, légèrement pubescentes, vertes, glanduleuses et ponctuées, blanches et tomenteuses en dessous, longues d'un pouce ; les fleurs pédonculées, ramassées en faisceau ; le calice, à cinq folioles lancéolées-linéaires, un peu obtuses, pubescentes et blanchâtres, presque égales, contient cinq fleurs plus longues que le calice ; la corolle est violette, pubescente en dehors, à découpures oblongues, elliptiques, étalées, un peu aiguës ; l'ovaire est linéaire, presque glabre ; les stigmates sont pubescens ; les semences linéaires, glauques, luisantes, longues d'une ligne et demie, couronnées par une ou deux arêtes rudes et un rebord membraneux, inégalement divisé. Cette plante croit au Mexique, proche la ville de Valladolid.

Stévie a feuilles ternées ; *Stevia ternifolia*, Kunth, *loc. cit.* Sa tige est droite, un peu trigone, légèrement pubescente, très-rameuse, à rameaux ternés, et ramilles éparses. Les feuilles sont sessiles, ternées, oblongues, aiguës, crénelées, dentées en scie, entières, à trois nervures, glanduleuses et paniculées en dessous, glabres à leurs deux faces, longues de vingt à vingt-deux lignes, larges de sept ou huit lignes. Les fleurs sont pédicellées, réunies en faisceau, longues de quatre ou cinq lignes ; le calice, composé de cinq folioles linéaires-lancéolées, vertes, glabres, aiguës, presque égales, contient cinq fleurs blanches, plus longues que le calice, à cinq découpures aiguës, étalées ; les stigmates sont très-longs, pubescens ; les semences d'un brun noir, couronnées d'un rebord membraneux, fendu irrégulièrement ; les deux divisions supérieures souvent aristées. Cette plante croit à la Nouvelle-Espagne, dans la vallée de Saint-Jacques.

STÉVIE GLUTINEUSE ; *Stevia glutinosa*, Kunth, *loc. cit.*, tab. 353. Cette plante a une tige glabre, cylindrique, rameuse, glutineuse ; les rameaux opposés, alongés, glutineux, chargés d'autres petits rameaux alternes, en corymbes, avec un grand nombre de fleurs. Les feuilles sont opposées, pétiolées, ovales-oblongues, aiguës à leurs deux extrémités, glabres, finement dentées en scie, glutineuses et un peu ponctuées, longues d'environ trois pouces, larges d'un pouce ; les pétioles longs de huit à dix lignes. Les fleurs sont médiocrement pédonculées, resserrées en faisceau ; le calice a cinq folioles linéaires-lancéolées, un peu aiguës, glanduleuses en dehors. Les cinq fleurs sont plus longues que l'involucre. La corolle est blanche ; le tube cylindrique, renflé à son orifice, à cinq découpures oblongues, elliptiques, étalées, un peu obtuses ; les semences sont surmontées d'un rebord membraneux, à découpures inégales. Cette plante croit dans les plaines, à la Nouvelle-Grenade, proche Santa-Fé de Bogota.

STÉVIE A FEUILLES DE MONARDE ; *Stevia monardæfolia*, Kunth, *loc. cit.* Sa tige est purpurine, dressée, un peu cylindrique, rameuse vers son sommet, hérissée et hispide ; les rameaux sont presque opposés, fastigiés, hérissés, chargés de fleurs nombreuses ; les feuilles pétiolées, presque opposées, ovales, aiguës, à double dentelure, entières et rétrécies en pétiole à leur base, réticulées, a trois nervures, hérissées à leurs deux faces, parsemées en dessous de très-petites glandes d'un jaune d'or, longues de vingt-six ou vingt-huit lignes ; les pétioles courts, hérissés, canaliculés. Les fleurs sont très-serrées, paniculées, pédonculées. Le calice est à cinq folioles lancéolées-linéaires, aiguës, hérissées, purpurines, presque égales, fermées; les cinq fleurs sont une fois plus longues que le calice, presque glabres, de couleur violette; le tube cylindrique, élargi à son orifice, a cinq découpures elliptiques, oblongues, étalées, un peu obtuses; les anthères ne sont pas saillantes; l'ovaire est glabre, linéaire; les deux stigmates sont très-longs, saillans, pubescens; les semences jaunes couronnées par un rebord membraneux, très-court, presque entier. Cette plante croit au Mexique, entre Valladolid et Pazcuaro. (Poir.)

STEWARTE, *Stewartia*. (*Bot.*) Genre de plantes dicotylédones, à fleurs complètes, polypétalées, de la famille des *malvacées*, de la *monadelphie polyandrie* de Linné, offrant pour caractère essentiel : Un calice persistant, à cinq découpures; cinq pétales; des étamines nombreuses, monadelphes; un ovaire supérieur; un style; un stigmate en tête, à cinq lobes; une capsule ligneuse, conique, à cinq valves; une ou deux semences dans chaque valve.

Ce genre a été consacré par Linné à Jean Stuart, comte de Bure, pair d'Écosse, long-temps premier ministre en Angleterre au commencement du règne de George III. Il aimait beaucoup la botanique, et en a favorisé les progrès pendant son ministère. A ce genre était joint le *malachodendron*, qui en a été séparé particulièrement à cause de cinq styles, au lieu d'un seul.

Stewarte de Virginie : *Stewartia virginica*, Cavan., *Diss.*, 5, tab. 158, fig. 2; Lamk., *Ill. gen.*, tab. 593. Arbrisseau d'une hauteur médiocre, dont la tige est droite, revêtue d'une écorce grisâtre, crevassée, chargée de rameaux glabres, alternes, cylindriques, garnis de feuilles alternes, pétiolées, ovales, aiguës, légèrement acuminées, d'un vert gai, glabres en dessous, pubescentes en dessus, un peu molles, légèrement ciliées et dentées à leur contour; les supérieures entières; les pétioles courts et velus; les bourgeons également velus. Les fleurs sont latérales, axillaires, solitaires, quelquefois géminées, médiocrement pédonculées, les pédoncules courts, velus, épais, munis de deux bractées un peu au-dessous du calice, petites, ovales, opposées, tomenteuses, concaves, aiguës, couvertes de poils courts, roussâtres, soyeux et luisans. La corolle est grande, ouverte, de couleur blanche, à cinq pétales, tachés quelquefois de rouge ; les étamines sont violettes ; le style est plus court que les étamines ; le stigmate à cinq lobes ; la capsule velue, ligneuse, presque conique, à cinq loges ; chaque loge renfermant une ou deux semences brunes, ovales-oblongues, légèrement anguleuses. Cet arbrisseau croît dans les lieux frais et ombragés, à la Caroline, dans la Virginie, aux lieux maritimes. (Poir.)

STEWENSIA. (*Bot.*) Voyez Stevensia. (Poir.)

FIN DU CINQUANTIÈME VOLUME.

STRASBOURG, de l'imprimerie de F. G. Levrault, impr. du Roi.